普通高等教育电气与自动化专业理实一体化“十三五”规划教材

EDA技术及实例开发教程

(VHDL&VERILOG版)

主　编　陈炳权　曾庆立
副主编　杨永东　彭　琛　贺科学
编委成员　李丽华　唐自海　李建锋　舒　婷
刘耀峰　徐　庆　崔金鸽　刘　昕
黄贤顺　范　庆　鲁荣波　杨　喜
周小清　雷可君　向继文　陆伟艳

图书在版编目（C I P）数据

EDA技术及实例开发教程（VHDL&VERILOG版）/陈炳权，曾庆立主编. --长沙：中南大学出版社，2017.8

ISBN 978-7-5487-2764-4

Ⅰ.①E… Ⅱ.①陈… ②曾… Ⅲ.①电子电路—电路设计—计算机辅助设计—教材 Ⅳ.①TN702.2

中国版本图书馆CIP数据核字(2017)第077255号

EDA技术及实例开发教程（VHDL&VERILOG版）

EDA JISHU JI SHILI KAIFA JIAOCHENG（VHDL&VERILOG BAN）

主编　陈炳权　曾庆立

□责任编辑　韩　雪
□责任印制　易红卫
□出版发行　中南大学出版社
社址：长沙市麓山南路　　邮编：410083
发行科电话：0731-88876770　　传真：0731-88710482
□印　　装　长沙印通印刷有限公司

□开　　本　787×1092　1/16　□印张 30.5　□字数 781千字
□版　　次　2017年8月第1版　□印次　2017年8月第1次印刷
□书　　号　ISBN 978-7-5487-2764-4
□定　　价　59.00元

前 言

EDA技术在电子信息、通信、自控及计算机应用等领域的重要性日益突出,技术市场与人才市场对EDA的需求在不断提高,产品的市场效率和技术要求也必然会反映到教学和科研领域中来。专用集成电路(ASIC)的规模不断扩大,EDA技术日臻完善。信息电子类高新技术项目的开发更加依赖于EDA技术,该技术使产品的开发周期大为缩短、性能价格比大幅提高。各类可编程逻辑器件(如目前广泛采用的CPLD/FPGA器件)应运而生,为电子系统的设计带来极大的灵活性,从而将复杂的硬件设计过程转化为在特定的软件平台上通过软件设计来完成。在此软件平台上不仅完成了逻辑综合,还能进行优化、仿真和测试。这一切极大地改变了传统的电子系统设计方法与设计过程,乃至设计理念。即使在ASIC器件设计过程中,利用EDA技术完成软件仿真之后,在批量生产之前,也经常利用FPGA进行"硬件仿真"。

本书由软件篇、硬件篇和应用篇三篇组成。硬件篇结合世界上主流公司Altera公司、Xilinx公司、Lattice公司的PLD产品,介绍可编程器件的基本概念、基本原理和结构,同时阐述了新近推出的逻辑器件。软件篇按Altera公司MAX+plusⅡ和QuartusⅡ的主要功能,对编程操作方法及其使用由浅入深地进行讲解。本书的重点是应用篇,运用前面介绍的软硬件基本知识来剖析各类数字系统的设计与实现方法和技巧。因此,本书可帮助学生自主地进行实验,对高校EDA课程的更新有一定的参考价值。

基于以上认识,编者对本书各章节作了相应的安排。EDA技术的硬件资源篇由第1章和第4章组成:第1章介绍EDA技术的发展、基本设计工具和设计流程,第4章介绍可编程逻辑器件的基本概念和基本原理,可编程逻辑器件的结构组成、工作原理,使读者在了解可编程逻辑器件基本原理的基础上,可以进一步学习实际可编程逻辑器件(如世界上相关主流公司Altera公司、Xilinx公司、Lattice公司的可编程逻辑器件)的结构组成、特点及其性能指标,同时对新近推出的可编程逻辑器件进行阐述。EDA技术的软件操作篇由第2、3、5章组成。书中重点介绍了FPGA/CPLD的开发流程及工具中各功能模块的功能,使读者更容易掌握学习工具的使用方法。开发操作环境主要介绍Altera公司QuartusⅡ5.0的主要功能,对操作编程方法及其应用由浅入深地进行讲解。由于硬件描述语言越来越受到从事硬件设计,特别是从事数字系统设计人员的关注,书中详细介绍了国际标准化硬件描述语言——VHDL&Verilog HDL及其应用实例,作者对每个应用实例都作了仿真和综合,确保程序的准确无误。本书具有如下3个特点:

1. 注重实践与实用。在各章中都安排了适量习题。绝大部分章节都安排了针对性较强的实验,使学生对每一章的课堂的教学效果能及时通过实验得以强化。各章设置的大部分实验除给出详细的实验目的、实验原理、实验思考题和实验报告要求外,还包含2至4个实验项目(层次),即:第一实验项目(层次)是与该章内容相关的验证性实验,课本提供了详细的并被验证的设计程序和实验方法,学生只需将提供的设计程序输入计算机,并按要求进行编译仿真,在实验系统上实现即可;第二实验项目(层次)是在上一实验基础上作进一步的发挥；第三、四实验项目(层次)属于自主设计或创新性质的实验。教师可以根据实验学时数和教学实验的要求布置不同层次的实验项目。

2. 注重速成。一般认为EDA技术难点和学习费时的根源在于VHDL和Verilog HDL语言。对此，全书作了有针对性的安排：根据电子类专业的特点，放弃流行的计算机语言的教学模式，打破目前VHDL&Verilog教材通用的编排形式，以电子线路设计为基点，从实例的介绍中引出VHDL语句语法内容。在典型示例的说明方面，本书也颇具独到之处：示例说明中，除给出完整并被验证过的VHDL&Verilog描述外，还给出其综合后的RTL电路图，以及表现该电路系统功能的时序波形图；对于容易出现的设计错误或理解歧义的示例，将给出正误示例的比较和详细说明。通过一些简单、直观、典型的实例，将VHDL&Verilog中最核心、最基本的内容解释清楚，使读者在很短的时间内就能有效地把握VHDL&Verilog的主干内容，而不必花费大量的时间去系统地学习语法。

3. 注重系统性、完整性与独立性相结合。全书力争在不增加课时的情况下保持内容的系统性和完整性，使读者通过本书的学习和推荐的实验，初步掌握EDA技术最基本的内容。

本书由陈炳权、曾庆立任主编，杨永东、彭琛、贺科学任副主编。本书在编写过程中，湖南大学刘宏立教授给予了大力支持，在此表示衷心的感谢！

现代电子设计技术是发展的，相应的教学内容和教学方法也应不断改进，其中一定有许多问题值得深入探讨，也包括以上提出的有关EDA教学的一家之言。编者真诚地欢迎读者对书中的错误与有失偏颇之处给予批评指正。

编　者

2017年6月

目　录

第1章 绪 论

EDA是Electronic Design Automation(电子设计自动化)的缩写。该技术是以微电子技术为物理层面，现代电子设计技术为灵魂，计算机软件技术为手段，最终形成集成电子系统或专用集成电路ASIC(Application Specific Integrated Circuit)为目的的一门新兴技术。它是在电子CAD(Computer Assist Design)技术基础上发展起来的计算机软件系统，是微电子技术和现代电子设计技术(反映了现代电子理论、电子技术、仿真技术、设计工艺和设计技术与最新的计算机软件技术有机的融合和升华)共同孕育的奇葩。EDA技术不是某一个学科的分支或某种新的技能技术，而是一门多学科融合为一体的综合性学科，它打破了软件和硬件间的壁垒，使计算机的软件技术和硬件技术合二为一，代表了电子设计和应用技术的发展方向。通常EDA技术的使用对象由两大类人员组成，一类是专用集成电路ASIC的芯片设计研发人员，另一类是广大的电子线路设计人员(不具备集成电路深层次的知识)。本书所阐述的EDA技术主要以后者为使用对象，这样，EDA技术可简单概括为以大规模可编程逻辑器件为设计载体，通过硬件描述语言输入并经相应开发软件编译和仿真，最终下载到设计载体中，从而完成系统电路设计任务的一门新技术。

1.1 EDA技术的概念及应用范畴

EDA技术涉及面广，内容丰富，通常对EDA技术的理解有狭义和广义之分。狭义的EDA技术是指：以计算机为工作平台，以大规模可编程逻辑器件为设计载体，以硬件描述语言作为系统逻辑描述的主要表达方式，以EDA软件开发工具和实验开发系统为设计工具，通过相关的开发软件，自动地用软件方式完成硬件设计全过程(包括逻辑编译、化简、分割、综合、优化、布局、布线、仿真，特定目标的适配编译、逻辑映射、编程下载等)，最终形成集成电子系统IES或专用集成芯片ASIC。该技术融合了应用电子技术、计算机技术、信息处理及智能化技术的最新成果，从而进行电子产品的自动设计。利用EDA工具，电子设计师可以从概念、算法、协议等方面从事电子系统设计，大量的工作可以通过计算机自动控制完成，并可以将电子产品从电路设计、性能分析到IC版图或PCB版图设计的整个过程在计算机上自动处理完成。除了狭义的EDA技术外，通常还包括计算机辅助分析CAA技术(如PSPICE，EWS，Matlab)，印刷电路板计算机辅助设计PCB-CAD技术(如Protel，Orcad等)，但这些不具备逻辑综合和逻辑适配的功能，所以广义的EDA技术可以理解为现代电子设计技术。

现代电子设计技术的核心是EDA技术，该技术依靠功能强大的电子计算机，在EDA工具软件平台上，以硬件描述语言HDL(Hardware Description Language)为系统逻辑描述手段，自动地完成逻辑编译、化简、分割、综合、优化和仿真，直至下载到可编程逻辑器件CPLD/FPGA或专用集成电路ASIC芯片中，实现既定的电子电路设计功能。EDA技术使得电子电路设计者的工作仅限于利用硬件描述语言和EDA软件平台来完成对系统硬件功能的实现，极大地提高了系统的设计效率，缩短了设计周期，节省了设计成本。

EDA的范畴包括机械、电子、通信、航空航天、化工、矿产、生物、医学、军事等各个领域。目前EDA技术已在各大公司、企事业单位和科研教学部门广泛使用，例如在飞机制造过程中，从设计、性能测试及特性分析直到飞行模拟，都可能涉及EDA技术。本书所指的EDA技术，主要针对电子电路设计。

1.2 EDA技术的发展史

EDA技术伴随着计算机、集成电路和电子系统设计的发展，经历了计算机辅助设计(Computer Assist Design, CAD)、计算机辅助工程设计(Computer Assist Engineering Design, CAED)和电子设计自动化(Electronic Design Automation, EDA)3个发展阶段。

1)20世纪70年代的计算机辅助设计(CAD)阶段

CAD阶段是EDA技术发展的初期阶段。在这个阶段，人们开始利用计算机取代手工劳动，但当时的计算机硬件功能有限，软件功能较弱，人们主要借助计算机对所设计的电路进行一些模拟和预测，辅助进行集成电路版图编辑和印刷电路板PCB(Printed Circuit Board)布局和布线等简单的版图绘制等工作，20世纪70年代可以说是EDA技术发展的初期阶段。

2)20世纪80年代的计算机辅助工程设计(CAED)阶段

初期阶段的硬件设计是用大量不同型号的标准芯片实现电子系统设计的。随着微电子工艺的发展，相继出现了集成上万只晶体管的微处理器、集成几十万直到上百万存储单元的随机存储器和只读存储器。此外，可编程逻辑器件PAL和GAL等一系列微结构和微电子学的研究成果都为电子系统的设计开辟了新天地，因此，可以用少数几种通用的标准芯片实现电子系统的设计。伴随着计算机和集成电路的发展，EDA技术进入到计算机辅助工程设计阶段。20世纪80年代初推出的EDA工具则以逻辑模拟、定时分析、故障仿真、自动布局和布线为核心，重点解决电路设计完成之前的功能检测等问题。利用这些工具，设计师能在产品制作之前预知产品的功能与性能，在设计阶段对产品性能进行分析。

如果说20世纪70年代的自动布局布线的CAD工具代替了设计工作中绘图的重复劳动，那么20世纪80年代出现的具有自动综合能力的CAE(Computer Assist Engineering, 计算机辅助工程)工具则代替了设计师的部分工作，对保证电子系统的设计，制造出最佳的电子产品起着关键的作用。到了20世纪80年代后期，EDA工具已经可以进行设计描述、综合与优化以及设计结果验证。CAED阶段的EDA工具不仅为成功开发电子产品创造了有利条件，而且为高级设计人员的创造性劳动提供了方便。但是，大部分从原理图出发的EDA工具仍然不能适应复杂电子系统的设计要求，并且具体化的元件图形制约着优化设计。

3)20世纪90年代电子系统设计自动化(EDA)阶段

20世纪90年代以来，微电子工艺有了惊人的发展，其工艺水平已经达到了深亚微米级，甚至达到超深亚微米级。在一个芯片上已经可以集成上百万乃至上亿只晶体管，芯片速度达到了 Gb/s 量级，百万门以上的可编程逻辑器件陆续问世，为了满足千差万别的系统用户提出的设计要求，最好的办法是由用户自己设计芯片，让他们把想设计的电路直接设计在自己的专用芯片上。这个阶段发展起来的 EDA 工具，目的是在设计前期将原来设计师从事的许多高层次设计工作改由工具来完成，如可以将用户要求转换为设计技术规范，有效地处理可用的设计资源与理想的设计目标之间的矛盾，按具体的硬件、软件和算法分解设计，设计师可以通过一些简单标准化的设计过程，利用微电子厂家提供的设计库来完成数万门 ASIC 和集成系统的设计与验证。这样就对电子设计的工具提出了更高的要求，提供了广阔的发展空间，促进了 EDA 技术的形成。特别是世界各 EDA 公司致力于推出兼容各种硬件实现方案和支持标准硬件描述语言的 EDA 工具软件，这都有效地将 EDA 技术推向成熟。

20 世纪 90 年代，设计师逐步从使用硬件转向设计硬件，从单个电子产品开发转向系统级电子产品开发 SOC(System On a ChiP，即片上系统)。因此，EDA 工具是以系统级设计为核心，包括系统行为级描述与结构综合、系统仿真与测试验证、系统划分与指标分配、系统决策与文件生成等一整套的电子系统设计自动化工具。这时的 EDA 工具不仅具有电子系统设计的能力，而且能提供独立于工艺和厂家的系统级设计能力，具有高级抽象的设计构思手段。例如，提供方框图、状态图和流程图的编辑能力，具有适合层次描述和混合信号描述的硬件描述语言(如 VHDL、Verilog、AHDI 等)，同时含有各种工艺的标准元件库。只有具备上述功能的 EDA 工具，才可能使电子系统工程师在不熟悉各种半导体工艺的情况下，完成电子系统的设计。

EDA 技术已经成为电子设计的重要工具，无论是芯片设计还是系统设计，如果没有 EDA 工具的支持，都将是难以完成的。EDA 工具已经成为现代电路设计工程师的重要武器，正在发挥越来越重要的作用。

1.3　EDA 设计流程

EDA 设计流程就如同建造一栋楼房，第一，需要进行“建筑设计”——用各种设计图纸把建筑设想表示出来；第二，进行“建筑预算”——根据投资规模、拟建楼房的结构及有关建房的经验数据等，计算需要多少基本的建筑材料(如砖、水泥、预制块、门、窗户等)；第三，根据建筑设计和建筑预算进行“施工设计”——这些砖、水泥、预制块、门、窗户等材料具体砌在房子的什么部位，相互之间怎样连接；第四，根据施工图进行“建筑施工”——将这些砖、水泥、预制块、门、窗户等按照规定施工建成一栋楼房；施工完毕后，还要进行“建筑验收”——检验所建楼房是否符合设计要求。同时，在整个建设过程中，可能需要构造某些“建筑模型”或进行某些“建筑实验”。

那么，对于目标器件为 FPGA 和 CPLD 的 HDL 设计，其设计流程如何呢？EDA，设计流程与上面所描述的基建流程类似：第一，需要进行“源程序的编辑和编译”——用一定的逻辑表达手段将设计表达出来；第二，要进行“逻辑综合”——将用一定的逻辑表达手段表达出来的设计，经过一系列的操作，分解成一系列的基本逻辑电路及对应关系(电路分解)；第三，要进行“目标器件的布线/适配”——在选定的目标器件中建立其基本逻辑电路及对应关系(逻辑实现)；第四，目标器件的编程/下载——将前面的软件设计经过编程变成具体的设计系统(物理实现)；最后，要进行硬件仿真/硬件测试——验证所设计的系统是否符合设计要求。同时，在设计过程中要进行有关"仿真"——模拟有关设计结果与设计构想是否相符。

综上所述，EDA 的工程设计的基本流程如图 1.1 所示。EDA 设计流程包括设计准备、设计输入、设计处理、器件编程和设计完成 5 个步骤，以及相应的功能仿真、时序仿真和器件测试 3 个设计验证过程。

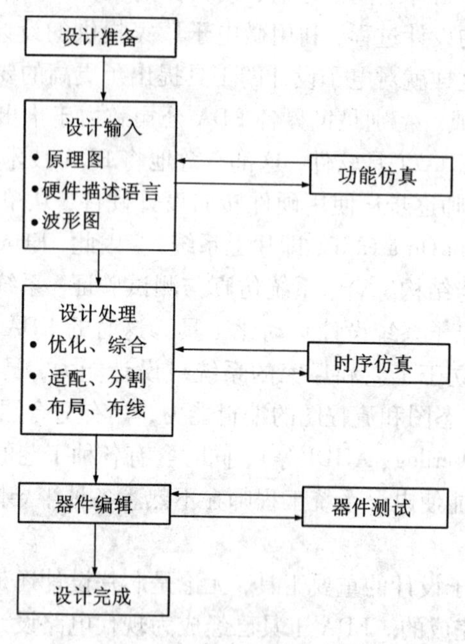

图 1.1 EDA 设计流程图

1. 设计准备

设计准备是指设计者在进行设计之前，依据任务要求，确定系统所要完成的功能及复杂程度、器件资源的利用和所需成本等做的准备工作，如进行方案论证、系统设计和器件设计输入等。

2. 设计输入

设计输入是指将设计的系统或电路按照 EDA 开发软件要求的某种形式表示出来，并送入计算机的过程。设计输入方式有多种，包括波形方式、原理图输入硬件描述语言的文本输入，或者采用文本和图形两者混合的输入方式。也可以采用自上而下(Top - Down)的层次结构设计方法，设计过程包括从自然语言到硬件语言的系统行为描述、系统的分解、RTL 级模型的建立、门级模型的产生，到最终的可以物理布线实现的底层电路，将多个输入文件合并成一个设计文件等。

1)图形输入方式

图形输入也称为原理图输入，这是一种最直接的设计输入方式，它使用软件系统提供的元器件库及各种符号和连线画出设计电路的原理图，形成图形输入文件。这种方式大多用在设计者对系统及各部分电路很熟悉的情况下，或在系统对时间特性要求较高的场合。其优点是容易实现仿真，便于信号的观察和电路的调整。

2)文本输入方式

文本输入是指采用硬件描述语言进行电路设计的方式。硬件描述语言有普通硬件描述语言和行为描述语言，它们用文本方式描述设计和输入。

普通硬件描述语言有 AHDL 和 CUPL 等，它们支持逻辑方程、真值表和状态机等逻辑表达方式。行为描述语言是目前常用的高层硬件描述语言，有 VHDL 和 Verilog HDL 等，它们具有很强的逻辑描述和仿真功能，可实现与工艺无关的编程与设计，使设计者在系统设计、逻辑验证阶段便确立方案的可行性，且输入效率高，在不同的设计输入库之间转换也非常方便。运用 VHDL、Verilog HDL 硬件描述语言进行设计已是当前的趋势。

3）波形输入方式

波形输入主要用于建立和编辑波形设计文件，以及输入仿真向量和功能测试向量。波形设计输入适用于时序逻辑和有重复性的逻辑函数，系统软件可以根据用户定义的输入/输出波形自动生成逻辑关系。

波形编辑功能还允许设计者对波形进行复制、剪切、粘贴、重复与伸展等操作，从而可以用内部节点、触发器和状态机建立设计文件，并与波形进行组合，显示各种进制（如二进制、八进制等）的状态值。同时，还可以通过将一组波形重叠到另一组波形上，对两组仿真结果进行比较。

3. 设计处理

设计处理是 EDA 设计中的核心环节。在设计处理阶段，编译软件将对设计输入文件进行逻辑化简、综合和优化，并适当地用一片或多片器件自动地进行适配，最后产生编程用的编程文件。设计处理主要包括设计编译和检查、逻辑优化和综合、适配和分割、布局和布线、生成编程数据文件等过程。

1）设计编译和检查

设计输入完成之后，立即进行编译。在编译过程中首先进行语法检验，如检查原理图的信号线有无漏接，信号有无双重来源，文本输入文件中关键字有无错误等，并及时标出错误的位置，供设计者修改。然后进行设计规则检验，检查总的设计有无超出器件资源或规定的限制，并生成编译报告，指明违反规则和潜在不可靠电路的情况，以供设计者纠正。

2）逻辑优化和综合

逻辑优化是化简所有的逻辑方程或用户自建的宏，使设计所占用的资源最少。综合的目的是将多个模块化设计文件合并为一个网表文件，并使层次设计平面化（即展平）。

在利用 VHDL 设计过程中，综合（Synthesis）就其描述方式来说，是软件描述与硬件结构相联系的关键步骤，是文字描述与硬件实现的一座桥梁，是突破软硬件屏障的有利武器。综合就是将电路的高级语言如行为描述转换成低级的可与 FPGA/CPLD 或构成 ASIC 的门阵列基本结构相映射的网表文件或程序，EDA 的实现在很大程度上依赖于性能良好的综合器，因此 VHDL 程序设计必须完全适应 VHDL 综合器的要求，使软件设计牢固植根于可行的硬件实现中，当然也应注意到，并非所有可综合的 VHDL 程序都能在硬件中实现，这涉及两方面的问题：首先要看此程序将对哪一系列的目标器件进行综合，例如含有内部三态门描述的 VHDL 程序原则上是可综合的，但对于特定的目标器件系列却不一定支持，即无法在硬件中实现；其次是资源问题，这是实用 VHDL 面临的最尖锐的问题，例如在 VHDL 程序中直接使用乘法运算符，尽管综合器和绝大多数目标器件都是支持的，但即使是一个 16 位乘 16 位的组合逻辑乘法器在普通规模的 PLD 器件 1 万门左右中也是难以实现的。因此实用的 VHDL

程序设计中必须注意硬件资源的占用问题。

3)适配和分割

在适配和分割过程中，确定优化以后的逻辑能否与下载目标器件(CPLD 或 FPGA)中的宏单元和 I/O 单元适配，然后将设计分割为多个便于适配的逻辑小块形式映射到器件相应的宏单元中。如果整个设计不能装入一片器件时，可以将整个设计自动分割成多块并装入同一系列的多片器件中去。

分割工作可以全部自动实现，也可以部分由用户控制，还可以全部由用户控制进行。分割时应使所需器件数目和用于器件之间通信的引脚数目尽可能少。

4)布局和布线

布局和布线工作是在设计检验通过以后由软件自动完成的，它能以最优的方式对逻辑元件布局，并准确地实现元件间的布线互联。布局和布线完成后，软件会自动生成布线报告，提供有关设计中各部分资源的使用情况等信息。

5)生成编程数据文件

设计处理的最后一步是产生可供器件编程使用的数据文件。对 CPLD 来说，是产生熔丝图文件，即 JEDEC 文件(电子器件工程联合会委员会制定的标准格式，简称 JEDEC 文件)；对于 FPGA 来说，是生成比特流数据文件 BG(Bit-stream Generation)。

4. 设计校验

设计校验过程包括功能仿真和时序仿真，这两项工作是在设计处理过程中同时进行的。功能仿真是在设计输入完成之后，针对具体器件在编译之前进行的逻辑功能验证，因此又称为前仿真。此时的仿真没有延时信息或者由系统添加的微小标准延时，这对于初步的功能检测非常方便。仿真前，要先利用波形编辑器或硬件描述语言等建立波形文件或测试向量(即将所关心的输入信号组合成序列)，仿真结果将会生成报告文件和输出信号波形，从中便可以观察到各个节点的信号变化。若发现错误，则返回设计输入中再次修改逻辑设计。

时序仿真是在选择了具体器件并完成布局、布线之后进行的时序关系仿真，因此又称为后仿真或延时仿真。由于不同器件的内部延时不一样，不同的布局、布线方案也给延时造成不同的影响，因此在设计处理以后，对系统和各模块进行时序仿真，分析其时序关系，估计设计的性能及检查和消除竞争冒险等是非常必要的。

5. 器件编程

编程是指将设计处理中产生的编程数据文件通过软件下载到可编程逻辑器件中。对 CPLD 器件来说是将 JEDEC 文件下载(download)到 CPLD 器件中去，对 FPGA 来说是将比特流数据 BG 文件配置到 FPGA 中去。

器件编程需要满足一定的条件，如编程电压、编程时序和编程算法等。普通的 CPLD 器件和一次性编程的 FPGA 需要专用的编程器完成器件的编程工作。基于 SRAM 的 FPGA 可以由 EPROM 或其他存储体进行配置。在系统可编程器件(ISP－PLD)则不需要专门的编程器，只要一根与计算机互联的下载编程电缆就可以了。

6. 器件测试和设计验证

器件在编程完毕之后，可以用编译时产生的文件对器件进行检验、加密等工作，或采用边界扫描测试技术进行功能测试，测试成功后才完成其设计。

设计验证可以在 EDA 硬件开发平台上进行。EDA 硬件开发平台的核心部件是一片可编程逻辑器件FPGA或CPLD，再附加一些输入/输出设备，如按键、数码显示器、指示灯和扬声器等，还提供时序电路需要的脉冲源。将设计电路编程下载到FPGA或CPLD中，根据EDA硬件开发平台的操作模式要求，进行相应的输入操作，然后检查输出结果，验证设计电路的正确性。

1.4 EDA技术的主要内容及主要的EDA厂商

1.4.1 EDA技术的主要内容

EDA技术涉及面广，内容丰富，从教学和实用的角度看，主要应掌握如下4个方面的内容：①大规模可编程逻辑器件；②硬件描述语言；③软件开发工具；④实验开发系统。其中，大规模可编程逻辑器件是利用EDA技术进行电子系统设计的载体，硬件描述语言是利用EDA技术进行电子系统设计的主要表达手段，软件开发工具是利用EDA技术进行电子系统设计智能化、自动化的设计工具，实验开发系统则是利用EDA技术进行电子系统设计的下载工具及硬件验证工具。下面对EDA技术的主要内容进行概要的介绍。

1. 大规模可编程逻辑器件

可编程逻辑器件(PLD)是一种由用户编程来实现某种逻辑功能的新型逻辑器件，主要包括现场可编程门阵列(FPGA)和复杂可编程逻辑器件(CPLD)两大类。国际上生产FPGA/CPLD的主流公司，并且在国内占据市场份额较大的主要是Xilinx、Altera和Lattice等3家公司。

FPGA/CPLD最明显的特点是高集成度、高速度和高可靠性，其时钟延时可小至纳秒级，结合其并行工作方式，在超高速应用领域和实时测控方面有着非常广阔的应用前景。在高可靠应用领域，如果设计得当，将不会出现类似于MCU的复位不可靠和PC跑飞等问题。FPGA/CPLD的高可靠性还表现在几乎可将整个系统下载于同一芯片中，实现所谓片上系统，大大缩小了体积，易于管理和屏蔽。

与ASIC设计相比，FPGA/CPLD显著的优势是开发周期短、投资风险小、产品上市速度快、市场适应能力强和硬件升级回旋余地大，而且当产品定型和产量扩大后，可将在生产中迅速实现ASIC投产。

对于一个开发项目，究竟是选择FPGA还是选择CPLD，主要看开发项目本身的需要。对于普通规模，且产量不是很大的产品项目，通常使用CPLD比较好。对于大规模的ASIC设计或单片系统设计，则多采用FPGA。另外，FPGA掉电后将丢失原有的逻辑信息，所以在实用中需要为FPGA芯片配置一个专用ROM。

2. 软件开发工具

目前比较流行的主流厂家的EDA软件工具有Altera的Max+plus Ⅱ、Quartus Ⅱ，Lattice的ispExPERT，Xilinx的Foundation Series等。

Max+plus Ⅱ是Altera公司推出的一种使用非常广泛的EDA软件工具，它支持原理图、VHDL和Verilog语言的文本文件，以及波形图与EDIF等格式的文件作为设计输入，并支持这些文件的任意混合设计。它具有门级仿真器，可以进行功能仿真和时序仿真，能够产生精确的仿真结果。在适配之后，Max+plus Ⅱ生成供时序仿真用的Edif、VHDL和Verilog 3种不同格式的网表文件。Max + plus Ⅱ界面友好，使用便捷，被誉为业界最易学易用的 EDA 软件，并支持主流的第三方 EDA 工具，支持除 APEx20K 系列之外的所有 Altera 公司的 FPGA/CPLD 大规模逻辑器件。

Quartus Ⅱ是 Altera 公司新近推出的 EDA 软件工具，其设计工具完全支持 VHDL 和 Verilog的设计流程，其内部嵌有 VHDL、Verilog 逻辑综合器和第三方的综合工具（如 Leonardo Spectrum、Synplify pro 和 FPGA Compiler Ⅱ），Quartus Ⅱ可以直接调用这些第三方工具，因此通常建议使用这些工具来完成 VHDL/Verilog 源程序的综合。同样，Quartus Ⅱ具备仿真功能，也支持第三方的仿真工具（如 Modelsim）。此外，Quartus Ⅱ为 Altera DSP 开发包进行系统模型设计提供了集成综合环境，它与 Matlab 和 DSP Builder 结合可以进行基于 FPGA 的 DSP 系统开发，是 DSP 硬件系统实现的关键 EDA 工具。Quartus Ⅱ还可与 SOPC Builder 结合，实现 SOPC 系统开发。

ispExPERT 是 Lattice 公司的主要集成环境。通过它可以进行 VHDL、Verilog 及 ABEL 语言的设计输入、综合、适配、仿真和在系统下载。ispExPERT 是目前流行的 EDA 软件中最容易掌握的设计工具之一，界面友好、操作方便、功能强大，并与第三方 EDA 工具兼容良好。

Foundation Series 是 Xilinx 公司较成熟的集成开发 EDA 工具。它采用自动化的、完整的集成设计环境。Foundation 项目管理器集成 Xilinx 实现工具，是业界最强大的 EDA 设计工具之一。

EDA 软件工具层出不穷，目前进入中国并具有广泛影响的 EDA 软件有：EWB、PSPICE、OrCAD、PCAD、Protel、Viewlogic、Mentor、Graphics、Synopsys、LSIlogic、Cadence、MicroSim 等。这些工具都有较强的功能，一般可用于进行电路设计与仿真，同时也可以进行 PCB 自动布局布线，可输出多种网表文件与第三方软件接口。下面按主要功能或主要应用场合，分为电路设计与仿真工具、PCB 设计软件、IC 设计软件、PLD 设计工具及其他 EDA 软件进行简单介绍。

1）电路设计与仿真工具

电路设计与仿真工具包括 SPICE/PSPICE、EWB、Matlab、SystemView、MMICAD 等。下面简单介绍前 3 种工具。

（1）SPICE（Simulation Program with Integrated Circuit Emphasis）是由美国加州大学推出的电路分析仿真软件，是 20 世纪 80 年代世界上应用最广的电路设计软件，1998 年被定为美国国家标准。1984 年，美国 MicroSim 公司推出了基于 SPICE 的微机版 PSPICE（Personal - SPICE）。现在用得较多的是 PSPICE 6.2，可以说在同类产品中，它是功能最为强大的模拟和数字电路混合仿真 EDA 软件，在国内普遍使用。最新推出了 PSPICE 9.1 版本。它可以进行各种各样的电路仿真、激励建立、温度与噪声分析、模拟控制、波形输出、数据输出，并在同一窗口内同时显示模拟与数字的仿真结果。无论对哪种器件哪些电路进行仿真，都可以得到精确的仿真结果，并可以自行建立元器件及元器件库。

（2）EWB（Electronic Workbench）软件是 Interactive Image Technologies Ltd 在 20 世纪 90 年代初推出的电路仿真软件。目前普遍使用的是 EWB 5.2，相对于其他 EDA 软件，它是较小巧的软件（只有 16M）。但它对模数电路的混合仿真功能却十分强大，几乎能 100% 地仿真出真实电路的结果，并且它在桌面上提供了万用表、示波器、信号发生器、扫频仪、逻辑分析仪、数字信号发生器、逻辑转换器和电压表、电流表等仪器仪表。它的界面直观，易学易用。

它的很多功能模仿了 SPICE 的设计，但分析功能比 PSPICE 稍少一些。

(3) Matlab 产品族的一大特性是有众多的面向具体应用的工具箱和仿真块，包含了完整的函数集用来对图像信号处理、控制系统设计、神经网络等特殊应用进行分析和设计。它具有数据采集、报告生成和 Matlab 语言编程产生独立 C/C ++ 代码等功能。Matlab 产品族具有下列功能：数据分析、数值和符号计算、工程与科学绘图、控制系统设计、数字图像信号处理、财务工程、建模、仿真、原型开发、应用开发、图形用户界面设计等。Matlab 产品族被广泛地应用于信号与图像处理、控制系统设计、通信系统仿真等诸多领域。开放式的结构使 Matlab 产品族很容易针对特定的需求进行扩充，从而在不断深化对问题的认识的同时，提高自身的竞争力。

2) PCB 设计软件

PCB (Printed - Circuit Board) 设计软件种类很多，如 Protel、OrCAD、Viewlogic、Power PCB、Cadence PSD、MentorGraphices 的 Expedition PCB、Zuken CadStart、Winboard/Windraft/Ivex - SPICE、PCB Studio、TANGO 等。目前在我国用得最多的应属 Protel。Protel 是 PROTEL 公司在 20 世纪 80 年代末推出的 CAD 工具，是 PCB 设计者的首选软件。它在国内使用较早，普及率最高，有些高校的电路专业还专门开设 Protel 课程，几乎所在的电路公司都要用到它。早期的 Protel 主要作为印刷板自动布线工具使用，现在普遍使用的是 Protel 99 SE，它是个完整的全方位电路设计系统，包含了电路原理图绘制、模拟电路与数字电路混合信号仿真、多层印刷电路板设计(包含印刷电路板自动布局布线)、可编程逻辑器件设计、图表生成、电路表格生成、支持宏操作等功能，并具有 Client/Server(客户/服务器) 体系结构，同时还兼容一些其他设计软件的文件格式，如 OrCAD、PSPICE、Excel 等。使用多层印制线路板的自动布线，可实现高密度 PCB 的 100% 布通率。Protel 软件功能强大，界面友好，使用方便，但它最具代表性的是电路设计和 PCB 设计。

3) IC 设计软件

IC 设计工具很多，其中按市场所占份额排行为 Cadence、Mentor Graphics 和 Synopsys。这 3 家都是 ASIC 设计领域相当有名的软件供应商，其他公司的软件相对来说使用者较少。中国华大公司也提供 ASIC 设计软件(熊猫 2000)；另外近年来出名的 Avanti 公司，是由原来在 Cadence 工作的几个华人工程师创立的，他们的设计工具可以全面和 Cadence 公司的工具相抗衡，非常适用于深亚微米的 IC 设计。下面按用途对 IC 设计软件作一些介绍。

(1) 设计输入工具。这是任何一种 EDA 软件必须具备的基本功能。像 Cadence 的 composer，Viewlogic 的 viewdraw，硬件描述语言 VHDL、Verilog HDL 是主要设计语言，许多设计输入工具都支持 HDL。另外像 Active - HDL 和其他的设计输入方法，包括原理和状态机输入方法，设计 FPGA/CPLD 的工具大都可作为 IC 设计的输入手段。

(2) 设计仿真工作。我们使用 EDA 工具的一个最大好处是可以验证设计是否正确，几乎每个公司的 EDA 产品都有仿真工具。Verilog - XL、NC - verilog 用于 Verilog 仿真，Leapfrog 用于 VHDL 仿真，Analog Artist 用于模拟电路仿真。Viewlogic 的仿真器有：viewsim 门级电路仿真器，speedwaveVHDL 仿真器，VCS - Verilog 仿真器，Mentor Graphics 有其子公司 Model Tech 出品的 VHDL 和 Verilog 双仿真器，Model Sim、Cadence、Synopsys 用的是 VSS(VHDL 仿真器)。现在的趋势是各大 EDA 公司都逐渐用 HDL 仿真器作为电路验证的工具。

(3) 综合工具可以把 HDL 变成门级网表。这方面 Synopsys 工具占有较大的优势，它的

Design Compile 是综合的工业标准，它还有另外一个产品叫 Behavior Compiler，可以提供更高级的综合。另外最近美国又开发出一家软件叫 Ambit，它比 Synopsys 的软件更有效，可以综合 50 万门的电路，速度更快。Ambit 已被 Cadence 公司收购，为此 Cadence 放弃了它原来的综合软件 Synergy。随着 FPGA 设计的规模越来越大，各 EDA 公司又开发了用于 FPGA 设计的综合软件，比较有名的有：Synopsys 的 FPGA Express，Cadence 的 Synplity，Mentor 的 Leonardo，这 3 家的 FPGA 综合软件占了市场的绝大部分。

（4）布局和布线。在 IC 设计的布局布线工具中，Cadence 软件是比较强的，它有很多产品，用于标准单元。门阵列已可实现交互布线，最有名的是 Cadence spectra，它原来是用于 PCB 布线的，后来 Cadence 把它用来作 IC 的布线。其主要工具有：Cell3，Silicon Ensemble——标准单元布线器；Gate Ensemble——门阵列布线器；Design Planner——布局工具。其他各 EDA 软件开发公司也提供各自的布局布线工具。

（5）物理验证工具。包括版图设计工具、版图验证工具、版图提取工具等。这方面 Cadence 也是很强的，其 Dracula、Virtuso、Vampire 等物理工具有很多的使用者。

（6）模拟电路仿真器。前面讲的仿真器主要是针对数字电路的，对于模拟电路的仿真工具，普遍使用 SPICE，只不过是选择不同公司的 SPICE，像 MicroSim 的 PSPICE、Meta Soft 的 HSPICE 等，HSPICE 现在被 Avanti 公司收购了。在众多的 SPICE 中，最好、最准的当数 HSPICE，作为 IC 设计，它的模型最多，仿真的精度也最高。

4）PLD 设计工具

PLD（Programmable Logic Device）是一种由用户根据需要而自行构造逻辑功能的数字集成电路。目前主要有两大类型：CPLD（Complex PLD）和 FPGA（Field Programmable Gate Array）。它们的基本设计方法是借助于 EDA 软件，用原理图、状态机、布尔表达式、硬件描述语言等方法，生成相应的目标文件，最后用编程器或下载电缆，由目标器件实现。生产 PLD 的厂家很多，但最有代表性的 PLD 厂家为 Altera、Xilinx 和 Lattice 公司。

PLD 的开发工具一般由器件生产厂家提供，但随着器件规模的不断增加，软件的复杂性也随之提高，目前由专门的软件公司与器件生产厂家合作，推出功能强大的设计软件。PLD 是一种可以完全替代 74 系列及 GAL. PLA 的新型电路，只要有数字电路基础，会使用计算机，就可以进行 PLD 的开发。PLD 的在线编程能力和强大的开发软件，使工程师在几天，甚至几分钟内就可完成以往几周才能完成的工作，并可将数百万门的复杂设计集成在一颗芯片内。PLD 技术在发达国家已成为电子工程师必备的技术。

5）其他 EDA 软件

（1）VHDL 语言超高速集成电路硬件描述语言（VHSIC Hardware Deseription Languagt，简称 VHDL），是 IEEE 的一项标准设计语言。它源于美国国防部提出的超高速集成电路（Very High Speed Integrated Circuit，简称 VHSIC）计划，是 ASIC 设计和 PLD 设计的一种主要输入工具。

（2）Veriolg HDL 是 Verilog 公司推出的硬件描述语言，在 ASIC 设计方面与 VHDL 语言平分秋色。

（3）其他 EDA 软件，如专门用于微波电路设计和电力载波工具，PCB 制作和工艺流程控制等领域的工具，在此就不作介绍了。

3. 硬件描述语言

EDA设计通常采用硬件描述语言文本输入方式，另外还有简单易学的原理图和波形图输入方式。常用的硬件描述语言有VHDL语言、Verilog语言和ABEL语言。VHDL语言作为IEEE的工业标准硬件描述语言，在电子工程领域已成为事实上的通用硬件描述语言。Verilog语言支持的EDA工具较多，适用于RTL级和门电路级的描述，其综合过程较VHDL稍简单，但在高级描述方面不如VHDL。ABEL语言是一种支持各种不同输入方式的HDL，被广泛用于各种可编程逻辑器件的逻辑功能设计。由于其语言描述的独立性而适用于各种不同规模的可编程器件的设计。有专家认为，在21世纪中，VHDL与Verilog语言将承担几乎全部的数字系统设计任务。

4. 实验开发系统

提供芯片下载电路及EDA实验/开发的外围资源(类似于基于单片机开发的仿真器)，供硬件验证用。一般包括：①实验/开发所需的各类基本信号发生模块，包括时钟、脉冲、高低电平等；②FPGA/CPLD输出信息显示模块，包括数码管显示、发光管显示、扬声器指示等；③监控程序模块，提供“电路重构软配置”；④目标芯片适配座以及FPGA/CPLD目标芯片和编程下载电路。

1.4.2　主要的EDA厂商

作为一名优秀的电子器件设计工程师，为使设计得心应手，对相关厂商应有一定的了解。下面对主要EDA厂商进行介绍。

(1) Altera：Altera公司在20世纪90年代以后发展很快，是最大的可编程逻辑器件供应商之一。其主要产品有MAX3000/70000、FLEX6000/8000/10K、APEX20K、Stratix和Cyclone等，提供门数为5000～250000，开发软件为Max+plus Ⅱ和Quartus Ⅱ。

(2) Xilinx：FPGA的发明者，老牌PLD公司，是最大的可编程逻辑器件供应商之一。其产品种类较全，主要有XC2000/3000/4000/4000E/4000LXA/5200、Coolrunner (XPLA3)、Spartan和Virtex系列等，可用门数为1200～18000，开发软件为Foundation、Alliance和ISE。通常来说，在欧洲用Xilinx器件的人较多，在日本和亚太地区用Altera器件的人较多，在美国则是平分秋色。全球PLD/FPGA产品60%以上是由Altera和Xilinx提供的，它们共同决定了PLD技术的发展方向。

(3) Lattice：Lattice是ISP技术的发明者。ISP技术极大地促进了PLD产品的发展，与Altera和Xilinx相比，Lattice公司开发的工具略逊一筹，大规模PLD、FPGA的竞争力还不够强，但小规模PLD比较有特色。Lattice于1999年推出可编程模拟器件，同时收购Vantis公司，又于2001年12月收购Agere公司的FPGA部门，成为全球第三大可编程逻辑器件供应商。其主要产品有ispLSI 2000/5000/8000、MACH4/5和ispMACH 4000等，集成度可多达25000个PLD等效门。

(4) Actel：反熔丝(一次性烧写)PLD的领导者。由于反熔丝PLD抗辐射、耐高低温、功耗低、速度快，因此Altera公司在军品和宇航级上有较大优势，Altera和Xilinx公司则一般不涉足军品和宇航市场。

(5) Quicklogic：专业PLD/FPGA公司，以一次性反熔丝工艺为主，有一些集成硬核的FPGA比较有特色，但总体上在中国地区销售量不大。

(6)Atmel：FPGA 不是 Atmel 公司的主要业务，但其中小规模 PLD 做得不错。Atmel 也做了一些与 Altera 和 Xilinx 兼容的芯片，但在品质上与原厂产品还有一些差距，在高可靠性产品中使用较少，多用在低端产品上。表 1.1 列出了主要厂商开发的 EDA 软件特性。

表 1.1 可编程逻辑器件 EDA 开发的软件特性

厂商	EDA 软件名称	适用器件系列	输入方式
Lattice	Synario	MACH、GAL、ispLSI、pLSI 等	原理图、ABEL、VHDL 文本等
Lattice	Expert、LEVER	ispLSI、pLSI、MACH 等	原理图、VHDL 文本等
Altera	Max + Plus Ⅱ	MAX、FLEX 等	原理图、波形图、VHDL 文本、AHDL 文本
Altera	Quartus Ⅱ	MAX、FLEX、APEX 等	原理图、波形图、VHDL 文本、Verilog 文本
Xilinx	Alliance	Xilinx 各种系列	原理图、VHDL 文本等
Xilinx	Foundation	XC 系列	原理图、VHDL 文本等
Actel	Actel Designer	SX 系列、MX 系列	原理图、VHDL 文本等

1.5 常用的 EDA 工具

EDA 工具在 EDA 技术应用中占据极其重要的位置。EDA 技术的核心是利用计算机完成电路设计的全程自动化，因此基于计算机环境下的 EDA 工具软件的支持是必不可少的。用 EDA 技术设计电路可以分为不同的技术环节，每一个环节中必须有对应的软件包或专用的 EDA 工具。EDA 工具大致可以分为设计输入编辑器、仿真器、HDL 综合器、适配器(或布局布线器)及下载器等 5 个模块。

1. 设计输入编辑器

通常专业的 EDA 工具供应商或可编程逻辑器件厂商都提供 EDA 开发工具，在这些 EDA 开发工具中都含有设计输入编辑器，如 Xilinx 公司的 Foundation，Altera 公司的 Max + plus Ⅱ、Quartus Ⅱ等。

一般的设计输入编辑器都支持图形输入和 HDL 文本输入。图形输入通常包括原理图、状态图和波形图 3 种输入方式。原理图输入方式沿用传统的数字系统设计方式，即根据设计电路的功能和控制条件，画出设计的原理图或状态图或波形图，然后在设计输入编辑器的支持下，将这些图形输入到计算机中，形成图形文件。图形输入方式形象直观，不需要掌握硬件描述语言等相关知识，便于初学或教学演示。图形输入方式存在标准化缺失、图形文件兼容性差及不便于电路模块的移植和再利用等缺点。

HDL 文本输入方式与传统的计算机软件语言编辑输入基本一致，在设计输入编辑器的支持下，使用某种硬件描述语言 HDL 对设计电路进行描述，形成 HDL 源程序。HDL 文本输入方式克服了图形输入方式的弊端，为 EDA 技术的应用和发展打开了一个广阔天地。还可以利用图形输入与 HDL 文本输入各自的优点，将它们结合起来进行混合输入，实现复杂电路系统的设计。

2. 仿真器

仿真器在 EDA 技术中的地位非常重要，行为模型的表达、电子系统的建模、逻辑电路的验证及门级系统的测试，每一步都离不开仿真器的模拟检测。在 EDA 发展的初期，快速地进行电路逻辑仿真是当时的核心问题，即使在现在，各个环节的仿真仍然是整个 EDA 设计流程中最重要、最耗时的一个步骤。因此，仿真器的仿真速度、准确性和易用性已成为衡量仿真器好坏的重要指标。

按仿真器对硬件描述语言不同的处理方式，可以分为编译型仿真器和解释型仿真器。编译型仿真器速度较快，但需要预处理，因此不能及时修改；解释型仿真器的速度一般，但可以随时修改仿真环境和条件。几乎每个 EDA 厂商都提供基于 Verilog/VHDL 的仿真器。常用的仿真器有 ModelTechnology 公司的 ModelSim，Cadence 公司的 Verilog - XL 和 NC - Sim，Aldec 公司的 Active HDL，Synopsys 公司的 VCS 等。

3. HDL 综合器

硬件描述语言诞生的初衷是对逻辑电路进行建模和仿真，但直到 Synopsys 公司推出了 HDL 综合器后，HDL 才被直接用于电路设计。

HDL 综合器是一种将硬件描述语言转化为硬件电路的重要工具软件。在利用 EDA 技术进行电路设计时，HDL 综合器完成电路化简、算法优化和硬件结构细化等操作。HDL 综合器把可综合的 HDL(Verilog 或 VHDL) 转化为硬件电路时，一般要经过两个步骤。第一步是对 Verilog 或 VHDL 进行处理分析，并将其转换成电路结构或模块，这时不考虑实际器件的实现，即完全与硬件无关，这个过程是一个通用电路原理图形成的过程。第二步是对实际目标器件的结构进行优化，使之满足各种约束条件，优化关键路径等。

HDL 综合器的输出文件一般是网表文件，是一种用于电路设计数据交换和交流的工业标准化格式的文件，或是直接用硬件描述语言 HDL 表达的标准格式的网表文件，或是对应 FPGA/CPLD 器件厂商的网表文件。

HDL 综合器是 EDA 设计流程中的一个独立的设计步骤，它往往被其他 EDA 环节调用，完成整个设计流程。HDL 综合器的调用具有前台模式和后台模式两种，用前台模式调用时，可以从计算机的显示器上看到调用窗口界面；用后台模式(也称为控制模式) 调用时，不出现图形窗口界面，仅在后台运行。

4. 适配器(布局布线器)

适配也称为结构综合，适配器的任务是完成在目标系统器件上的布局布线。适配通常都由可编程器件厂商提供的专用软件来完成，这些软件可以单独存在，或嵌入在集成开发环境中。适配器最后输出的是各厂商自己定义的下载文件，下载到目标器件后即可实现电路设计。

5. 下载器(编程器)

下载器的任务是把电路设计结果下载到实际器件中，实现硬件设计。下载软件一般由可编程逻辑器件厂商提供，或嵌入到 EDA 开发平台中。

1.6 EDA 技术的发展趋势

1.6.1 可编程器件的发展趋势

(1)向高密度、大规模的方向发展。电子系统的发展必须以电子器件为基础。随着集成电路制造技术的发展，可编程 ASIC 器件的规模不断地扩大，从最初的几百门到现在的上百万门。目前，高密度的可编程 ASIC 汇产品已经成为主流器件。可编程 ASIS 汇已具备了片上系统(SOC)集成的能力，制造工艺也不断进步。而随着每次工艺的改进，可编程 ASIC 器件的规模都有很大的提高。高密度、大容量的可编程 ASIC 的出现，给现代复杂电子系统的设计与实现带来了巨大的帮助。

(2)向系统内可重构的方向发展。系统内可重构是指可编程 ASIC 在置入用户系统后仍具有改变其内部功能的能力。采用系统内可重构技术，使得系统内硬件的功能可以像软件那样通过编程来配置，从而在电子系统中引入“软硬件”的全新概念。它不仅使电子系统的设计以及产品性能的改进变得十分简便，还使新一代电子系统具有极强的灵活性和适应性，为许多复杂信号的处理和信息加工的实现提供了新的思路和方法。

(3)向低电压、低功耗的方向发展。集成技术的飞速发展，工艺水平的不断提高，节能潮流在全世界的兴起，也为半导体工业提出了降低工作电压的发展方向。可编程 ASIC 产品作为电子系统的重要组成部分，也不可避免地向 3.3 V→2.5 V→1.8 V 的低电压标准靠拢，以便适应其他数字器件，扩大应用范围，满足节能的要求。

(4)向混合可编程技术方向发展。可编程 ASIC 的广泛应用使得电子系统的构成和设计方法均发生了很大的变化。但是迄今为止，有关可编程 ASIC 的研究和开发的大部分工作基本都集中在数字逻辑电路上。在未来几年里，这一局面将会有所改变，模拟电路及数模混合电路的可编程技术将得到发展。可编程模拟 ASIC 是今后模拟电子线路设计的一个发展方向，其出现使得模拟电子系统的设计也变得和数字系统设计一样简单易行，为模拟电路的设计提供了一个崭新的途径。

1.6.2 软件开发工具的发展趋势

1. 开发具有数模混合信号处理能力的 EDA 工具

目前，数字电路设计的 EDA 工具远比模拟电路的 EDA 工具多，模拟集成电路 EDA 工具开发的难度较大。但是，由于物理量本身多以模拟形式存在，因此实现高性能的复杂电子系统的设计离不开模拟信号。20 世纪 90 年代以来，EDA 工具厂商都比较重视数模混合信号设计工具的开发。对数字信号的语言描述，IEEE 已经制定了 VHDL 标准，而对模拟信号的语言正在制定 AHDL 标准，此外还提出了对微波信号的 MHDL 的描述语言。

具有数模混合信号设计能力的 EDA 工具能完成含有数字信号处理、专用集成电路宏单元、数模变换和模数变换模块以及各种压控振荡器在内的混合系统设计。美国 Cadence、Synopsys 等公司开发的 EDA 工具已经具有了混合设计能力。

2. 发展有效的仿真工具

通常，可以将电子系统设计的仿真过程分为两个阶段：设计前期的系统级仿真和设计过程中的电路级仿真。系统级仿真主要验证系统的功能；电路级仿真主要验证系统的性能，决定怎样实现设计所需的精度。在整个电子设计过程中，仿真是花费时间最多的工作，也是占用EDA工具资源最多的一个环节。通常，设计活动的大部分时间花费在仿真上，如验证设计的有效性、测试设计的精度、处理设计要求等。仿真过程中仿真收敛的快慢同样是关键因素之一。要提高仿真的有效性，一方面是建立合理的仿真算法，另一方面要更好地解决系统级仿真中系统级模型的建模和电路级仿真中电路级模型的建模技术。预计在下一代EDA工具中，仿真工具将有一个较大的发展。

3. 开发理想的设计综合工具

今天，电子系统和电路的集成规模越来越大，几乎不可能直接面向版图做设计，若要找出版图中的错误，更是难上加难。将设计者的精力从繁琐的版图设计和分析中转移到设计前期的算法开发和功能验证上，是设计综合工具要达到的目的。高层次设计综合工具可以将低层次的硬件设计一起转换到物理级的设计，实现不同层次、不同形式的设计描述转换，通过各种综合算法实现设计目标所规定的优化设计。

面对当今飞速发展的电子产品市场，电子设计人员需要更加实用、快捷的EDA工具，使用统一的集成化设计环境，改变传统设计思路(即优先考虑具体物理实现方式)，将精力集中到设计构思、方案比较和算法优化设计等方面，以最快的速度开发出性能优良、质量一流的电子产品。总之，EDA工具将向着功能强大、简单易学、使用方便的方向发展。

1.6.3 输入方式的发展趋势

1. 输入方式简便化

早期的EDA工具普遍采用原理图输入方式，以文字和图形作为设计载体和文件，将设计信息加载到后续的EDA工具，完成设计分析工作。原理图输入方式的优点是直观，能满足以设计分析为主的一般要求，但原理图输入方式不适合用EDA综合工具。20世纪80年代末，电子设计开始采用新的综合工具，设计描述由原理图设计描述转向以各种硬件描述语言为主的编程方式。用硬件描述语言描述设计，更接近系统行为描述，且便于综合，更适于传递和修改设计信息，还可以建立独立于工艺的设计文件，不便之处是不太直观，要求设计者会编程。

很多电子设计师都具有原理图设计的经验，不具有编程经验，所以仍然希望继续在比较熟悉的符号与图形环境中完成设计，而不是利用编程来完成设计。为此，一些EDA公司在20世纪90年代相继推出了一批图形化免编程的设计输入工具。这些输入工具允许设计师用其最方便并熟悉的设计方式(如框图、状态图、真值表和逻辑方程)建立设计文件，然后由EDA工具自动生成综合所需的硬件描述语言文件。

2. 输入方式高效化和统一化

今天，在电子设计领域形成了这样一种分工：软件设计和硬件设计。相应地，工程师也被分成软件工程师和硬件工程师。对于复杂算法的实现，人们通常先建立系统模型，根据经验分析任务，然后将一部分工作交给软件工程师，将另一部分工作交给硬件工程师。硬件工程师为了实现复杂的系统功能，使用硬件描述语言设计高速执行的芯片，而这种设计是富有挑战性的，需要一定的硬件工程技巧。人们希望能够找到一种方法，在更高的层次下设计更复杂、更高速的系统，并希望将软件设计和硬件设计统一到一个平台下。C/C ++语言是软件工程师在开发商业软件时的标准语言，也是使用最为广泛的高级语言。人们很早就开始尝试在C语言的基础上设计下一代硬件描述语言，许多公司已经提出了不少方案，目前有两种相对成熟的硬件C语言：SystemC和Handle-C，它们相应的开发系统为CoCentric System Stadio和Celoxica DKl。这两种硬件C语言都是在C/C++的基础上根据硬件设计的需求加以改进和扩充的，用户可以在它们的开发环境中编辑代码，调用库文件，甚至可以引进HDL程序并进行仿真，最终生成网表文件，放到FPGA中执行。软件工程师不需要特别的培训，利用他们熟悉的C语言就可以直接进行硬件开发，减轻了硬件开发的瓶颈和压力。随着算法描述抽象层次的提高，使用这种C语言设计系统的优势将更加明显。

现在有很多硬件描述语言的人才，也有更多的资深的C语言编程者，他们能够利用这种工具，轻松地转到FPGA设计上。过去因为太复杂而不能用硬件描述语言表示的算法以及由于处理器运行速度太慢而不能处理的算法，现在都可以利用C语言在大规模FPGA硬件上得以实现。设计者可以利用C语言快速而简洁地构建功能函数。通过标准库和函数调用技术，设计者还能在很短的时间里创建更庞大、更复杂和更高速的系统。C语言输入方式的广泛使用还有待于更多EDA软件厂家和FPGA公司的支持。随着EDA技术的不断成熟，软件和硬件的概念将日益模糊，使用单一的高级语言直接设计整个系统将是一个统一化的发展趋势。

1.7 EDA技术的应用

1.7.1 EDA技术的应用形式

随着EDA技术的深入发展和EDA技术软硬件性价比的不断提升，EDA技术的应用将向广度和深度两个方面发展。根据利用EDA技术开发产品的最终的主要硬件构成来分，EDA技术的应用发展将表现为如下几种形式：

(1)CPLD/FPGA系统：使用EDA技术开发CPLD/FPGA，作为电子系统、控制系统和信息处理系统的主体。

(2)CPLD/FPGA+MCU系统：使用EDA技术与单片机相结合，使自行开发的CPLD/FPGA+MCU作为电子系统、控制系统、信息处理系统的主体。

(3)“CPLD/FPGA+专用DSP处理器”系统：将EDA技术与DSP专用处理器配合使用，构成一个数字信号处理系统的整体。

(4)基于FPGA实现的现代DSP系统：基于SoPC(System on a Programmable Chip)技术、EDA技术与FPGA技术实现方式的现代DSP系统。

(5)基于FPGA实现的SOC片上系统：使用超大规模的FPGA实现的，内含一个或数个嵌入式CPU或DSP，能够实现复杂系统功能的单一芯片系统。

(6)基于FPGA实现的嵌入式系统：使用CPLD/FPGA实现的，内含嵌入式处理器，能满足对象系统要求实现特定功能，能够嵌入到宿主系统的专用计算机应用系统。

1.7.2 EDA技术的应用场合

1. EDA技术广泛应用于高校机电类专业的实践教学中

用HDL语言对各种数字集成电路芯片进行方便的描述，经过生成元件后可作为一个标准元件进行调用。同时，借助于 VHDL 开发设计平台，可以进行系统的功能仿真和时序仿真，借助于实验开发系统可以进行硬件功能验证等，因而可大大地简化数字电子技术的实验，并可根据学生的设计不受限制地开展各种实验。

对于电子技术课程设计，特别是数字系统性的课题，在 EDA 实验室不需添加任何新的东西，即可设计出各种比较复杂的数字系统，并且借助于实验开发系统可以方便地进行硬件验证，如设计频率计、交通控制灯、秒表等。自 1997 年全国第 3 届电子技术设计竞赛采用 FPGA/CPLD 器件以来，FPGA/CPLD 已被越来越多选手所利用，并且给定的课题如果不借助于 FPGA/CPLD 器件可能根本无法实现。因此 EDA 技术将成为各种电子技术设计竞赛选手必须掌握的基本技能与制胜的法宝。

现代电子产品的设计离不开 EDA 技术，作为机电类专业的毕业生，借助于 EDA 技术在毕业设计中可以快速、经济地设计各种高性能的电子系统，并且很容易实现、修改及完善，同时还可大大地提高学生的实践动手能力、创新能力和计算机运用能力。

2. EDA 技术广泛应用于科研和新产品的开发中

随着可编程逻辑器件性价比的不断提高，开发软件功能的不断完善，利用 EDA 技术设计电子系统具有以下特点：用软件的方式设计硬件；设计过程中可用有关软件进行各种仿真；系统可现场编程，在线升级；整个系统可集成在一个芯片上。这些特点使 EDA 技术将广泛应用于科研和新产品的开发工作中。

3. EDA 技术将广泛应用于专用集成电路的开发

可编程器件制造厂家可按照一定的规格以通用器件大量生产，用户可按通用器件从市场上选购，然后按自己的要求通过编程实现专用集成电路的功能。因此，对于集成电路制造技术与世界先进的集成电路制造技术尚有一定差距的中国，开发具有自主知识产权的专用集成电路，已成为相关专业人员的重要任务。

4. EDA 技术广泛应用于传统机电设备的升级换代和技术改造

传统机电设备的电气控制系统，如果利用 EDA 技术进行重新设计或技术改造，不但设计周期短、设计成本低，而且将提高产品或设备的性能，缩小产品体积，提高产品的技术含量和附加值。

本章小结

现代电子设计技术的核心是 EDA 技术。EDA 技术就是依靠功能强大的电子计算机，在 EDA 工具软件平台上，对以硬件描述语言 HDL 为系统逻辑描述手段完成的设计文件，自动地完成逻辑编译、化简、分割、综合、优化和仿真，直至下载到可编程逻辑器件 CPLD/FPGA 或专用集成电路 ASIC 芯片中，实现既定的电子电路设计功能。EDA 技术极大地提高了电子电路设计效率，缩短了设计周期，节省了设计成本。

EDA 技术包括硬件描述语言 HDL、EDA 工具软件、可编程逻辑器件和实验开发系统等方面内容。目前，国际上流行的硬件描述语言主要有 VHDL、Verilog HDL 和 AHDL。EDA 工具在 EDA 技术应用中占据极其重要的位置，利用 EDA 技术进行电路设计的大部分工作是在 EDA 软件工作平台上进行的。EDA 工具软件主要包括设计输入编辑器、仿真器、HDL 综合器、适配器(或布局布线器)及下载器等 5 个模块。

今天，EDA 技术已经成为电子设计的重要工具，无论是芯片设计还是系统设计，如果没有 EDA 工具的支持，都将是难以完成的。EDA 工具已经成为现代电路设计师的重要工具，正在发挥越来越重要的作用。

习　题

1. EDA 的英文全称及其中文含义是什么?

2. 什么叫 EDA 技术? 简述 EDA 技术的发展历程。

3. 简述用 EDA 技术设计电路的设计流程。

4. 什么叫“综合”和“网表文件”?

5. 从使用的角度来讲，EDA 技术主要包括几个方面的内容? 这几个方面在整个电子系统的设计中分别起什么作用?

6. 目前流行的主流厂家的 EDA 软件工具有哪些? 比较这些 EDA 软件工具的差异。

7. 简要阐述 EDA 技术的发展趋势和应用领域。

第2章　VHDL硬件描述语言

数字系统设计分为硬件设计和软件设计。随着计算机技术、超大规模集成电路(CPLD、FPGA)的发展和硬件描述语言HDL(Hardware Description Language)的出现，软、硬件设计之间的界限被打破，数字系统的硬件设计可以完全用软件来实现，只要掌握了HDL语言就可以设计出各种各样的数字逻辑电路。

2.1　VHDL概述

2.1.1　常用硬件描述语言简介

常用硬件描述语言有VHDL、Verilog和ABEL语言。VHDL起源于美国国防部的VHSIC，Verilog起源于集成电路的设计，ABEL则起源于可编程逻辑器件的设计。下面从使用方面对三者进行对比。

(1)逻辑描述层次。一般的硬件描述语言可以在3个层次上进行电路描述，其层次由高到低依次可分为行为级、RTL级和门电路级。VHDL语言是一种高级描述语言，适用于行为级和RTL级的描述，最适于描述电路的行为；Verilog语言和ABEL语言是一种较低级的描述语言，适用于RTL级和门电路级的描述，最适于描述门级电路。

(2)设计要求。由VHDL设计电子系统时可以不了解电路的结构细节，设计者所做的工作较少；Verilog和ABEL语言进行电子系统设计时需了解电路的结构细节，设计者需做大量的工作。

(3)综合过程。任何一种语言源程序，最终都要转换成门电路级才能被布线器或适配器所接受。因此，VHDL语言源程序的综合通常要经过行为级→RTL级→门电路级的转化，VHDL几乎不能直接控制门电路的生成。而Verilog语言和ABEL语言源程序的综合过程要稍简单，即经过RTL级→门电路级的转化，易于控制电路资源。

(4)对综合器的要求。VHDL描述语言层次较高，不易控制底层电路，因而对综合器的性能要求较高，Verilog和ABEL对综合器的性能要求较低。

(5)支持的EDA工具。支持VHDL和Verilog的EDA工具很多，但支持ABEL的综合器仅Dataio一家。

(6)国际化程度。VHDL和Verilog已成为IEEE标准，而ABEL正朝着国际化标准努力。

2.1.2 VHDL及其优点

VHDL的英文全名是Very-High-speed integrated circuit Description Language，诞生于1982年。1987年底，VHDL被IEEE(The Institute of Electrical and Electronics Engineers)和美国国防部确认为标准硬件描述语言。自IEEE公布了VHDL的标准版本(IEEE—1076)之后，各EDA公司相继推出了自己的VHDL设计环境，或宣布自己的设计工具可以和VHDL接口。此后VHDL在电子设计领域得到了广泛的认可，并逐步取代了原有的非标准硬件描述语言。1993年，IEEE对VHDL进行了修订，从更高的抽象层次和系统描述能力上扩展VHDL的内容，公布了新版本的VHDL，即IEEE标准的1076—1993版本。现在，VHDL和Verilog作为IEEE的工业标准硬件描述语言，又得到众多EDA公司的支持，在电子工程领域，已成为事实上的通用硬件描述语言。有专家认为，在新的世纪中，VHDL与Verilog语言将承担起几乎全部的数字系统设计任务。VHDL主要用于描述数字系统的结构、行为、功能和接口。除了含有许多具有硬件特征的语句外，VHDL的语言形式和描述风格与句法十分类似于一般的计算机高级语言。VHDL的程序结构特点是将一项工程设计，或称设计实体(可以是一个元件、一个电路模块或一个系统)分成外部(或称可视部分，即端口)和内部(或称不可视部分)，即设计实体的内部功能和算法完成部分。对一个设计实体定义了外部界面后，一旦其内部开发完成后，其他的设计就可以直接调用这个实体。这种将设计实体分成内外部分的概念是VHDL系统设计的优点。

应用VHDL进行工程设计的优点是多方面的，具体如下：

(1)与其他的硬件描述语言相比，VHDL具有更强的行为描述能力，从而决定了它成为系统设计领域最佳的硬件描述语言。强大的行为描述能力是避开具体的器件结构，从逻辑行为上描述和设计大规模电子系统的重要保证。就目前流行的EDA工具VHDL综合器而言，将基于抽象的行为描述风格的VHDL程序综合成为具体的FPGA和CPLD等目标器件的网表文件已不成问题，只是在综合与优化效率上略有差异。

(2)VHDL具有丰富的仿真语句和库函数，使得在任何大系统的设计早期，就能查验设计系统的功能可行性，随时对系统进行仿真模拟，使设计者对整个工程的结构和功能可行性做出判断。

(3)VHDL语句的行为描述能力和程序结构，决定了它具有支持大规模设计的分解和已有设计的再利用功能。VHDL中设计实体、程序包、设计库等概念为设计的分解和并行工作提供了有利的支持。

(4)用VHDL完成一个确定的设计，可以利用EDA工具进行逻辑综合和优化，并自动把VHDL描述设计转变成门级网表。这种方式突破了门级设计的瓶颈，极大地减少了电路设计的时间和可能发生的错误，降低了开发成本。利用EDA工具的逻辑优化功能，可以自动地把一个综合后的设计变成一个更小、更高速的电路系统。反过来，设计者还可以从综合和优化的电路中获得设计信息，返回去更新、修改VHDL的设计描述，使之更加完善。

(5)VHDL对设计的描述具有相对独立性。设计者可以不懂硬件的结构，也不必考虑最终设计的目标器件是什么，而进行独立的设计。正因为VHDL的硬件描述与具体的工艺技术和硬件结构无关，所以由VHDL程序设计的硬件目标器件具有广阔的选择范围，其中包括各种系列的CPLD、FPGA及各种门阵列器件。

(6)由于 VHDL 具有类属描述语句和子程序调用等功能，对于完成的设计，在不改变源程序的条件下，只需改变类属参量或函数，就能轻易地改变设计的规模和结构。

2.1.3　VHDL 程序设计约定

为了便于程序的阅读和调试，本书对 VHDL 程序设计特作如下约定：

(1)语句结构描述中方括号“[ ]”内的内容为可选内容；

(2)对于 VHDL 的编译器和综合器来说，程序文字的大小写是不加区分的；

(3)程序中的注释使用双横线“ - - ”。在 VHDL 程序的任何一行中，双横线“ - - ”后面的文字都不参加编译和综合；

(4)为了便于程序的阅读与调试，书写和输入程序时，使用层次缩进格式，同一层次的对齐，低层次的较高层次的缩进两个字符。

2.2　VHDL 简单程序设计举例

通过典型的设计示例，使读者能快速地从整体上把握 VHDL 程序的基本结构和设计特点，达到快速入门的目的，为以后章节的学习提供一个良好的开端。

使用 VHDL 设计一个硬件电路时，至少需要描述 3 个方面的信息：设计符合某种规范，能得到大家的认可(库和程序包的使用)；设计的硬件电路与外界的接口(实体说明)；设计的硬件电路内部各组成部分的逻辑关系和整个系统的逻辑功能(结构体说明)。前两者是可视部分，最后部分是不可视部分。

例 2.1　2 选 1 选择器。

图 2.1 是一个 2 选 1 的多路选择器逻辑图，图中 a 和 b 分别是两个数据输入端的端口名，s 为通道选择控制信号输入端的端口名，y 为输出端的端口名。其逻辑功能可表述为：若 s = 0 则 y = a，若 s = 1 则 y = b。此选择器的功能可作如下的 VHDL 描述：

```
LIBRARY IEEE;
USE IEEE. STD_LOGIC_1164. ALL;
ENTITY mux21a IS
  PORT(a, b, s:IN BIT;
          y:OUT BIT);
END ENTITY mux21a;
ARCHITECTURE one OF mux21a IS
   BEGIN
   PROCESS(a, b)
     BEGIN
        if s = '0' then
          y < = a;
          else
          y < = b;
        end if;
        end process;
```

END ARCHITECTURE one;

以上是2选1多路选择器的VHDL程序完整描述，即可以直接综合出实现相应功能的逻辑电路及其功能器件。图2.2是对以上程序综合后获得的门级电路，因而可以认为是多路选择器mux21a的内部电路结构。

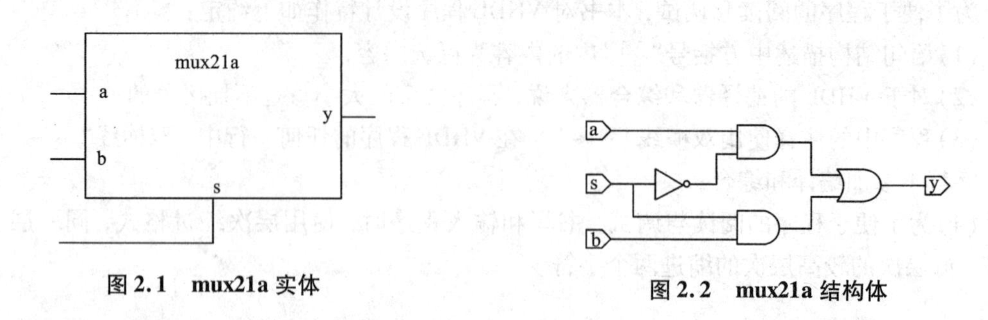

图2.1 mux21a实体

图2.2 mux21a结构体

由此可见，此电路的VHDL描述由3大部分组成：

(1)以关键词LIBRARY IEEE引导，USE IEEE. STD_LOGIC_1164. ALL结束的语句说明部分。

(2)以关键词ENTITY引导，END ENTITY mux21a结尾的语句部分，称为实体。VHDL的实体描述了电路器件的外部情况及各信号端口的基本性质。图2.1可以认为是实体的图形表达。

(3)以关键词ARCHITECTUR引导，END ARCHITECTURE one结尾的语句部分，称为结构体。结构体负责描述电路器件的内部逻辑功能或电路结构。图2.2是此结构体的原理图表达。

在VHDL结构体中用于描述逻辑功能和电路结构的语句分为顺序语句和并行语句两部分。顺序语句的执行方式类似于普通软件语言的程序执行方式，都是按照语句的前后排列方式逐条顺序执行的。而在结构体中的并行语句，无论有多少行语句，都是同时执行的，与语句的前后次序无关。

程序中的逻辑描述是用WHEN - ELSE结构的并行语句表达的。它的含义是，当满足条件s = '0'，即s为低电平时，a输入端的信号传送至y，否则(即s为高电平时)b输入端的信号传送至y。

2选1多路选择器的电路功能可以从图2.3的时序波形中看出，分别向a和b端输入两个不同频率的信号f_a和f_b(设$f_a > f_b$)，当s为高电平时，y输出f_b，而当s为低电平时，y输出f_a。显然，图2.3的波形证实了VHDL逻辑设计的正确性。

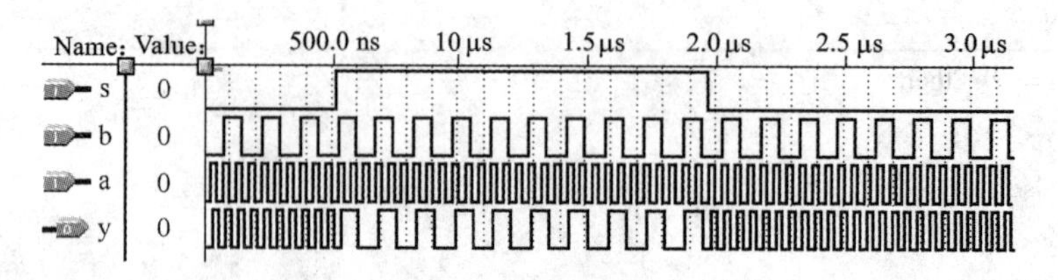

图2.3 Mux21a功能时序波形图

从例2.1可以清晰地看出，一个完整的VHDL描述是以对一个功能元件的完整描述为基础的，因此元件是VHDL的特定概念，也是VHDL的鲜明特色，把握了元件的结构和功能的完整描述，就把握了VHDL的基本结构。由于元件本身具有层次性，即任一元件既可以是单一功能的简单元件，也可以是由许多元件组合而成的，具有更复杂功能的元件，乃至一个电路系统。但从基本结构上看，都能用例2.1给出的3个部分来描述这种元件概念的直观性是其他HDL所无法比拟的，它为自顶向下或自下向上灵活的设计流程奠定了坚实的基础。

例2.2　全加器。

全加器可以由两个1位的半加器构成，而1位半加器可以由如图2.4所示的门电路构成，全加器的逻辑原理图如图2.5所示。

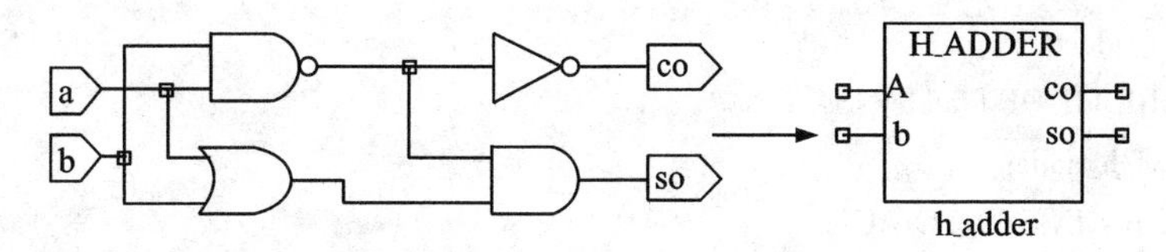

图2.4　1位半加器逻辑原理图

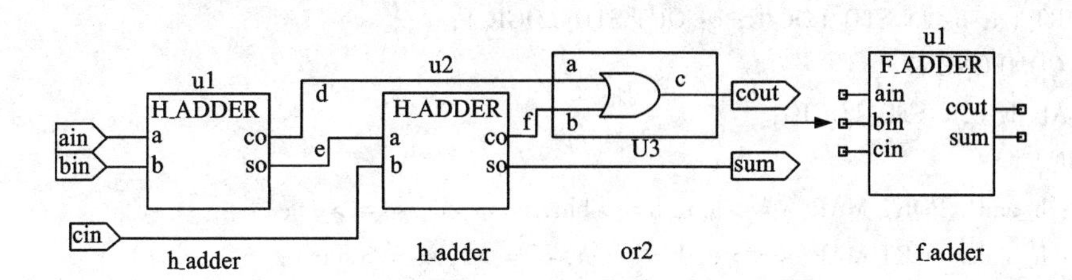

图2.5　1位全加器逻辑原理图

程序如下：

```
--或门逻辑描述
LIBRARY  IEEE;
USE IEEE.STD_LOGIC_1164.ALL;
ENTITY or2 IS
  PORT (a, b:IN STD_LOGIC; c: OUT STD_LOGIC );
END ENTITY or2;
ARCHITECTURE fu1 OF or2 IS BEGIN
  c <= aOR b;
END ARCHITECTURE fu1;
--半加器描述
LIBRARY  IEEE;
USE IEEE.STD_LOGIC_1164.ALL;
ENTITY h_adder IS
  PORT (a, b: IN STD_LOGIC; co, so: OUT STD_LOGIC);
END ENTITY h_adder;
```

```
ARCHITECTURE fh1 OF h_adder IS
  BEGIN
  so < = (a OR b) AND(a NAND b);
  co < = NOT(aNAND b);
END ARCHITECTURE fh1;
- -1 位二进制全加器顶层设计描述
LIBRARY   IEEE;
USE IEEE. STD_LOGIC_1164. ALL;
ENTITY f_adder IS
  PORT (ain, bin, cin: IN STD_LOGIC;
          cout, sum: OUT STD_LOGIC );
END ENTITY f_adder;
ARCHITECTURE fd1 OF f_adder IS
  COMPONENT h_adder
    PORT(a, b : IN STD_LOGIC;
        co, so : OUT STD_LOGIC);
  END COMPONENT;
  COMPONENT or2
    PORT (a, b: IN STD_LOGIC; c: OUT STD_LOGIC);
  END COMPONENT;
  SIGNAL d, e, f:STD_LOGIC;
  BEGIN
    u1: h_adder PORT MAP(a = >ain, b = >bin, co = >d, so = >e);
    u2: h_adder PORT MAP(a = >e, b = >cin, co = >f, so = >sum);
    u3: or2PORT MAP(a = >d, b = >f, c = >cout);
END ARCHITECTURE fd3;
```

半加器和全加器的逻辑功能如表 2.1 和表 2.2 所示。

表 2.1　半加器 H_ADDER 逻辑功能真值表

a	b	so	co
0	0	0	0
0	1	1	0
1	0	1	0
1	1	0	1

表2.2　全加器F_ADDER逻辑功能真值表

输入			输出	
ain	bin	cin	cout	sum
0	0	0	0	0
0	0	1	0	1
0	1	0	0	1
0	1	1	1	1
1	0	0	0	1
1	0	1	1	0
1	1	0	1	0
1	1	1	1	1

从以上各例可以看出:一个相对完整的VHDL程序具有比较固定的结构，即首先是各类库及其程序包的使用声明，包括未以显式表达的工作库WORK库的使用声明，然后是实体描述，在这个实体中，含有一个或一个以上的结构体，而在每一个结构体中可以含有一个或多个进程，当然还可以是其他语句结构，例如其他形式的并行语句结构，最后是配置说明语句结构，这个语句结构在以上给出的示例中没有出现。配置说明主要用于以层次化的方式对特定的设计实体进行元件例化，或是为实体选定某个特定的结构体。

2.3　VHDL程序基本结构

一个相对完整的VHDL程序(或称为设计实体)具有如图2.6所示的比较固定的结构。通常包含实体(ENTITY)、结构体(ARCHITECTURE)、配置(CONFIGURATION)、程序包(PACKAGE)和库(LIBRARY)5个部分。其中，库、程序包使用说明用于打开(调用)本设计实体将要用到的库、程序包，程序包存放各个设计模块共享的数据类型、常数和子程序等;库是专门存放预编译程序包的地方。实体用于描述所设计的系统的外部接口信号，是可视部分;结构体用于描述系统内部的结构和行为，建立输入和输出之间的关系，是不可视部分。在一个实体中，可以含有一个或一个以上的结构体，而在每一个结构体中又可以含有一个或多个进程以及其他的语句。根据需要，实体还可以有配置说明语句。配置说明语句主要用于以层次化的方式对特定的设计实体进行元件例化，或是为实体选定某个特定的结构体。

如何才算一个完整的VHDL程序(设计实体)并没有完全一致的结论，因为不同的程序设计目的可以有不同的程序结构。通常认为，一个完整的设计实体的最低要求应该能为VHDL综合器所接受，并能作为一个独立设计单元，即以元件的形式存在的VHDL程序。这里的所说元件既可以被高层次的系统所调用，成为该系统的一部分，又可以作为一个电路功能模块而独立存在和独立运行。

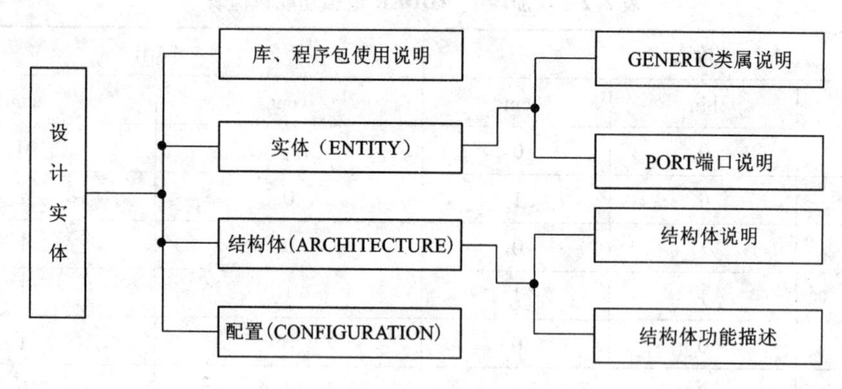

图 2.6 VHDL 程序设计基本结构

2.3.1 实体

实体(ENTITY)作为一个设计实体的组成部分，其功能是对这个设计实体与外部电路进行接口描述。实体是设计实体的表层设计单元，其说明部分规定了设计单元的输入输出接口信号或引脚，它是设计实体对外的一个通信界面。就一个设计实体而言，外界所看到的仅仅是它的界面上的各种接口。设计实体可以拥有一个或多个结构体，用于描述此设计实体的逻辑结构和逻辑功能，对于外界来说，这一部分是不可见的。

不同逻辑功能的设计实体可以拥有相同的实体描述，这是因为实体类似于原理图中的一个部件符号，而其具体的逻辑功能是由设计实体中结构体的描述确定的。实体是 VHDL 的基本设计单元，它可以对一个门电路、一个芯片、一块电路板乃至整个系统进行接口描述。

1. 实体语句结构

```
ENTITY 实体名 IS
    [GENERIC(类属参量表);]
    [PORT(端口表);]
END ENTITY 实体名;
```

实体说明单元必须以语句“ENTITY 实体名 IS”开始，以语句“END ENTITY 实体名；”结束，其中的实体名由设计者命名，可作为其他设计实体对该设计实体进行调用时用。方括号内的语句描述，在特定的情况下并非是必须的。例如构建一个 VHDL 仿真测试基准等情况中可以省去方括号中的语句。

2. 类属说明语句

类属(GENERIC)参量是一种端口界面常数，常以一种说明的形式放在实体或块结构体前的说明部分。类属为所说明的环境提供了一种静态信息通道，其值可以由设计实体外部提供。因此，设计者可以从外面通过类属参量的重新设定而改变一个设计实体或一个元件的内部电路结构和规模。

类属说明的一般书写格式如下：

```
GENERIC (常数名：数据类型[：=设定值]；常数名：数据类型[：=设定值])；
```

类属参量以关键词 GENERIC 引导一个类属参量表，在表中提供时间参数或总线宽度等静态信息。类属参量表说明用于确定设计实体和其外部环境通信的参数，传递静态的信息。类属说明在所定义的环境中的地位十分接近常数，但却能从环境(如设计实体)外部动态地接受赋值，其行为类似于端口PORT。因此，常如以上的实体定义语句那样，将类属说明放在其中，且放在端口说明语句的前面。

在一个实体中定义的参数类属说明，为它创建多个行为不同的逻辑结构。比较常见的情况是选用类属来动态规定一个实体端口的大小，或设计实体的物理特性，或结构体中的总线宽度，或设计实体中、底层中同种元件的例化数量等。一般在结构体中，类属的应用与常数是一样的。例如，当用实体例化一个设计实体的器件时，可以用类属表中的参数项定制这个器件，如可以将一个实体的传输延时、上升和下降延时等参数加到类属参数表中，然后根据这些参数进行定制，这对于系统仿真控制是十分方便的。类属中的常数名是由设计者确定的类属常数名，数据类型通常取INTEGER或TIME等类型，设定值即为常数名所代表的数值。但需注意，综合器仅支持数据类型为整数的类属值。

例2.3　2输入与门的实体描述。

```
ENTITY AND2 IS
   GENERIC(RISEW: TIME: =1 ns;
            FALLW: TIME: =1 ns);
   PORT(A1: IN STD_LOGIC;
          A0: IN STD_LOGIC;
          Z0: OUT STD_LOGIC);
END ENTITY AND2;
```

这是一个准备作为2输入与门的设计实体的实体描述。在类属说明中定义，参数RISEW为上沿宽度，FALLW为下沿宽度，它们分别为1 ns，这两个参数用于仿真模块的设计。又如例2.4程序给出了类属映射语句GENERIC MAP ( )配合端口映射语句PORT MAP ( )语句的使用范例。端口映射语句是本结构体对外部元件调用和连接过程中，描述元件间端口的衔接方式的，而类属映射语句具有相似的功能，它描述相应元件类属参数间的衔接和传送方式。

例2.4　类属映射描述实例。

```
LIBRARY IEEE;
USE IEEE.STD_LOGIC_1164.ALL;
ENTITY exn IS
   PORT(d1, d2, d3, d4, d5, d6, d7: IN STD_LOGIC;
                              q1, q2: OUT STD_LOGIC);
END ENTITY exn;
ARCHITECTURE exn_behav OF exn IS
   COMPONENT andn
     GENERIC ( n: INTEGER);
     PORT(a : IN STD_LOGIC_VECTOR(n-1 DOWNTO 0);
           c : OUT STD_LOGIC);
   END COMPONENT;
   BEGIN
   u1: andn GENERIC MAP (n=>2)
```

```
    PORT MAP (a(0) = >d1, a(1) = >d2, c = >q1);
  u2: andn GENERIC MAP (n = >5)
    PORT MAP (a(0) = >d3, a(1) = >d4, a(2) = >d5, a(3) = >d6, a(4) = >d7, c = >q2);
END;
```

3. PORT 端口说明

由 PORT 引导的端口说明语句是对一个设计实体界面的说明。端口说明部分包括对每一接口的输入输出模式和数据类型进行了定义。在实体说明的前面，可以有库的说明，即由关键词 LIBRARY 和 USE 引导一些对库和程序包使用的说明语句，其中的一些内容可以为实体端口数据类型的定义所用。

端口说明格式如下：

```
PORT(端口名[，端口名]：端口模式    数据类型；
         端口名：端口模式    数据类型)；
```

其中，端口名是设计者为实体的每一个对外通道(系统引脚)所取的名字，一般由几个英文字母组成；端口模式(端口方向)是指这些通道上的数据流动方式，即定义引脚是输入还是输出；数据类型是指端口上流动的数据表达格式。由于 VHDL 是一种强类型语言，它对语句中的所有操作数的数据类型都有严格的规定。一个实体通常有一个或多个端口，端口类似于原理图部件符号上的管脚，实体与外界交流的信息必须通过端口通道流入或流出。

IEEE 1076 标准包中定义了 4 种常用的端口模式，各端口模式的功能及符号分别见表2.3和图 2.7。

表 2.3　4 种常用的端口模式说明

端口模式	端口模式说明(以设计实体为主体)
IN	输入，只读模式，将变量或信号通过该端口读入
OUT	输出，单向贬值模式，将信号通过该端口输出
BUFFER	具有读功能的输出模式，可以读或写，只能有一个驱动源
INOUT	双向，可能通过该端口读入或写出信息

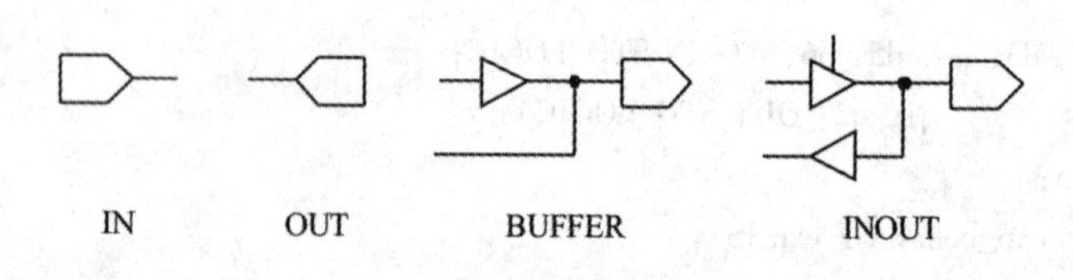

图 2.7　端口模式符号

(1)IN 模式定义的通道确定为输入端口，并规定为单向只读模式，可以通过此端口将变量 Variable 信息或信号 Signal 信息读入设计实体中。

(2)OUT 模式定义的通道确定为输出端口，并规定为单向输出模式，可以通过此端口将信号输出设计实体，或者说可以将设计实体中的信号向此端口赋值。

(3)INOUT模式定义的通道确定为输入输出双向端口，即从端口的内部看，可以对此端口进行赋值，也可以通过此端口读入外部的数据信息；而从端口的外部看，信号既可以从此端口流出，也可以向此端口输入信号 。INOUT模式包含了IN、OUT和BUFFER 3种模式，因此可替代其中任何一种模式，但为了明确程序中各端口的实际任务，一般不作这种替代。

(4)BUFFER模式定义的通道确定为具有数据读入功能的输出端口，它与双向端口的区别在于只能接受一个驱动源。BUFFER模式从本质上仍是OUT模式，只是在内部结构中具有将输出至外端口的信号回读的功能，即允许内部回读输出的信号，即允许反馈。如计数器的设计，可将计数器输出的计数信号回读以作下一计数值的初值。与INOUT模式相比，显然BUFFER的区别在于回读输入的信号不是由外部输入的，而是由内部产生、向外输出的信号，有时往往在时序上有所差异。

综上所述，在实际的数字集成电路中IN相当于只可输入的引脚，OUT相当于只可输出的引脚，BUFFER相当于带输出缓冲器并可以回读的引脚(与TRI引脚不同)，而INOUT相当于双向引脚(即BIDIR引脚)，是普通输出端口加入三态输出缓冲器和输入缓冲器构成的。

例2.5中将MCS51单片机的数据口P0的工作模式定义为INOUT，因此在程序中很方便地实现了P0口作为可读可写的双向端口的功能。

例2.5 MCS51单片机P0端口读写功能。

```
LIBRARY IEEE;
USE IEEE.STD_LOGIC_1164.ALL;
ENTITY MCS51 IS
  PORT (                                  --与MCS51接口的各端口定义
  P0: INOUT STD_LOGIC_VECTOR(7 DOWNTO 0); --双向地址/数据口
  P2: IN STD_LOGIC_VECTOR(7 DOWNTO 0);    --高8位地址线
  RDWR: IN STD_LOGIC;                     --读、写允许
...
END MCS51;
ARCHITECTURE one of MCS5I IS
...
PROCESS( WR_ENABLE2 )
BEGIN
IF WR_ENABLE2'EVENT AND WR_ENABLE2 = '1' THEN
    LATCH_OUT2 < = P0;
END IF;                                   --从P0口读入外部信息
END PROCESS;
PROCESS( P2, LATCH_ADDRES, READY, RD )
    BEGIN
    IF (LATCH_ADDRES = "01111110") AND (P2 = "10011111") AND (READY = '1') AND (RD =
'0')THEN
    P0 < = LATCH_IN1;                     --寄存器中的数据输入P0口，由P0向外
输出
    ELSE P0 < = "ZZZZZZZZ";
    END IF                                --禁止读数，P0口输出呈高阻态
```

```
END PROCESS;
END;
```

2.3.2 结构体

结构体(ARCHITECTURE)是设计实体的一个重要部分，将具体实现一个实体。结构体由两大部分组成：①对数据类型、常数、信号、子程序和元件等元素的说明部分；②描述实体逻辑行为，以各种不同的描述风格表达的功能描述语句，它们包括各种形式的顺序描述语句和并行描述语句；③以元件例化语句为特征的外部元件设计实体端口间的连接方式。

每一个实体都有一个或一个以上的结构体，每个结构体以不同结构和算法实现实体功能，其间的各个结构体的地位是同等的，它们完整地实现了实体的行为，但同一结构体不能为不同的实体所拥有。结构体不能单独存在，它必须有一个界面说明，即一个实体。对于具有多个结构体的实体，必须用CONFIGURATION配置语句指明用于综合的结构体和用于仿真的结构体，即在综合后的可映射于硬件电路的设计实体中，一个实体只对应一个结构体。在电路中，如果实体代表一个器件符号，则结构体描述了这个符号的内部行为。当把这个符号例化成一个实际的器件安装到电路上时，则需配置语句为这个例化的器件指定一个结构体(即指定一种实现方案)，或由编译器自动选一个结构体。

1. 结构体的一般语句格式

```
ARCHITECTURE  结构体名 OF 实体名 IS
[说明语句]                          --内部信号，常数，数据类型，函数等的定义
BEGIN
[功能描述语句]
END [ARCHITECTURE] [结构体名];
```

例2.6

```
ENTITY nax IS
  PORT(a0, a1: IN BIT;
            sel: IN BIT;
            sh: OUT BIT);
END nax;
ARCHITECTURE dataflow OF nax IS
    BEGIN
    sh<=(a0 AND sel)OR(NOT sel AND a1);
END dataflow;
```

其中，实体名必须是被设计的实体名，而结构体名可以由设计者自己选择，但当一个实体具有多个结构体时，结构体名不可重复。

2. 结构体说明语句

结构体中的说明语句是对结构体的功能描述语句中将要用到的信号(SIGNAL)、数据类型(TYPE)、常数(CONSTANT)、元件(COMPONENT)、函数(FUNCTION)和过程(PROCEDURE)等加以说明的语句。在一个结构体中，说明和定义的数据类型、常数、元件、函数和过程只能用于这个结构体中，若希望其能用于其他的实体或结构体中，则需要将其作为程序

包来处理。

3. 功能描述语句

功能描述语句结构体描述设计实体的具体行为，它包含两类语句。

(1)并行语句：并行语句总是在进程语句(PROCESS)的外部，其执行顺序与书写顺序无关，总是同时被执行。

(2)顺序语句：顺序语句总是在进程语句(PROCESS)的内部，是顺序执行的。从仿真的角度来讲，该语句是顺序执行的。

一个结构体包含几个类型的子结构描述：BLOCK(块)语句、PROCESS(进程)语句、信号赋值语句、SUBPROGRAM(子程序)调用语句、元件例化语句等。

4. 功能描述语句结构

功能描述语句结构含有 5 种不同类型的以并行方式工作的语句结构，如图 2.8 所示。在每一语句结构的内部可能含有并行运行的逻辑描述语句或顺序运行的逻辑描述语句，而 5 种语句结构本身是并行语句，但它们内部所包含的语句并不一定是并行语句，如进程语句内所包含的是顺序语句。

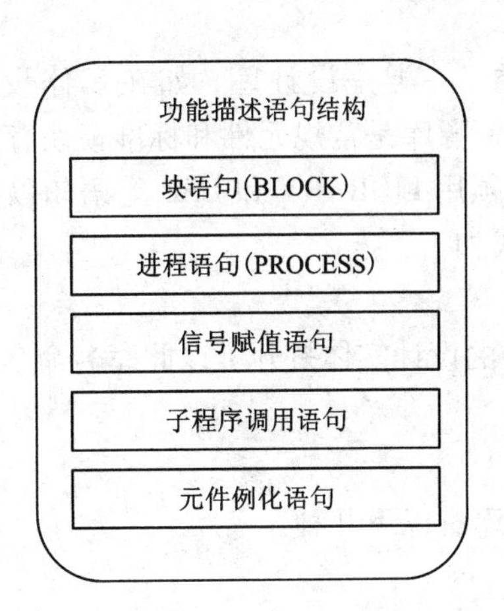

图 2.8　结构体构造图

5 种语句结构的基本组成和功能分别是：

(1)块语句是由一系列并行执行语句构成的组合体，其功能是将结构体中的并行语句组成一个或多个子模块。

(2)进程语句模块，将从外部获得的信号值或内部的运算数据向其他的信号进行赋值。

(3)信号赋值语句将设计实体内的处理结果向定义的信号或界面端口进行赋值。

(4)子程序调用语句用以调用过程或函数，并将获得的结果赋值于信号。

(5)元件例化语句对其他的设计实体作元件调用说明，并将此元件的端口与其他的元件、信号或高层次实体的界面端口进行连接。

2.3.3 库

在利用 VHDL 进行工程设计中，为了提高设计效率以及使设计遵循某些统一的语言标准或数据格式，有必要将一些有用的信息汇集在一个或几个库中以供调用，这些信息可以是预先定义好的数据类型、子程序等设计单元的集合体(程序包)，或预先设计好的各种设计实体(元件库程序包)。因此可以把库看成是一个用来存储预先完成的程序包、数据集合体和元件的仓库。如果在 VHDL 设计中用到某一程序包，就必须在这项设计中预先打开这个程序包，使此设计能随时使用这一程序包中的内容。在综合过程中，每当综合器在较高层次的 VHDL 源文件中遇到库语言，就将随库指定的源文件读入，并参与综合。这就是说，在综合过程中，所要调用的库必须以 VHDL 源文件的方式存在，并能使综合器随时读入使用，为此，必须在这一设计实体前使用库语句和 USE 语句。一般地，在 VHDL 程序中被声明打开的库和程序包对于本项设计称为是可视的，那么这些库中的内容就可以被设计项目所调用，有些库被 IEEE 认可成为 IEEE 库，IEEE 库存放了 IEEE 标准 1076 中标准设计单元。通常库中放置不同数量的程序包，而程序包中又可放置不同数量的子程序，子程序中又含有函数、过程、设计实体、元件等基础设计单元。

VHDL 语言的库分为两类：一类是设计库，如在具体设计项目中设定的目录所对应 WORK 库；另一类是资源库，资源库是常规元件和标准模块存放的库(如 IEEE 库)。设计库对当前项目是默认可视的，无须用 LIBRARY 和 USE 等语句以显式声明。

库(LIBRARY)的语句格式如下：

LIBRARY 库名；

这一语句即相当于为其后的设计实体打开了以此库名命名的库，以便设计实体可以利用其中的程序包。

1. 库的种类

VHDL 程序设计中常用的库有以下几种：

1) IEEE 库

IEEE 库是 VHDL 设计中最为常见的库，它包含有 IEEE 标准的程序包和其他一些支持工业标准的程序包。IEEE 库中的标准程序包主要包括 STD_LOGIC_1164、NUMERIC_BIT 和 NUMERIC_STD 等程序包，其中的 STD_LOGIC_1164 是最重要和最常用的程序包，大部分基于数字系统设计的程序包都是以此程序包中设定的标准为基础的。此外还有一些程序包虽非 IEEE 标准，但由于其已成事实上的工业标准，也都列入了 IEEE 库。这些程序包中最常用的是 Synopsys 公司的 STD_LOGIC_ARITH、STD_LOGIC_SIGNED 和 STD_LOGIC_UNSIGNED 程序包，目前流行于我国的大多数 EDA 工具都支持 Synopsys 公司的程序包。一般基于大规模可编程逻辑器件的数字系统设计，IEEE 库中包含以下 4 个程序包：STD_LOGIC_1164、STD_LOGIC_ARITH、STD_LOGIC_SIGNED 和 STD_LOGIC_UNSIGNED，已足够使用。另外需要注意的是在 IEEE 库中符合 IEEE 标准的程序包并非符合 VHDL 语言标准，如 STD_LOGIC_1164 程序包，因此在使用 VHDL 设计实体的前面必须以显式表达出来。

2) STD 库

VHDL 语言标准定义了两个标准程序包，即 STANDARD 和 TEXTIO 程序包(文件输入/输出程序包)，它们都被收入在 STD 库中，只要在 VHDL 应用环境中即可随时调用这两个程序包中的所有内容。在编译和综合过程中，VHDL 的每一项设计都自动地将其包含进去了，由于 STD 库符合 VHDL 语言标准，在应用中不必如 IEEE 库那样以显式表达出来，如在程序中以下的库使用语句是不必要的：

```
LIBRARY STD;
USE STD.STANDARD.ALL;
```

3) WORK 库

WORK 库是用户的 VHDL 设计的现行工作库，用于存放用户设计和定义的一些设计单元和程序包，因而是用户的临时仓库。用户设计项目的成品、半成品模块，以及先期已设计好的元件都放在其中。WORK 库自动满足 VHDL 语言标准，在实际调用中，也不必以显式预先说明。基于 VHDL 所要求的 WORK 库的基本概念，在 PC 机或工作站上利用 VHDL 进行项目设计，不允许在根目录下进行，而是必须为此设定一个目录，用于保存所有此项目的设计文件，VHDL 综合器将此目录默认为 WORK 库。但必须注意，工作库并不是这个目录的目录名，而是一个逻辑名。综合器将指示器指向该目录的路径。VHDL 标准规定工作库总是可见的，因此不必在 VHDL 程序中明确指定。

4) VITAL 库

使用 VITAL 库可以提高 VHDL 门级时序模拟的精度，通常在 VHDL 仿真器中使用。

该库中包含时序程序包 VITAL_TIMING 和 VITAL_PRIMITIVES，目前已经成为 IEEE 标准，在当前的 VHDL 仿真器的库中，VITAL 库中的程序包都已经并到 IEEE 库中。实际上，由于各 FPGA/CPLD 生产厂商的适配工具都能为各自的芯片生成带时序信息的 VHDL 门级网表，用 VHDL 仿真器仿真该网表可以得到非常精确的时序仿真结果，因此，基于实用的观点，在 FPGA/CPLD 设计开发过程中，一般并不需要 VITAL 库中的程序包。

除了以上提到的库外，EDA 工具开发商为了方便 FPGA/CPLD 开发设计，都有自己的扩展库和相应的程序包，如 DATAIO 公司的 DATAIO 库、GENERICS 库等以及上面提到的 Synopsys 公司的一些库。

此外用户还可以自己定义一些库，将自己的设计内容或通过交流获得的程序包设计实体列入这些库中。

2. 库的使用

在 VHDL 语言中，库的说明语句总是放在实体单元前面，这样，在设计实体内的语句就可以使用库中的数据和文件。由此可见，库的用处在于使设计者可以共享已经编译过的设计成果。VHDL 允许在一个设计实体中同时打开多个不同的库，但库之间必须是相互独立的。

在实际使用中，库是以程序包集合的方式存在的，具体调用的是程序包中的内容。因此，对于任一个 VHDL 设计，所需从库中调用的程序包在设计中应是可见的(可调出的)，即以明确的语句表达方式加以定义，库语句指明库中的程序包以及包中的待调用文件。

USE 语句的使用将使所说明的程序包对本设计实体部分或全部开放，即是可视的。USE 语句的使用有两种常用格式：

USE 库名.程序包名.项目名；

USE 库名.程序包名.ALL；

第一种语句格式的作用是向本设计实体开放指定库中的特定程序包内所选定的项目。

第二种语句格式的作用是向本设计实体开放指定库中的特定程序包内所有的内容。

合法的 USE 语句的使用方法是，将 USE 语句说明中所要开放的设计实体对象紧跟在 USE 语句之后，例如：

```
USE IEEE.STD_LOGIC_1164.ALL;
```

表明打开 IEEE 库中的 STD_LOGIC_1164 程序包，并使程序包中所有的公共资源对于本语句后面的 VHDL 设计实体程序全部开放，即该语句后的程序可任意使用程序包中的公共资源，这里用到了关键词 ALL 代表程序包中所有资源。

2.3.4　程序包

已在设计实体中定义的数据类型、子程序或数据对象对于其他设计实体是不可用的，或者说是不可见的。为了使已定义的常数、数据类型、元件调用说明以及子程序能被更多的 VHDL 设计实体方便地访问和共享，可以将它们收集在一个 VHDL 程序包(PACKAGE)中，多个程序包可以并入一个 VHDL 库中，使之适用于更一般的访问和调用范围，这一点对于大系统开发多个或多组开发人员同步并行工作显得尤为重要。

程序包的内容主要由如下 4 种基本结构组成，因此一个程序包中至少应包含以下结构中的一种：

(1)常数说明。在程序包中的常数说明主要用于预定义系统的宽度，如数据总线通道的宽度。

(2)VHDL 数据类型说明。主要用于在整个设计中通用的数据类型，例如通用的地址总线数据类型定义等。

(3)元件定义。元件定义主要规定在 VHDL 设计中参与文件例化的文件(已完成的设计实体)对外的接口界面。

(4)子程序。并入程序包的子程序有利于在设计中任一处进行方便的调用。

通常在一个实体中对数据类型、常量等进行的说明只可以在一个实体中使用，为使这些说明可以在其他实体中使用，VHDL 提供了程序包结构，包中罗列 VHDL 中用到的信号定义、常数定义、数据类型、元件语句、函数定义和过程定义，它是一个可编译的设计单元，也是库结构中的一个层次，使用包时可以用 USE 语句说明，例如：USE IEEE.STD_LOGIC_1164.ALL。

程序包分为程序包首和程序包体，其格式如下：

(1)程序包首格式：

```
PACKAGE 包名 IS
  [说明语句]
END[PACKAGE] 程序包名;
```

(2)程序包体格式：

```
PACKAGE BODY 程序包名 IS
  [说明语句]
END [PACKAGE BODY] 程序包名;
```

程序包体给出各项的具体细节。程序包结构中程序包体并非总是是必须的，程序包首也可以独立定义和使用。

程序包首的说明部分可收集多个不同的 VHDL 设计所需的公共信息，其中包括数据类型说明、信号说明、子程序说明及元件说明等。所有这些信息虽然也可以在每一个设计实体中进行逐一单独的定义和说明，但如果将这些经常用到的并具有一般性的说明定义放在程序包中供随时调用，显然可以提高设计的效率和程序的可读性。

程序包体包括在程序包首中已定义的子程序的子程序体。程序包体说明部分的组成内容可以是USE语句(允许对其他程序包进行调用)、子程序定义、子程序体、数据类型说明、子类型说明和常数说明等。对于没有具体子程序说明的程序包体可以省去。如果仅仅是定义数据类型或定义数据对象等内容，程序包体是不必要的。程序包首可以独立地被使用，但在程序包中若有子程序说明时，则必须有对应的子程序包体。这时，子程序体必须放在程序包体中。

例2.7　程序包首。

```
PACKAGE pacl IS                                    --程序包首开始
  TYPE byte IS RANGE 0 TO 255;                     --定义数据类型
  byte SUBTYPE nibble IS byte RANGE 0 TO 15;       --定义子类型 nibble
  CONSTANT byte_ff: byte:= 255;                    --定义常数
  byte_ff SIGNAL addend: nibble;                   --定义信号 addend
  COMPONENT byte_adder                             --定义元件
    PORT( a, b: IN byte;
              c: OUT byte;
        overflow: OUT BOOLEAN );
  END COMPONENT;
  FUNCTION my_function (a: IN byte) Return byte;     --定义函数
END pacl;                                           --程序包首结束
```

这显然是一个程序包首，其程序包名是pacl，在其中定义了一个新的数据类型byte和一个子类型nibble，接着定义了一个数据类型为byte的常数byte_ff和一个数据类型为nibble的信号addend，还定义了一个元件和函数。由于元件和函数必须有具体的内容，所以将这些内容放在程序包体中。如果要使用这个程序包中的所有定义，可利用USE语句按如下方式获得访问此程序包的方法：

```
LIBRARY WORK;
USE WORK. pacl. ALL;
```

由于WORK库是默认打开的，所以可省去LIBRARY WORK语句，只要加入相应的USE语句即可。

常用的预定义的程序包有：

1)STD_LOGIC_1164 程序包

STD_LOGIC_1164程序包是IEEE库中最常用的标准程序包，其中包含了一些数据类型、子类型和函数的定义。这些定义将VHDL扩展为一个能描述多值逻辑(即除具有0和1以外还有其他的逻辑量，如高阻态“Z”、不定态“X”等)的硬件描述语言，很好地满足了实际数字系统的设计需求。STD_LOGIC_1164程序包中用得最多和最广的是定义了满足工业标准的两个数据类型STD_LOGIC和STD_LOGIC_VECTOR，它们非常适合于FPGA/CPLD器件中多值逻辑设计结构。

2)STD_LOGIC_ARITH 程序包

STD_LOGIC_ARITH 程序包预先编译在 IEEE 库中，是 Synopsys 公司的程序包，此程序包在 STD_LOGIC_1164 程序包的基础上扩展了 3 个数据类型 UNSIGNED、SIGNED 和 SMALL_INT，并为其定义了相关的算术运算符和转换函数。

3）STD_LOGIC_UNSIGNED 和 STD_LOGIC_SIGNED 程序包

STD_LOGIC_UNSIGNED 和 STD_LOGIC_SIGNED 程序包都是 Synopsys 公司的程序包，都预先编译在 IEEE 库中。这些程序包重载了可用于 INTEGER 型及 STD_LOGIC 和 STD_LOGIC_VECTOR 型混合运算的运算符，并定义了一个由 STD_LOGIC_VECTOR 型到 INTEGER 型的转换函数。这两个程序包的区别是，STD_LOGIC_SIGNED 中定义的运算符考虑到了符号是有符号数的运算。程序包 STD_LOGIC_ARITH、STD_LOGIC_UNSIGNED 和 STD_LOGIC_SIGNED 虽然未成为 IEEE 标准，但已经成为事实上的工业标准，绝大多数的 VHDL 综合器和 VHDL 仿真器都支持它们。

4）STANDARD 和 TEXTIO 程序包

STANDARD 和 TEXTIO 程序包都是 STD 库中的预编译程序包。STANDARD 程序包中定义了许多基本的数据类型、子类型和函数。由于 STANDARD 程序包是 VHDL 标准程序包，实际应用中已隐性地打开了，所以不必再用 USE 语句另作声明。TEXTIO 程序包定义了支持文本文件操作的许多类型和子程序，在使用本程序包之前，需加语句 USE STD. TEXTIO. ALL。TEXTIO 程序包主要仅供仿真器使用，可以用文本编辑器建立一个数据文件，文件中包含仿真时需要的数据，然后仿真时用 TEXTIO 程序包中的子程序存取这些数据。在 VHDL 综合器中此程序包被忽略。

2.3.5 配置

配置把特定的结构体关联到一个确定的实体，正如配置一词本身的含义一样。配置语句就是用来为较大的系统设计提供管理和工程组织。通常在大而复杂的 VHDL 工程设计中，配置语句可以为实体指定或配置一个结构体，如可以利用配置使仿真器为同一实体配置不同的结构体，以使设计者比较不同结构体的仿真差别，或者为例化的各元件实体配置指定特定的结构体，从而形成一个所希望的例化元件层次构成的设计实体。

配置也是 VHDL 设计实体中的一个基本单元，在综合或仿真中，可以利用配置语句为确定整个设计提供许多有用信息。例如，对以元件例化的层次方式构成的 VHDL 设计实体，就可以把配置语句的设置看成是一个元件表，用配置语句指定在顶层设计中的每一元件与一特定结构体相衔接，或赋予特定属性。配置语句还能用于对元件的端口连接进行重新安排等。VHDL 综合器只支持对最顶层的实体进行配置。通常情况下，配置主要用在 VHDL 的行为仿真中。配置用于在多结构体中的实体中选择结构体，例如，在做 RS 触发器的实体中使用了两个结构体，目的是研究各个结构体描述的 RS 触发器的行为性能如何，但是究竟在仿真中使用哪一个结构体的问题就是配置问题。

配置语句格式：

```
CONFIGURATION  配置名  OF 实体名 IS
    [配置说明语句]
END  配置名;
```

配置主要为顶层设计实体指定结构体，或为参与例化的元件实体指定所希望的结构体，以层次方式来对元件例化作结构配置。如前所述，每个实体可以拥有多个不同的结构体，而每个结构体的地位是相同的，在这种情况下，利用配置说明为这个实体指定一个结构体。例2.8是一个配置语句的应用，即在一个描述与非门的设计实体中会有两个以不同的逻辑描述方式构成的结构体，用配置语句来为特定的结构体需求作配置指定。

例2.8

```
LIBRARY IEEEE;
USE IEEE.STD_LOGIC_1164.ALL;
ENTITY nand IS
  PORT (a: IN STD_LOGIC;
        b: IN STD_LOGIC;
        c: OUT STD_LOGIC);
END ENTITY nand;
ARCHITECTURE one OF nand IS
  BEGIN
  c <= NOT (a AND b);
END ARCHITECTURE one;
ARCHITECTURE two OF nand IS
  BEGIN
    c <= '1' WHEN(a = '0') AND(b = '0') ELSE
         '1' WHEN(a = '0') AND(b = '1') ELSE
         '1' WHEN(a = '1') AND(b = '0') ELSE
         '0' WHEN(a = '1') AND(b = '1') ELSE
         '0';
END ARCHITECTURE two;
CONFIGURATION second OF nand IS
FOR two
END FOR;
END second;
CONFIGURATION first OF nand IS
FOR one
END FOR;
END first;
```

在例2.8中若指定配置名为second，则为实体配置的结构体为two；若指定配置名为first，则为实体配置的结构体为one。这两种结构的描述方式是不同的，但具有相同的逻辑功能。如果将例2.8中的配置语言全部除去，则可以用此具有两个结构体的实体构成另一个更高层次设计实体中的元件，并由此设计实体中的配置语句来指定元件实体使用哪一个结构体。

2.4 VHDL语言要素

VHDL具有计算机编程语言的一般特性，其语言要素是编程语句的基本单元，是VHDL作为硬件描述语言的基本结构元素，反映了VHDL重要的语言特征。准确无误地理解和掌握

VHDL 语言要素的基本含义和用法，对于正确地完成 VHDL 程序设计十分重要。

VHDL 的语言要素主要有数据对象，包括变量、信号和常数，数据类型和各类操作数及运算操作符。

2.4.1 文字规则

与其他计算机高级语言一样，VHDL 也有自己的文字规则，在编程中需认真遵循。除了具有类似于计算机高级语言编程的一般文字规则外，VHDL 还包含特有的文字规则和表达方式。VHDL 文字主要包括数值和标识符，数值型文字所描述的值主要有数字型字符串型、位串型 VHDL 文字。主要包括数值和标识符。

1. 数字型文字

数字型文字的值有多种表达方式，现列举如下：

(1)整数文字。整数文字都是十进制的数，如：5，678，0，156E2(=15600)，45_234_287 (=45234287)。

数字间的下画线仅仅是为了提高文字的可读性，相当于一个空的间隔符，而没有其他的意义，因而不影响文字本身的数值。

(2)实数文字。实数文字也都是十进制的数，但必须带有小数点，如：188.993，88_670_551.453_909(=88670551.453909)，1.0，44.99E -2(=0.4499)，1.335，0.0。

(3)以数制基数表示的文字。用这种方式表示的数由 5 部分组成。第 1 部分，用十进制数标明数制进位的基数；第 2 部分，数制隔离符号“#”；第 3 部分，表达的文字；第 4 部分，指数隔离符号“#”；第 5 部分，用十进制表示的指数部分，这一部分的数如果是 0 可以省去不写。例如：

```
10#170#                    --(十进制数表示，等于 170)
2#1111_1110#               --(二进制数表示，等于 254)
16#E#E1                    --(十六进制数表示，等于 2#11100000#，等于 224)
16#F.01#E+2                --(十六进制数表示，等于 3841.00)
```

2. 字符串型文字

字符是用单引号引起来的 ASCII 字符，可以是数值，也可以是符号或字母，如：‘A’，‘*’，‘Z’。而字符串则是一维的字符数组，须放在双引号中。VHDL 中有两种类型的字符串，即文字字符串和数位字符串。

(1)文字字符串。文字字符串是用双引号引起来的一串文字，如：“ERROR”，“X”。

(2)数位字符串。数位字符串也称位矢量，是预定义的数据类型 BIT 的一位数组，它们所代表的是二进制、八进制或十六进制的数组，其位矢量的长度即为等值的二进制数的位数。数位字符串的表示首先要有计算基数，然后将该基数表示的值放在双引号中，基数符放在字符串的前面，分别以“B”、“O”和“X”表示二、八、十六进制基数符号。例如：

```
B"1_1101_1110"             --二进制数数组，位矢数组长度是 9
X"AD0"                     --十六进制数数组，位矢数组长度是 12
```

3. 标识符

标识符用来定义常数、变量、信号、端口、子程序或参数的名字。VHDL 的基本标识符以英文字母开头，不连续使用下画线“_”，不以下画线“_”结尾的，由 26 个大小写英文字母、数字 0 ~ 9 以及下划线"_"组成的字符串。VHDL 的保留字不能用于作为标识符使用。

非法的标识符举例如下：

```
_Decoder_1          --起始为非英文字母
2FFT                --起始为数字
Sig_#N              --符号#不能成为标识符的构成
Not-Ack             --连字符"-"不能成为标识符的构成
RyY_RST_            --标识符的最后不能是下画线"-"
data__BUS           --标识符中不能有双下画线
return              --关键词
```

4. 下标名及下标段名

下标名用于指示数组型变量或信号的某一元素，而下标段名则用于指示数组型变量或信号的某一段元素。下标名和下标段名的语句格式如下：

(1)标识符(表达式)。

(2)标识符(表达式 方向 表达式)。

下标名的标识符必须是数组型的变量或信号的名字，表达式所代表的值必须是数组下标范围中的一个值，这个值将对应数组中的一个元素。如果这个表达式是一个可计算的值，则此操作数可很容易地进行综合，如果是不可计算的，则只能在特定的情况下综合且耗费资源较大。

下标段名的标识符必须是数组类型的信号名或变量名，每一个表达式的数值必须在数组元素下标号范围以内，并且必须是可计算的(立即数)，方向用 TO 或者 DOWNTO 来表示，TO 表示数组下标序列由低到高，如(2 TO 8)，DOWNTO 表示数组下标序列由高到低，如(8 DOWNTO 2)。所以段中两表达式值的方向必须与原数组一致。

下例中的两个下标名中一个是 m，属不可计算，另一个是 3，属可计算的。

```
SIGNAL  A, B, C: BIT_VECTOR(0 TO 7);
SIGNAL  m: INTEGER RANGE 0 TO 3;
Y <= A(m);                        --m 是不可计算型下标表示
Z <= B(3);                        --3 是可计算型下标表示
C(0 TO 3) <= A(4 TO 7);           --以段的方式进行赋值
```

2.4.2 数据对象

在 VHDL 中，数据对象(Data Objects)类似于一种容器，它接受不同数据类型的赋值。数据对象有 3 种，即常量(CONSTANT)、变量(VARIABLE)和信号(SIGNAL)。前两种可以从传统的计算机高级语言中找到对应的数据类型，其语言行为与高级语言中的变量和常量十分相似，但信号这一数据对象比较特殊，它具有更多的硬件特征，是 VHDL 中最有特色的语言要素之一。

从硬件电路系统来看，变量和信号相当于组合电路系统中门与门间的连线及其连线上的信号值；常量相当于电路中的恒定电平，如 GND 或 VCC 接口。从行为仿真和 VHDL 语句功能上看，信号与变量具有比较明显的区别，其差异主要表现在，接受与保持信号的方式和信息保持与转递的区域大小上。例如信号可以设置传输延迟量，而变量则不能；变量只能作为局部的信息载体，如只能在所定义的进程中有效，而信号则可作为模块间的信息载体，如在结构体中各进程间传递信息，变量的设置有时只是一种过渡，最后的信息传输和界面间的通信都靠信号来完成。综合后的 VHDL 文件中信号将对应更多的硬件结构，但需注意的是，对于信号和变量的认识单从行为仿真和语法要求的角度去认识是不完整的。事实上，在许多情况下，综合后所对应的硬件电路结构中信号和变量并没有什么区别，例如在满足一定条件的进程中，综合后它们都能引入寄存器，其关键在于，它们都具有能够接受赋值这一重要的共性，而 VHDL 综合器并不理会它们在接受赋值时存在的延时特性（只有 VHDL 行为仿真器才会考虑这一特性差异）。

此外还应注意，尽管 VHDL 仿真器允许变量和信号设置初始值，但在实际应用中，VHDL 综合器并不会把这些信息综合进去，这是因为实际的 FPGA/CPLD 芯片在上电后，并不能确保其初始状态的取向。因此，对于时序仿真来说，设置的初始值在综合时是没有实际意义的。

1. 常量

常量的定义和设置主要是为了使设计实体中的常数更容易阅读和修改。例如，将位矢的宽度定义为一个常量，只要修改这个常量就能很容易地改变宽度，从而改变硬件结构。在程序中，常量是一个恒定不变的值，一旦作了数据类型的赋值定义后，在程序中不能再改变，因而具有全局意义。常量的描述格式：

CONSTANT 常数名：数据类型：= 表达式；

例如：

```
CONSTANT VCC：REAL：=5.0；
CONSTANT DALY：TIME：=100 ns；
CONSTANT FBUS：BIT_VECTOR(3 DOWNTO 0)：="0101"；
```

常量的可视性，即常量的使用范围取决于它被定义的位置。如果在程序包中定义，常量具有最大的全局化特征，可以用在调用此程序包的所有设计实体中；常量如果定义在设计实体中，其有效范围为这个实体定义的所有的结构体；如果常量定义在设计实体的某一结构体中，则只能用于此结构体；如果常量定义在结构体的某一单元，如一个进程中，则这个常量只能用在这一进程中。这就是常数的可视性规则。

2. 变量(VARIABLE)

在 VHDL 语法规则中，变量是一个局部量，只能在进程和子程序中使用。变量不能将信息带出对它作出定义的当前设计单元。变量的赋值是一种理想化的数据传输，是立即发生，不存在任何延时的行为。VHDL 语言规则不支持变量附加延时语句。变量常用在实现某种算法的赋值语句中，通常只能在进程、函数和过程中使用，一旦赋值立即生效。

定义变量的语法格式如下：

VARIABLE 变量名：数据类型：= 初始值；

例如：

```
VARIABLE  A：INTEGER；                --定义 A 为整数型变量
VARIABLE  B，C：INTEGER：=2；         --定义 B 和 C 为整数型变量，初始值为 2
VARIABLE  count：INTEGER RANGE 0 TO 255：=10；
```

变量作为局部量，其适用范围仅限于定义了变量的进程或子程序中，仿真过程中唯一的例外是共享变量。变量的值将随变量赋值语句的运算而改变。变量定义语句中的初始值可以是一个与变量具有相同数据类型的常数值，也可以是一个全局静态表达式，这个表达式的数据类型必须与所赋值的变量一致。此初始值不是必需的，综合器在综合过程中略去所有的初始值。

3. 信号(SIGNAL)

信号是描述硬件系统的基本数据对象，类似于连接线，作为设计实体中并行语句模块间的信息交流通道。在 VHDL 中，信号及其相关的信号赋值语句、决断函数、延时语句等很好地描述了硬件系统的许多基本特征。如硬件系统运行的并行性，信号传输过程中的惯性延时特性，多驱动源的总线行为等。

信号作为一种数值容器，不但可以容纳当前值，而且可以保持历史值。这一属性与触发器的记忆功能有很好的对应关系。除了没有方向说明以外，信号与实体的端口(PORT)概念是一致的。信号的描述格式如下：

SIGNAL 信号名：数据类型：= 初始值；

信号初始值的设置不是必需的，而且初始值仅在 VHDL 的行为仿真中有效。与变量相比，信号的硬件特征更为明显，它具有全局性特征。例如，在程序包中定义的信号，对于所有调用此程序包的设计实体都是可见(可直接调用)的。在实体中定义的信号，在其对应的结构体中都是可见的。

事实上，信号除了没有方向说明以外，它与实体的端口(PORT)概念是一致的。对于端口来说，其区别只是输出端口不能读入数据，输入端口不能被赋值。信号可以看成是实体内部的端口。反之，实体的端口只是一种隐形的信号，端口的定义实质上是作了隐式的信号定义，并附加了数据流动的方向。信号本身的定义是一种显式的定义，因此，在实体中定义的端口，在其结构体中都可以看成是一个信号并加以使用，而不必另作定义。

例如：

```
SIGNAL S0：BIT：=‘0’；          --定义了一个位 BIT 的信号 S0，初始值为 0
SIGNAL S1：STD_LOGIG：=0；       --定义了一个标准位的单值信号 S1，初始值为低电平
SIGNAL S2：STD_LOGIC_VECTOR(15 DOWNTO 0)；
                                --定义了一个位矢量(数组、总线)信号 S2(共有 16 个信号元素)
```

在程序中，对信号赋值时只能采用代入符“<=”，而不是赋值符“：=”，这是因为仿真的时间坐标是从初始赋值开始的，在此之前无所谓延时时间，信号可以附加延时。

4. 信号与变量的区别

信号赋值可以有延迟时间，变量赋值无时间延迟；信号除当前值外还有许多相关值，如历史信息等，变量只有当前值；进程对信号敏感，对变量不敏感；信号可以是多个进程的全局信号，但变量只在定义它之后的顺序域可见；信号可以看作硬件的一根连线，但变量无此对应关系。

2.4.3 数据类型

VHDL 是一种强类型语言，要求设计实体中的每一个常数、信号、变量、函数以及设定的各种参量都必须具有确定的数据类型，并且相同数据类型的量才能互相传递和作用。VHDL 作为强类型语言，使 VHDL 编译或综合工具很容易地找出设计中的各种常见错误。VHDL 中的数据类型可以分成 4 大类：

1)标量型(Scalar Type)

标量型属单元素的最基本的数据类型，即不可能再有更细小、更基本的数据类型，它们通常用于描述一个单值数据对象，包括：实数类型、整数类型、枚举类型、时间类型。

2)复合类型(Composite Type)

复合类型可以由细小的数据类型复合而成，如可由标量型复合而成，包括：数组型(Array)和记录型(Record)。

3)存取类型(Access Type)

为给定的数据类型的数据对象提供存取方式。

4)文件类型(Files Type)

用于提供多值存取类型。

这4大数据类型又可分成预定义数据类型和用户自定义数据类型两大类。预定义的VHDL数据类型是VHDL最常用最基本的数据类型，这些数据类型都已在VHDL的标准程序包STANDARD和STD_LOGIC_1164及其他的标准程序包中作了定义，并可在设计中随时调用。

1. 预定义数据类型

1)整数(INTEGER)

其取值范围：-2147483547 ~ +2147483646，即可用32位有符号的二进制数表示。如2、10E4、16#D2#。

例如：signal a1：integer range 0 to 16；

2)实数(REAL)

其取值范围：-1.0E38 ~1.0E38，书写时一定要有小数。如65.36、8#43.6#E +4。

在实际应用中，特别在综合中，由于这两种非枚举型的数据类型的取值定义范围太大，综合器无法进行综合。因此，定义为整数或实数的数据对象必须由用户根据实际的需要定义，并限定其取值范围，以便能被综合器接受，便于提高芯片资源的利用率。

实用中，VHDL仿真器通常将整数或实数类型作为有符号数处理，VHDL综合器对整数或实数的编码方法是：

(1)对用户已定义的数据类型和子类型中的负数，编码为二进制补码；

(2)对用户已定义的数据类型和子类型中的正数，编码为二进制原码。

编码的位数，即综合后信号线的数目只取决于用户定义的数值的最大值。在综合中，将浮点数表示的实数首先转换成相应数值大小的整数，因此在使用整数时，VHDL综合器要求使用数值限定关键词RANGE，对整数的使用范围作明确的限制，例如：

```
TYPE percent IS RANGE - 100 TO 100;
```

这是一隐含的整数类型，仿真中用8位位矢量表示，其中1位符号位，7位数据位。

又例如：

```
TYPE num1 IS range 0 to 100                --7位二进制原码
TYPE num3 IS range -100 to 100             --8位二进制补码
SUBTYPE num4 IS num3 RANGE 0 to 6          --3位二进制原码
```

3)位(BIT)

位取值只能是用带单引号的‘1’和‘0’来表示。位数据类型的数据对象，如变量、信号等，可以参与逻辑运算，运算结果仍是位的数据类型。VHDL综合器用一个二进制位表示BIT，在程序包STANDARD中定义的源代码是

```
TYPE BIT IS( '0', '1' );
```

4）位矢量（BIT_VECTOR）

位矢量是用双引号括起来的一组位数据，如"01010101"。

例如：

```
SIGNAL A2: BIT_VECTOR (3 DOWNTO 0);
```

位矢量只是基于BIT数据类型的数组，在程序包STANDARD中定义的源代码是：

```
TYPE BIT_VECTOR IS ARRAY(Natural Range < > ) OF BIT;
```

使用位矢量必须注明位宽，即数组中的元素个数和排列。例如：

```
SIGNAL a: BIT_VECTOR(0 TO 7);
```

信号a被定义为一个具有8位位宽的矢量，它的最左位是a(7)，最右位是a(0)。

5）布尔量（BOOLEAN）

程序包STANDARD中定义的源代码如下：

```
TYPE BOOLEAN IS (FALSE, TRUE);
```

布尔数据类型实际上是一个二值枚举型数据类型，即FALSE（伪）和TRUE（真）两种。综合器将用一个二进制位表示BOOLEAN型变量或信号。布尔量不属于数值，因此不能用于运算，它只能通过关系运算符获得。

例如：当a大于b时，在IF语句中的关系运算表达式(a>b)的结果是布尔量TRUE，反之为FALSE。综合器将其变为1或0信号值，对应于硬件系统中的一根线。

布尔数据与位数据类型可以用转换函数相互转换。

6）字符（CHARACTER）

字符通常用单引号括起来，对大小写敏感。

7）字符串（STRING）：

字符串数据类型是字符数据类型的一个非约束型数组，或称为字符串数组，字符串必须用双引号标明，例如：

```
VARIABLE string_var: STRING(1 TO 7 );
string_var: = "a b c d";
```

8）时间（TIME）

完整的时间类型包括整数和物理量单位两部分，整数和单位之间至少留一个空格，如55 ms，20 ns。

STANDARD程序包中也定义了时间，其定义如下：

```
TYPE time IS RANGE2147483647 TO 2147483647
units
fs;                          --飞秒  VHDL中的最小时间单位
ps = 1000 fs;                --皮秒
ns = 1000 ps;                --纳秒
us = 1000 ns;                --微秒
ms = 1000 us;                --毫秒
sec = 1000 ms;               --秒
```

```
min =60 sec;                        - -分
hr =60 min;                         - -时
end units;
```

9)自然数(NATURAL)和正整数(POSITIVE)数据类型

自然数是整数的一个子类型，非负的整数，即零和正整数。正整数也是整数的一个子类型，它包括整数中非零和非负的数值。它们在 STANDARD 程序包中定义的源代码如下：

```
SUBTYPE NATURAL IS INTEGER RANGE 0 TO INTEGER'HIGH;
SUBTYPE POSITIVE IS INTEGER RANGE 1 TO INTEGER'HIGH;
```

10)错误等级(SEVERITY_LEVEL)

在 VHDL 仿真器中，错误等级用来指示设计系统的工作状态，共有 4 种可能的状态值，即 NOTE(注意)、WARNING(警告)、ERROR(出错)、FAILURE(失败)。在仿真过程中输出这四种值来提示被仿真系统当前的工作情况，其定义如下：

```
TYPE severity_level IS (note, warning, error, failure);
```

11)综合器不支持的数据类型

(1)物理类型。综合器不支持物理类型的数据，如具有量纲型的数据，包括时间类型，这些类型只能用于仿真过程。

(2)浮点型。如 REAL 型。

(3)Aceess 型。综合器不支持存取型结构，因为不存在其对应的硬件结构。

(4)File 型。综合器不支持磁盘文件型，硬件对应的文件仅为 RAM 和 ROM。

12)其他预定义数据类型

VHDL 综合工具配带的扩展程序包中定义了一些有用的类型，如 Synopsys 公司在 IEEE 库中加入的程序包 STD_LOGIC_ARITH 中定义了如下的数据类型：无符号型(UNSIGNED)、有符号型(SIGNED)和小整型(SMALL_INT)。在程序包 STD_LOGIC_ARITH 中的类型定义如下：

```
TYPE UNSIGNED IS ARRAY (NATURAL range < >) OF STD_LOGIC;
TYPE SIGNED IS ARRAY (NATURAL range < >) OF STD_LOGIC;
SUBTYPE SMALL_INT IS INTEGER RANGE 0 TO 1;
```

如果将信号或变量定义为这几个数据类型，就可以使用本程序包中定义的运算符。在使用之前，请注意必须加入下面的语句：

```
LIBRARY IEEE;
USE IEEE. STD_LOIGC_ARITH. ALL;
```

UNSIGNED 类型和 SIGNED 类型用来设计可综合的数学运算程序的重要数据类型，UNSIGNED 用于无符号数的运算，SIGNED 用于有符号数的运算。在实际应用中，大多数运算都需要用到它们。在 IEEE 程序包中 NUMERIC_STD 和 NUMERIC_BIT 程序包中也定义了 UNSIGNED 型及 SIGNED 型，NUMERIC_STD 是针对于 STD_LOGIC 型定义的，而 NUMERIC_BIT 是针对于 BIT 型定义的。在程序包中还定义了相应的运算符重载函数。有些综合器没有附带 STD_LOGIC_ARITH 程序包，此时只能使用 NUMBER_STD 和 NUMERIC_BIT 程序包。

在 STANDARD 程序包中没有定义 STD_LOGIC_VECTOR 的运算符，而整数类型一般只在仿真的时候用来描述算法，或作数组下标运算，因此 UNSIGNED 和 SIGNED 的使用率是很高的。

(1)无符号数据类型(UNSIGNED TYPE)。

UNSIGNED 数据类型代表一个无符号的数值，在综合器中，这个数值被解释为一个二进制数，这个二进制数的最左位是其最高位。例如，十进制的8可以作如下表示：

```
UNSIGNED("1000")
```

如果要定义一个变量或信号的数据类型为 UNSIGNED，则其位矢长度越长所能代表的数值就越大，如一个4位变量的最大值为15，一个8位变量的最大值则为255，0是其最小值，不能用 UNSIGNED 定义负数。以下是两个无符号数据定义的示例：

```
VARIABLE var: UNSIGNED(0 TO 10);
SIGNAL sig: UNSIGNED(5 DOWN TO 0);
```

其中变量 var 有11位数值，最高位是 var(0)，而非 var(10)。信号 sig 有6位数值，最高位是 sig(5)。

(2)有符号数据类型(SIGNED TYPE)。

SIGNED 数据类型表示一个有符号的数值，综合器将其解释为补码，此数的最高位是符号位。例如：

```
SIGNED'("0101") 代表 +5, 5
SIGNED'("1011") 代表 -5
```

若将上例的 var 定义为 SIGNED 数据类型，则数值意义就不同了。例如：

```
VARIABLE var SIGNED(0 TO 10);
```

其中变量 var 有11位，最左位 var(0)是符号位。

另外，在 IEEE 库的程序包 STD_LOGIC_1164 中，定义了两个非常重要的数据类型，即标准逻辑位 STD_LOGIC 和标准逻辑矢量 STD_LOGIC_VECTOR。

①标准逻辑位(STD_LOGIC)数据类型。

其定义如下：

```
TYPE STD_LOGIC IS ('U', 'X', '0', '1', 'Z', 'W', 'L', 'H', '-');
```

各值的含义是：'U'--未初始化的，'X'--强未知的，'0'--强0，'1'--强1，'Z'--高阻态，'W'--弱未知的，'L'--弱0，'H'--弱1，'-'--忽略。

由定义可见，STD_LOGIC 是标准的 BIT 数据类型的扩展，共定义了9种值，这意味着，对于定义为数据类型是标准逻辑位 STD_LOGIC 的数据对象，其可能的取值已非传统的 BIT 那样只有0和1两种取值，而是如上定义的有9种可能的取值。

在程序中使用此数据类型前，需加入下面的语句：

```
LIBRARY IEEE;
USE IEEE.STD_LOGIC_1164.ALL;
```

目前在设计中，一般只使用 IEEE 的 STD_LOGIC 标准逻辑位数据类型，BIT 型则很少使用。

由于标准逻辑位数据类型的多值性，在编程时应当特别注意，因为在条件语句中，如果未考虑到 STD_LOGIC 的所有可能的取值情况，综合器可能会插入不希望的锁存器。程序包 STD_LOGIC_1164 中还定义了 STD_LOGIC 型逻辑运算符 AND、NAND、OR、NOR、XOR 和 NOT 的重载函数以及两个转换函数，用于 BIT 与 STD_LOGIC 的相互转换。

在仿真和综合中，STD_LOGIC 值是非常重要的，它可以使设计者精确地模拟一些未知的和高阻态的线路情况，对于综合器，高阻态和"-"忽略态可用于三态的描述，但就综合而言，STD_LOGIC 型数据能够在数字器件中实现的只有其中的 4 种值，即“ - ”、“0”、“1”、“Z”。当然，这并不表明其余的 5 种值不存在，这 9 种值对于 VHDL 的行为仿真都有重要意义。

②标准逻辑矢量(STD_LOGIC_VECTOR)数据类型。

其定义如下：

```
TYPE STD_LOGIC_VECTOR IS ARRAY (NATURAL RANGE < >) OF STD_LOGIC;
```

显然，STD_LOGIC_VECTOR 是定义在 STD_LOGIC_1164 程序包中的标准一维数组，数组中的每一个元素的数据类型都是标准逻辑位 STD_LOGIC。

在使用中，向标准逻辑矢量 STD_LOGIC_VECTOR 数据类型的数据对象赋值的方式与普通的一维数组是一样的，即必须严格考虑位矢的宽度，同位宽、同数据类型的矢量间才能进行赋值。

例 2.9 题中描述的是 CPU 中数据总线上位矢赋值的操作示意情况，注意例题中信号的数据类型定义和赋值操作中信号的数组位宽。

例 2.9

```
...
TYPE t_data IS ARRAY(7 DOWNTO 0) OF STD_LOGIC;      - -自定义数组类型
SIGNAL databus, memory: t_data;                      - -定义信号 databus, memory
CPU: PROCESS                                         - -CPU 工作进程开始
VARIABLE rega: t_data;                               - -定义寄存器变量 rega
BEGIN
...
databus < =rega;                                     - -向 8 位数据总线赋值
END PROCESS CPU;                                     - -CPU 工作进程结束
MEM: PROCESS                                         - -RAM 工作进程开始
BEGIN
...
databus < =memory;
END PROCESS MEM;
...
```

使用 STD_LOGIC_VECTOR 描述总线信号是最方便的，但需注意的是总线中的每一根信号线都必须定义为同一种数据类型 STD_LOGIC。

2. 用户自定义数据类型

VHDL 允许用户自行定义新的数据类型，如枚举类型(ENUMERATION TYPE)、整数类型(INTEGER TYPE)、数组类型(ARRAY TYPE)、记录类型(RECORD TYPE)、时间类型(TIME TYPE)、实数类型(REAL TYPE)等。用户自定义数据类型是用类型定义语句 TYPE 和子类型定义语句 SUBTYPE 实现的。

用户自定义数据类型是用类型定义语句 TYPE 和子类型定义语句 SUBTYPE 实现的，以下将介绍这两种语句的使用方法。

TYPE 语句语法一般格式：

TYPE 数据类型名 IS 数据类型定义[OF 基本数据类型]；

其中，数据类型名由设计者自定；数据类型定义部分用来描述所定义的数据类型的表达方式和表达内容；关键词OF后的基本数据类型是指数据类型定义中所定义的元素的基本数据类型，一般都是取已有的预定义数据类型，如BIT、STD_LOGIC或INTEGER等。

例如：

```
TYPE   digit IS INTEGER RANGE 0 TO 9;
TYPE   current IS REAL RANGE -1E4 TO 1E4;
TYPE word IS ARRAY (INTEGER 1 TO 8) OF STD_LOGIC;
```

子类型SUBTYPE只是由TYPE所定义的原数据类型的一个子集，它满足原数据类型的所有约束条件，原数据类型称为基本数据类型，子类型SUBTYPE的语句格式如下：

SUBTYPE 子类型名 IS 基本数据类型 RANGE 约束范围；

子类型的定义只在基本数据类型上作一些约束，并没有定义新的数据类型。这是与TYPE最大的不同之处。子类型定义中的基本数据类型必须在前面已有过TYPE定义的类型，包括已在VHDL预定义程序包中用TYPE定义过的类型。例如：

```
SUBTYPE digits IS INTEGER RANGE 0 TO 9;
```

例题中，INTEGER是标准程序包中已定义过的数据类型，子类型digits只是把INTEGER约束到只含10个值的数据类型，下例第2句是错误的，因为不能用SUBTYPE来定义一种新的数据类型。

```
SUBTYPE dig1 IS STD_LOGIC_VECTOR(7 DOWNTO 0);
SUBTYPE dig3 IS ARRAY(7 DOWNTO 0) of STD_LOGIC;          --错误
```

事实上，在程序包STANDARD中，已有两个预定义子类型，即自然数类型(Natural type)和正整数类型(Positive type)，它们的基本数据类型都是INTEGER。

由于子类型与其基本数据类型属同一数据类型，因此属于子类型的和属于基本数据类型的数据对象间的赋值和被赋值可以直接进行，不必进行数据类型的转换。

利用子类型定义数据对象的好处是使程序提高可读性和易处理，其实质性的好处还在于有利于提高综合的优化效率，这是因为综合器可以根据子类型所设的约束范围，有效地推知参与综合的寄存器的最合适的数目。

1)枚举类型

VHDL中的枚举数据类型是一种特殊的数据类型，它们是用文字符号来表示一组实际的二进制数。例如，状态机的每一状态在实际电路中是以一组触发器的当前二进制数位的组合来表示的，但设计者在状态机的设计中，为了更利于阅读、编译和VHDL综合器的优化，往往将表征每一状态的二进制数组用文字符号来代表，即状态符号化。例如：

```
TYPE m_state IS( state1, state2, state3, state4, state5 );
SIGNAL present_state, next_state:m_state;
```

在这里信号present_state和next_state的数据类型定义为m_state，它们的取值范围是可枚举的，即从state1～state5共5种，而这些状态代表5组唯一的二进制数值。实际上，许多十分常用的数据类型，如位(BIT)、布尔量(BOOLEAN)、字符(CHARACTER)及STD_LOGIC等都是程序包中已定义的枚举型数据类型。如BIT的取值是0和1，它们与普通的0和1是不一样的，因而不能进行常规的数学运算。它们只代表一个数据对象的两种可能的取值方向，因此0和1也是一种文字。对于此类枚举数据，在综合过程中，都将转化成二进制代码。当然枚举类型也可以直接用数值来定义，但必须使用单引号。

2）数组类型

数组类型属复合类型，是将一组具有相同数据类型的元素集合在一起，作为一个数据对象来处理的数据类型。数组可以是一维（每个元素只有一个下标）数组或多维数组（每个元素有多个下标），VHDL 仿真器支持多维数组，但 VHDL 综合器只支持一维数组，故在此不讨论多维数组。

数组的元素可以是任何一种数据类型，用以定义数组元素的下标范围子句决定了数组中元素的个数以及元素的排序方向，即下标数是由低到高或是由高到低排列。

VHDL 允许定义两种不同类型的数组，即限定性数组和非限定性数组。它们的区别是，限定性数组下标的取值范围在数组定义时就被确定了，而非限定性数组下标的取值范围需留待随后确定。

限定性数组定义语句格式如下：

TYPE 数组名 IS ARRAY（数组范围）OF 数据类型

其中数组名是新定义的限定性数组类型的名称，可以是任何标识符。数据类型与数组元素的数据类型相同，数组范围明确指出数组元素的定义数量和排序方式以整数来表示其数组的下标数据类型即指数组各元素的数据类型。

以下是两个限定性数组定义示例：

```
TYPE stb IS ARRAY (7 DOWNTO 0) of STD_LOGIC;
```

这个数组类型的名称是 stb，它有 8 个元素，它的下标排序是 7、6、5、4、3、2、1、0，各元素的排序是 stb(7)，stb(6)，...，stb(0)。

非限制性数组的定义语句格式如下：

TYPE 数组名 IS ARRAY（数组下标名 RANGE < >）OF 数据类型；

其中数组名是定义的非限制性数组类型的取名，数组下标名是以整数类型设定的一个数组下标名称，其中符号“ < >”是下标范围待定符号，用到该数组类型时，再填入具体的数值范围。注意符号“< >”间不能有空格，例如“< >”的书写方式是错误的，数据类型是数组中每一元素的数据类型。例如：

```
TYPE Bit_Vector IS Array (Natural Range < >) OF BIT;
VARIABLE va: Bit_Vector(1 TO 6);                         --将数组取值范围定在 1~6
TYPE Real_Matrix IS ARRAY (POSITIVE RANGE < >) of RAEL;
VARIABLE Real_Matrix_Object: Real_Matrix (1 TO 8);       --限定范围
TYPE Log_4_Vector IS ARRAY (NATURAL RANGE < >, POSITIVE RANGE < >) OF (Log_4);
VARIABLE L4_Object: Log_4_Vector (0 TO 7, 1 TO 2);       --限定范围
```

3）记录类型

记录类型与数组类型都属数组，由相同数据类型的对象元素构成的数组称为数组类型的对象，由不同数据类型的对象元素构成的数组称为记录类型的对象。记录是一种异构复合类型，也就是说，记录中的元素可以是不同的类型。

构成记录类型的各种不同的数据类型可以是任何一种已定义过的数据类型，也包括数组类型和已定义的记录类型。显然，具有记录类型的数据对象的数值是一个复合值，这些复合值是由这个记录类型的元素决定的。定义记录类型的语句格式如下：

TYPE 记录类型名 IS RECORD

```
    元素名：元素数据类型；
    元素名：元素数据类型；
...
END RECORD [记录类型名]；
```

记录类型定义示例如下：

```
TYPE GlitchDataType IS RECORD  --将 GlitchDataType 定义为四元素记录类型
SchedTime：TIME；               --将元素 SchedTime 定义为时间类型
GlitchTime：TIME；              --将元素 GlitchTime 定义为时间类型
SchedValue：STD_LOGIC；         --将元素 SchedValue 定义为标准位类型
CurrentValue：STD_LOGIC；       --将元素 CurrentValue 定义为标准位类型
END RECORD；
```

对于记录类型的数据对象赋值的方式可以是整体赋值或对其中的单个元素进行赋值。在使用整体赋值方式时，可以有位置关联方式或名字关联方式两种表达方式。如果使用位置关联，则默认为元素赋值的顺序与记录类型声明时的顺序相同。如果使用了 OTHERS 选项，则至少应有一个元素被赋值，如果有两个或更多的元素由 OTHERS 选项来赋值，则这些元素必须具有相同的类型。此外，如果有两个或两个以上的元素具有相同的子类型，就可以以记录类型的方式放在一起定义。

3. 数据类型的转换

由于 VHDL 是一种强类型语言，这就意味着即使对于非常接近的数据类型的数据对象，在相互操作时，也需要进行数据类型转换。

1)数据类型转换函数方式

例 2.10　加法计数器的设计程序。

```
PACKAGE defs IS
  SUBTYPE short IS INTEGER RANGE 0 TO 15；
END defs；
USE WORK. defs. ALL；
ENTITY cnt4 IS
  PORT (clk：IN BOOLEAN；
          P：INOUT short)；
END ENTITY cnt4；
ARCHITECTURE behv OF cnt4 IS
  BEGIN
  PROCESS (clk)
    BEGIN
     IF clk AND clk'EVENT THEN
     P< =P+1；
      END IF；
  END PROCESS；
END behv；
```

该程序描述的是一个4位二进制加法计数器，其中利用程序包 defs 定义了一个新的数据类型 short，并将其界定为 0 ~ 15 的整数。在实体中将计数信号 P 的数据类型定义为 short，其目的就是为了利用加法运算符" + "对 P 直接加 1 计数，VHDL 中预定义的运算符" + "只能对整数类型的数据进行运算操作。虽然这是可综合的设计示例，但理论上讲，是无法通过 PLD 芯片的 I/O 接口将计数值 P 输入和输出的，这是因为 P 的数据类型是整数，而 PLD 的 I/O 接口是以二进制方式表达的。解决这个矛盾一般有两种方法：一种是定义新的加载算符" + "，使其能用于不同的数据类型之间的运算；另一种方法是通过数据类型转换来实现。

数据类型转换函数由 VHDL 语言的包提供，例如：STD_LOGIC_1164 和 STD_LOGIC_ARITH 等。转换函数见表 2.4。

表 2.4 转换函数表

函数	说明
STD_LOGIC_1164 包：	
TO_STD_LOGIC_VECTOR(A)	由 BIT_VECTOR 转换成 STD_LOGIC_VECTOR
TO_BIT_VECTOR(A)	由 STD_LOGIC_VECTOR 转换成 BIT_VECTOR
TO_LOGIC(A)	由 BIT 转换成 STD_LOGIC
TO_BIT(A)	由 STD_LOGIC 转换成 BIT
STD_LOGIC_ARITH 包：	
CONV_STD_LOGIC_VECTOR(A, 位长)	由 INTEGER，UNSIGNED 和 SIGNED 转换成 STD_LOGIC_VECTOR
CONV_INTEGER(A)	由 UNSIGNED 和 SIGNED 转换成 INTEGER
STD_LOGIC_UNSIGNED 包：	
CONV_INTEGER	由 STD_LOGIC_VECTOR 转换成 INTEGER

例 2.11 利用转换函数 CONV_INTEGER( )完成的 3 - 8 译码器的完整设计。

```
LIBRARY IEEE;
USE IEEE.STD_LOGIC_1164.ALL;
USE IEEE.STD_LOGIC_UNSIGNED.ALL;
ENTITY decoder3to8 IS
  PORT (input: IN STD_LOGIC_VECTOR (2 DOWNTO 0);
        output: OUT STD_LOGIC_VECTOR (7 DOWNTO 0));
END decoder3to8;
ARCHITECTURE behave OF decoder3to8 IS
  BEGIN
  PROCESS (input)
  BEGIN
  output <= (OTHERS => '0');
  output(CONV_INTEGER(input)) <= '1';
END PROCESS;
END behave;
```

2）直接类型转换方式

以上所讲的是用转换函数的方式进行数据类型转换，但也可以直接利用 VHDL 的类型转换语句进行数据类型间的转换。此种直接类型转换的一般语句格式是：

数据类型标识符（表达式）

一般情况下，直接类型转换仅限于非常关联（数据类型相互间的关联性非常大）的数据类型之间，即必须遵循以下规则：

（1）所有的抽象数字类型是非常关联的类型（如整型、浮点型），如果浮点数转换为整数，则转换结果是最接近的一个整型数。

（2）如果两个数组有相同的维数，两个数组的元素是同一类型，并且在各自的下标范围内索引是同一类型或非常接近的类型，那么这两个数组是非常关联类型。

（3）枚举型不能被转换。如果类型标识符所指的是非限定数组，则结果会将被转换的数组的下标范围去掉，即成为非限定数组。如果类型标识符所指的是限定性数组，则转换后的数组的下标范围与类型标识符所指的下标范围相同，转换结束后数组中元素的值等价于原数组中的元素值。

例如：

```
VARIABLE Data_Calc, Param_Calc: INTEGER;
...
Data_Calc: = INTEGER(74.94 * REAL(Param_Calc));
```

在类型与其子类型之间无须类型转换，即使两个数组的下标索引方向不同，这两个数组仍有可能是非常关联类型的。

2.4.4　运算操作符

与传统的程序设计语言一样，VHDL 各种表达式中的基本元素也是由不同类型的运算符相连而成的。这里所说的基本元素称为操作数（Operands），运算符称为操作符（Operators）。操作数和操作符相结合就成了描述 VHDL 算术或逻辑运算的表达式，其中操作数是各种运算的对象，而操作符规定运算的方式。

1. 操作符种类

在 VHDL 中，有 4 类基本操作符，即逻辑操作符（Logical Operator）、关系操作符（Relational Operator）、算术操作符（Arithmetic Operator）和符号操作符（Sign Operator）。基本操作符是完成逻辑和算术运算的最基本的操作符的单元。此外还有重载操作符（Overloading Operator），是对基本操作符作了重新定义的函数型操作符。

对于 VHDL 中的操作符与操作数间的运算，有两点需要特别注意：①严格遵循在基本操作符间操作数是同数据类型的规则；②严格遵循操作数的数据类型必须与操作符所要求的数据类型完全一致。这意味着 VHDL 设计者不仅要了解所用的操作符的操作功能，而且还要了解此操作符要求的操作数的数据类型。其次需注意操作符之间是有优先级别的。常用运算操作符见表 2.5，操作符之间的优先级别见表 2.6。

表 2.5 常用运算操作符

类型	操作符	功能	操作数据类型
算术操作符	+	加	整数
	-	减	整数
	&	并置	一维数组
	*	乘	整数和实数(包括浮点数)
	/	除	整数和实数(包括浮点数)
	MOD	取模	整数
	REM	取余	整数
	SLL	逻辑左移	BIT 或布尔型一维数组
	SRL	逻辑右移	BIT 或布尔型一维数组
	SLA	算术左移	BIT 或布尔型一维数组
	SRA	算术右移	BIT 或布尔型一维数组
	ROL	逻辑循环左移	BIT 或布尔型一维数组
	ROR	逻辑循环右移	BIT 或布尔型一维数组
	* *	乘方	整数
	ABS	取绝对值	整数
关系操作符	=	等于	任何数据类型
	/ =	不等于	任何数据类型
	<	小于	枚举整数类型,及对应的一维数组
	>	大于	枚举整数类型,及对应的一维数组
	< =	小于等于	枚举整数类型,及对应的一维数组
	>	大于等于	枚举整数类型,及对应的一维数组
逻辑操作符	AND	与	BIT, BOOLEAN, STD_LOGIC
	OR	或	BIT, BOOLEAN, STD_LOGIC
	NAND	与非	BIT, BOOLEAN, STD_LOGIC
	NOR	或非	BIT, BOOLEAN, STD_LOGIC
	XOR	异或	BIT, BOOLEAN, STD_LOGIC
	XNOR	另或非	BIT, BOOLEAN, STD_LOGIC
	NOT	非	BIT, BOOLEAN, STD_LOGIC
符号操作符	+	正	整数
	-	负	整数

表2.6　VHDL操作符优先级别

运算符	优先级
NOT, ABS, **	最高优先级 ↑ 最低优先级
*, /, MOD, REM	
+(正号), -(负号)	
+, -, &	
SLL, SLA, SRL, SRA, ROL, ROR	
=, /=, <, <=, >, >=	
AND, OR, NAND, NOR, XOR, XNOR	

2. 操作符的使用说明

1)逻辑运算符

VHDL共有7种基本逻辑操作符，它们是AND(与)、OR(或)、NAND(与非)、NOR(或非)、XOR(异或)、XNOR(同或)和NOT(取反)，信号或变量在这些操作符的直接作用下，可构成组合电路，逻辑操作符所要求的操作数(如变量或信号)的基本数据类型有3种，即BIT、BOOLEAN和STD_LOGIC。操作数的数据类型也可以是一维数组，其数据类型则必须为BIT_VECTOR或STD_LOGIC_VECTOR。

例如：

```
SIGNAL a, b, c: STD_LOGIC_VECTOR (3 DOWNTO 0);
SIGNAL d, e, f, g: STD_LOGIC_VECTOR (1 DOWNTO 0);
SIGNAL h, I, j, k: STD_LOGIC;
SIGNAL l, m, n, o, p: BOOLEAN;
...
a<=b AND c;                 --b、c相与后向a赋值，a、b、c的数据类型同属
                              4位长的位矢量
d<=e OR f OR g;             --两个操作符OR相同，不需括号
h<=(i NAND j)NAND k;        --NAND不属上述三种算符中的一种，必须加括号
l<=(m XOR n)AND(o XOR p);   --操作符不同，必须加括号
h<=i AND j AND k;           --两个操作符都是AND，不必加括号
h<=i AND j OR k;            --两个操作符不同，未加括号，表达错误
a<=b AND e;                 --操作数b与e的位矢长度不一致，表达错误
h<=i OR l;                  --i的数据类型是位STD_LOGIC，而l的数据类型是布尔量
                              BOOLEAN，因而不能相互作用，表达错误
```

表2.7是7种基本逻辑操作符对逻辑位BIT的逻辑操作真值表。

表 2.7　逻辑操作符真值表

操作数		逻辑操作						
a	b	NOT a	a AND b	a OR b	a XOR b	a NAND b	a NOR b	a XNOR b
0	0	1	0	0	0	1	1	1
0	1	1	0	1	1	1	0	0
1	0	0	0	1	1	1	0	0
1	1	0	1	1	0	0	0	1

2)逻辑运算符

关系操作符的作用是将相同数据类型的数据对象进行数值比较或关系排序判断，并将结果以布尔类型(BOOLEAN)的数据表示出来，即 TRUE 或 FALSE 两种。VHDL 提供了 6 种关系运算操作符："="(等于)、"/="(不等于)、">"(大于)、"<"(小于)、">="(大于等于)、和"<="(小于等于)。

VHDL 规定，等于和不等于操作符的操作对象可以是 VHDL 中的任何数据类型构成的操作数。例如，对于标量型数据 a 和 b，如果它们的数据类型相同且数值也相同，则(a = b)的运算结果是 TRUE，(a /= b)的运算结果是 FALSE。对于数组或记录类型(复合型，或称非标量型)的操作数，VHDL 编译器将逐位比较对应位置各位数值的大小。只有当等号两边数据中的每一对应位全部相等时才返还 BOOLEAN 结果 TRUE。对于不等号的比较，等号两边数据中的任一元素不等则判为不等，返回值为 TRUE。

余下的关系操作符 <、<=、> 和 >= 称为排序操作符，它们的操作对象的数据类型有一定限制。允许的数据类型包括所有枚举数据类型、整数数据类型以及由枚举型或整数型数据类型元素构成的一维数组。不同长度的数组也可进行排序。VHDL 的排序判断规则是，整数值的大小排序坐标是从正无限到负无限，枚举型数据的大小排序方式与它们的定义方式一致，如：'1' > '0'；TRUE > FALSE；a > b (若 a = 1，b = 0)。

两个数组的排序判断是通过从左至右逐一对元素进行比较来决定的，在比较过程中，并不管原数组的下标定义顺序，即不管用 TO 还是用 DOWNTO。在比较过程中，若发现有一对元素不等，便确定了这对数组的排序情况，即最后所测元素中具有较大值的那个数值确定为大值数组。例如，位矢(1011)判为大于(101011)，这是因为，排序判断是从左至右的(101011)左起第四位是 0，故而判为小。

3)算术操作符

16 种算术操作符可以分成如表 2.8 所示的 5 类操作符。

表 2.8　算术操作符分类表

算术操作符分类	类别
求和操作符(Adding operators)	+(加)，-(减)，&(并置)
求积操作符(Multiplying operators)	*，/，MOD，REM
符号操作符(Sign operators)	+(正)，-(负)
混合操作符(Miscellaneous)	**，ABS
移动操作符(Shift operators)	SLL，SRL，SLA，ROL，ROR

(1)求和操作符。

VHDL 中的求和操作符包括加减操作符和并置操作符，加减操作符的运算规则与常规的加减法是一致的。VHDL 规定它们的操作数的数据类型是整数。对于大于位宽为 4 的加法器和减法器，VHDL 综合器将调用库元件进行综合。

(2)并置操作符。

并置符“&”的操作数的数据类型是一维数组，可以利用并置符将普通操作数或数组组合起来形成各种新的数组。例如“VH”&“DL”的结果为“VHDL”，连接操作常用于字符串。

利用并置符，可以有多种方式来建立新的数组，如可以将一个单元素并置于一个数的左端或右端形成更长的数组，或将两个数组并置成一个新数组等。在实际运算过程中，要注意并置操作前后的数组长度应一致。以下是一些并置操作示例：

```
SIGNAL a, d: STD_LOGIC_VECTOR (3 DOWNTO 0);
SIGNAL b, c, g: STD_LOGIC_VECTOR (1 DOWNTO 0);
SIGNALe: STD_LOGIC_VECTOR (2 DOWNTO 0);
SIGNALf, h, I: STD_LOGIC;
...
a < = NOT b & NOT c;                --数组与数组并置，并置后的数组长度为 4
d < = NOT e & NOT f;                --数组与元素并置，并置后的数组长度为 4
g < = NOT h& & i;                   --元素与元素并置，形成的数组长度为 2
a < = '1'&'0'&& b(1) & e(2);        --元素与元素并置，并置后的数组长度为 4
'0'&c < = e;                        --错误，不能在赋置号的左边置并置符
...
IF a&d = "10100011" THEN ...        --在 IF 条件句中可以使用并置符
```

(3)求积操作符。

求积操作符包括“ * ”(乘)、“/”(除)、“MOD”(取模)和“RED”(取余)4 种操作符。VHDL 规定乘与除的数据类型是整数和实数(包括浮点数)。在一定条件下，还可对物理类型的数据对象进行运算操作。读者需要注意的是，虽然在一定条件下，乘法和除法运算是可综合的，但从优化综合节省芯片资源的角度出发，最好不要轻易使用乘除操作符。至于除法，最好是通过移位相减的方法来实现。事实上，从优化综合的角度来看，唯一可直接使用的运算操作符只有加法操作符“ + ”，其他的算术运算几乎都可以利用加法来完成。例如对于减法，可以将减数优化成补码形式，即将减数取反，然后将加法器的最低进位位置 1，这时的加法器就相当于一个减法器了，而它所耗费的资源只比加法器多了一个对减数的取反操作。

操作符“MOD”和“RED”的本质与除法操作符是一样的。因此，可综合的取模和取余的操作数也必须是以 2 为底数的幂。“MOD”和“RED”的操作数数据类型只能是整数，运算操作结果也是整数。

(4)符号操作符。

符号操作符“ + ”和“ - ”的操作数只有一个，操作数的数据类型是整数，操作符“ + ”对操作数不作任何改变，操作符“ - ”作用于操作数后的返回值是对原操作数取负。在实际使用中，取负操作数需加括号。

(5)混合操作符。

混合操作符包括乘方(* *)操作符和取绝对值“ABS”操作符两种。VHDL 规定，它们的

操作数数据类型一般为整数类型，乘方运算的左边可以是整数或浮点数，但右边必须为整数，而且只有在左边为浮点时，其右边才可以为负数。一般地，VHDL 综合器要求乘方操作符作用的操作数的底数必须是 2。

(6)移位操作符。

6 种移位操作符"SLL"、"SRL"、"SLA"、"SRA"、"ROL"和"ROR"都是 VHDL'93 标准新增的运算符，在 1987 标准中没有。VHDL'93 标准规定移位操作符作用的操作数的数据类型应是一维数组，并要求数组中的元素必须是 BIT 或 BOOLEAN 的数据类型，移位的位数则是整数。在 EDA 工具所附的程序包中重载了移位操作符以支持 STD_LOGIC_VECTOR 及 INTEGER 等类型。移位操作符左边可以是支持的类型，右边则必定是 INTEGER 型。如果操作符右边是 INTEGER 型常数，移位操作符实现起来比较节省硬件资源。

其中"SLL"是将位矢向左移，右边跟进的位补零；"SRL"的功能恰好与"SLL"相反；"ROL"和"ROR"的移位方式稍有不同，它们移出的位将用于依次填补移空的位，执行的是自循环式移位方式；"SLA"和"SRA"是算术移位操作符，其移空位用最初的首位来填补。移位操作符的语句格式是：

标识符 移位操作符 移位位数；

读者可以通过下面例子具体了解这 6 种移位操作符的功能和用法：

```
VARIABLE shifta: STD_LOGIC_VECTOR(3 DOWNTO 0):= ('1','0','1','1');
                                                    --设初始值
shifta SLL 1; --('0''1''1''0')                      --左移位数是 1
shifta SLL 3; --('1''0''0''0')                      --左移位数是 3
shifta SLL -3;                                      --等于 shifta SRL 3
shifta SRL 1; --('0''1''0''1')
shifta SRL 3; --('0''0''0''1')
shifta SRL -3;                                      --等于 shifta SLL 3
shifta SLA 1; --('0''1''1''1')
shifta SLA 3; --('1''1''1''1')
shifta SLA -3;                                      --等于 shifta SRA 3
shifta SRA 1; --('1''1''0''1')
shifta SRA 3; --('1''1''1''1')
shifta SRA -3;                                      --等于 shifta SLA 3
shifta ROL 1; --('0''1''1''1')
shifta ROL 3; --('1''1''0''1')
shifta ROL -3;                                      --等于 shifta ROR 3
shifta ROR 1; --('1''1''0''1')
shifta ROR 3; --('0''1''1''1')
shifta ROR -3;                                      --等于 shifta ROL 3
```

(7)重载操作符。

如果将以上介绍的操作符称为基本操作符，则重载操作符可以认为是用户定义的操作符。基本操作符存在的问题是所作用的操作数必须是相同的数据类型，且对数据类型作了各种限制，如加法操作符不能直接用于位数据类型的操作数。为了方便各种不同数据类型间的运算操作，VHDL 允许用户对原有的基本操作符重新定义，赋予新的含义和功能，从而建立一种新的操作符，这就是重载操作符。定义这种操作符的函数称为重载函数，事实上，在程序包 STD_LOGIC_UNSIGNED 中已定义了多种可供不同数据类型间操作的算符重载函数。

Synopsys 的程序包 STD_LOGIC_ARITH、STD_LOGIC_UNSIGNED 和 STD_LOGIC_SIGNED 中已经为许多类型的运算重载了算术运算符和关系运算符，因此只要引用这些程序包，SINGNED、UNSIGNED、STD_LOGIC 和 INTEGER 之间即可以混合运算。

2.4.5　描述风格

VHDL 的结构体具体描述整个设计实体的逻辑功能，对于所希望的电路功能行为，可以在结构体中用不同的语句类型和描述方式来表达，对于相同的逻辑行为，可以有不同的语句表达方式。在 VHDL 结构体中，这种不同的描述方式或者说建模方法，通常可归纳为行为描述、RTL 描述和结构描述，其中 RTL 寄存器传输语言描述方式也称为数据流描述方式。VHDL 可以通过这 3 种描述方法或称描述风格，从不同的侧面描述结构体的行为方式，在实际应用中，为了能兼顾整个设计的功能、资源、性能几方面的因素，通常混合使用这 3 种描述方式。

1. 行为描述

描述数字系统的行为，主要用于仿真和系统工作原理的研究。

如果 VHDL 的结构体只描述了所希望电路的功能或者说电路行为，而没有直接指明或涉及实现这些行为的硬件结构，包括硬件特性、连线方式、逻辑行为方式，则称为行为风格的描述或行为描述。行为描述只表示输入与输出间转换的行为，它不包含任何结构信息。行为描述主要指顺序语句描述，即通常是指含有进程的非结构化的逻辑描述。行为描述的设计模型定义了系统的行为，这种描述方式通常有一个或多个进程构成，每一个进程又包含了一系列顺序语句。这里所谓的硬件结构，是指具体硬件电路的连接结构、逻辑门的组成结构、元件或其他各种功能单元的层次结构等。

例 2.12　具有异步复位功能的 8 位二进制加法计数器。

```
LIBRARY IEEE;
USE IEEE.STD_LOGIC_1164.ALL;
USE IEEE.STD_LOGIC_UNSIGNED.ALL;
ENTITY cunter_up IS
  PORT(reset, clock: IN STD_LOGIC;
          counter: OUT STD_LOGIC_VECTOR(7 DOWNTO 0));
  END;
ARCHITECTURE behv of cunter_up IS
  SIGNAL cnt_ff: UNSIGNED(7 DOWNTO 0);
  BEGIN
  PROCESS (clock, reset, cnt_ff)
  BEGIN
  IF reset = '1' THEN
    cnt_ff <= X"00";
    ELSIF (clock = '1' AND clock'EVENT) THEN
```

```
        cnt_ff <= cnt_ff + 1;
        END IF;
        END PROCESS;
      counter <= STD_LOGIC_VECTOR(cnt_ff);
    END ARCHITECTURE behv;
```

例2.12的描述具有明显的优势，在程序中不存在任何与硬件选择相关的语句，也不存在任何有关硬件内部连线方面的语句。整个程序中，从表面上看不出是否引入寄存器方面的信息或是使用组合逻辑还是时序逻辑方面的信息，也不存在类似ABEL－HDL使用组合逻辑或时序逻辑方面的指示性语句。整个程序只是对所设计的电路系统的行为功能作了描述，不涉及任何具体器件方面的内容。这就是所谓的行为描述方式或行为描述风格。程序中最典型的行为描述语句就是其中的：ELSIF（clock ='1' AND clock'EVENT）THEN，它对加法器计数时钟信号的触发要求作了明确而详细的描述，对时钟信号特定的行为方式所能产生的信息后果作了准确的定位，这充分展现了VHDL语言最为闪光之处，VHDL的大系统描述能力正是基于这种强大的行为描述方式。

由此可见，VHDL的行为描述功能确实具有独特之处和很大的优越性。在应用VHDL进行系统设计时，行为描述方式是最重要的逻辑描述方式，行为描述方式是VHDL编程的核心，可以说，没有行为描述就没有VHDL。正因为这样，有人把VHDL称为行为描述语言。因此，只有VHDL作为硬件电路的行为描述语言，才能满足自顶向下设计流程的要求，从而成为电子线路系统级仿真和设计的最佳选择。

2. 数据流描述

数据流描述风格也称RTL描述方式，RTL是寄存器传输语言的简称。RTL级描述是以规定设计中的各种寄存器形式为特征，然后在寄存器之间插入组合逻辑。这类寄存器或者显式地通过元件具体装配，或者通过推论作隐含的描述。一般地，VHDL的RTL描述方式类似于布尔方程，可以描述时序电路，也可以描述组合电路，它既含有逻辑单元的结构信息，又隐含表示某种行为，数据流描述主要是指非结构化的并行语句描述。

数据流的描述风格是建立在用并行信号赋值语句描述基础上的，当语句中任一输入信号的值发生改变时，赋值语句就被激活，随着这种语句对电路行为的描述，大量的有关这种结构的信息也从这种逻辑描述中流出。认为数据是从一个设计中流出、输出流出的观点称为数据流风格，数据流描述方式能比较直观地表达底层逻辑行为。

例2.13

```
ENTITY LS18 IS PORT(
        I0_A, I0_B, I1_A, I1_B, I2_A: IN STD_LOGIC;
                        I2_B, I3_A, I3_B: IN STD_LOGIC;
                                        O_A: OUT STD_LOGIC;
                                        O_B: OUT STD_LOGIC
);
END LS18;
ARCHITECTURE model OF LS18 IS
  BEGIN
  O_A <= NOT ( I0_A AND I1_A AND I2_A AND I3_A ) AFTER 55 ns;
```

```
  O_B <= NOT ( I0_B AND I1_B AND I2_B AND I3_B ) AFTER 55 ns;
END model;
```

例2.14　四选一电路。

```
LIBRARY IEEE;
USE IEEE.STD_LOGIC_1164.ALL;
USE IEEE.STD_LOGIC_UNSIGNED.ALL;
ENTITY mux42 IS
   PORT(input: IN STD_LOGIC_VECTOR(3 DOWNTO 0);
            Sel: IN STD_LOGIC_VECTOR(1 DOWNTO 0);
              Y: OUT STD_LOGIC);
END mux42;
ARCHITECTURE app OF mux42 IS
     BEGIN
       y <= input(0) WHEN sel = 0 ELSE
       input(1) WHEN sel = 1 ELSE
       input(2) WHEN sel = 2 ELSE
       input(3);
END app;
```

使用数据流描述方式应该注意的问题：

（1）'x'状态的传递问题：有时'x'状态会逐级传递，造成系统的输出为不确定或者错误，所以要在设计中考虑'x'状态对输出的影响。

（2）一些限制：禁止在一个进程中使用两个寄存器；在IF语句描述寄存器时，禁止ELSE项；在寄存器描述中，禁止将变量代入信号；关联性强的信号应该放在一个进程中。

3. 结构描述方式

注重调用已有的元件或门级电路之间的连线是结构描述的特点，结构描述可以提高设计效率。该描述风格是基于元件例化语句或生成语句的应用，利用这种语句可以用不同类型的结构来完成多层次的工程，即从简单的门到非常复杂的元件（包括各种已完成的设计实体子模块）来描述整个系统。元件间的连接是通过定义的端口界面来实现的，其风格最接近实际的硬件结构，即设计中的元件是互连的。

结构描述就是表示元件之间的互连，这种描述允许互连元件的层次式安置，像网表本身的构建一样。结构描述建模步骤如下：

（1）元件说明：描述局部接口。

（2）元件例化：相对于其他元件放置元件。

（3）元件配置：指定元件所用的设计实体。即对一个给定实体，如果有多个可用的结构体，则由配置决定模拟中所用的一个结构。

元件的定义或使用声明以及元件例化是用VHDL实现层次化，模块化设计的手段与传统原理图设计输入方式相仿。在综合时，VHDL综合器会根据相应的元件声明搜索与元件同名的实体，将此实体合并到生成的门级网表中。

下面是以上述结构描述方式完成的一个结构体的示例。

例 2.15

```
ARCHITECTURE STRUCTURE OF COUNTER3 IS
  COMPONENT DFF
    PORT(CLK, DATA: IN BIT; Q: OUT BIT);
  END COMPONENT;
  COMPONENT AND2
    PORT(I1, I2: IN BIT; O: OUT BIT);
  END COMPONENT;
  COMPONENT OR2
    PORT(I1, I2: IN BIT; O: OUT BIT);
  END COMPONENT;
  COMPONENT NAND2
    PORT(I1, I2: IN BIT; O: OUT BIT);
  END COMPONENT;
  COMPONENT XNOR2
    PORT(I1, I2: IN BIT; O: OUT BIT);
  END COMPONENT;
  COMPONENT INV
    PORT(I: IN BIT;O: OUT BIT);
  END COMPONENT;
  SIGNAL N1, N2, N3, N4, N5, N6, N7, N8, N9: BIT;
  BEGIN
  u1: DFF PORT MAP(CLK, N1, N2);
  u2: DFF PORT MAP(CLK, N5, N3);
  u3: DFF PORT MAP(CLK, N9, N4);
  u4: INV PORT MAP(N2, N1);
  u5: OR2 PORT MAP(N3, N1, N6);
  u6: NAND2 PORT MAP(N1, N3, N7);
  u7: NAND2 PORT MAP(N6, N7, N5);
  u8: XNOR2 PORT MAP(N8, N4, N9);
  u9: NAND2 PORT MAP(N2, N3, N8);
  COUNT(0) <= N2;COUNT(1) <= N3;COUNT(2) <= N4;
END STRUCTURE;
```

利用结构描述方式可以采用结构化、模块化设计思想，将一个大的设计划分为许多小的模块，逐一设计调试完成，然后利用结构描述方法将它们组装起来，形成更为复杂的设计。显然，在 3 种描述风格中，行为描述的抽象程度最高，最能体现 VHDL 描述高层次结构和系统的能力。正是 VHDL 语言的行为描述能力使自顶向下的设计方式成为可能，认为 VHDL 综合器不支持行为描述方式是一种比较早期的认识，因为那时 EDA 工具的综合能力和综合规模都十分有限。由于 EDA 技术应用的不断深入，超大规模可编程逻辑器件的不断推出和 VHDL 系统级设计功能的提高，有力地促进了 EDA 工具的完善。事实上，当今流行的 EDA 综合器，除本书中提到的一些语句不支持外，将支持任何方式描述风格的 VHDL 语言结构。至于综合器不支持或忽略的那些语句，其原因也并非在综合器本身，而是硬件电路中目前尚无与之对应的结构。

2.5　VHDL顺序语句

顺序语句(Sequential Staements)和并行语句(Concurrent Statements)是VHDL程序设计中两大基本描述语句系列。在逻辑系统的设计中，这些语句从多侧面完整地描述数字系统的硬件结构和基本逻辑功能，其中包括通信的方式、信号的赋值、多层次的元件例化以及系统行为等。

顺序语句是相对于并行语句而言的，其特点是只能用在进程和子程序中，它和其他高级语言一样，其语句是按照语句出现的顺序加以执行的。

VHDL中的顺序语句与传统的软件编程语言中的语句的执行方式十分相似，所谓顺序，主要指的是语句的执行顺序，或者说，在行为仿真中语句的执行次序。但应注意的是，这里的顺序是对仿真软件的运行或顺应VHDL语法的编程逻辑思路而言的，其相应的硬件逻辑工作方式未必如此。希望读者在理解过程中要注意区分VHDL语言的软件仿真行为及描述综合后的硬件行为间的差异。

在VHDL中，一个进程是由一系列顺序语句构成的，而进程本身属并行语句。这就是说，在同一设计实体中，所有的进程是并行执行的，然而任一给定的时刻内，在每一个进程内，只能执行一条顺序语句(基于行为仿真)。一个进程与其设计实体的其他部分进行数据交换的方式只能通过信号或端口。如果要在进程中完成某些特定的算法和逻辑操作，也可以通过依次调用子程序来实现，但子程序本身并无顺序和并行语句之分。利用顺序语句可以描述逻辑系统中的组合逻辑、时序逻辑或它们的综合体。

VHDL有如下6类基本顺序语句：赋值语句；转向控制语句；等待语句；子程序调用语句；返回语句和空操作语句。

2.5.1　赋值语句

赋值语句的功能就是将一个值或一个表达式的运算结果传递给某一数据对象，如信号或变量，或由此组成的数组。VHDL设计实体内的数据传递以及对端口界面外部数据的读写都必须通过赋值语句的运行来实现。赋值语句有两种，即信号赋值语句和变量赋值语句。

(1)信号赋值语句。

格式：赋值目标 < = 赋值源；

例：a < = b；

(2)变量赋值语句。

格式：赋值目标：= 赋值源；

例：c：= a + d；

变量赋值与信号赋值的区别在于，变量具有局部特征，它的有效只局限于所定义的一个进程中，或一个子程序中，它是一个局部的、暂时性数据对象(在某些情况下)。对于它的赋值是立即发生的(假设进程已启动)，即是一种时间延迟为零的赋值行为。

信号则不同，信号具有全局性特征，它不但可以作为一个设计实体内部各单元之间数据传送的载体，而且可通过信号与其他的实体进行通信(端口本质上也是一种信号)。信号的赋值并不是立即发生的，它发生在一个进程结束时。赋值过程总是有某种延时的，它反映了硬件系统并不是立即发生的，它发生在一个进程结束时。赋值过程总是有某些延时的，它反映了硬件系统的重要特性，综合后可以找到与信号对应的硬件结构，如一根传输导线、一个输入输出端口或一个D触发器等。

读者可以从例2.16中看出信号与变量赋值的特点及它们的区别。当在同一赋值目标处于不同进程中时，其赋值结果就比较复杂了，这可以看成是多个信号驱动源连接在一起，可以发生线与、线或或者三态等不同结果。

例2.16

```
SIGNAL  S1, S2: STD_LOGIC;
SIGNAL  SVEC: STD_LOGIC_VECTOR(0 TO 7);
  ...
PROCESS(S1, S2)
  VARIABLE  V1, V2: STD_LOGIC;
  BEGIN
   V1: = '1';                      --立即将V1置位为1
   V2: = '1';                      --立即将V2置位为1
   S1 < = '1';                     --S1被赋值为1
   S2 < = '1';                     --S2被赋值为1
   SVEC(0) < = V1;                 --将V1在上面的赋值1，赋给SVEC(0)
   SVEC(1) < = V2;                 --将V2在上面的赋值1，赋给SVEC(1)
   SVEC(2) < = S1;                 --将S1在上面的赋值1，赋给SVEC(2)
   SVEC(3) < = S2;                 --将最下面的赋予S2的值'0'，赋给SVEC(3)
   V1: = '0';                      --将V1置入新值0
   V2: = '0';                      --将V2置入新值0
   S2 < = '0';                     --由于这是S2最后一次赋值，赋值有效，此'0'将上
                                     面准备赋入的'1'覆盖掉
   SVEC(4) < = V1;                 --将V1在上面的赋值0，赋给SVEC(4)
   SVEC(5) < = V2;                 --将V2在上面的赋值0，赋给SVEC(5)
   SVEC(6) < = S1;                 --将S1在上面的赋值1，赋给SVEC(6)
   SVEC(7) < = S2;                 --将S2在上面的赋值0，赋给SVEC(7)
END  PROCESS;
```

赋值语句中的赋值目标有4种类型：

1)标识符赋值目标

以简单的标识符作为信号或变量名，这类名字可作为标识符赋值目标。例如：

```
VARIABLE a, b: STD_LOGIC;
SIGNAL c1: STD_LOGIC_VECTOR (1 TO 4);
a: = '1';
b: = '0';
c1: = "1100";
```

其中：a、b、c1都属标识符赋值目标。

2)数组单元素赋值目标

数组单元素赋值表达式的赋值目标可表达为：

标识符(下标名)

在这里标识符是数组类信号或变量的名字。下标名可以是一个具体的数字，也可以是一个以文字表示的数字名，它的取值范围在该数组元素个数范围内。下标名若是未明确表示取值的文字(不可计算值)，则在综合时，将耗用较多的硬件资源，且一般情况下不能被综合。例如：

```
SIGNAL a, b: STD_LOGIC_VECTOR (0 TO 3);
SIGNAL i: INTEGER RANGE 0 TO 3;
SIGNAL y, z: STD_LOGIC;
...                                      --有关的定义和进程语句，以下相同
a <= " 1010 ";
b <= " 1000 ";
a (I) <= y;                              --对文字下标信号元素赋值
b (3) <= z;                              --对数值下标信号元素赋值
```

3)段下标元素赋值目标

段下标元素赋值目标可用以下方式表示：

标识符(下标指数1 TO(或 DOWN TO) 下标指数2)

这里的标识符含义同上，括号中的两个下标指数必须用具体数值表示，并且其数值范围必须在所定义的数组下标范围内。两个下标数的排序方向要符合方向关键词 TO 或 DOWNTO。

例如：

```
VARIABLE a, b: STD_LOGIC_VECTOR (1 TO 4);
a (1 TO 2) := "10"                       --等效于 a(1):='1' a(2):='0'
a (1 To 4) := " 1011"
```

4)集合块赋值目标

先来看以下赋值示例：

```
SIGNAL a, b, c, d: STD_LOGIC;
SIGNAL s: STD_LOGIC_VECTOR (1 TO 4);
...                                      --其他语句
VARIABLE e, f: STD_LOGIC;
VARIABLE g: STD_LOGIC_VECTOR (1 TO 2);
VARIABLE h: STD_LOGIC_VECTOR (1 TO 4);
s <= ('0', '1', '0', '0');
(a, b, c, d) <= s;                       --位置关联方式赋值
...                                      --其他语句
(3 => e, 4 => f, 2 => g(1), 1 => g(2) ) := h;   --名字关联方式赋值
```

以上的赋值方式是几种比较典型的集合块赋值方式，其赋值目标是以一个集合的方式来赋值的。对目标中的每个元素进行赋值的方式有两种，即位置关联赋值方式和名字关联赋值方式。上例中的信号赋值语句属位置关联赋值方式，其赋值结果等效于：

```
a <= '0'; b <= '1'; c <= '0'; d <= '0';
```

上例中的变量赋值语句属名字关联赋值方式，赋值结果等效于：

g(2) : = h(1) ; g(1) : = h(2) ; e: = h(3) ; f: = h(4) ;

2.5.2 转向控制语句

转向控制语句通过条件控制开关决定是否执行一条或几条语句，或重复执行一条或几条语句，或跳过一条或几条语句。转向控制语句共有 5 种：IF 语句、CASE 语句、LOOP 语句、NEXT 语句和 EXIT 语句。

1. IF 语句

IF 语句是一种条件语句，语句中至少应有一个条件句，条件句必须由布尔表达式构成。IF 语句根据条件句产生的判断结果 TRUE 或 FALSE，有条件地选择执行其后的顺序语句。如果某个条件句的布尔值为真(TRUE)，则执行该条件句后的关键词 THEN 后面的顺序语句，否则结束该条件的执行，或执行 ELSIF 或 ELSE 后面的顺序语句后结束该条件句的执行……直到执行到最外层的 END IF 语句，才完成全部 IF 语句的执行。IF 语句的语句结构有以下 3 种：

格式 1：

```
IF 条件 THEN
   顺序执行语句;
END IF;
```

例如：

```
k1:IF (a)b) THEN
      output < = '1';
END IF k1;
```

其中 k1 是条件句名称，可有可无。若条件句(a > b)的检测结果为 TRUE，则向信号 output 赋值 1，否则此信号维持原值。

格式 2：

```
IF 条件 THEN
     顺序执行语句;
   ELSE
     顺序执行语句;
   END IF;
```

例如：2 输入与门功能的函数定义。

```
FUNCTION and_func (x, y:IN BIT ) RETURN BITIS
BEGIN
  IF x = '1' AND y = '1' THEN RETURN '1';
    ELSE RETURN '0';
  END IF;
END and_func;
```

格式 3：

```
IF 条件 THEN
     顺序执行语句
   ELSIF 条件 THEN
```

```
    顺序执行语句;
        …
ELSE
        顺序执行语句;
      END IF;
```

例如：由两个2选1多路选择器构成的电路逻辑的程序，其中p1和p2分别是两个多路选择器的通道选择开关，当为高电平时下端的通道接通。

```
SIGNAL a, b, c, p1, p2, z: BIT;
...
IF (p1 = '1') THEN
z <= a;                 --满足此语句的执行条件是(p1 = '1')
ELSIF (p2 = '0') THEN
z <= b;                 --满足此语句的执行条件是(p1 = '0') AND (p2 = '0')
ELSE
z <= c;                 --满足此语句的执行条件是(p1 = '0') AND (p2 = '1')
END IF;
```

2. CASE语句

CASE语句根据满足的条件直接选择多项顺序语句中的一项执行。CASE语句的结构如下：

```
CASE 表达式  IS
WHEN 选择值 => 顺序语句;
WHEN 选择值 => 顺序语句;
…
END  CASE;
```

当执行到CASE语句时，首先计算表达式的值，然后根据条件句中与之相同的选择值，执行对应的顺序语句，最后结束CASE语句。表达式可以是一个整数类型或枚举类型的值，也可以是由这些数据类型的值构成的数组(请注意，条件句中的=>不是操作符，它只相当于THEN的作用)。

选择值可以有4种不同的表达方式：

(1)单个普通数值，如4；

(2)数值选择范围，如(2 TO 4)，表示取值2、3或4；

(3)并列数值，如3 | 5，表示取值为3或者5；

(4)混合方式，以上3种方式的混合。

使用CASE语句需注意以下几点：

(1)条件句中的选择值必须在表达式的取值范围内。

(2)除非所有条件句中的选择值能完整覆盖CASE语句中表达式的取值，否则最末一个条件句中的选择必须用“OTHERS”表示。它代表已给的所有条件句中未能列出的其他可能的取值，这样可以避免综合器插入不必要的寄存器。

(3)CASE语句中每一条件句的选择只能出现一次，不能有相同选择值的条件语句出现。

(4) CASE语句执行中必须选中且只能选中所列条件语句中的一条。这表明CASE语句中至少要包含一个条件语句。

例 2.17 用 CASE 语句描述 4 选 1 多路选择器。

```
LIBRARY IEEE;
USE IEEE. STD_LOGIC_1164. ALL;
ENTITY MUX41 IS
    PORT(S1, S2: IN STD_LOGIC;
      A, B, C, D: IN STD_LOGIC;
              Z:OUT STD_LOGIC);
END ENTITY MUX41;
ARCHITECTURE ART OF MUX41 IS
  SIGNAL S: STD_LOGIC_VECTOR(1 DOWNTO 0);
  BEGIN
   S< =S1 & S2;
  PROCESS(S1, S2, A, B, C, D)
  BEGIN
    CASE S IS
       WHEN "00" = >Z< =A;
       WHEN "01" = >Z< =B;
       WHEN "10" = >Z< =C;
       WHEN "11" = >Z< =D;
       WHEN OTHERS   = >Z< ='X';
    END CASE;
  END PROCESS;
END ART;
```

注意本例的第 5 个条件名是必需的，因为对于定义 STD_LOGIC_VECTOR 数据类型的 S，在 VHDL 综合过程中，它可能的选择值除了 00、01、10 和 11 外，还可以有其他定义于 STD_LOGIC 的选择值。本例的逻辑图如图 2.9 所示。

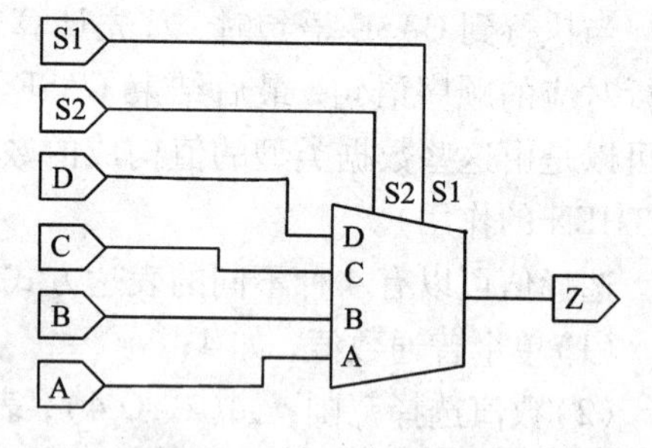

图 2.9 4 选 1 多路选择器

与 IF 语句相比，CASE 语句组的程序可读性比较好，这是因为它把条件中所有可能出现的情况全部列出来了，可执行条件一目了然。而且 CASE 语句的执行过程不像 IF 语句那样有一个逐项条件顺序比较的过程，CASE 语句中条件句的次序是不重要的，它的执行过程更接近于并行方式，一般地，综合后，对相同的逻辑功能，CASE 语句比 IF 语句的描述耗用更多的硬件资源，不但如此，对于有的逻辑，CASE 语句无法描述，只能用 IF 语句来描述。这是因为 IF - THEN - ELSLF 语句具有条件相与的功能和自动将逻辑值包括进去的功能(逻辑值" - "有利于逻辑的化简)，而 CASE 语句只有条件相或的功能。

例 2.18 中是一个算术逻辑单元的 VHDL 描述，它在信号 opcode 的控制下可分别完成加、减、相等或不相等比较等操作。程序在 CASE 语句中混合了 IF - THEN 语句。

例 2.18

```
LIBRARY IEEE;
USE IEEE. STD_LOGIC_1164. ALL;
USE IEEE. STD_LOGIC_UNSIGNED. ALL; ENTITY alu IS
PORT(a, b: IN STD_LOGIC_VECTOR (7 DOWNTO 0);
      opcode:IN STD_LOGIC_VECTOR(1 DOWNTO 0);
      result: OUT STD_LOGIC_VECTOR (7 DOWNTO 0) );
END alu;
ARCHITECTURE behave OF alu IS
  CONSTANT plus: STD_LOGIC_VECTOR (1 DOWNTO 0): = b"00";
  CONSTANT minus: STD_LOGIC_VECTOR (1 DOWNTO 0): = b"01";
  CONSTANT equal: STD_LOGIC_VECTOR (1 DOWNTO 0): = b"10";
  CONSTANT not_equal: STD_LOGIC_VECTOR (1 DOWNTO 0): = b"11";
  BEGIN
  PROCESS (opcode, a, b)
    BEGIN
    CASE opcode IS
        WHEN plus = > result < = a + b;                      - - a、b 相加
        WHEN minus = > result < = a - b;                     - - a、b 相减
        WHEN equal = > - - a、b 相等
        IF (a = b) THEN result < = x"01";
    ELSE result < = x"00";
    END IF;
    WHEN not_equal = >                                       - - a、b 不相等
    IF (a / = b) THEN result < = x"01";
    ELSEresult < = x"00";
    END IF;
    END CASE;
  END PROCESS;
END behave;
```

3. LOOP 语句

LOOP 语句就是循环语句，它可以使所包含的一组顺序语句被循环执行，其执行次数可由设定的循环参数决定，循环的方式由 NEXT 和 EXIT 语句来控制。LOOP 语句的表达方式有 3 种。

(1)单个 LOOP 语句，其语法格式如下：

```
[LOOP 标号:] LOOP
顺序语句;
END LOOP [LOOP 标号];
```

这种循环方式是一种最简单的语句形式，它的循环方式需引入其他控制语句(如 EXIT 语句) 后才能确定。LOOP 标号可任选。

例如：

```
...
L2: LOOP
```

```
a:= a+1;
EXIT L2 WHENa>10;                                --当a大于10时跳出循环
END LOOP L2;
...
```

此程序的循环方式由 EXIT 语句确定，其方式是，当 a>10 时结束循环执行 a:= a+1。

(2)FOR_ LOOP 语句，其语法格式如下：

```
[LOOP 标号]: FOR 循环变量 IN 循环次数范围 LOOP      --重复次数已知
顺序处理语句;
END LOOP [标号];
```

FOR 后的循环变量是一个临时变量，属 LOOP 语句的局部变量，不必事先定义，这个变量只能作为赋值源，不能被赋值，它由 LOOP 语句自动定义。使用时应当注意，在 LOOP 语句范围内不要再使用其他与此循环变量同名的标识符。循环次数范围规定 LOOP 语句中的顺序语句被执行的次数，循环变量从循环次数范围的初值开始，每执行完一次顺序语句后递增 1，直至达到循环次数范围指定的最大值。

例 2.19 FOR_LOOP 语句实现 8 位奇偶校验电路。

```
LIBRARY IEEE;
USE IEEE.STD_LOGIC_1164.ALL;
ENTITY pc IS
      PORT(a: IN STD_LOGIC_VECTOR(7 DOWNTO 0);
            y: OUT STD_LOGIC);
  END pc;
ARCHITECTURE behave OF pc IS
  BEGIN
     PROCESS(a)
     VARIABLE tmp: STD_LOGIC;
     BEGIN
       tmp: ='0';
       FOR i IN 0 TO 7 LOOP
       tmp: =tmp XOR a(i);
       END LOOP;
       y<=tmp;
END PROCESS;
END behave;
```

8 位奇偶校验电路的实现电路如图 2.10。

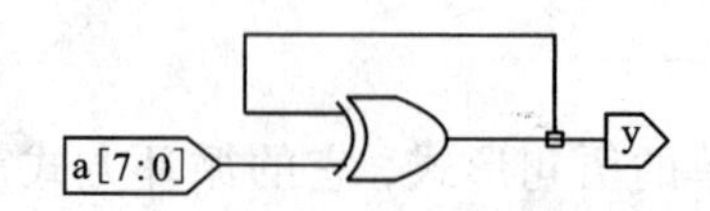

图 2.10 例 2.19 程序实现的电路

LOOP 循环的范围最好以常数表示，否则，在 LOOP 体内的逻辑可以重复任何可能的范围，这样将导致耗费过大的硬件资源，综合器不支持没有约束条件的循环。

(3)WHILE_LOOP 语句语法格式如下：

```
[标号]：WHILE 循环控制条件 LOOP          --重复次数未知
顺序语句；
END LOOP [标号]；
```

与 FOR_LOOP 语句不同的是，WHILE_LOOP 语句并没有给出循环次数范围，没有自动递增循环变量的功能，而是只给出了循环执行顺序语句的条件，这里的循环控制条件可以是任何布尔表达式，如 a=0 或 a>b，当条件为 TRUE 时继续循环，为 FALSE 时跳出循环，执行 END LOOP 后的语句。

例 2.20

```
Shift1：PROCESS (inputx)
  VARIABLEn：POSITIVE：= 1；
  BEGIN
    L1：WHILEn < =8LOOP                    --这里的"< ="是小于等于的意思
    outputx(n) < = inputx(n +8)；
    n：= n +1；
    END LOOP L1；
END PROCESS Shift1；
```

上述例子中，在 WHILE_LOOP 语句的顺序，语句中增加了一条循环次数的计算语句，用于循环语句的控制。在循环执行中，当 n 的值等于 9 时，将跳出循环。

4. NEXT 语句

在 LOOP 语句中用 NEXT 语句有条件或无条件跳出循环。共有 3 种语句格式：

```
NEXT；                                  --第 1 种语句格式
NEXT LOOP 标号；                        --第 2 种语句格式
NEXT LOOP 标号 WHEN 条件表达式；        --第 3 种语句格式
```

对于第 1 种语句格式，当 LOOP 内的顺序语句执行到 NEXT 语句时，即刻无条件终止当前的循环，跳回到本次循环 LOOP 语句处，开始下一次循环。

对于第 2 种语句格式，即在 NEXT 旁加 LOOP 标号后的语句功能与未加 LOOP 标号的功能是基本相同的，只是当有多重 LOOP 语句嵌套时，前者可以转跳到指定标号的 LOOP 语句处，重新开始执行循环操作。

第 3 种语句格式中，分句"WHEN 条件表达式"是执行 NEXT 语句的条件，如果条件表达式的值为 TRUE，则执行 NEXT 语句，进入转跳操作，否则继续向下执行。但当只有单层 LOOP 循环语句时，关键词 NEXT 与 WHEN 之间的"LOOP 标号"省去。

NEXT 语可应用举例：

```
L1：FOR cnt_value IN 1 TO 8 LOOP
  s1：a(cnt_value)：= '0'；
      NEXT WHEN (b = c)；
  s2：a(cnt_value +8 )：= '0'；
END LOOP L1；
```

上例程序中，当程序执行到 NEXT 语句时，如果条件判断式(b = c)的结果为 TRUE，将执行 NEXT 语句，并返回到 L1，使 cnt_value 加 1 后执行 s1 开始的赋值语句，否 则将执行 s2 开始的赋值语句。

5. EXIT 语句

EXIT 语句也是 LOOP 语句的内部循环控制语句，EXIT 语句与 NEXT 语句具有十分相似的语句格式和转跳功能，它们都是 LOOP 语句的内部循环控制语句。EXIT 的语句格式也有 3 种，其语句格式如下：

```
EXIT;                              --第 1 种语句格式
EXIT LOOP 标号;                    --第 2 种语句格式
EXIT LOOP 标号 WHEN 条件表达式;    --第 3 种语句格式
```

这里，每种语句格式与 NEXT 语句的格式和操作功能非常相似，唯一的区别是，NEXT 语句转跳的方向是 LOOP 标号指定的 LOOP 语句处，当没有 LOOP 标号时，转跳到当前 LOOP 语句的循环起始点。而 EXIT 语句的转跳方向是 LOOP 标号指定的 LOOP 循环语句的结束处，即完全跳出指定的循环，并开始执行此循环外的语句。这就是说，NEXT 语句是跳向 LOOP 语句的起始点，而 EXIT 语句则是跳向 LOOP 语句的终点。

例 2.21 是一个两元素位矢量值比较程序。在程序中，当发现比较值 a 和 b 不同时，由 EXIT 语句跳出循环比较程序，并报告比较结果。

例 2.21 两元素位矢量值比较程序。

```
SIGNAL a, b: STD_LOGIC_VECTOR (1 DOWNTO 0);
SIGNAL a_less_then_b: Boolean;
...
a_less_then_b <= FALSE;                    --设初始值
FOR i IN 1 DOWNTO 0 LOOP
  IF (a(i) = '1' AND b(i) = '0') THEN
  a_less_then_b <= FALSE;                  --a>b
  EXIT;
  ELSIF (a(i) = '0' AND b(i) = '1') THEN
  a_less_then_b <= TRUE;                   --a<b
  EXIT;
  ELSE
  NULL;
  END IF;
END LOOP;                                  --当 i=1 时返回 LOOP 语句继续比较
```

程序中 NULL 为空操作语句，是为了满足 ELSE 的转换。此程序先比较 a 和 b 的高位，高位是 1 者为大，输出判断结果 TRUE 或 FALSE 后中断比较程序；当高位相等时，继续比较低位，这里假设 a 不等于 b。

2.5.3 等待语句

进程在执行过程中总是处于两种状态：执行或挂起(suspension)，进程的状态变化受等待(WAIT)语句的控制，当进程执行到 WAIT 语句，就被挂起，直到满足此语句设置的结束挂起条件后，将重新开始执行进程或过程中的程序。但 VHDL 规定，已列出敏感量的进程中不能使用任何形式的 WAIT 语句。

WAIT 语句的语句格式如下：

WAIT [ON 敏感信号表] [UNTIL 条件表达式] [FOR 时间表达式]；

1)无限等待语句

WAIT；

单独的 WAIT，未设置停止挂起条件的表达式，表示永远挂起。

2)敏感信号等待语句

WAIT ON 信号[，信号]；

在信号表中列出的信号是等待语句的敏感信号。当处于等待状态时，敏感信号的任何变化(如从 0 到 1 或从 1 到 0 的变化)将结束挂起，再次启动进程。例如：

WAIT　ON　a，b；

表示当 a 或 b 中任一信号发生改变时，就恢复执行 WAIT 语句之后的语句。

例如：

```
PROCESS
    BEGIN
    y < = a AND b;
    WAIT ON a, b;
END PROCESS;
```

3)条件等待语句

WAIT UNTIL 条件表达式；

相对于第 2 种语句格式，条件等待语句格式中又多了一种重新启动进程的条件，即被此语句挂起的进程需顺序满足如下两个条件，进程才能脱离挂起状态：

(1)在条件表达式中所含的信号发生了改变；

(2)此信号改变后，且满足 WAIT 语句所设的条件。

这两个条件不但缺一不可而且必须依照以上顺序来完成。

一般地，只有条件等待语句 WAIT_UNTIL 格式的等待语句可以被综合器接受(其余语句格式只能在 VHDL 仿真器中使用)，WAIT_UNTIL 语句有以下 3 种表达方式：

```
WAIT UNTIL 信号 = Value;                      - -第 1 种语句格式
WAIT UNTIL 信号'EVENT AND 信号 = Value;        - -第 2 种语句格式
WAIT UNTILNOT 信号'STABLE AND 信号 = Value;    - -第 3 种语句格式
```

如果设 clock 为时钟信号输入端，以下 4 条 WAIT 语句所设的进程启动条件都是时钟上跳沿，所以它们对应的硬件结构是一样的。

```
WAIT UNTIL clock = '1';
WAIT UNTIL rising_edge(clock);
WAIT UNTIL NOT clock'STABLE AND clock = '1';
WAIT UNTIL clock = '1' AND clock'EVENT;
```

下列程序中的进程将完成一个硬件求平均的功能，每一个时钟脉冲由 A 输入一个数值，4 个时钟脉冲后将获得此 4 个数值的平均值。

例 2.22

```
PROCESS
```

```
    BEGIN
    WAIT UNTIL CLK = '1';
    AVE < = A;
    WAIT UNTIL CLK = '1';
    AVE < = AVE + A;
    WAIT UNTIL CLK = '1';
    AVE < = AVE + A;
    WAIT UNTIL CLK = '1';
    AVE < = (AVE + A)/4;
  END PROCESS;
```

例2.23是一个描述具有右移、左移、并行加载和同步复位的完整的VHDL设计，其中使用了以上介绍的几项语法结构，其综合后所得的逻辑电路主控部分是组合电路，而时序电路主要是一个用于保存输出数据的8位锁存器。

例2.23

```
  LIBRARY IEEE;
  USE IEEE. STD_LOGIC_1164. ALL;
  ENTITY shifter IS
      PORT ( data : IN STD_LOGIC_VECTOR (7 DOWNTO 0);
          shift_left: IN STD_LOGIC;
         shift_right : IN STD_LOGIC;
              clk : IN STD_LOGIC;
            reset : IN STD_LOGIC;
             mode : IN STD_LOGIC_VECTOR (1 DOWNTO 0);
             qout : BUFFER STD_LOGIC_VECTOR (7 DOWNTO 0) );
  END shifter;
  ARCHITECTURE behave OF shifter IS
    SIGNAL enable: STD_LOGIC;
    BEGIN
    PROCESS
    BEGIN
   WAIT UNTIL (RISING_EDGE(clk) );                          - -等待时钟上升沿
   IF (reset = '1') THENqout < = "00000000";
   ELSE
  CASE mode IS
      WHEN "01" = >qout < = shift_right &  qout(7 DOWNTO 1);   - -右移
      WHEN "10" = >qout < = qout(6 DOWNTO 0) &  shift_left;    - -左移
      WHEN "11" = >qout < = data;                              - -并行加载
      WHEN OTHERS = > NULL;
  END CASE;
  END IF;
  END PROCESS;
  END behave;
```

4)超时等待语句

WAIT FOR 时间表达式;

在此语句中定义了一个时间段，从执行到当前的 WAIT 语句开始，在此时间段内，进程处于挂起状态，当超过这一时间段后，进程自动恢复执行。由于此语句不可综合，在此不拟深入讨论。

例如：WAIT FOR 20 ns;

2.5.4　子程序及其调用

子程序是一个 VHDL 程序模块，这个模块是利用顺序语句来定义和完成算法的。因此，只能使用顺序语句，这一点与进程十分相似，所不同的是，子程序不能像进程那样可以从本结构体的其他块或进程结构中直接读取信号值或者向信号赋值。此外，VHDL 子程序与其他软件语言程序中的子程序的应用目的是相似的，即能更有效地完成重复性的计算工作，子程序的使用方式只能通过子程序调用及与子程序的界面端口进行通信，子程序的应用与元件例化(元件调用)是不同的，如果在一个设计实体或另一个子程序中调用子程序后，并不像元件例化那样会产生一个新的设计层次。

子程序可以在 VHDL 程序的 3 个不同位置进行定义，即在程序包、结构体和进程中定义，但由于只有在程序包中定义的子程序可被几个不同的设计所调用，所以一般应该将子程序放在程序包中。

VHDL 子程序具有可重载性的特点，即允许有许多重名的子程序，但这些子程序的参数类型及返回值数据类型是不同的。子程序的可重载性是一个非常有用的特性。

子程序有两种类型，即过程(PROCEDURE)和函数(FUNCTION)。过程的调用可通过其界面提供多个返回值，或不提供任何值，而函数只能返回一个值，在函数入口中，所有参数都是输入参数，而过程有输入参数、输出参数和双向参数，过程一般被看作一种语句结构，常在结构体或进程中以分散的形式存在，而函数通常是表达式的一部分，常在赋值语句或表达式中使用，过程可以单独存在，其行为类似于进程，而函数通常作为语句的一部分被调用。

在实用中必须注意，综合后的子程序将映射于目标芯片中的一个相应的电路模块，且每一次调用都将在硬件结构中产生对应于具有相同结构的不同的模块，这一点与在普通的软件中调用子程序有很大的不同，在 PC 机或单片机软件程序执行中，包括 VHDL 的行为仿真，无论对程序中的子程序调用多少次，都不会发生计算机资源(如存储资源)不够用的情况，但在面向 VHDL 的综合中，每调用一次子程序都意味着增加了一个硬件电路模块。因此，在实用中，要密切关注和严格控制子程序的调用次数。

1. 子程序

1)函数(FUNCTION)

在 VHDL 中有多种函数形式，如用于不同目的的用户自定义函数和在库中现成的具有专用功能的预定义函数，如转换函数和决断函数，转换函数用于从一种数据类型到另一种数据类型的转换，如在元件例化语句中利用转换函数可允许不同数据类型的信号和端口间进行映射，决断函数用于在多驱动信号时解决信号竞争问题。

函数的语言表达格式如下：

FUNCTION 函数名(参数表) RETURN 数据类型　　　　－－函数首

```
FUNCTION 函数名(参数表) RETURN 数据类型 IS            --函数体
    [说明部分]
    BEGIN
    顺序语句;
END FUNCTION 函数名;
```

一般地，函数定义应由两部分组成，即函数首和函数体。在进程或结构体中不必定义函数首，而在程序包中必须定义函数首。

(1)函数首。

函数首是由函数名、参数表和返回值的数据类型三部分组成的，如果将所定义的函数组织成程序包入库的话，定义函数首是必需的，这时的函数首就相当于一个入库货物名称与货物位置表，入库的是函数体，函数首的名称即为函数的名称，需放在关键词 FUNCTION 之后，此名称可以是普通的标识符，也可以是运算符，运算符必须加上双引号，这就是所谓的运算符重载。运算符重载就是对 VHDL 中现存的运算符进行重新定义，以获得新的功能。新功能的定义是靠函数体来完成的，函数的参数表是用来定义输出值的，所以不必以显式表示参数的方向，函数参量可以是信号或常数，参数名需放在关键词 CONSTANT 或 SIGNAL 之后。如果没有特别说明，则参数被默认为常数。如果要将一个已编制好的函数并入程序包，函数首必须放在程序包的说明部分，而函数体需放在程序包的包体内；如果只是在一个结构体中定义并调用函数，则仅需函数体即可。由此可见，函数首的作用只是作为程序包的有关此函数的一个接口界面。

例 2.24

```
PACKAGEpackexp IS                                      --定义程序包
FUNCTION max( a, b: IN STD_LOGIC_VECTOR)               --定义函数首
  RETURN STD_LOGIC_VECTOR;
  FUNCTIONfunc1 (a, b, c: REAL )                       --定义函数首
  RETURN REAL;
FUNCTION "*"(a, b: INTEGER )                           --定义函数首
  RETURN INTEGER;
FUNCTION as2(SIGNALin1, in2: REAL )                    --定义函数首
  RETURN REAL;
END;
PACKAGEBODY packexp IS
  FUNCTIONmax( a, b: IN STD_LOGIC_VECTOR)              --定义函数体
  RETURN STD_LOGIC_VECTOR IS
  BEGIN
  IF a > b THEN RETURN a;
  ELSE
  RETURN b;
  END IF;
END FUNCTION max;                                      --结束 FUNCTION 语句
END;                                                   --结束 PACKAGEBODY 语句
```

(2)函数体。

函数体包含一个对数据类型、常数、变量等的局部说明，以及用以完成规定算法或转换的顺序语句部分，一旦函数被调用，就将执行这部分语句。在函数体结尾需以关键词 END FUNCTION 以及函数名结尾。

例2.25的程序在一个结构体内定义了一个完成某种算法的函数，这个函数没有函数首，在进程中，输入端口信号位矢 a 被列为敏感信号，当 a 中 3 个位输入元素 a(0)、a(1)和 a(2)中的任何一位有变化时，将启动对函数 sam 的调用，并将函数的返回值赋给 m 输出。

例2.25

```
LIBRARY IEEE;
USE IEEE.STD_LOGIC_1164.ALL;
ENTITY func IS
PORT(a:IN STD_LOGIC_VECTOR (0 to 2 );
     m:OUT STD_LOGIC_VECTOR (0 to 2 ));
END ENTITY func;
ARCHITECTURE demo OF func IS
  FUNCTION sam(x, y, z: STD_LOGIC) RETURN STD_LOGIC IS
    BEGIN
    RETURN ( x AND y ) OR y;
  END FUNCTION sam;
  BEGIN
  PROCESS (a)
    BEGIN
    m(0) <= sam( a(0), a(1), a(2) );
    m(1) <= sam( a(2), a(0), a(1) );
    m(2) <= sam( a(1), a(2), a(0));
  END PROCESS;
END ARCHITECTURE demo;
```

2)重载函数(OVERLOADED FUNCTION)

VHDL 允许以相同的函数名定义函数，但要求函数中定义的操作数具有不同的数据类型，以便调用时用以分辨不同功能的同名函数，即同样名称的函数可以用不同的数据类型作为此函数的参数定义，多次以此定义的函数称为重载函数。重载函数还可以允许用任意位矢长度来调用。例2.26是一个比较完整的重载函数 max 的定义和调用的实例。

例2.26

```
LIBRARY IEEE;
USE IEEE.STD_LOGIC_1164.ALL;
PACKAGE packexp IS                                      --定义程序包
  FUNCTION max( a, b:IN STD_LOGIC_V   ECTOR)           --定义函数首
  RETURN STD_LOGIC_VECTOR;
  FUNCTION max( a, b:IN BIT_VECTOR)                     --定义函数首
  RETURN BIT_VECTOR;
  FUNCTION max( a, b:IN INTEGER )                       --定义函数首
  RETURN INTEGER;
```

```
END;
PACKAGE BODY packexp IS
    FUNCTION max( a, b:IN STD_LOGIC_VECTOR)   --定义函数体
    RETURN STD_LOGIC_VECTOR IS
    BEGIN
    IF a>b THEN RETURN a;
    ELSE
    RETURN b;
    END IF;
  END FUNCTION max;                           --结束 FUNCTION 语句
  FUNCTION max( a, b:IN INTEGER)              --定义函数体
    RETURN INTEGER IS
    BEGIN
    IF a>b THEN RETURN a;
    ELSE
    RETURNb;
    END IF;
  END FUNCTION max;                           --结束 FUNCTION 语句
  FUNCTION max( a, b:IN BIT_VECTOR)           --定义函数体
    RETURN BIT_VECTOR IS
    BEGIN
    IF a>b THEN RETURN a;
    ELSE
    RETURN b;
    END IF;
    END FUNCTION max;                         --结束 FUNCTION 语句
  END;                                        --结束 PACKAGEBODY 语句
                                              --以下是调用重载函数 max 的程序
LIBRARY IEEE;
USE IEEE.STD_LOGIC_1164.ALL;
USE WORK.packexp.ALL
ENTITYaxamp IS
PORT(a1, b1: IN STD_LOGIC_VECTOR(3 DOWNTO 0);
        a2, b2: IN BIT_VECTOR(4 DOWNTO 0);
        a3, b3: IN INTEGER 0 TO 15;
            c1: OUT STD_LOGIC_VECTOR(3 DOWNTO 0);
            c2: OUT BIT_VECTOR(4 DOWNTO 0);
            c3: OUT INTEGER 0 TO 15);
END;
ARCHITECTURE bhv OF axamp IS
  BEGIN
  c1 <=max(a1, b1);                           --对函数 max(a, bIN STD_LOGIC_VEC
                                                -TOR)的调用
```

```
    c2 <=max(a2, b2);                     --对函数 max(a, bIN BIT_VECTOR) 的调用
    c3 <=max(a3, b3);                     --对函数 max(a, bIN INTEGER)的调用
END;
```

有了重载函数4位二进制加法计数器就可以用以下的VHDL程序实现。

例2.27

```
LIBRARY IEEE;
USE IEEE.STD_LOGIC_1164.ALL;
USE IEEE.STD_LOGIC_UNSIGNED.ALL;          --注意此程序包的功能
ENTITY cnt4 IS
  PORT(Clk: IN STD_LOGIC;
  q: BUFFER STD_LOGIC_VECTOR(3 DOWNTO 0));
END cnt4;
ARCHITECTURE one OF cnt4 IS
    BEGIN
    PROCESS (clk)
    BEGIN
    IF clk'EVENT AND clk ='1'THEN
    IF q=15 THEN                          --这里程序自动调用了等号"="的重载函数
    q<="0000";
    ELSE
    q<=q+1;                               --这里程序自动调用了加号"+"的重载函数
    END IF;
    END IF;
  END PROCESS;
END one;
```

此例中，式"q=15"等号两边的数据类型是不一样的，q的数据类型是位矢量类型，而"15"属于整数类型，式"q<=q+1"中"+"两边的数据类型也不一样，"1"也是整数类型。之所以不同类型的操作数可以在一起作用，全得益于利用了语句USE IEEE.STD_LOGIC_UNSIGNED.ALL打开了运算符重载函数的程序包。

3)过程(PROCEDURE)

VHDL中子程序的另外一种形式是过程PROCEDURE，过程的语句格式是：

```
    PROCEDURE 过程名(参数表)          --过程首
    PROCEDURE 过程名(参数表)IS        --过程体
    [说明部分]
BEGIN
    顺序语句;
END PROCEDURE 过程名;
```

与函数一样，过程也由两部分组成，即由过程首和过程体构成，过程首也不是必需的，过程体可以独立存在和使用，即在进程或结构体中不必定义过程首，而在程序包中必须定义过程首。

(1)过程首。

过程首由过程名和参数表组成，参数表可以对常数、变量和信号3类数据对象目标作出说明，并用关键词IN、OUT和INOUT定义这些参数的工作模式，即信息的流向。如果没有指定模式，则默认为IN。以下是3个过程首的定义示例：

例2.28

```
PROCEDURE pro1(VARIABLE a, b:INOUT REAL);
PROCEDURE pro2(CONSTANTa1:IN INTEGER; VARIABLE b1:OUT INTEGER );
PROCEDURE pro3(SIGNAL sig:INOUT BIT);
```

过程pro1定义了两个实数双向变量a和b，过程pro2定义了2个参量，第1个是常数，它的数据类型为整数，流向模式是IN；第2个参量是变量，信号模式和数据类型分别是OUT和整数；过程pro3中只定义了一个信号参量，即sig，它的流向模式是双向INOUT，数据类型是BIT。一般地，可在参量表中定义三种流向模式，即IN、OUT和INOUT。如果只定义了IN模式而未定义目标参量类型，则默认为常量，若只定义了INOUT或OUT，则默认目标参量类型是变量。

(2)过程体。

过程体是由顺序语句组成的，过程的调用即启动了对过程体的顺序语句的执行。与函数一样，过程体中的说明部分只是局部的，其中的各种定义只能适用于过程体内部。过程体的顺序语句部分可以包含任何顺序执行的语句，包括WAIT语句。但需注意，如果一个过程是在进程中调用的，且这个进程已列出了敏感参量表，则不能在此过程中使用WAIT语句。

在不同的调用环境中，可以有两种不同的语句方式对过程进行调用，即顺序语句方式或并行语句方式，对于前者，在一般的顺序语句自然执行过程中，一个过程被执行，则属于顺序语句方式，因为这时它只相当于一条顺序语句的执行；对于后者，一个过程相当于一个小的进程，当这个过程处于并行语句环境中时，其过程体中定义的任一IN或INOUT的目标参量(即数据对象：变量、信号、常数)发生改变时，将启动过程的调用，这时的调用是属于并行语句方式的。过程与函数一样，可以重复调用或嵌套式调用，综合器一般不支持含有Wait语句的过程。

例2.29

```
PROCEDURE comp(a, r:IN REAL;m: IN INTEGER;v1, v2: OUT REAL) IS
VARIABLE cnt: INTEGER;
BEGIN
v1: =1.6 * a;                                   --赋初始值
v2: =1.0;                                       --赋初始值
Q1:FOR   cnt IN1 TO mLOOP
          v2: =v2 * v1;
          EXIT Q1WHEN v2 > v1;                  --当 v2 > v1   跳出循环 LOOP
END LOOP Q1;
ASSERT (v2 < v1 )
REPORT"OUT OF RANGE"                            --输出错误报告 SEVERITYERROR;
END PROCEDURE comp;
```

在以上过程comp的参量表中，定义a和r为输入模式，数据类型为实数，m为输入模式，数据类型为整数。这3个参量都没有以显式定义它们的目标参量类型，显然它们的默认类型都是常数。由于v2、v1定义为输入模式的实数，因此默认类型是变量。在过程comp的LOOP语句中，对v2进行循环计算直到v2大于r，EXIT语句中断运算，并由REPORT语句给出错误报告。

4)重载过程

两个或两个以上有相同的过程名和互不相同的参数数量及数据类型的过程称为重载过程，十分类似于重载函数。对于重载过程，也是靠参量类型来辨别究竟调用哪一个过程。

例2.30

```
PROCEDURE calcu (v1, v2:IN REAL;SIGNAL out1:INOUT INTEGER);
PROCEDURE calcu (v1, v2:IN INTEGER;SIGNAL out1:INOUT REAL);
...
calcu (20.15, 1.42, signl);                    --调用第一个重载过程 calcu
calcu (23, 320, sign2 );                       --调用第二个重载过程 calcu
...
```

此例中定义了两个重载过程，它们的过程名、参量数目及各参量的模式是相同的，但参量的数据类型是不同的。第1个过程中定义的2个输入参量v1和v2为实数型常数，out1为INOUT模式的整数信号，而第2个过程中v1、v2则为整数常数，out1为实数信号。所以在下面过程调用中将首先调用第1个过程。从例2.30可知，过程的调用方式与函数完全不同，函数的调用中，是将所定义的函数作为语句中的一个因子，如一个操作数或一个赋值数据对象或信号等，而过程的调用，是将所定义的过程名作为一条语句来执行。

如前所述，在过程结构中的语句是顺序执行的，调用者在调用过程前应先将初始值传递给过程的输入参数，一旦调用，即启动过程语句按顺序自上而下执行过程中的语句，执行结束后，将输出值返回到调用者的"OUT"和"INOUT"所定义的变量或信号中。

2. 子程序(SUBPROGRAM)调用

在进程中允许对子程序进行调用。子程序包括过程和函数，可以在VHDL的结构体或程序包中的任何位置对子程序进行调用。

从硬件角度讲，一个子程序的调用类似于一个元件模块的例化，也就是说，VHDL综合器为子程序的每一次调用都生成一个电路逻辑块。所不同的是，元件的例化将产生一个新的设计层次，而子程序调用只对应于当前层次的一部分。

1)过程调用

过程调用就是执行一个给定名字和参数的过程。调用过程的语句格式如下：

过程名[([形参名=>]实参表达式

{,[形参名=>]实参表达式})];

其中，括号中的实参表达式称为实参，它可以是一个具体的数值，也可以是一个标识符，是当前调用程序中过程形参的接受体。在此调用格式中，形参名即为当前欲调用的过程中已说明的参数名，即与实参表达式相联系的形参名。被调用中的形参名与调用语句中的实参表达式的对应关系有位置关联法和名字关联法两种，位置关联可以省去形参名。

一个过程的调用将分别完成以下3个步骤：

(1)首先将IN和INOUT模式的实参值赋给欲调用的过程中与它们对应的形参；

(2)然后执行这个过程；

(3)最后将过程中IN和INOUT模式的形参值赋还给对应的实参。

实际上，一个过程对应的硬件结构中，其标识形参的输入输出是与其内部逻辑相连的。

例2.31是一个完整的设计，可直接进行综合，综合后的电路如图2.11所示。它在自定义的程序包中定义了一个数据类型的子类型，即对整数类型进行了约束，在进程中定义了一个名为SWAP的局部过程(没有放在程序包中的过程)，这个过程的功能是对一个数组中的两个元素进行比较，如果发现这两个元素的排序不符合要求，就进行交换，使得左边的元素值总是大于右边的元素值。连续调用3次SWAP后，就能将一个三元素的数组元素从左至右按序排列好，最大值排在左边。

例2.31 对一个表组中三个元素从大到小排序程序。

```
PACKAGE DATA_TYPES IS                                   --定义程序包
subTYPE DATA_ELEMENT IS integer RANGE 0 TO 3;           --定义数据类型
TYPE DATA_ARRAY IS ARRAY(1 TO 3) OF DATA_ELEMENT;
END DATA_TYPES;
USE WORK.DATA_TYPES.ALL;                                --打开以上建立在当前工作库的程序包
                                                          DATA_TYPES
ENTITY SORT IS
      PORT(IN_ARRAY:IN DATA_ARRAY;
           OUT_ARRAY:OUT DATA_ARRAY);
END SORT;
ARCHITECTURE ART OF SORT IS
   BEGIN
   PROCESS(IN_ARRAY)                                    --进程开始，设DATA_TYPES为敏感信号
   PROCEDURE SWAP(DATA:INOUT DATA_ARRAY;
                LOW, HIGH: IN INTEGER ) IS              --SWAP的形参名为DATA、LOW、HIGH
VARIABLE TEMP:DATA_ELEMENT;
   BEGIN                                                --开始描述本过程的逻辑功能
   IF(DATA(LOW) > DATA(HIGH))THEN                       --检测数据
        TEMP: = DATA(LOW);
DATA(LOW): = DATA(HIGH);
     DATA(HIGH): = TEMP;
    END IF;
  END SWAP;                                             --过程SWAP定义结束
  VARIABLE MY_ARRAY:DATA_ARRAY;                         --在本进程中定义变量MY_ARRAY
  BEGIN                                                 --进程开始
MY_ARRAY: = IN_ARRAY;                                   --将输入值读入变量
SWAP(MY_ARRAY, 1, 2);                                   --MY_ARRAY、1、2是对应于DATA、HIGH
                                                          的实参
SWAP(MY_ARRAY, 2, 3);                                   --位置关联法调用，第2、第3元素交换
SWAP(MY_ARRAY, 1, 2);                                   --位置关联法调用，第1、第2元素再次交换
OUT_ARRAY < = MY_ARRAY;
END PROCESS;
END ARCHITECTURE ART;
```

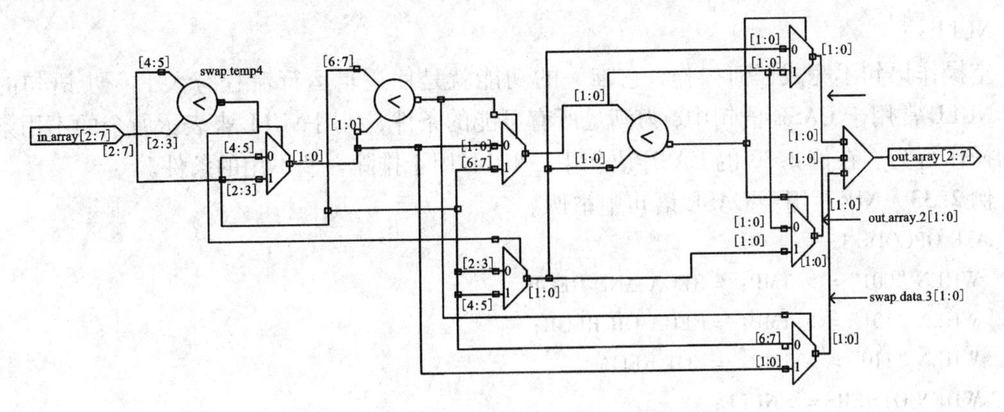

图 2.11　例 2.31 综合后的 RTL 硬件电路图

2) 函数调用

函数调用与过程调用是十分相似的，不同之处是，调用函数将返还一个指定数据类型的值，函数的参量只能是输入值。

2.5.5　返回语句

返回语句只能用于子程序体中，并用来结束当前子程序体的执行。其语句格式如下：

RETURN　[表达式];

当表达式缺省时，只能用于过程，它只是结束过程，并不返回任何值；当有表达式时，只能用于函数，并且必须返回一个值。用于函数的语句中的表达式提供函数返回值。每一函数必须至少包含一个返回语句，并可以拥有多个返回语句，但是在函数调用时，只有其中一个返回语句可以将值带出。

例 2.32 是一过程定义程序，它将完成一个 RS 触发器的功能。注意其中的时间延迟语句和 REPORT 语句是不可综合的。

例 2.32

```
PROCEDURE RS(SIGNAL S, R: IN STD_LOGIC;
                    SIGNAL Q, NQ: INOUT STD_LOGIC) IS
BEGIN
  IF(S = '1' AND R = '1') THEN
   REPORT"FORBIDDEN STATE: S AND R ARE EQUAL TO'1'";
   RETURN;
  ELSE
   Q < = S AND NQ AFTER 5 ns;
   NQ < = S AND Q AFTER 5 ns;
  END IF;
END PROCEDURE RS;
```

当信号 S 和 R 同时为 1 时，在 IF 语句中的 RETURN 语句将中断过程。

2.5.6　空操作语句

空操作语句的语句格式如下：

NULL；

空操作语句不完成任何操作，它唯一的功能就是使逻辑运行流程跨入下一步语句的执行。NULL 常用于 CASE 语句中，为满足所有可能的条件，利用 NULL 来表示所余的不用条件下的操作行为。在例 2.33 的 CASE 语句中，NULL 用于排除一些不用的条件。

例 2.33 NULL 用于 CASE 语句中举例。

```
CASE OPCODE IS
  WHEN "001" = > TMP：=REGA AND REGB；
  WHEN "101" = > TMP：=REGA OR REGB；
  WHEN "110" = > TMP：=NOT REGA；
  WHEN OTHERS = >NULL；
END CASE；
```

此例类似于一个 CPU 内部的指令译码器功能，"001"、"101"和"110" 分别代表指令操作码，对于它们所对应在寄存器中的操作数的操作算法，CPU 只对这 3 种指令码作反应，当出现其他码时，不作任何操作。

2.5.7 其他语句

1. 属性(ATTRIBUTE)描述与定义语句

VHDL 中预定义属性描述语句有许多实际的应用，可用于对信号或其他项目的多种属性检测或统计。VHDL 中可以具有属性的项目如下：类型、子类型、过程、函数、信号、变量、常量、实体、结构体、配置、程序包、元件、语句标号。属性是以上各类项目的特性。

某一项目的特定属性或特征通常可以用一个值或一个表达式来表示，通过 VHDL 的预定义属性描述语句就可以加以访问。属性的值与数据对象(信号、变量和常量) 的值完全不同。在任一给定的时刻一个数据对象只能具有一个值，但却可以具有多个属性。VHDL 还允许设计者自己定义属性(即用户定义的属性)。

综合器支持的属性有：LEFT、RIGHT、HIGH、LOW、RANGE、REVERS RANGE、LENGTH、EVENT、STABLE。预定义属性描述语句实际上是一个内部预定义函数，其语句格式是：属性测试项目名，属性标识符。属性测试项目即属性对象，可由相应的标识符表示，属性标识符就是属性名。以下仅就可综合的属性项目使用方法作一说明。预定义的属性函数功能表见表 2.9。

1)信号类属性

信号类属性中最常用的当属 EVENT，例如" clock'EVENT"就是对以 clock 为标识符的信号在当前的一个极小的时间段内发生事件的情况进行检测。所谓发生事件就是电平发生变化，从一种电平方式转变到另一种电平方式，如果在此时间段内 clock 由 0 变成 1 或由 1 变成 0 都认为发生了事件，于是这句测试事件发生与否的表达式将向测试语句，如 IF 语句返回一个 BOOLEAN 值 TRUE，否则为 FALSE。如果将以上短语 clock'EVENT 改成语句 clock 'EVENT AND clock ='1'则表示对 clock 信号上升沿的测试，即一旦测试到 clock 有一个上升沿时，此表达式将返回一个布尔值 TRUE。当然这种测试是在过去的一个极小的时间段内进行的，之后又测得 clock 为 1，从而满足此语句所列条件 clock ='1'，因而也返回 TRUE，两个 TRUE 相与后仍为 TRUE。由此便可以从当前的 clock ='1' 推断在此前的时间段内 clock

必为 0。因此以上的表达式可以用来对信号 clock 的上升沿进行检测。属性 STABLE 的测试功能恰与 EVENT 相反。它是信号在 d 时间段内无事件发生则返还 TRUE 值，以下两语句的功能是一样的：

表 2.9 预定义的属性函数功能表

属性名	功能含义	适用范围
LEFT[(n)]	返回类型或者子类型的左边界，用于数组时，n 表示二维数组行序号	类型、子类型
RIGHT[(n)]	返回类型或者子类型的右边界，用于数组时，n 表示二维数组行序号	类型、子类型
HIGH[(n)]	返回类型或者子类型的上限值，用于数组时，n 表示二维数组行序号	类型、子类型
LOW[(n)]	返回类型或者子类型的下限值，用于数组时，n 表示二维数组行序号	类型、子类型
LENGTH[(n)]	返回数组范围的总长度(范围个数)，用于数组时，n 表示二维数组行序号	数组
STRUCTURE[(n)]	如果块或结构体只含有元件具体装配语句或被动进程时，属于 'STURCTURE 返回 TRUE	块、构造
POS(value)	参数 value 的位置值	枚举类型
VAL(value)	参数 value 的位置序号	枚举类型
SUCC(value)	比 value 的位置序号大的一个相邻位置值	枚举类型
PRED(value)	比 value 的位置序号大的一个相邻位置值	枚举类型
LEFTOF(value)	在 value 左边位置的相邻值	枚举类型
RIGHTOF(value)	在 value 右边位置的相邻值	枚举类型
EVENT	如果当前的 Δ 期间发生了事件，则返回 TRUE，否则返回 FALSE	信号
ACTIVE	如果当前的 Δ 期内信号有效，则返回 TRUE，否则返回 FALSE	信号
LAST-EVENT	从信号最近一次的发生事件至今所经历的时间	信号
LAST-EVENT	最近一次事件发生之前信号的值	信号
LAST-EVENT	返回自信号前面一次事件处理至今所经历的时间	信号
DELAYED[time]	建立和参考信号同类型的信号，该信号紧跟着参考信号之后，并有一个可选的时间表达式指定延迟时间	信号
STABLE[time]	每当在可选的时间表达式指定的时间内信号无事件时，该属性建立一个值为 TRUE 的布尔型信号	信号
QUIET[time]	每当参考信号在可选的时间内无事项处理时，该属性建立一个值为 TRUE 的布尔型信号	信号

续表 2.9

属性名	功能含义	适用范围
TRANSACTION	在此信号上有事件发生，或每个事项处理中，它的值翻转时，该属性建立一个 BIT 型的信号（每次信号有效时，重复返回 0 和 1 的值）	信号
RANGE[(n)]	返回按指定排序范围，参数 n 指定二维数组的第 n 行	数组
REVERSE-RANGE [(n)]	返回按指定逆序范围，参数 n 指定二维数组的第 n 行	数组

```
(NOT clock'STABLE AND clock ='1')
(clock'EVENT AND clock ='1')
```

但语句 NOT(clock'STABLE AND clock ='1')的表达方式是不可综合的，因为对于 VHDL 综合器来说，括号中的语句已等效于一条时钟信号边沿测试专用语句，它已不是普通的操作数，所以不能以操作数方式来对待。

2)数据区间类属性

数据区间类属性有'RANGE[(n)] 和 'REVERSE RANGE[(n)]。这类属性函数主要是对属性项目取值区间进行测试，返还的内容不是一个具体值，而是一个区间。对于同一属性项目'RANGE 和 'REVERSE RANGE 返回的区间次序相反，前者与原项目次序相同，后者相反。如：

```
...
SIGNAL range1: IN STD LOGIC VECTOR (0 TO 7);
...
FOR i IN range1'RANGE LOOP
...
```

例题中的 FOR LOOP 语句与语句“FOR i IN 0 TO 7 LOOP”的功能是一样的，这说明 range1'RANGE 返回的区间即为位矢 range1 定义的元素范围。如果用 'REVERSE RANGE，则返回的区间正好相反，是(7 DOWNTO 0)。

3)数值类属性

在 VHDL 中的数值类属性测试函数主要有 'LEFT、'RIGHT、'HIGH、'LOW，这些属性函数主要用于对属性测试目标一些数值特性进行测试。如：

```
...
PROCESS (clock, a, b);
TYPE obj IS ARRAY (0 TO 15) OF BIT; SIGNAL ele1, ele2, ele3, ele4: INTEGER; BEGIN
ele1 <= obj'RIGHT; ele2 <= obj'LEFT; ele3 <= obj'HIGH; ele4 <= obj'LOW;
```

信号 ele1、ele2、ele3 和 ele4 获得的赋值分别为 15、0、15 和 0。

4)数组属性 'LENGTH

此函数的用法同前，只是对数组的宽度或元素的个数进行测定。例如：

...

```
TYPE arry1 ARRAY (0 TO 7) OF BIT;
VARIABLE wth: INTEGER;
...
wth1 := arry1'LENGTH;                    --wth1 =8
...
```

5)用户定义属性

属性与属性值的定义格式如下：

ATTRIBUTE 属性名：数据类型；

ATTRIBUTE 属性名 OF 对象名：对象类型 IS 值；

VHDL 综合器和仿真器通常使用自定义的属性实现一些特殊的功能，由综合器和仿真器支持的一些特殊的属性一般都包含在 EDA 工具厂商的程序包里，例如 Synplify 综合器支持的特殊属性都在 synplify. attributes 程序包中，使用前加入以下语句即可：

```
LIBRARY synplify;
USE synplicity. attributes. all;
```

在 DATA I/O 公司的 VHDL 综合器中，可以使用属性 pinnum 为端口锁定芯片引脚。

例 2.34

```
LIBRARY IEEE;
USE IEEE. STD_LOGIC_1164. ALL;
ENTITY cntbuf IS
        PORT( Dir : IN STD_LOGIC;
      Clk, Clr, OE: IN STD_LOGIC;
              A, B : INOUT STD_LOGIC_VECTOR (0 to 1);
                 Q: INOUT STD_LOGIC_VECTOR (3 downto 0));
        ATTRIBUTE PINNUM: STRING;
        ATTRIBUTE PINNUM OF Clk: signal is "1";
        ATTRIBUTE PINNUM OF Clr: signal is "2";
        ATTRIBUTE PINNUM OF Dir: signal is "3";
        ATTRIBUTE PINNUM OF OE: signal is "11";
        ATTRIBUTE PINNUM OF A: signal is "13, 12";
        ATTRIBUTE PINNUM OF B: signal is "19, 18";
        ATTRIBUTE PINNUM OF Q: signal is "17, 16, 15, 14";
END cntbuf;
```

Synopsys FPGA Express 中也在 synopsys. attributes 程序包定义了一些属性，用以辅助综合器完成一些特殊功能。定义一些 VHDL 综合器和仿真器所不支持的属性通常是没有意义的。

2. 文本文件操作(TEXTIO)语句

文件操作的概念来自于计算机编程语言，这里所谓的文件操作只能用于 VHDL 仿真器中，因为在 IC 中，并不存在磁盘和文件，所以 VHDL 综合器忽略程序中所有与文件操作有关的部分。

在完成较大的 VHDL 程序的仿真时，由于输入信号很多，输入数据复杂，这时可以采用文件操作的方式设置输入信号，将仿真时输入信号所需要的数据用文本编辑器写到一个磁盘文件中，然后在 VHDL 程序的仿真驱动信号生成模块中调用 STD. TEXTIO 程序包中的子程序，读取文件中的数据，经过处理后或直接驱动输入信号端。

仿真的结果或中间数据也可以用 STD. TEXTIO 程序包中提供的子程序保存在文本文件中，这对复杂的 VHDL 设计的仿真尤为重要。

VHDL 仿真器 ModelSim 支持许多文件操作子程序，附带的 STD. TEXTIO 程序包源程序是很好的参考文件。文本文件操作用到的一些预定义的数据类型及常量定义如下：

```
type LINE is access string;
type TEXT is file of string;
type SIDE is (right, left);
subtype WIDTH is natural;
file input: TEXT open read_mode is "STD_INPUT";
file output: TEXT open write_mode is "STD_OUTPUT";
```

STD. TEXTIO 程序包中主要有 4 个过程用于文件操作，即 READ、READLINE、WRITE、WRITELINE。因为这些子程序都被多次重载以适应各种情况，实用中请参考 VHDL 仿真器给出的 STD. TEXTIO 源程序获取更详细的信息。

例 2.35

```
...
COMPONENT counter8
PORT(CLK: in STD_LOGIC;
    RESET: in STD_LOGIC;
CE, LOAD, DIR: in STD_LOGIC;
        D N: in INTEGER range 0 to 255;
   COUNT: out INTEGER range 0 to 255);
END COMPONENT;
...
file RESULTS: TEXT open WRITE_MODE is "results. txt";
...
PROCEDURE WRITE_RESULTS (
  CLK : STD_LOGIC;
RESET : STD_LOGIC;
   CE : STD_LOGIC;
LOAD  : STD_LOGIC;
  DIR : STD_LOGIC;
  DIN : INTEGER;
COUNT: INTEGER
) IS
variable V_OUT: LINE;
begin   --写入时间
write(V_OUT, now, right, 16, ps);
        --写入输入值
write(V_OUT, CLK, right, 2);
write(V_OUT, RESET, right, 2);
write(V_OUT, CE, right, 2);
```

```
write(V_OUT, LOAD, right, 2);
write(V_OUT, DIR, right, 2);
write(V_OUT, DIN, right, 257);
        --写入输出值
write(V_OUT, COUNT, right, 257);
writeline(RESULTS, V_OUT);
END WRITE_RESULTS;
...
```

这个例子是一个8位计数器VHDL测试基准模块的一部分，其中定义的过程WRITE_RESULTS是用来将测试过程中的信号、变量的值写入到文件results.txt中，以便于分析。

3. ASSERT语句

ASSERT(断言)语句只能在VHDL仿真器中使用，综合器通常忽略此语句。ASSERT语句判断指定的条件是否为TRUE，如果为FALSE则报告错误，语句格式是：

ASSERT 条件表达式
REPORT 字符串
SEVERITY 错误等级[SEVERITY_LEVEL];

例如：

```
ASSERT NOT (S = '1' AND R = '1')
REPORT "Both values of signals S and R are equal to '1'"
SEVERITY ERROR;
```

如果出现SEVERITY子句，则该子句一定要指定一个类型为SEVERITY_LEVEL的值，SEVERITY_LEVEL共有如下4种可能的值：

(1)NOTE：可以用在仿真时传递信息；

(2)WARNING：用在非平常的情形，此时仿真过程仍可继续，但结果可能是不可预知的；

(3)ERROR：用在仿真过程继续执行下去已经不可行的情况；

(4)FAILURE：用在发生了致命错误、仿真过程必须立即停止的情况。

ASSERT语句可以作为顺序语句使用，也可以作为并行语句使用，作为并行语句时，ASSERT语句可看成为一个被动进程。

4. REPORT语句

REPORT语句类似于ASSERT语句，区别是它没有条件。语句格式是：

REPORT 字符串;
REPORT 字符串 SEVERITY SEVERITY_LEVEL;

例如：

```
WHILE counter <= 100 LOOP
IF counter > 50
    THEN REPORT "the counter is over 50";
END IF;
...
END LOOP;
```

5. 决断语句

决断(Resolution)函数定义了当一个信号有多个驱动源时，以什么样的方式将这些驱动源的值决断为一个单一的值。决断函数用于声明一个决断信号。

例 2.36

```
package RES_PACK is
function RES_FUNC(DATA: in BIT_VECTOR) return BIT;
subtype RESOLVED_BIT is RES_FUNC BIT;
end;
package body RES_PACK is
function RES_FUNC(DATA: in BIT_VECTOR) return BIT is
begin
for I in DATA'range loop
if DATA(I) = '0' then return '0';
end if;
end loop;
return '1';
end;
end;
USE work. RES_PACK. ALL;
ENTITY WAND_VHDL is
PORT(X, Y: in BIT; Z: out RESOLVED_BIT);
END WAND_VHDL;
ARCHITECTURE WAND_VHDL OF WAND_VHDL IS
begin
Z <= X; Z <= Y;
end WAND_VHDL;
```

通常决断函数只在 VHDL 仿真时使用，但许多综合器支持预定义的几种决断信号。

2.6 VHDL 并行语句

在 VHDL 中，并行语句具有多种语句格式，各种并行语句在结构体中的执行是同步进行的，或者说是并行运行的，其执行方式与书写的顺序无关。在执行中，并行语句之间可以有信息往来，也可以是互为独立、互不相关、异步运行的(如多时钟情况)。每一并行语句内部的语句运行方式可以有两种不同的方式，即并行执行方式(如块语句)和顺序执行方式(如进程语句)。

并行语句与顺序语句并不是相互对立的语句，它们往往互相包含、互为依存，它们是一个矛盾的统一体。严格地说，VHDL 中不存在纯粹的并行行为和顺序行为的语句。例如，相对于其他的并行语句，进程属于并行语句，而进程内部运行的都是顺序语句。

并行语句主要有 7 种：

(1)进程语句(PROCESS STATEMENTS)；

(2)块语句(BLOCK STATEMENTS)；

(3)并行信号赋值语句(CONCURRENT SIGNAL ASSIGNMENTS)；

(4)条件信号赋值语句(SELECTED SIGNAL ASSIGNMENTS)；

(5)元件例化语句(COMPONENT INSTANTIATIONS);

(6)生成语句(GENERATE STATEMENTS);

(7)并行过程调用语句(CONCURRENT PROCEDURE CALLS)。

并行语句在结构体中的使用格式如下:

ARCHITECTURE 结构体名 OF 实体名 IS

说明语句

BEGIN

并行语句

END ARCHITECTURE 结构体名;

结构体中的并行语句模块如图 2.12 所示。

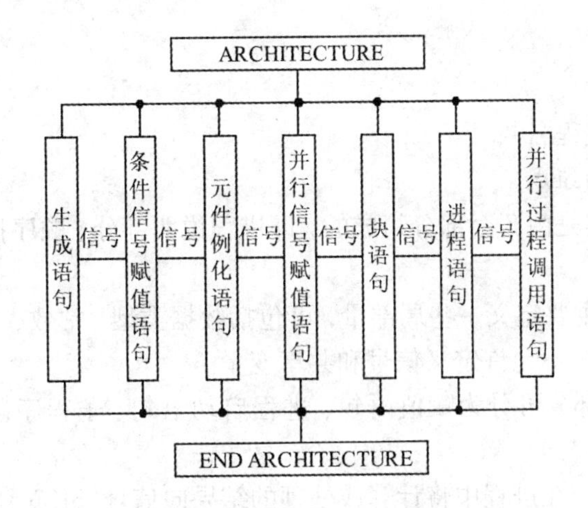

图 2.12 结构体中的并行语句模块

2.6.1 进程语句

PROCESS 概念产生于软件语言，但在 VHDL 中 PROCESS 结构则是最具特色的语句。它的运行方式与软件语言中的 PROCESS 也完全不同，这是读者需要特别注意的。

PROCESS 语句结构包含了一个代表着设计实体中部分逻辑行为的、独立的顺序语句描述的进程，与并行语句的同时执行方式不同，顺序语句可以根据设计者的要求，利用顺序可控的语句，完成逐条执行的功能。顺序语句与 C 或 PASCAL 等软件编程语言中语句功能是相类似的，即语句运行的顺序是同程序语句书写的顺序相一致的，一个结构体中可以有多个并行运行的进程结构，而每一个进程的内部结构却是由一系列顺序语句来构成的。

进程语句是 VHDL 程序中使用最频繁和最能体现 VHDL 语言特点的一种语句，其原因大概是由于它的并行和顺序行为的双重性以及其行为描述风格的特殊性。

进程语句虽然是由顺序语句组成的，但其本身却是并行语句。进程语句与结构体中的其余部分进行信息交流是靠信号完成的，进程语句中有一个敏感信号表，这是进程赖以启动的敏感表，对于表中列出的任何信号的改变，都将启动进程，执行进程内相应顺序语句。事实上，对于某些 VHDL 综合器，许多综合器并非如此，综合后，对应进程的硬件系统对进程中的所有输入的信号都是敏感的，不论在源程序的进程中是否把所有的信号都列入敏感表中，这是实际与理论的差异性。为了使 VHDL 的软件仿真与综合后的硬件仿真对应起来，以及适应一般的综合器，应当将进程中的所有输入信号都列入敏感表中。

不难发现，在对应的硬件系统中，一个进程和一个并行赋值语句确实有十分相似的对应关系。并行赋值语句就相当于一个将所有输入信号隐性地列入结构体监测范围的(即敏感表)的进程语句。

综合后的进程语句所对应的硬件逻辑模块，其工作方式可以是组合逻辑方式的，也可以是时序逻辑方式的。

1. PROCESS 语句格式

［进程名］：PROCESS［（敏感信息参数表）］［IS］

［进程说明部分］

BEGIN

顺序描述语句；

END PROCESS［进程名］；

2. PROCESS 语句的组成

PROCESS 语句结构是由 3 个部分组成的，即进程说明部分、顺序描述语句部分和敏感信号参数表。

(1)进程说明部分主要定义一些局部量，可包括数据类型、常数、属性、子程序等。但需注意，在进程说明部分中不允许定义信号和共享变量。

(2)顺序描述语句部分可分为赋值语句、进程启动语句、子程序调用语句、顺序描述语句和进程跳出语句等。

①信号赋值语句：即在进程中将计算或处理的结果向信号(SIGNAL)赋值。

②变量赋值语句：即在进程中以变量(VARIABLE)的形式存储计算的中间值。

③进程启动语句：当 PROCESS 的敏感信号参数表中没有列出任何敏感量时，进程的启动只能通过进程启动语句 WAIT 语句。这时可以利用 WAIT 语句监视信号的变化情况，以便决定是否启动进程。WAIT 语句可以看成是一种隐式的敏感信号表。

④子程序调用语句：对已定义的过程和函数进行调用，并参与计算。

⑤顺序描述语句：包括 IF 语句、CASE 语句、LOOP 语句和 NULL 语句等。

⑥进程跳出语句：包括 NEXT 语句和 EXIT 语句。

(3)敏感信号参数表需列出用于启动本进程可读入的信号名(当有 WAIT 语句时例外)。

3. 进程要点

从设计者的认识角度看 VHDL 程序与普通软件语言构成的程序有很大的不同，普通软件语言中的语句的执行方式和功能实现十分具体和直观，编程中，几乎可以立即作出判断，但 VHLD 程序，特别是进程结构，设计者应当从 3 个方面去判断它的功能和执行情况：

(1)基于 CPU 的纯软件的行为仿真运行方式；

(2)基于 VHDL 综合器的综合结果所可能实现的运行方式；

(3)基于最终实现的硬件电路的运行方式。

与其他语句相比，进程语句结构具有更多的特点，对进程的认识和进行进程设计需要注意以下几方面的问题：

(1)可以和其他进程语句同时执行，并可以存取结构体和实体中所定义的信号；

(2)进程中的所有语句都按照顺序执行；

(3)为启动进程，在进程中必须包含一个敏感信号表或WAIT语句；

(4)进程之间的通信是通过信号量来实现的。

(5)进程有组合进程和时序进程两种类型，组合进程只产生组合电路，时序进程产生时序和相配合的组合电路。这两种类型的进程设计必须密切注意VHDL语句应用的特殊方面，在多进程的状态机的设计中，各进程有明确分工。设计中需要特别注意的是，组合进程中所有输入信号，包括赋值符号右边的所有信号和条件表达式中的所有信号，都必须包含于此进程的敏感信号表中，否则，当没有被包括在敏感信号表中的信号发生变化时，进程中的输出信号不能按照组合逻辑的要求得到即时的新的信号，VHDL综合器将会给出错误判断，将误判为设计者有存储数据的意图，即判断为时序电路。这时综合器将会为对应的输出信号引入一个保存原值的锁存器，这样就打破了设计组合进程的初衷。在实际电路中，这类“组合进程”的运行速度、逻辑资源效率和工作可靠性都将受到不良影响。

例2.37　异步清除十进制加法计数器的描述。

异步清除是指复位信号有效时，直接将计数器的状态清零。在本例中，复位信号是clr，低电平有效；时钟信号是clk，上升沿是有效边沿。在clr清除信号无效的前提下，当clk的上升沿到来时，如果计数器原态是9(“1001”)，计数器回到0(“0000”)态，否则计数器的状态将加1。异步清除十进制加法计数器的VHDL描述如下：

```
LIBRARY IEEE;
USE IEEE.STD_LOGIC_1164.ALL;
ENTITY cnt10y IS
PORT(clr:IN STD_LOGIC;
      clk:IN STD_LOGIC;
      cnt:BUFFER INTEGER RANGE 9 DOWNTO 0);
END cnt10y;
ARCHITECTURE example9 OF cnt10y IS
BEGIN
PROCESS(clr, clk)
  BEGIN
      IF clr = '0' THEN cnt <= 0;
      ELSIF clk'EVENT AND clk = '1' THEN
         IF (cnt = 9) THEN
           cnt <= 0;
         ELSE
               cnt <= cnt + 1;
            END IF;
        END IF;
     END PROCESS;
END example9;
```

2.6.2　块语句

块BLOCK的应用类似于利用PROTEL98画一个大的电路原理图时，可以将一个总的原理图分成多个子模块，则这个总的原理图成为一个由多个子模块原理图连接而成的顶层模块图，而每一个子模块可以是一个具体的电路原理图。但是，如果子模块的原理图仍然太大，还可将它变成更低层次的原理图模块的连接图(BLOCK 嵌套)。显然，按照这种方式划分结构体仅是形式上的，而非功能上的改变。事实上，将结构体以模块方式划分的方法有多种，使用元件例化语句也是一种将结构体的并行描述分成多个层次的方法，其区别只是后者涉及多个实体和结构体，且综合后硬件结构的逻辑层次有所增加。

实际上，结构体本身就等价于一个 BLOCK 或者说是一个功能块。BLOCK 是 VHD 中具有的一种划分机制，这种机制允许设计者合理地将一个模块分为数个区域，在每个块都能对其局部信号、数据类型和常量加以描述和定义。任何能在结构体的说明部分进行说明的对象都能在 BLOCK 说明部分中进行说明。

BLOCK 语句应用只是一种将结构体中的并行描述语句进行组合的方法，它的主要目的是改善并行语句及其结构的可读性或是利用 BLOCK 的保护表达式关闭某些信号。

1. BLOCK 语句的格式

BLOCK 语句的表达格式如下：

```
块标号: BLOCK [(块保护表达式)]
        接口说明;
        类属说明;
        BEGIN
        并行语句;
END BLOCK 块标号;
```

作为一个 BLOCK 语句结构，在关键词 BLOCK 的前面必须设置一个块标号，并在结尾语句 END BLOCK 右侧也写上此标号，此处的块标号不是必需的。

接口说明部分有点类似于实体的定义部分，它可包含由关键词 PORT、GENERIC、PORT MAP 和 GENERIC MAP 引导的接口说明等语句，对 BLOCK 的接口设置以及与外界信号的连接状况加以说明。这类似于原理图间的图示接口说明。

块的类属说明部分和接口说明部分的适用范围仅限于当前 BLOCK，所以，所有这些在 BLOCK 内部的说明对于这个块的外部来说是完全不透明的，即不能适用于外部环境，或由外部环境所调用，但对于嵌套于更内层的块却是透明的，即可将信息向内部传递。块的说明部分可以定义的项目主要有：定义 USE 语句、定义子程序、定义数据类型、定义子类型、定义常数、定义信号和定义元件。

块中的并行语句部分可包含结构体中的任何并行语句结构。BLOCK 语句本身属并行语句，BLOCK 语句中所包含的语句也是并行语句。

2. BLOCK 的应用

BLOCK 的应用可使结构体层次鲜明，结构明确。利用 BLOCK 语句可以将结构体中的并行语句划分成多个并列方式的 BLOCK，每一个 BLOCK 都像一个独立的设计实体，具有自己的类属参数说明和界面端口以及与外部环境的衔接描述。

以下是两个使用 BLOCK 语句的实例，例 2.38 给出了 BLOCK 语句的一个使用示例，例 2.39 描述了一个具有块嵌套方式的 BLOCK 语句结构。

在较大的 VHDL 程序的编程中，恰当的块语句的应用对于技术交流、程序移植、排错和仿真都是有益的。

例 2.38

```
...
ENTITY gat IS
  GENERIC(l_time:TIME;s_time:TIME );                  - -类属说明
PORT (b1, b2, b3:INOUT BIT);                           - -结构体全局端口定义
END ENTITY gat;
ARCHITECTURE func OF gat IS
SIGNAL a1: BIT;                                        - -结构体全局信号 a1 定义
BEGIN
Blk1: BLOCK                                            - -块定义，块标号名是 blk1
GENERIC (gb1, gb2: Time);                              - -定义块中的局部类属参量
GENERIC MAP (gb1 = >l_time, gb2 = > s_time);           - -局部端口参量设定
PORT (pb: IN BIT; pb2: INOUT BIT );                    - -块结构中局部端口定义
PORT MAP (pb1 = > b1, pb2 = > a1 );                    - -块结构端口连接说明
CONSTANT delay:Time: = 1 ms;                           - -局部常数定义
SIGNAL s1: BIT;                                        - -局部信号定义
BEGIN
s1 < =pb1 AFTER delay;
pb2 < =s1 AFTER gb1, b1 AFTER gb2;
END BLOCK blk1;
END ARCHITECTURE func;
```

例 2.39

```
...
B1: BLOCK                                              - -定义块 B1
    SIGNAL S: BIT;                                     - -在 B1 块中定义 S
    BEGIN
    S < =A  AND  B;                                    - -向 B1 中的 S 赋值
    B2: BLOCK                                          - -定义块 B2，套于 B1 块中
      SIGNAL S: BIT;                                   - -定义 B2 块中的信号 S
      BEGIN
      S < =C  AND  D;                                  - -向 B2 中的 S 赋值
      B3: BLOCK
        BEGIN
          Z < = S;                                     - -此 S 来自 B2 块
     END  BLOCK B3;
  END  BLOCK B2;
  Y < = S;                                             - -此 S 来自 B1 块
END  BLOCK  B1;
```

例 2.39 是一个含有三重嵌套块的程序，它实际描述的是如图 2.13 所示的两个相互独立的 2 输入与门。

3. BLOCK 语句在综合中的地位

与大部分的 VHDL 语句不同，BLOCK 语句的应用，包括其中的类属说明和端口定义，都

不会影响对原结构体的逻辑功能的仿真结果。例2.40和例2.41的仿真结果是完全相同的。

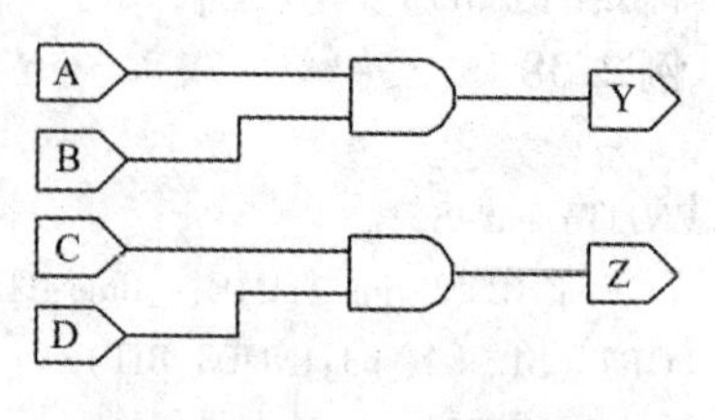

图2.13 两个2输入与门

例2.40

```
a1: out1 < ='1' after 3 ns;
blk1: BLOCK
BEGIN
A2: out2 < ='1' AFTER 3 ns;
A3: out3 < ='0' AFTER 2 ns;
END BLOCK blk1;
```

例2.41

```
a1: out1 < ='1' AFTER 3 ns;
a2: out2 < ='1' AFTER 3 ns;
a3: out3 < ='0' AFTER 2 ns;
```

由于VHDL综合器不支持保护式BLOCK语句(GUARDED BLOCK),在此不拟讨论该语句的应用。但从综合的角度看,BLOCK语句的存在也是毫无实际意义的,因为无论是否存在BLOCK语句结构,对于同一设计实体,综合后的逻辑功能是不会有任何变化的。在综合过程中,VHDL综合器将略去所有的块语句。基于实用的观点,结构体中功能语句的划分最好使用元件例化(COMPONENT INSTANTIATION)的方式来完成。

2.6.3 并行信号赋值语句

并行信号赋值语句有3种形式:简单信号赋值语句、条件信号赋值语句和选择信号赋值语句。这3种信号赋值语句的共同点是:赋值目标必须都是信号,与其他并行语句一样,在结构体内的执行是同时发生的,与它们的书写顺序和是否在块语句中没有关系。每一信号赋值语句都相当于一条缩写的进程语句,而这条语句的所有输入信号都被隐性地列入此过程的敏感信号表中。因此,任何信号的变化都将启动相关并行语句的赋值操作,而这种启动完全是独立于其他语句的,它们都可以直接出现在结构体中。

1. 简单信号赋值语句

并行简单信号赋值语句是VHDL并行语句结构的最基本的单元,它的语句格式如下:

信号赋值目标 < =表达式;

式中信号赋值目标的数据类型必须与赋值符号右边表达式的数据类型一致。

例2.42

```
ARCHITECTURE ART OF XHFZ IS
SIGNAL S1: STD_LOGIC;
BEGIN
  OUTPUT 1 < =  A AND B;
  OUTPUT 2 < =  C + D;
  B1: BLOCK
  SIGNAL E, F, G, H: STD_LOGIC;
  BEGIN
G < =E OR F;
    H < =E XOR F;
```

```
END BLOCK B1;
S1 < = G;
END ARCHITECTURE ART;
```

该例所示结构体中的5条信号赋值语句的执行是并行发生的。

2. 条件信号赋值语句

条件信号赋值语句的表达方式如下：

```
赋值目标 < = 表达式1 WHEN 赋值条件1 ELSE
             表达式2 WHEN 赋值条件2 ELSE
             表达式3 WHEN 赋值条件3，ELSE
               …
             表达式n;
```

在结构体中的条件信号赋值语句的功能与在进程中的IF语句相同，在执行条件信号语句时，每一赋值条件是按书写的先后关系逐项测定的，一旦发现赋值条件 = TRUE，立即将表达式的值赋给赋值目标变量。从这个意义上讲，条件赋值语句与IF语句具有十分相似的顺序性。注意，条件赋值语句中的ELSE不可省，这意味着，条件信号赋值语句将第一个满足关键词WHEN后的赋值条件所对应的表达式中的值，赋给赋值目标信号。这里的赋值条件的数据类型是布尔量，当它为真时表示满足赋值条件，最后一项表达式可以不跟条件子句，用于表示以上各条件都不满足时，则将此表达式赋予赋值目标信号。由此可知，条件信号语句允许有重叠现象，这与CASE语句具有很大的不同。

例2.43　用条件信号赋值语句描述的四选一数据选择器。

```
  LIBRARY IEEE;
  USE IEEE. STD_LOGIC_1164. ALL;
  ENTITY mux44 IS
  PORT(i0, i 1, i2, i3, a, b: IN STD_LOGIC;
q: OUT STD_LOGIC);
  END mux44;
  ARCHITECTURE aa OF mux44 IS
  SIGNAL sel: STD_LOGIC_VECTOR(1 DOWNTO 0);
  BEGIN
      sel < = b & a;
       q < =  i0 WHEN sel = "00" ELSE
            i1 WHEN sel = "01" ELSE
            i2 WHEN sel = "10" ELSE
            i3 WHEN sel = "11";
  END aa;
```

3. 选择信号赋值语句

选择信号赋值语句格式如下：

```
WITH 选择表达式 SELECT
赋值目标 < =  表达式1 WHEN 选择值1,
              表达式2 WHEN 选择值2,
                 . . .
```

表达式 n WHEN 选择值 n；

选择信号赋值语句本身不能在进程中应用，但其功能却与进程中的CASE语句的功能相似。CASE语句的执行依赖于进程中敏感信号的改变而启动进程，而且要求CASE语句中各子句的条件不能有重叠，必须包容所有的条件。

选择信号语句中也有敏感量，即关键词WITH旁的选择表达式。选择信号赋值语句与进程中使用的CASE语句的功能类似，即选择赋值语句对子句中的"选择值"进行选择，当某子句中"选择值"与"选择表达式"的值相同时，则将该子句中的"表达式"的值赋给赋值目标信号。选择信号赋值语句不允许有条件重叠现象，也不允许存在条件涵盖不全的情况，为了防止这种情况出现，可以在语句的最后加上"表达式 WHEN OTHERS"子句。另外，选择信号赋值语句的每个子句是以"，"结束的，只有最后一个子句才是以"；"结束。

例2.44 用选择信号赋值语句描述的四选一数据选择器。

```
LIBRARY IEEE;
USE IEEE.STD_LOGIC_1164.ALL;
USE IEEE.STD_LOGIC_UNSIGNED.ALL;
ENTITY mux41_3 IS
PORT(s1, s0: IN STD_LOGIC;
d3, d2, d1, d0: IN STD_LOGIC;
          Y: OUT STD_LOGIC);
END mux41_3;
ARCHITECTURE one OF mux41_3 IS
  SIGNAl s: STD_LOGIC_VECTOR(1 DOWNTO 0);
    BEGIN
    s < = s1&s0;
    WITH s SELECT
    y < = d0 WHEN "00",
         d1 WHEN "01",
         d2 WHEN "10",
         d3 WHEN "11",
'X' WHEN OTHERS;
END one;
```

2.6.4 并行过程调用语句

并行过程调用语句可以作为一个并行语句直接出现在结构体或块语句中。并行过程调用语句的功能等效于包含了同一个过程调用语句的进程。并行过程调用语句的语句调用格式与前面讲的顺序过程调用语句是相同的：

过程名(关联参量名)；

过程调用语句可以并发执行，但要注意如下问题：①并发过程调用是一个完整的语句，在它之前可以加标号；②并发过程调用语句应带有IN，OUT或INOUT的参数，它们应该列在过程名后的括号内；③并发过程调用可以有多个返回值。

例2.45 并行过程调用语句应用举例。

…

```
PROCEDURE ADDER(SIGNAL A, B: IN STD_LOGIC;              - -过程名为 ADDER
                SIGNAL SUM: OUT STD_LOGIC);
...
ADDER(A1, B1, SUM1);                                   - -并行过程调用, A1、B1、SUM1 即为
                                                          分别对应于 A、B、SUM 的
                                                          关联参量名
...
PROCESS(C1, C2)                                        - -进程语句执行
BEGIN
ADDER(C1, C2, S1);                                     - -顺序过程调用, 在此 C1、C2、S1 即
                                                          为分别对应于 A、B、SUM
                                                          的关联参量名
END PROCESS;
```

例 2.45 首先定义了一个完成半加器功能的过程。此后在一条并行语句中调用了这个过程, 而在接下去的一条进程中也调用了同一过程。事实上, 这 2 条语句是并行语句, 且完成的功能是一样的。

例 2.46 设计了一个过程 check 用于确定一给定位宽的位矢是否只有一个位是 1, 如果不是, 则将 check 中的输出参量 error 设置为 TRUE(布尔量)。例 2.47 是对个不同位宽的位矢信号利用例 2.46 中过程 check 进行检测的并行过程调用程序。图 2.14 为此检测模块的逻辑电路结构图。

例 2.46

```
PROCEDURE check(SIGNALa: INSTD_LOGIC_VECTOR;SIGNAL error: OUT BOOLEAN ) IS
                                                       - -在调用时再定位宽
VARIABLE found_one: BOOLEAN:= FALSE;                   - -设初始值
  BEGIN
FOR i IN a'RANGE LOOP                                  - -对位矢量 a 的所有的位元素进行循
                                                          环检测
  IF a(i) = '1' THEN                                   - -发现 a 中有 '1'
    IF found_one THEN                                  - -若 found_one 为 TRUE, 则表明发
                                                          现了一个以
                                                          上的'1'
      ERROR < =TRUE;                                   - -发现了一个以上的'1', 令 found_
                                                          one 为 TRUE
      RETURN;                                          - -结束过程
    END IF;
    Found_one:= TRUE;                                  - -在 a 中已发现了一个'1'
  End IF;
End LOOP;                                              - -再测 a 中的其他位
error < =NOT found_one;                                - -如果没有任何'1' 被发现, error
                                                          将被置 TRUE
END PROCEDURE check;
```

例 2.47

```
...
CHBLK BLOCK
SIGNAL s1: STD_LOCIC_VECTOR (0 TO 0);          --过程调用前设定位矢大小
SIGNAL s2: STD_LOGIC_VECTOR (0 TO 1);
SIGNAL s3: STD_LOGIC_VECTOR (0 TO 2);
SIGNAL s4: STD_LOGIC_VECTOR (0 TO 3);
SIGNAL e1, e2, e3, e4: Boolean;
BEGIN
Check (s1, e1);                                --并行过程调用,关联参数名为 s1、e1
Check (s2, e2);                                --并行过程调用,关联参数名为 s2、e2
Check (s3, e3);                                --并行过程调用,关联参数名为 s3、e3
Check (s4, e4);                                --并行过程调用,关联参数名为 s4、e4
ENDBLOCK;
...
```

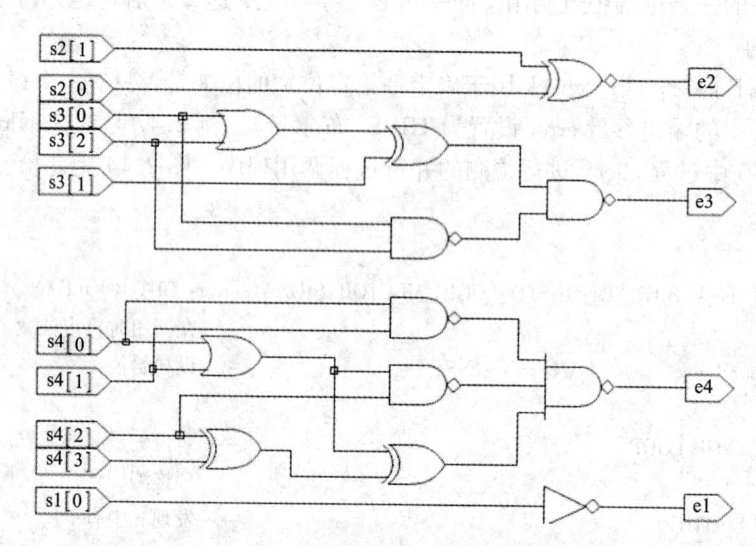

图 2.14 块 CHBLK 的逻辑电路结构图

2.6.5 元件例化语句

元件例化就是将预先设计好的设计实体定义为一个元件，然后利用特定的语句将此元件与当前的设计实体中的指定端口相连接，从而为当前设计实体引入一个新的高一级的设计层次。在这里，当前设计实体相当于一个较大的电路系统，所定义的例化元件相当于一个要插在这个电路系统板上的芯片，而当前设计实体中指定的端口则相当于这块电路板上准备接受此芯片的一个插座。元件例化是使 VHDL 设计实体构成自上而下层次化设计的一种重要途径。

在一个结构体中调用子程序，包括并行过程的调用非常类似于元件例化，因为通过调用为当前系统增加了一个类似于元件的功能模块，但这种调用是在同一层次内进行的，并没有因此而增加新的电路层次，这类似于在原电路系统增加了一个电容或一个电阻。

元件例化是可以多层次的，在一个设计实体中被调用安插的元件本身也可以是一个低层次的当前设计实体，因而可以调用其他的元件，以便构成更高层次的电路模块。因此，元件例化就意味着在当前结构体内定义了一个新的设计层次，这个设计层次的总称叫元件。但它可以以不同的形式出现，如上所说，这个元件可以是已设计好的一个 VHDL 设计实体，可以是来自 FPGA 元件库中的元件，它们可能是以别的硬件描述语言，如 Verilog 设计的实体，元件还可以是软的 IP 核或者是 FPGA 中的嵌入式硬 IP 核。

元件例化语句由两部分组成，第一部分是将一个现成的设计实体定义为一个元件的语句，第二部分则是此元件与当前设计实体中的连接说明，它们的语句格式如下：

1)元件定义语句

COMPONENT 例化元件名 IS

GENERIC (类属表)；

PORT(例化元件端口名表)；

END COMPONENT 例化元件名；

2)元件例化语句

例化名：元件名 PORT MAP([端口名 = >] 连接端口名，…)；

以上两部分语句在元件例化中都是必须存在的。第一部分语句是元件定义语句，相当于对一个现成的设计实体进行封装，使其只留出外面的接口界面。就像一个集成芯片只留几个引脚在外一样，它的类属表可列出端口的数据类型和参数，例化元件端口名表可列出对外通信的各端口名。元件例化的第二部分语句即为元件例化语句，其中的元件例化名是必须存在的，它类似于标在当前系统(电路板)中的一个插座名，而例化元件名则是准备在此插座上插入的、已定义好的元件名。PORT MAP 是端口映射的意思，其中的例化元件端口名是在元件定义语句中的端口名表中已定义好的例化元件端口的名字，连接实体端口名则是当前系统与准备接入的例化元件对应端口相连的通信端口，相当于插座上各插针的引脚名。

例 2.48　COMPONENT 语句应用举例。

```
LIBRARY IEEE;
USE IEEE. STD_LOGIC_1164. ALL;
ENTITY   ND2   IS
   PORT(A, B: IN STD_LOGIC;
              C: OUT STD_LOGIC);
END ND2;
ARCHITECTURE ARTND2 OF ND2   IS
   BEGIN
   Y < = A NAND B;
END ARCHITECTURE ARTND2;
LIBRARY IEEE;
USE   IEEE. STD_LOGIC_1164. ALL;
ENTITY ORD41 IS
     PORT(A1, B1, C1, D1: IN STD_LOGIC;
                              Z1: OUT STD_LOGIC);
END ORD41;
```

```
ARCHITECTURE ARTORD41 OF ORD41 IS
  COMPONENT ND2
       PORT(A, B: IN STD_LOGIC;
             C: OUT STD_LOGIC);
END COMPONENT;
SIGNAL X, Y: STD_LOGIC;
BEGIN
U1: ND2 PORT MAP (A1, B1, X);                    --位置关联方式
U2: ND2 PORT MAP (A => C1, C => Y, B => D1);     --名字关联方式
U3: ND2 PORT MAP (X, Y, C => Z1);                --混合关联方式
END ARCHITECTURE ARTORD41;
```

例 2.48 中首先完成了一个 2 输入与非门的设计，然后利用元件例化产生了如图 2.15 所示的由 3 个相同的与非门连接而成的电路。

2.6.6 生成语句

生成语句可以简化为有规则设计结构的逻辑描述。生成语句有一种复制作用，在设计中，只要根据某些条件，设定好某一元件或设计单位，就可以利用生成语句复制一组完全相同的并行元件或设计单元电路结构。生成语句的语句格式有如下两种形式：

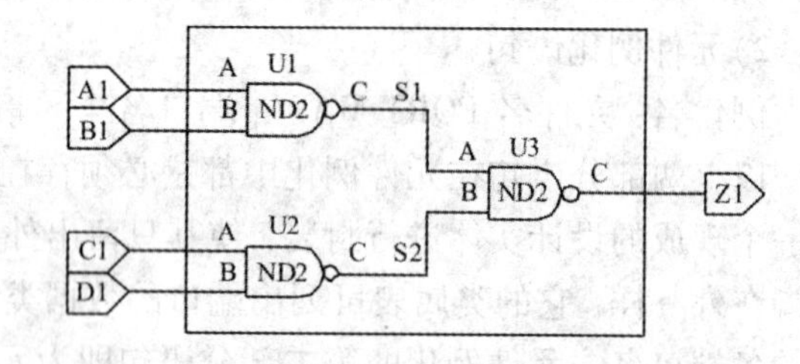

图 2.15 ORD41 逻辑原理图

(1)格式一：

[标号：]FOR 循环变量 IN 取值范围 GENERATE

说明语句；

BEGIN

并行语句；

END GENERATE[标号]；

(2)格式二：

[标号：]IF 条件 GENERATE

说明语句；

BEGIN

并行语句；

END GENERATE [标号]；

这两种语句格式都是由如下 4 部分组成：

(1)生成方式：有 FOR 语句或 IF 语句结构，用于规定并行语句的复制方式。

(2)说明部分：包括对元件数据类型、子程序和数据对象作一些局部说明。

(3)并行语句：生成语句结构中的并行语句是用来“COPY”的基本单元，主要包括元件、进程语句、块语句、并行过程调用语句、并行信号赋值语句甚至生成语句。这表示生成语句允许存在嵌套结构，因而可用于生成元件的多维阵列结构。

(4)标号：生成语句中的标号并不是必需的，但如果在嵌套生成语句结构中就是很重要的。

对于FOR语句结构，主要是用来描述设计中的一些有规律的单元结构，其生成参数及其取值范围的含义和运行方式与LOOP语句十分相似。有两种形式：

表达式 TO 表达式；　　　　　　　　　　　　　　－－递增方式，如1 TO 5

表达式 DOWNTO 表达式；　　　　　　　　　　　－－递减方式，如5 DOWNTO 1

例2.49 利用元件例化和FOR_GENERATE语句完成一个8位三态锁存器的设计。示例仿照SN74373的工作逻辑进行设计。SN74373的器件引脚功能分别是：D1～D8为数据输入端；Q1～Q8为数据输出端；OEN为输出使能端，若OEN=1，则Q8～Q1的输出为高阻态，若OEN=0，则Q8～Q1的输出为保存在锁存器中的信号值；G为数据锁存控制端，若G=1，D8～D1输入端的信号进入SN74373中的8位锁存器中，若G=0，SN74373中的8位锁存器将保持原先锁入的信号值不变。

74373的内部逻辑结构如图2.16所示。可采用传统的自底向上的方法来设计74373，首先设计底层的1位锁存器LATCH，例2.49是74373逻辑功能的完整描述。

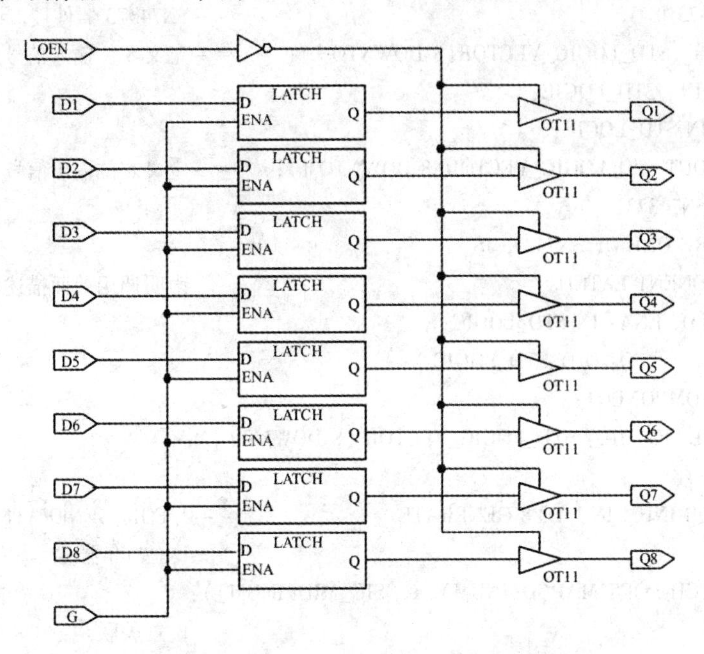

图2.16 SN74373的内部逻辑结构

例2.49 利用元件例化和FOR_GENERATE语句完成一个8位三态锁存器。

```
--1位锁存器LATCH的逻辑描述
LIBRARY IEEE;
USE IEEE.STD_LOGIC_1164.ALL;
ENTITY  LATCH IS
  PORT(D: IN  STD_LOGIC;
     ENA: IN  STD_LOGIC;
       Q: OUT STD_LOGIC);
```

```
END ENTITY LATCH;
ARCHITECTURE ONE OF LATCH IS
     SIGNAL SIG_SAVE: STD_LOGIC;
BEGIN
    PROCESS(D, ENA)
    BEGIN
    IF ENA = '1' THEN
       SIG_SAVE < = D;
    END IF;
    Q < =  SIG_SAVE;
    END PROCESS;
END ARCHITECTURE   ONE;
                                                   - -SN74373 的逻辑描述
LIBRARY IEEE;
USE IEEE. STD_LOGIC_1164. ALL;
ENTITY SN74373 IS                                  - -SN74373 器件接口说明
   PORT (D: IN STD_LOGIC_VECTOR(8 DOWNTO 1);       - -定义 8 位输入信号
       OEN: IN   STD_LOGIC;
         G: IN STD_LOGIC;
         Q: OUT STD_LOGIC_VECTOR(8 DOWNTO 1);      - -定义 8 位输出信号
END ENTITY SN74373;
ARCHITECTURE ONE OF SN74373 IS
       COMPONENT LATCH                             - -声明调用前面描述的 1 位锁存器
       PORT(D, ENA: IN STD_LOGIC;
                    Q: OUT STD_LOGIC );
       END COMPONENT;
       SIGNAL SIG_MID: STD_LOGIC_VECTOR (8 DOWNTO 1);
BEGIN
GELATCH: FOR INUM IN 1 TO 8 GENERATE               - -用 FOR_GENERATE 语句循环例化 8 个
                                                      1 位锁存器
LATCHX: LATCH PORT MAP(D(INUM), G, SIG_MID(INUM));
                                                   - -位置关联
END GENERATE;
Q < =SIG_MID WHEN OEN =0 ELSE                      - -条件信号赋值语句
     "ZZZZZZZZ";                                   - -当 OEN =1 时, Q(8) ~Q(1)输出状态
                                                      呈高阻态
```

由本例可以看出:

(1)程序中安排了两个结构体，以不同的电路来实现相同的逻辑，即一个实体可以对应多个结构体，每个结构体对应一种实现方案。在例化这个器件的时候，需要利用配置语句指定一个结构体，即指定一种实现方案，否则 VHDL 综合器会自动选择最新编译的结构体，即结构体 TWO。

(2)COMPONENT语句对将要例化的器件进行了接口声明，它对应一个已设计好的实体(ENTITY LATCH)。VHDL综合器根据COMPONENT指定的器件名和接口信息来装配器件。本例中COMPONENT语句说明的器件LATCH必须与前面设计的实体LATCH的接口方式完全对应。这是因为，对于结构体ONE，在未用COMPONENT声明之前，VHDL编译器和VHDL综合器根本不知道有一个已设计好的LATCH器件存在。

(3)在FOR_GENERATE语句使用中，跳LATCH为标号，INUM为变量，从1~8共循环了8次。

(4)“LATCHX：LATCH PORT MAP(D(MUM)，G，SIG_MID(INUM))；”是一条含有循环变量INUM的例化语句，且信号的连接方式采用的是位置关联方式，安装后的元件标号是LATCHX。LATCH引脚D连在信号线D(INUM)上，引脚ENA连在信号线G上，引脚Q连在信号线SIG_MID(INUM)上。INUM的值从1~8，LATCH从1~8共例化了8次，即共安装了8个LATCH。信号线D(1)~D(8)，SIG_MID(1)~SIG_MID(8)都分别连在这8个LATCH上。

2.6.7 类属映射语句

类属映射语句可用于设计从外部端口改变元件内部参数或结构规模的元件，或称类属元件，这些元件在例化中特别方便，在改变电路结构或元件升级方面显得尤为便捷。其语句格式如下：

GENERIC map 类属表；

类属映射语句与端口映射语句PORT MAP( )语句具有相似的功能和使用方法。它描述相应元件类属参数间的衔接和传送方式，它的类属参数衔接(连接)方法同样有名字关联方式和位置关联方式。

例2.50描述了一个类属元件，是一个未定义位宽的加法器addern，而在设计实体adders中描述了一种加法运算，其算法如图2.17所示，设计中需要对addern进行例化，利用类属映射语句将addern定义为16位位宽的加法器U1，而U2中将addern定义为8位位宽的加法器。然后将这两个元件按名字关联的方式进行连接。

例2.50

```
LIBRARY IEEE;                                  --待例化元件
USE IEEE.STD_LOGIC_1164.ALL;
USE IEEE.STD_LOGIC_arith.ALL;
USE IEEE.STD_LOGIC_unsigned.ALL;
ENTITY addern IS
PORT (a, b: IN STD_LOGIC_VECTOR;
      result: out STD_LOGIC_VECTOR);
END addern;
ARCHITECTURE behave OF addern IS
  BEGIN
   result <= a + b;
  END;
LIBRARY IEEE;
USE IEEE.STD_LOGIC_1164.ALL;
```

```
USE IEEE. STD_LOGIC_arith. ALL;
USE IEEE. STD_LOGIC_unsigned. ALL;
ENTITY adders IS
GENERIC( msb_operand: INTEGER: = 15;
                  msb_sum: INTEGER: =15);
PORT(b: IN STD_LOGIC_VECTOR (msb_operand DOWNTO 0);
  result: OUT STD_LOGIC_VECTOR (msb_sum DOWNTO 0));
END adders;
ARCHITECTURE behave OF adders IS
    COMPONENT addern
     PORT ( a, b: IN STD_LOGIC_VECTOR;
               result: OUT STD_LOGIC_VECTOR);
END COMPONENT;
SIGNAL a: STD_LOGIC_VECTOR (msb_sum /2 DOWNTO 0);
SIGNAL twoa: STD_LOGIC_VECTOR (msb_operand DOWNTO 0);
   BEGIN
    twoa < =a & a;
   U1: addern PORT MAP (a = > twoa, b = > b, result = > result);
   U2: addern PORT MAP (a = >b(msb_operand downto msb_operand/2 +1),
              b = >b(msb_operand/2 downto 0), result = > a);
END behave;
```

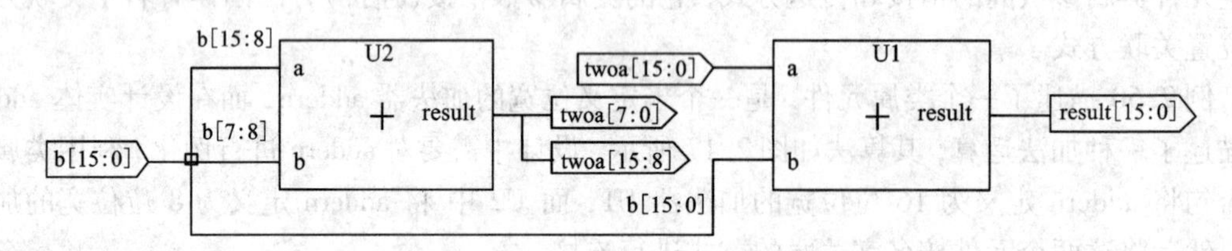

图 2.17 例 2.50 程序的逻辑电路原理图

本章小结

VHDL 语言类似于计算机高级语言，但又不同于一般的计算机高级语言。它具有系统硬件描述能力强、设计灵活、可读性和通用性好，并与工艺无关，编程、语言标准规范等特点。

VHDL 程序由实体(ENTITY)、结构体(ARCHITECTURE)、库(LIBRARY)、程序包(PACKAGE)和配置(CONFIGURATION)5 个部分组成。实体、结构体和库共同构成 VHDL 程序的基本组成部分，程序包和配置则可根据需要选用。库语句是用来定义程序中要用到的元件库。程序包用来定义使用哪些自定义元件库。配置用来选择实体的多个结构体的哪一个被使用。

VHDL 的端口模式有输入(IN)、输出(OUT)、双向(INOUT)和缓冲(BUFFER)4 种类型。BUFFER 与 OUT 的区别是：OUT 模式规定信号只能从实体内部输出，BUFFER 模式规定信号不仅可以从实体内部输出，而且可以通过该端口在实体内部反馈使用。

VHDL 语言要素是编程语句的基本元素，主要包含 VHDL 的文字规则、数据对象、数据类型、运算操作符。掌握好语言要素的正确使用是学好 VHDL 语言的基础。数据对象包括信号、常量和变量，在使用前必须加以说明；数据类型常用的有 BIT、BIT_VECTOR、STD_LOGIC、STD_LOGIC VECTOR、BOOLEAN、整数和实数；运算操作符有逻辑操作符、关系操作符、算术操作符、符号操作符、赋值运算符等。

VHDL 的主要描述语句分为顺序语句和并行语句两类。顺序语句在执行时是顺序进行的，只能出现在进程或子程序中，并行语句之间的关系是并行的，可以放在结构体中的任何位置。顺序语句包括控制语句(IF、CASE、LOOP、NEXT、EXIT)、等待语句(WAIT)、返回语句(RETURN)、空操作语句(NULL)等。并行语句包括进程语句(PROCESS)、块语句(BLOCK)、并行信号赋值语句、条件信号赋值语句(WHEN—ELSE)、选择信号赋值语句(WITH—SELECT—WHEN)、元件例化语句(COMPONENT)和生成语句(GENERATE)等。断言语句(ASSERT)和报告语句(REPORT)用于仿真时给出一些信息。

习　题

1. 简述实体(ENTITY)、结构体(ARCHITECTURE)与原理图的关系。

2. 子程序调用与元件例化有何区别？函数与过程在具体使用上有何不同？

3. 什么是重载函数？重载算符有何用处？如何调用重载算符函数？

4. 在 VHDL 程序中配置有何用处？

5. 嵌套 BLOCK 的可视性规则是什么？以嵌套 BLOCK 的语句方式设计 3 个并列的 3 输入或门。

6. 叙述函数与过程的异同点、过程与进程的异同点。

7. 判断下列 VHDL 标识符是否合法，如果不合法则指出原因：16#0FA#，10#12F#，8#789#，8#356#，2#0101010#，74HC245，\74HC574\，CLR/RESET，\IN 4/SCLK\，D100%。

8. 讨论数据对象信号与变量间的异同处，说明它们的使用对所形成的硬件结构有何影响。

9. 运算符重载函数通常要调用转换函数，以便能够利用已有的数据类型。下面给出一个新的数据类型 AGE，并且下面的转换函数已经实现：function CONV_INTEGER(ARG:AGE) return INTEGER；请仿照本章中的例子，利用此函数编写一个“+”运算符重载函数，支持下面的运算：SIGNALa，c：AGE；

```
...
c <= a + 20;
```

10. 设计 16 位比较器，比较器的输入是 2 个待比较的 16 位数：A = [A15…A0]，B = [B15…B0]，输出是 D、E、F。当 A = B 时，D = 1；当 A > B 时，E = 1；当 A < B 时，F = 1(参考方法：用常规的比较器设计方法，即直接利用关系操作符进行编程设计，或者利用减法器来完成，通过减法运算后的符号和结果来判别两个被比较值的大小)。

11. 在 VHDL 编程中，为什么应尽可能使用子类型对类型的取值范围给予限定。

12. 判断下面 3 例 VHDL 程序中是否有错误，若有错误则指出错误原因：

程序 1

```
Signal A, EN: std_logic;
Process (A, EN)
Variable B: std_logic;
Begin
if EN = 1 then
B <= A;
end if;
end process;
```

程序 2

```
Architecture one of sample is
variable a, b, c: integer;
begin
c <= a + b;
end;
```

程序 3

```
library ieee;
use ieee.std_logic_1164.all;
entity mux21 is
port ( a, b: in std_logic;
        sel: in std_logic;
        c: out std_logic;);
end sam2;
architecture one of mux21 is
begin
```

```
if sel = '0' then c: = a;
else
c: = b;
end if;
end two;
```

13. 分别用 CASE 语句和 IF 设计 3－8 译码器。

14. 若在进程中加入 WAIT 语句，应注意哪几个方面的问题？

15. 图 2.18 中的 f_adder 是一位全加器，cin 是输入进位，cout 是输出进位。试给出此电路的 VHDL 描述。

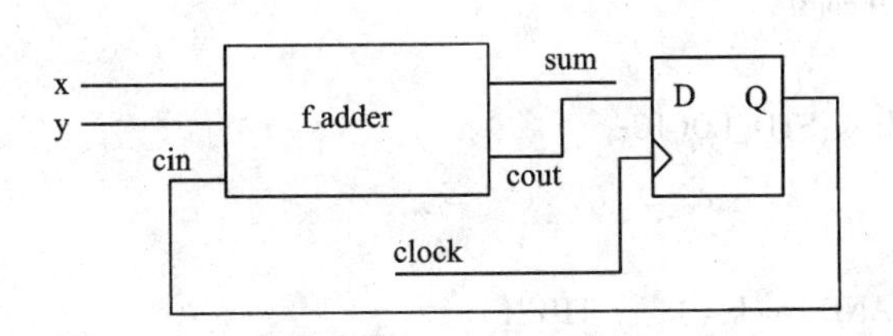

图 2.18　习题 15 图

16. 设计 5 位可变模数计数器。设计要求：令输入信号 M1 和 M0 控制计数模，即令(M1，M0)＝(0，0)时为模 19 加法计数器，(M1，M0)＝(0，1)时为模 4 计数器，(M1，M0)＝(1，0)为模 10 加法计数器，(M1，M0)＝(1，1)时为模 6 计数器。

17. 什么是 VHDL 结构体的行为描述风格？简述行为描述的优缺点。

18. 结构化描述与调用子程序有何异同点，VHDL 程序中是如何进行结构化描述的？结构化描述需要哪些语句？

19. 试举一例，在一个结构体中同时含有 3 种不同描述风格的 VHDL 语句结构。

20. 以数据流的方式设计一个 2 位比较器，再以结构描述方式将已设计好的比较器连接起来构成一个 8 位比较器。

21. 采用 VHDL 进行数字系统设计有哪些特点？

22. VHDL 的基本程序结构由几部分组成？各部分的功能是什么？

23. 说明端口模式 BUFFER 与 INOUT 有何异同点？

24. 用 VHD 设计一个实现三输入的多数表决器。

25. 用 PROCESS 语句描述带同步复位的 JK 触发器。

26. 用并行信号赋值语句设计 8 选 1 数据选择器。

27. 用 VHDL 设计一个三态输出的双 4 选 1 数据选择器。其地址信号共用，且各有个低电平有效的使能端。

28. 用 VHDL 设计实现由两输入端与非门构成的 1 位全加器。

29. 用 VHDL 设计实现一百进制的计数器。

30. 比较 CASE 语句与 WITH－SELECT 语句，叙述它们的异同点。

31. 将以下程序段转换为 WHEN－ELSE 语句：

```
PROCESS(a, b, c, d)
```

```
BEGIN
IF a = '0' AND b = '1' THEN
    next1 < = "1101"
    ELSIFa = '0' THENnext1 < = d
    ELSIFb = '1' THENnext1 < = c
    ELSE
Next1 < = "1011";
END IF;
END PROCESS;
```

32. 以下为一时序逻辑模块的 VHDL 结构体描述，请找出其中的错误：

```
ARCHITECTURE one OFcom1
BEGIN
VARIABLE a, b, c, clock:STD_LOGIC;
pro1:PROCESS
BEGIN
IF NOT(clock'EVENT AND clock = '1') THEN
x < = axor b or c
END IF;
END PROCESS;
END;
```

33. VHDL 程序设计中用 WITH - SELECT - WHEN 语句描述 4 个 16 位至 1 个 16 位输出的 4 选 1 多路选择器。

34. 哪些情况下需要用到程序包 STD_LOGIC_UNSIGNED，试举一例。

35. 为什么说一条并行赋值语句可以等效为一个进程？如果是这样的话，怎样实现敏感信号的检测？

36. 给出 1 位全减器的 VHDL 描述，要求：

(1)类似于 1 位全加器的设计方法，首先设计 1 位半减器，然后用例化语句将它们连接起来，图 2.19 中 h_suber 是半减器，diff 是输出差，s_out 是借位输出，sub_in 借位输入；

(2)直接根据全减器的真值(表 2.12)进行设计；

(3)以 1 位全减器为基本硬件，构成串行借位的 8 位减法器，要求用例化语句和生成语句来完成此项设计(减法运算是 x - y - sun_in = diffr)。

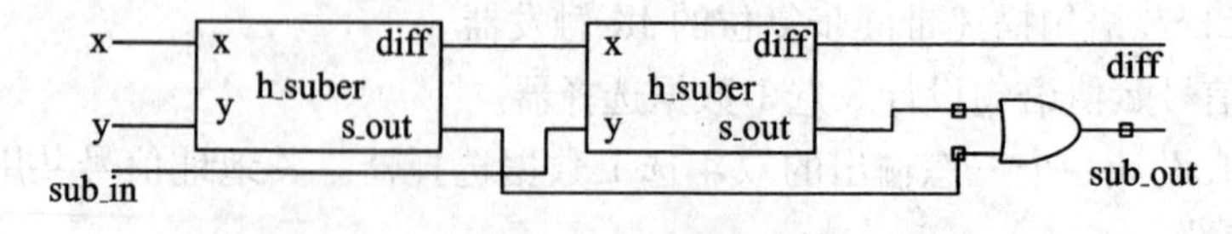

图 2.19 习题 36 图

表 2.12　全减器真值表

输入			输出	
X	Y	sub_in	diffr	sub_out
0	0	0	0	1
0	0	1	1	1
0	1	0	1	1
0	1	1	0	1
1	0	0	1	0
1	1	0	0	0
1	1	1	1	1

37. 图 2.20 有 3 张由 D 触发器构成的电路图，请分别给出它们的 VHDL 描述。

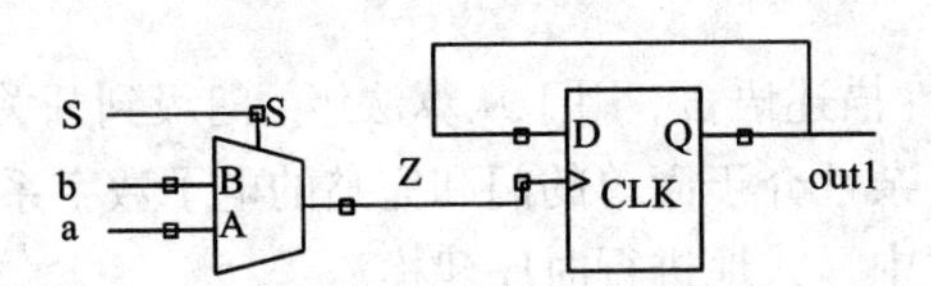

IF S= '0' THEN z=a, IF S= '1' THEN z=b

(a)

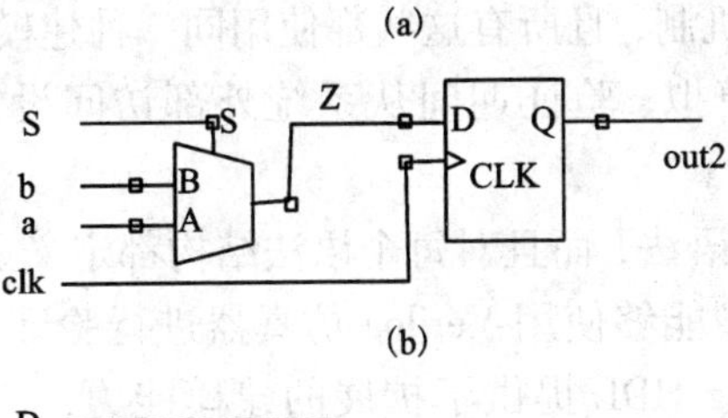

(b)

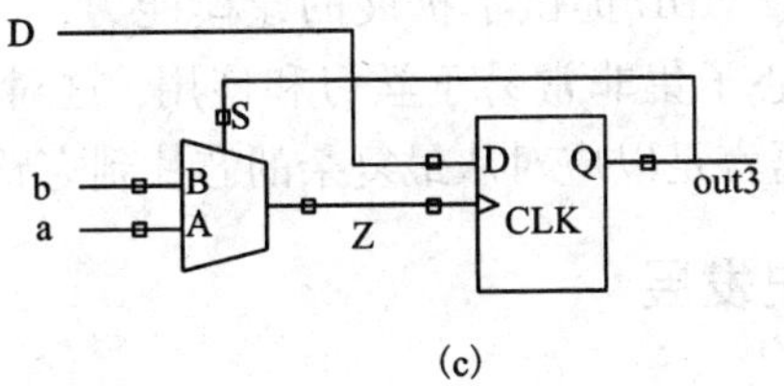

(c)

图 2.20　习题 37 的示意图

第3章 Verilog 硬件描述语言

3.1 Verilog HDL 简介

3.1.1 什么是 Verilog HDL

Verilog HDL 是一种硬件描述语言，用于从算法级、门级到开关级的多种抽象设计层次的数字系统建模，数字系统复杂性介于简单的门和完整的电子数字系统之间。数字系统能够按层次描述，并可在相同描述中显式地进行时序建模。

Verilog HDL 具有下述描述特性：设计的行为特性、数据流特性、结构组成响应监控和设计验证方面的时延波形产生机制，且所有这些都使用同一种建模语言。此外，Verilog HDL 语言提供了编程语言接口，在模拟、验证期间从系统外部访问设计，包括模拟的具体控制和运行。

Verilog HDL 不仅定义了语法，而且对每个语法结构都定义了清晰的模拟系统仿真语义。因此，用这种语言编写的模型能够使用 Verilog 仿真器进行验证。语言从 C 编程语言中继承了多种操作符和结构。Verilog HDL 提供了扩展的建模能力，其中许多扩展最初很难理解。但是，Verilog HDL 语言的核心子集非常易于学习和使用，这对大多数建模应用来说已经足够。当然，完整的硬件描述语言足以应对从最复杂的芯片到完整的电子系统进行描述。

3.1.2 Verilog HDL 历史发展

Verilog HDL 最初是于 1983 年由 Gateway Design Automation 公司为其模拟器产品开发的硬件建模语言。那时它只是一种专用语言。由于模拟仿真器产品的广泛使用，Verilog HDL 作为一种便于使用且实用的语言逐渐为众多设计者所接受，于 1990 年被推向公众领域。Open Verilog International (OVI) 是促进 Verilog 发展的国际性组织，1992 年 OVI 决定致力于推广 Verilog OVI 标准成为 IEEE 标准。这一努力最后获得成功，Verilog 语言于 1995 年成为 IEEE 标准，称为 IEEE Std 1364—1995。

3.1.3 Verilog HDL 主要功能

下面列出的是 Verilog 硬件描述语言的主要功能：

(1) 基本逻辑门。例如 and、or 和 nand 等都内置在语言中。

(2)用户定义原语(UDP)创建的灵活性。用户定义的原语既可以是组合逻辑原语，也可以是时序逻辑原语。

(3)开关级基本结构模型。例如 pmos 和 nmos 等被内置在语言中。

(4)提供显式语言结构。指定设计中的端口到端口的时延及路径时延和设计的时序检查。

(5)采用三种不同方式或其混合方式对设计建模。这些方式包括：行为描述方式(使用过程化结构建模)；数据流方式(使用连续赋值语句方式建模)；结构化方式(使用门和模块实例语句描述建模)。

(6)包含线网数据类型和寄存器数据类型。线网类型表示构件间的物理连线，寄存器类型表示抽象的数据存储元件。

(7)能够描述层次设计。使用模块实例结构描述任何层次。

(8)设计的规模可以是任意的。语言不对设计的规模(大小)施加任何限制。

(9)不再是某些公司的专有语言而是 IEEE 标准。

(10)人和机器都可阅读 Verilog 语言。已可作为 EDA 的工具和设计者之间的交互语言。

(11)描述能力能够通过使用编程语言接口(PLI)机制进一步扩展。PLI 允许外部函数访问 Verilog 模块内信息，允许设计者与模拟器交互的例程集合。

(12)能够在多个层次上加以描述设计。从开关级、门级、寄存器传送级(RTL)到算法级，包括进程和队列级。

(13)能够使用内置开关级原语在开关级对设计进行完整建模。

(14)同一语言可用于生成模拟激励和指定测试的验证约束条件。例如输入值的指定。

(15)能够监控模拟验证的执行，即模拟验证执行过程中设计的值能够被监控和显示。这些值也能够用于与期望值比较，在不匹配的情况下，打印报告消息。

(16)在行为级描述中，Verilog HDL 不仅能够在 RTL 级上进行设计描述，而且能够在体系结构级及其算法级行为上进行设计描述。

(17)能够使用门和模块实例化语句在结构级进行结构描述。

(18)具有混合方式建模能力，即在一个设计中每个模块均可以在不同设计层次上建模。

(19)具有内置逻辑函数。例如 &(按位与)和(按位或)。

(20)具有高级编程语言结构。例如条件语句、情况语句和循环语句，语言中都可以使用。

(21)可以显式地对并发和定时进行建模。

(22)提供强有力的文件读写能力。

(23)语言在特定情况下是非确定性的，即在不同的模拟器上模型可以产生不同的结果。例如，事件队列上的事件顺序在标准中没有定义。

3.2 Verilog HDL 指南

3.2.1 模块

模块是 Verilog HDL 的基本描述单位，用于描述某个设计的功能或结构及其与其他模块通信的外部端口。一个设计的结构可使用开关级原语、门级原语和用户定义的原语方式描述；设计的数据流行为使用连续赋值语句进行描述；时序行为使用过程结构描述。一个模块可以在另一个模块中调用。一个模块的基本语法如下：

```
module module_name (port_list);
    Declarations:
        reg, wire, parameter,
        input, output, inout,
        function, task, ...
  Statements:
    Initial statement
    Always statement
    Module instantiation
    Gate instantiation
    UDP instantiation
    Continuous assignment
endmodule
```

模块的定义从关键字 module 开始，到关键字 endmodule 结束，每条 Verilog HDL 语句以“;”作为结束(块语句、编译向导、endmodule 等少数除外)。

一个完整的 Verilog 模块由以下 3 个部分组成：

1)说明部分

该部分用于定义不同的项(例如模块描述中使用的寄存器和参数)，用于定义设计的功能和结构。说明部分和语句可以散布在模块中的任何地方，但是变量、寄存器、线网和参数等的说明部分必须在使用前出现。为了使模块描述清晰，增强其可读性，最好将所有的说明部分放在语句前。

说明部分包括：寄存器，线网，参数：reg，wire，parameter；端口类型说明行：input，output，inout；函数、任务：function，task 等。

2)描述体部分

这是一个模块最重要的部分，该部分描述模块的行为和功能，子模块的调用和连接，逻辑门的调用，用户自定义部件的调用，初始态赋值，always 块，连续赋值语句等。

3)结束部分

以 endmodule 结束，注意后面没有分号。

以下为一个半加器电路的建模简单实例。

```
module HalfAdder (A, B, Sum, Carry);
```

```
    input A, B;
    output Sum, Carry;
    assign #2 Sum = A^B;
    assign #3 Carry = A&B;
endmodule
```

模块的名字是 HalfAdder，共有 4 个端口：2 个输入端口 A 和 B，2 个输出端口 Sum 和 Carry。由于没有定义端口的位数，所有端口大小都为 1 位。同时，由于没有各端口的数据类型说明，这 4 个端口都是线网数据类型。

模块包含 2 条描述半加器数据流行为的连续赋值语句。从这种意义上讲，这些语句在模块中出现的顺序无关紧要，且是并发的。每条语句的执行顺序依赖于发生在变量 A 和 B 上的事件。

在模块中，可用下述方式描述一个设计：数据流方式；行为方式；结构方式；上述描述方式的混合。

3.2.2　时延

Verilog HDL 模型中的所有时延都根据时间单位定义。下面是带时延的连续赋值语句实例，其时间单位是由 timescale 定义的（timescale 将在后面讲述）：

```
assign #2 Sum = A^B;
```

#2 指 2 个时间单位。

使用编译指令将时间单位与物理时间相关联。这样的编译器指令需在模块描述前定义：

```
'timescale 1ns /100ps
```

此语句说明时延时间单位为 1ns 并且时间精度为 100 ps（时间精度是指所有的时延必须被限定在 0.1ns 内）。如果此编译器指令所在的模块包含上面的连续赋值语句，#2 代表 2 ns。

如果没有这样的编译器指令，Verilog HDL 模拟器会指定一个缺省时间单位（IEEE Verilog HDL 标准中没有规定缺省时间单位）。

3.2.3　数据流描述方式

用数据流描述方式对一个设计建模最基本的机制就是使用连续赋值语句。在连续赋值语句中，某个值被指派给线网变量。连续赋值语句的语法为：

```
assign [delay] LHS_net = RHS_expression;
```

右边表达式使用的操作数无论何时发生变化，右边表达式都重新计算，并且在指定的时延后，变化值被赋予左边表达式的线网变量。时延定义了右边表达式操作数变化与赋值给左边表达式之间的持续时间。如果没有定义时延值，缺省时延默认为 0。

下面的例子显示了使用数据流描述方式对 2-4 解码器电路的建模的实例模型。

```
'timescale 1ns/ 1ns
  module Decoder2x4 (A, B, EN, Z);
    input A, B, EN;
    output [0:3] Z;
    wire Abar, Bbar;
    assign #1 Abar = ~A;                    //语句 1。
```

```
    assign #1 Bbar = ~B;                                    //语句 2。
    assign #2 Z[0] = ~(Abar & Bbar & EN);                   //语句 3。
    assign #2 Z[1] = ~(Abar & B & EN);                      //语句 4。
    assign #2 Z[2] = ~(A & Bbar & EN);                      //语句 5。
    assign #2 Z[3] = ~(A & B & EN);                         //语句 6。
endmodule
```

以反引号“'”开始的第一条语句是编译器指令，编译器指令'timescale 将模块中所有时延的单位设置为 1 ns，时间精度为 1 ns。例如，在连续赋值语句中时延值#1 和#2 分别对应时延 1 ns 和 2 ns。

模块 Decoder2x4 有 3 个输入端口和 1 个 4 位输出端口。线网类型说明了 2 个连线型变量 Abar 和 Bbar（连线类型是线网类型的一种）。此外，模块包含 6 个连续赋值语句。

当 EN 在第 5 ns 变化时，语句 3、4、5 和 6 执行。这是因为 EN 是这些连续赋值语句中右边表达式的操作数。Z[0]在第 7 ns 时被赋予新值 0。当 A 在第 15 ns 变化时，语句 1、5 和 6 执行。执行语句 5 和 6 不影响 Z[0]和 Z[1]的取值。执行语句 5 导致 Z[2]值在第 17 ns 变为 0。执行语句 1 导致 Abar 在第 16 ns 被重新赋值。由于 Abar 的改变，反过来又导致 Z[0]值在第 18 ns 变为 1。

注意：连续赋值语句对电路的数据流行为建模方式是隐式而非显式的建模方式；连续赋值语句是并发执行的，也就是说各语句的执行顺序与其在描述中出现的顺序无关。

3.2.4 行为描述方式

设计的行为功能使用下述过程语句结构进行描述：

(1) initial 语句(此语句只执行一次)；

(2) always 语句(此语句总是循环执行)。

只有寄存器类型数据能够在这 2 种语句中被赋值，寄存器类型数据在被赋新值前保持原有值不变，所有的初始化语句和 always 语句在 0 时刻并发执行。

下例为 always 语句对 1 位全加器电路建模的示例。

```
module FA_Seq (A, B, Cin, Sum, Cout);
  input A, B, Cin;
  output Sum, Cout;
  reg Sum, Cout;
  reg T1, T2, T3;
  always
    @ (A or B or Cin ) begin
    Sum = (A^B)^Cin;
    T1 = A & Cin;
    T2 = B & Cin;
    T3 = A & B;
    Cout = (T1| T2) | T3;
    end
endmodule
```

模块 FA_Seq 有 3 个输入和 2 个输出。由于 Sum、Cout、T1、T2 和 T3 在 always 语句中被

赋值，它们被说明为 reg 类型(reg 是寄存器数据类型的一种)。always 语句中有一个与事件控制(紧跟在字符@ 后面的表达式)相关联的顺序过程(begin - end 对)。这意味着只要 A、B 或 Cin 上发生事件，即 A、B 或 Cin 之一的值发生变化，顺序过程就执行。在顺序过程中的语句顺序执行，并且在顺序过程执行结束后被挂起。顺序过程执行完成后，always 语句再次等待 A、B 或 Cin 上发生的事件。

在顺序过程中出现的语句是过程赋值模块化的实例。模块化过程赋值在下一条语句执行前完成执行(过程赋值可以有一个可选的时延)。

时延可以细分为 2 种类型：语句间时延(这是时延语句执行的时延)；语句内时延(这是右边表达式数值计算与左边表达式赋值间的时延)。

下面是语句间时延的示例：

```
Sum = (A^B)^Cin;
#4 T1 = A & Cin;
```

在第 2 条语句中的时延规定，赋值延迟 4 个时间单位执行。就是说，在第一条语句执行后等待 4 个时间单位，然后执行第二条语句。下面是语句内时延的示例：

```
Sum = #3 (A^B)^Cin;
```

这个赋值中的时延意味着首先计算右边表达式的值，等待 3 个时间单位后赋值给 Sum。

如果在过程赋值中未定义时延，缺省值为 0 时延，也就是说，赋值立即发生。

下面是 initial 语句的示例：

```
'timescale 1ns / 1ns
module Test (Pop, Pid);
  output Pop, Pid;
  reg Pop, Pid;
  initial
    begin
        Pop = 0;                          //语句 1。
        Pid = 0;                          //语句 2。
        Pop = #5 1;                       //语句 3。
        Pid = #3 1;                       //语句 4。
        Pop = #6 0;                       //语句 5。
        Pid = #2 0;                       //语句 6。
    end
endmodule
```

initial 语句包含一个顺序过程，这一顺序过程在 0 ns 时开始执行，并且在顺序过程中所有语句全部执行完毕后，initial 语句永远挂起。语句 1 和 2 在 0 ns 时执行，第 3 条语句也在 0 时刻执行，导致 Pop 在第 5 ns 时被赋值，语句 4 在第 5 ns 执行，并且 Pid 在第 8 ns 被赋值。同样，Pop 在 14 ns 被赋值 0，Pid 在第 16 ns 被赋值 0，第 6 条语句执行后，initial 语句永远被挂起。

3.2.5　结构化描述形式

在 Verilog HDL 中可使用如下描述结构方式：

(1)内置门原语(在门级);

(2)开关级原语(在晶体管级);

(3)用户定义的原语(在门级);

(4)模块实例(创建层次结构)。

通过使用线网来相互连接。使用内置门原语描述的全加器电路实例如下:

```
module FA_Str (A, B, Cin, Sum, Cout);
  input A, B, Cin;
  output Sum, Cout;
  wire S1, T1, T2, T3;
  xor
    X1 (S1, A, B),
    X2 (Sum, S1, Cin);
  and
    A1 (T3, A, B),
    A2 (T2, B, Cin),
    A3 (T1, A, Cin),
  or
    O1 (Cout, T1, T2, T3);
endmodule
```

在这一实例中,模块包包含内置门 xor、and 和 or 的实例语句。门实例由线网类型变量 S1、T1、T2 和 T3 互连,由于没有指定的顺序,门实例语句可以以任何顺序出现;xor、and 和 or 是内置门原语;X1、X2、A1 等是实例名称。紧跟在每个门后的信号列表是它的互连;列表中的第一个是门输出,余下的是输入。例如,S1 与 xor 门实例 X1 的输出连接,而 A 和 B 与实例 X1 的输入连接。

4 位全加器可以使用 4 个 1 位全加器模块描述。下面是 4 位全加器的结构描述形式。

```
module FourBitFA (FA, FB, FCin, FSum, FCout);
  parameter SIZE = 4;
  input[SIZE:1]FA, FB;
  output[SIZE:1]FSum
  input FCin;
  input FCout;
  wire[1: SIZE - 1]FTemp;
FA_Str
  FA1(.A (FA[1]), .B(FB[1]), .Cin(FCin),
    .Sum(FSum[1]), .Cout(FTemp[2])),
  FA2(.A (FA[2]), .B(FB[2]), .Cin(FTemp[1]),
    .Sum(FSum[2]), .Cout(FTemp[2])),
  FA3(FA[3], FB[3], FTemp[2], FSum[3], FTemp[3],
  FA4(FA[4], FB[4], FTemp[3], FSum[4], FCout);
endmodule
```

在这一实例中,模块实例用于建模 4 位全加器。在模块实例语句中,端口可以与名称或位置关联。前 2 个实例 FA1 和 FA2 使用命名关联方式,也就是说,端口的名称和它连接的线网被显式描述。最后2个实例FA3和FA4使用位置关联方式将端口与线网关联。这里关联的顺序很重要，例如，在实例FA4中，第1个FA[4]与FA_Str的端口A连接，第2个FB[4]与FA_Str的端口B连接，余下的由此类推。

3.2.6 混合设计描述方式

在模块中，可以包含实例化的门、模块实例化语句、连续赋值语句以及always语句和initial语句的混合。它们之间可以相互包含。来自always语句和initial语句(切记只有寄存器类型数据可以在这两种语句中赋值)的值能够驱动门或开关，而来自于门或连续赋值语句(只能驱动线网)的值能够反过来用于触发always语句和initial语句。

混合设计方式的1位全加器实例如下：

```
module FA_Mix (A, B, Cin, Sum, Cout);
  input A, B, Cin;
  output Sum, Cout;
  reg Cout;
  reg T1, T2, T3;
  wire S1;
  xor X1(S1, A, B);                        //门实例语句
  always
    @(A or B or Cin )begin                 //always 语句
      T1 = A&Cin;
      T2 = B&Cin;
      T3 = A&B;
      Cout = (T1| T2)| T3;
  end
  assign Sum = S1^Cin;                     //连续赋值语句
endmodule
```

只要A或B上有事件发生，门实例语句即被执行。只要A、B或Cin上有事件发生，就执行always语句，且只要S1或Cin上有事件发生，就执行连续赋值语句。

3.2.7 设计模拟

Verilog HDL不仅提供描述设计的能力，而且提供对激励、控制、存储响应和设计验证的建模能力。激励和控制可用初始化语句产生；验证运行过程中的响应可以作为“变化时保存”或作为选通的数据存储；设计验证可以通过在初始化语句中写入相应的语句自动与期望的响应值比较完成。

测试模块Top的举例(该例子测试3.2.3节中讲到的FA_Seq模块)如下：

```
'timescale 1ns/1ns
module Top;                               //一个模块可以有一个空的端口列表。
  reg PA, PB, PCi;
  wire PCo, PSum;
  FA_Seq F1(PA, PB, PCi, PSum, PCo);      //定位。
  initial
```

```
    begin: ONLY_ONCE
    reg[3:0]Pal;                          //需要4位，Pal才能取值8。
    for (Pal = 0; Pal < 8; Pal = Pal + 1)
      begin
      {PA, PB, PCi} = Pal;
      #5  $display ("PA, PB, PCi = %b%b%b", PA, PB, PCi,
                 " ::: PCo, PSum = %b%b", PCo, PSum);
      end
    end
endmodule
```

在测试模块描述中使用位置关联方式将模块实例语句中的信号与模块中的端口相连接。注意：初始化语句中使用了一个 for 循环语句，在 PA、PB 和 PCi 上产生波形，其中 for 循环中的第一条赋值语句用于表示合并的目标。自右向左，右端各相应的位赋给左端的参数，初始化语句还包含有一个预先定义好的系统任务，系统任务 $display 将输入以特定的格式打印输出。

系统任务 $display 调用中的时延控制规定 $display 任务在 5 个时间单位后执行。这 5 个时间单位基本上代表了逻辑处理时间；即输入向量的加载至观察到模块在测试条件下输出之间的延迟时间。

这一模型中，Pal 在初始化语句内被局部定义。为完成这一功能，初始化语句中的顺序过程(begin - end)必须标记。在这种情况下，ONLY_ONCE 是顺序过程标记。如果在顺序过程内没有局部声明的变量，就不需要该标记。下面是测试模块产生的输出。

```
PA, PB, PCi = 000 ::: PCo, PSum = 00
PA, PB, PCi = 001 ::: PCo, PSum = 01
PA, PB, PCi = 010 ::: PCo, PSum = 01
PA, PB, PCi = 011 ::: PCo, PSum = 10
PA, PB, PCi = 100 ::: PCo, PSum = 01
PA, PB, PCi = 101 ::: PCo, PSum = 10
PA, PB, PCi = 110 ::: PCo, PSum = 10
PA, PB, PCi = 111 ::: PCo, PSum = 11
```

验证与非门交叉连接构成的 RS_FF 模块的测试模块如下：

```
'timescale 10ns/1ns
module RS_FF (Q, Qbar, R, S);
  output Q, Qbar;
  input R, S;
  nand#1 (Q, R, Qbar);
  nand#1 (Qbar, S, Q, ); //在门实例语句中，实例名称是可选的。
endmodule
module Test;
  reg TS, TR;
  wire TQ, TQb;
  //测试模块的实例语句：
  RS_FF NSTA (.Q(TQ), .S(TS), .R(TR), .Qbar(TQb)); //采用端口名相关联的连接方式。
```

```
    // 加载激励。
    initial
    begin:
    TR =0;
    TS =0;
    #5 TS =1;
    #5 TS =0;
    TR =1;
    #5 TS =1;
    TR =0;
    #5 TS =0;
    #5 TR =1;
    end
    //输出显示:
    initial
     $monitor (“At time %t, ”, $time,
    “TR =%b, TS =%b, TQ =%b, TQb = %b”, TR, TS, TQ, TQb);
endmodule
```

RS_FF 模块描述了设计的结构，在门实例语句中使用门时延。第 1 个实例语句中的门时延为 1 个时间单位，该门时延意味着如果 R 或 Qbar 假定在 T 时刻变化，Q 将在 T+1 时刻获得计算结果值。

模块 Test 是一个测试模块。测试模块中的 RS_FF 用实例语句说明其端口用端口名关联方式连接。在这一模块中有 2 条初始化语句。第 1 个初始化语句只简单地产生 TS 和 TR 上的波形，这一初始化语句包含带有语句间时延的程序块过程赋值语句。

第 2 条初始化语句调用系统任务 $monitor。这一系统任务调用的功能是，只要参数表中指定的变量值发生变化就打印指定的字符串。测试模块产生的输出（注意'timescale 指令在时延上的影响）：

```
At time 0, TR =0, TS =0, TQ =x, TQb = x
At time 10, TR =0, TS =0, TQ =1, TQb = 1
At time 50, TR =0, TS =1, TQ =1, TQb = 1
At time 60, TR =0, TS =1, TQ =1, TQb = 0
At time 100, TR =1, TS =0, TQ =1, TQb = 0
At time 110, TR =1, TS =0, TQ =1, TQb = 1
At time 120, TR =1, TS =0, TQ =0, TQb = 1
At time 150, TR =0, TS =1, TQ =0, TQb = 1
At time 160, TR =0, TS =1, TQ =1, TQb = 1
At time 170, TR =0, TS =1, TQ =1, TQb = 0
At time 200, TR =0, TS =0, TQ =1, TQb = 0
At time 210, TR =0, TS =0, TQ =1, TQb = 1
At time 250, TR =1, TS =0, TQ =1, TQb = 1
At time 260, TR =1, TS =0, TQ =0, TQb = 1
```

3.3 Verilog HDL 语言要素

3.3.1 标识符

Verilog HDL中的标识符(identifier)可以是任意一组字母、数字、$符号和_(下画线)符号的组合，但标识符的第一个字符必须是字母或者下画线。另外，标识符是区分大小写的。例如：Count，COUNT，_R1_D2，R56_68，FIVE $。

转义标识符(escaped identifier)可以在一条标识符中包含任何可打印字符。转义标识符以\(反斜线)符号开头，以空白结尾(空白可以是一个空格、一个制表字符或换行符)。例如：\7400；\·*·$；\{******}；\~Q；\OutGate。注意：标识符\OutGate 和标识符 OutGate 恒等。

Verilog HDL定义了一系列保留字(关键词)，它仅用于某些上下文中。注意只有小写的关键词才是保留字。例如，标识符always(这是个关键词)与标识符ALWAYS(非关键词)是不同的。

另外，转义标识符与关键词并不完全相同。标识符\initial 与标识符 initial(这是个关键词)不同。

3.3.2 注释

在 Verilog HDL 中有2种形式的注释：

(1) /*第一种形式:可以扩展至多行 */;

(2) //第二种形式:在本行结束。

3.3.3 格式

Verilog HDL区分大小写，结构可以跨越多行编写，也可以在一行内编写。白空(新行、制表符和空格)没有特殊意义。例如：

```
initial begin Top = 3' b001;#2 Top = 3' b011; end
```

和下面的指令一样：

```
initial
  begin
Top = 3' b001;
#2 Top = 3' b011;
end
```

3.3.4 系统任务和函数

以$字符开始的标识符表示系统任务或系统函数。Verilog HDL提供了一系列的系统功能调用，任务型的功能调用称之为系统任务(system task)，函数型的调用称之为系统函数(system function)。系统任务提供了一种封装行为的机制，这种机制可在设计的不同部分被调用。任务可以返回0个或多个值。系统函数除只能返回一个值以外与任务相同。此外，函数在0时刻执行，即不允许延迟，而任务可以带有延迟，一般可以统称为系统函数。

Verilog HDL 中的系统任务和系统函数是面向模拟的、嵌入到 VerilogHdl 语句中的模拟系统功能调用。这一部分与相关的模拟器直接相关，不同的模拟器，支持的系统函数可能会有所不同，但是大多数系统函数都是支持的。

系统任务和系统函数可以分成以下几类：

(1)输出控制类系统函数：模拟过程的状态信息以及模拟结果的输出都必须按一定的格式进行表示，Verilog 所提供的输出控制类系统函数的目的就是完成对输出量的格式控制。属于这一类的有：$display，$write，$minitor 等。

(2)模拟时标类系统函数：Verilog 中有一组与模拟时间定标相关的系统函数，如 $time和 $realtime 等。

(3)进程控制类系统任务：这一类系统任务用于对模拟进程控制，如 $finish，$stop 等。

(4)文件读写类系统任务：用于控制对数据文件读写方式，如 $readmem。

(5)其他类：如随机数产生系统函数 $random。

1. $display 和 $write

调用格式为：

$display("格式控制输出和字符串"，输出变量名表)；

$write("格式控制输出和字符串"，输出变量名表)；

输出变量名表就是指要输出的变量，各变量之间用逗号相隔。格式控制输出内容包括需要输出的普通字符和对输出变量显示方式控制的格式说明符，格式说明符和变量需要一一对应。$display 和 $write 的区别是，前者输出结束后自动换行，后者不会。

格式控制符用于对变量的格式进行控制，指定变量按照一定的格式输出(表3.1)。

表3.1　格式控制符及其输出格式

格式说明符	输出格式
%h 或 %H	以十六进制的格式输出
%d 或 %D	以十进制的格式输出
%o 或%O	以八进制的格式输出
%b 或 %B	以二进制的格式输出
%c 或 %C	以 ASCII 字符形式输出
%s 或 %S	以字符串方式输出
%v 或 %V	输出连线型数据的驱动强度
%t 或 %T	输出模拟系统所使用的时间单位
%m 或 %M	输出所在模块的分级名
%e 或 %E	将实型量以指数方式显示
%f 或 %F	将实型量以浮点方式显示
%g 或 %G	将实型量以上面两种中较短的方式显示

1)控制字符"h、d、o、b"

控制字符"h、d、o、b"用于对整型量数据的输出控制。对于有位宽定义的量，输出的宽度将由位宽和输出的进制格式两方面决定。如果数据的前面有很多个 0 前导，可以在控制字符前加 0，比如%0b，这样一个数据为 0010 的就显示为 10。

通常情况每一个变量都需要一个控制字符对应，如果缺省，$display 函数将按十进制方式显示，$displayh 代表缺省态为十六进制，$displayo 代表缺省态为八进制，$displayb 代表缺省态为二进制。

在数据中，可能会有某些位是不定态 X 或者高阻态 Z，如果用二进制方式显示，每一位都将显示出来，如果对于八进制或者十六进制，它们的一位相当于二进制的三位或者四位，如果这几位都是 X，则八、十六进制的相应位也为 X，如果这几位不全是 X 只是个别位是 X，则八、十六进制的相应位为 X。对于高阻态 Z 规则相同。但是对于十进制的表示时，由于没有相互对应的位，所以把十进制数当作一个整体对待，规则相同，如果全部为 X 或者 Z，则十进制为 X 或者 Z，如果部分为 X 或者 Z，则十进制为 X 或者 Z，但是对于既有 X 又有 Z 的时候，没有规定统一的标准。

2）控制字符“c、s”

控制字符“c、s”把变量转化成字符或者字符串进行输出。对于%c(或者%C)，如果变量的位宽大于 8 位，则只取最低 8 位，输出它的 ASCII 字符；如果变量低于 8 位，则高位补 0。对于%s(或者%S)，如果变量位宽小于 8 位，则高位补 0 并输出它的 ASCII 字符，如果变量宽度大于 8 位，则从低位开始每 8 位输出对应的 ASCII 字符，一直到剩余高端部分全部为 0 时停止。

3）控制字符“v”

控制字符“v”只能用于一位宽的连线型变量，用于输出它的驱动强度。Verilog 中定义了 8 级驱动强度，定义及缩写见表 3.2。

表 3.2　8 级驱动强度定义及其等级

缩写符号	强度名称	强度等级
Su	Super drive	7
St	Strong driver	6
Pu	Pull driver	5
La	Large capacitor	4
We	Weak driver	3
Me	Mediun driver	2
Sm	Small capacitor	1
Hi	High impedance	0

在信号的逻辑状态表示的时候，还有几个缩写形式，如表 3.3 所示。

表 3.3　信号逻辑状态表示的其他缩写形式

0	逻辑 0
1	逻辑 1
x	不定态
z	高阻态
L	逻辑 0 或者高阻态
H	逻辑 1 或者高阻态

4)控制字符“t、m”

控制字符“t、m”都不需要有相应的输出变量与之对应，因为它们反映的是模拟系统或者模块本身的信息。%t 给出了系统运行模拟程序所用的模拟时间以什么为单位。%m 给出当前所在模块的名称。需要说明的是，它显示的名称是分级名，也就是模块被调用时的调用名，另外，除了模块外，任务、函数、有名块，都构成一个新的层次并将在分级名中出现。

5)控制字符“e、f、g”

控制字符“e、f、g”是专门为实型量的输出而设置的，对它们的定义与 C 语言中的相应定义相同。

2. 系统任务 $monitor

和 $display 与 $write 一样，$monitor 同属于输出控制类，它的调用形式可以有以下 3 种：

$monitor(“格式控制输出和字符串”，输出变量名表)；

$monitoron;

$monitoroff;

第一种的格式和上面的 $display 完全一致，不同点是 $display 每调用一次执行一次，$monitor 则一旦被调用，就会随着对输出变量名表中的每一个变量检测，如果发现其中任何一个变量在模拟过程中发生了变化，就会按照 $monitor 中的格式，产生一次输出。

为了明确输出的信息究竟是在模拟过程中的什么时刻产生的，通常情况下 $monitor 的输出中会用到一个系统函数 $time，例如：

```
$monitor( $time,“signal1 = %b   signal2 = %b”, signal1, signal2);
```

对 $time 的返回值也可以进行格式控制，例如：

```
$monitor(“%d   signal1 = %b   signal2 = %b ”, $time, signal1, signal2);
```

由于 $monitor 一旦被调用后就会启动一个后台进程，因而不可能在有循环性质的表达中出现，如 always 过程块或者其他高级程序循环语句，在实际应用中，$monitor 通常位于 initial 过程块的最开始处，保证从一开始就实时地检测所关心的变量的变化状态。

3. 系统函数 $time 和 $realtime

$time 和 $realtime 属于模拟时标类系统函数，对这 2 个函数调用，将返回从模拟程序开始执行到被调用时刻的时间，不同之处在于 $time 返回的是 64 位整数，而 $realtime 返回的是一个实型数。

例如：

```
'timescale 10ns/1ns
module time_demo;
```

```
reg var;
parameterdelay = 1.6
initial
        begin
            $display ("timevalue");
            $monitor( $time, "var = % b", var);
            #delay var = 1;
            #delay var = 0;
            #1000 $finish;
        end
endmodule
```

显示结果如下：

```
time  value
0     var = x
2     var = 1
3     var = 0
```

这个例子中，系统时间定标为 10 ns 为计时单位，所以 delay = 1.6 实际代表的时间是 16 ns，

按照上例中的时序描述，16 ns 之后变量赋值一次，过 16 ns 即 32 ns 时再赋值一次，按理说，输出时间应该是 1.6 和 3.2，可是实际输出时 2 和 3，这是因为 $time 在返回时间变量时进行了四舍五入。

如果把上例中的 $time 换成 $realtime，则直接可以得到下面按照实型方式显示的检测结果，没有四舍五入误差的问题。

```
time  value
0     var = x
1.6   var = 1
3.2   var = 0
```

4. 系统任务 $finish 和 $stop

这两个系统任务用于控制模拟进程。

$finish 的调用方式如下：

```
$finish;
$finish(n);
```

它的作用就是中止仿真器的运行，结束仿真过程。可以带上一个参数，参数 n 只能取以下 3 个值：0（不输出任何信息）；1（输出结束仿真的时间和模拟文件的位置）；2（在 1 的基础上增加对 CPU 时间、机器内存占用情况等统计结果的输出）。如果 $finish 不指明参数时，默认为 1。

$stop 的调用方式和 $finish 相同，参数也相同。不同的是，$stop 的作用只相当于一个 pause 的暂停语句，模拟程序在执行到 $stop 的时候，暂停下来，这时设计人员可以输入相应的命令，对模拟过程进行交互控制，比如用 force/release 语句，对某些信号实行强制性修改，在不退出仿真进程的前提下，进行模拟调试。

5. 系统任务 $readmem

Verilog 中针对文件的读写控制有许多相应的系统任务和系统函数，$readmem 的作用是把一个数据文件中的数据内容，读入到指定的存储器中，有两种调用方式：

$readmemb(“文件名”，存储器名，起始地址，结束地址)；

$readmemh(“文件名”，存储器名，起始地址，结束地址)；

这里，文件名是指数据文件的名字，必要的时候需要包括相应的路径名；存储器名是需要读入数据的存储器的名字，起始地址和结束地址是表明读取的数据从什么地方开始存放。如果缺省起始地址，则从存储器的第一个地址开始存放；如果缺省结束地址，则一直存放到存储器的最后一个地址为止。

$readmemb 和 $readmemh 区别在于对数据文件的存放格式的不同，前者要求以二进制方式存放，后者要求以十六进制方式存放。

6. 系统任务 $random

这个函数产生一个随机数，它的调用格式为：

$random %b

其中，b>0，它将产生一个范围在(-b+1)~(b-1)的随机数。

这样，模拟过程在需要时可以为测试模块提供随机脉冲序列，如：

```
reg[7:0] ran_num;
always
  #(140 + ( $random %60)) ran_num = $random %60
```

这样 ran_num 的值在 -59 ~ +59 之间随机产生，且随机数产生的延时间隔在 81 ~159 之间变化。

3.3.5 编译指令

以'(反引号)开始的某些标识符是编译器指令。在 Verilog 语言编译时，特定的编译器指令在整个编译过程中有效(编译过程可跨越多个文件)，直到遇到其他的不同编译程序指令。完整的标准编译器指令如下：

'define，'undef

'ifdef，'else，'endif

'default_nettype

'include

'resetall

'timescale

'unconnected_drive，'nounconnected_drive

'celldefine，'endcelldefine

1. 'define 和 'undef

'define 指令用于文本替换，像 C 语言中的#define 指令，例如：

```
'define MAX_BUS_SIZE 32
...
reg[ 'MAX_BUS_SIZE -1:0 ]AddReg;
```

一旦'define 指令被编译，其在整个编译过程中都有效。例如，通过另一个文件中的'define 指令，MAX_BUS_SIZE 能被多个文件使用。

'undef 指令取消前面定义的宏。例如：

```
'define WORD 16 //建立一个文本宏替代。
...
wire[ 'WORD: 1]Bus;
...
'undef WORD
// 在'undef 编译指令后,WORD 的宏定义不再有效。
```

2. 'ifdef、'else 和'endif

这些编译指令用于条件编译，如下所示：

```
'ifdef WINDOWS
parameter WORD_SIZE = 16
'else
parameter WORD_SIZE = 32
'endif
```

在编译过程中，如果已定义了名字为 WINDOWS 的文本宏，就选择第 1 种参数声明，否则选择第 2 种参数说明。

'else 程序指令对于'ifdef 指令是可选的。

3. 'default_nettype

该指令指定隐式线网类型，也就是为那些没有被说明的连线定义线网类型。

'default_nettype wand

该实例定义的缺省的线网为线与类型。因此，如果在此指令后面的任何模块中没有说明的连线，那么该线网被假定为线与类型。

4. 'include

'include 编译器指令用于嵌入内嵌文件的内容。文件既可以用相对路径名定义，也可以用全路径名定义，例如：

```
'include " ../../primitives.v"
```

编译时，这一行由文件“../../primitives.v”的内容替代。

5. 'resetall

该编译器指令将所有的编译指令重新设置为缺省值。

'resetall

例如：该指令使得缺省连线类型为线网类型。

6. 'timescale

在 Verilog HDL 模型中，所有时延都用单位时间表述。使用'timescale 编译器指令将时间单位与实际时间相关联。该指令用于定义时延的单位和时延精度。'timescale 编译器指令格式为：

```
'timescale time_unit / time_precision
```

time_unit 和 time_precision 由值 1、10、和 100 以及单位 s、ms、us、ns、ps 和 fs 组成。

例如：'timescale 1ns/100ps；表示时延单位为 1ns，时延精度为 100 ps。'timescale 编译器指令在模块说明外部出现，并且影响后面所有的时延值。例如：

```
'timescale 1ns/ 100ps
module AndFunc (Z, A, B);
  output Z;
  input A, B;
  and# (5.22, 6.17 )Al (Z, A, B);
  //规定了上升及下降时延值。
endmodule
```

编译器指令定义时延以 ns 为单位，并且时延精度为 1/10 ns(100 ps)。因此，时延值 5.22对应 5.2 ns，时延 6.17 对应 6.2 ns。如果用如下的'timescale 程序指令代替上例中的编译器指令：

```
'timescale 10 ns/1 ns
```

那么 5.22 对应 52 ns，6.17 对应 62 ns。

在编译过程中，'timescale 指令影响这一编译器指令后面所有模块中的时延值，直至遇到另一个'timescale 指令或'resetall 指令。当一个设计中的多个模块带有自身的'timescale 编译指令时将发生什么？在这种情况下，模拟器总是定位在所有模块的最小时延精度上，并且所有时延都相应地换算为最小时延精度。例如：

```
'timescale 1ns/ 100ps
module AndFunc (Z, A, B);
  output Z;
  input A, B;
  and# (5.22, 6.17 )Al (Z, A, B);
endmodule
'timescale 10ns/ 1ns
module TB;
    reg PutA, PutB;
    wire GetO;
  initial
    begin
        PutA = 0;
        PutB = 0;
        #5.21 PutB = 1;
        #10.4 PutA = 1;
        #15 PutB = 0;
    end
  AndFunc AF1(GetO, PutA, PutB);
endmodule
```

在这个例子中，每个模块都有自身的'timescale 编译器指令。'timescale 编译器指令第 1 次应用于时延。因此，在第 1 个模块中，5.22 对应 5.2 ns，6.17 对应 6.2 ns；在第 2 个模块中 5.21 对应 52 ns，10.4 对应 104 ns，15 对应 150 ns。如果仿真模块 TB，设计中的所有模块最小时间精度为 100 ps。因此，所有延迟(特别是模块 TB 中的延迟)将换算成精度为 100 ps。延迟 52 ns 现在对应 520 × 100 ps，104 对应 1040 × 100 ps，150 对应 1500 × 100 ps。更重要的是，仿真使用100 ps为时间精度。如果仿真模块AndFunc，由于模块TB不是模块AddFunc的子模块，模块TB中的'timescale程序指令将不再有效。

7. 'unconnected_drive 和'nounconnected_drive

在模块实例化中，出现在这2个编译器指令间的任何未连接的输入端口或者为正偏电路状态，或者为反偏电路状态。

```
'unconnected_drive pull1
…
/*在这两个程序指令间的所有未连接的输入端口为正偏电路状态(连接到高电平)*/
'nounconnected_drive
'unconnected_drive pull0
…
/*在这两个程序指令间的所有未连接的输入端口为反偏电路状态(连接到低电平)*/
'nounconnected_drive
```

8. 'celldefine 和 'endcelldefine

这两个程序指令用于将模块标记为单元模块。它们表示包含模块定义，如下所示：

```
'celldefine
module FD1S3AX (D, CK, Z);
…
endmodule
'endcelldefine
```

某些PLI例程使用单元模块。

3.3.6 值集合

Verilog HDL有下列4种基本的值：

(1)0：逻辑0或"假;"

(2)1：逻辑1或"真"；

(3)x：未知；

(4)z：高阻。

注意这4种值的解释都内置于语言中。如一个为z的值总是意味着高阻抗，一个为0的值通常是指逻辑0。

在门的输入或一个表达式中的为"z"的值通常解释成"x"。此外，x值和z值都是不分大小写的，也就是说，值0x1z与值0X1Z相同。Verilog HDL中的常量是由以上这四类基本值组成的。

Verilog HDL中有三类常量：①整型；②实数型；③字符串型。

下画线符号(_)可以随意用在整数或实数中，它们就数量本身没有意义。它们能用来提高易读性；唯一的限制是下画线符号不能用作为首字符。

1. 整型数

整型数可以按如下两种方式书写：简单的十进制数格式；基数格式。

1)简单的十进制格式

这种形式的整数定义为带有一个可选的"+"(一元)或"-"(一元)操作符的数字序列。

下面是这种简易十进制形式整数的例子。

(1)32：十进制数 32；

(2) -15：十进制数 -15；

这种形式的整数值代表一个有符号的数。负数可使用 2 种补码形式表示。因此 32 在 5 位的二进制形式中为 10000，在 6 位二进制形式中为 110001；-15 在 5 位二进制形式中为 10001，在 6 位二进制形式中为 110001。

2) 基数表示法

这种形式的整数格式为：

[size]'base value

size 定义以位计的常量的位长；base 为 o 或 O(表示八进制)，b 或 B(表示二进制)，d 或 D(表示十进制)，h 或 H(表示十六进制)之一；value 是基于 base 的值的数字序列。值 x 和 z 以及十六进制中的 a 到 f 不区分大小写。

下面是一些具体实例：

5'O37　　5 位八进制数

4'D2　　4 位十进制数

4'B1x_01　　4 位二进制数

7'Hx　　7 位 x(扩展的 x)，即 xxxxxxx

4'hZ　　4 位 z(扩展的 z)，即 zzzz

4'd -4　　非法：数值不能为负

8'h 2 A　　在位长和字符之间，以及基数和数值之间允许出现空格

3' b001　　非法：' 和基数 b 之间不允许出现空格

(2 +3)'b10 非法:位长不能够为表达式

注意，x(或 z)在十六进制值中代表 4 位 x(或 z)，在八进制中代表 3 位 x(或 z)，在二进制中代表 1 位 x(或 z)。

以基数格式计数的数通常为无符号数。这种形式的整型数的长度定义是可选的。如果没有定义一个整数型的长度，数的长度为相应值中定义的位数。下面是两个例子：

'o721　　9 位八进制数

'hAF　　8 位十六进制数

如果定义的长度比为常量指定的长度长，通常在左边填 0 补位。但是如果数最左边一位为 x 或 z，就相应地用 x 或 z 在左边补位。例如：

10'b10　　左边添 0 占位，0000000010

10'bx0x1　　左边添 x 占位，xxxxxxx0x1

如果长度定义得更小，那么最左边的位相应地被截断。例如：

3'b1001_0011 与 3'b011 相等；5'H0FFF 与 5'H1F 相等。

2. 实数

实数可以用下列 2 种形式定义：

(1)十进制计数法。例如：2.0；5.678；11572.12；0.1；2.（非法：小数点两侧必须有 1 位数字）；

(2)科学计数法。这种形式的实数举例如下：

①23_5.1e2　其值为23510.0；忽略下画线。

②3.6E2　360.0（e与E相同）。

③5E-4　0.0005。

Verilog语言定义了实数如何隐式地转换为整数。实数通过四舍五入被转换为最相近的整数。

①42.446，42.45　转换为整数42。

②92.5，92.699　转换为整数93。

③-15.62　转换为整数-16。

④-26.22　转换为整数-26。

3. 字符串

字符串是双引号内的字符序列。字符串不能分成多行书写。例如：

"INTERNAL ERROR"

"REACHED->HERE"

用8位ASCII值表示的字符可看作是无符号整数。因此字符串是8位ASCII值的序列。为存储字符串"INTERNAL ERROR"，变量需要8×14位。

```
reg [1:8×14]Message;
…
Message = "INTERNAL ERROR"
```

反斜线（\）用于对确定的特殊字符转义。例如：

\n　换行符；

\t　制表符；

\\　字符\本身；

\"　字符"；

\206　八进制数206对应的字符。

3.3.7 数据类型

Verilog HDL有两大类数据类型。

（1）线网类型。net type表示Verilog结构化元件间的物理连线。它的值由驱动元件的值决定，例如连续赋值或门的输出。如果没有驱动元件连接到线网，线网的缺省值为z。

（2）寄存器类型。register type表示一个抽象的数据存储单元，它只能在always语句和initial语句中被赋值，并且它的值从一个赋值到另一个赋值被保存下来。寄存器类型的变量具有x的缺省值。

1. 线网类型

线网数据类型包含下述不同种类的线网子类型：wire；tri；wor；trior；wand；triand；trireg；tri1；tri0；supply0；supply1。

简单的线网类型说明语法为：

net_kind [msb:lsb] net1, net2, …, netN;

net_kind是上述线网类型的一种。msb和lsb是用于定义线网范围的常量表达式；范围定义是可选的；如果没有定义范围，缺省的线网类型为1位。例如：

```
wire Rdy, Start; //2 个 1 位的连线。
wand [2:0] Addr; //Addr 是 3 位线与。
```

当一个线网有多个驱动器时，即对一个线网有多个赋值时，不同的线网产生不同的行为。例如：

```
wor Rde;
...
assign Rde = Blt & Wyl;
...
assign Rde = Kbl | Kip;
```

本例中，Rde 有 2 个驱动源，分别来自于 2 个连续赋值语句。由于它是线或线网，Rde 的有效值由使用驱动源的值(右边表达式的值)的线或(wor)表决定。

1) wire 和 tri 线网

用于连接单元的连线是最常见的线网类型。连线与三态线(tri)网语法和语义一致；三态线可以用于描述多个驱动源驱动同一根线的线网类型，并且没有其他特殊的意义。

```
wire Reset;
wire [3:2] Cla, Pla, Sla;
tri [ MSB -1: LSB +1] Art;
```

如果多个驱动源驱动一个连线(或三态线网)，线网的有效值由表 3.4 决定。

表 3.4　线网有效值

wire/tri	0	1	x	z
0	0	x	x	0
1	x	1	x	1
x	x	x	x	x
z	0	1	x	z

下面是一个具体实例：

```
assign Cla = Pla & Sla;
...
assign Cla = Pla^Sla;
```

在这个实例中，Cla 有 2 个驱动源。2 个驱动源的值(右侧表达式的值)用于在表 3.4 中索引，以便决定 Cla 的有效值。由于 Cla 是一个向量，每位的计算是相关的。例如，如果第一个右侧表达式的值为 01x，并且第 2 个右测表达式的值为 11z，那么 Cla 的有效值是 x1x (第 1 位 0 和 1 在表中索引到 x，第 2 位 1 和 1 在表中索引到 1，第 3 位 x 和 z 在表中索引到 x)。

2) wor 和 trior 线网

线或指如果某个驱动源为 1，那么线网的值也为 1。线或和三态线或(trior)在语法和功能上是一致的。

```
wor [MSB:LSB] Art;
trior [MAX -1: MIN -1] Rdx, Sdx, Bdx;
```

如果多个驱动源驱动这类网，网的有效值由表 3.5 决定。

表 3.5　类网的有效值

wor/trior	0	1	x	z
0	0	1	x	0
1	1	1	1	1
x	x	1	x	x
z	0	1	x	z

3)wand 和 triand 线网

线与(wand)网指如果某个驱动源为 0, 那么线网的值为 0。线与和三态线与(triand)网在语法和功能上是一致的。

```
wand [ -7: 0] Dbus;
triand Reset, Clk;
```

如果这类线网存在多个驱动源, 线网的有效值由表 3.6 决定。

表 3.6　线网的有效值

wand /triand	0	1	x	z
0	0	0	0	0
1	0	1	x	1
x	0	x	x	x
z	0	1	x	z

4)trireg 线网

此线网存储数值(类似于寄存器), 并且用于电容节点的建模。当三态寄存器(trireg)的所有驱动源都处于高阻态, 也就是说, 值为 z 时, 三态寄存器线网保存作用在线网上的最后一个值。此外, 三态寄存器线网的缺省初始值为 x。

```
trireg [1:8] Dbus, Abus;
```

5)tri0 和 tri1 线网

这类线网可用于线逻辑的建模, 即线网有多于一个驱动源。tri0(tri1)线网的特征是, 若无驱动源驱动, 它的值为 0(tri1 的值为 1)。

```
tri0 [-3:3] GndBus;
tri1 [0: -5] OtBus, ItBus;
```

表 3.7 显示在多个驱动源情况下 tri0 或 tri1 网的有效值。

表 3.7　线网的有效值

tri0/tri1	0	1	x	z
0	0	x	x	0
1	x	1	x	1
x	x	x	x	x
z	0	1	x	0/1

6）supply0 和 supply1 线网

supply0 用于对“地”建模，即低电平 0；supply1 网用于对电源建模，即高电平 1。例如：

```
supply0 Gnd, ClkGnd;
supply1 [2:0] Vcc;
```

2. 未说明的线网

在 Verilog HDL 中，有可能不必声明某种线网类型。在这样的情况下，缺省线网类型为 1 位线网。可以使用'default_nettype 编译器指令改变这一隐式线网说明方式。使用方法如下：

```
'default_nettype net_kind
```

例如，带有下列编译器指令：

```
'default_nettype wand
```

任何未被说明的网缺省为 1 位线与网。

3. 向量和标量线网

在定义向量线网时可选用关键词 scalared 或 vectored。如果一个线网定义时使用了关键词 vectored，那么就不允许位选择和部分选择该线网。换句话说，必须对线网整体赋值。例如：

```
wire vectored [3:1] Grb; //不允许位选择 Grb [2] 和部分选择 Grb [3:2]
wor scalared [4:0] Best; //与 wor [4:0] Best 相同，允许位选择 Best [2] 和部分选择 Best [3:1]。
```

如果没有定义关键词，缺省值为标量。

4. 寄存器类型

有 5 种不同的寄存器类型：reg；integer；time；real；realtime。

1）reg 寄存器类型

寄存器数据类型 reg 是最常见的数据类型，使用保留字 reg 加以说明，形式如下：

```
reg [ msb: lsb] reg1, reg2, … regN;
```

msb 和 lsb 定义了范围，并且均为常数值表达式。范围定义是可选的；如果没有定义范围，缺省值为 1 位寄存器。例如：

```
reg [3:0] Sat;                //Sat 为 4 位寄存器。
reg Cnt;                      //1 位寄存器。
reg [1:32] Kisp, Pisp, Lisp;
```

寄存器可以取任意长度。寄存器中的值通常被解释为无符号数，例如：

```
reg [1:4] Comb;
…
Comb = -2;                    //Comb 的值为 14(1110)，1110 是 2 的补码。
Comb =5;                      //Comb 的值为 15(0101)。
```

2）存储器

存储器是一个寄存器数组。存储器使用如下方式说明：

```
reg [msb: lsb] memory1 [upper1: lower1],
memory2 [upper2: lower2], …;
```

例如：

```
reg [0:3] MyMem [0:63]//MyMem 为 64 个 4 位寄存器的数组。
reg Bog [1:5]//Bog 为 5 个 1 位寄存器的数组。
```

MyMem 和 Bog 都是存储器。数组的维数不能大于 2。注意存储器属于寄存器数组类型。线网数据类型没有相应的存储器类型。

单个寄存器说明既能够用于说明寄存器类型，也可以用于说明存储器类型。例如：

```
parameter ADDR_SIZE = 16,WORD_SIZE = 8;
reg [1: WORD_SIZE] RamPar [ADDR_SIZE - 1: 0], DataReg;
```

RamPar 是存储器，是 16 个 8 位寄存器数组，而 DataReg 是 8 位寄存器。

在赋值语句中需要注意如下区别：存储器赋值不能在一条赋值语句中完成，但是寄存器可以。因此在存储器被赋值时，需要定义一个索引。下例说明它们之间的不同。

```
reg [1:5] Dig; //Dig 为 5 位寄存器。
...
Dig = 5'b11011;
```

上述赋值都是正确的，但下述赋值不正确：

```
reg Bog [1:5]; //Bog 为 5 个 1 位寄存器的存储器。
...
Bog = 5'b11011;
```

有一种存储器赋值的方法是分别对存储器中的每个字赋值。例如：

```
reg [0:3] Xrom [1:4]
...
Xrom[1] = 4'hA;
Xrom[2] = 4'h8;
Xrom[3] = 4'hF;
Xrom[4] = 4'h2;
```

为存储器赋值的另一种方法是使用系统任务：

（1）$readmemb（加载二进制值）；

（2）$readmemb（加载十六进制值）。

这些系统任务从指定的文本文件中读取数据并加载到存储器。文本文件必须包含相应的二进制或者十六进制数。例如：

```
reg [1:4] RomB [7:1];
$readmemb ("ram. patt", RomB);
```

Romb 是存储器。文件“ram. patt”必须包含二进制值。文件也可以包含空白空间和注释。下面是文件中可能内容的实例。

```
1101
1110
1000
0111
0000
1001
0011
```

系统任务 $readmemb 从索引 7 即 Romb 最左边的字索引，开始读取值。如果只加载存储器的一部分，值域可以在 $readmemb 方法中显式定义。例如：

```
$readmemb ("ram. patt", RomB, 5, 3);
```

在这种情况下只有 Romb[5], Romb[4]和 Romb[3]这些字从文件头开始被读取, 被读取的值为1101、1100和1000。在文件中可以包含显式的地址形式 @ hex_address value。

如下实例:

```
@5  11001
@2  11010
```

在这种情况下, 值被读入存储器指定的地址。

当只定义开始值时, 连续读取直至到达存储器右端索引边界。例如:

```
$readmemb ("rom. patt", RomB, 6);        //从地址6开始, 并且持续到1。
$4readmemb("rom. patt", RomB, 6, 4);     //从地址6读到地址4。
```

3) Integer 寄存器类型

整数寄存器包含整数值。整数寄存器可以作为普通寄存器使用, 典型应用为高层次行为建模。使用整数型说明形式如下:

```
integer integer1, integer2, … integerN [msb:1sb];
```

msb 和 lsb 是定义整数数组界限的常量表达式, 数组界限的定义是可选的。注意容许无位界限的情况。一个整数最少容纳32位。但是具体实现可提供更多的位。例如:

```
integer A, B, C;                //三个整数型寄存器。
integer Hist [3:6];             //一组四个寄存器。
```

一个整数型寄存器可存储有符号数, 并且算术操作符提供2的补码运算结果。

整数不能作为位向量访问。例如, 对于上面的整数B的说明, B[6]和B [20:10] 是非法的。一种截取位值的方法是将整数赋值给一般的 reg 类型变量, 然后从中选取相应的位, 如下所示:

```
reg [31:0] Breg;
integer Bint;
…
//Bint [6]和 Bint [20:10]是不允许的。
…
Breg = Bint;
/* 现在, Breg [6]和 Breg [20:10]是允许的, 并且从整数 Bint 获取相应的位值。*/
```

上例说明了如何通过简单的赋值将整数转换为位向量。类型转换自动完成, 不必使用特定的函数。从位向量到整数的转换也可以通过赋值完成。例如:

```
integer J;
reg [3:0]Bcq;
J = 6; //J 的值为 32'b0000…00110。
Bcq = J;//Bcq 的值为 4'b0110。
Bcq = 4'b0101.
J = Bcq; //J 的值为 32'b0000…00101。
J = -6; //J 的值为 32'b1111…11010。
Bcq = J; //Bcq 的值为 4'b1010。
```

注意赋值总是从最右端的位向最左边的位进行; 任何多余的位被截断。如果你能够回忆起整数是作为2的补码位向量表示的, 就很容易理解类型转换。

4) time 类型

time 类型的寄存器用于存储和处理时间。time 类型的寄存器使用下述方式加以说明。

```
time time_id1, time_id2, …, time_idN [msb:1sb];
```

msb 和 lsb 是表明范围界限的常量表达式。如果未定义界限，每个标识符存储一个至少64位的时间值。时间类型的寄存器只存储无符号数。例如：

```
time Events [0:31]; //时间值数组。
time CurrTime; //CurrTime 存储一个时间值。
```

5) real 和 realtime 类型

实数寄存器(或实数时间寄存器)使用如下方式说明：

①实数说明：

```
real real_reg1, real_reg2, …, real_regN;
```

②实数时间说明：

```
realtime realtime_reg1, realtime_reg2, …, realtime_regN;
```

realtime 与 real 类型完全相同。例如：

```
real Swing, Top;
realtime CurrTime;
```

real 说明的变量的缺省值为0。不允许对 real 声明值域、位界限或字节界限。

当将值 x 和 z 赋予 real 类型寄存器时，这些值作0处理。

```
real RamCnt;
…
RamCnt = 'b01x1Z;
```

RamCnt 在赋值后的值为'b01010。

3.3.8 参数

参数是一个常量。参数经常用于定义时延和变量的宽度。使用参数说明的参数只被赋值一次。参数说明形式如下：

```
parameter param1 = const_expr1, param2 = const_expr2, …,
paramN = const_exprN;
```

下面为具体实例：

```
parameter LINELENGTH = 132, ALL_X_S = 16'bx;
parameter BIT = 1, BYTE = 8, PI = 3.14;
parameter STROBE_DELAY = ( BYTE + BIT)/ 2;
parameter TQ_FILE = " /home/bhasker/TEST/add.tq";
```

参数值也可以在编译时被改变，可以使用参数定义语句或通过在模块初始化语句中定义参数值。

3.4　Verilog HDL 表达式

3.4.1　操作数

操作数可以是以下类型中的一种：常数；参数；线网；寄存器；位选择；部分选择；存储器单元；函数调用。

1. 常数

前面的章节已讲述了如何书写常量。下面是一些实例：

```
256, 7                    //非定长的十进制数。
4'b10_11, 8'h0A           //定长的整型常量。
'b1, 'hFBA                //非定长的整数常量。
90.00006                  //实数型常量。
"BOND"                    //串常量；每个字符作为8位ASCII值存储。
```

表达式中的整数值可被解释为有符号数或无符号数。如果表达式中是十进制整数，例如，12被解释为有符号数。如果整数是基数型整数(定长或非定长)，那么该整数作为无符号数对待。下面举例说明：

12是01100的5位向量形式(有符号)。

-12是10100的5位向量形式(有符号)。

5′b01100是十进制数12(无符号)。

5′b10100是十进制数20(无符号)。

4′d12是十进制数12(无符号)。

更为重要的是对基数表示或非基数表示的负整数处理方式不同。非基数表示形式的负整数作为有符号数处理，而基数表示形式的负整数值作为无符号数处理。因此-44和-6′o54(十进制的44等于八进制的54)在下例中处理不同：

```
integer Cone;
…
Cone = -44/4
Cone = -6'o54/ 4;
```

注意：-44和-6′o54以相同的位模式求值，但是-44作为有符号数处理，而-6′o54作为无符号数处理。因此第1个字符中Cone的值为-11，而在第2个赋值中Cone的值为1073741813。

2. 参数

参数类似于常量，并且使用参数声明进行说明。下面是参数说明实例：

```
parameter LOAD = 4'd12, STORE = 4'd10;
```

LOAD和STORE为参数的例子，值分别被声明为12和10。

3. 线网

可在表达式中使用标量线网(1位)和向量线网(多位)。下面是线网说明实例：

```
wire [0:3] Prt; //Prt 为 4 位向量线网。
```

wire Bdq；//Bbq 是标量线网。

线网中的值被解释为无符号数。在连续赋值语句中：

assign Prt = -3；

Prt 被赋与位向量 1101，实际上为十进制的 13。在下面的连续赋值中：

assign Prt =4'HA；

Prt 被赋与位向量 1010，即为十进制的 10。

4. 寄存器

标量和向量寄存器可在表达式中使用。寄存器变量使用寄存器声明进行说明。例如：

integer TemA，TemB；

reg [1:5] State；

time Que [1:5]；

整型寄存器中的值被解释为有符号的二进制补码数，而 reg 寄存器或时间寄存器中的值被解释为无符号数。实数和实数时间类型寄存器中的值被解释为有符号浮点数。

TemA = -10；//TemA 值为位向量 10110，是 10 的二进制补码。

TemA ='b1011；//TemA 值为十进制数 11。

State = -10；//State 值为位向量 10110，即十进制数 22。

State ='b1011；//State 值为位向量 01011，是十进制值 11。

5. 位选择

位选择从向量中抽取特定的位。形式如下：

net_or_reg_vector [bit_select_expr]

下面是表达式中应用位选择的例子：

State [1] && State [4]//寄存器位选择。

Prt [0]| Bbq //线网位选择。

如果选择表达式的值为 x、z，或越界，则位选择的值为 x。例如 State[x]值为 x。

6. 部分选择

在部分选择中，向量的连续序列被选择。形式如下：

net_or_reg_vector [msb_const_expr:lsb_const_expr]

其中范围表达式必须为常数表达式。例如：

State [1:4]//寄存器部分选择。

Prt [1:3]//线网部分选择。

选择范围越界或为 x、z 时，部分选择的值为 x。

7. 存储器单元

存储器单元从存储器中选择一个字。形式如下：memory [word_address]

例如：

```
reg [1:8]Ack, Dram[0:63];
...
Ack = Dram [60]; //存储器的第 60 个单元。
```

不允许对存储器变量值部分选择或位选择。例如：

Dram [60] [2]

不允许。

Dram [60] [2:4]

也不允许。

在存储器中读取一个位或部分选择一个字的方法如下：将存储器单元赋值给寄存器变量，然后对该寄存器变量采用部分选择或位选择操作。例如，Ack [2]和 Ack [2:4]是合法的表达式。

8. 函数调用

表达式中可使用函数调用。函数调用可以是系统函数调用（以 $ 字符开始）或用户定义的函数调用。例如：

```
$time + SumOfEvents (A, B)
/* $time 是系统函数，且 SumOfEvents 是在别处定义的用户自定义函数。*/
```

3.4.2 操作符

Verilog HDL 中的操作符可以分为下述类型：算术操作符；关系操作符；相等操作符；逻辑操作符；按位操作符；归约操作符；移位操作符；条件操作符；连接和复制操作符。

表 3.8 显示了所有操作符的优先级和名称。操作符从最高优先级（顶行）到最低优先级（底行）排列，同一行中的操作符优先级相同。

表 3.8　操作符的优先级和名称

+	一元加	≫
-	一元减	<
!	一元逻辑非	< =
~	一元按位求反	>
&	归约与	> =
~&	归约与非	= =
^	归约异或	! =
^~ 或 ~^	归约异或非	= = =
|	归约或	! = =
~|	归约或非	&
*	乘	^
/	除	^~ or ~^
%	取模	/
+	二元加	&&
-	二元减	//
≪	左移	?:

除条件操作符从右向左关联外，其余所有操作符自左向右关联。表达式如下：

“A + B - C”等价于：“(A + B) - C //自左向右”，表达式：“A ? B：C ? D：F”，等价于：“A ? B：(C ? D：F)//从右向左”。

圆扩号能够用于改变优先级的顺序，表达式如下：

(A ? B：C) ? D：F

1. 算术操作符

算术操作符有：+(一元加和二元加)；-(一元减和二元减)；* *(乘)；*/(除)；*%(取模)。

整数除法截断任何小数部分。例如：7/4 结果为 1。

取模操作符求出与第一个操作符符号相同的余数。例如：7%4 结果为 3，而 -7%4 结果为 -3。

如果算术操作符中的任意操作数是 X 或 Z，那么整个结果为 X。例如：

'b10x1 + 'b01111 结果为不确定数 'bxxxxx

1)算术操作结果的长度

算术表达式结果的长度由最长的操作数决定。在赋值语句下，算术操作结果的长度由操作符左端目标长度决定。考虑如下实例：

```
reg [0:3] Arc, Bar, Crt;
reg [0:5] Frx;
…
Arc = Bar + Crt;
Frx = Bar + Crt;
```

第一个加的结果长度由 Bar，Crt 和 Arc 长度决定，长度为 4 位。第二个加法操作的长度同样由 Frx 的长度决定(Frx、Bat 和 Crt 中的最长长度)，长度为 6 位。在第一个赋值中，加法操作的溢出部分被丢弃；而在第二个赋值中，任何溢出的位存储在结果位 Frx[1] 中。

在较大的表达式中，中间结果的长度如何确定？在 Verilog HDL 中定义了如下规则：表达式中的所有中间结果应取最大操作数的长度(赋值时，此规则也包括左端目标)。考虑另一个实例：

```
wire [4:1] Box, Drt;
wire [1:5] Cfg;
wire [1:6] Peg;
wire [1:8] Adt;
…
assign Adt = (Box + Cfg) + (Drt + Peg);
```

表达式左端的操作数最长为 6，但是将左端包含在内时，最大长度为 8，所以所有的加操作使用 8 位进行。例如：Box 和 Cfg 相加的结果长度为 8 位。

2)无符号数和有符号数

执行算术操作和赋值时，注意哪些操作数为无符号数、哪些操作数为有符号数。无符号数存储在：线网，一般寄存器，基数格式表示形式的整数；有符号数存储在：整数寄存器，十进制形式的整数。

下面是一些赋值语句的实例：

```
reg [0:5] Bar;
integer Tab;
…
Bar = -4'd12;        //寄存器变量 Bar 的十进制数为 52，向量值为 110100。
Tab = -4'd12;        //整数 Tab 的十进制数为 -12，位形式为 110100。
 -4'd12 /4           //结果是 1073741821。
 -12 /4              //结果是 -3
```

因为 Bar 是普通寄存器类型变量，只存储无符号数。右端表达式的值为'b110100(12 的二进制补码)。因此在赋值后，Bar 存储十进制值 52。在第二个赋值中，右端表达式相同，值为'b110100，但此时被赋值为存储有符号数的整数寄存器。Tab 存储十进制值 -12(位向量为 110100)。注意在两种情况下，位向量存储内容都相同；但是在第 1 种情况下，向量被解释为无符号数，而在第 2 种情况下，向量被解释为有符号数。

下面为具体实例：

```
Bar = -4'd12/4;
Tab = -4'd12 /4;
Bar = -12/4;
Tab = -12/4;
```

在第 1 次赋值中，Bar 被赋予十进制值 61(位向量为 111101)。而在第 2 个赋值中，Tab 被赋予与十进制 1073741821(位值为 0011…11101)。Bar 在第 3 个赋值中赋予与第 1 个赋值相同的值。这是因为 Bar 只存储无符号数。在第 4 个赋值中，Bar 被赋予十进制值 -3。

下面是另一些例子：

```
Bar =4 -6;
Tab =4 -6;
```

Bar 被赋予十进制值 62(-2 的二进制补码)，而 Tab 被赋予十进制值 -2(位向量为 111110)。

下面为另一个实例：

```
Bar = -2 + ( -4);
Tab = -2 + ( -4);
```

Bar 被赋予十进制值 58(位向量为 111010)，而 Tab 被赋予十进制值 -6(位向量为 111010)。

2. 关系操作符

关系操作符有：>(大于)；<(小于)；> =(不小于)；< =(不大于)。

关系操作符的结果为真(1)或假(0)。如果操作数中有一位为 X 或 Z，那么结果为 X。例如：23 >45，结果为假(0)，而：52 <8'hxFF，结果为 x。如果操作数长度不同，长度较短的操作数在最重要的位方向(左方)添 0 补齐。例如：'b1000 > ='b01110，等价于：'b01000 > ='b01110，结果为假(0)。

3. 相等关系操作符

相等关系操作符有：= =(逻辑相等)；! =(逻辑不等)；= = =(全等)；! = =(非全等)。

如果比较结果为假，则结果为0；否则结果为1。在全等比较中，值x和z严格按位比较。也就是说，不进行解释，并且结果一定可知。而在逻辑比较中，值x和z具有通常的意义，且结果可以不为x。也就是说，在逻辑比较中，如果两个操作数之一包含x或z，结果为未知的值(x)。

假定：

Data ='b11x0;

Addr ='b11x0;

那么：

Data = = Addr

不定，也就是说值为x，但：

Data = = =Addr

为真，也就是说值为1。

如果操作数的长度不相等，长度较小的操作数在左侧添0补位，例如：

2'b10 = = 4'b0010

与下面的表达式相同：

4'b0010 = = 4'b0010

结果为真(1)。

4. 逻辑操作符

逻辑操作符有：&&（逻辑与）；||（逻辑或）；同同!（逻辑非）。

这些操作符在逻辑值0或1上操作。逻辑操作的结构为0或1。假定：

Crd ='b0; //0 为假

Dgs ='b1; //1 为真

那么

Crd && Dgs 结果为0（假）

Crd || Dgs 结果为1（真）

! Dgs 结果为0（假）

对于向量操作，非0向量作为1处理。例如，假定：

A_Bus ='b0110;

B_Bus ='b0100;

那么

A_Bus || B_Bus 结果为1

A_Bus && B_Bus 结果为1

并且

! A_Bus 与! B_Bus 的结果相同。

结果为0。

如果任意一个操作数包含x，结果也为x。

! x 结果为x

5. 按位操作符

按位操作符有：~(一元非)；&(二元与)；(二元或)；^(二元异或)； ~^, ^~(二元异或非)。

这些操作符在输入操作数的对应位上按位操作，并产生向量结果。

例如，假定：

A = 'b0110；

B = 'b0100；

那么

A | B 结果为0110

A & B 结果为0100

如果操作数长度不相等，长度较小的操作数在最左侧添0补位。例如，

'b0110^'b10000

与如下式的操作相同：

'b00110^'b10000

结果为'b10110。

6. 归约操作符

归约操作符在单一操作数的所有位上操作，并产生1位结果。归约操作符有：

(1)&(归约与)：如果存在位值为0，那么结果为0；若如果存在位值为x或z，结果为2x；否则结果为1。

(2) ~&(归约与非)：与归约操作符&相反。

(3)|(归约或)：如果存在位值为1，那么结果为1；如果存在位值为x或z，结果为x；否则结果为0。

(4) ~|(归约或非)：与归约操作符|相反。

(5)^(归约异或)：如果存在位值为x或z，那么结果为x；否则如果操作数中有偶数个1，结果为0；否则结果为1。

(6) ~^(归约异或非)：与归约操作符^正好相反。

假定：

A = 'b0110；

B = 'b0100；

那么

|B 结果为1

& B 结果为0

~A 结果为1

归约异或操作符用于决定向量中是否有位为x。假定：

MyReg = 4'b01x0；

那么

^MyReg 结果为x

上述功能使用如下的if语句检测：

```
if (^MyReg = = = 1'bx)
$display ("There is an unknown in the vector MyReg !")
```

注意：逻辑相等(= =)操作符不能用于比较；逻辑相等操作符比较将只会产生结果x；

全等操作符期望的结果为值 1。

7. 移位操作符

移位操作符有：< <（左移）；> >（右移）。

移位操作符左侧操作数移动右侧操作数表示的次数，它是一个逻辑移位。空闲位添 0 补位。如果右侧操作数的值为 x 或 z，移位操作的结果为 x。假定：

```
reg [0: 7] Qreg;
…
Qreg = 4'b0111;
```

那么：

Qreg > >2 是 8'b0000_0001

Verilog HDL 中没有指数操作符。但是，移位操作符可用于支持部分指数操作。如果要计算 ZNumBits 的值，可以使用移位操作实现，例如：

32'b1 < < NumBits //NumBits 必须小于 32。

同理，可使用移位操作为 2－4 解码器建模，例如：

```
wire [0:3] DecodeOut = 4'b1 < < Address[0:1];
```

Address [0:1] 可取值 0，1，2 和 3。与之相应，DecodeOut 可以取值 4'b0001、4'b0010、4'b0100 和 4'b1000，从而为解码器建模。

8. 条件操作符

条件操作符根据条件表达式的值选择表达式，形式如下：

```
cond_expr ? expr1: expr2
```

如果 cond_expr 为真(即值为 1)，选择 expr1；如果 cond_expr 为假(值为 0)，选择 expr2。如果 cond_expr 为 x 或 z，结果将是按以下逻辑 expr1 和 expr2 按位操作的值：0 与 0 得 0，1 与 1 得 1，其余情况为 x。

如下所示：

```
wire[0:2]Student = Marks >18 ? Grade_A: Grade_C;
```

计算表达式 Marks > 18；如果真，Grade_A 赋值为 Student；如果 Marks < =18，Grade_C 赋值为 Student。下面为另一实例：

```
always
#5 Ctr = (Ctr ! = 25)? (Ctr +1): 5;
```

过程赋值中的表达式表明如果 Ctr 不等于 25，则加 1；否则如果 Ctr 值为 25 时，将 Ctr 值重新置为 5。

9. 连接和复制操作

连接操作是将小表达式合并形成大表达式的操作。形式如下：

{expr1, expr2, …, exprN}

实例如下所示：

```
wire [7:0] Dbus;
wire [11:0] Abus;
assign Dbus [7:4] = {Dbus[0], Dbus[1], Dbus[2], Dbus[3]};
//以反转的顺序将低端 4 位赋给高端 4 位。
assign Dbus = {Dbus[3:0], Dbus[7:4]};
```

//高4位与低4位交换。

由于非定长常数的长度未知，不允许连接非定长常数。例如，下列式子非法：

{Dbus, 5} //不允许连接操作非定长常数。

复制通过指定重复次数来执行操作。形式如下：

{repetition_number {expr1, expr2, …, exprN}}

以下是一些实例：

```
Abus = {3{4'b1011}}; //位向量12'b1011_1011_1011)
Abus = {{4{Dbus[7]}}, Dbus}; /*符号扩展*/
{3{1'b1}} 结果为111
{3{Ack}} 结果与{Ack, Ack, Ack}相同。
```

3.4.3 表达式种类

常量表达式是在编译时就计算出常数值的表达式。通常，常量表达式可由下列要素构成：

(1)表示常量文字，如'b10和326。

(2)参数名，如RED的参数表明：

parameter RED =4'b1110;

标量表达式是计算结果为1位的表达式。如果希望产生标量结果，但是表达式产生的结果为向量，则最终结果为向量最右侧的位值。

3.5 门电平模型化

3.5.1 内置基本门

Verilog HDL中提供下列内置基本门：

(1)多输入门：and, nand, or, nor, xor, xnor。

(2)多输出门：buf, not。

(3)三态门：bufif0, bufif1, notif0, notif1。

(4)上拉、下拉电阻：pullup, pulldown。

(5)MOS开关：cmos, nmos, pmos, rcmos, rnmos, rpmos。

(6)双向开关：tran, tranif0, tranif1, rtran, rtranif0, rtranif1。

门级逻辑设计描述中可使用具体的门实例语句。下面是简单的门实例语句的格式。

gate_type[instance_name](term1, term2, …, termN);

注意：instance_name是可选的；gate_type为前面列出的某种门类型。各term用于表示与门的输入/输出端口相连的线网或寄存器。

同一门类型的多个实例能够在一个结构形式中定义。语法如下：

```
gate_type
    [instance_name1](term11, term12, …, term1N),
    [instance_name2](term21, term22, …, term2N),
    …
```

[instance_nameM](termM1, termM2, …, termMN);

3.5.2　多输入门

内置的多输入门有：and，nand，nor，or，xor，xnor。这些逻辑门只有单个输出，1 个或多个输入。多输入门实例语句的语法如下：

```
multiple_input_gate_type
    [instance_name](OutputA, Input1, Input2, …, InputN);
```

第一个端口是输出，其他端口是输入。

下面是几个具体实例。

```
and A1(Out1, In1, In2);
and RBX (Sty, Rib, Bro, Qit, Fix);
xor (Bar, Bud[0], Bud[1], Bud[2]),
    (Car, Cut[0], Cut[1]),
    (Sar, Sut[2], Sut[1], Sut[0], Sut[3]);
```

第 1 个门实例语句是单元名为 A1、输出为 Out1、并带有两个输入 In1 和 In2 的两输入与门。第 2 个门实例语句是四输入与门，单元名为 RBX，输出为 Sty，4 个输入为 Rib、Bro、Qit 和 Fix。第 3 个门实例语句是异或门的具体实例，没有单元名。它的输出是 Bar，3 个输入分别为 Bud[0]、Bud[1]和 Bud[2]。同时，这一个实例语句中还有 2 个相同类型的单元。

3.5.3　多输出门

多输出门有：buf，not。这些门都只有单个输入，一个或多个输出。这些门的实例语句的基本语法如下：

```
multiple_output_gate_type
    [instance_name](Out1, Out2, … OutN, InputA);
```

最后的端口是输入端口，其余的所有端口为输出端口。例如：

```
buf B1 (Fan[0], Fan[1], Fan[2], Fan[3], Clk);
not N1 (PhA, PhB, Ready);
```

在第 1 个门实例语句中，Clk 是缓冲门的输入。门 B1 有 4 个输出：Fan[0] 到 Fan[3]。在第 2 个门实例语句中，Ready 是非门的唯一输入端口。门 N1 有 2 个输出：PhA 和 PhB。

3.5.4　三态门

三态门有：bufif0，bufif1，notif0，notif1。这些门用于对三态驱动器建模，有一个输出、一个数据输入和一个控制输入。三态门实例语句的基本语法如下：

```
tristate_gate[instance_name](OutputA, InputB, ControlC);
```

第 1 个端口 OutputA 是输出端口，第 2 个端口 InputB 是数据输入，ControlC 是控制输入。根据控制输入，输出可被驱动到高阻状态，即值 z。对于 bufif0，若通过控制输入为 1，则输出为 z；否则数据被传输至输出端。对于 bufif1，若控制输入为 0，则输出为 z。对于 notif0，如果控制输出为 1，那么输出为 z；否则输入数据值的非传输到输出端。对于 notif1，若控制输入为 0；则输出为 z。

例如：

bufif1 BF1（Dbus，MemData，Strobe）；

notif0 NT2（Addr，Abus，Probe）；

当Strobe为0时，bufif1门BF1驱动输出Dbus为高阻；否则MemData被传输至Dbus。在第2个实例语句中，当Probe为1时，Addr为高阻；否则Abus的非传输到Addr。

3.5.5　上拉、下拉电阻

上拉、下拉电阻有：pullup，pulldown。这类门设备没有输入只有输出。上拉电阻将输出置为1，下拉电阻将输出置为0。门实例语句形式如下：

pull_gate[instance_name]（OutputA）；

门实例的端口表只包含1个输出。例如：

pullup PUP（Pwr）；

此上拉电阻实例名为PUP，输出Pwr置为高电平1。

3.5.6　MOS开关

MOS开关有：cmos，pmos，nmos，rcmos，rpmos，rnmos。这类门用来为单向开关建模，即数据从输入流向输出，并且可以通过设置合适的控制输入关闭数据流。

pmos（p类型MOS管）、nmos（n类型MOS管），rnmos（r代表电阻）和rpmos开关有一个输出、一个输入和一个控制输入。实例的基本语法如下：

gate_type[instance_name]（OutputA，InputB，ControlC）；

第1个端口为输出，第2个端口是输入，第3个端口是控制输入端。如果nmos和rnmos开关的控制输入为0，pmos和rpmos开关的控制为1，那么开关关闭，即输出为z；如果控制是1，输入数据传输至输出，如图3.1所示。与nmos和pmos相比，rnmos和rpmos在输入引线和输出引线之间存在高阻抗（电阻）。因此当数据从输入传输至输出时，对于rpmos和rmos，存在数据信号强度衰减。

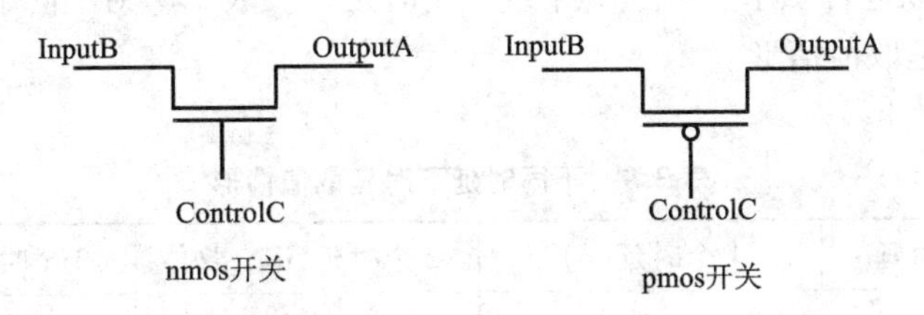

图3.1　nmos和pmos开关

例如：

pmos P1（BigBus，SmallBus，GateControl）；

rnmos RN1（ControlBit，ReadyBit，Hold）；

第1个实例为一个实例名为P1的pmos开关，开关的输入为SmallBus，输出为BigBus，控制信号为GateControl。

这2个开关实例语句的语法形式如下：

(r)cmos[instance_name]

　　（OutputA，InputB，Ncontrol，PControl）；

第1个端口为输出端口，第2个端口为输入端口，第3个端口为n通道控制输入，第4个端口为是p通道控制输入。cmos(rcmos)开关行为与带有公共输入、输出的pmos(rpmos)和nmos(rnmos)开关组合十分相似。

3.5.7 双向开关

双向开关有：tran，rtran，tranif0，rtranif0，tranif1，rtranif1。这些开关是双向的，即数据可以双向流动，并且当数据在开关中传播时没有延时。后4个开关能够通过设置合适的控制信号来关闭，tran和rtran开关不能被关闭。

tran或rtran(tran的高阻态版本)开关实例语句的语法如下：

```
(r)tran[instance_name](SignalA, SignalB);
```

端口表只有2个端口，并且无条件地双向流动，即从SignalA向SignalB，反之亦然。

其他双向开关的实例语句的语法如下：

```
gate_type[instance_name](SignalA, SignalB, ControlC);
```

前2个端口是双向端口，即数据从SignalA流向SignalB，反之亦然。第3个端口是控制信号。如果对tranif0和tranif0，ControlC是1；对tranif1和rtranif1，Controlc是0；那么禁止双向数据流动。对于rtran、rtranif0和rtranif1，当信号通过开关传输时，信号强度减弱。

3.5.8 门时延

可以使用门时延定义门从任何输入到其输出的信号传输时延。门时延可以在门自身实例语句中定义，带有时延定义的门实例语句的语法如下：

```
gate_type[delay][instance_name](terminal_list);
```

时延规定了门时延，即从门的任意输入到输出的传输时延。当没有强调门时延时，缺省的时延值为0。

门时延由3类时延值组成：上升时延；下降时延；截止时延。

门时延定义可以包含0个、1个、2个或3个时延值。表3.9为不同个数时延值说明条件下，各种具体的时延取值情形。

表3.9 不同时延下时延取值情形

	无时延	1个时延(d)	2个时延(d1, d2)	3个时延(dA, dB, dC)
上升	0	d	d1	dA
下降	0	d	d2	dB
to_x	0	d	min①(d1, d2)	min(dA, dB, dC)
截止	0	d	min(d1, d2)	dC

注：min是minimum的缩写词。

注意转换到x的时延(to_x)不但被显式地定义，还可以通过其他定义的值决定。

下面是一些具体实例，Verilog HDL模型中的所有时延都以单位时间表示，单位时间与实际时间的关联可以通过'timescale编译器指令实现。例如：

not N1 (Qbar, Q);

因为没有定义时延，门时延为 0。例如：

nand#6 (Out, In1, In2);

所有时延均为 6，即上升时延和下降时延都是 6。因为输出决不会是高阻态，截止时延不适用于与非门。转换到 x 的时延也是 6。

and#(3, 5)(Out, In1, In2, In3);

在这个实例中，上升时延被定义为 3，下降时延为 5，转换到 x 的时延是 3 和 5 中间的最小值，即 3。例如：

notif1#(2, 8, 6)(Dout, Din1, Din2);

上升时延为 2，下降时延为 8，截止时延为 6，转换到 x 的时延是 2、8 和 6 中的最小值，即 2。

对多输入门（例如与门和非门）和多输出门（缓冲门和非门）总共只能够定义 2 个时延（因为输出决不会是 z）。三态门共有 3 个时延，并且上拉、下拉电阻实例门不能有任何时延。

min:typ:max 时延形式

门延迟也可采用 min:typ:max 形式定义。形式如下：

minimum: typical: maximum

最小值、典型值和最大值必须是常数表达式。下面是在实例中使用这种形式的实例。

nand　#(2:3:4, 5:6:7) (Pout, Pin1, Pin2);

选择使用哪种时延通常作为模拟运行中的一个选项。例如，如果执行最大时延模拟，与非门单元使用上升时延 4 和下降时延 7。程序块也能够定义门时延。

3.5.9　实例数组

当需要重复性的实例时，在实例描述语句中能够有选择地定义范围说明（范围说明也能够在模块实例语句中使用）。这种情况的门描述语句的语法如下：

```
gate_type [delay] instance_name[leftbound:rightbound]
        (list_of_terminal_names);
```

leftbound 和 rightbound 值是任意的 2 个常量表达式，左界不必大于右界，并且左、右界两者都不必限定为 0。示例如下：

```
wire [3:0] Out, InA, InB;
...
nand Gang [3:0] (Out, InA, InB);
```

带有范围说明的实例语句与下述语句等价：

```
nand
  Gang3 (Out[3], InA[3], InB[3]),
  Gang2 (Out[2], InA[2], InB[2]),
  Gang1 (Out[1], InA[1], InB[1]),
  Gang0 (Out[0], InA[0], InB[0]);
```

注意：定义实例数组时，实例名称是不可选的。

3.5.10　隐式线网

如果在 Verilog HDL 模型中一个线网没有被特别说明，那么它被缺省声明为 1 位线网。

但是'default_nettype 编译指令能够用于取代缺省线网类型。编译指令格式如下：

'default_nettype net_type

例如：

'default_nettype wand

根据此编译指令，所有后续未说明的线网都是 wand 类型。

'default_nettype 编译指令在模块定义外出现，并且在下一个相同编译指令或'resetall 编译指令出现前一直有效。

3.5.11 简单示例

下面是 4-1 多路选择电路的门级描述(图 3.3)。注意因为实例名是可选的(除用于实例数组情况外)，在门实例语句中没有指定实例名。

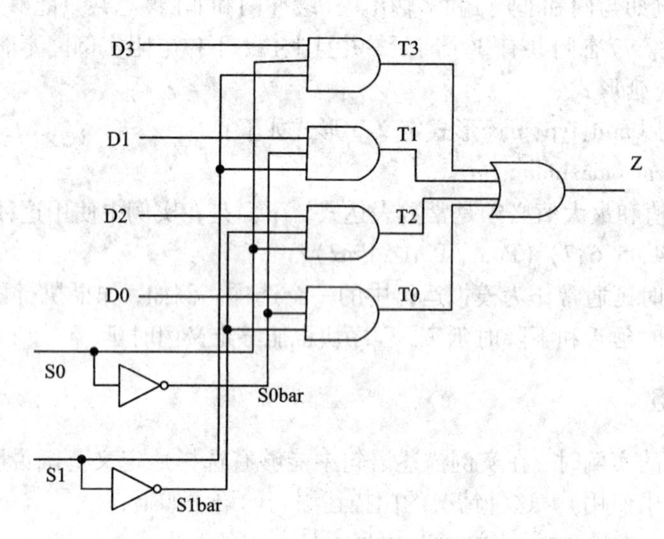

图 3.3 4-1 多路选择电路

```
module MUX4x1 (Z, D0, D1, D2, D3, S0, S1);
  output Z;
  input D0, D1, D2, D3, S0, S1;

  and (T0, D0, S0bar, S1bar),
  (T1, D1, S0bar, S1),
  (T2, D2, S0, S1bar),
  (T3, D3, S0, S1),

  not (S0bar, S0),
  (S1bar, S1);

  or (Z, T0, T1, T2, T3, );
endmodule
```

如果或门实例由下列的实例代替呢?

or Z (Z, T0, T1, T2, T3); //非法的 Verilog HDL 表达式。

注意: 实例名还是 Z, 并且连接到实例输出的线网也是 Z。这种情况在 Verilog HDL 中是不允许的。在同一模块中, 实例名不能与线网名相同。

3.5.12 2-4 解码器举例

2-4 解码器电路如图 3.4 所示。

其电路的门级描述如下:

```
module DEC2 ×4 (A, B, Enable, Z);
  input A, B, Enable;
  output[0:3]Z;
  wire Abar, Bbar;
  not# (1, 2)
    V0 (Abar, A),
    V1(Bbar, B);

  nand# (4, 3)
    N0 (Z[3], Enable, A, B),
    N1 (Z[0], Enable, Abar, Bbar),
    N2 (Z[1], Enable, Abar, B),
    N3 (Z[2], Enable, A, Bbar),
endmodule
```

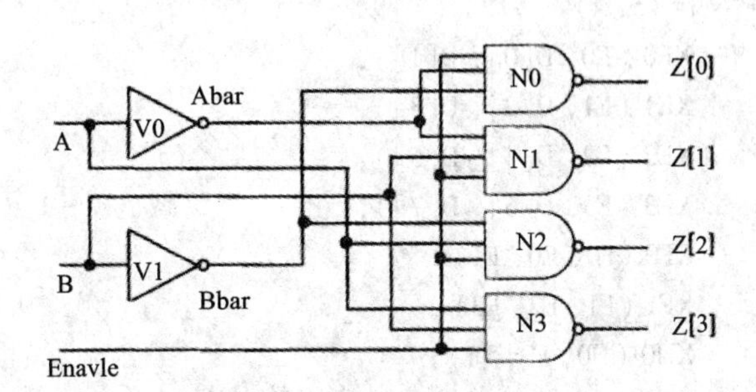

图 3.4 2-4 解码器的电路

3.5.13 主从触发器举例

主从 D 触发器的电路如图 3.5 所示。

其门级描述如下:

```
module MSDFF (D, C, Q, Qbar);
  input D, C;
  output Q, Qbar;
  not
    NT1 (NotD, D),
    NT2 (NotC, C),
    NT3 (NotY, Y);
  nand
    ND1 (D1, D, C),
       ND2  ( D2,  C,
NotD),
    ND3 (Y, D1, Ybar),
    ND4 (Ybar, Y, D2),
    ND5 (Y1, Y, NotC),
    ND6 (Y2, NotY, NotC),
    ND7 (Q, Qbar, Y1),
```

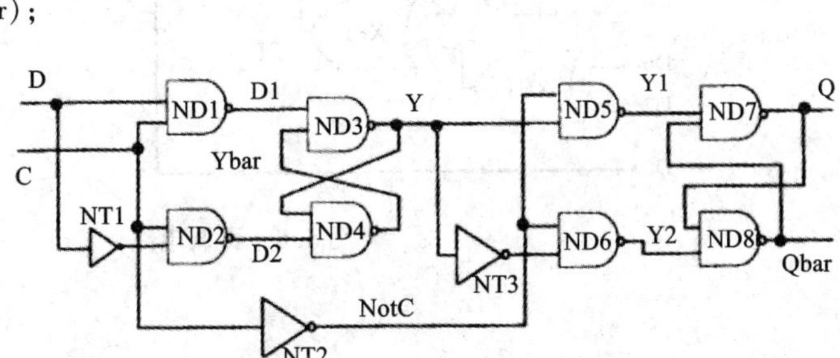

图 3.5 主从 D 触发器的电路

```
    ND8 (Qbar, Y2, Q);
endmodule
```

3.5.14 奇偶电路举例

位奇偶电路如图 3.6 所示。

其门级模型描述如下：

```
module Parity_9_Bit (D, Even, Odd);
  input[0:8]D;
  output Even, Odd;
  xor# (5, 4)
    XE0 (E0, D[0], D[1]),
    XE1 (E1, D[2], D[3]),
    XE2 (E2, D[4], D[5]),
    XE3 (E3, D[6], D[7]),
    XF0 (F0, E0, E1),
    XF1 (F1, E2, E3),
    XH0 (H0, F0, F1),
    XEVEN (Even, D[8], H0);
  not#2
    XODD (Odd, Even);
endmodule
```

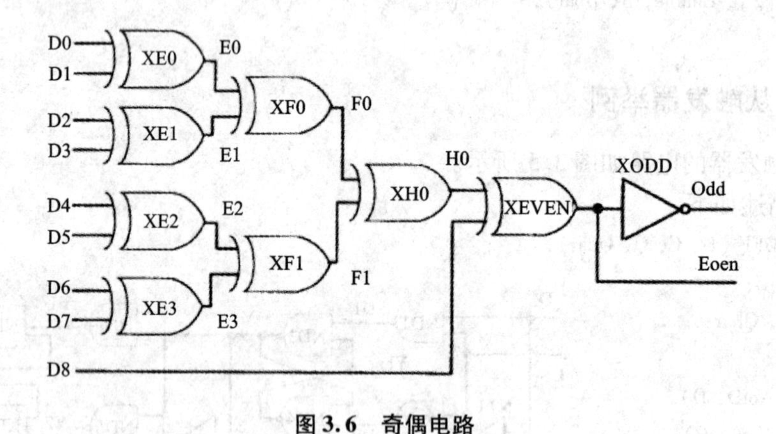

图 3.6 奇偶电路

3.6 Verilog HDL 的编码风格

3.6.1 一般的命名规则

在设计中最好运用一贯的命名规则，方便阅读、验证与查错。

(1)文件名与文件内部模块名相同；

(2)禁止用 Verilog 中的关键字来命名，用字符开头，最长不要超过 32 个字符；

(3)用小写字符命名信号名、变量和端口；

(4)用大写字符命名用户定义类型、常量、参数和宏；

(5)用有意义的名字，名字比较长时，可以用下画线分割开(如 ram_addr)；

(6)不要用无意义难于辨认的名字(如 a、b 等)；

(7)用 clk 作为电路的时钟名，如果存在多个时钟，在 clk 前面加前缀(如 ram_clk)；

(8)当不同模块的时钟段来自同一个时钟源的时候，用相同的时钟名；

(9)用 rst 命名复位信号，不同功能的复位信号可以再加前缀(如 module1_rst)；

(10)当信号是低电平有效时，用_b 或者_n 结尾(如 rst_b)；

(11)如果模块有空的端口，用_nc 结尾；

(12)如果有信号是三态时，用_z 结尾；

(13)测试模式的信号用_test 结尾(如 counter_test)；

(14)扫描使能信号用_scan 结尾(如 ram_scan)；

(15)模拟信号用_ana 结尾(如 voice_out_ana)；

(16)输出寄存器用_reg 结尾(如 cpu_bus_access_reg)；

(17)多后缀请按一定顺序排列：_reg，_clk，_z，_b，_nc(如 ram_data1_z_b，receive_clk_b，brach_taken_reg_b)；

(18)模块引用名和模块名最好相同，可以加后缀[如 add4　add4_1 (…)，add4　add4_2 (…)]。

3.6.2　文件格式组织

Verilog 的源文件内部建议用缩进方式进行编码，下面是两边的对比：

<table>
<tr>
<td><pre>
always(poedge clk) begin
    if(! rst)
        ……;
        ……;
    else
        out = data_in_1 + data_in_2;
        if(check_enable)
            out_check = check_sum;
    end
</pre></td>
<td><pre>
always(poedge clk) begin
if(! rst)
……;
……;
else
out = data_in_1 + data_in_2;
if(check_enable)
out_check = check_sum;
end
</pre></td>
</tr>
</table>

左边的方式一目了然，很有层次，右边的就比较难于阅读。

当模块内结构比较复杂的时候，建议分段来写，在段开始写一些注释说明。每一个功能模块最好用一个文件来写，文件名与模块名相同，最基本的模块可以放到一个文件中统一管理。文件的目录组织按照一定的规则，以便于管理和移植。

3.6.3　端口定义

建议端口定义的时候，每个端口用1行，后面加上简单注释。模块的端口最好按照一定的顺序排列，输出端口排在输入端口前面，并且整个设计都按照一样的顺序。端口的一般顺序：输出，时钟，复位，使能，其他控制信号，数据，地址。

在调用模块时，建议用名字关联，最好不要用位置关联，如：

adder adder_1(.a (in1), .b (in2), .ci (carry_in), .sum (sum), .co (carry_out);

3.6.4 文件头部

每一个文件都必须包含一个文件头部。一般在文件头部，加上说明，做好文档工作。便于阅读和理解，例如：

```
// +FILEHEADR ------------------------------------------------------------
// Copyright (c)2001, * * * cmpany.
//--------------------------------------------------------------------------
// FILE NAME:
// DEPARTMENT:
// AUTHOR:
// AUTHOR EMAIL:
//--------------------------------------------------------------------------
// RELEASE HISTORY
// VERSIONDATE AUTHOR   DESCRIPTION
// 1.0 YYYY-MM-DD David
//--------------------------------------------------------------------------
// KEYWORDS: General file searching keywords, leave blank if none.
//--------------------------------------------------------------------------
// PURPOSE: Short description of functionality
//--------------------------------------------------------------------------
// PARAMETERS
// PARAM NAME RANGE: DESCRIPTION: DEFAULT: UNITS
// e.g. DATA_WIDTH [32, 16]: width of the data: 32:
//--------------------------------------------------------------------------
// REUSE ISSUES
//    Reset Strategy:
//    Clock Domains:
//    Critical Timing:
//    Test Features:
//    Asynchronous I/F:
//    Scan Methodology:
//    Instantiations:
//    Synthesizable (y/n):
//    Other:
//    -FILEHEADR ------------------------------------------------------------
```

从上面的例子中可以看到，头文件有开始结尾标志 +FILEHEADR 和 - FILEHEADR，包含有文件名，作者和联系方式，发布日期，版本号，关键字，简要功能描述，参数说明信息等。方便起见，还有一些需要说明。

(1)复位信号的类型，是异步还是同步，内部还是外部，上电复位，硬件还是软件复位，或者调试方式的复位等；

(2)时钟的来源和类型，来自内部还是外部，如果用分频时钟，必须说明；

(3)写明测试方法；

(4)如果有必要，说明 timing 信息；

(5)说明同步接口；

(6)说明扫描方式，使用 Mux - D 还是 LSSD 方式；

(7)说明引用的名称，比如 cell、module、function、task 等；

(8)指明是否可以综合；

(9)如果有必要，尽量说明清楚所有的信息。

3.6.5　注释

很多人都不重视注释，觉得注释没有用处，其实这是个误解。合适地运用注释，可以让阅读者更容易地读懂代码，理解模块功能。改动、删除、增加等的记录工作都可以写到注释行里面。

写注释的原则是简洁和准确，用简单明了的注释说明端口、信号、变量或者模块，在适当的地方加入注释，说明信号含义、功能描述、function、task 等，

3.6.6　错误代码举例

编写代码中的一些细微的错误很容易导致严重的后果，尤其是竞争错误。下面简单讲述几点会产生竞争的代码错误。

(1)不能在同一时刻进行赋值和调用。例如：

```
reg a;
initial begin
  a = 0;
  #10 a = 1;
end
initial begin
  #10 if (a) $display("may not print");
end
```

这种写法是不合适的，可以把 if(a)前面的#10 去掉，或者改成比#10 小。

(2)不能同一时间 2 次赋值。例如：

```
reg a;
initial#10 a = 0;
initial#10 a = 1;
initial#20 if (a) $display("may not print");
```

(3)避免触发器竞争。例如：

```
module test(out, in, clk);
  input in, clk;
  output out;
  wire a;
```

```
    dff dff0(a, in, clk);
    dff dff1(out, a, clk);
 endmodule
 module dff(q, d, clk);
    output q;
    input d, clk;
    reg q;
    always @ (posedge clk)
      q = d; //竞争会产生。
 endmodule
```

下面 3 种方法都可以解决：

①q < = d。

②q = #1 d。

③q < = #1 d。

但是注意，#1 q = d 却不能解决这个问题。

(4)连续赋值与动作间的竞争。例如：

```
assign state0 = (state = = 3'h0);
always @ (posedge clk)
begin
   state = 0;
   if (state0)
   // do something
end
```

在 state = 0 这句话后面就是判断语句，可能会存在竞争，改正的方法，用 < = 赋值方法。

```
state < = 0;
if (state0)
  // do something
```

(5)计数器触发条件竞争和同时发生触发条件。例如：

```
always @ (A or B)
  count = count + 1;
```

如果 A 和 B 同时变化，count 是加 1 还是加 2？

(6)零时刻竞争条件。例如：

```
always @ (posedge clock)
  $display("May or may not display");
initial begin
  clock = 1;
  forever#50 clock = ~clock;
end
```

上面的代码非常微妙，在零时刻，赋值和触发同时发生。修改这个错误只要保证在零时刻没有触发动作。

```
initial begin
  clock = 1'bx;
```

```
  #50 clock = 1'b0;
  forever#50 clock = ~clock;
end
```

3.7　设计举例

3.7.1　简单的组合逻辑设计

下面的例题是一个可综合的数据比较器，很容易看出它的功能是比较数据 a 与数据 b，如果两个数据相同，则给出结果 1，否则给出结果 0。在 Verilog HDL 中，描述组合逻辑时常使用 assign 结构。注意 equal = (a = = b) ? 1:0，这是一种在组合逻辑实现分支判断时常使用的格式。

模块源代码如下：

```
//------------------------------------------------ compare.v -----------------------------------------------
module compare(equal, a, b);
input a, b;
output equal;
   assign   equal = (a = = b) ? 1:0; //a 等于 b 时，equal 输出为 1；a 不等于 b 时，equal 输出为 0。
endmodule
```

测试模块用于检测模块设计得正确与否，它给出模块的输入信号，观察模块的内部信号和输出信号，如果发现结果与预期的有所偏差，则要对设计模块进行修改。

测试模块源代码如下：

```
'timescale 1ns/1ns                 //定义时间单位。
'include  "./compare.v"            //包含模块文件，在有的仿真调试环境中并不需要此语句，而需要
                                     从调试环境的菜单中键入有关模块文件的路径和名称。

module  compare_test;
   reg a, b;
   wire equal;
   initial                         //initial 常用于仿真时信号的给出。
     begin
       a = 0;
       b = 0;
    #100   a = 0; b = 1;
    #100   a = 1; b = 1;
    #100   a = 1; b = 0;
    #100   $stop;                  //系统任务，暂停仿真以便观察仿真波形。
     end
     compare  compare1(.equal(equal), .a(a), .b(b));      //调用模块。
endmodule
```

仿真波形如图 3.7 所示。

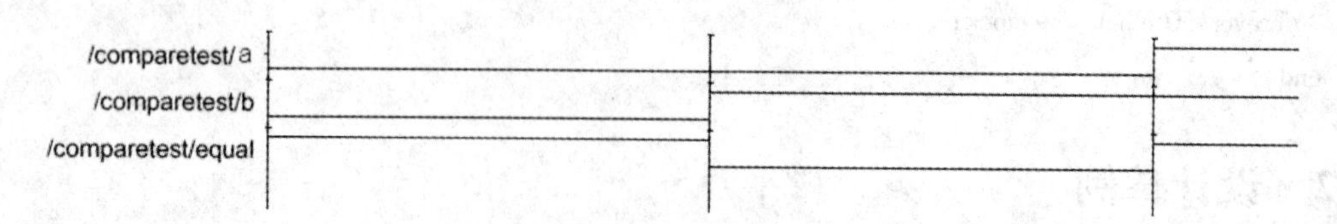

图 3.7　3.7.1 仿真波形

3.7.2　简单时序逻辑电路的设计

在 Verilog HDL 中，相对于组合逻辑电路，时序逻辑电路也有规定的表述方式。在可综合的 Verilog HDL 模型，通常使用 always 块和 @(posedge clk)或 @(negedge clk)的结构来表述时序逻辑。下面是一个 1/2 分频器的可综合模型。

```
//half_clk.v:
module half_clk(reset, clk_in, clk_out);
  input clk_in, reset;
  output clk_out;
  reg clk_out;
  always @(posedge clk_in)
    begin
        if(!reset)   clk_out =0;
        else         clk_out = ~clk_out;
    end
endmodule
```

在 always 块中，被赋值的信号都必须定义为 reg 型，这是由时序逻辑电路的特点所决定的。对于 reg 型数据，如果未对它进行赋值，仿真工具会认为它是不定态。为了能正确地观察到仿真结果，在可综合风格的模块中通常定义一个复位信号 reset，当 reset 为低电平时，对电路中的寄存器进行复位。

测试模块的源代码如下：

```
//------------------------------------------ test   half_clk   clk_Top.v ------------------------------------------
'timescale 1ns/100ps
'define clk_cycle 50
module clk_test_Top
reg clk, reset;
wire clk_out;
always   #'clk_cycle   clk = ~clk;
initial
      begin
          clk =0;
          reset =1;
        #100 reset =0;
        #100 reset =1;
```

```
    #10000  $stop;
  end
  half_clk half_clk(.reset(reset), .clk_in(clk), .clk_out(clk_out));
endmodule
```

仿真波形如图3.8所示。

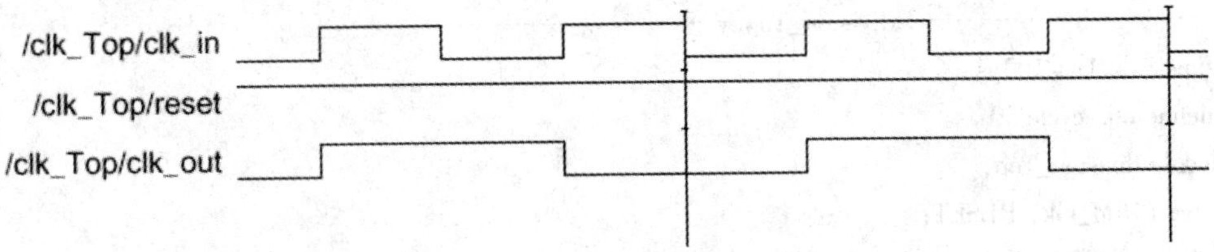

/clk_Top/clk_in
/clk_Top/reset
/clk_Top/clk_out

图3.8　3.7.2仿真波形

3.7.3　利用条件语句实现较复杂的时序逻辑电路

与常用的高级程序语言一样，为了描述较为复杂的时序关系，Verilog HDL提供了条件语句供分支判断时使用。在可综合风格的Verilog HDL模型中常用的条件语句有"if…else"和"case…endcase"2种结构，用法和C程序语言中类似。两者相较，"if…else"用于不很复杂的分支关系，实际编写可综合风格的模块、特别是用状态机构成的模块时，更常用的是"case…endcase"风格的代码。

下面给出的范例也是一个可综合风格的分频器，是将10 MHz的时钟分频为500 kHz的时钟。基本原理与1/2分频器是一样的，但是需要定义一个计数器，以便准确获得1/20分频

模块源代码如下：

```
// ---------------------------- fdivision.v ----------------------------
module fdivision(RESET, F10M, F500K);
  input F10M, RESET;
  output F500K;
  reg F500K;
  reg[7:0]j;
    always @(posedge F10M)
        if(! RESET)                        //低电平复位。
          begin
            F500K <= 0;
          j <= 0;
    end
else
      begin
    if(j == 19)                          //对计数器进行判断，以确定F500K信号是否反转。
    begin
    j <= 0;
    F500K <= ~F500K;
```

```
        end
        else
        j< =j+1;
        end
endmodule
```

测试模块源代码如下：

```
//---------------------------- fdivision_Top.v ----------------------------
'timescale 1ns/100ps
'define clk_cycle 50
module division_Top;
  reg F10M_clk, RESET;
  wire   F500K_clk;
always #'clk_cycle F10M_clk =  ~F10M_clk;
initial
    begin
        RESET=1;
        F10M=0;
        #100 RESET=0;
        #100 RESET=1;
        #10000 $stop;
    end
fdivision fdivision (.RESET(RESET), .F10M(F10M_clk), .F500K(F500K_clk));
endmodule
```

仿真波形如图 3.9 所示。

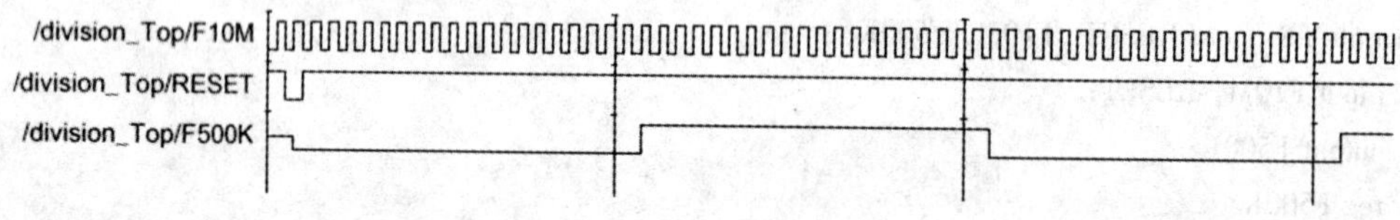

图 3.9　3.7.3 仿真波形

3.7.4　设计时序逻辑时采用阻塞赋值与非阻塞赋值的区别

在 always 块中，阻塞赋值可以理解为赋值语句是顺序执行的，而非阻塞赋值可以理解为赋值语句是并发执行的。实际的时序逻辑设计中，一般的情况下非阻塞赋值语句被更多地使用，有时为了在同一周期实现相互关联的操作，也使用了阻塞赋值语句。注意：在实现组合逻辑的 assign 结构中，无一例外地都必须采用阻塞赋值语句。

下例分别采用阻塞赋值语句和非阻塞赋值语句模块 blocking.v 和 non_blocking.v 来阐明两者之间的区别。

模块源代码如下：

```
//---------------------------- blocking.v ----------------------------
```

```
module blocking(clk, a, b, c);
  output[3:0]b, c;
  input  [3:0]a;
  input clk;
  reg [3:0]b, c;
  always @ (posedge clk)
  begin
      b = a;
      c = b;
    $display("Blocking: a = %d, b = %d, c = %d.", a, b, c);
    end
endmodule
//------------------------------ non_blocking.v ------------------------------
module non_blocking(clk, a, b, c);
  output [3:0]b, c;
  input [3:0]a;
  input clk;
  reg [3:0]b, c;
  always @ (posedge clk)
  begin
    b <= a;
    c <= b;
    $display("Non_Blocking: a = %d, b = %d, c = %d.", a, b, c);
  end
endmodule
```

测试模块源代码如下：

```
//------------------------------ compareTop.v ------------------------------
'timescale 1ns/100ps
'include "./blocking.v"
'include "./non_blocking.v"
module compareTop;
  wire [3:0]b1, c1, b2, c2;
  reg [3:0]a;
  reg clk;
  initial
  begin
    clk = 0;
    forever#50 clk = ~clk;
  end
  initial
  begin
    a = 4'h3;
    $display("____________________");
```

```
        # 100 a = 4'h7;
         $display("____________________");
        # 100 a = 4'hf;
         $display("____________________");
        # 100 a = 4'ha;
         $display("____________________");
        # 100 a = 4'h2;
         $display("____________________");
        # 100 $display("____________________");
         $stop;
    end
    non_blocking non_blocking(clk, a, b2, c2);
    blocking blocking(clk, a, b1, c1);
endmodule
```

仿真波形如图 3.10 所示。

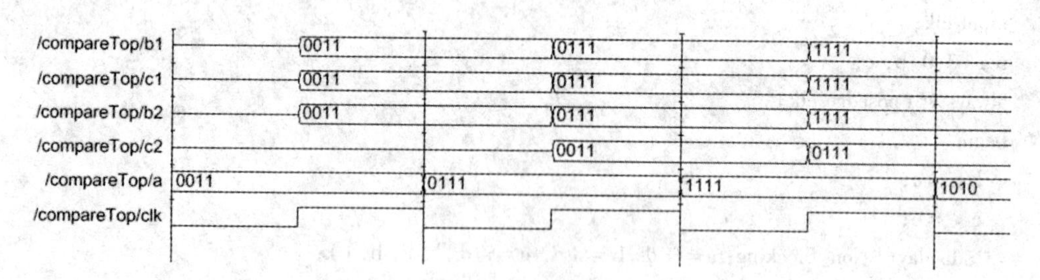

图 3.10 3.7.4 仿真波形

3.7.5 用 always 块实现较复杂的组合逻辑电路

仅使用 assign 结构来实现组合逻辑电路，在设计中会发现很多地方会显得冗长且效率低下。而适当地采用 always 来设计组合逻辑，往往会更具实效。

下面是一个简单的指令译码电路的设计示例。该电路通过对指令的判断，对输入数据执行相应的操作，包括加、减、与、或和求反，并且无论是指令作用的数据还是指令本身发生变化，结果都要作出及时的反应。显然，这是一个较为复杂的组合逻辑电路，如果采用 assign 语句，表达起来非常复杂。示例中使用了电平敏感的 always 块，所谓电平敏感的触发条件是指在@后的括号内电平列表中的任何一个电平发生变化（与时序逻辑不同，它在@后的括号内没有沿敏感关键词，如 posedge 或 negedge），就能触发 always 块的动作，并且运用了 case 结构来进行分支判断，不但设计思想得到直观的体现，而且代码看起来非常整齐、便于理解。

```
//---------------------------------------------- alu. v ----------------------------------------------
'define plus     3'd0
'define minus    3'd1
'define band     3'd2
'define bor      3'd3
```

```
'define unegate 3'd4
module  alu(out, opcode, a, b);
output[7:0]out;
reg[7:0]      out;
input[2:0]opcode;
input[7:0]a, b;                      //操作数。
always@(opcode oraor b)              //电平敏感的 always 块。
begin
      case(opcode)
            'plus:   out = a + b;     //加操作。
            'minus:  out = a - b;     //减操作。
            'band:   out = a&b;       //求与。
            'bor:    out = a|b;       //求或。
            'unegate:   out = ~a;     //求反。
            default:    out = 8'hx;   //未收到指令时，输出任意态。
      endcase
end
endmodule
```

同一组合逻辑电路分别用 always 块和连续赋值语句 assign 描述时，代码的形式大相径庭，但是在 always 中适当运用 default(在 case 结构中)和 else(在 if…else 结构中)，通常可以综合为纯组合逻辑，尽管被赋值的变量一定要定义为 reg 型。不过，如果不使用 default 或 else 对缺省项进行说明，则易生成意想不到的锁存器，这一点一定要注意。

指令译码器的测试模块源代码如下：

```
//------------------------------------------------ alu_Top. v ------------------------------------------------
'timescale 1ns/1ns
'include  "./alu.v"
module     alutest;
   wire [7:0] out;
   reg [7:0] a, b;
   reg [2:0] opcode;
   parameter times = 5;
   initial
  begin
        a = {$random}%256;     //Give aradom number blongs to [0, 255].
        b = {$random}%256;     //Give aradom number blongs to [0, 255].
        opcode = 3'h0;
        repeat(times)
          begin
          #100 a = {$random}%256;   //Give aradom number.
                  b = {$random}%256;   //Give aradom number.
                  opcode = opcode + 1;
          end
```

```
#100 $stop;
end
   alu alu1(out, opcode, a, b);
endmodule
```

仿真波形如图 3.11 所示。

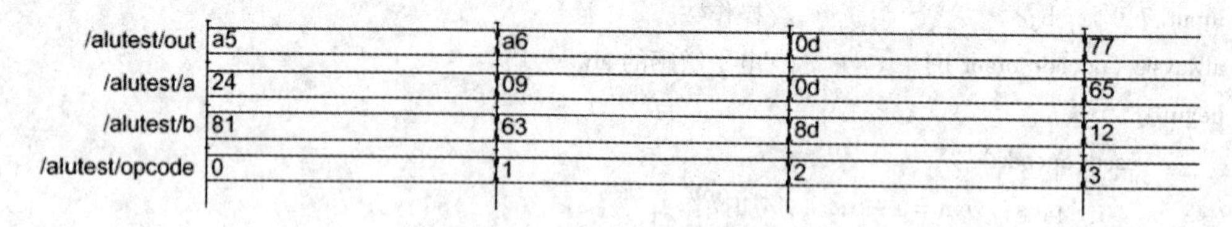

图 3.11 3.7.5 仿真波形图

3.7.6 在 Verilog HDL 中使用函数

与一般的程序设计语言一样，Verilog HDL 也可使用函数以适应对不同变量采取同一运算的操作。Verilog HDL 函数在综合时被理解成具有独立运算功能的电路，每调用一次函数相当于改变这部分电路的输入以得到相应的计算结果。

下例是函数调用的一个简单示范，采用同步时钟触发运算的执行，每个 clk 时钟周期都会执行一次运算。并且在测试模块中，通过调用系统任务 $display 在时钟的下降沿显示每次计算的结果。

模块源代码如下：

```
module tryfunct(clk, n, result, reset);
  output [31:0] result;
  input [3:0] n;
  input reset, clk;
  reg [31:0] result;
  always @ (posedge clk)              //clk 的上沿触发同步运算。
    begin
      if(! reset)                     //reset 为低时复位。
        result <= 0;
      else
        begin
        result <= n * factorial(n)/((n * 2) + 1);
        end
    end
    function [31:0] factorial;        //函数定义。
    input [3:0] operand;
    reg [3:0] index;
    begin
      factorial = operand ? 1 : 0;
      for(index = 2; index <= operand; index = index + 1)
```

```
      factorial = index * factorial;
    end
  endfunction
  endmodule
```

测试模块源代码如下：

```
'include "./step6.v"
'timescale 1ns/100ps
'define clk_cycle 50
module tryfuctTop;
  reg [3:0] n, i;
  reg reset, clk;
  wire [31:0] result;
  initial
    begin
      n = 0;
      reset = 1;
      clk = 0;
      #100 reset = 0;
      #100 reset = 1;
      for(i = 0;i < = 15;i = i + 1)
        begin
          #200 n = i;
        end
      #100  $stop;
    end
  always #'clk_cycle clk = ~clk;
  tryfunct tryfunct(.clk(clk), .n(n), .result(result), .reset(reset));
  endmodule
```

上例中函数 factorial(n)实际上就是阶乘运算。必须提醒大家注意的是，在实际的设计中，不希望设计中的运算过于复杂，以免在综合后带来不可预测的后果。经常的情况是，把复杂的运算分成几个步骤，分别在不同的时钟周期完成。

仿真波形如图 3.12 所示。

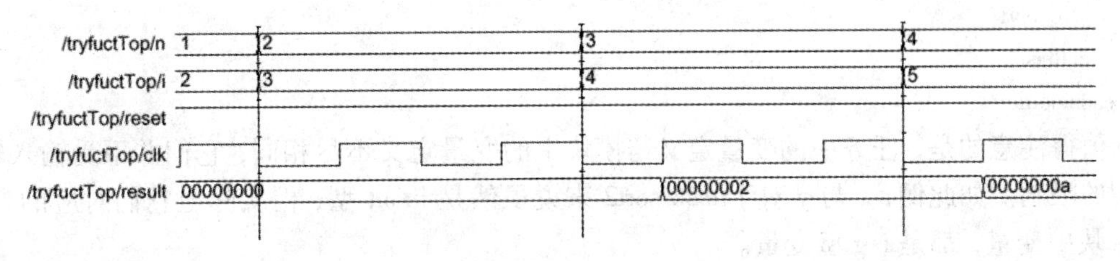

图 3.12　3.7.6 仿真波形

3.7.7　在 Verilog HDL 中使用任务

仅有函数并不能完全满足 Verilog HDL 中的运算需求。当希望能够将一些信号进行运算并输出多个结果时，采用函数结构就显得非常不方便，而任务结构在这方面的优势则十分突出。任务本身并不返回计算值，但是它通过类似 C 语言中形参与实参的数据交换，非常快捷地实现运算结果的调用。此外，还常常利用任务来帮助实现结构化的模块设计，将批量的操作以任务的形式独立出来，这样设计的目的通常一眼看过去就很明了。

下面是一个利用任务和电平敏感的 always 块设计比较后重组信号的组合逻辑的实例。利用任务非常方便地实现了数据之间的交换，采用函数实现相同的功能是非常复杂的，任务避免了直接用一般语句来描述所引起的不易理解和综合时产生冗余逻辑等问题。

模块源代码如下：

```
//-------------------------------------------------- sort4. v --------------------------------------------------
 module sort4(ra, rb, rc, rd, a, b, c, d);
   output[3:0]ra, rb, rc, rd;
   input[3:0]a, b, c, d;
   reg[3:0]ra, rb, rc, rd;
   reg[3:0]va, vb, vc, vd;
   always @ (a or b or c or d)
     begin
       {va, vb, vc, vd} = {a, b, c, d};
       sort2(va, vc);                //va 与 vc 互换。
       sort2(vb, vd);                //vb 与 vd 互换。
       sort2(va, vb);                //va 与 vb 互换。
       sort2(vc, vd);                //vc 与 vd 互换。
       sort2(vb, vc);                //vb 与 vc 互换。
       {ra, rb, rc, rd} = {va, vb, vc, vd};
     end
 task sort2;
     inout[3:0]x, y;
     reg[3:0]tmp;
     if(x > y)
       begin
         tmp = x;                //x 与 y 变量的内容互换，要求顺序执行，所以采用阻塞赋值方式。
         x = y;
         y = tmp;
       end
   endtask
 endmodule
```

值得注意的是，任务中的变量定义与模块中的变量定义不尽相同，它们并不受输入输出类型的限制。如此例，x 与 y 对于 task sort2 来说虽然是 inout 型，但实际上它们对应的是 always 块中变量，都是 reg 型变量。

测试模块源代码如下：

```
'timescale 1ns/100ps
'include "sort4. v"
module task_Top;
```

```
    reg [3:0] a, b, c, d;
    wire [3:0] ra, rb, rc, rd;
    initial
      begin
        a = 0;b = 0;c = 0;d = 0;
        repeat(5)
        begin
        #100 a = {$random}%15;
             b = {$random}%15;
             c = {$random}%15;
             d = {$random}%15;
    end
    #100 $stop;
      sort4 sort4 (.a(a), .b(b), .c(c), .d(d), .ra(ra), .rb(rb), .rc(rc), .rd(rd));
endmodule
```

部分仿真波形如图 3.13 所示。

/task_Top/a	0000	1000	1100	0110
/task_Top/b	0000	1100	0010	0100
/task_Top/c	0000	0111	0101	0011
/task_Top/d	0000	0010	0111	0010
/task_Top/ra	0000	0010		
/task_Top/rb	0000	0111	0101	0011
/task_Top/rc	0000	1000	0111	0100
/task_Top/rd	0000	1100		0110

图 3.13　3.7.7 仿真波形

3.7.8　利用有限状态机进行复杂时序逻辑的设计

在数字电路中已经学习过通过建立有限状态机来进行数字逻辑的设计，而在 Verilog HDL 硬件描述语言中，这种设计方法得到进一步的发展。通过 Verilog HDL 提供的语句，可以直观地设计出适合更为复杂的时序逻辑的电路。

下例是一个简单的状态机设计，功能是检测一个 5 位二进制序列“10010”。考虑到序列重叠的可能，有限状态机共提供 8 个状态(包括初始状态 IDLE)。

模块源代码如下：

```
seqdet.v
module seqdet(x, z, clk, rst, state);
input  x, clk, rst;
output z;
output [2:0] state;
```

```
reg  [2:0] state;
wire z;
parameter IDLE = 'd0,    A = 'd1,    B = 'd2,
  C = 'd3,    D = 'd4,
  E = 'd5,    F = 'd6,
  G = 'd7;
assign   z = ( state = = E && x = = 0 ) ? 1 : 0;     //当 x = 0 时，状态已变为 E；状态为 D 时，x 仍为 1。
                                                        因此输出为 1 的条件为( state = = E && x = = 0 )。
always @ ( posedge clk)
    if( ! rst)
            begin
            state < = IDLE;
            end
    else
            casex( state)
              IDLE: if( x = = 1)
                        begin
                            state < = A;
                        end
              A:     if( x = = 0)
                        begin
                            state < = B;
                        end
              B:     if( x = = 0)
                        begin
                            state < = C;
                        end
                    else
                        begin
                            state < = F;
                        end
              C:      if( x = = 1)
                        begin
                            state < = D;
                        end
                    else
                        begin
                            state < = G;
                        end
              D:      if( x = = 0)
                        begin
                            state < = E;
                        end
```

```
                else
                   begin
                       state <= A;
                   end
        E:      if(x==0)
                   begin
                       state <= C;
                   end
                else
                   begin
                       state <= A;
                   end
        F:      if(x==1)
                   begin
                       state <= A;
                   end
                else
                   begin
                       state <= B;
                   end
        G:      if(x==1)
                   begin
                       state <= F;
                   end
       default:state = IDLE;         //缺省状态为初始状态。
       endcase
endmodule
```

测试模块源代码如下：

```
//------------------------------ seqdet.v ------------------------------
'timescale 1ns/1ns
'include "./seqdet.v"
module seqdet_Top;
  reg clk, rst;
  reg [23:0] data;
  wire [2:0] state;
  wire z, x;
  assign x = data[23];
  always  #10 clk = ~clk;
  always @ (posedge clk)
         data = {data[22:0], data[23]};
  initial
     begin
       clk = 0;
```

```
        rst = 1;
        #2 rst = 0;
        #30 rst = 1;
        data = 'b1100_1001_0000_1001_0100;
        #500 $stop;
    end
seqdet  m(x, z, clk, rst, state);
endmodule
```

仿真波形如图 3.14 所示。

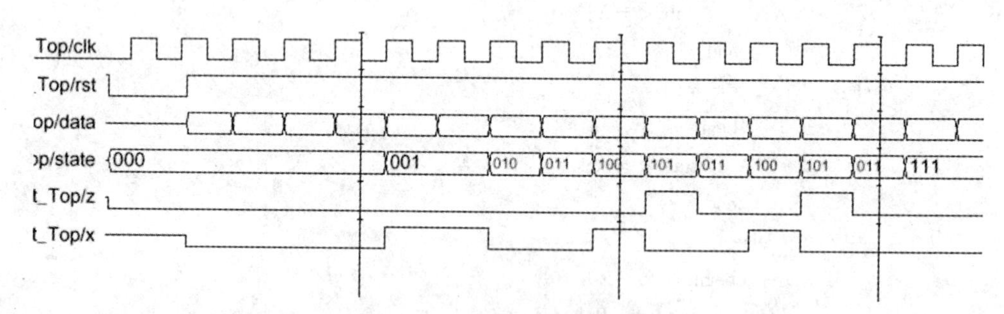

图 3.14　3.7.8 仿真波形

3.7.9　利用状态机的嵌套实现层次结构化设计

实际上，单个有限状态机控制整个逻辑电路的运转在实际设计中是不多见的，往往是状态机套用状态机，从而形成树状的控制核心。这一点也与层次化、结构化的自顶而下的设计方法相符。

该例是一个简化的 EPROM 的串行写入器。事实上，它是一个 EPROM 读写器设计中实现写功能的部分经删节得到的，去除了 EPROM 的启动、结束和 EPROM 控制字的写入等功能，只具备这样一个雏形。工作的步骤是：①地址的串行写入；②数据的串行写入；③给信号源应答，信号源给出下一个操作对象；④结束写操作。通过移位令并行数据得以逐位输出。

模块源代码如下：

```
module writing(reset, clk, address, data, sda, ack);
  input reset, clk;
  input [7:0] data, address;
  output sda, ack;                        //sda 负责串行数据输出；
                                          //ack 是一个对象操作完毕后，模块给出的应答信号。
  reg link_write;                         //link_write 决定何时输出。
  reg [3:0] state;                        //主状态机的状态字。
  reg [4:0] sh8out_state;                 //从状态机的状态字。
  reg [7:0] sh8out_buf;                   //输入数据缓冲。
  reg finish_F;                           //用以判断是否处理完一个操作对象。
```

```
  reg ack;
  parameter
    idle = 0, addr_write = 1, data_write = 2, stop_ack = 3;
  parameter
    bit0 = 1, bit1 = 2, bit2 = 3, bit3 = 4, bit4 = 5, bit5 = 6, bit6 = 7, bit7 = 8;
  assign   sda = link_write? sh8out_buf[7]: 1'bz;
  always @ (posedge clk)
    begin
if(! reset)                                          //复位。
  begin
   link_write < = 0;
   state      < = idle;
   finish_F < =0;
   sh8out_state < =idle;
          ack < = 0;
   sh8out_buf < =0;
  end
else
  case(state)

  idle:
    begin
    link_write   < = 0;
     state     < = idle;
     finish_F < =0;
     sh8out_state < =idle;
            ack < = 0;
     sh8out_buf < =address;
       state      < = addr_write;
    end

   addr_write:                                       //地址的输入。
    begin
    if(finish_F = =0)
      begin  shift8_out; end
    else
      begin
       sh8out_state < =idle;
       sh8out_buf   < =data;
              state < =data_write;
           finish_F < =0;
      end
    end
```

```
    data_write:                                          //数据的写入。
      begin
      if(finish_F = =0)
        begin   shift8_out; end
      else
        begin
          link_write < =0;
                state < = stop_ack;
             finish_F < =0;
                  ack < =1;
        end
      end
    stop_ack:                                            //完成应答。
      begin
        ack < =0;
        state < = idle;
      end
    endcase
      end
  task shift8_out;                                       //串行写入。
    begin
  case( sh8out_state)
  idle:
     begin
     link_write  < =1;
    sh8out_state < = bit0;
  end
  bit0:
     begin
         link_write < =1;
       sh8out_state < = bit1;
         sh8out_buf < = sh8out_buf < <1;
     end
  bit1:
     begin
       sh8out_state < = bit2;
       sh8out_buf < = sh8out_buf < <1;
     end
  bit2:
     begin
       sh8out_state < = bit3;
       sh8out_buf < = sh8out_buf < <1;
     end
```

```
bit3:
   begin
      sh8out_state < = bit4;
      sh8out_buf < = sh8out_buf < <1;
   end
bit4:
   begin
      sh8out_state < = bit5;
      sh8out_buf < = sh8out_buf < <1;
   end
bit5:
   begin
      sh8out_state < = bit6;
      sh8out_buf < = sh8out_buf < <1;
   end
bit6:
   begin
      sh8out_state < = bit7;
      sh8out_buf < = sh8out_buf < <1;
   end
bit7:
   begin
      link_write < = 0;
      finish_F < = finish_F +1;
   end
  endcase
  end
endtask
endmodule
```

测试模块源代码如下：

```
'timescale 1ns/100ps
'define clk_cycle 50
module writingTop;
   reg reset, clk;
   reg [7:0] data, address;
   wire ack, sda;
   always #'clk_cycle clk = ~clk;
   initial
      begin
         clk =0;
         reset =1;
         data =0;
         address =0;
```

```
        #(2 * 'clk_cycle) reset = 0;
        #(2 * 'clk_cycle) reset = 1;
        #(100 * 'clk_cycle) $stop;
    end
  always @ (posedge ack)                          //接收到应答信号后，给出下一个处理对象。
    begin
      data = data + 1;
      address = address + 1;
    end
  writing writing(.reset(reset), .clk(clk), .data(data), address(address), .ack(ack), .sda(sda));
endmodule
```

仿真波形如 3.15 所示。

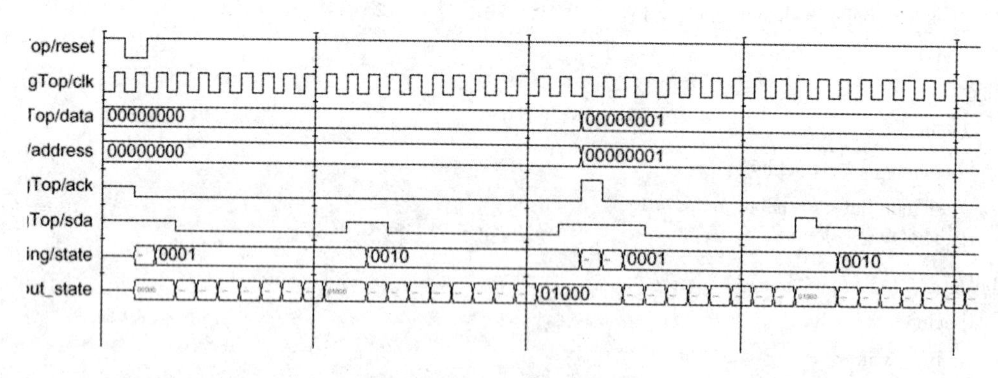

图 3.15　3.7.9 仿真波形

3.7.10　通过模块之间的调用实现自顶向下的设计

现代硬件系统的设计过程与软件系统的开发相似，设计一个大规模的集成电路的往往由模块多层次的引用和组合构成。层次化、结构化的设计过程，能使复杂的系统容易控制和调试。在 Verilog HDL 中，上层模块引用下层模块与 C 语言中程序调用有些类似，被引用的子模块在综合时作为其父模块的一部分被综合，形成相应的电路结构。在进行模块实例引用时，必须注意的是模块之间对应的端口，即子模块的端口与父模块的内部信号必须明确无误地一一对应，否则容易产生意想不到的后果。

下面给出的例子功能是将并行数据转化为串行数据送交外部电路编码，并将解码后得到的串行数据转化为并行数据交由 CPU 处理。显而易见，这实际上是 2 个独立的逻辑功能，分别设计为独立的模块，然后再合并为一个模块，显得目的明确、层次清晰。

```
//------------------------------------ p_to_s.v ------------------------------------
modulep_to_s(D_in, T0, data, SEND, ESC, ADD_100);
output D_in, T0;                          // D_in 是串行输出，T0 是移位时钟并给 CPU 中断，
                                             以确定何时给出下个数据。
input [7:0] data;                         //并行输入的数据。
input SEND, ESC, ADD_100;                 //SEND、ESC 共同决定是否进行并到串的数据转化。
```

```
                                                    ADD_100 决定何时置数。
wire D_in, T0;
reg [7:0] DATA_Q, DATA_Q_buf;
assign T0 = ! (SEND&ESC);                          //形成移位时钟。
assign D_in = DATA_Q[7];                           //给出串行数据。
always @ (posedge T0 or negedge ADD_100)           //ADD_100 下沿置数，T0 上沿移位。
  begin
    if( ! ADD_100)
      DATA_Q = data;
    else
      begin
      DATA_Q_buf = DATA_Q < <1;                  //DATA_Q_buf 作为中介，以令综合器能辨明。
      DATA_Q = DATA_Q_buf;
      end
  end
endmodule
```

在 p_to_s. v 中，由于移位运算虽然可综合，但不是简单的 RTL 级描述，直接用 DATA_Q < = DATA_Q < <1 的写法在综合时会令综合器产生误解。另外，在该设计中，由于时钟 T0 的频率较低，所以没有像以往那样采用低电平置数，而是采用 ADD_100 的下降沿置数。

```
//------------------------------ s_to_p. v ------------------------------
module s_to_p(T1, data, D_out, DSC, TAKE, ADD_101);
      output        T1;                             //给 CPU 中断，以确定 CPU 何时取转化得到的并行
                                                      数据。
      output[7:0]data;
      input   D_out, DSC, TAKE, ADD_101;            //D_out 提供输入串行数据。DSC、TAKE 共同决
                                                      定何时取数。
      wire [7:0] data;
      wire T1, clk2;
      reg [7:0]data_latch, data_latch_buf;
      assign clk2 = DSC & TAKE;                     //提供移位时钟。
      assign T1 = ! clk2;
      assign data  = ( ! ADD_101) ? data_latch: 8'bz;
      always@ (posedge clk2)
              begin
                data_latch_buf = data_latch  < < 1; //data_latch_buf 作缓冲以令综合器能辨明。
                data_latch  = data_latch_buf;
                    data_latch[0] = D_out;
              end
endmodule
```

将上面的 2 个模块合并起来的 sys. v 的源代码如下：

```
//---------------------------------------------- sys. v ----------------------------------------------
'include "./p_to_s. v"
```

```
'include "./s_to_p.v"
module sys(D_in, T0, T1, data, D_out, SEND, ESC, DSC, TAKE, ADD_100, ADD_101);
  input D_out, SEND, ESC, DSC, TAKE, ADD_100, ADD_101;
  inout [7:0] data;
  output D_in, T0, T1;
  p_to_s p_to_s(.D_in(D_in), .T0(T0), .data(data),
            .SEND(SEND), .ESC(ESC), .ADD_100(ADD_100));
  s_to_p   s_to_p(.T1(T1), .data(data), .D_out(D_out),
            .DSC(DSC), .TAKE(TAKE), .ADD_101(ADD_101));
endmodule
```

测试模块源代码如下：

```
//-------------------------- Top test file for sys.v ---------------------------
'timescale 1ns/100ps
'include "./sys.v"
module Top;
reg D_out, SEND, ESC, DSC, TAKE, ADD_100, ADD_101;
reg [7:0] data_buf;
wire [7:0] data;
wire clk2;
assign data = (ADD_101)? data_buf: 8'bz;                //data 在 sys 中是 inout 型变量，ADD_101 控制
                                                          data 是作为输入还是进行输出。
assign   clk2  = DSC && TAKE;
initial
  begin
    SEND = 0;
    ESC = 0;
    DSC = 1;
    TAKE = 1;
    ADD_100 = 1;
    ADD_101 = 1;
  end
initial
  begin
    data_buf = 8'b10000001;
    #90 ADD_100 = 0;
    #100 ADD_100 = 1;
  end
always
  begin
    #50;
    SEND = ~SEND;
    ESC = ~ESC;
  end
```

```
initial
  begin
    #1500;
    SEND = 0;
    ESC = 0;
    DSC = 1;
    TAKE = 1;
    ADD_100 = 1;
    ADD_101 = 1;
    D_out = 0;
    #1150 ADD_101 = 0;
    #100 ADD_101 = 1;
    #100 $stop;
End
always
  begin
    #50;
    DSC = ~DSC;
    TAKE = ~TAKE;
End
always @ (negedge clk2) D_out = ~D_out;
sys sys( .D_in(D_in), .T0(T0), .T1(T1), .data(data), .D_out(D_out),
      .ADD_101(ADD_101), .SEND(SEND), .ESC(ESC), .DSC(DSC),
      .TAKE(TAKE), .ADD_100(ADD_100));
endmodule
```

仿真波形如图 3.16 所示。

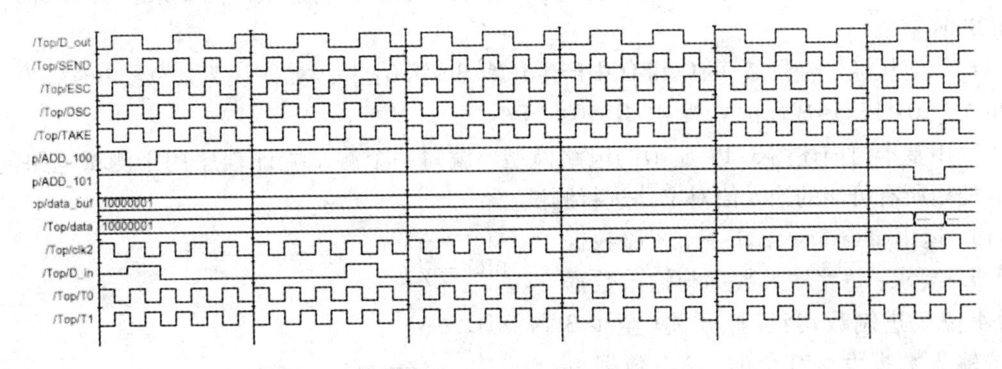

图 3.16　3.7.10 仿真波形

本章小结

本章从 Verilog 简介、Verilog HDL 入门指南、Verilog 语言要素、Verilog 中的表达式、门级电路模型化、Verilog 编码技术和 10 个设计举例分析等 7 个方面,分别阐述了 Verilog HDL 的特点、历史发展、功能、描述方式、语言要素、表达式、门电平模型化、编码风格。要求读者学会运用 Verilog HDL 实现简单的组合逻辑电路与时序逻辑电路的设计、测试及其仿真。

习题

1. Verilog HDL 是在哪年首次被 IEEE 标准化的？是由哪个公司最先开发的？

2. 使用timescale 编译器指令的目的是什么？举出一个实例加以说明。

3. initial 语句与 always 语句的主要区别是什么？

4. 找出下面连续赋值语句的错误：assign Reset = #2 ^ WriteBus;

5. 下列标识符哪些合法,哪些非法：COunT,1_2 Many,〔□1, Real?, wait, Initial

6. 下列表达式的位模式是什么：7'o44, 'Bx0,5'bx110,'hA0,10'd2, 'hzF

7. 如果线网类型变量说明后未赋值,其缺省值为多少?

8. 编写一个系统任务,要求从数据文件“memA. data”中加载 32 ×64 字存储器。

9. 假定长度为 64 个字的存储器，每个字 8 位,编写 Verilog 代码,按逆序交换存储器的内容。即将第 0 个字与第 63 个字交换,第 1 个字与第 62 个字交换,依此类推。

10. 假定 32 位总线 Address_Bus，编写一个表达式计算从第 11 位到第 20 位的归约与非。

11. 假定一条总线 Control_Bus [15：0],试编写赋值语句,将总线分为 2 条总线：Abus [0：9]和 Bbus [6：1]。

11. 如何从标量变量 A,B,C 和 D 中产生总线 BusQ[0：3]？如何从 2 条总线 BusA [0：3] 和 BusY [20：15]形成新的总线 BusR[10：1]？

12. 用基本门描述图 3.17 显示的电路模型。编写一个测试验证程序用于测试电路的输出,并使用所有可能的输入值对电路进行测试。

13. 运用 always 块设计一个 8 路数据选择器。要求：每路输入数据与输出数据均为 4 位 2 进制数,当选择开关(至少 3 位)或输入数据发生变化时,输出数据也相应地变化。

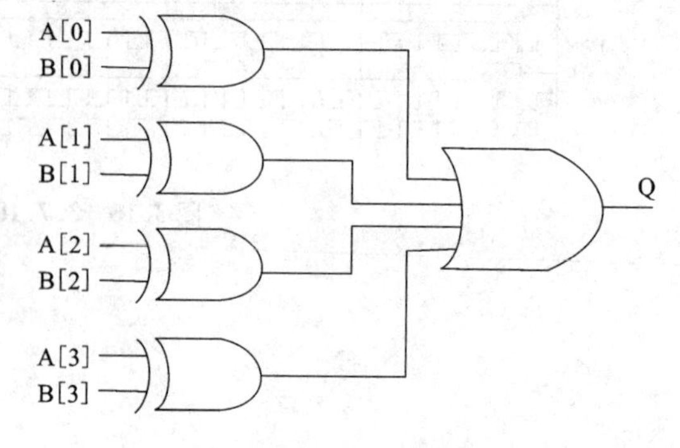

图 3.17　习题 12 图

14. 在 blocking 模块中按如下写法，仿真与综合的结果会有什么样的变化？作出仿真波形,分析综合结果。

```
1. always @ (posedge clk)
      begin
```

```
        c = b;
        b = a;
    end
```

2. always @ (posedge clk) b = a;

always @ (posedge clk) c = b;

15. 设计一个字节(8位)比较器。要求：比较2个字节的大小，如a[7:0]大于b[7:0]输出高电平，否则输出低电平，改写测试模型，使其能进行比较全面的测试。

16. 设计一个带控制端的逻辑运算电路，分别完成正整数的平方和立方运算。试编写测试模块，并给出仿真波形。

17. 设计一个模块，通过任务完成3个8位2进制输入数据的冒泡排序。要求：时钟触发任务的执行，每个时钟周期完成1次数据交换的操作。

18. 设计一个串行数据检测器。要求：连续4个或4个以上的1时输出为1，其他输入情况下为0。编写测试模块并给出仿真波形。

19. 编写一个实现EPROM内数据串行读取的模块，试编写测试模块，并给出仿真波形。

20. 设计一个序列发生器。要求：根据输入的8位并行数据输出串行数据，如果输入数据在0~127，则输出一位0；如果输入数据在128~255则输出一位1，同步时钟触发。试编写测试模块，并给出仿真波形。

第4章　CPLD与FPGA结构及应用

可编程逻辑器件PLD(Programable Logic Device)是允许用户编程(配置)实现所需逻辑功能的电路，一般由输入缓冲电路、与阵列、或阵列和输出缓冲电路等4部分组成。它与分立元件相比，具有速度快、容量大、功耗小和可靠性高等优点。由于集成度高，设计方法先进、现场可编程，可以设计各种数字电路，因此，在通信、数据处理、网络、仪器、工业控制、军事和航空航天等众多领域内得到了广泛应用。不久的将来将全部取代分立数字元件，目前一些数字集成电路生产厂商已经停止了分立数字集成电路的生产。随着PLD性价比的提高，EDA开发软件的不断完善，现代电子系统的设计将越来越多地使用PLD，特别是大规模PLD。若把电子系统看作搭积木，则现代许多电子系统仅仅只要3种标准积木就可以完成，即：微处理器、存储器、PLD，甚至只要一块大规模PLD。

4.1　PLD概述

PLD是作为一种通用集成电路生产的，它的逻辑功能按照用户对器件编程来设定。和单片机相比，在时序和延时的实现上以及数字处理能力上不如单片机，但在芯片容量、组合逻辑功能、工作速度、编程难度以及可擦写次数(特别是FPGA)上远优于单片机。当今社会是数字化的社会，是数字集成电路广泛应用的社会。数字集成电路本身在不断地进行更新换代，它由早期的电子管、晶体管、小中规模集成电路，发展到超大规模集成电路(VLSI)以及许多具有特定功能的专用集成电路。但是，随着微电子技术的发展，设计与制造集成电路的任务已不完全由半导体厂商来独立承担。系统设计师们更愿意自己设计专用集成电路ASIC(Application Specific IC)芯片，而且希望ASIC的设计周期尽可能短，最好是在实验室里就能设计出合适的ASIC芯片，并且能立即投入实际应用之中，因而出现了现场可编程逻辑器件(FPLD)，其中应用最广泛的当属现场可编程门阵列(FPGA)和复杂可编程逻辑器件(CPLD)。

早期的可编程逻辑器件只有可编程只读存储器(PROM)、紫外线可擦除只读存储器(EPROM)和电可擦除只读存储器(EEPROM)3种。由于结构的限制，它们只能完成简单的数字逻辑功能。其后，出现了一类结构上稍复杂的可编程芯片，即可编程逻辑器件(PLD)，它能够完成各种数字逻辑功能。典型的PLD由一个“与”门和一个“或”门阵列组成，而任意一个组合逻辑都可以用“与-或”表达式来描述，所以，PLD能以乘积之和的形式完成大量的组合逻辑功能。这一阶段的产品主要有PAL(可编程阵列逻辑)和GAL(通用阵列逻辑)。PAL由一个可编程的与阵列和一个固定的或阵列构成，或门的输出可以通过触发器有选择地被置为寄存状态。PAL器件是现场可编程的，它的实现工艺有反熔丝技术、EPROM技术和EEPROM技术。还有一类结构更为灵活的逻辑器件是可编程逻辑阵列(PLA)，它也由一个与阵列和一个或阵列构成，但是这两个阵列的连接关系都是可编程的。PLA器件既有现场可编程的，也有掩膜可编程的。在PAL的基础上，又发展了一种通用阵列逻辑GAL(Generic Array Logic)，如GAL16V8、GAL22V10等。它采用EEPROM工艺，实现了电可擦除、电可改写，其输出结构是可编程的逻辑宏单元，因而它的设计具有很强的灵活性，至今仍有许多人在使用。这些早期PLD器件的一个共同特点是可以实现速度特性较好的逻辑功能，但其过于简单的结构也使它们只能实现规模较小的电路。

为了弥补这一缺陷，20世纪80年代中期，Altera公司和Xilinx公司分别推出了类似于PAL结构的扩展型CPLD(Complex Programmable Logic Device)和与标准门阵列类似的FPGA(Field Programmable Gate Array)，它们都具有体系结构和逻辑单元灵活、集成度高以及适用范围宽等特点。这两种器件兼容了PLD和通用门阵列的优点，可实现较大规模的电路，编程也很灵活。与门阵列等其他ASIC相比，它们又具有设计开发周期短、设计制造成本低、开发工具先进、标准产品无需测试、质量稳定以及可实时在线检验等优点，因此被广泛应用于产品的原型设计和产品生产之中。几乎所有应用门阵列、PLD和中小规模通用数字集成电路的场合均可应用FPGA和CPLD器件。

FPGA(现场可编程门阵列)和CPLD(复杂可编程逻辑器件)都是可编程逻辑器件，它们是在PAL、GAL等逻辑器件的基础之上发展起来的。同以往的PAL、GAL等相比较，FPGA/CPLD的规模比较大，它可以替代几十甚至几千块通用IC芯片。这样的FPGA/CPLD实际上就是一个子系统部件。这种芯片受到世界范围内电子工程设计人员的广泛关注和普遍欢迎。经过了十几年的发展，许多公司都开发出了多种可编程逻辑器件。比较典型的就是Xilinx公司的FPGA器件系列和Altera公司的CPLD器件系列，它们开发较早，占据了较大的PLD市场。通常来说，在欧洲用Xilinx的人多，在日本和亚太地区用Altera的人多，在美国则是平分秋色。全球60%以上的FPGA/CPLD产品是由Altera和Xilinx提供的。可以说Altera和Xilinx共同决定了PLD技术的发展方向。当然还有许多其他类型器件，如Lattice、Vantis、Actel、Quicklogic、Lucent等。

目前，PLD工艺已经达到65 nm数量级，正向45 nm迈进。2005年Altera公司生产可编程逻辑芯片的集成度达5亿只晶体管。原来需要成千上万只电子元器件组成的电子设备电路，现在以单片超大规模集成电路即可实现，为SOC技术和SOPC的发展开拓了可实施的空间。

SOC称为片上系统，它是指将一个完整产品的功能集成在一个芯片上或芯片组上。SOC中可以包括微处理器CPU、数字信号处理器DSP、存储器(ROM、RAM、Flash等)、总线和总线控制器、外围设备接口等，还可以包括数模混合电路(放大器、比较器、A/D和D/A转换器、锁相环等)，甚至延拓到传感器、微机电和微光电单元。SOC是专用集成电路系统，其设计周期长，设计成本高，SOC的设计技术难以被中小企业、研究所和大专院校采用。为了让SOC技术得以推广，Altera公司于21世纪初推出SOPC新技术和新概念。SOPC称为可编程片上系统，它是基于可编程逻辑器件PLD(FPGA或CPLD)可重构的SOC。SOPC集成了硬核或软核CPU、DSP、锁相环(PLL)、存储器、I/O接口及可编程逻辑，可以灵活高效地解决SOC方案，且设计周期短、设计成本低，一般只需要一台配有SOPC开发软件的PC机和一台SOPC试验开发系统(或开发板)，就可以进行 SOPC 的设计与开发。目前，SOPC 技术已成为备受众多中小企业、研究所和大专院校青睐的设计技术。按照集成度可以分类如下(图 4.1)。

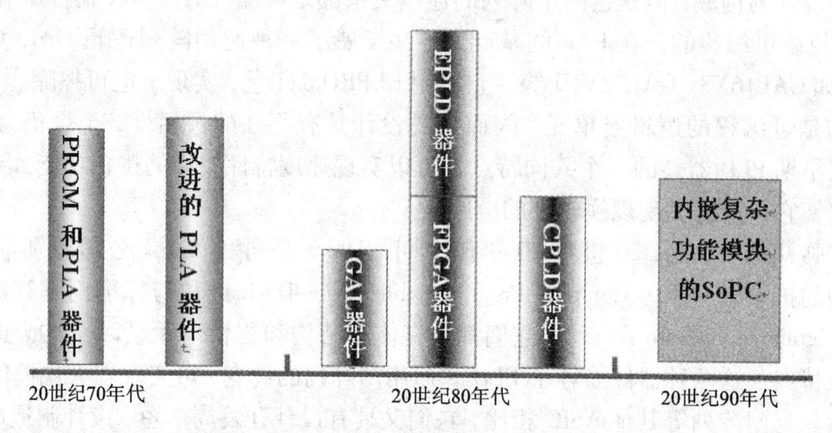

图 4.1　可编程逻辑器件的发展历程

4.2　PLD 结构及特点

简单可编程逻辑器件(PLD)早期的基本框图如图 4.2 所示，它由输入缓冲器、与阵列、或阵列、输出缓冲器等 4 部分功能电路组成。电路的主体是由门电路构成的与阵列、或阵列，逻辑函数靠它们实现。为了适应各种输入情况，与阵列的每个输入端(包括内部反馈信号输入端)都有输入缓冲电路，从而降低对输入信号的要求，使之具有足够的驱动能力，并产生原变量和反变量两个互补的信号。有些 PLD 的输入电路还包含锁存器，甚至是一些可以组态的输入宏单元，可以对输入信号进行预处理。

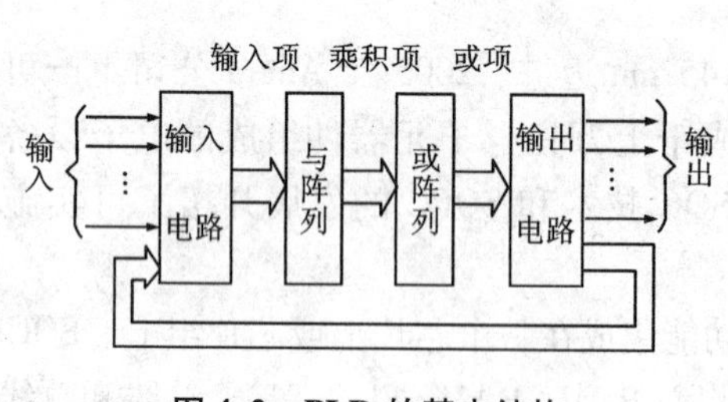

图 4.2　PLD 的基本结构

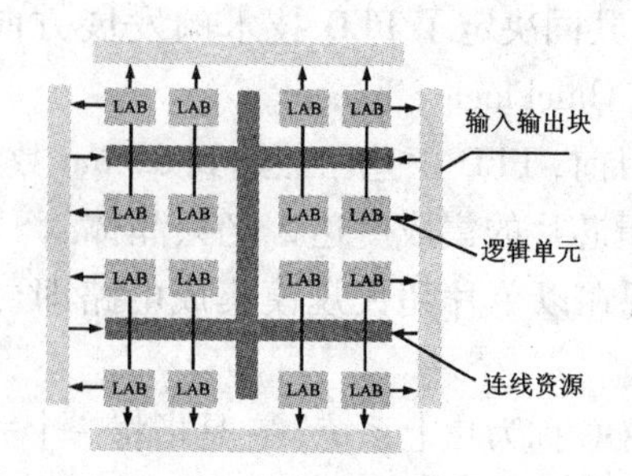

图 4.3　PLD 的内部结构

PLD 的内部结构如图 4.3 所示，通常由 3 大部分组成的：①一个二维的逻辑块阵列，构成了 PLD 器件的逻辑组成核心；②输入/输出块；③连接逻辑块的互连资源，由各种长度的连线线段组成，其中也有一些可编程的连接开关，它们用于逻辑块之间、逻辑块与输入/输出块之间的连接。

对用户而言，CPLD 与 FPGA 的内部结构稍有不同，但其用法都一样，所以多数情况下，不加以区分。FPGA/CPLD芯片都是特殊的ASIC芯片，它们除了具有ASIC的特点之外，还具有以下几个优点：

(1)随着VLSI(Very Large Scale IC，超大规模集成电路)工艺的不断提，高单一芯片内部可以容纳上百万个晶体管，FPGA/CPLD芯片的规模也越来越大，其单片逻辑门数已达到上百万门，它所能实现的功能也越来越强，同时也可以实现系统集成，即片上系统SOC。

(2)FPGA/CPLD芯片在出厂之前都做过百分之百的测试，不需要设计人员承担投片风险和费用，设计人员只需在自己的实验室里就可以通过相关的软硬件环境来完成芯片的最终功能设计。所以，FPGA/CPLD的资金投入小，节省了许多潜在的花费。

(3)用户可以反复地编程、擦除、使用或者在外围电路不动的情况下用不同软件就可实现不同的功能。所以，用FPGA/CPLD试制样片，能以最快的速度占领市场。FPGA/CPLD软件包中有各种输入工具和仿真工具及版图设计工具和编程器等全线产品，电路设计人员在很短的时间内就可完成电路的输入、编译、优化、仿真，直至最后芯片的制作。当电路有少量改动时，更能显示出FPGA/CPLD的优势。电路设计人员使用FPGA/CPLD进行电路设计时，不需要具备专门的IC(集成电路)深层次的知识，FPGA/CPLD软件易学易用，可以使设计人员更能集中精力进行电路设计，快速将产品推向市场。

(4)在线可编程技术(ISP)使得使用CPLD/FPGA的产品可以做到远程升级。

4.3　FPGA结构、原理及其产品

FPGA出现在20世纪80年代中期，与阵列型PLD有所不同，FPGA由许多独立的可编程逻辑模块组成，用户可以通过编程将这些模块连接起来实现不同的设计。FPGA具有更高的集成度、更强的逻辑实现能力和更好的设计灵活性。FPGA器件具有高密度、高速率、系列化、标准化、小型化、多功能、低功耗、低成本，设计灵活方便，可无限次反复编程，并可现场模拟调试验证等特点。

4.3.1　FPGA结构

FPGA由可编程逻辑块(CLB)(主要由逻辑函数发生器、触发器、数据选择器等电路组成)、输入/输出模块(IOB)(主要由输入触发器、输入缓冲器和输出触发/锁存器、输出缓冲器组成，每个IOB控制一个引脚，它们可被配置为输入、输出或双向I/O功能)及可编程互连资源(PIR)(由许多金属线段构成，这些金属线段带有可编程开关，通过自动布线实现各种电路的连接，从而实现FPGA内部的CLB和CLB之间、CLB和IOB之间的连接)等3种可编程电路和一个SRAM结构的配置存储单元组成。CLB是实现逻辑功能的基本单元，它们通常规则地排列成一个阵列，散布于整个芯片中；可编程输入/输出模块(IOB)主要完成芯片上的逻辑与外部引脚的接口，它通常排列在芯片的四周；可编程互连资源(PIR)包括各种长度的连线线段和一些可编程连接开关，它们将各个CLB之间或CLB与IOB之间以及IOB之间连接起来，构成特定功能的电路。

FPGA中的FLEX10K系列主要由嵌入式阵列块EAB、逻辑阵列块LAB、快速通道(Fast Track)和I/O单元4部分组成，现以Xilinx Spartan－Ⅱ为例，阐述其内部结构，如图4.4所示。

Spartan－Ⅱ主要包括CLBs，I/O块，RAM块和可编程连线(未表示出)。在spartan－Ⅱ

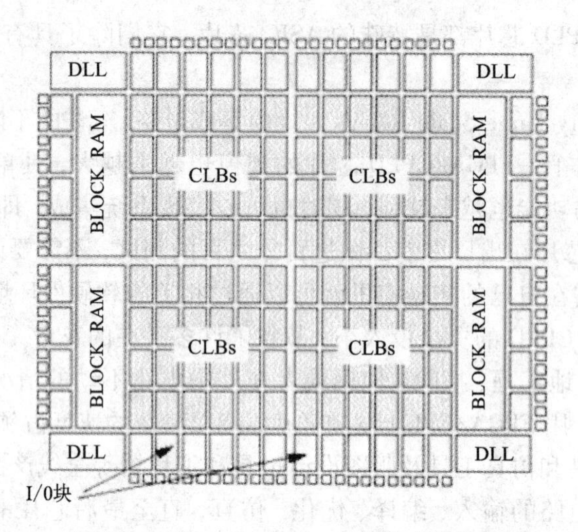

图 4.4　Xilinx Spartan - Ⅱ芯片内部结构

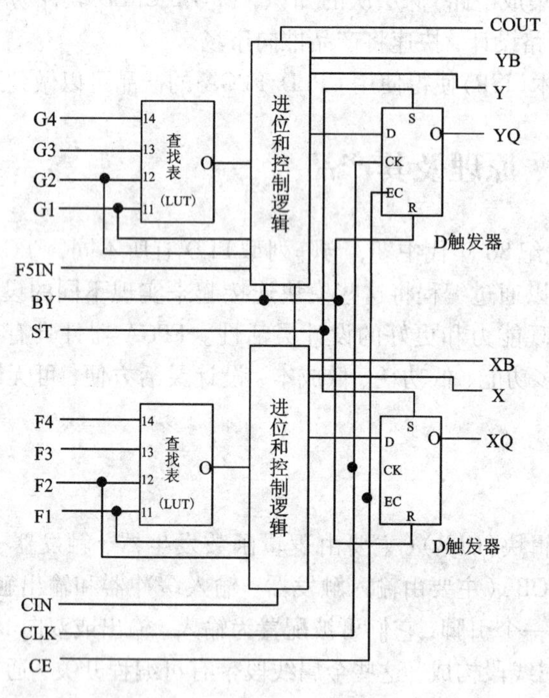

图 4.5　Slices 结构

中，一个 CLB 包括 2 个 Slices，每个 slices 包括 2 个 LUT，2 个触发器和相关逻辑。Slices(图 4.5)可以看成是 Spartan - Ⅱ实现逻辑的最基本结构（Xilinx 其他系列，如 SpartanXL，Virtex 的结构与此稍有不同）。Altera 的 FLEX/ACEX 等芯片的结构如图 4.6 所示，其逻辑单元(LE)内部结构如图 4.7 所示。

FLEX/ACEX 的结构主要包括 LAB，I/O 块，RAM 块(未表示出)和可编程行/列连线。在 FLEX/ACEX 中，一个 LAB 包括 8 个逻辑单元(LE)，每个 LE 包括一个 LUT，一个触发器和相关的相关逻辑。LE 是 FLEX/ACEX 芯片实现逻辑的最基本结构(Altera 其他系列，如 APEX

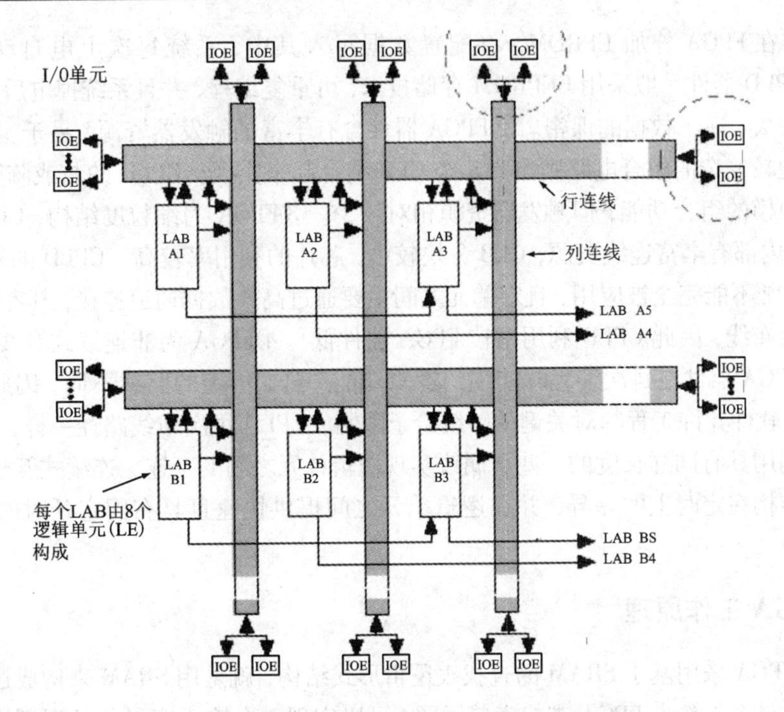

图4.6 Altera FLEX/ACEX 芯片的内部结构

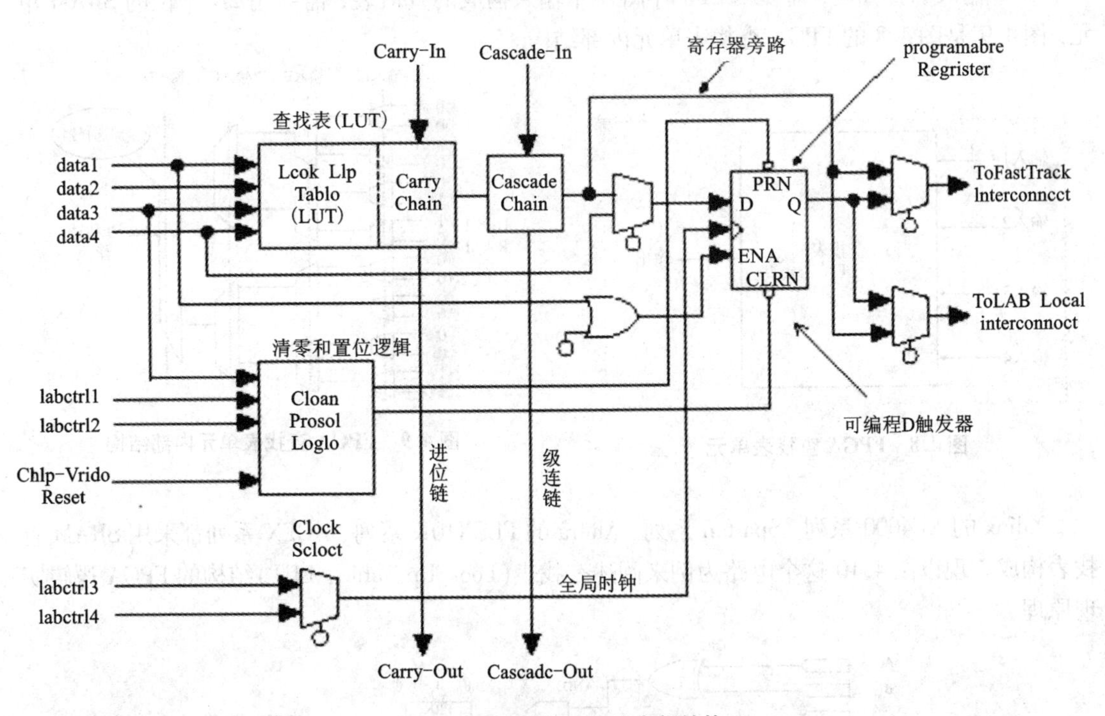

图4.7 逻辑单元(LE)内部结构

的结构与此基本相同)。

特点：①FPGA 采用 SRAM 进行功能配置，可重复编程，但系统掉电后，SRAM 中的数据丢失。因此，需在FPGA外加EPROM，将配置数据写入其中，系统每次上电自动将数据引入SRAM中。CPLD器件一般采用EEPROM存储技术，可重复编程，并且系统掉电后，EEPROM中的数据不会丢失，适于数据的保密。②FPGA器件含有丰富的触发器资源，易于实现时序逻辑，如果要求实现较复杂的组合电路则需要几个CLB结合起来实现。CPLD的与或阵列结构，使其适于实现大规模的组合功能，但触发器资源相对较少。③FPGA为细粒度结构，CPLD为粗粒度结构。FPGA内部有丰富连线资源，CLB分块较小，芯片的利用率较高。CPLD的宏单元的与或阵列较大，通常不能完全被应用，且宏单元之间主要通过高速数据通道连接，其容量有限，限制了器件的灵活布线，因此CPLD利用率较FPGA器件低。④FPGA为非连续式布线，CPLD为连续式布线。FPGA器件在每次编程时实现的逻辑功能一样，但走的路线不同，因此延时不易控制，要求开发软件允许工程师对关键的路线给予限制。CPLD每次布线路径一样，CPLD的连续式互连结构利用具有同样长度的一些金属线实现逻辑单元之间的互连。连续式互连结构消除了分段式互连结构在定时上的差异，并在逻辑单元之间提供快速且具有固定延时的通路。CPLD的延时较小。

4.3.2 FPGA工作原理

大部分FPGA采用基于SRAM的查找表逻辑形式结构，就是用SRAM来构成逻辑函数发生器。图4.8是一个4输入FPGA查找表单元图，可以实现4个输入变量的任意逻辑功能。通常一个N个输入的查找表，需要SRAM存储N个输入构成的真值表，需要用$2N$个位的SRAM单元，图4.9是图4.8的FPGA查找表单元内部结构。

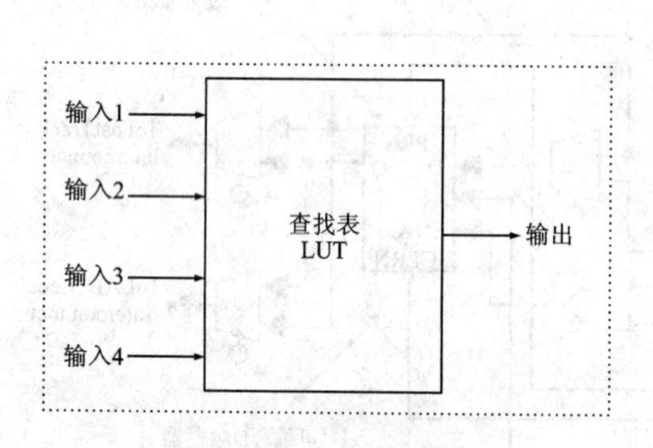

图4.8 FPGA查找表单元

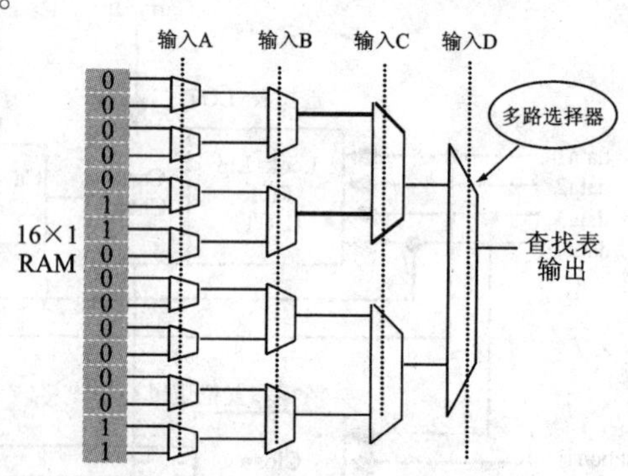

图4.9 FPGA查找表单元内部结构

Xilinx的XC4000系列、Spartan系列、Altera的FLEX10K系列、ACEX系列都采用SRAM查找表构成。现以图4.10这个电路为例来阐述查找表(Look Up Table，LUT)结构的FPGA逻辑实现原理。

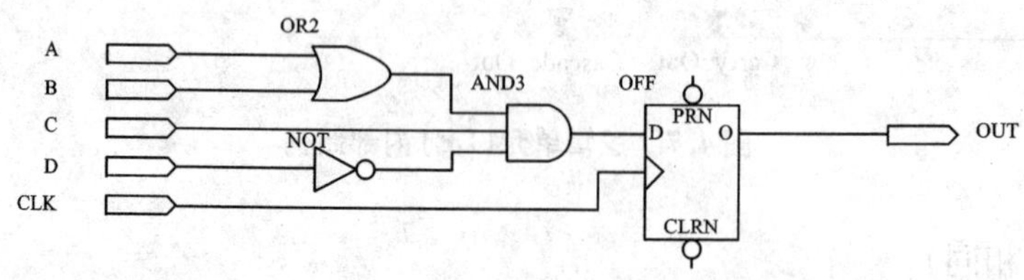

图4.10 实例图

A、B、C、D由FPGA芯片的管脚输入后进入可编程连线，然后作为地址线连到LUT，LUT中已经事先写入了所有可能的逻辑结果，通过地址查找到相应的数据然后输出，这样组合逻辑就实现了，该电路中D触发器是直接利用LUT后面D触发器来实现。时钟信号CLK由I/O脚输入后进入芯片内部的时钟专用通道，直接连接到触发器的时钟端。触发器的输出与I/O脚相连，把结果输出到芯片管脚。这样FPGA就完成了图4.10所示电路的功能(以上这些步骤都是由软件自动完成的，不需要人为干预)。

这个电路是一个很简单的例子，只需要一个LUT加上一个触发器就可以完成。对于一个LUT无法完成的电路，就需要通过进位逻辑将多个单元相连，这样FPGA就可以实现复杂的逻辑。由于LUT主要适合SRAM工艺生产，所以目前大部分FPGA都是基于SRAM工艺的，而SRAM工艺的芯片在掉电后信息就会丢失，一定需要外加一片专用配置芯片，在上电的时候，由这个专用配置芯片把数据加载到FPGA中，然后FPGA就可以正常工作，由于配置时间很短，不会影响系统正常工作。也有少数FPGA采用反熔丝或Flash工艺，对这种FPGA，就不需要外加专用的配置芯片。

4.3.3 FPGA的配置模式

FPGA的配置模式是指FPGA用来完成设计时的逻辑配置(是指用户设计输入并编译后的数据配置文件，将其装入FPGA芯片内部的可配置存储器的过程，简称下载，只有经过逻辑配置后，FPGA才能实现用户所需要的逻辑功能)和外部连接方式。FPGA的配置模式由芯片引脚M0、M1和M2的状态决定。XC2000/3000/3100及XC4000系列的配置模式如表4.1所示。其他系列的配置模式稍有差别，在制作PCB时，请一定查阅相关手册。

表4.1　XC2000/XC3000/XC3100及XC4000系列的配置模式

模式	M0	M1	M2	CCLK	XC2000/3000/3100	XC4000
主动串行配置模式	0	0	0	输出	位串	位串
主动并行配置模式(高)	0	0	1	输出	数据地址从0000↑	数据地址从0000↑
主动并行配置模式(低)	0	1	1	输出	数据地址从FFFF↓	数据地址从FFFF↓
从动串行配置模式	1	1	1	输入	位串/并行	位串
同步外设置模式	1	1	0	输入		并行
异步外设配置模式	1	0	1	输出	位串	并行

下面以XC2000和XC3000为例，介绍5种配置模式。

1. 主动串行配置模式

选择主动串行模式时，需要附加一个外部串行存储器EPROM或PROM，事先将配置数据写入外部存储器。每当电源接通后，FPGA将自动地从外部串行PROM或EPROM中读取串行配置数据。主动串行配置模式如图4.11所示。

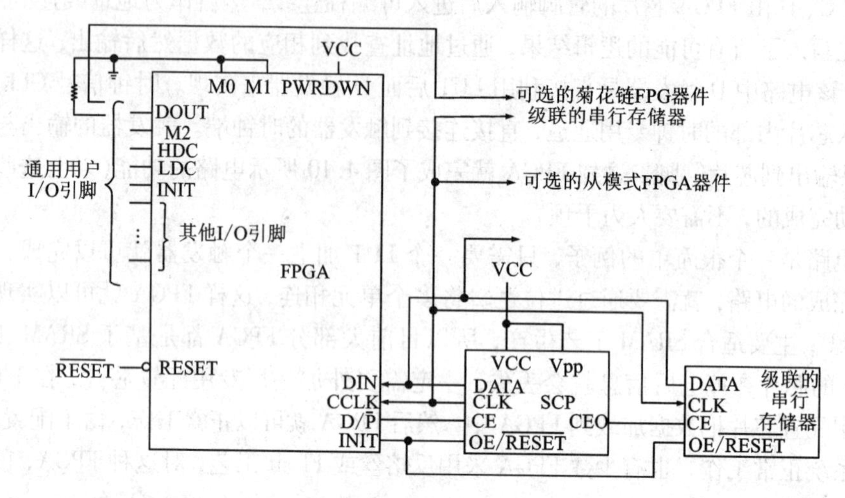

图4.11 主动串行配置模式

2. 主动并行配置模式

在主动并行配置模式的情况下，一般用EPROM做外部存储器，事先将配置数据写入EPROM芯片内，每当电源接通后FPGA将自动地从外部串行EPROM中读取配置数据。主动并行配置模式电路如图4.12所示。主动配置模式使用FPGA内部的一个振荡器产生CCLK来驱动从属器件，并为包含配置数据的外部EPROM生成地址及定时信号。

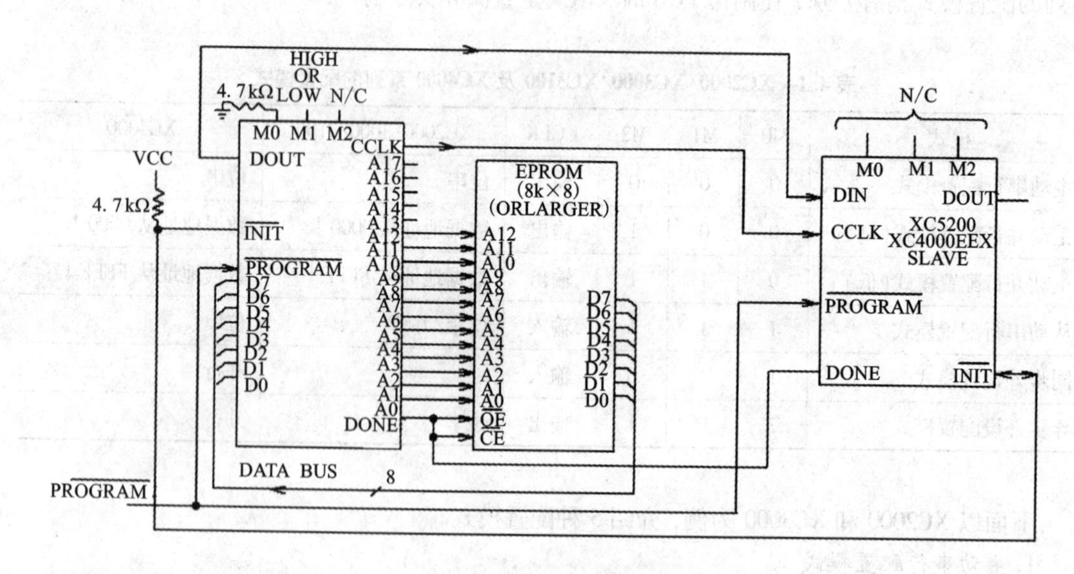

图4.12 主动并行配置模式

3. 外设配置模式

在外设配置模式下，FGPA器件将作为一个微处理器的外设，配置数据由微处理器提供，在微处理器的写脉冲和片选信号的控制下对FPGA进行数据配置。在CS0、CS1、CS2和WRT信号的控制下得到写周期，在每个写周期经数据总线通过FPGA芯片引脚D0～D7并行读入一个字节的配置数据(也可采用串行方式)。配置数据存入芯片内部的输入缓冲寄存器，在 FPGA 内部将并行配置数据变为串行数据。若 FPGA 信号 RDY/BUSY 输出高电平，表示一个字节的配置数据读完，输入缓冲器准备好，准备读入下一字节的配置数据。外设配置模式的电路如图 4.13 所示。

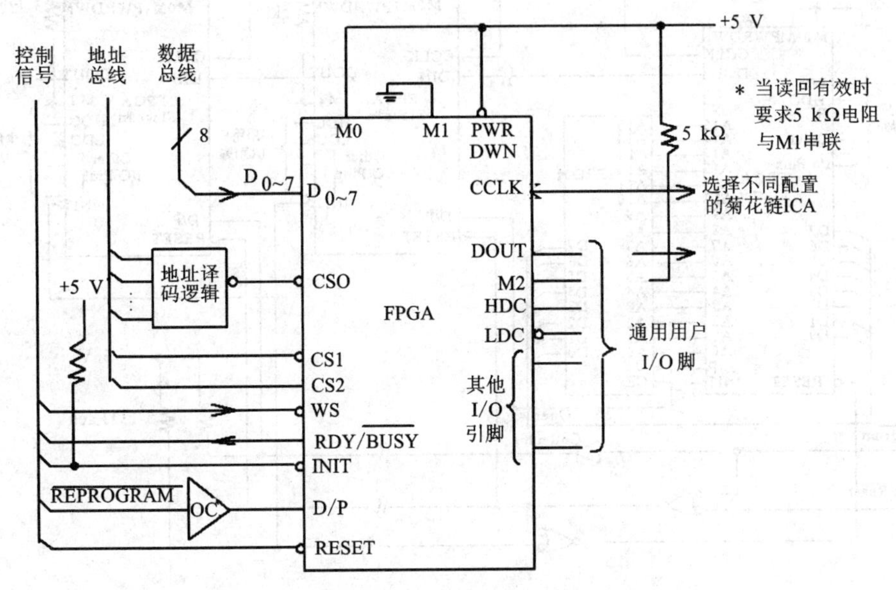

图 4.13　外设配置模式

4. 从动串行配置模式

从动串行配置模式如图 4.14 所示。该模式为 PC 机或单片机系统加载 FPGA 配置数据提供了最简单的接口。串行数据 DIN 和同步配置时钟 CCLK 可以同时由一个 PC 机的 I/O 口提供，在时钟 CCLK 的控制下进行配置操作。

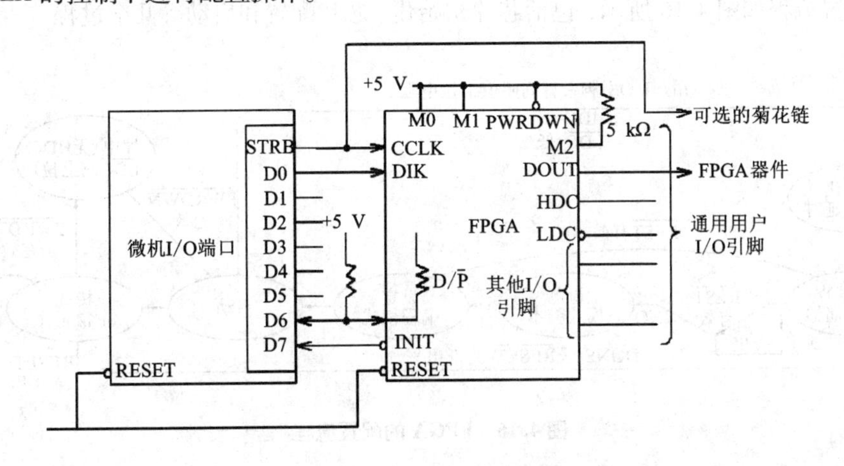

图 4.14　从动串行配置模式

5. 菊花链配置模式

在数字系统的应用设计中，单片 FPGA 不足以实现完整的系统功能时，可采用多个 FPGA 芯片。多个 FPGA 芯片可以用菊花链模式配置。菊花链模式是一种多芯片的配置信号连接方式。任何模式配置的 LCA 都支持菊花链。以主动模式配置的 LCA 可作为数据源，并可控制从属器件。图 4.15 所示为一个主模式配置器件与两个从属配置器件。

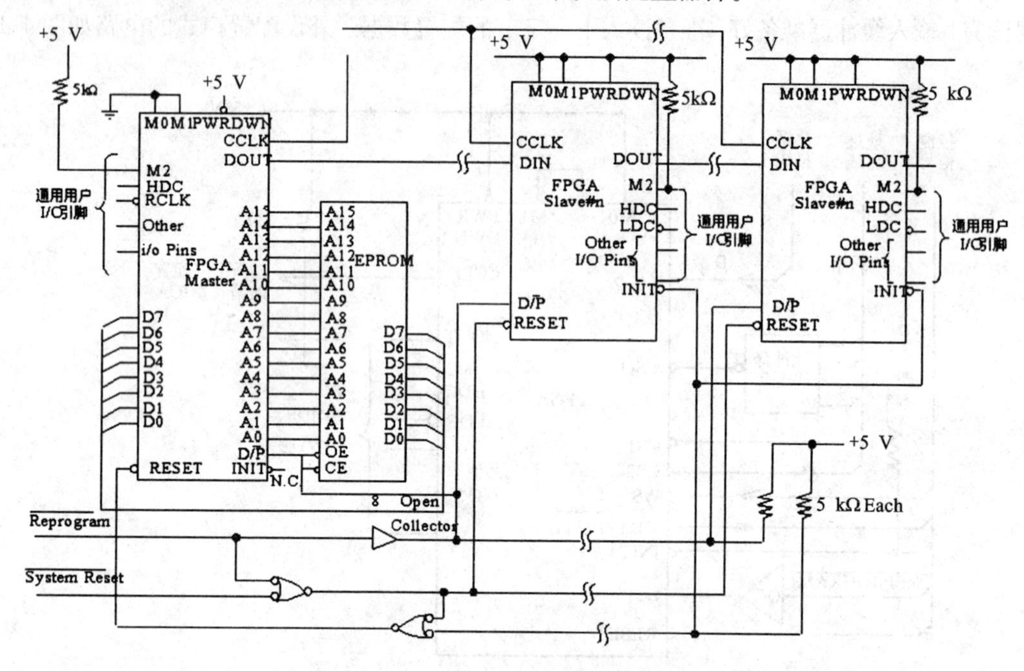

图 4.15　主并菊花链配置模式

6. FPGA 的配置流程

在 FPGA 的配置之前，首先要借助于 FPGA 开发系统，按某种文件格式要求描述设计系统，编译仿真通过后，将描述文件转换成 FPGA 芯片的配置数据文件。选择一种 FPGA 的配置模式，将配置数据装载到 FPGA 芯片内部的可配置存储器，FPGA 芯片才会成为满足要求的芯片系统。FPGA 的配置流程如图 4.16 所示，包括芯片初始化、芯片配置和启动等几个过程。

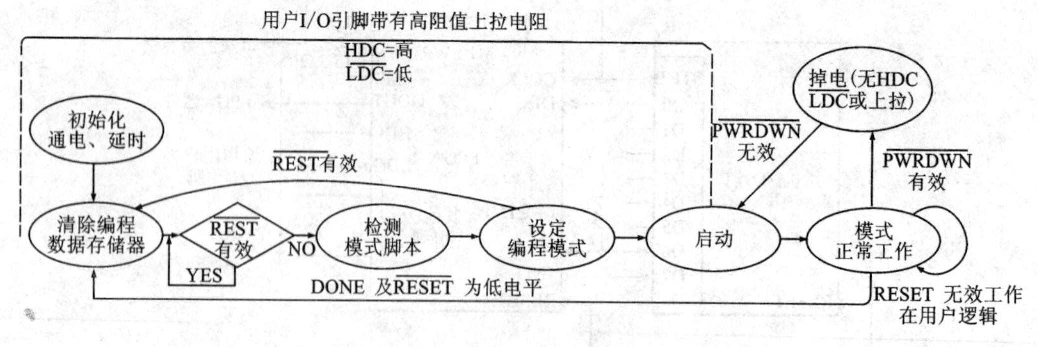

图 4.16　FPGA 的配置流程

4.3.4　FPGA 系列产品

ALTERA 公司的 FLEX 系列：10K，10A，10KE，EPF10K30E；APEX 系列：20K，20KE

EP20K200E；ACEX 系列：1K 系列 EP1K30，EP1K100；STRATIX 系列：EP1 系列 EP1S30，EP1S120。

XILINX 公司的 XC3000 系列，XC4000 系列，XC5000 系列，Virtex 系列，SPARTAN 系列（XCS10，XCS20，XCS30）。

4.4　CPLD 结构、原理及其产品

早期简单的 PLD 器件被 CPLD 代替，其根本原因：①阵列规模小，资源不够用于设计数字系统，当设计较大的数字逻辑时，需要多片器件，性能、成本及设计周期都受到影响；②片内寄存器资料不足，且寄存器的结构限制较多（如有的器件要求时钟共用），难以构成丰富的时序电路；③I/O 不够灵活，限制了片内的资源利用率；编程不方便，需要专门的编程工具，对于使用熔丝型简单 PLD 更是不便。

4.4.1　CPLD 结构特点

基于乘积项（Product - Term，PT）的 CPLD 结构，由可编程的与阵列和固定的或阵列组成。采用这种结构的 CPLD 芯片有：Altera 的 MAX7000，MAX3000 系列（EEPROM 工艺），Xilinx 的 XC9500 系列（Flash 工艺）和 Lattice，Cypress 的大部分产品（EEPROM 工艺）。CPLD 的总体结构（以 MAX7000 为例，其他型号的结构与此都非常相似）如图 4.17 所示。

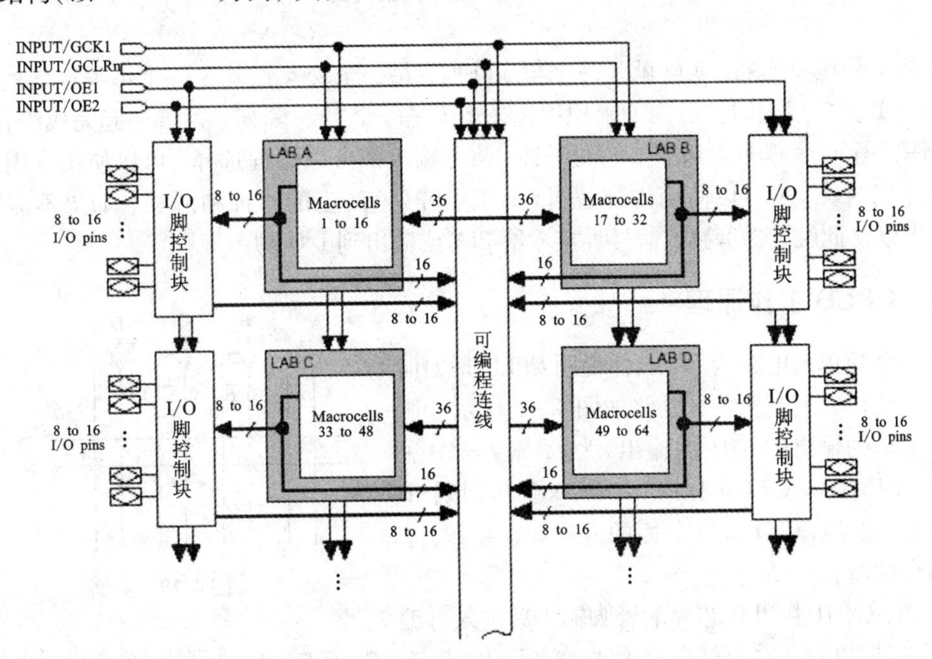

图 4.17　基于乘积项的 PLD 内部结构

这种 PLD 可分为 3 块结构：宏单元（Marocell）；可编程连线（PIA）；I/O 控制块。宏单元是 PLD 的基本结构，可编程连线负责信号传递，连接所有的宏单元。I/O 控制块负责输入输出的电气特性控制，比如可以设定集电极开路输出、三态输出等。图 4.17 左上的 INPUT/GCLK1，INPUT/GCLRn，INPUT/OE1，INPUT/OE2 是全局时钟，清零和输出使能信号，这几

个信号有专用连线与 PLD 中每个宏单元相连，信号到每个宏单元的延时相同并且延时最短。宏单元的具体结构见图 4.18。

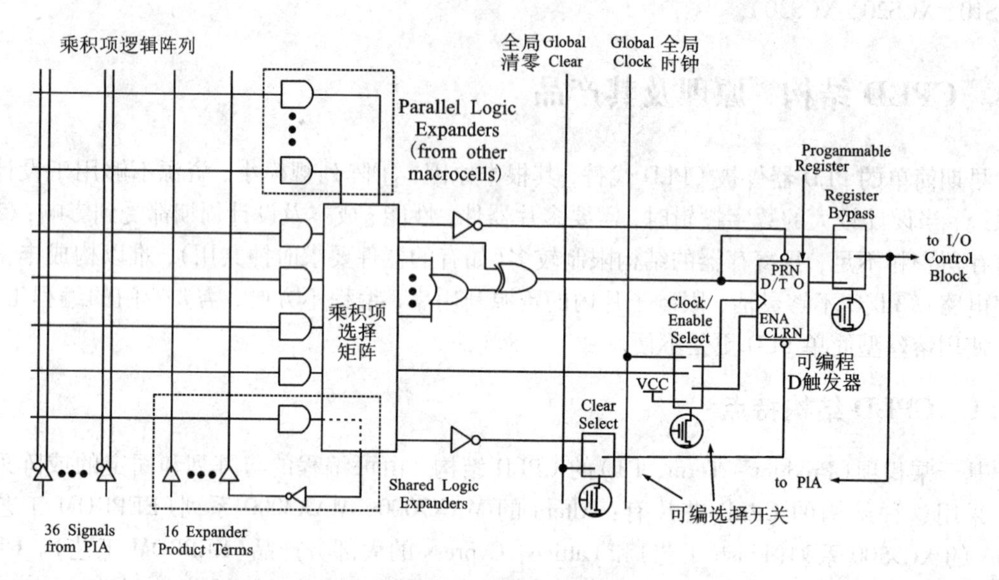

图 4.18 宏单元结构

左侧是乘积项阵列，实际就是一个与或阵列，每一个交叉点就是一个可编程熔丝，如果导通就是实现“与”逻辑。后面的乘积项选择矩阵是一个“或”阵列。两者一起完成组合逻辑。图右侧是一个可编程 D 触发器、它的时钟、清零输入都可以编程选择，可以使用专用的全局清零和全局时钟，也可以使用内部逻辑(乘积项阵列)产生的时钟和清零。如果不需要触发器，也可以将此触发器旁路，信号直接输给 PIA 或输出到 I/O 脚。

4.4.2 CPLD 工作原理

以一个简单的电路为例，具体说明 CPLD 是如何利用以上结构实现逻辑的，电路如图 4.19 所示。假设组合逻辑的输出(AND3 的输出)为 f，则 f = (A + B) × C × (！D) = A × C × ！D + B × C × ！D (以！D 表示 D 的“非”) CPLD 将以下面的方式(图 4.19)来实现组合逻辑 f。

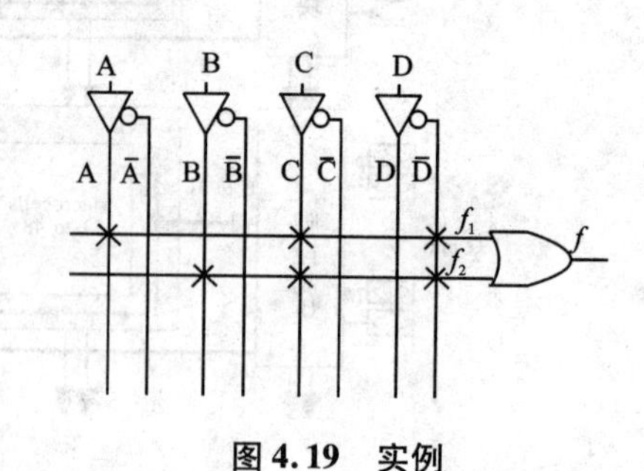

图 4.19 实例

A、B、C、D 由 PLD 芯片的管脚输入后进入可编程连线阵列(PIA)，在内部会产生 A、A 反，B、B 反，C、C 反，D、D 反 8 个输出。图 4.9 中每一个叉表示相连(可编程熔丝导通)，所以得到：$f = f_1 + f_2$ = (A × C × ！D) + (B × C × ！D)，这样组合逻辑就实现了。图 4.19 所示电路中 D 触发器的实现比较简单，直接利用宏单元中的可编程 D 触发器来实现。时钟信号 CLK 由 I/O 脚输入后进入芯片内部的全局时钟专用通道，直接连接到可编程触发器的时钟端。可编程触发器的输出与 I/O 脚相连，把结果输出到芯片管脚。这样 CPLD 就完成了图 4.19 所示电路的功能(以上这些步骤都是由软件自动完成的，不需要人为干预)。

该电路是一个很简单的例子，只需要一个宏单元就可以完成。但对于一个复杂的电路，一个宏单元是不能实现的，这时就需要通过并联扩展项和共享扩展项将多个宏单元相连，宏单元的输出也可以连接到可编程连线阵列，再作为另一个宏单元的输入。这样CPLD就可以实现更复杂逻辑。这种基于乘积项的PLD基本都是由EEPROM和Flash工艺制造的，一上电就可以工作，无需其他芯片配合。

4.4.3 CPLD系列产品

ALTERA公司生产的CPLD：MAX7000/S/A/B系列(EPM7128S)，MAX9000/A系列；XILINX公司生产的XC9500系列(XC95108、XC95256)，LATTICE和AMD公司生产的ispLSI系列(1K、2K、3K、5K、8K、ispLSI1016、ispLSI2032、ispLSI1032E、ispLSI3256A)，MACH系列，ispPAC系列等。

4.5 在系统可编程(ISP)逻辑器件

4.5.1 ISP逻辑器件结构特点

在系统可编程ISP(In System Programmability)的概念首先由美国的Lattice公司提出，是指在用户自己设计的目标系统中或线路板上，为重新构造设计逻辑而对器件进行编程或反复编程的能力。Lattice公司已将其独特的ISP技术应用到高密度可编程逻辑器件中，形成ispLSI(in system programmable Large Scale Integration，在系统可编程大规模集成)和pLSI(可编程大规模集成)逻辑器件系列。ispLSI在功能和参数方面都与相对应的pLSI器件兼容，只是增加5 V在系统可编程与反复可编程能力。ispLSI和pLSI产品，既有低密度PLD的使用方便、性能可靠等特点，又有FPGA器件的高密度和灵活性，具有确定可预知的延时、优化的通用逻辑单元、高效的全局布线区、灵活的时钟机制、标准的边界扫描功能和先进的制造工艺等优势，其系统速度可达154 MHz，逻辑集成度可达1 000 ~14 000门，是目前较先进的可编程专用集成电路。ispLSI/pLSI结构考虑了实际系统的应用要求。ispLSI3256的结构如图4.20所示。

ispLSI/pLSI器件的结构主要包括以下4部分。

1. 通用逻辑块GLB

ispLSI/pLSI结构的关键部分是通用逻辑块GLB(Generic Logic Block)，这种多功能逻辑块为最佳逻辑利用提供高的输入/输出比。用于ispLSI/PLSI1000/E及其2000系列的GLB，有18个输入，这些输入驱动20个乘积项(PT)的一个阵列。这些乘积项提供4个输出，它们有效地实现宽窄不同的门函数。ispLSI/pLSI3000系列使用孪生GLB(Twin GLB)结构，也称为双GLB结构，可提供更宽的逻辑功能，如图4.21所示。这种双GLB接收24个输入，并送到20个乘积项的两组阵列，最后驱动2组4输出函数。

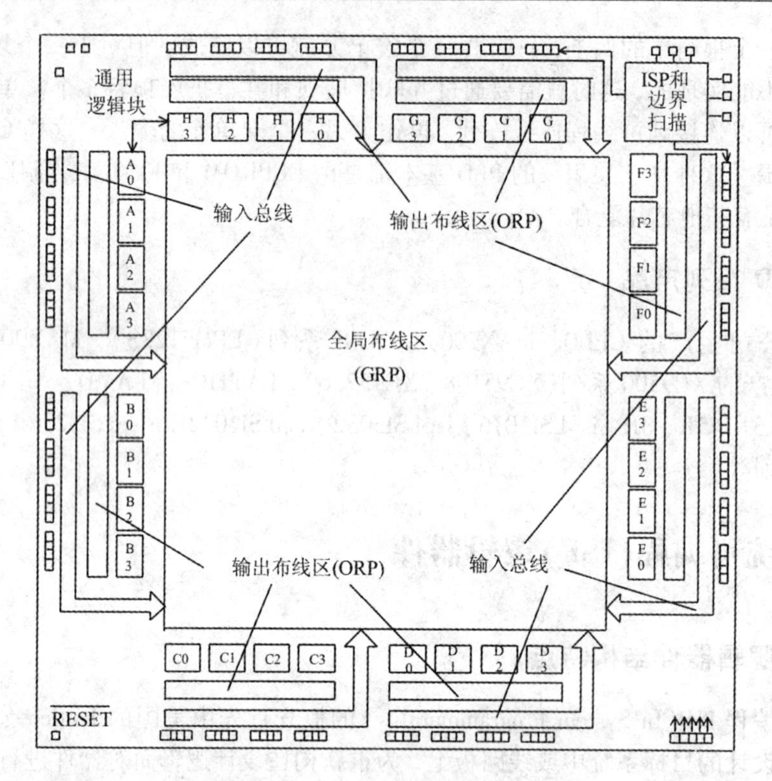

图 4.20　ispLSI/pLSI3256 结构框图

ispLSI/pLSI 的 GLB 的结构灵活性与它优化的输入/输出比，允许 GLB 实现所有的 MSI 功能。GLB 结构灵活性的另一个单元是乘积项共享阵列(PTSA)，该 PTSA 允许来自 AND 阵列的 20 个 PT 被任一或全部 4 个 GLB 输出共享。

2. 全局布线区 GRP

ispLSI/pLSI 结构的中央是全局布线区 GRP（Global Routing Pool)，它连接所有的内部逻辑。GRP 具有固定的和可预测的延时，提供完全的互连特性。这种独特的互连方式提供高性能及复杂设计的方便实现。

3. 输出布线区 ORP

输出布线区 ORP（Output Routing Pool)是一种独特的 ispLSI/pLSI 结构特性，它提供 GLB 输出与器件引脚之间的灵活连接。这种灵活性为“至关重要的”逻辑设计改变提供保证，在不改变外部引脚的情况下，实现设计的变化。

4. 加密单元

在 ispLSI/pLSI 器件中，提供了一个加密单元，以防止阵列的非法拷贝。该单元一旦被编程，就禁止读取器件内的功能数据。只有重新编程才能擦除该单元。因此，一旦编程该单元，就不能观察原有的配置。

这种结构给设计者提供下列好处：①高速度；②可预测性能；③低功耗；④结构灵活；⑤使用方便；⑥所有系列间的设计可移植；⑦非易失在系统可编程(ispLSI)；⑧全局时钟网络；⑨边界扫描功能；⑩内建存储器(6000 系列)。

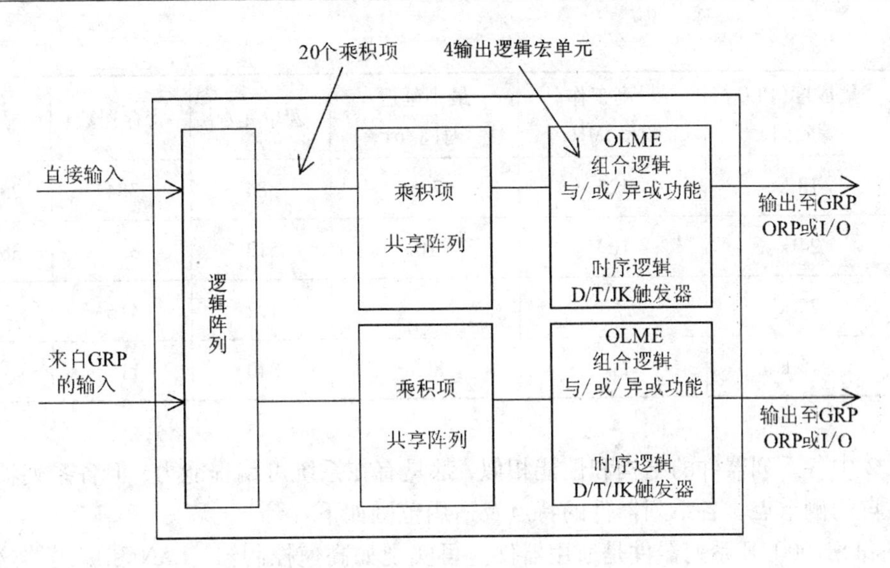

图4.21 ispLSI/pLSI3000及6000系列的GLB结构

4.5.2 ispLSI/pLSI系列器件及特点

ispLSI/pLSI系列器件是Lattice公司于20世纪90年代初推出的高性能大规模可编程逻辑器件，集成度在1 000~25 000门，Pin-to-Pin(管脚到管脚)延时最小可达3.5 ns，系统工作速度最高可达180 MHz。器件具有在系统编程能力和边界扫描能力，适合在计算机、仪器仪表、通信设备、雷达、DSP系统和遥测系统中使用。

ispLSI/pLSI主要包括6个系列：ispLSI/pLSI1000、2000、3000、5000、6000和8000系列。各系列特性见表4.2。

表4.2 ispLSI/pLSI主要6个系列器件特性

器件	集成度(PLD等效门)	最高工作频率/MHz	最小延迟时间/ns	宏单元数	寄存器数	引脚数
1016	2 k	110	10	64	96	36
1024	4 k	90	12	96	144	54
1032	6 k	90	12	128	192	72
1048/C	8 k	80/70	15/16	192	288	106/108
2064	2 k	125	7.5	64	64	68
2096	4 k	125	7.5	96	96	102
2128	6 k	100	10	128	128	136
3192	8 k	100	10	192	288	192
3256	11 k	77	15	256	384	128
3320	14 k	77	15	320	480	160
5256V	12 k	125	7.5	256	256	192

续表4.2

器件	集成度(PLD等效门)	最高工作频率/MHz	最小延迟时间/ns	宏单元数	寄存器数	引脚数
5384V	18 k	125	7.5	384	384	288/192
5512V	24 k	100	10	512	384	384/288
6192	25 k	77	15	192	416	208
8840	45 k	110	8.5	840	115	432

表4.2中各系列器件的结构和性能相似，都具有在系统可编程能力，但各系列器件在用途上有各自的侧重点。各系列器件的特点及适用范围如下：

(1)ispLSI1000/E系列器件是通用器件。可实现如高速控制器、LAN和编码器这样的集成功能。

(2)ispLSI2000系列适合高速度系统设计。ispLSI/pLSI2000系列多I/O端口器件，适合于定时器、计数器以及高速RISC/CISC微处理机的定时关键接口等场合。

(3)ispLSI3000系列是为复杂数字系统设计的。ispLSI/pLSI3000系列是几个系列中密度最高的，在单片封装中可集成完整的系统逻辑、DSP功能及整个编码压缩逻辑，并提供卓越的性能。

(4)ispLSI6000系列是带有存储器的更高密度产品。ispLSI/pLSI6000系列在基于单元的结构中，将专用FIFO或RAM存储模块与可编程逻辑相结合，在单片中可实现复杂系统设计方案。

(5)ispLSI8000系列逻辑器件是Lattice公司最新推出的多寄存器超大结构在系统可编程逻辑器件。

4.6 FPGA/CPLD在电子产品开发中的应用选择

根据CPLD的结构和原理可以知道，CPLD分解组合逻辑的功能很强，一个宏单元就可以分解十几个甚至20~30多个组合逻辑输入。而FPGA的一个LUT只能处理4输入的组合逻辑，因此，CPLD适合用于设计译码等复杂组合逻辑。但FPGA的制造工艺确定了FPGA芯片中包含的LUT和触发器的数量非常多，往往都是成千上万，CPLD一般只能做到512个逻辑单元，而且如果用芯片价格除以逻辑单元数量，FPGA的平均逻辑单元成本大大低于CPLD。所以如果设计中使用到大量触发器，例如设计一个复杂的时序逻辑，那么使用FPGA就是一个很好的选择。同时CPLD拥有上电即可工作的特性，而大部分FPGA需要一个加载过程，所以，如果系统要求可编程逻辑器件上电就工作，那么就应该选择CPLD。

4.6.1 FPGA和CPLD的性能比较

表4.3为FPGA和CPLD的结构、性能对照。

表4.3 FPGA和CPLD的结构、性能对照

性能	CPLD	FPGA
集成规模	小(最大数万)	大(最大数万)
单位粒度	大(PAL结构)	小(PROM结构)
互联方式	集总总线	分段总线、长线、专用互联
编程类型	ROM	RAM型须与存储器连用
信息	固定	可实时重构
触发器数	少	多
单元功能	强	弱
速度	高	低
Pin - Pin延时	确定，可预测	不确定，不可预测
功耗	高	低
加密性能	可加密	不可加密
适用场合	逻辑系统	数据型系统
编程工艺	EPROM、E^2PROM，Flash	SRAM

4.6.2 FPGA和CPLD的开发应用选择

由于PLD制造公司的FPGA/CPLD产品在价格、性能、逻辑规模和封装、对应的EDA软件性能等方面各有千秋，不同的开发项目必须作出最佳的选择。在应用开发中一般应考虑以下几个问题。

1. 器件的逻辑资源量的选择

开发一个项目，首先要考虑的是所选的器件的逻辑资源量是否满足本系统的要求。由于大规模的PLD器件的应用，大都是先将其安装在电路板上后再设计其逻辑功能，而且在实现调试前很难确定芯片可能耗费的资源，考虑到系统设计完成后，有可能要增加某些新功能，以及后期的硬件升级可能性，因此，适当估测一下功能资源以确定使用什么样的器件，对于提高产品的性能价格比是有好处的。

Lattice、Altera、Xinlinx 3家PLD主流公司的产品都有HDPLD的特性，且有多种系列产品供选用。相对而言，Lattice的高密度产品少些，密度也较小。由于不同的PLD公司在其产品的数据手册中描述芯片逻辑资源的依据和基准不一致，所以有很大出入。例如对于ispLSI1032E，Lattice给出的资源是6 000门，而对EPM7128S，Altera给出的资源是2 500门，但实际上这两种器件的逻辑资源是基本一样的。

实际开发中，逻辑资源的占用情况涉及的因素是很多的，大致有：①硬件描述语言的选择、描述风格的选择，以及 HDL 综合器的选择。这些内容涉及的问题较多，在此不宜展开。②综合和适配开关的选择。如选择速度优化，则将耗用更多的资源，而若选择资源优化，则反之。在 EDA 工具上还有许多其他的优化选择开关，都将直接影响逻辑资源的利用率。③逻辑功能单元的性质和实现方法。一般情况，许多组合电路比时序电路占用的逻辑资源要大，如并行进位的加法器、比较器，以及多路选择器。

2. 芯片速度的选择

随着可编程逻辑器件集成技术的不断提高，FPGA 和 CPLD 的工作速度也不断提高，pin-to-pin 延时已达纳米级，在一般使用中，器件的工作频率已足够了。目前，Altera 和 Xilinx 公司的器件标称工作频率最高都可超过 300 MHz。具体设计中应对芯片速度的选择有一综合考虑，并不是速度越高越好。芯片速度的选择应与所设计的系统的最高工作速度相一致。使用了速度过高的器件将加大电路板设计的难度。这是因为器件的高速性能越好，对外界微小毛刺信号的反映灵敏性越好，若电路处理不当，或编程前的配置选择不当，极易使系统处于不稳定的工作状态，其中包括输入引脚端的所谓“glitch”干扰。在单片机系统中，电路板的布线要求并不严格，一般的毛刺信号干扰不会导致系统的不稳定，但对于即使最一般速度的 FPGA/CPLD，这种干扰也会引起不良后果。

3. 器件功耗的选择

由于在线编程的需要，CPLD 的工作电压多为 5 V，而 FPGA 的工作电压的流行趋势是越来越低，3.3 V 和 2.5 V 的低工作电压的 FPGA 的使用已十分普遍。因此，就低功耗、高集成度方面，FPGA 具有绝对的优势。相对而言，Xilinx 公司的器件的性能较稳定，功耗较小，用户 I/O 利用率高。例如，XC3000 系列器件一般只用 2 个电源线、2 个地线，而密度大体相当的 Altera 器件可能有 8 个电源线、8 个地线。

4. FPGA/CPLD 的选择

FPGA/GPLD 的选择主要看开发项目本身的需要，对于普通规模且产量不是很大的产品项目，通常使用 CPLD 比较好。这是因为：

(1) 在中小规模范围，CPLD 价格较便宜，上市速度快，能直接用于系统。

(2) 开发 CPLD 的 EDA 软件比较容易得到，其中不少 PLD 公司将有条件地提供免费软件。如 Lattice 的 ispExpert、Synaio，Altera 的 Baseline，Xilinx 的 Webpack 等。

(3) CPLD 的结构大多为 E^2PROM 或 Flash ROM 形式，编程后即可固定下载的逻辑功能，使用方便，电路简单。

(4) 目前最常用的 CPLD 多为在系统可编程的硬件器件，编程方式极为便捷，方便进行硬件修改和硬件升级，且有良好的器件加密功能。Lattice 公司所有的 ispLSI 系列、Altera 公司的 7000S 和 9000 系列、Xilinx 公司的 XC9500 系列的 CPLD 都拥有这些优势。

(5) CPLD 中有专门的布线区，无论实现什么样的逻辑功能，或采用怎样的布线方式，引脚至引脚间的信号延时几乎是固定的，与逻辑设计无关。这种特性使得设计调试比较简单，逻辑设计中的毛刺现象比较容易处理，廉价的 CPLD 就能获得比较高速的性能。

对于大规模的逻辑设计、ASIC 设计或单片系统设计，则多采用 FPGA。FPGA 的使用途径主要有 4 个方面：

(1) 直接使用，即如 CPLD 那样直接用于产品的电路系统板上。

(2)间接使用，其方法是首先利用FPGA完成系统整机的设计，包括最后的电路板的定型，然后将充分验证成功的设计软件，如VHDL程序，交付原供产商进行相同封装形式的掩模设计。

(3)硬件仿真。由于FPGA是SRAM结构，且能提供庞大的逻辑资源，因而适用于作各种逻辑设计的仿真器件。从这个意义上讲，FPGA本身即为开发系统的一部分。FPGA器件能用作各种电路系统中不同规模逻辑芯片功能的实用性仿真，一旦仿真通过，就能为系统配以相适应的逻辑器件。

(4)专用集成电路ASIC设计仿真。对产品产量特别大，需要专用的集成电路，或是单片系统的设计，如CPU及各种单片机的设计，除了使用功能强大的EDA软件进行设计和仿真外，有时还有必要使用FPGA对设计进行硬件仿真测试，以便最后确认整个设计的可行性。

5. FPGA和CPLD封装的选择

FPGA和CPLD器件的封装形式很多，其中主要有PLCC、PQFP、TQFP、RQFP、VQFP、MQFP、PGA和BGA等。每一个芯片的引脚数从28至484不等，同一型号类别的器件可以有多种不同的封装。常用的PLCC封装的引脚数有28、44、52、68至84等几种规格。由于可以买到现成的PLCC插座，插拔方便，一般开发中，比较容易使用，适用于小规模的开发。PQFP、RQFP或VQFP属贴片封装形式，无须插座，管脚间距有零点几个毫米，直接或在放大镜下就能焊接，适合于一般规模的产品开发或生产，但引脚间距比PQFP要小许多，徒手难以焊接，批量生产需贴装机。多数大规模、多I/O的器件都采用这种封装。PGA封装的成本比较高，价格昂贵，形似586CPU，一般不直接采用作系统器件。如Altera的10K50有403脚的PGA封装，可用作硬件仿真。BGA封装是大规模PLD器件常用的封装形式，由于这种封装形式采用球状引脚，以特定的阵形有规律地排在芯片的背面上，使得芯片引出尽可能多的引脚，同时由于引脚排列的规律性，因而适合某一系统的同一设计程序能在同一电路板位置上焊上不同大小的含有同一设计程序的BGA器件，这是它的重要优势。此外，BGA封装的引脚结构具有更强的抗干扰和机械抗振性能。

对于不同的设计项目，应使用不同的封装。对于逻辑含量不大，而外接引脚的数量比较大的系统，需要大量的I/O口线才能以单片形式将这些外围器件的工作系统协调起来，因此选贴片形式的器件比较好。如可选用Lattice的ispLSI1048E - PQFP或Xilinx的XC95108 - PQFP，它们的引脚数分别是128和160，I/O口数一般都能满足系统的要求。

6. 其他因素的选择

相对而言，在3家PLD主流公司的产品中，Altera和Xilinx的设计较为灵活，器件利用率较高，器件价格较便宜，品种和封装形式较丰富。Xilinx的FPGA产品需要外加编程器件和初始化时间，保密性较差，延时较难事先确定，信号等延时较难实现。器件中的三态门和触发器数量，三家PLD主流公司的产品都较少，尤其是Lattice产品。

4.7　FPGA/CPLD器件的标识含义

Xilinx器件的标识方法是：器件型号 + 封装形式 + 封装引脚数 + 速度等级 + 环境温度。如：

XC3164　PC　84 -4　C

第 1 项：XC3164 表示器件型号。

第 2 项：PC 表示器件的封装形式，主要有 PLCC(Plastic Leaded Chip Carrier，塑料方形扁平封装)、PQFP(Plastic Quad Flat Pack，塑料四方扁平封装)、TQFP(Thin Quad Flat Pack，四方薄扁形封装)、RQFP(Power Quad Flat Pack，大功率四方扁平封装)、BGA[Bal　Grid Array(Package)，球形网状阵列(封装)]、PGA[Ceramic Pin Grid Array(Package)，陶瓷网状直插阵列(封装)]等形式。

第 3 项：84 表示封装引脚数。一般有 44、68、84、100、144、160、208、240 等数目，常用的器件封装引脚数有 44、68、84、100、144、160 等，最大的达 596 个引脚。而最大用户 I/O 是指相应器件中用户可利用的最大输入/输出引脚数目，它与器件的封装引脚不一定相同。

第 4 项：-4 表示速度等级。速度等级有两种表示方法。在较早的产品中，用触发器的反转速率来表示，单位为 MHz，一般分为 -50、-70、-100、-125 和 -150；在较后的产品中用一个 CLB 的延时来表示，单位为 ns，一般可分为 -10、-8、-6、-5、-4、-3、-2、-09。

第 5 项：C 表示环境温度范围。其中又有 C 为商用级(0℃ ~85℃)、I 为工业级(-40℃ ~100℃)和 M 为军用级(-55℃ ~125℃)。如下所示：

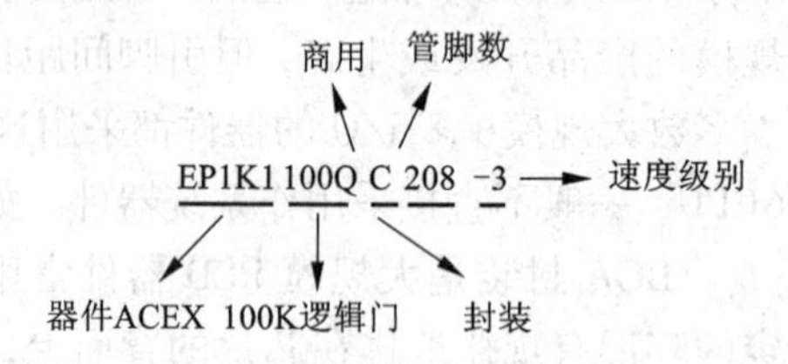

4.8　FPGA/CPLD 主要生产商

可编程逻辑器件是 20 世纪 70 年代发展起来的一种新型逻辑器件，以其独特的优越性能，一出现就受到了人们的青睐。它不仅速度快、集成度高，并且几乎能完成用户定义的逻辑功能，还可以加密和重新编程，其编程次数最大可达 1 万次以上。使用可编程逻辑器件可以大大简化硬件系统，降低成本，提高系统的可靠性、灵活性和保密性。PLD 的出现，打破了由中小规模通用型集成电路和大规模专用集成电路(ASIC)垄断的局面，在通信、数据处理、网络、仪器、工业控制、军事和航空航天等众多领域得到广泛应用。可以预见，在不久的将来，PLD 将在集成电路市场占统治地位。从 20 世纪 70 年代初最早的 PLD 出现，到 20 世纪 90 年代初，Lattice 公司推出在系统可编程大规模集成电路 ispLSI，PLD 器件类型众多，结构不同，规模不等。各种 PLD 器件，从简单的低密度的 20 脚可编程阵列逻辑 PAL、通用阵列逻辑 GAL 器件到几百脚的高密度现场可编程门阵列 FPGA 和复杂可编程逻辑器件 CPLD，可分别满足不同的应用需求。

目前生产 PLD 的厂家有 Xilinx、Altera、Lattice、Actel、Atemel、AMD、AT&T、Cypress、Intel、Motorolal、Microchip、Quicklogic、TI(Texas Instrument)等。常见的 PLD 产品有：PROM、EPROM、EEPROM、PLA、FPLA、PAL、GAL、CPLD、EPLD、EEPLD、HDPLD、FPGA、pLSI、 ispLSI、ispGAL 和 ispGDS 等。在我国常用的是 Xilinx、Altera、Lattice 这 3 家主流公司的 PLD 产品。

4.8.1　Altera 公司的 PLD 产品

目前在我国常见的 PLD 生产厂家有 Xilinx、Altera、Actel、Lattic、Atmel、Microchip 和 Amd 等，其中 Xilinx 和 Altera 为两个主要生产厂，Xilinx 的产品为 FPGA，ALTERA 的产品称为 CPLD，各有优缺点，但比较起来 ALTERA 的产品略有长处：同样具有 EPROM 和 SRAM 的结构；对于 SRAM 结构的产品，Altera 公司 PLD 的输出电流可达 25 mA，而 Xilinx 的 FPGA 只有 16 mA；Altera 公司的 PLD 延时时间可预测，弥补了 FPGA 的缺点；Xilinx 公司的开发软件 Foundation 功能全，但是不如 Altera 公司的 Max + Plus 软件使用简单，特别是对于学校的学生学习 VHDL 语言和 PLD 设计；Altera 公司的产品价格稍微便宜；Altera 公司新推出的 FLEX 10K10E 系列的产品具有更大的集成度。Altera 系列产品主要性能如表 4.4 所示。

表 4.4　Altera 系列产品主要性能

系列	代表产品	配置单元	逻辑单元(FF)	最大用户 I/O	速度等级/ns	RAM/位
APEX20K	EP20K1000E	SRAM	42 240	780	4	540 k
FLEX10K	EPF10K10	SRAM	4 992(5 392)	406	4	24 576
FLEX8000	EPF8050	SRAM	4 032(4 656)	360	3	
MAX9000	EPM9560	EEPROM	560(772)	212	12	
MAX7000	EPM7256	EEPROM	256	160	10	
FLASHlogic	EPX8160	SRAM/FLASH	160	172	10	20 480
MAX5000	EPM5192	EPROM	192	64	1	
Classic	EP1810	EPROM	48	48	20	

4.8.2　Xilinx 公司的 PLD 产品

美国 Xilinx 公司在 1985 年推出了世界上第一块现场可编程门阵列(FPGA)器件，最初 3 个完整的系列产品分别命名为 XC2000、XC3000 和 XC4000，共有 19 个品种，后又增加了低电压(3.3 V)的“L”系列、多 I/O 引脚的“H”系列及更高速的“A”系列，并推出了与 XC3000 兼容的 XC3100/A 系列，在 XC4000 的基础上又增加了“E”和“EX”系列。在 1995 年，Xilinx 又增加了 XC5000、XC6200 和 XC8100 FPGA 系列，并取得了突破性进展。而后又推出了 Spartan 和 Virture 系列。Xilinx 还有 3 个 EPLD 系列产品：XC7200、XC7300 和 XC9500，如表 4.5 所示。

表4.5 Xilinx系列产品主要性能

系 列	代表产品	可用门	宏单元	逻辑单元	速度等级/ns	驱动能力/mA	最大用户	RAM/位
XC2000	XC2018L	1.0 k～1.5 k	100	172	10	4	74	
XC3000	XC3090	5.0 k～6.0 k	320	928	6	4	144	
XC3100	XC3195/A	6.5 k～7.5 k	484	1320	0.9	8	176	
XC4000	XC4063EX	62 k～130 k	2 304	5 376	2	12	384	73728
XC5200	XC5215	14 k～18 k	484	1 936	4	8	244	
XC6200	XC6264	64 k～100 k	16 384	16 384	4	8	512	262 k
XC8100	XC8109	8.1 k～9.4 k	2 688	1 344	1	24	208	
XC7200	XC7272A	2.0 k	72	126	15	8	72	
XC7300	XC73144	3.8 k	144	234	7	24	156	
XC9500	XC95288	6.4 k	288	288	10	24	180	

4.8.3 Lattice公司的PLD产品

Lattice公司成立于1983年，是EECMOS技术的开拓者，发明了GAL器件，是低密度PLD的最大供应商。该公司于20世纪90年代开始进入HDPLD领域，并推出了pLSI/ispLSI器件，实现了在系统可编程技术（ISP）。Lattice公司目前的pLSI/ispLSI器件主要有6个系列：pLSI/ispLSI1000、2000、3000、5000、6000和8000系列，如表4.6所示。

表4.6 Lattice系列产品主要性能

系列	代表产品	可用门	宏单元	逻辑单元	速度等级/ns	最大用户
ispLSI1000/E	isp148	8 k	192	288	5	108
ispLSI2000/E/V/E	isp2192	8 k	192	192	6	110
ispLSI3000	isp3448	20 k	320	672	12	224
ispLSI5000V	isp5512V	24 k	512	384	10	384
ispLSI6000	isp6192 *	25 k	192	416	15	159
ispLSI8000	isp8840	45 k	840	1 152	8.5	312

本章小结

可编程逻辑器件 PLD 是一种可由用户通过自己编程配置各种逻辑功能的芯片，它经历了从简单 PLD(如 PROM、PLA、PAL 和 GAL)到采用大规模集成电路技术的复杂 PLD(如 CPLD 和 FPGA)的发展过程。

可编程阵列逻辑(PAL)是与阵列可编程、或阵列固定，输出结构有组合型和寄存器型等，便于用来实现组合逻辑和时序逻辑函数。通用阵列逻辑(GAL)是在 PAL 的基础上发展起来的，仍采用与或阵列结构，属于电可擦可编程工艺结构，可反复多次编程。由于 GAL 采用了输出逻辑宏单元(OLMC)，使得它的逻辑灵活性大大增加，一种 GAL 便可代替多种 PAL 器件，特别适合用于产品研制与开发。但 GAL 仍是低密度器件，规模较小。

FPGA 和 CPLD 是超大规模的集成电路，二者在结构上有差异。FPGA 的可编程逻辑颗粒比较细，编程单元主要是 SRAM；CPLD 的逻辑颗粒粗得多，是由多个宏单元构成的逻辑宏块形成的。FPGA 中的 FLEX10K 主要由嵌入式阵列块 EAB、逻辑阵列块 LAB、快速通道(Fast Track)和 I/O 单元 4 部分组成。CPLD 中的 MAX7000 由逻辑阵列块、宏单元、扩展乘积项(共享和并联)、可编程连线阵列和 I/O 控制块 5 部分构成。

常规 PLD 在使用中通常是先编程后装配，而采用在系统可编程(ISP)技术的 PLD，则是先装配后编程，且成为产品后还可反复编程。系统可编程大规模集成电路(ispLSI)由 I/O 单元、全局布线区 GRP、通用逻辑块 GLB 和输出布线区等部分组成。

习　题

1. 简述 PLD 的基本类型。

2. Altera、Xilinx、Lattice 公司有哪些器件系列？这些器件各有什么性能指标？阐述主要性能指标的含义。

3. CPLD 的英文全称是什么？CPLD 的结构主要由哪几部分组成？每一部分的作用如何？

4. 比较 Altera 公司的 FLEX10K/8000 系列。

5. 概述 FPGA 器件的优点及主要应用场合。

6. FPGA 的英文全称是什么？FPGA 的结构主要由哪几部分组成？每一部分的作用如何？

7. 什么叫 FPGA 的配置模式？FPGA 器件有哪几种配置模式？每种配置模式有什么特点？FPGA 的配置流程如何？

第5章 EDA 工具软件的使用及设计流程

5.1 Quartus Ⅱ使用及设计流程

Quartus Ⅱ是 Altera 公司推出的新一代开发软件，适合于大规模逻辑电路设计，其设计流程概括为设计输入、设计编译、设计仿真和设计下载等过程。Quartus Ⅱ支持多种编辑输入法，包括图形编辑输入法，VHDL、Verilog HDL 和 AHDL 的文本编辑输入法，符号编辑输入法，以及内存编辑输入法。Quartus Ⅱ与 Matlab 和 DSP Builder 结合可以进行基于 FPGA 的 DSP 系统开发，是 DSP 硬件系统实现的关键 EDA 工具，与 SOPC Builder 结合，可实现 SOPC 系统开发。

本章介绍 Quartus Ⅱ的设计流程，并通过正弦信号发生器设计详细介绍其使用方法。

5.1.1 Quartus Ⅱ特点

Quartus Ⅱ是最高级和复杂的，用于 system-on-a-programmable-chip（SOPC）的设计环境，该软件提供了完善的 timing closure 和 LogicLock 基于块的设计流程。Quartus Ⅱ是唯一一个包括以 timing closure 和 基于块的设计流为基本特征的 programmable logic device（PLD）的软件，该软件改进了性能，提升了功能性，解决了潜在的设计延迟等，在工业领域率先提供 FPGA 与 mask-programmed devices 开发的统一工作流程。Altera Quartus Ⅱ作为一种可编程逻辑的设计环境，由于其强大的设计能力和直观易用的接口，越来越受到数字系统设计者的欢迎。

5.1.2 Quartus Ⅱ图形编辑输入法

在 Quartus Ⅱ平台上，使用图形编辑输入法设计电路的操作流程包括编辑、编译、仿真和编程下载等基本过程。用 Quartus Ⅱ图形编辑方式生成的图形文件的扩展名为. gdf 或. bdf。为了方便电路设计，设计者首先应当在计算机中建立自己的工程目录，例如用\myeda\mybdf\文件夹存放设计. bdf 文件，用\myeda\myvhdl\文件夹存放设计. vhd 文件等。

1. 编辑设计文件

打开 Quartus Ⅱ集成环境后，呈现如图 5.1 所示的主窗口界面。

1）创建工程项目（Project）

执行 File→New Project Wizard 命令，弹出如图 5.2 所示的建立新设计项目的对话框。

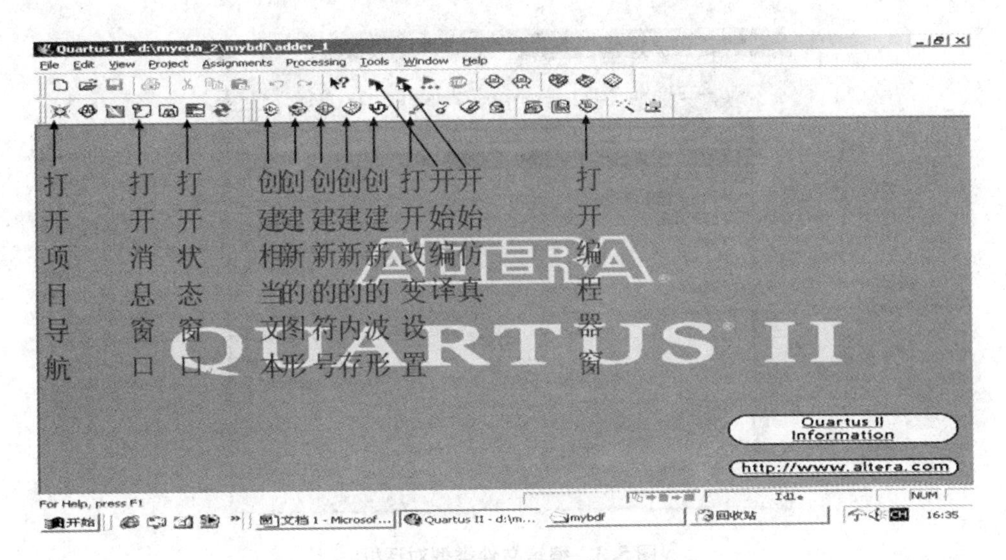

图5.1　Quartus Ⅱ主窗口界面

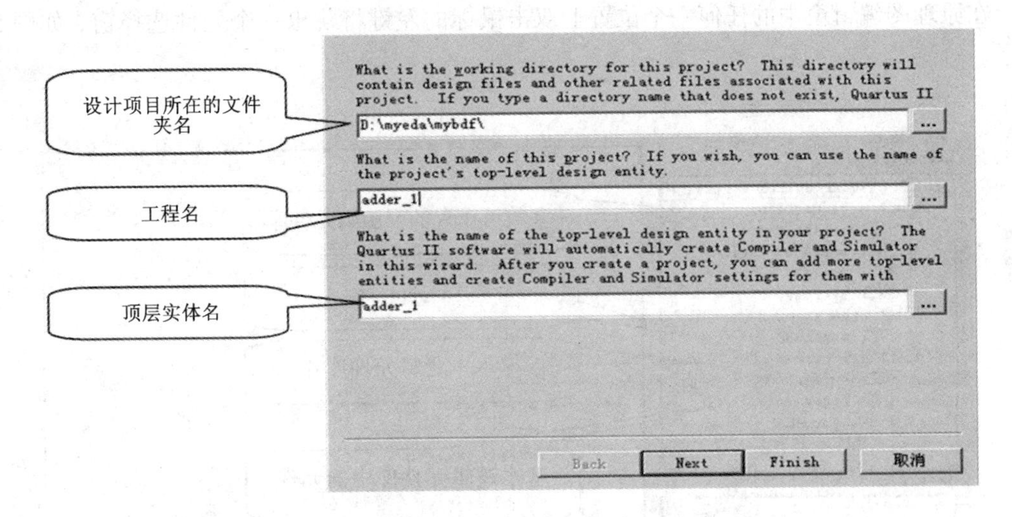

图5.2　建立新的项目对话框

2)进入图形编辑方式

执行File→New命令，弹出如图5.3所示的编辑文件类型对话框，选择“Block Diagram/Schematic File ”(模块/原理图文件)方式。

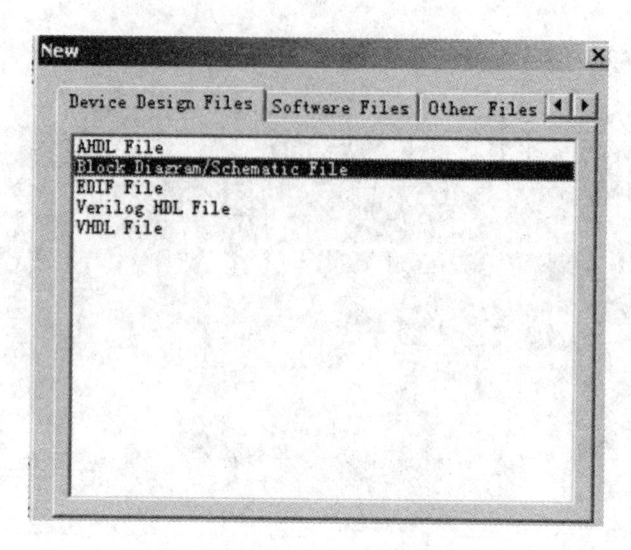

图 5.3　编辑文件类型对话框

3)选择元件

在原理图编辑窗中的任何一个位置上双击鼠标的左键将跳出一个元件选择窗，如图 5.4 所示。

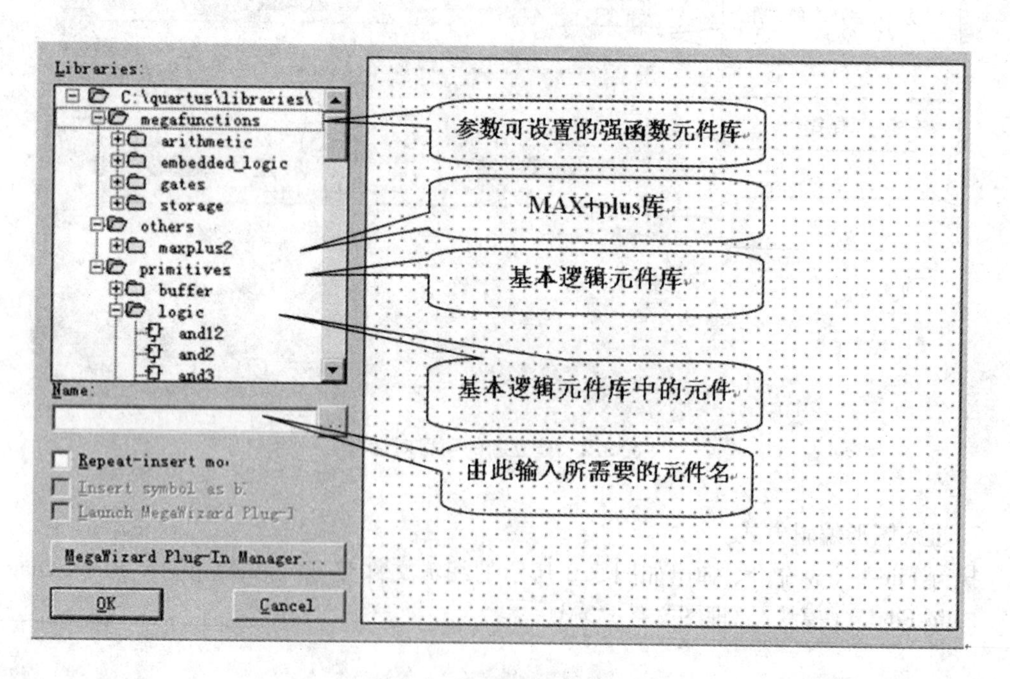

图 5.4　元件选择对话框

4）编辑图形文件

1 位全加器的图形编辑文件如图 5.5 所示。

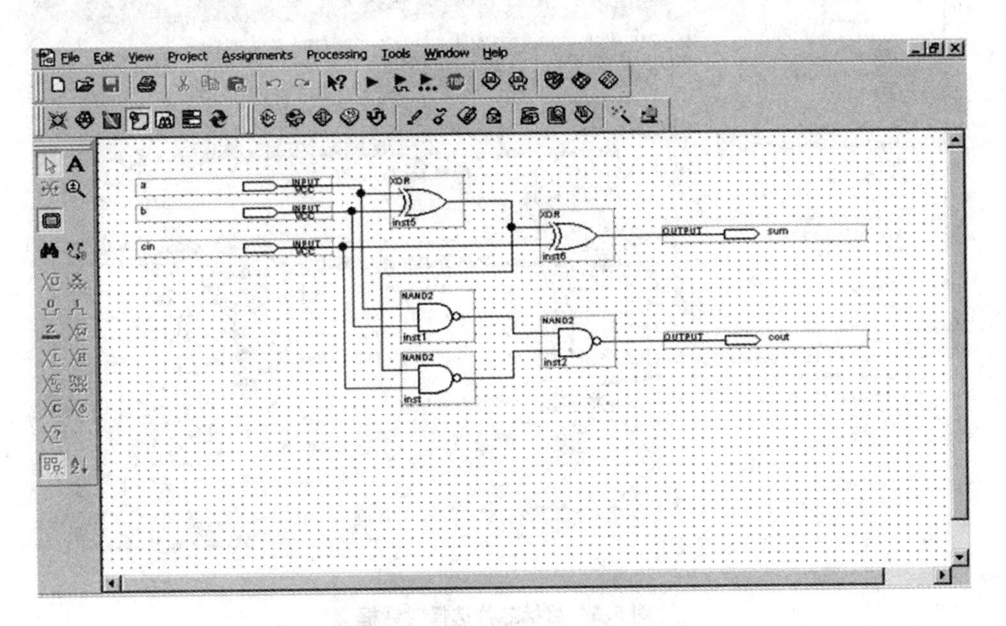

图 5.5　1 位全加器的图形编辑文件

2. 编译设计文件

在编译设计文件前，应先选择下载的目标芯片，否则系统将以默认的目标芯片为基础完成设计文件的编译。在 Quartus Ⅱ集成环境下，执行 Assignments|Device 命令，在弹出的如图 5.6 所示器件选择对话框的 Family 栏目中选择目标芯片系列名，如 FLEX10K，然后在 Available devices 栏目中用鼠标点黑选择的目标芯片型号，如 EPF10KLC84 - 4，选择结束单击 OK 按键。执行 Pricessing→Start Compilation 命令，或者按“开始编译”按键，即可进行编译，编译过程中的相关信息将在“消息窗口”中出现。

3. 仿真设计文件

仿真一般需要经过建立波形文件、输入信号节点、设置波形参量、编辑输入信号、波形文件存盘、运行仿真器和分析仿真波形等过程。

1）建立波形文件

执行 File→New 命令，在弹出编辑文件类型对话框中，选择“Other Files”中的“Vector Waveform File”方式后单击“OK”按键，或者直接按主窗口上的“创建新的波形文件”按钮，进入 Quartus Ⅱ波形编辑方式。

2）输入信号节点

在波形编辑方式下，执行 Edit→Insert Node or Bus 命令，或在波形文件编辑窗口的 Name 栏中点击鼠标右键，在弹出的菜单中选择“Insert Node or Bus”命令，即可弹出插入节点或总线（Insert Node or Bus）对话框，如图 5.7 所示。

在“Insert Node or Bus”对话框中首先单击“Node Finder”按钮，弹出如图 5.8 所示的节点

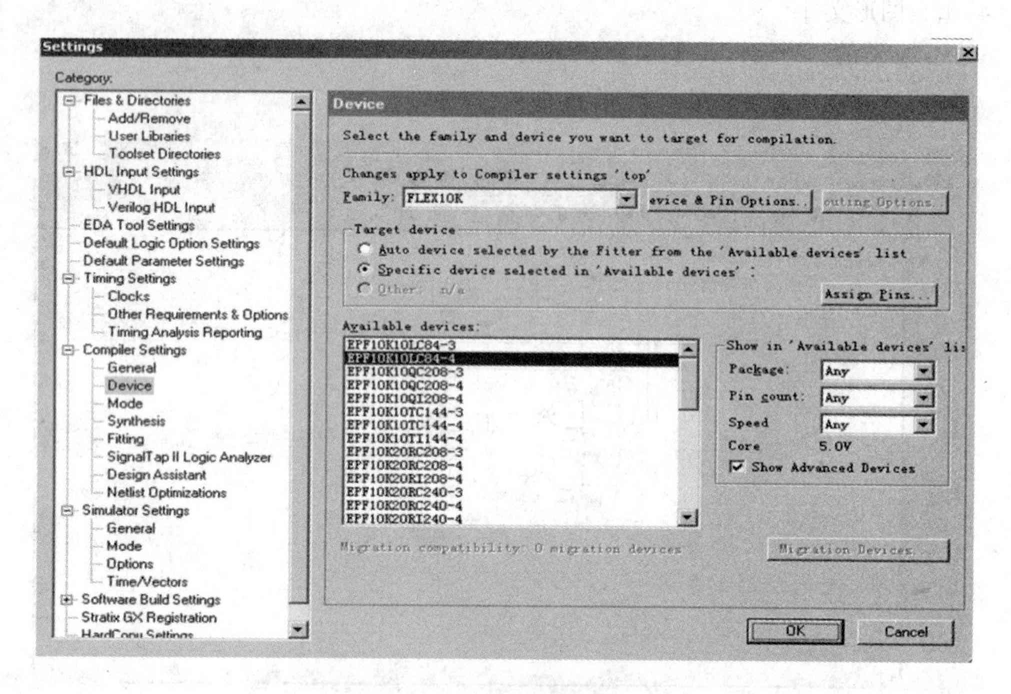

图 5.6 目标芯片选择对话框

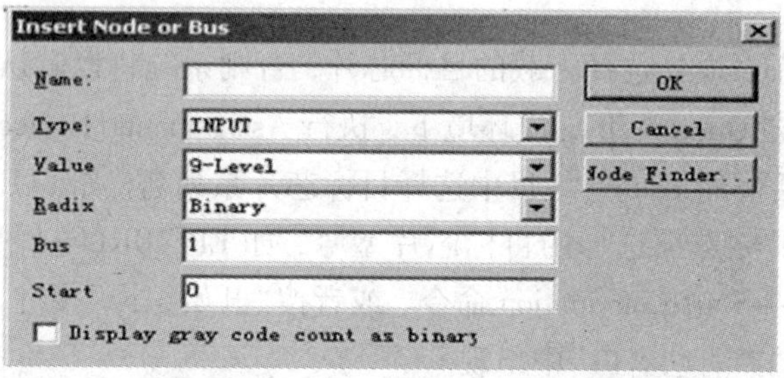

Insert Node or Bus

Name:

Type: INPUT

Value 9-Level

Radix Binary

Bus 1

Start 0

Display gray code count as binary

OK

Cancel

Node Finder...

图 5.7 插入信号节点对话框

发现者(Node Finder)对话框，在"Node Finder"对话框的 Filte 栏目中选择"Pins：all"后，再单击"Start"按钮，这时在窗口左边的"Nodes Found"(节点建立)框中将列出该设计项目的全部信号节点。若在仿真中需要观察全部信号的波形，则单击窗口中间的"≫"按钮；若在仿真中只需要观察部分信号的波形，则首先用鼠标单击信号名，然后单击窗口中间的"≫"按钮，选中的信号即进入到窗口右边的"Selected Nodes"(被选择的节点)框中。如果需要删除"Selected Nodes"框中的节点信号，也可以用鼠标将其选中，然后单击窗口中间的"≪"按钮。节点信号选择完毕后，单击"OK"按钮即可。

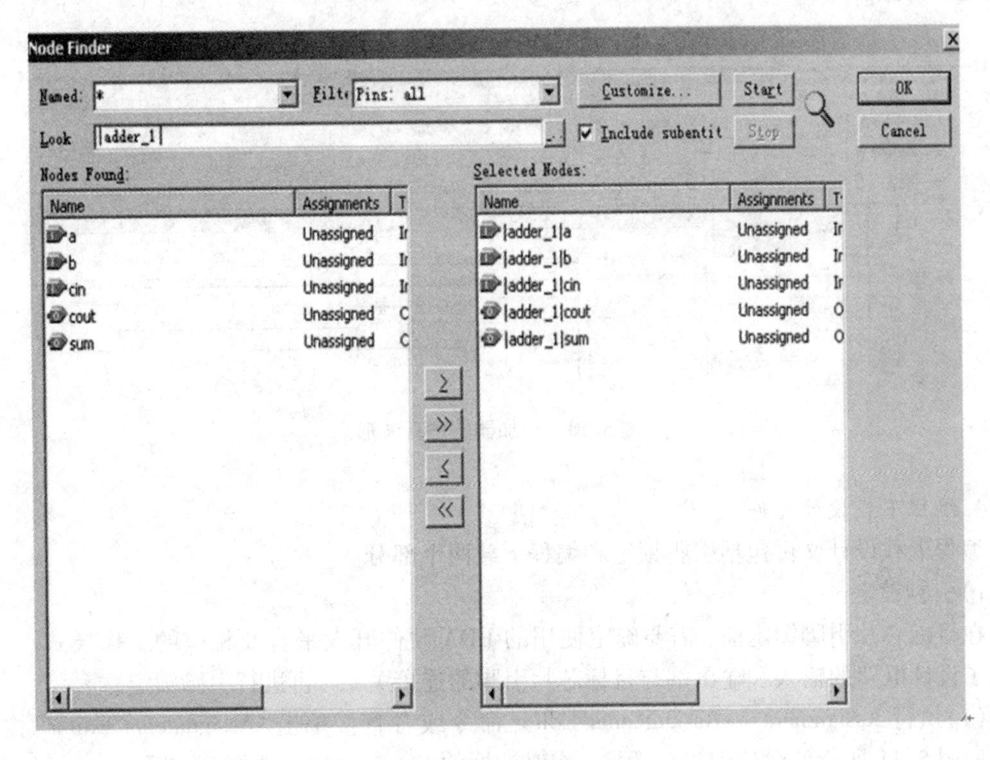

图 5.8　节点发现者对话框

3)设置波形参量

Quartus Ⅱ默认的仿真时间域是1 μs，如果需要更长时间观察仿真结果，可执行Edit→End Time选项，在弹出的“End Time”选择窗中，选择适当的仿真时间域，如图5.9所示。

图 5.9　设置仿真时间域对话框

4)编辑输入信号

为输入信号a、b和cin编辑测试电平的方法及相关操作域Max+plus Ⅱ基本相同。

5)波形文件存盘

执行“File”选项的“Save”命令，在弹出的“Save as”对话框中直接按“OK”键即可完成波形文件的存盘。在波形文件存盘操作中，系统自动将波形文件名设置与设计文件名同名，但文件类型是.vwf。例如，全加器设计电路的波形文件名为“adder_1.vwf”。

6)运行仿真器

执行Processing→Start Simulation命令，或单击“Start Simulation”按键，即可对全加器设计

电路进行仿真。

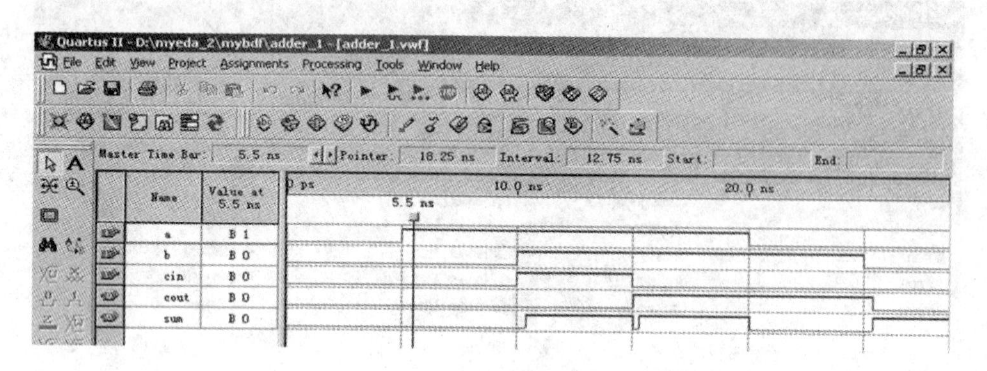

图 5.10　全加器的仿真波形

4. 编程下载设计文件

编程下载设计文件包括引脚锁定和编程下载两个部分。

1) 引脚锁定

在目标芯片引脚锁定前，需要确定使用的 EDA 硬件开发平台及相应的工作模式。然后确定了设计电路的输入和输出端与目标芯片引脚的连接关系，再进行引脚锁定。

(1) 执行 Assignments→Assignments Editor 命令或者直接单击“Assignments Editor”按钮，弹出如图 5.11 所示的赋值编辑对话框，在对话框的 Category 栏目选择 Pin 项。

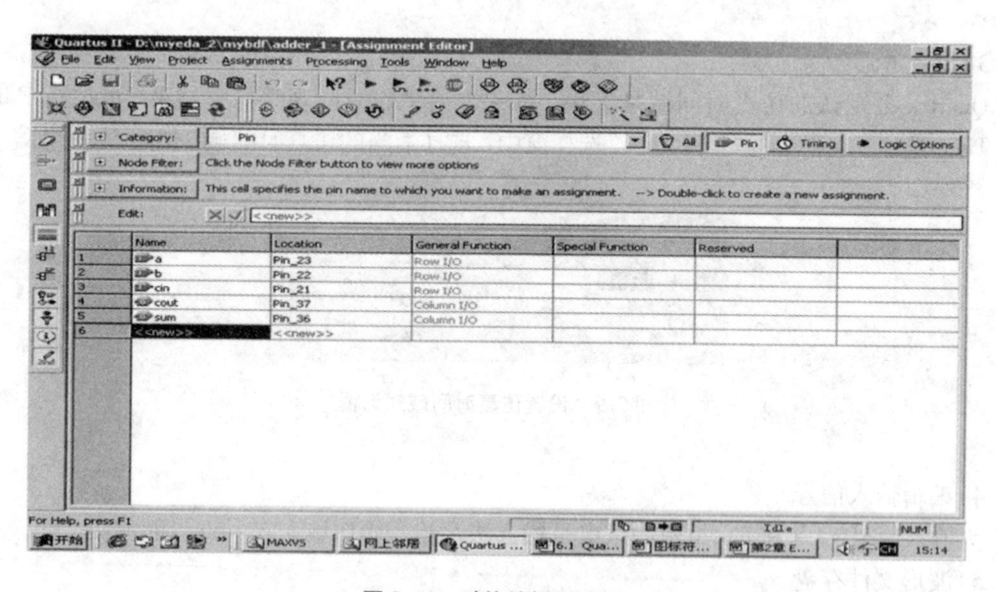

图 5.11　赋值编辑对话框

(2) 用鼠标双击 Name→New，在其下拉菜单中列出了设计电路的全部输入和输出端口名，例如全加器的 a、b、cin、cout 和 sum 端口等。用鼠标选择其中的一个端口后，再用鼠标双击 Location→New，在其下拉菜单中列出了目标芯片全部可使用的 I/O 端口，然后用鼠标选择其中的一个I/O端口。例如，全加器的a、b、cin、cout和sum端口，分别选择Pin_23、Pin_22、Pin_21、Pin_37和Pin_36。赋值编辑操作结束后，存盘并关闭此窗口，完成引脚锁定。

(3)锁定引脚后还需要对设计文件重新编译，产生设计电路的下载文件(.sof)。

2)编程下载设计文件

在编程下载设计文件之前，需要将硬件测试系统(如GW48实验系统)，通过计算机的并行打印机接口与计算机连接好，打开电源。首先设定编程方式。执行Tools→Programmer命令或者直接单击"Programmer"按钮，弹出如图5.12所示的设置编程方式窗口。

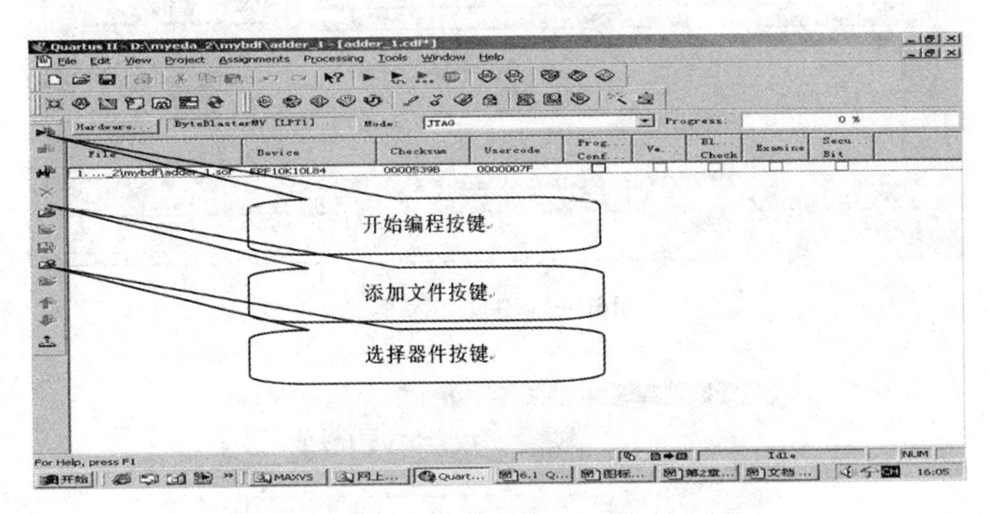

图5.12　设置编程方式窗口

(1)选择下载文件。用鼠标点击下载方式窗口左边的"Add File"(添加文件)按键，在弹出的"Select Programming File"(选择编程文件)的对话框中，选择全加器设计工程目录下的下载文件"Adder_1.sof"，如图5.13所示。

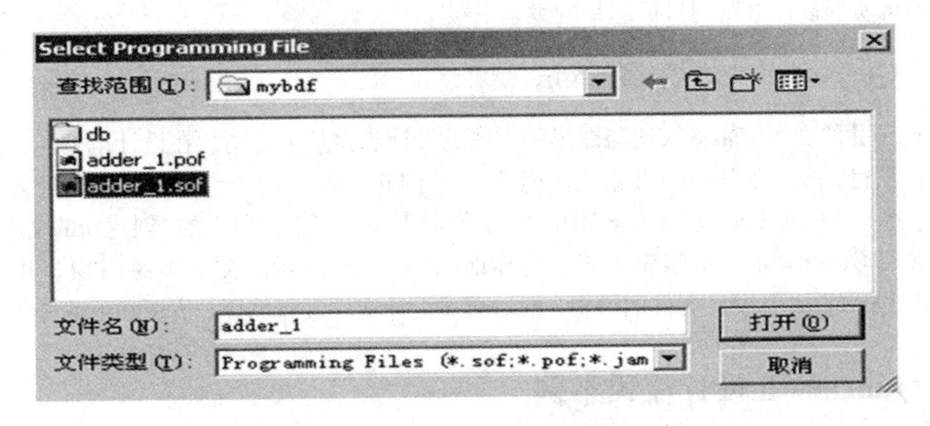

图5.13　选择下载文件对话框

(2)设置硬件。设置编程方式窗口中，点击"Hardwaresettings"(硬件设置)按钮，在弹出的如图5.14所示的"Hardware Setup"硬件设置对话框中单击"Add Hardware"按键，在弹出的如图 5.15 所示“Add Hardware”的添加硬件对话框中选择“ByteBlasterMV”编程方式后单击“OK”按钮。

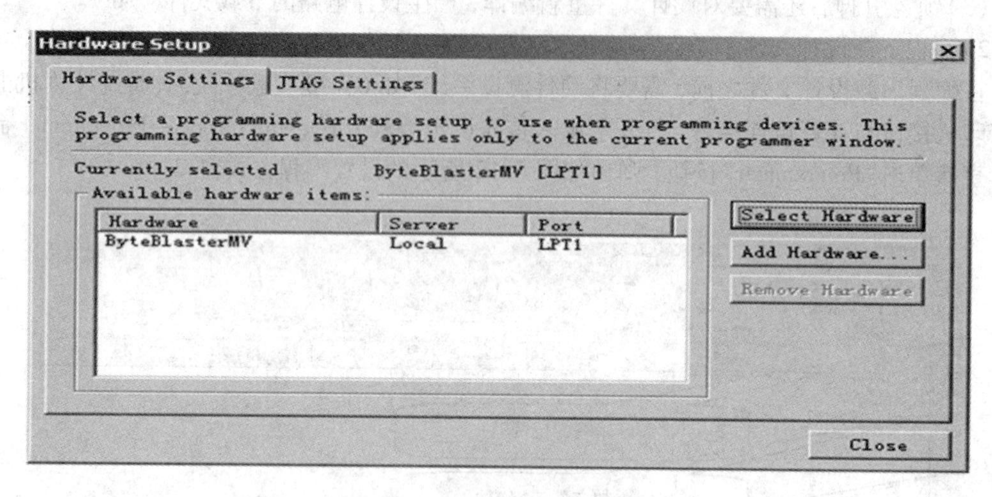

图 5.14 硬件设置对话框

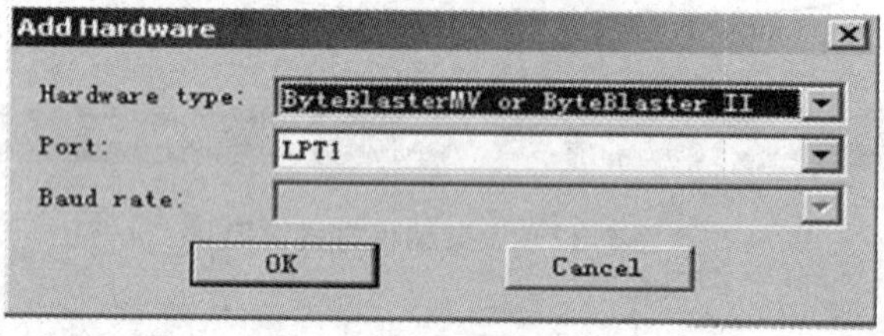

图 5.15 添加硬件对话框

(3)编程下载。执行 Processing→Stare Programming 命令或者直接按“Start Programming”按钮，即可实现设计电路到目标芯片的编程下载。

5.1.3 Quartus Ⅱ文本编辑输入法

QuartusⅡ的文本编辑输入法与图形输入法的设计步骤基本相同。在设计电路时，首先要建立设计项目，然后在 QuartusⅡ集成环境下，执行 File→New 命令，在弹出的编辑文件类型对话框，选择 VHDL File 或 Verilog HDL File，或者直接单击主窗口上的“创建新的文本文件”按钮，进入 Quartus Ⅱ文本编辑方式，其界面如图 5.16 所示。在文本编辑窗口中，完成 VHDL 或 Verilog HDL 设计文件的编辑，然后再对设计文件进行编译、仿真和下载操作。

5.2 Quartus Ⅱ设计流程举例

本节将以正弦信号发生器设计为例，详细介绍 Quartus Ⅱ采用文本编辑输入法的使用方法。

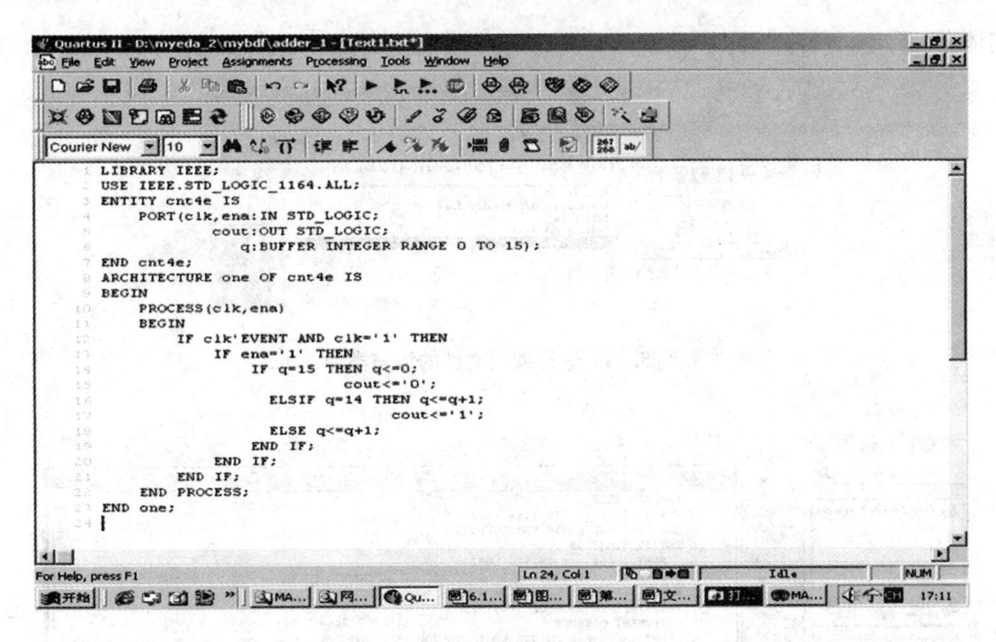

图5.16　文本编辑窗口

5.2.1　创建工程和编辑设计文件

图5.17所示是此信号发生器结构图，由3个部分组成：数据计数器或地址发生器、数据存储ROM和D/A。顶层文件SINGT. VHD在FPGA中实现，包含两个部分：ROM的地址信号发生器(由5位计数器担任)和正弦数据存储ROM，ROM由LPM_ROM模块构成。D/A输出频率f与地址发生器的时钟CLK的输入频率f_0、每周期的波形数据点数(在此选择64点)的关系是：$f=f_0/64$。

1. 编辑设计文件

首先建立工作库，以便设计工程项目的存储。任何一项设计都是一项工程(Project)，都必须首先为此工程建立一个放置与此工程相关的所有文件的文件夹，此文件夹将被EDA软件默认为工作库(Work Library)。在建立了文件夹后就可以将设计文件通过Quartus Ⅱ的文本编辑器编辑并存盘，步骤如下：

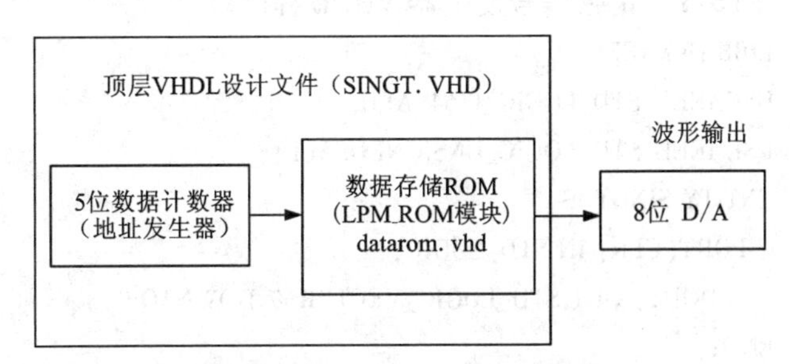

图5.17　正弦信号发生器结构

(1)新建一个文件夹。利用资源管理器，新建一个文件夹，如：e:\SIN GNT。

(2)输入源程序。打开Quartus Ⅱ，执行File→New，在New窗口中的“Device Design Files”中选择编译文件的语言类型，这里选“VHDL Files”，如图5.18所示。然后在VHDL文本编译窗中键入例3.1的VHDL程序，如图5.19所示。

(3)文件存盘。执行File→Save As，找到已设立的文件夹e:\SIN_GNT，存盘文件名应该与实体名一致，即 singt. vhd。

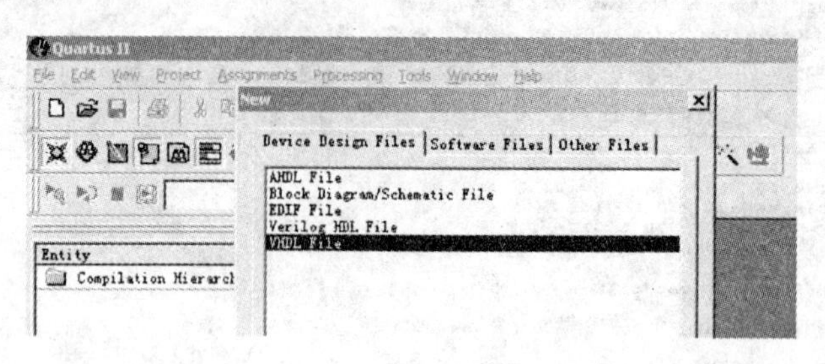

图 5.18 选择编辑文件的语言类型

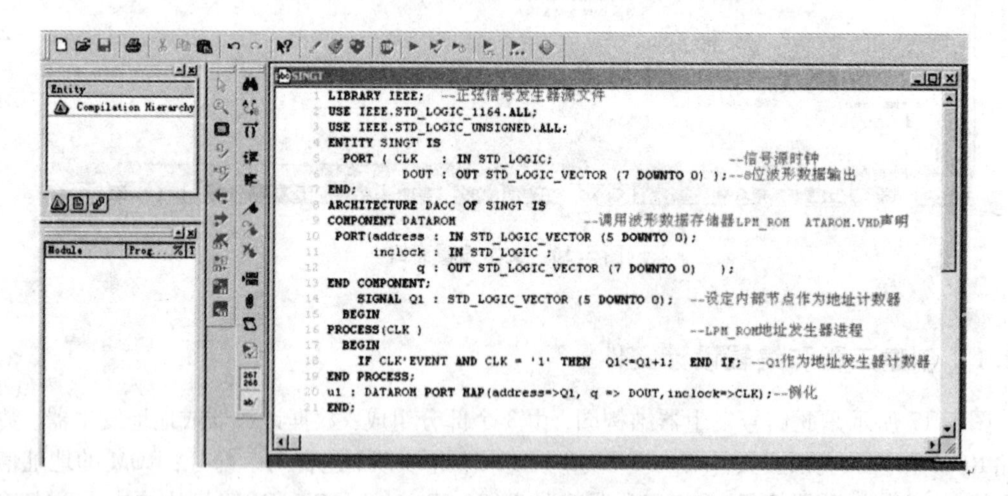

图 5.19 编辑输入设计文件

例 5.1 正弦信号发生器 VHDL 程序。

```
LIBRARY IEEE;                                          --正弦信号发生器源文件
USE IEEE. STD_LOGIC_1164. ALL;
USE IEEE. STD_LOGIC_UNSIGNED. ALL;
ENTITY SINGT IS
  PORT( CLK: IN STD_LOGIC;                             --信号源时钟
    DOUT: OUT STD_LOGIC_VECTOR(7 DOWNTO 0));           --8 位波形数据输出
END;
ARCHITECTURE DACC OF SINGT IS
COMPONENT DATAROM                                      --调用波形数据存储器 LPM_ROM
                                                         ATAROM. VHD 声明
PORT( address: IN STD_LOGIC_VECTOR(5 DOWNTO 0);
      inclock: IN STD_LOGIC;
           q: OUT STD_LOGIC_VECTOR (7 DOWNTO 0));
END COMPONENT;
SIGNAL Q1: STD_LOGIC_VECTOR(5DOWNTO0);                 --设定内部节点作为地址计数器
  BEGIN
```

```
PROCESS(CLK )                                    --LPM_ROM 地址发生器进程
  BEGIN
    IF CLK'EVENT AND CLK = '1' THEN   Q1 < = Q1 + 1;
END IF;                                          --Q1 作为地址发生器计数器
END PROCESS;
U1:DATA ROMPORT MAP(address = > Q1, q = > DOUT, inclock = > CLK);
                                                 --例化
END;
```

2. 创建工程

(1)建立新工程管理窗。执行 File|New Project Wizard 命令，在如图 5.20 所示的对话框进行工程设置。

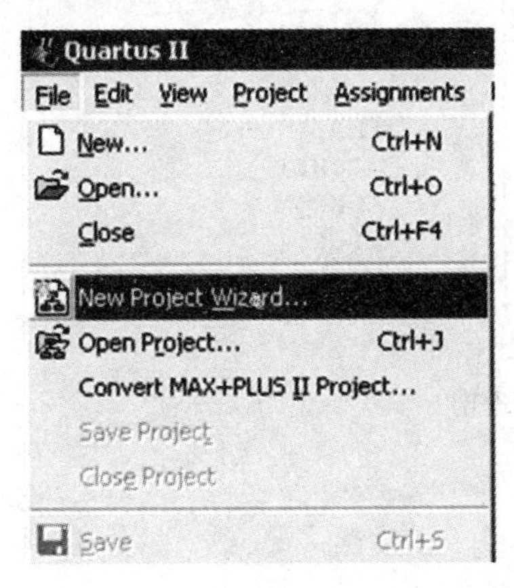

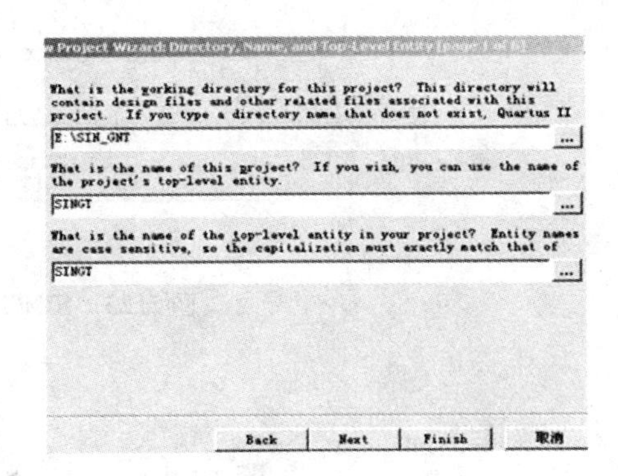

图 5.20　利用"New Project Wizard"创建工程

(2)将设计文件加入工程中，如图 5.21 所示。

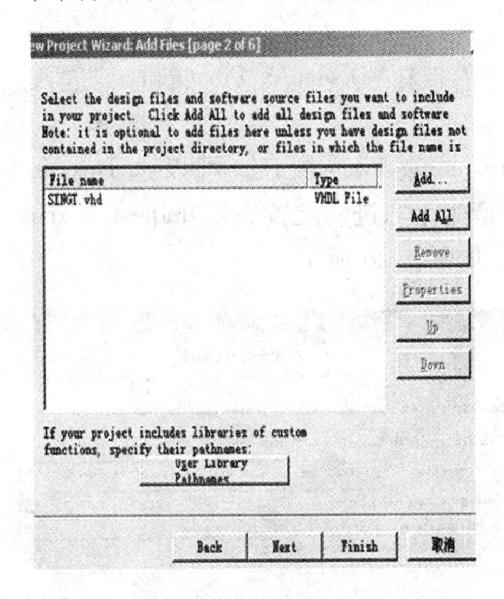

图 5.21　将所有相关的文件加入工程

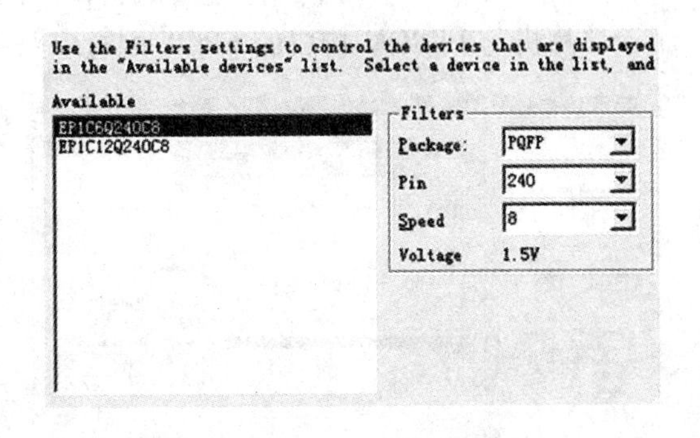

图 5.22　选择此系列的具体芯片

(3)选择仿真器和综合器类型。

(4)选择目标芯片，如图 5.22 所示。

(5)结束设置，如图 5.23 所示。

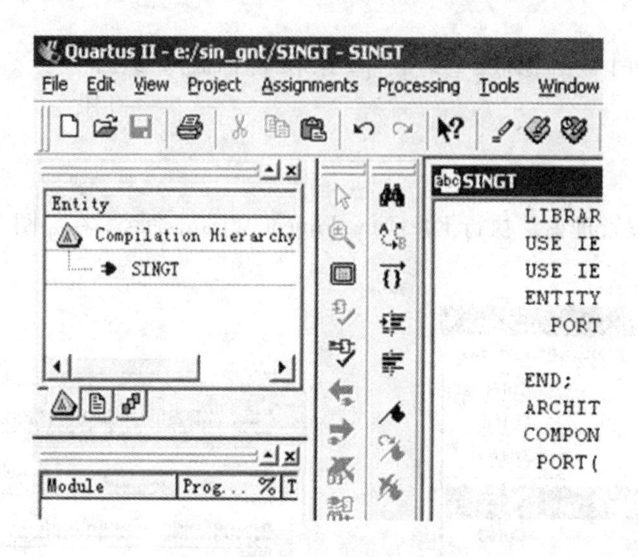

图 5.23 SINGT 的工程管理窗

5.2.2 编译

1. 编译前设置

在对工程进行编译处理前，先进行必要的设置。

(1)选择目标芯片。执行 Assignmemts→settings 命令，在弹出的对话框中选“Compiler Settings”项下的“Device”，选目标芯片 。

(2)选择目标器件编程配置方式。由图 5.24 中的按钮“Device & Pin Options”进入选择窗，可选 Configuration 方式为 Active Serial。

(3)选择输出配置。在图 5.25 所示的 Programming Files 窗口，可以选 Hexadecimal (Intel-Format) output File，即产生下载文件的同时，产生十六进制配置文件 fraqtest. hexout，可用于单片机与 EPROM 构成的 FPGA 配置电路系统，如图 5.26 所示。

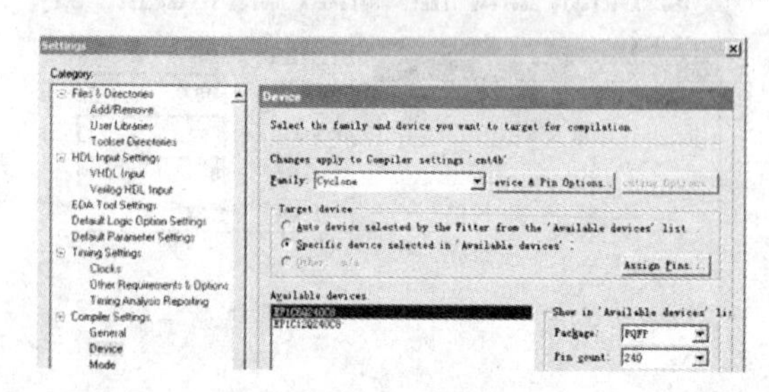

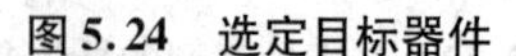

图 5.24 选定目标器件

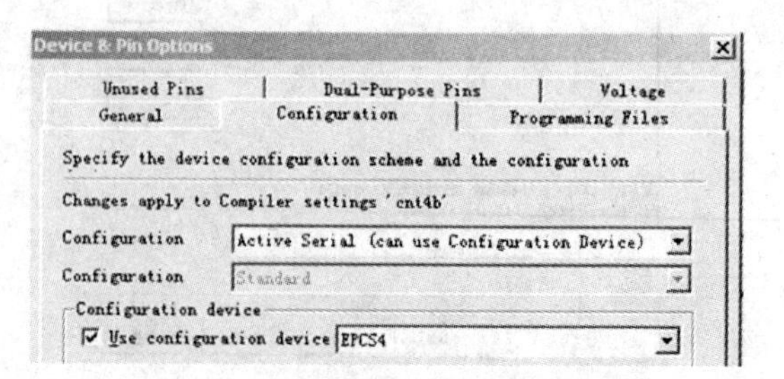

图 5.25 选择配置器件和配置方式

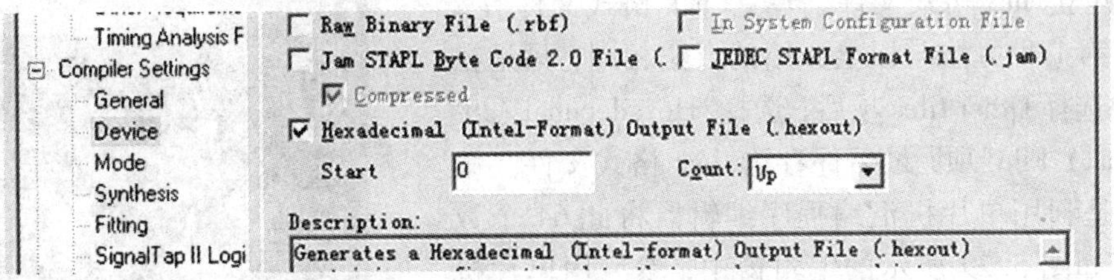

Timing Analysis F
Compiler Settings
General
Device
Mode
Synthesis
Fitting
SignalTap II Logi
Raw Binary File (.rbf)
In System Configuration File
Jam STAPL Byte Code 2.0 File (.
JEDEC STAPL Format File (.jam)
Compressed
Hexadecimal (Intel-Format) Output File (.hexout)
Start
0
Count:
Up
Description:
Generates a Hexadecimal (Intel-format) Output File (.hexout)

图 5.26　输出文件.hexout 设置

2. 编译及了解编译结果

首先执行 Processing→Start Compilation 命令，启动全程编译。注意这里所谓的编译(Compilation)包括 Quartus Ⅱ对设计输入的多项处理操作，其中包括排错、数据网表文件提取、逻辑综合、适配、装配文件(仿真文件与编程配置文件)的生成，以及基于目标器件的工程时序分析等。如果工程中的文件有错误，在下方的 Processing 处理栏中会显示出来。对于 Processing 栏显示出的语句格式错误，可双击此条文，即弹出 vhdl 文件，在闪动的光标处(或附近)可发现文件中的错误。再次进行编译直至排除所有错误。

5.2.3　正弦信号数据 ROM 定制

1. 设计 ROM 初始化数据文件

初始化数据文件格式有两种：Memory Initialization File(.mif)格式或 Hexadecimal(Intel－Format)File(.hex)格式。

(1)建立.mif 格式文件。执行 File→New，并在 New 窗中选择 Other files 项，并选 Memory Initialization File，如图 5.27 所示，单击“OK”按钮后产生 ROM 数据文件大小选择窗。这里采用 64×8 位数据，地址位宽取 64 位，数据位宽取 8 位。单击“OK”按钮，将出现如图 5.28 所示的空的.mif 数据表格。将波形数据填入此表中，完成后执行 File→Save as 命令，保存此数据文件，取名为 romd.mif。

New
Device Design Files
Software Files
Other Files
AHDL Include File
Block Symbol File
Chain Description File
Hexadecimal (Intel-Format) File
Memory Initialization File
SignalTap II File
Tcl Script File
Text File
Vector Waveform File
OK
Cancel

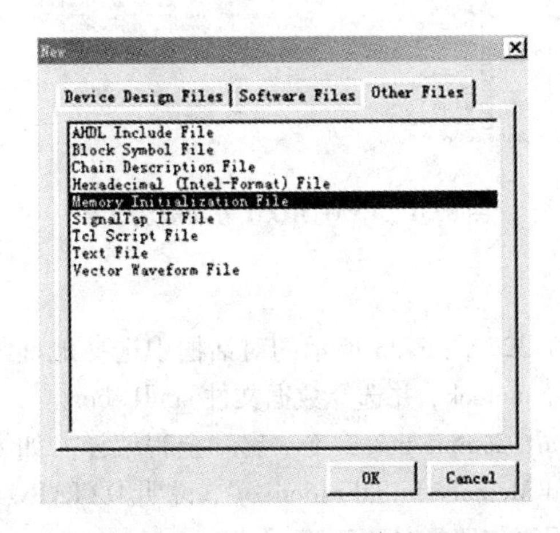

图 5.27　进入 mif 文件编辑窗

Addr	+0	+1	+2	+3	+4	+5	+6	+7
0	255	254	252	249	245	239	233	225
8	217	207	197	186	174	162	150	137
16	124	112	99	87	75	64	53	43
24	34	26	19	13	8	4	1	0
32	0	1	4	8	13	19	26	34
40	43	53	64	75	87	99	112	124
48	137	150	162	174	186	197	207	217
56	225	233	239	245	249	252	254	255

图 5.28　将波形数据填入 mif 文件表中

(2)建立.hex 格式文件。建立.hex 格式文件有 2 种方法，第 1 种方法与以上介绍的方法相同，只是在 New 窗中选择 Other files 项后，选择“Hexadecimal (Intel－Format) File”项，最后保存为.hex 格式文件。第 2 种方法是利用单片机汇编程序编辑器将此 64 个数据编辑于如图 5.29 所示的编辑窗中，然后用单片机 ASM 编译器产生.hex 格式文件，在此不妨取名为 sind1.asm，编译后得到 sind1.hex 文件，再将 sind1.hex 或 romd.mif 文件都存到 e:\sin_gnt\asm\文件夹中备用。

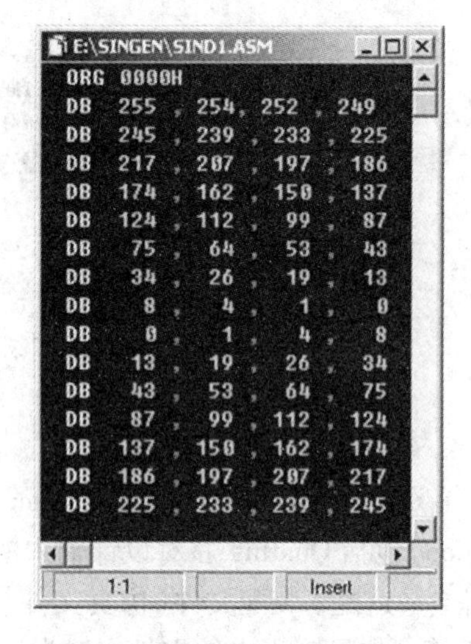

图 5.29　ASM 格式建立 hex 文件

2. 定制 ROM 元件(DATAROM.VHD)

利用 MegaWizard Plug－In Manager 定制正弦信号数据 ROM 步骤如下：

(1)设置初始对话框。执行 Tools→MegaWizard Plug－In Manager 命令，在图 5.30 所示的界面执行“Createanew custom…”单选按钮，即定制一个新的模块。单击“Next”后，在图 5.31 左栏选择 Storage 项下的 LPM_ROM，再选 Cyclone 器件和 VHDL 语言方式，最后键入 ROM 文件存放的路径和文件名：e:\sin_gnt \datarom.vhd。

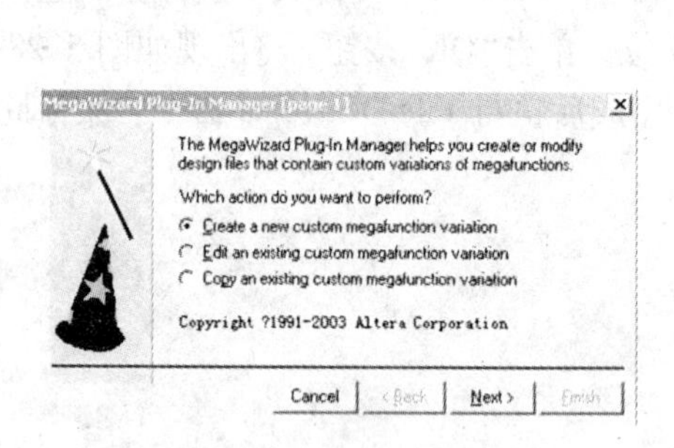

图 5.30　定制新的宏功能块

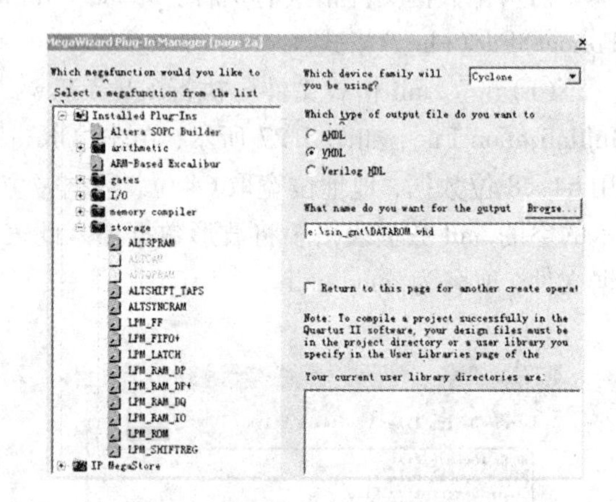

图 5.31　LPM_ROM 宏功能块设定

(2)选择 ROM 控制线和地址、数据线。在图 5.32、图 5.33 所示的对话框中选择地址与数据的位宽分别为 64 和 8，选择地址所存控制信号 inclock，并选择数据文件 sind1.hex。

(3)测试执行 ROM 模块。执行 Processing→Start Compilation 命令，启动全程编译。如果编译进程信息出现警告语句：“Warning：Can't find Memory Initialization…”，说明 DATAROM 中未能调入初始化文件的波形数据。检查文件调用语句路径是否正确。

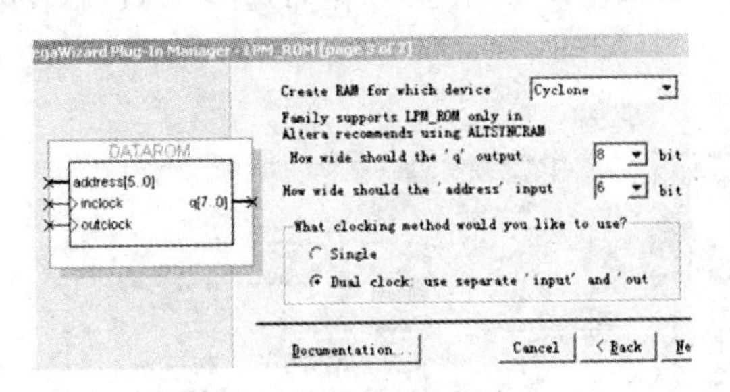

图 5.32　选择 DATAROM 模块数据线和地址线宽度

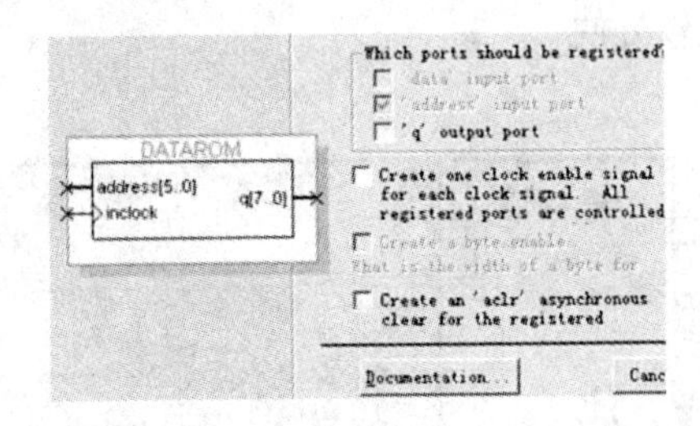

图 5.31　选择地址锁存信号 inclock

(4)阅读编译报告。编译成功后，观察编译处理流程，包括数据网表建立、逻辑综合、适配、配置文件装配和时序分析。

5.2.4　仿真

(1)打开波形编辑器。选择菜单 File→New 命令，在 New 窗口中选 Other Files 中的 Vector Waveform File，打开波形编辑器。

(2)设置仿真时间区域。执行 Edit→End Time 项，在弹出的窗口中的 Time 窗中设定仿真时间为 50 μs。

(3)存盘波形文件。选择 File 中的"Save as"，将以名为 cnt4b. vwf(默认名)的波形文件存入文件夹 e:\sin_gnt\中。

(4)输入信号节点，如图 5.34 所示。

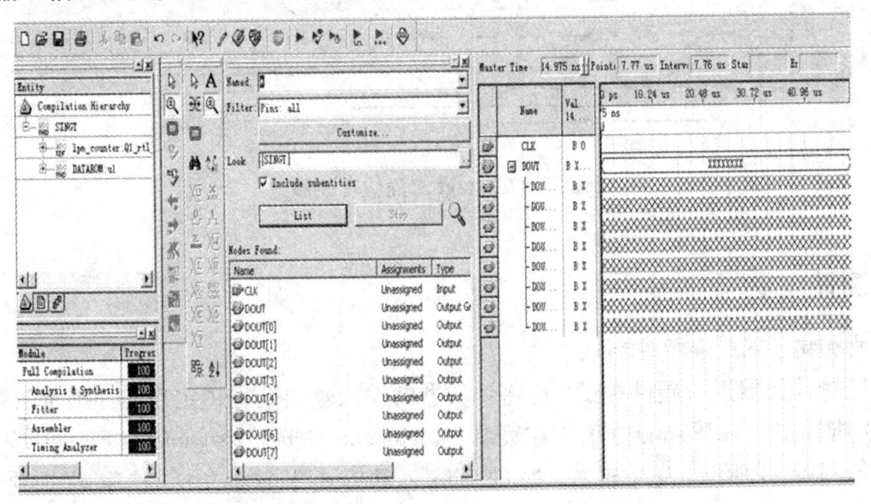

图 5.34　通过波形编辑器输入信号节点

(5)编辑输入波形。点击时钟名 CLK，使之变蓝色，再点击左列的时钟设置键，在 Clock 窗中设置 CLK 的周期为 3 μs，如图 3.35 所示，再对文件执行存盘操作。

(6)总线数据格式设置。如果点击如图 5.35 所示的输出信号 DOUT 左旁的"+"，则将展开此总线中的所有信号；如果双击此"+"号左旁的信号标记，将弹出对该信号数据格式设置的对话框，如图5.36所示。在该对话框的Radix栏有4种选择，通常选择十六进制表达方式比较方便。

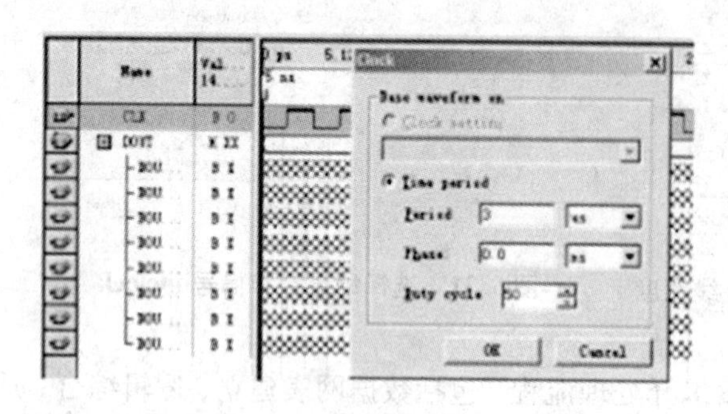

图5.35 选择时钟周期和占空比对话框

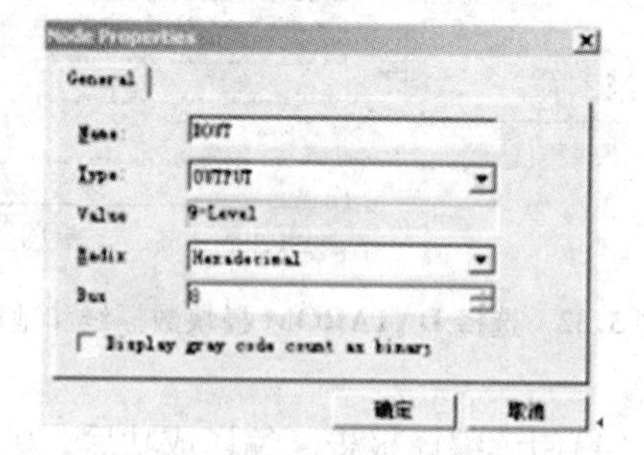

图5.36 设置仿真信号数据格式对话框

(7)仿真器参数设置。执行Assignment→Settings命令，在Settings窗口执行Category→Simulator Settings命令，在此项下分别选中General按钮，观察仿真总体设置情况；选中Mode按钮，以确认仿真模式为时序仿真Timing；选中Options，确认选定Simulation coverage reporting；毛刺检测Glitch detection为1 ns宽度。

(8)启动仿真器，观察仿真结果。执行Processing→Start Simulation命令，直到出现Simulation was successful。仿真波形文件Simulation Report通常会自动弹出，如图5.37所示，将仿真输出结果与文件数据(图5.28)比较。

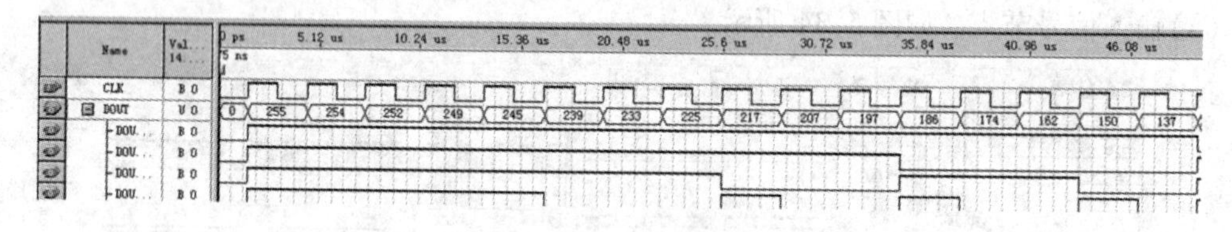

图5.37 singt工程仿真波形

5.2.5 测试

1. 引脚锁定、下载和硬件测试

为了能对计数器进行硬件测试，应将计数器的输入输出信号锁定在芯片确定的引脚上。

(1)引脚锁定。打开singt工程，在菜单Assignments中选“Assignments Editor”按钮，弹出的对话框如图5.38所示，先单击右上方的“Pin”，再双击下方最左栏的“New”选项，弹出信号名栏，选择“CLK”，再双击其右侧栏，选中需要的引脚名(如179)，依此类推，锁定所有引脚。最后点击存盘。引脚锁定后，必须再编译一次。

(2)选择编程模式和配置。将系统连接好并上电，执行Tool→Programmer命令，在如图5.39所示的编程窗Mode栏中有3种编程模式可以选择，JTAG、Passive Serial和Active Serial。选JTAG，点击左侧打开文件标符，选择配置文件singt.sof，最后点击下载标符。当Progress显示出100%，以及在底部的处理栏中出现“Configuration Succeeded”时，表示编程成功。

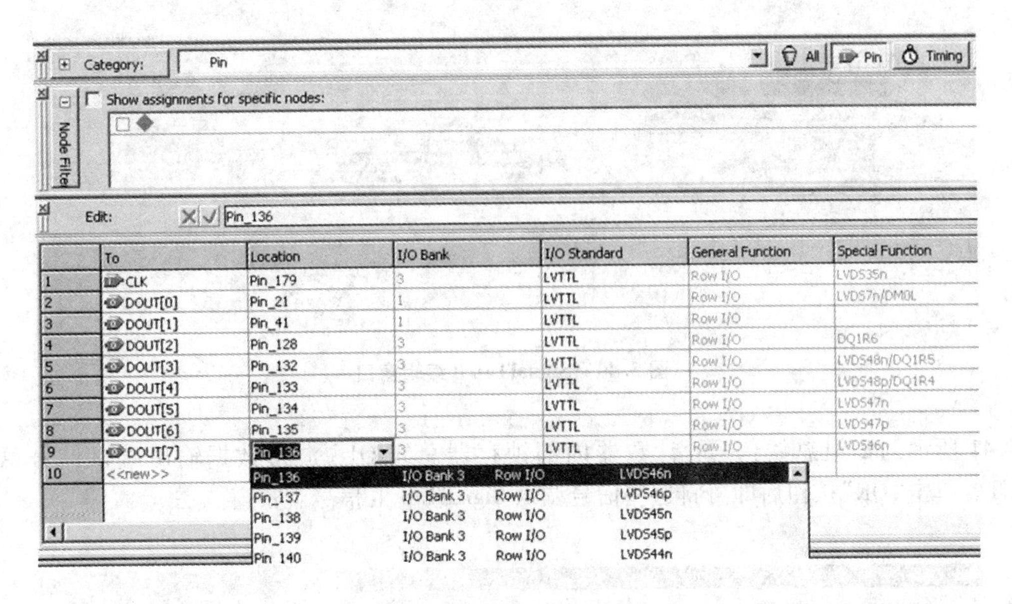

图5.38　引脚锁定编辑窗

(3)选择编程器。在图5.39所示的编程窗中，单击“Setup”按钮可设置下载接口方式，这里选择“ByteBlaster MV[LPT1]”。

(4)下载后，打开SOPC系统左上侧的“+/-12V”开关，将示波器探头接于主系统左下角的2个挂钩处，最右侧的时钟选择，用短路帽接插clock0为65536 Hz或750 kHz处，模式选择5，这时可以从示波器上看到波形输出。

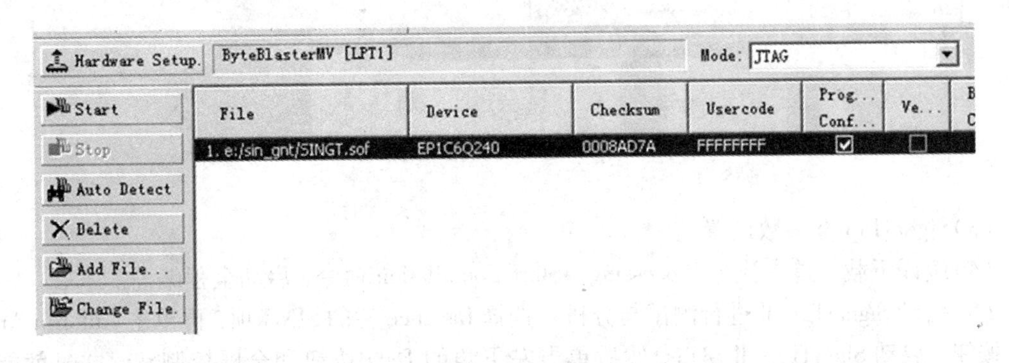

图5.39　编程窗

2. 使用嵌入式逻辑分析仪进行实时测试

(1)执行File→New→Other Files→SignalTap Ⅱ File命令，单击“OK”按钮，即出现图5.40所示的SignalTap Ⅱ编辑窗口。

(2)调入待测信号及文件存盘。首先选中Instance栏内的auto_signaltap_0，根据自己的意愿将其改名，如SING。为了调入待测信号名，在下栏的空白处双击，即弹出图5.41所示的Node Finder窗口，点击“List”即在左栏出现此工程相关的所有信号，包括内部信号。选择

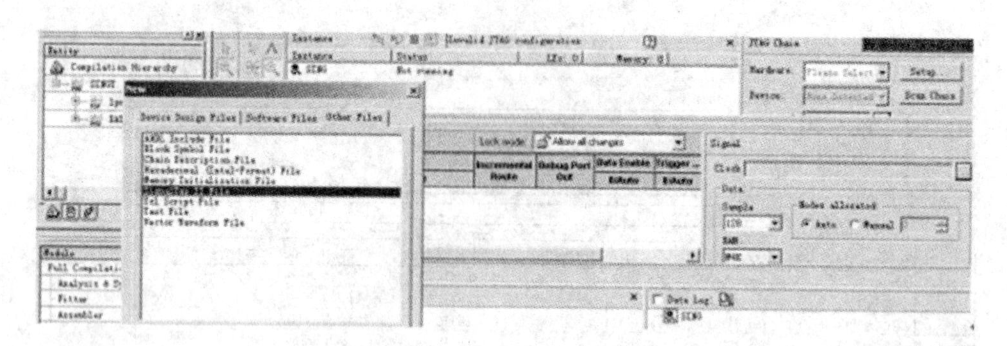

图 5.40 SignalTap Ⅱ 编辑窗口

图 5.41 所示的 2 组总线信号：计数器内部锁存器总线 Q1、波形数据输出端口信号总线 DOUT。单击“OK”按钮后即可将这些信号调入 SignalTap Ⅱ 信号观察窗。

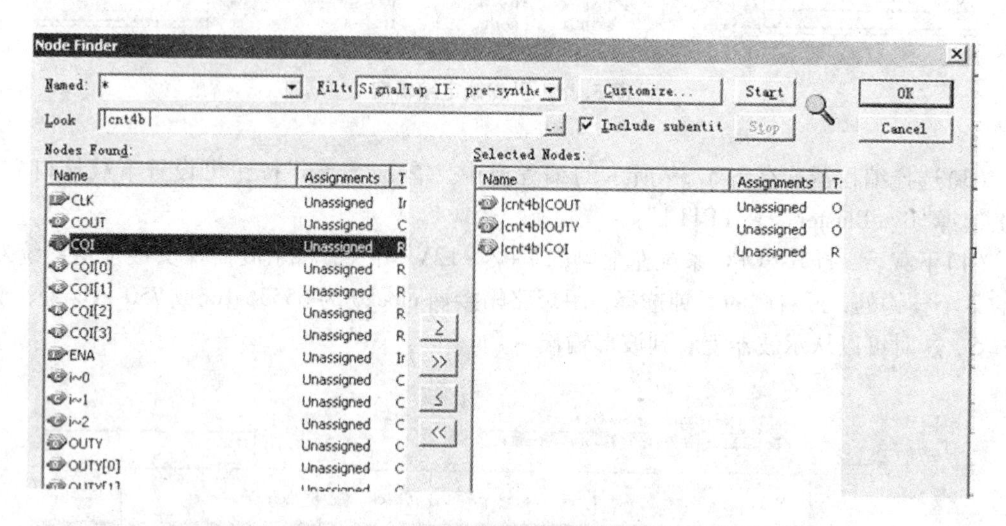

图 5.41 选择需要测试的信号

(3) SignalTap Ⅱ 参数设置。

(4) 编译下载。首先执行 Processing→Start Compilation 命令，启动全程编译。

(5) 启动 SignalTap Ⅱ 进行测试与分析。选择 Instance 栏的 SING 项，再单击 Autorun Analysis 按钮，启动 SignalTap Ⅱ 窗口，然后单击左下角的 Data 按钮和全屏控制钮，这时就能在 SignalTap Ⅱ 数据窗通过 JTAG 口观察到来自实验板上 FPGA 内部的实时信号(图 5.42)。

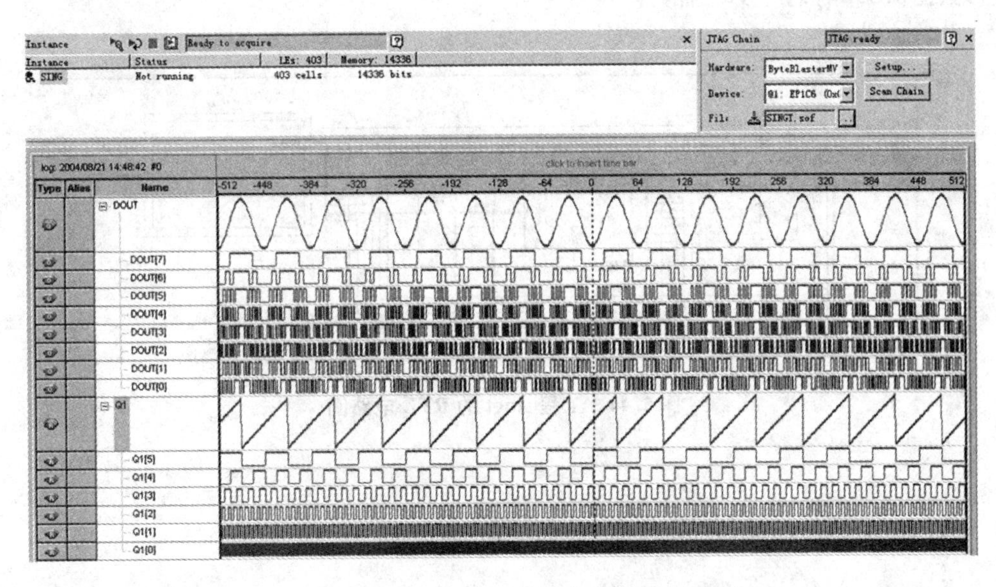

图5.42 SignalTap Ⅱ数据窗口的实时信号

5.2.6 配置器件

1. 对配置器件EPCS4/EPCS1编程

(1)选择编程模式。点击图5.43所示窗口的Mode栏，选择“Active Serial Programmng”编程模式。打开编程文件，选中文件singt. pof。

(2)选择接插模式。GW48主系统上的JP5跳线接“ByBt Ⅱ”，即选择ByteBlaster Ⅱ编程方式(JP6接3.3 V)；SOPC/DSP适配板上的“MSEL0”短接PS，4跳线都接插“AS”端，J6的5跳线都接插AS Download端。最后将10芯线连接主系统的“ByteBlaster Ⅱ”接插口和适配板上的10芯AS模式编程口。

(3)AS模式编程下载。点击如图5.43所示窗口的下载键，编程成功后FPGA将自动被EPCS器件配置而进入正常工作状态。最后将为AS模式编程改变的短路帽跳线全部还原。

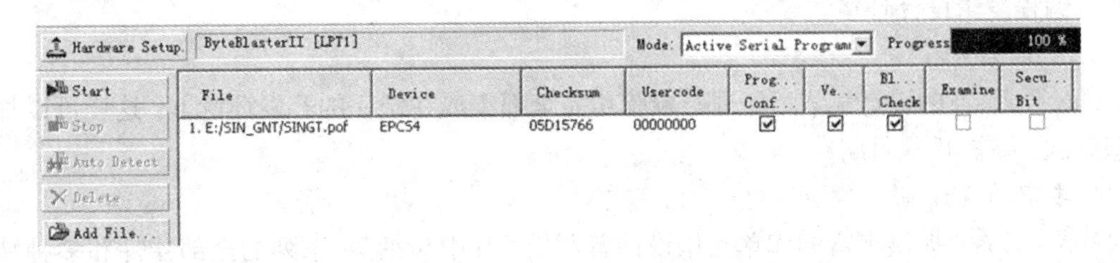

图5.43 ByteBlaster Ⅱ接口AS模式编程窗口

2. 了解此工程的RTL电路图

执行Tools→RTL Viewer命令即弹出图5.44所示的工程singt的RTL电路图，由图可以了解该工程的电路结构。其中，6个D触发器构成6位锁存器，它们与加法器构成6位计数器，即波形数据 ROM 的地址发生器。

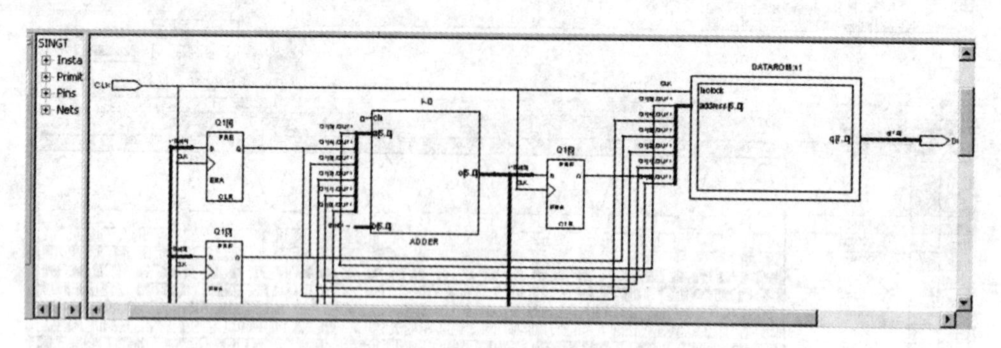

图 5.44 工程 singt 的 RTL 电路图

5.3 Max + Plus Ⅱ使用及设计流程

Max + plus Ⅱ是 Altera 公司提供的 FPGA/CPLD 开发集成环境，Altera 是世界上最大可编程逻辑器件的供应商之一。Max + plus Ⅱ界面友好，使用便捷，被誉为业界最易用易学的 EDA 软件。在 Max + plus Ⅱ上可以完成设计输入、元件适配、时序仿真和功能仿真、编程下载整个流程，它提供了一种与结构无关的设计环境，使设计者能方便地进行设计输入、快速处理和器件编程。

5.3.1 Max + plus Ⅱ的特点

1. 开放的界面

Max + plus Ⅱ支持与 Cadence，Exemplarlogic，Mentor Graphics，Synplicty，Viewlogic 和其他公司所提供的 EDA 工具接口。

2. 与结构无关

Max + plus Ⅱ系统的核心 Complier 支持 Altera 公司的 FLEX10K、FLEX8000、FLEX6000、MAX9000、MAX7000、MAX5000 和 Classic 可编程逻辑器件，提供了世界上唯一真正与结构无关的可编程逻辑设计环境。

3. 完全集成化

Max + plus Ⅱ的设计输入、处理与校验功能全部集成在统一的开发环境下，这样可以加快动态调试、缩短开发周期。

4. 丰富的设计库

Max + plus Ⅱ提供丰富的库单元供设计者调用，其中包括 74 系列的全部器件和多种特殊的逻辑功能(Macro – Function)以及新型的参数化的兆功能(Mage – Function)。

5. 模块化工具

设计人员可以从各种设计输入、处理和校验选项中进行选择，从而使设计环境用户化。

6. 硬件描述语言(HDL)

Max + plus Ⅱ软件支持各种 HDL 设计输入选项，包括 VHDL、Verilog HDL 和 Altera 自己

的硬件描述语言AHDL。

7. Opencore 特征

Max + plus Ⅱ软件具有开放核的特点，允许设计人员添加自己认为有价值的宏函数。

5.3.2　Max + plus Ⅱ功能

1. 原理图输入(Graphic Editor)

Max + Plus Ⅱ软件具有图形输入能力，用户可以方便地使用图形编辑器输入电路图，图中的元器件除可以调用元件库中元器件，还可以调用该软件中的符号功能形成的功能块，图形编辑器窗口见图5.45。

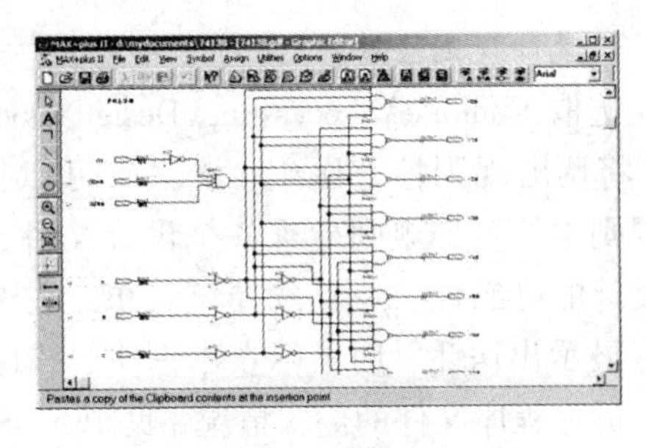

图5.45　图形编辑器窗口

2. 硬件描述语言输入(Text Editor)

Max + Plus Ⅱ软件中有一个集成的文本编辑器，该编辑器支持VHDL，AHDL和Verilog硬件描述语言的输入，同时还有一个语言模板使输入程序语言更加方便，该软件可以对这些程序语言进行编译并形成可以下载的配置数据，文本编辑器窗口见图5.46。

3. 波形编辑器(Waveform Editor)

在进行逻辑电路的行为仿真时，需要在所设计电路的输入端加入一定的波形，波形编辑器可以生成和编辑仿真用的波形(＊.scf文件)，使用该编辑器的工具条可以方便地生成波形和编辑波形。波形编辑器窗口如图5.47所示。使用时只要将欲输入波形的时间段用鼠标涂黑，然后选择工具条中的按钮，例如，如果要某一时间段为高电平，只需选择按钮“1”。

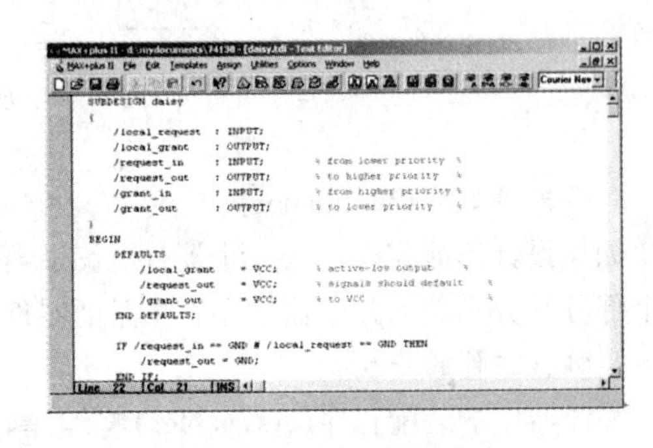

图5.46　文本编辑器窗口

还可以使用输入的波形(＊.wdf文件)经过编译生成逻辑功能块，相当于已知一个芯片的输入输出波形，但不知是何种芯片，使用该软件功能可以解决这个问题，设计出一个输入和输出波形相同的CPLD电路。

4. 管脚(底层)编辑窗口(Floorplan Editor)

该窗口用于将已设计好逻辑电路的输入输出节点赋予实际芯片的引脚，通过鼠标的拖拉，方便地定义管脚的功能。管脚(底层)编辑窗口见图5.48。

5. 自动错误定位

在编译源文件的过程中，若源文件有错误，Max + Plus Ⅱ软件可以自动指出错误类型和错误所在的位置。

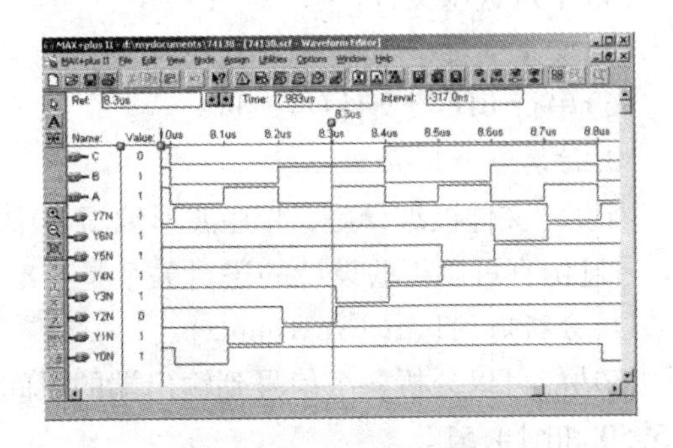

图5.47　波形编辑器窗口

6. 逻辑综合与适配

该软件在编译过程中，通过逻辑综合(Logic Synthesizer)和适配(Fitter)模块，可以把最简单的逻辑表达式自动地吻合在合适的器件中。

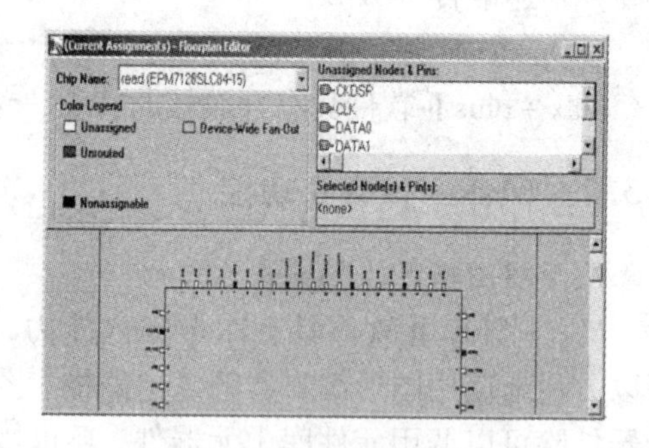

图 5.48 管脚(底层)编辑窗口

7. 设计规则检查

选取 Compile \ Processing \ Design Doctor 菜单，将调出规则检查医生，该医生可以按照 3 种规则中的一个规则检查各个设计文件，以保证设计的可靠性。一旦选择该菜单，在编译窗口将显示出医生，用鼠标点击医生，该医生可以告诉你程序文件的健康情况，见图 5.49。

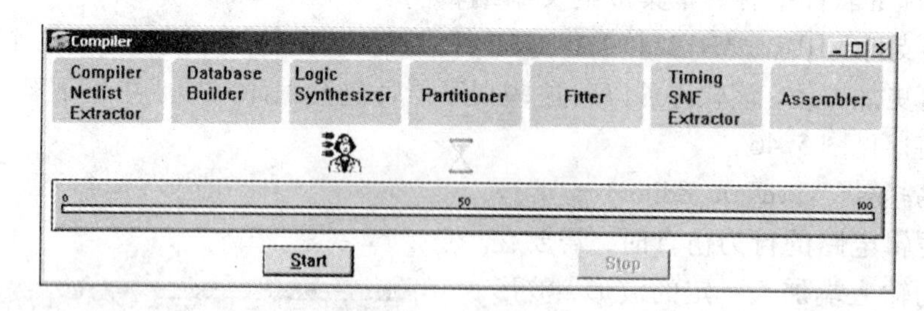

图 5.49 规则检测医生

8. 多器件划分(Partitioner)

如果设计不能完全装入一个器件，编译器中的多器件划分模块可自动地将一个设计分成几个部分并分别装入几个器件中，并保证器件之间的连线最少。

9. 编程文件的产生

编译器中的装配程序(Assembler)将编译好的程序创建一个或多个编程目标文件：

(1)EPROM 配置文件(*. pof)例如，MAX7000S 系列；

(2)SRAM 文件(*. scf)例如，FLEX8000 系列的配置芯片 EPROM；

(3)JEDEC 文件(*. jed)；

(4)十六进制文件(*. hex)；

(5)文本文件(*. ttf)；

(6)串行 BIT 流文件(*. sbf)。

10. 仿真

当设计文件被编译好，并在波形编辑器中将输入波形编辑完毕后，就可以进行行为仿真了，通过仿真可以检验设计的逻辑关系是否准确。

11. 分析时间(Analyze Timing)

该功能可以分析各个信号到输出端的时间延迟，可以给出延迟矩阵和最高工作频率，见图 5.50 和图 4.51。

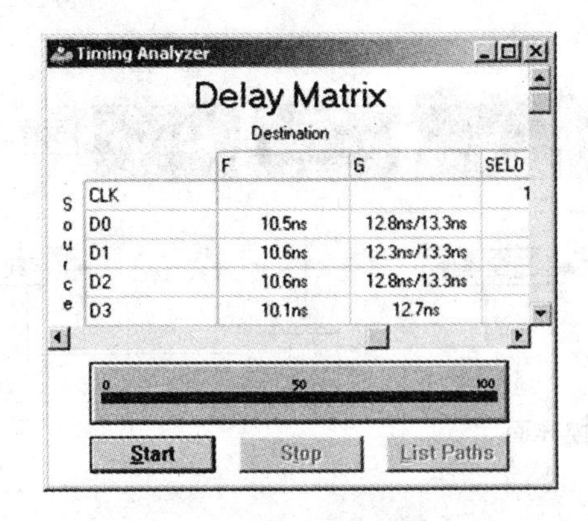

图 5.50 延迟矩阵

图 5.51 最高工作频率

12. 器件编程

当设计全部完成后，就可以将形成的目标文件下载到芯片中，实际验证设计的准确性。

5.3.3 Max + plus Ⅱ设计过程

1. 设计流程

使用 Max + plus Ⅱ软件设计流程由以下几部分组成，如图 5.52 所示。

(1)设计输入：可以采用原理图输入、HDL 语言描述、EDIF 网表输入及波形输入等几种方式。

(2)编译：先根据设计要求设定编译参数和编译策略，如器件的选择、逻辑综合方式的选择等。然后根据设定的参数和策略对设计项目进行网表提取、逻辑综合和器件适配，并产生报告文件、延时信息文件及编程文件，供分析仿真和编程使用。

(3)仿真：仿真包括功能仿真、时序仿真和定时分析，可以利用软件的仿真功能来验证设计项目的逻辑功能是否正确。

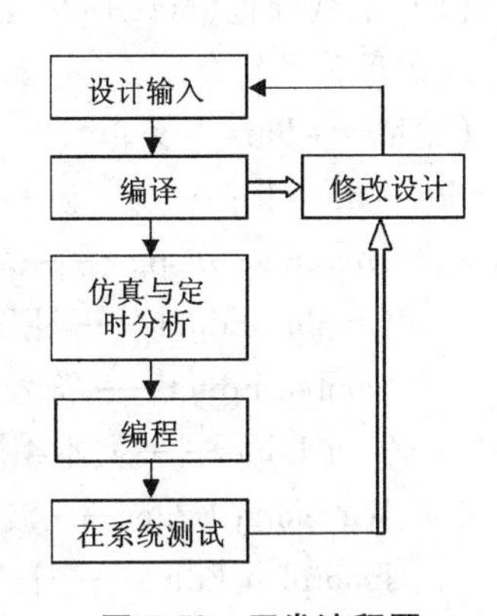

图 5.52 开发流程图

(4)编程与验证：用经过仿真确认后的编程文件通过编程器(Programmer)将设计下载到实际芯片中，最后测试芯片在系统中的实际运行性能。

在设计过程中，如果出现错误，则需重新回到设计输入阶段，改正错误或调整电路后重复上述过程。

图 5.53 是 Max + plus Ⅱ编译设计主控界面，它显示了 Max + plus Ⅱ自动设计的各主要处理环节和设计流程，包括设计输入编辑、编译网表提取、数据库建立、逻辑综合、逻辑分割、适配、延时网表提取、编程文件汇编(装配)以及编程下载 9 个步骤。

2. 设计步骤

(1)输入项目文件名(File/Project/Name)。

(2)输入源文件(图形、VHDL、AHDL、Verlog 和波形输入方式)(Max + plus Ⅱ/graphic

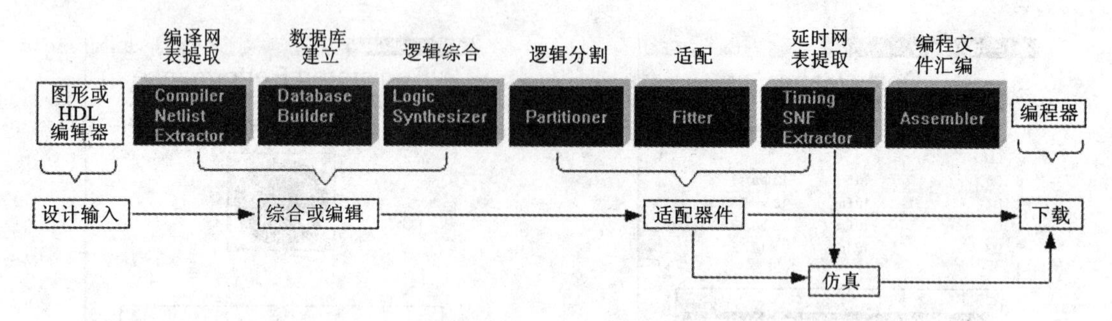

图5.53 编译主控界面

Editor；Max + plus Ⅱ/Text Editor；Max + plus Ⅱ/Waveform Editor）。

（3）指定CPLD型号（Assign/Device）。

（4）设置管脚、下载方式和逻辑综合的方式（Assign/Global Project Device Option，Assign/Global Logic Synthesis）。

（5）保存并检查源文件（File/project/Save & Check）。

（6）指定管脚（Max + plus Ⅱ/Floorplan Editor）。

（7）保存和编译源文件（File/project/Save & Compile）。

（8）生成波形文件（Max + plus Ⅱ/Waveform Editor）。

（9）仿真（Max + plus Ⅱ/Simulator）。

（10）下载配置（Max + plus Ⅱ/Programmer）。

3. 常用菜单简介

（1）Max + Plus Ⅱ菜单。

Max + plus Ⅱ：

Hierarchy Display——塔形显示；

Graphic Editor——图形编辑器；

Symbol Editor——符号编辑器；

Text Editor——文本编辑器；

Waveform Editor——波形编辑器；

Floorplan Editor——管脚编辑器；

Compiler——编译器；

Simulator——仿真器；

Timing Analyzer——时间分析；

Programmer——程序下载；

Message Processor——信息处理。

（2）文件菜单，该文件菜单随所选功能的不同而不同。

File：

Name…——项目名称；

Set Project to Current File——将当前文件设置为项目；

Save&Check——保存并检查文件；

Save&Compile——保存并编译文件；
Save&Simulator——保存并仿真文件；
Save，Compile，Simulator——保存，编译，仿真；
New…——新文件；
Open…——打开文件；
Delete File…——删除文件；
Retrieve…——提取文件；
Close——关闭文件；
Save——保存文件；
Save As…——换名存文件；
Info…——信息；
Size…——图纸尺寸；
Create Default Symbol——创建当前模块图形符号；
Edit Symbol——编辑当前模块图形符号；
Create Default Include File——创建当前包括文件；
Print…——打印；
Print Setup…——打印设置。

(3)模板菜单，该模板使编写VHDL和AHDL设计文件更容易和方便。

Templates：
AHDL Template…——AHDL模板；
VHDL Template…——VHDL模板；
Verilog Template…——VERILOG模板。

(4)指定菜单。

Assign：
Device…——指定器件；
Pin/Location/Chip…——管脚，放置，芯片；
Timing Requirements…——时间需要；
Clique…——指定一个功能组；
Logic Options…——逻辑选择；
Probe…——指定探头；
Connected Pins…——连接管脚；
Global Project Device Options…——设定项目中器件的参数；
Global Project Parameters…——设置项目参数；
Global Project Timing Requirements..——设置时间参数；
Global Project Logic Synthesis…——设置逻辑综合；
Ignore Project Assignments…——忽略项目指定；
Clear Project Assignments…——清除项目指定；
Back Annotate Project…——返回项目指定；
Convert Obsolete Assignment Format——转换指定格式。

(5)选择菜单。

Options:

Font——字形;

Text Size——文本尺寸;

Line Style——线型;

Rubberbanding——橡皮筋;

Show Parameters——显示参数;

Show Probe——显示探头;

Show/Pins/Locations/Chips——显示管脚,位置,芯片;

Show Cliques&Timing Requirements——显示功能组,时间需求;

Show Logic Options——显示逻辑设置;

Show All——显示全部;

Show Guidelines…——显示向导;

User Libraries…——用户库;

Color Palette…——调色板;

Preferences…——设置。

该软件的菜单繁多,但是常用的菜单会使用还是可能的。

4. 如何获得帮助

最直接的帮助来自于 Max + plus Ⅱ 的 Help 菜单。若需要某个特定项目的帮助信息,可以同时按"Shift" + "F1"键或者选用工具栏中的快速帮助按钮"![?]"。此时,鼠标变为带问号的箭头,点击"特定的项目"就可弹出相应的帮助信息。这里的"特定项目",可以包含某个器件的图形、文本编辑中的单词,菜单选项,甚至可以是一个弹出的窗口。

5.3.4 原理图输入设计方法

利用 EDA 工具进行原理图输入设计的优点是,设计者能利用原有的电路知识迅速入门,完成较大规模的电路系统设计,而不必具备许多诸如编程技术、硬件语言等新知识。Max + plus Ⅱ 提供了功能强大、直观便捷和操作灵活的原理图输入设计功能,同时还配备了适用于各种需要的元件库,其中包含基本逻辑元件库(如与非门、反向器、D 触发器等)、宏功能元件(包含了几乎所有 74 系列的器件),以及功能强大、性能良好的类似于 IP Core 的巨功能块 LPM 库。但更为重要的是,Max + plus Ⅱ 还提供了原理图输入多层次设计功能,使得用户能设计更大规模的电路系统,以及使用方便精度良好的时序仿真器。以传统的数字电路实验相比为例,Max + plus Ⅱ 提供原理图输入设计功能具有显著的优势:

(1)能进行任意层次的数字系统设计。传统的数字电路实验只能完成单一层次的设计,使得设计者无法了解和实现多层次的硬件数字系统设计。

(2)对系统中的任一层次,或任一元件的功能能进行精确的时序仿真,精度达 0.1 ns,因此能发现一切对系统可能产生不良影响的竞争冒险现象。

(3)通过时序仿真,能迅速定位电路系统的错误所在,并随时纠正。

(4)能对设计方案作随时更改,并储存入档设计过程中所有的电路和测试文件。

(5)通过编译和编程下载,能在 FPGA 或 CPLD 上对设计项目随时进行硬件测试验证。

(6)如果使用FPGA和配置编程方式，将不会有任何器件损坏和损耗。

(7)符合现代电子设计技术规范。传统的数字电路实验利用手工连线的方法完成元件连接，容易对学习者产生误导，以为只要将元件间的引脚用引线按电路图连上即可，而不必顾及引线的长短、粗细、弯曲方式、可能产生的分布电感和电容效应以及电磁兼容性等等十分重要的问题。以下将详细介绍原理图输入设计方法，但读者应该更多地关注设计流程，因为除了最初的图形编辑输入外，其他处理流程都与文本(如VHDL文件)输入设计完全一致。

1.1位全加器设计向导

1位全加器是用两个半加器及一个或门连接而成，因此需要首先完成半加器的设计。以下将给出使用原理图输入的方法进行底层元件设计和层次化设计的完整步骤，其主要流程与数字系统设计的一般流程基本一致。事实上，除了最初的输入方法稍有不同外，应用VHDL的文本输入设计方法的流程也基本与此相同。

步骤1：为本项设计建立文件夹，如图5.54所示。

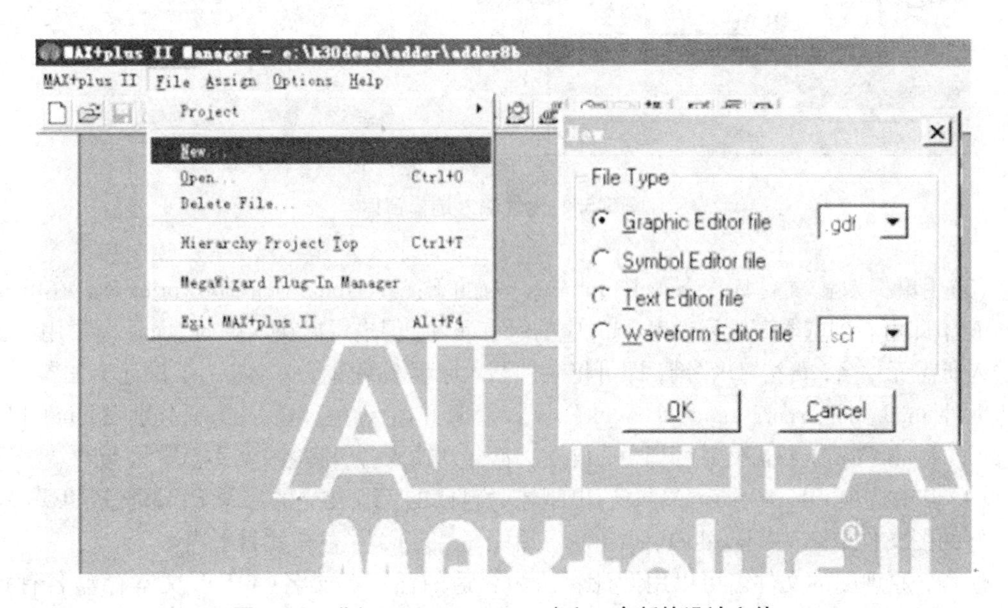

图5.54 进入Max+plus Ⅱ，建立一个新的设计文件

任何一项设计都是一项工程(Project)，都必须首先为此工程建立一个放置与此工程相关的所有文件的文件夹，此文件夹将被EDA软件默认为工作库(Work Library)。一般不同的设计项目最好放在不同的文件夹中，注意，一个设计项目可以包含多个设计文件，如频率计。

假设本项设计的文件夹取名为MY_PRJCT，在E盘中，路径为：E:\MY_PRJCT，(文件夹不能用中文)。

步骤2：输入设计项目和存盘

(1)打开Max+plus Ⅱ，选菜单File→New(图5.54)，在弹出的File Type窗中选原理图编辑输入项“Graphic editor File”，按“OK”后将打开原理图编辑窗。

(2)在原理图编辑窗中的任意一个位置上点鼠标右键，将跳出一个选择窗，选择此窗中的输入元件项“Enter Symbol”，于是将跳出如图5.55所示的输入元件选择窗。

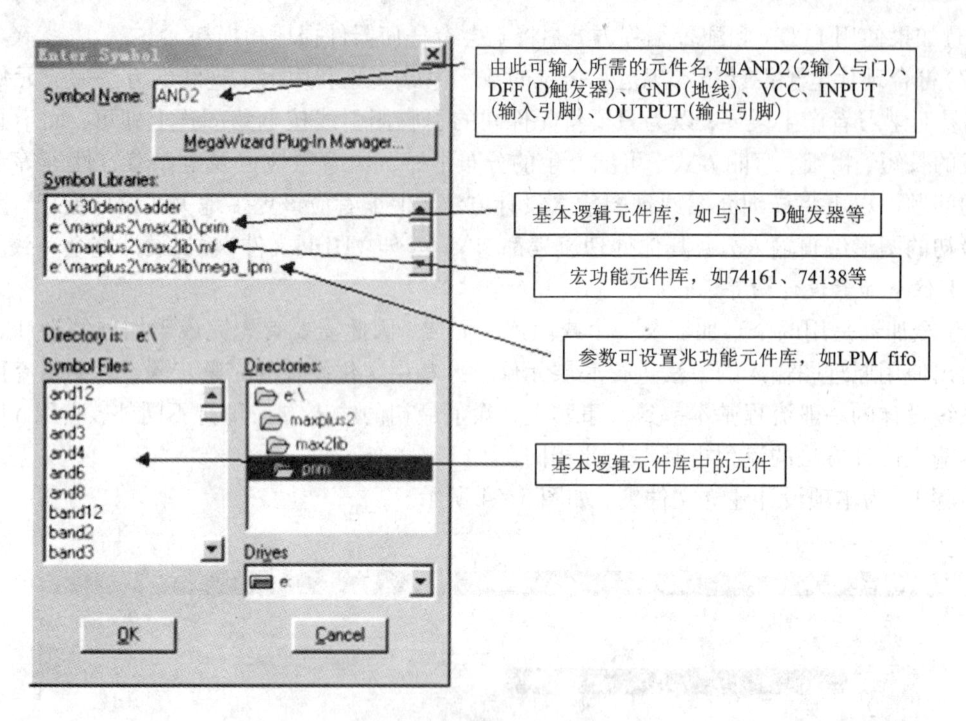

图5.55　元件输入选择窗口

(3)用鼠标双击文件库"Symbol Libraries"中的E:\maxplu2\max2lib\prim项，在Symbol Files窗中即可看到基本逻辑元件库prim中的所有元件，但也可以在Symbol Name窗中用键盘直接输入所需元件名，再按"OK"键，即可将元件调入原理图编辑窗中。如为了设计半加器，分别调入元件and2、not、xnor、input和output(见图5.56)并连接好。然后用鼠标分别在input和output的PIN－NAME上双击使其变黑色，再用键盘分别输入各引脚名：a、b、co和so。

(4)点击选项File→"Save As"，选出刚才为自己的工程建立的目录E:\MY_PRJCT，将已设计好的图文件取名为：h_adder.gdf(注意后缀是.gdf)，并存在此目录内。

注意，原理图的文件名可以用设计者认为合适的任何英文名(VHDL文本存盘名有特殊要求)，如adder.gdf等。还应注意，为了将文件存入自己的E:\MY_PRJCT目录中，必须在如图5.57的"Save As"窗中双击MY_PRJCT目录，使其打开，然后键入文件名，并按"OK"键。

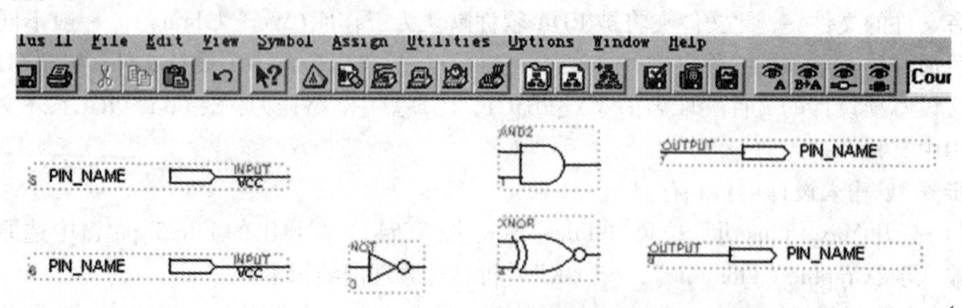

图5.56　将所需元件全部调入原理图编辑窗口

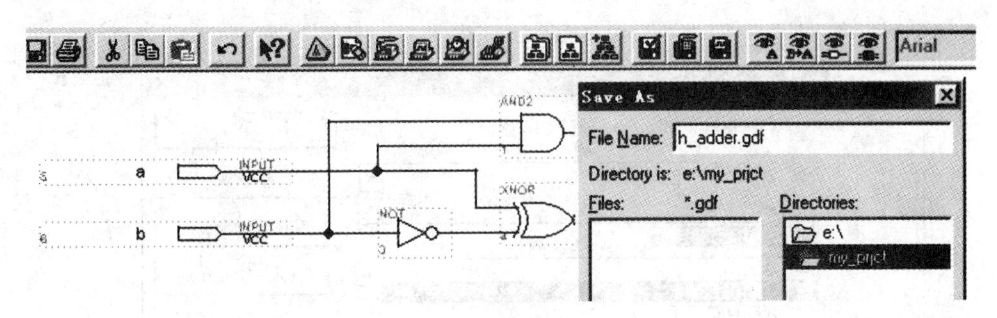

图5.57　连接好原理图并存盘窗口

步骤3：将设计项目设置成工程文件(Project)。

为了使Max + plus Ⅱ能对输入的设计项目按设计者的要求进行各项处理，必须将设计文件，如半加器h_adder.gdf，设置成Project。如果设计项目由多个设计文件组成，则应该将它们的主文件，即顶层文件设置成Project。如果要对其中某一底层文件进行单独编译、仿真和测试，也必须首先将其设置成Projcet。

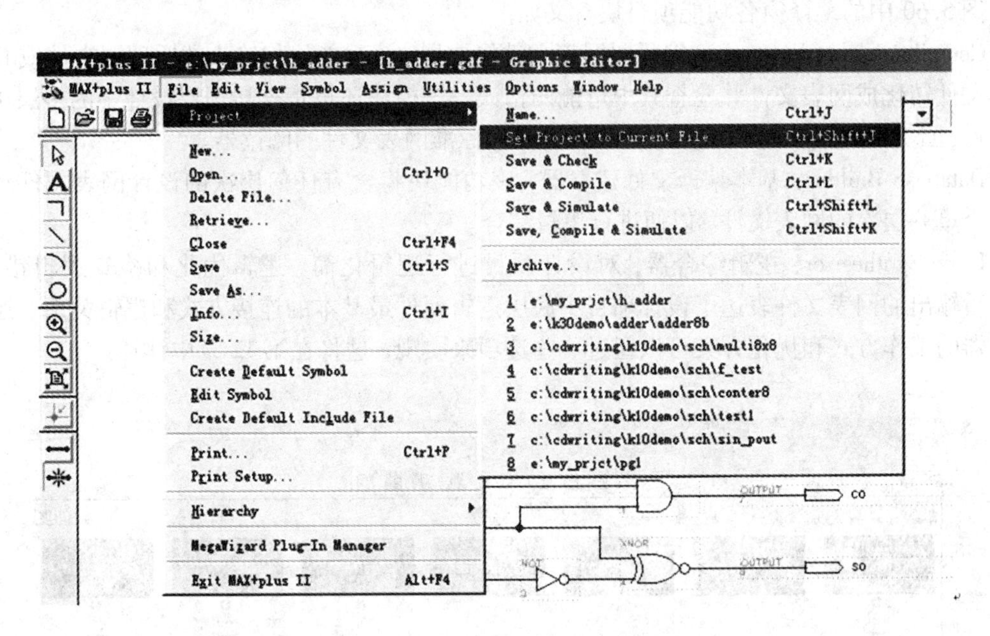

图5.58　将当前设计文件设置成工程文件窗口

将设计项目(如h_adder.gdf)设置成Project有两个途径：

(1)如图5.58所示，选择File→Project→Set Project to Current File，即将当前设计文件设置成Project。选择此项后可以看到图5.58所示的窗口左上角显示出所设文件的路径。这点特别重要，此后的设计应该特别关注此路径的指向是否正确。

(2)如果设计文件未打开，可如图5.58所示，选择File→Project→Name，然后在弹出的Project Name窗中找到E:\MY_PRJCT目录，在其File小窗中双击adder.gdf文件，此时即选定此文件为本次设计的工程文件(即顶层文件)了。

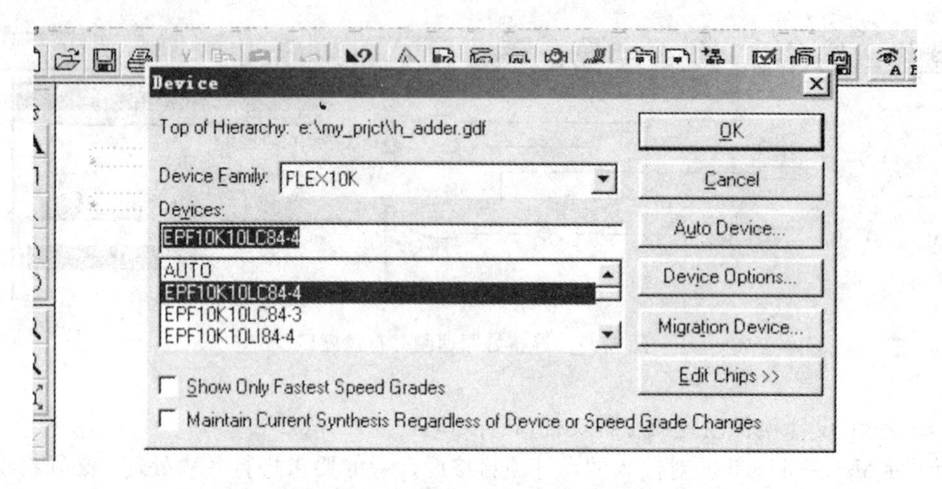

图 5.59 选择最后实现本项设计的目标器件窗口

步骤 4：选择目标器件并编译。

图 5.60 中的编译窗各功能项目块含义如下：

Compiler Netlist Extractor：编译器网表文件提取器，该功能块将输入的原理图文件或 HDL 文本文件转化成网表文件并检查其中可能的错误。该模块还负责连接顶层设计中的多层次设计文件；此外还包含一个内置的、用于接受外部标准网表文件的阅读器。

Database Builder：基本编译文件建立器，该功能块将含有任何层次的设计网表文件转化成一个单一层次的网表文件，以便进行逻辑综合。

Logic Synthesizer：逻辑综合器，对设计项目进行逻辑化简、逻辑优化和检查逻辑错误。综合后输出的网表文件表达了设计项目中底层逻辑元件最基本的连接方式和逻辑关系。逻辑综合器的工作方式和优化方案可以通过一些选项来实现，这将在第 12 章中详述。

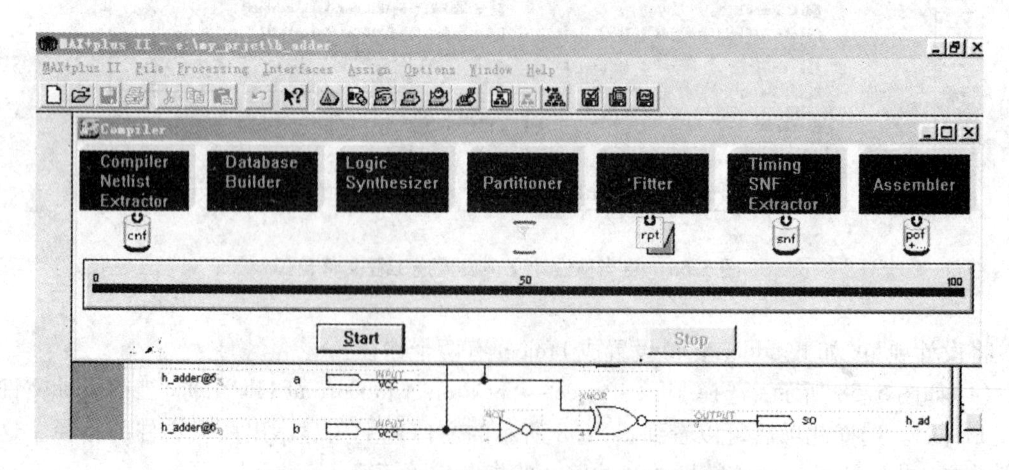

图 5.60 对工程文件进行编译、综合和适配等操作

Partitioner：逻辑分割器，如果选定的目标器件逻辑资源过小，而设计项目较大，该分割

器则自动将设计项目进行分割，使得它们能够实现在多个选定的器件中。

Fitter：适配器，适配器也称结构综合器或布线布局器。它将逻辑综合所得的网表文件，即底层逻辑元件的基本连接关系，在选定的目标器件中具体实现。对于布线布局的策略和优化方式也可以通过设置一些选项来改变和实现。

Timing SNF Extractor：时序仿真网表文件提取器，该功能块从适配器输出的文件中提取时序仿真网表文件，留待对设计项目进行仿真测试用。对于大的设计项目一般先进行功能仿真，方法是在 Compiler 窗口下选择 Processing 项中的 Functional SNF Extractor 功能仿真网表文件提取器选项。

Assembler：装配器，该功能块将适配器输出的文件，根据不同的目标器件，不同的配置ROM 产生多种格式的编程/配置文件，如用于 CPLD 或配置 ROM 用的 POF 编程文件（编程目标文件）；用于对 FPGA 直接配置的 SOF 文件（SRAM 目标文件）；可用于单片机对 FPGA 配置的 Hex 文件，以及其他 TTFs、Jam、JBC 和 JEDEC 文件等。为了获得与目标器件对应的、精确的时序仿真文件，在对文件编译前必须选定最后实现本设计项目的目标器件，在 Max + plus Ⅱ环境中主要选 Altera 公司的 FPGA 或 CPLD。

首先在 Assign 选项的下拉菜单中选择器件选择项 Device，其窗口如图 5.59 所示。此窗口的 Device Family 是器件序列栏，应该首先在此栏中选定目标器件对应的序列名，如 EPM7128S 对应的是 MAX7000S 系列；EPF10K10 对应的是 FLEX10K 系列等。为了选择 EPF10K10LC84 -4 器件，应将此栏下方标有“Show only Fastest Speed Grades”的勾消去，以便显示出所有速度级别的器件。完成器件选择后，按 OK 键。

之后启动编译器，选择左上角的 Max + plus Ⅱ选项，在其下拉菜单中选择编译器项 Compiler（见图 5.60），此编译器的功能包括网表文件提取、设计文件排错、逻辑综合、逻辑分配、适配（结构综合）、时序仿真文件提取和编程下载文件装配等。点击“Start”，开始编译！如果发现有错，排除错误后再次编译。

步骤5：时序仿真。

接下来应该测试设计项目的正确性，即逻辑仿真，具体步骤如下：

（1）建立波形文件。按照步骤2，为此设计建立一个波形测试文件。选择 File 项菜单的 New 选项，再选择图 5.54 右侧 New 窗中的“Waveform Editer…”项，打开波形编辑窗。

（2）输入信号节点。在图 5.61 所示的波形编辑窗的上方选择 Node 项，在下拉菜单中选择输入信号节点项 Nodes from SNF。在弹出的窗口（见图 5.62）中首先点击 List 键，这时左窗口将列出该项设计所有信号节点。由于设计者有时只需要观察其中部分信号的波形，因此要利用中间的“ = > ”键将需要观察的信号选到右栏中，然后点击“OK”键即可。

（3）设置波形参量。图 5.63 所示的波形编辑窗中已经调入了半加器的所有节点信号，在为编辑窗的半加器输入信号 a 和 b 设定必要的测试电平之前，首先设定相关的仿真参数。如图 5.63 所示，在 Options 选项中消去网格对齐“Snap to Grid”的选择（消去勾），以便能够任意设置输入电平位置，或设置输入时钟信号的周期。

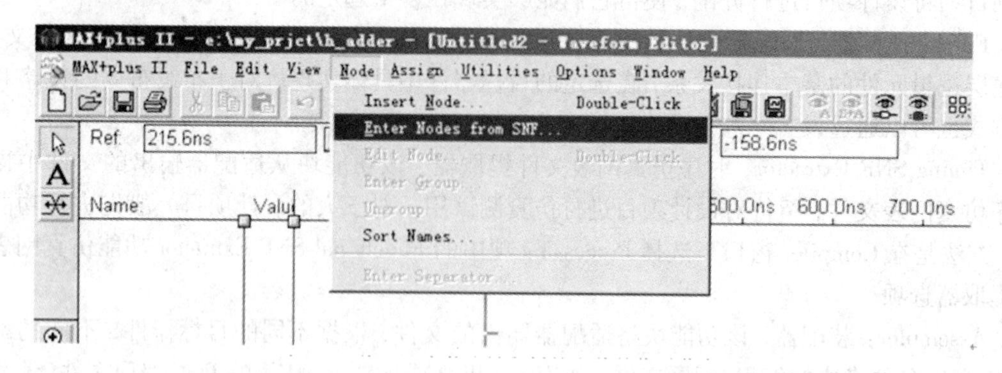

图 5.61　从 SNF 文件中输入设计文件的信号节点

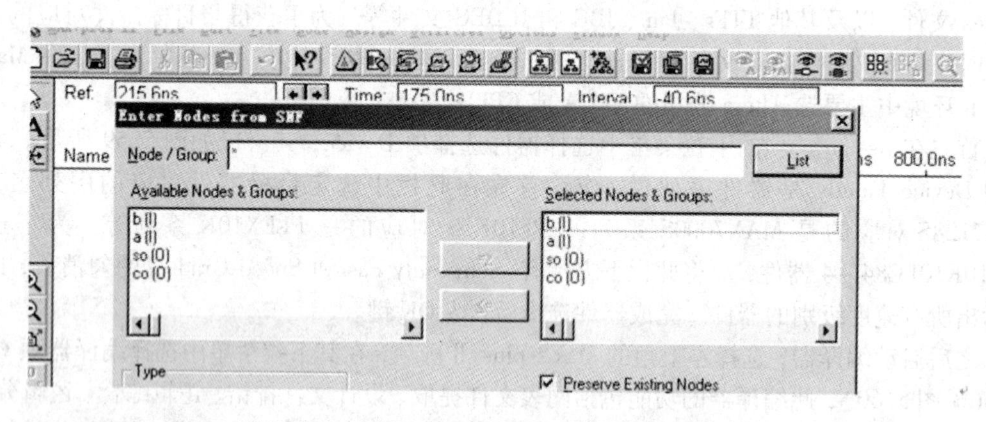

图 5.62　列出并选择需要观察的信号节点

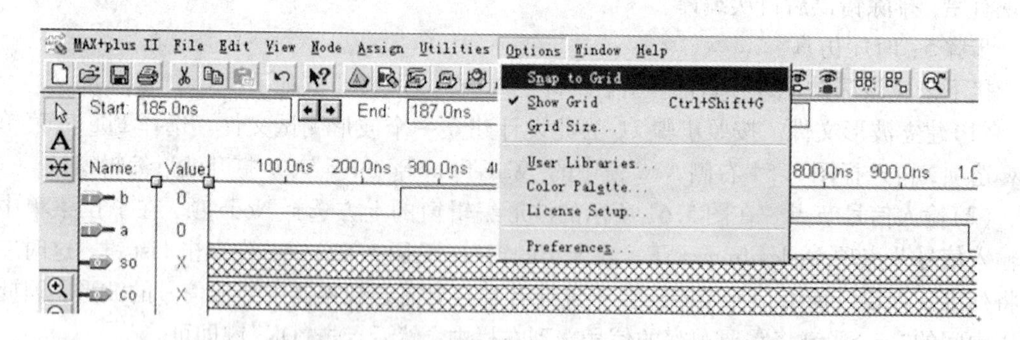

图 5.63　在 Options 选项中消去网格对齐 Snap to Grid 的选择窗口

(4)如图 5.64 所示，设定仿真时间宽度。选择 File 项及其 End time 选项，在 End time 选择窗中选择适当的仿真时间域，如可选 34 μs，以便有足够长的观察时间。

(5)加上输入信号。现在可以为输入信号 a 和 b 设定测试电平了。如图 5.65 标出的那样，利用必要的功能键为 a 和 b 加上适当的电平，以便仿真后能测试 so 和 co 输出信号。

(6)波形文件存盘。选择 File 项及其 Save as 选项，按“OK”键即可。由于图 5.66 所示的存盘窗中的波形文件名是默认的(这里是 h_adder. scf)，所以直接存盘即可。

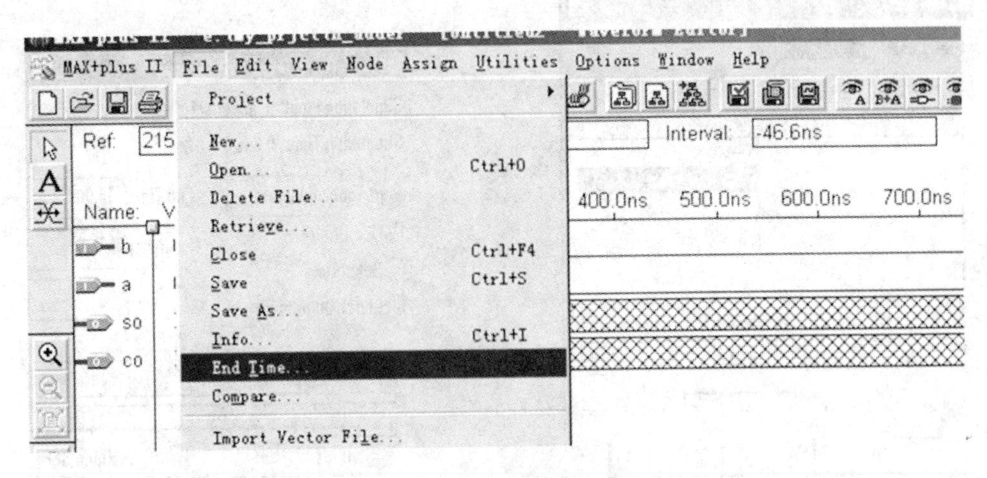

图5.64 设定仿真时间宽度窗口

(7)运行仿真器。选择Max + plus Ⅱ项及其中的仿真器Simulator选项，点击跳出的仿真器窗口(见图5.67)中的Start键。图5.67是仿真运算完成后的时序波形。注意，刚进入图5-67的窗口时，应该将最下方的滑标拖向最左侧，以便可观察到初始波形。

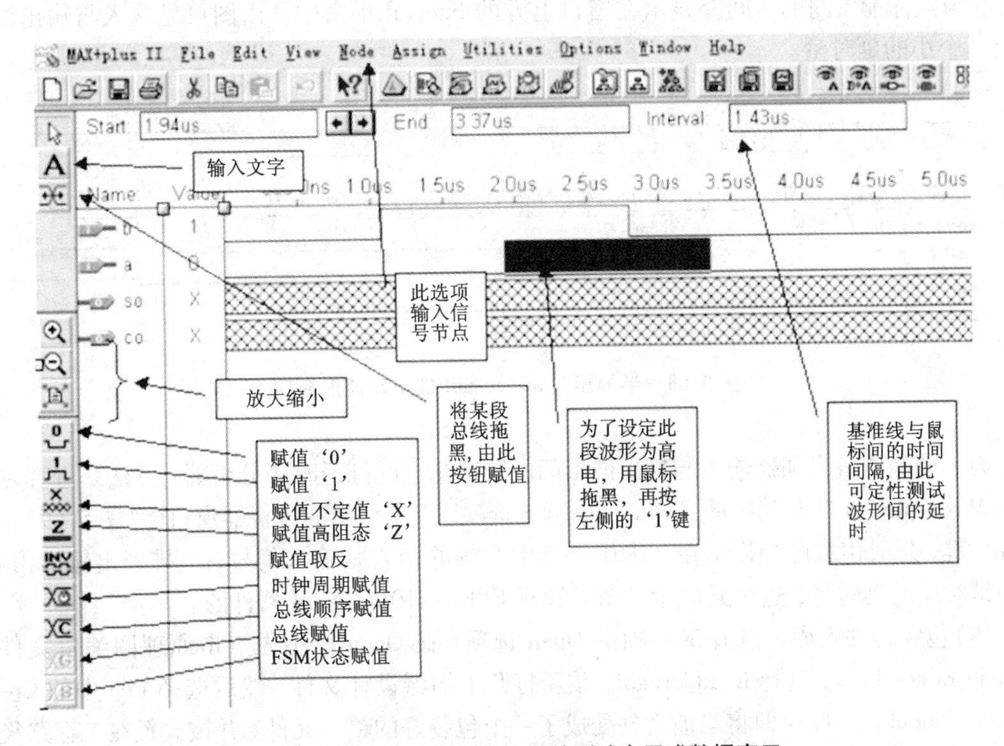

图5.65 为输入信号设定必要的测试电平或数据窗口

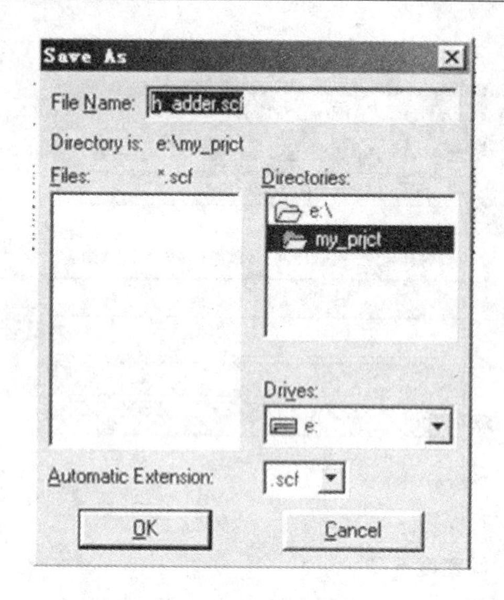

图 5.66 仿真波形文件存盘

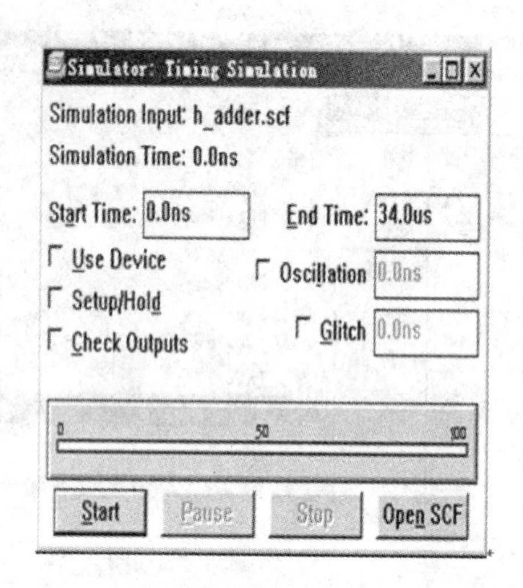

图 5.67 运行仿真器窗口

(8)观察分析波形。图 5.68 显示的半加器的时序波形是正确的。还可以进一步了解信号的延时情况。图 5.68 右侧的竖线是测试参考线，它上方标出的 991.0ns 是此线所在的位置，它与鼠标箭头间的时间差显示在窗口上方的 Interval 小窗中。由图可见输入与输出波形间有一个小的延时量。

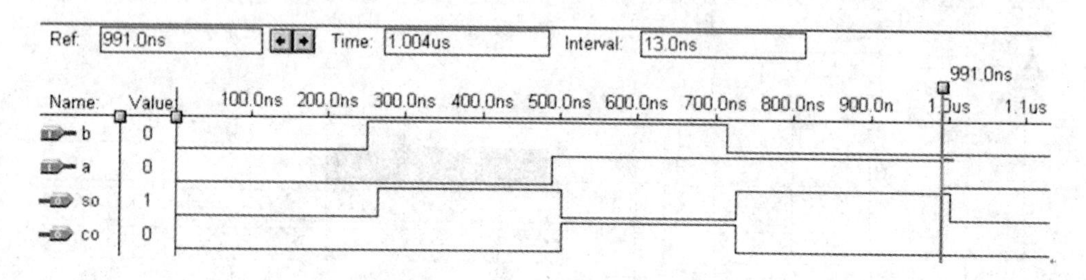

图 5.68 半加器 h_adder.gdf 的仿真波形窗口

为了精确测量半加器输入与输出波形间的延时量，可打开时序分析器，方法是选择左上角的 Max + plus Ⅱ项及其中的 Timing Analyzer 选项，点击跳出的分析器窗口(见图 5.69)中的"Start"键，延时信息即刻显示在图表中。其中左排的列表是输入信号，上排列出输出信号，中间是对应的延时量，这个延时量是精确针对 EPF10K10LC84 - 4 器件的。

(9)包装元件入库。选择 File 项的 Open 选项，在 Open 窗中先点击原理图编辑文件项 Graphic Editor Files，选择 h_adder.gdf，重新打开半加器设计文件，然后选择 File 中的 Create Default Symbol 项，此时即将当前文件变成了一个包装好的单一元件，并被放置在工程路径指定的目录中以备后用。

步骤 6：引脚锁定。

如果以上的仿真测试正确无误，就应该将设计编程下载进选定的目标器件中，如 EPF10K10，作进一步的硬件测试，以便最终了解设计项目的正确性。这就必须根据评估板、

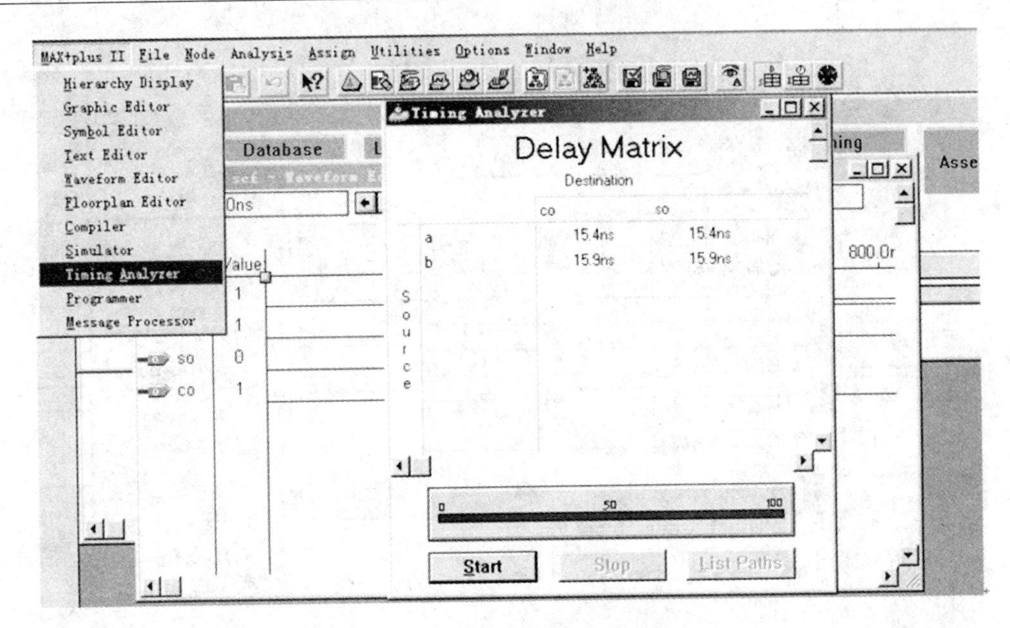

图5.69 打开延时时序分析窗口

开发电路系统或EDA实验板的要求对设计项目输入输出引脚赋予确定的引脚，以便能够对其进行实测。这里假设根据实际需要，要将半加器的4引脚a、b、co和so分别与目标器件EPF10K10的第5、6、17和18脚相接，操作如下：

(1)选择Assign项及其中的引脚定位Pin\Location\Chip选项，在跳出的窗口(见图5.70)中的Node Name栏中用键盘输入半加器的端口名，如a、b等。如果输入的端口名正确，在右侧的Pin Type栏将显示该信号的属性。

(2)在左侧的Pin一栏中，用键盘输入该信号对应的引脚编号，如5、6、17等，然后按下面的“Add”键。如图5.70所示分别将4个信号锁定在对应的引脚上，按“OK”键后结束。

(3)特别需要注意的是，在锁定引脚后必须再通过Max + plus II的Compiler选项，对文件重新进行编译一次，以便将引脚信息编入下载文件中。

步骤7：编程下载。

首先用下载线把计算机的打印机口与目标板(如开发板或实验板)连接好，打开电源。

(1)下载方式设定。选择Max + plus Ⅱ项及其中的编程器Programmer选项，跳出如图5.71左侧所示的编程器窗口，然后选择Options项的Hardware Setup硬件设置选项，其窗口如图5.71左侧所示。在其下拉菜单中选ByteBlaster(MV)编程方式。此编程方式对应计算机的并行口下载通道，“MV”是混合电压的意思，主要指对ALTERA的各类芯核电压(如5 V、3.3 V、2.5 V与1.8 V等)的FPGA/CPLD都能由此下载。此项设置只在初次装软件后第一次编程前进行，设置确定后就不必重复此设置了。

(2)下载。如图5.72所示，点击Configure键，向EPF10K10下载配置文件，如果连线无误，应出现图5.71报告配置完成的信息提示。

到此为止，完整的设计流程已经结束。VHDL文本输入的设计可参考这一流程。

步骤8：设计顶层文件。

可以将前面的工作看成是完成了一个底层元件的设计和功能检测，并被包装入库。现在

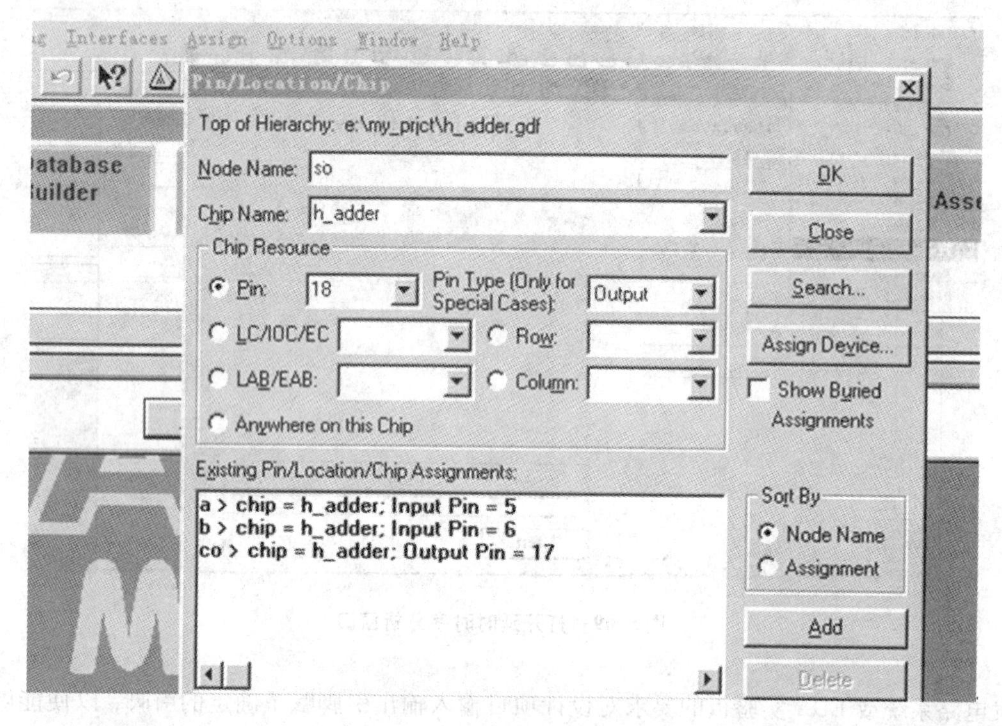

图 5.70 半加器引脚锁定窗口

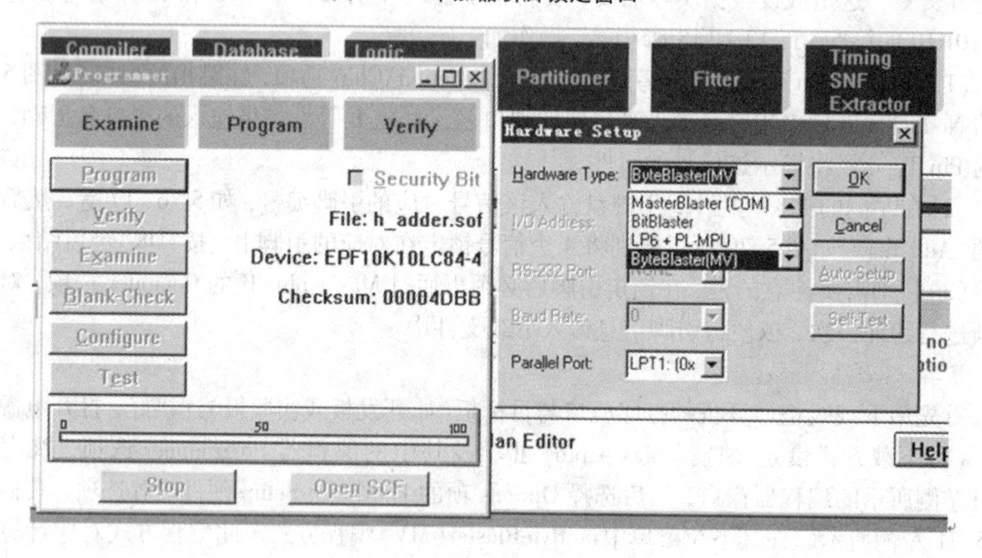

图 5.71 设置编程下载方式

利用已设计好的半加器，完成顶层项目全加器的设计，详细步骤可参考以上设计流程：

(1)仿照前面的步骤2，打开一个新的原理图编辑窗，然后在图5.73所示的元件输入窗的本工程目录中找到已包装好的半加器元件h_adder，并将它调入原理图编辑窗中。这时如果对编辑窗中的半加器元件h_adder双击，即刻弹出此元件内部的原理图。

(2)完成全加器原理图设计(见图5.74)，并以文件名f_adder.gdf存在同一目录中。

(3)将当前文件设置成Project，并选择目标器件为EPF10K10LC84-4。

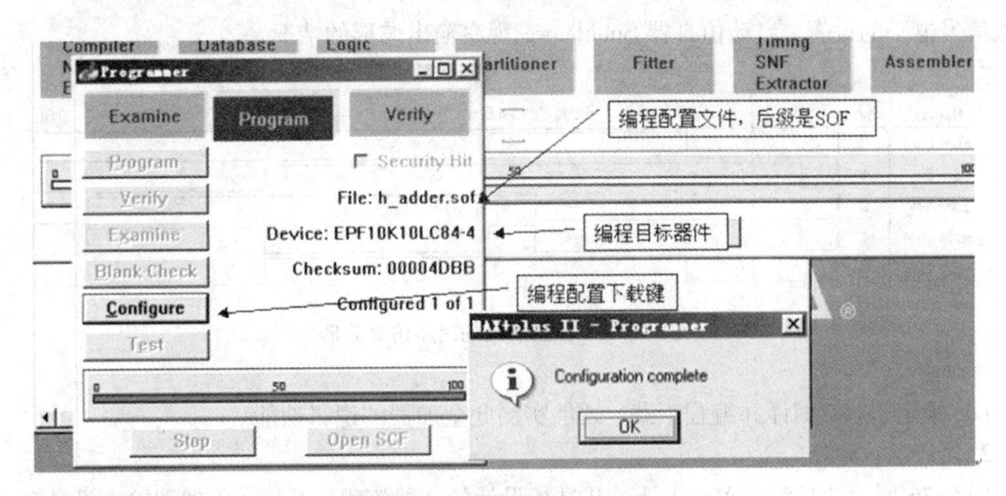

图5.72　向EPF10K10下载配置文件

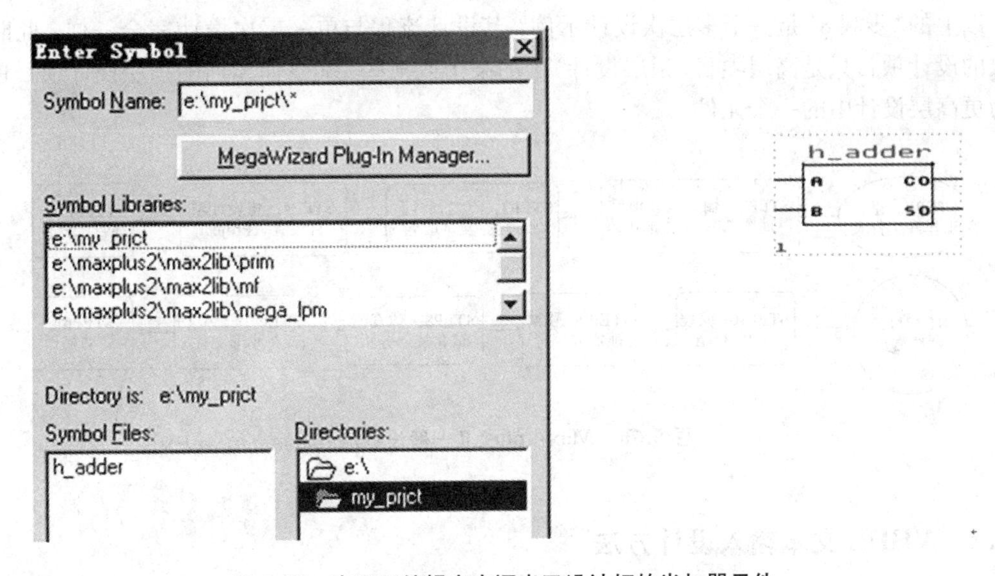

图5.73　在顶层编辑窗中调出已设计好的半加器元件

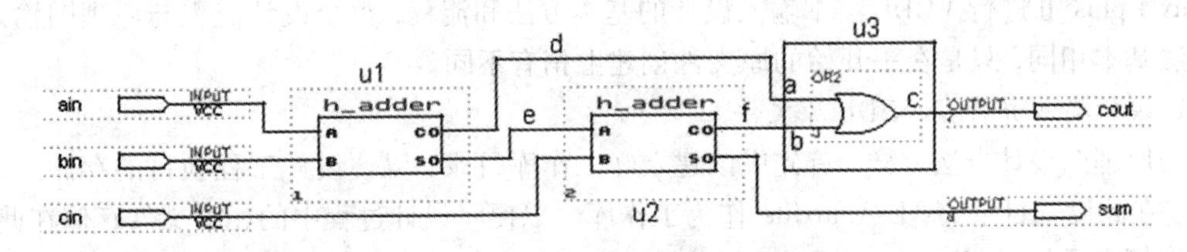

图5.74　在顶层编辑窗中设计好全加器

(4)编译此顶层文件f_adder.gdf，然后建立波形仿真文件。

(5)对应f_adder.gdf的波形仿真文件如图5.75所示，参考图中输入信号cin、bin和ain

输入信号电平的设置，启动仿真器Simulator，观察输出波形的情况。

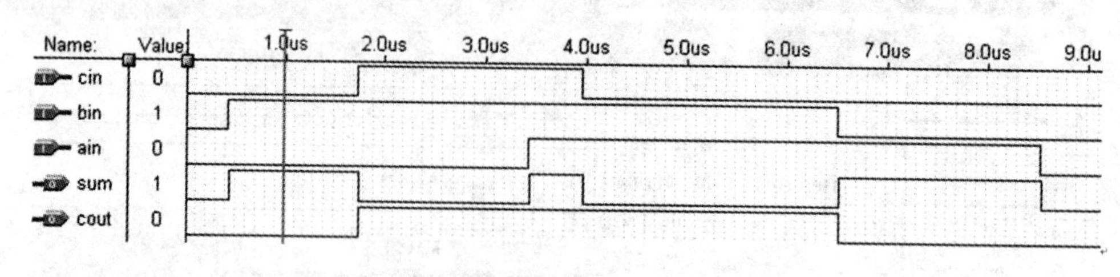

图5.75 1位全加器的时序仿真波形

(6)锁定引脚、编译并编程下载，硬件实测此全加器的逻辑功能。

2. 设计流程归纳

图5.76所示的是利用Max + plus Ⅱ进行设计的一般流程，因此对原理图输入设计和文本方式的硬件描述语言设计输入都能适用。

以上的"步骤8"是一个多层次设计示例，其设计流程与单一层次设计完全一样，此时低层次的设计项目只是高层项目(顶层设计)中的某个或某些元件，而当前的顶层设计项目也可成为更高层设计中的一个元件。

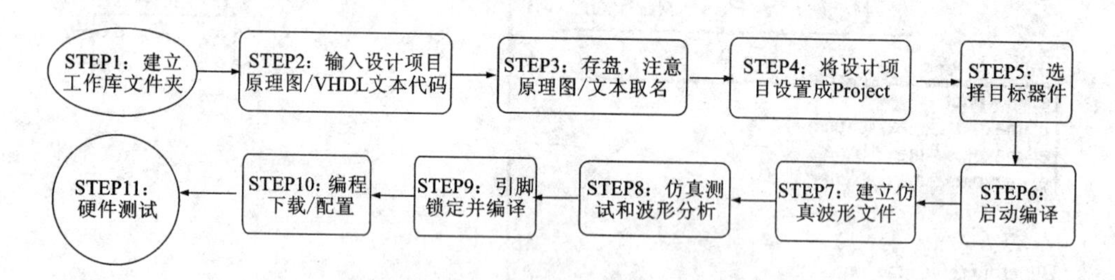

图5.76 Max + plus Ⅱ一般设计流程

5.3.5 VHDL文本输入设计方法

虽然本节介绍的是基于Max + plus Ⅱ的文本输入设计方法，但其基本设计流程具有一般性，因而，设计的基本方法也完全适合于其他EDA工具软件。作为实验准备，本节将介绍利用Max + plus Ⅱ进行VHDL文本输入设计的基本方法和流程，整个设计流程与原理图输入设计方法基本相同，只是在一开始的原文件创建上稍有不同。

1. 编辑输入并存盘VHDL原文件

与原理图设计方法一样，首先应该建立好工作库目录，以便设计工程项目的存储。作为示例，在此设立目录为：E:\muxfile作为工作库。以便将设计过程中的相关文件存储在此。

接下来是打开Max + plus Ⅱ，选择菜单File→New…，出现如图5.77所示的对话框，在框中选中"Text Editor file"，按"OK"按钮，即选中了文本编辑方式。在出现的"Untitled - Text Editor"文本编辑窗中键入图5.78的VHDL程序，输入完毕后，选择菜单File→Save，即出现如图5.78所示的"Save As"对话框。首先在"Directories"目录框中选择自己已建立好的存放本文件的目录E:\MUXFILE(用鼠标双击此目录，使其打开)，然后在"File Name"框中键入文

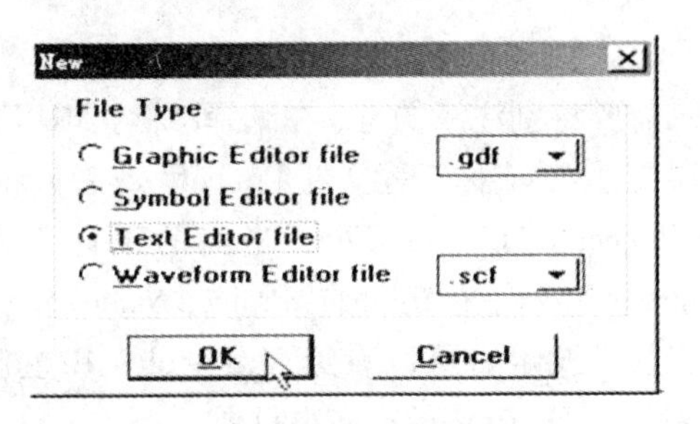

图 5.77　建立文本编辑器对话框

件名 MUX21A. VHD，按“OK”按钮，即把输入的文件放在目录 E:\MUXFILE 中了。注意，原理图输入设计方法中，存盘的原理图文件名可以是任意的，但 VHDL 程序文本存盘的文件名必须与文件的实体名一致，如 MUX21A. VHD。

另应注意，文件的后缀将决定使用的语言形式，在 Max + plus Ⅱ 中，后缀为. vhd 表示 VHDL 文件；后缀为. tdf 表示 AHDL 文件；后

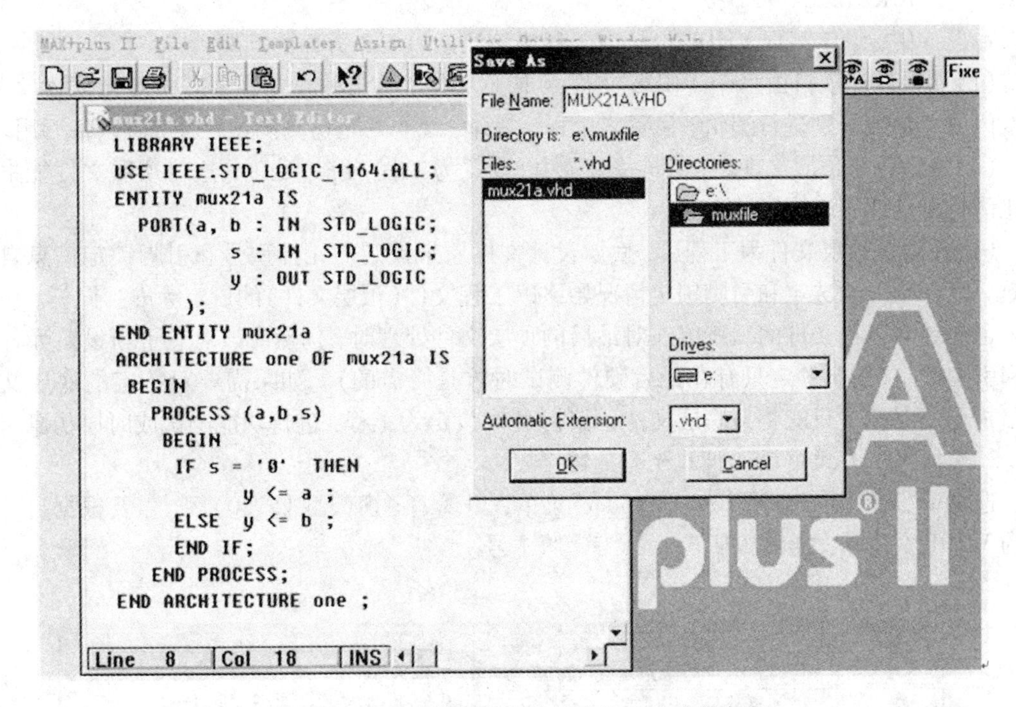

图 5.78　在文本编辑窗中输入 VHDL 文件并存盘

缀为. v 表示 Verilog 文件。如果后缀正确，存盘后对应该语言的文件中的主要关键词都会改变颜色。

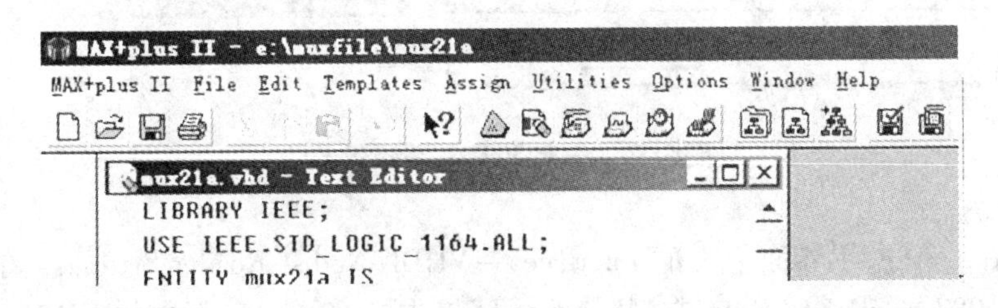

图 5.79　设定当前文件为工程

2. 将当前设计设定为工程

需要特别注意的是，在编译/综合 MUX21A. VHD 之前，需要设置此文件为顶层文件(最上层文件)，或称工程文件 Project，或者说将此项设计设置成工程。选择菜单 File→Project→Set Project to Current File，当前的设计工程即被指定为 MUX21A。也可以通过选 File→Project→Name，在跳出的“Project Name”窗中指定 E:\MUXFILE 下的 MUX21A. VHD 为当前的工程。设定后可以看见 Max + plus II 主窗左上方的工程项目路径指向为：“e:\muxfile\mux21a”。这个路径指向很重要。

在设定工程文件后，应该选择用于编程的目标芯片：选择菜单 Assign→Device…，在弹出的对话框中的 Device Family 下拉栏中，例如选择 FLEX10K，然后在 Devices 列表框中选择芯片型号 EPF10K10LC84 -3，按“OK”。

在设计中，设定某项 VHDL 设计为工程应该注意以下 3 方面的问题：

(1)如果设计项目由多个 VHDL 文件组成，如本章给出的全加器，应先对低层次文件，如或门或半加器分别进行编辑、设置成工程、编译、综合乃至仿真测试，通过后以备后用。

(2)最后将定顶层文件(存在同一目录中)设置为工程，统一处理，这时顶层文件能根据例化语句自动调用底层设计文件。

(3)在设定顶层文件为工程后，底层设计文件原来设定的元件型号和引脚锁定信息自动失效。元件型号的选定和引脚锁定情况始终以工程文件(顶层文件)的设定为准。同样，仿真结果也是针对工程文件的。所以在对最后的顶层文件处理时，仍然应该对它重新设定元件型号和引脚锁定(引脚锁定只有在最后硬件测试时才是必需的)。如果需要对特定的底层文件(元件)进行仿真，只能将某底层文件(元件)暂时设定为工程，进行功能测试或时序仿真。

3. 选择 VHDL 文本编译版本号和排错

选菜单“MAX + plus Ⅱ”→“Compiler”菜单，出现编译窗(见图 5.80)后，需要根据自己输入的 VHDL 文本格式选择 VHDL 文本编译版本号。

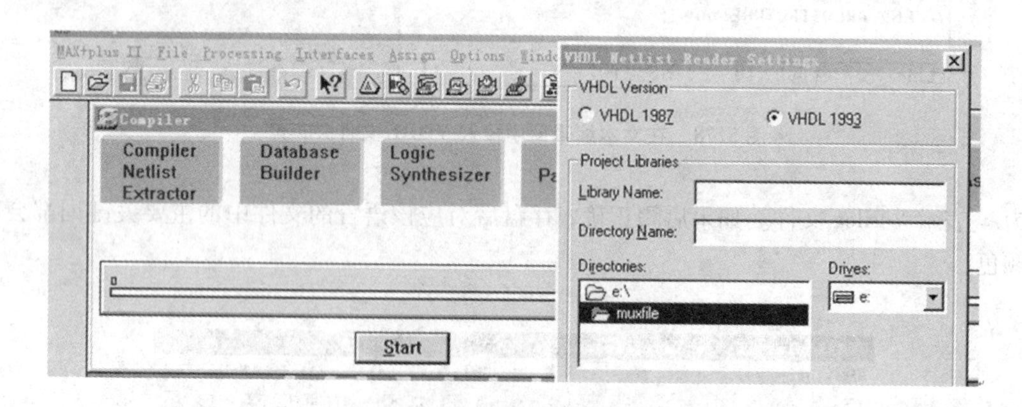

图 5.80　设定 VHDL 编译版本号

选择如图 5.80 所示界面上方的 Interfaces→VHDL Netlist Reader Settings，在弹出的窗口中选 VHDL'1987 或 VHDL'1993。这样，编译器将支持 87 或 93 版本的 VHDL 语言。这里，文件 Mux21a. vhd 属于 93 版本的表述。

由于综合器的 VHDL'1993 版本兼容 VHDL'1987 版本的表述，所以如果设计文件含有

VHDL'1987或混合表述，都应该选择"VHDL'1993"项。最后按"Start"键，运行编译器。

如图5.78所示，Mux21a.vhd文件中的实体结束语句没有加"；"，在编译时出现了如图5-81所示的出错信息指示。有时尽管只有一两个小错，但却会出现大量的出错信息，确定错误所在的最好办法是找到最上一排错误信息指示，用鼠标点成黑色，然后点击如图5.81所示窗口左下方的Locate错误定位钮，就能发现在出现文本编译窗中闪动的光标附近找到错误所在。纠正后再次编译，直至排除所有错误。注意闪动的光标指示错误所在只是相对的，有的错误比较复杂，很难用此定位。

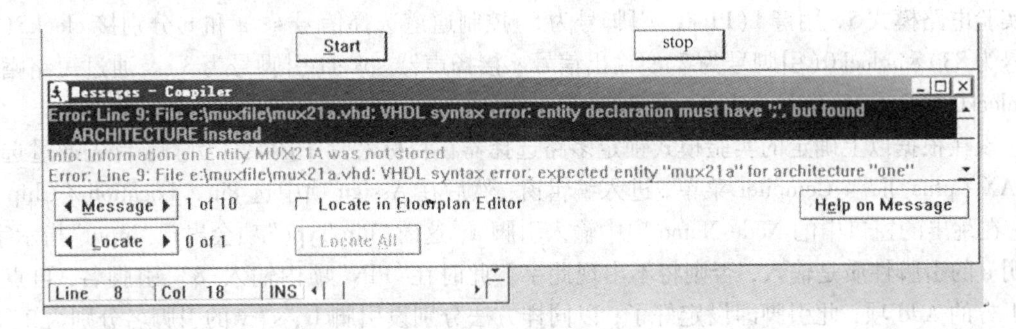

图5.81 确定设计文件中的错误信息窗口

VHDL文本编辑中还可能出现许多其他错误，如：

(1)错将设计文件存入了根目录，并将其设定成工程，由于没有了工作库，报错信息如下：

Error：Can't open VHDL"WORK"

(2)错将设计文件的后缀写成.tdf而非.vhd，在设定工程后编译时，报错信息如下：

Error：Line1，File e:\muxfile\mux21a.tdf：TDF syntax error：…

(3)未将设计文件名存为其实体名，如错写为muxa.vhd，设定工程编译时，报错信息如下：

Error：Line1，…VHDL Design File "muxa.vhd" must contain …

4.时序仿真

时序仿真的详细步骤可参考第4章。首先选择菜单File→New…，打开如图5-82所示的对话框，选择Waveform Editor，按"OK"按钮后进入仿真波形编辑窗。接下去选择菜单"Node"→"Enter Nodes from SNF"，进入仿真文件信号接点输入窗，按右上角"List"键后，将测试信号s(I)、b(I)、a(I)和y(O)输入仿真波形编辑窗。

选择Options项，将Snap to Grid的勾去掉；选择File→End Time，设定仿真时间区域，如设30 μs。给出输入信号后，选择Max+plus Ⅱ菜单Simulator进行仿真运算，波形如图5.82所示。输入信号详细的加入方法参考第4章。

在图5.82所示的仿真波形中，多路选择器mux21a的输入端口a和b分别输入时钟周期为50 ns和200 ns的时变信号。由图可见，当控制端s为高电平时，y的输出为b的低频率信号，而当s为低电平时，y的输出为a的高频率信号。

5.硬件测试

在实验系统上验证设计的正确性，完成硬件测试。如果目标器件是EPF10K10，建议选

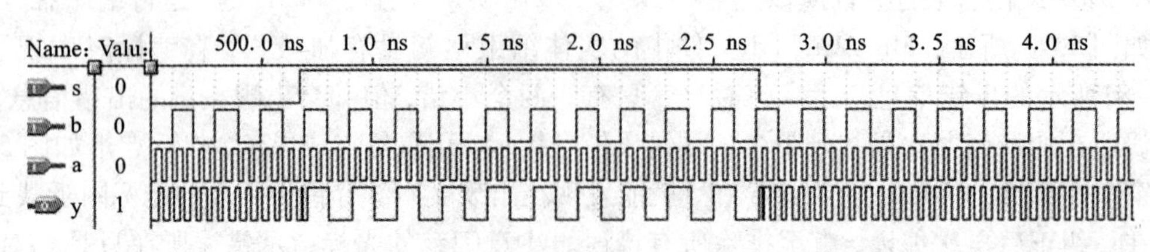

图 5.82 mux21a 仿真波形

择实验电路模式 5，用键 1(PIO0，引脚号为 5)控制通道选择信号 s；a 和 b 分别接 clock5(引脚号为 83)和 clock0(引脚号为 2)；输出信号 y 接扬声器 spker(引脚号为 3)。通过短路帽选择 clock0 接 256 Hz 信号，clock5 接 1024 Hz 信号。

现在根据以上确定的实验模式锁定多路选择器在目标芯片中的具体引脚：首先通过选择"MAX + plus Ⅱ"→Compiler 菜单，进入编辑窗，然后在 Assign 项中选 Pin / Location / Chip 选项，在跳出的窗口中的 Node Name 项中输入引脚 a，这时"Pin Type"项会出现"Input"指示字，表明 a 的引脚性质是输入，否则将不出现此字。此时在"PIN"项内输入"83"引脚名，再点击右下方的 Add 项，此引脚即设定好了；以同样方法分别设引脚 b、s、y 的引脚名分别为 2、5、3，再点击上方的"OK"。

关闭"Pin / Location / Chip"窗后，应点击编辑窗的"Start"，将引脚信息编辑进去。编程下载和硬件测试的步骤如下：

(1)选" Max + Plus Ⅱ" 项中的 Programmer 项，跳出 Programmer 窗后，选 Options 项中的硬件设置项"Hardware Setup"，在此窗的下拉窗中选"ByteBlaster (MV)"项，点击"OK"即可。

(2)将实验板连接好，接好电源，点"Configure"，即进行编程下载。

(3)选实验电路模式"NO.5"后，用短路帽设定 clock5 和 clock0 的频率分别为 256 Hz 和 1024 Hz。当用键 1 输入高电平时，扬声器发出 256 Hz 低频声，当用键 1 输入低电平时，扬声器发出 1024 Hz 高频声。当然也可以用示波器观察输出信号。

本章小结

随着 EDA 技术的发展，世界各大集成电路生产商和软件公司相继推出了各种版本的 EDA 工具软件。这些工具软件各具特色，使用方法各不相同。Max + plus Ⅱ是 Altera 公司首先推出的 EDA 工具软件，该软件几乎支持 EDA 设计的全过程，包括设计文件的输入、编辑、编译、仿真、综合和编程下载，自动完成综合过程中的编译网表提取、数据库建立、逻辑综合、逻辑分割、适配、延时网表提取和编程文件汇编等操作，而且界面友好、方便易用、功能全面，是非常流行的大众化 EDA 平台。Quartus Ⅱ是 Altera 公司近几年推出的新一代、功能强大 EDA 工具软件，支持 Altera 公司最新器件，支持更多的编辑输入法。

习　题

1. 简述利用 Quartus Ⅱ和 Max + plus Ⅱ开发工具进行数字系统设计的一般步骤。

2. 在 Quartus Ⅱ和 Max + plus Ⅱ开发工具中，从利用 VHDL 完成电路设计到硬件上进行实现和测试，需要经过哪些处理过程？

3. 怎样编辑输入原理图、文本、波形？

4. 以 1 位全加器为例，在 Quartus Ⅱ和 Max + plus Ⅱ开发工具中完成完整的设计过程。

5. 阐述并比较编程与配置二者概念的异同。

第6章 基本电路的VHDL实现

任何复杂的数字系统都是由简单的电路元件和底层模块搭建而成，如组合逻辑电路中的加法器、编码器、选择器，时序逻辑电路中的触发器、寄存计数器，以及有限状态机、ARM、FIFO等。

6.1 基本逻辑电路的VHDL设计

6.1.1 组合逻辑电路

组合逻辑电路是数字电路的基础，在数字系统中主要负责数字的传输，是由基本的门电路构成，通过逻辑门的组合和连接来描述整个系统。通常指译码器、编码器、选择器、加法器、乘法器和除法器。

例6.1 2输入与非门电路。

```
library ieee;
use ieee.std_logic_1164.all;
entity xx1 is
port(a, b: in std_logic;
        y: out std_logic);
end xx1;
architecture nand2pp OF xx1 is
begin
  y <= a nand b;
end nand2pp;
```

例6.2 2输入或非门。

```
library ieee;
use ieee.std_logic_1164.all;
entity nor2 is
port(a, b: in std_logic;
    y: out std_logic);
end nor2;
```

```
architecture nor_behave of nor2 is
begin
  y < =a nor b;
end nor_behave;
```

例 6.3　2 输入异或门电路。

```
library ieee;
use ieee. std_logic_1164. all;
entity xor2 is
  port(a, b: in std_logic;
          y: out std_logic);
end xor2;
architecture xor_behave of xor2 is
  begin
  y < =a xor b;
end xor_behave;
```

以上基本的门电路也可在一个程序中用下列语句描述：

```
Library  ieee;
use leee. std_loglc_1164. all;
entity gate is
port (a, b:in std_logic;
          yand, yor, ynand, ynor, ynot, yxor:out std_logic);
end entity gate;
archi tecture art of gate is
begin
   yand < =a and b;
   yor < =a or b;
   ynand < =a nand b;
   ynor < =a nor b;
   ynot < =not b(或 not a);
   yxor < =a xor b;
end archi tecture art;
```

例 6.4　3－8 译码器。

```
library ieee;
use ieee. std_logic_1164. all;
entity decoder38 is
  port(a, b, c, g1, g2a, g2b: in std_logic;
                          y: out std_logic_vector(7 downto 0));
  end decoder38;
architecture behave38 OF decoder38 is
```

```
signal indata: std_logic_vector(2 downto 0);
begin
  indata <= c&b&a;
  process(indata, g1, g2a, g2b)
    begin
      if(g1 = '1' and g2a = '0' and g2b = '0') then
      case indata is
          when "000" => y <= "11111110";
          when "001" => y <= "11111101";
          when "010" => y <= "11111011";
          when "011" => y <= "11110111";
          when "100" => y <= "11101111";
          when "101" => y <= "11011111";
          when "110" => y <= "10111111";
          when "111" => y <= "01111111";
          when others => y <= "XXXXXXXX";
        end case;
     else
       y <= "11111111";
     end if;
    end process;
end behave38;
```

例 6.5 优先编码器。

```
library ieee;
use ieee. std_logic_1164. all;
entity prior is
   port( input: in std_logic_vector(7 downto 0);
           y: out std_logic_vector(2 downto 0));
   end prior;
architecture be_prior OF prior is
begin
   process(input)
   begin
      if(input(0) = '0') then
      y <= "111";
      elsif (input(1) = '0') then
      y <= "110";
      elsif (input(2) = '0') then
      y <= "101";
```

```
        elsif (input(3) = '0') then
        y <= "100";
        elsif (input(4) = '0') then
        y <= "011";
        elsif (input(5) = '0') then
        y <= "010";
        elsif (input(6) = '0') then
        y <= "001";
        elsif (input(7) = '0') then
        y <= "000";
        end if;
    end process;
end be_prior;
```

例 6.6　4 选 1 选择器。

```
library ieee;
use ieee.std_logic_1164.all;
entity mux4 is
  port( input: in std_logic_vector(3 downto 0);
            a, b: in std_logic;
              y: out std_logic);
end mux4;
architecture be_mux4 OF mux4 is
  signal sel: std_logic_vector(1 downto 0);
  begin
  sel <= b&a;
  process(input, sel)
     begin
     if(sel = "00") then
         y <= input(0);
     elsif (sel = "01") then
         y <= input(1);
     elsif (sel = "10") then
         y <= input(2);
     else
         y <= input(3);
     end if;
  end process;
end be_mux4;
```

例 6.7　加法器。

```
library ieee;
use ieee. std_logic_1164. all;
use ieee. std_logic_arith. all;
entity adder is
   port (op1, op2: in   unsIgned(7 downto 0);
                 result: out integer);
end adder;
architecture maxpld OF adder is
begin
   result < =conv_integer(op1 +op2);
end maxpld;
```

例 6.8　半加器。

```
library ieee;
use ieee. std_logic_1164. all;
entity half is
   port (a, b: in   std_logic;
          s, co: out std_logig);
end half;
architecture half1 of half is
signal c, d:std_logic;
begin
   c < =a or b;
   d < =a nand b;
   co < =not d;
   s < =c and d;
end half1;
```

例 6.9　全加器，由半加器组成，以元件方式调用。

```
library ieee;
use ieee. std_logic_1164. all;
entity half is
   port (a, b: in   std_logic;
          s, co: out std_logic);
end half;
architecture half1 of half is
signal c, d:std_logic;
begin
   c < =a or b;
   d < =a nand b;
```

```
  co < = not d;
  s < = c and d;
end half1;

library ieee;
use ieee. std_logic_1164. all;
entity full is
port (a, b, cin: in  std_logic;
          s, co: out std_logic);
end =  full;
architecture full1 of full is
component half
  port (a, b: in  std_logic;
        s, co: out std_logic);
end component;
signal u0_co, u0_s, u1_co:std_logic;
begin
  u0:half port map(a, b, u0_s, u0_co);
  u1:half port map(u0_s, cin, s, u1_co);
co < = u0_co or u1_co;
end full1;
```

例 6.10　三态门。

```
library ieee;
use ieee. std_logic_1164. all;
entity tri is
  port (din, en: in  std_logic;
           dout: out std_logic);
end tri;
architecture tri1 of tri is
begin
  tri_gate: process(din, en)
     begin
       if (en = '1') then
           dout < = din;
       else
           dout < = 'Z';
       end if;
    end process;
end tri1;
```

例 6.11 三态单向总线。

```
library ieee;
use ieee. std_logic_1164. all;
entity bufs is
   port (din  : in   std_logic_vector(7 downto 0);
          dout: out std_logic_vector(7 downto 0) bus;
          en  : IN   std_logic);
end bufs;
archi tecture bufs1 of bufs is
begin
   process(en, din)
      begin
         if (en = '1') then
            dout < = din;
         else
            dout < = "zzzzzzzz";
         end if;
      end process;
end bufs1;
```

6.1.2 时序电路设计

时序逻辑电路主要包括触发器、寄存器和计数器，它们在电路结构上有两个显著特点：通常包括组合电路和必不可少的存储电路；存储电路中必须有反馈网络。实现时序电路基本存储元件的方式包括调用程序包中的寄存器组件、使用 WAIT 语句、使用对时钟边沿触发的进程，其中 WAIT 语句不能被综合器综合。

1. 触发器

例 6.12 D 触发器。

```
LIBRARY IEEE;
USE IEEE. STD_LOGIC_1164. ALL;
ENTITY DCFQ IS
   PORT(D, CLK:IN STD_LOGIC;
              Q:OUT STD_LOGIC);
END ENTITY DCFQ;
ARCHITECTURE ART OF DCFQ IS
  BEGIN
  PROCESS(CLK) IS
BEGIN
  IF (CLK'EVENT AND CLK = '1')THEN
                                                  - -时钟上升沿触发
     Q< =D;
```

```
  END IF;
  END PROCESS;
END ARCHITECTURE ART;
```

例6.13 T 触发器。

```
LIBRARY IEEE;
USE IEEE.STD_LOGIC_1164.ALL;
ENTITY TCFQ IS
  PORT(T, CLK:IN STD_LOGIC;
            Q:BUFFER STD_LOGIC);
END ENTITY TCFQ;
ARCHITECTURE ART OF TCFQ IS
BEGIN
  PROCESS(CLK) IS
   BEGIN
     IF (CLK'EVENT AND CLK = '1')THENi
IF (T = '1') THEN
       Q <= NOT(Q);
       ElSE Q <= Q;
END IF;
     END IF;
  END PROCESS;
END ARCHITECTURE ART;
```

例6.14 RS 触发器。

```
LIBRARY IEEE;
USE IEEE.STD_LOGIC_1164.ALL;
ENTITY RSCFQ IS
PORT(R, S, CLK:IN STD_LOGIC;
          Q, QB:BUFFER STD_LOGIC);
END ENTITY RSCFQ;
ARCHITECTURE ART OF RSCFQ IS
SIGNAL  Q_S, QB_S:STD_LOGIC;
BEGIN
PROCESS(CLK, R, S) IS
BEGIN
     IF (CLK'EVENT AND CLK = '1')THEN
     IF(S = '1' AND R = '0') THEN
     Q_S <= '0';
     QB_S <= '1';
    ELSIF (S = '0' AND R = '1') THEN
     Q_S <= '1';
     QB_S <= '0';
    ELSIF (S = '0' AND R = '0') THEN
     Q_S <= Q_S;
```

```
        QB_S < = QB_S;
        END IF;
        END IF;
    Q < = Q_S;
    QB < = QB_S;
    END PROCESS;
    END ARCHITECTURE ART;
```

例6.15 JK触发器。

```
LIBRARY IEEE;
USE IEEE. STD_LOGIC_1164. ALL;
ENTITY JKCFQ IS
   PORT(J,K, CLK :IN STD_LOGIC;
            Q, QB:BUFFER STD_LOGIC);
END ENTITY JKCFQ;
ARCHITECTURE ART OF JKCFQ IS
SIGNAL   Q_S, QB_S:STD_LOGIC;
BEGIN
  PROCESS( CLK, J,K) IS
  BEGIN
  IF (CLK'EVENT AND CLK = '1' )THEN
   IF(J = '0' AND K = '1' ) THEN
     Q_S < = '0';
     QB_S < = '1';
  ELSIF (J = '1' AND K = '0' ) THEN
     Q_S < = '1';
     QB_S < = '0';
   ELSIF (J = '1' AND K = '1' ) THEN
      Q_S < = NOT Q_S;
      QB_S < = NOT QB_S;
     END IF;
   END IF;
  Q < = Q_S;
  QB < = QB_S;
END PROCESS;
END ARCHITECTURE ART;
```

2.触发器的同步和非同步复位

触发器的初始状态应由复位信号来设置。按复位信号对触发器复位的操作不同，可以分为同步复位和非同步复位两种。所谓同步复位，就是当复位信号有效且在给定的时钟边沿到来时，触发器才被复位；非同步复位，也称异步复位，则是当复位信号有效时，触发器就被复位，不用等待时钟边沿信号。下面以D触发器为例分别予以举例。

例6.16　非同步复位/置位的 D 触发器。

```
LIBRARY IEEE;
USE IEEE.STD_LOGIC_1164.ALL;
ENTITY ASYNDCFQ IS
  PORT(CLK, D, PRESET, CLR:IN STD_LOGIC;
                                    Q:OUT STD_LOGIC);
END ENTITY ASYNDCFQ;
ARCHITECTURE ART OF ASYNDCFQ IS
BEGIN
  PROCESS(CLK, PRESET, CLR) IS
  BEGIN
  IF(PRESET='1')THEN                          --置位信号为1,则触发器被置位
  Q<='1';
  ELSIF(CLR='1')THEN                          --复位信号为1,则触发器被复位
  Q<='0';
  ELSIF(CLK'EVENT AND CLK='1')THEN
  Q<=D;
  END IF;
END PROCESS;
END ARCHITECTURE ART;
```

例6.17　同步复位的 D 触发器。

```
LIBRARY IEEE;
USE IEEE.STD_LOGIC_1164.ALL;
ENTITY SYNDCFQ IS
  PORT(D, CLK, RESET:IN STD_LOGIC;
                           Q:OUT STD_LOGIC);
END ENTITY SYNDCFQ;
ARCHITECTURE ART OF SYNDCFQ IS
BEGIN
  PROCESS(CLK) IS
  BEGIN
  IF(CLK'EVENT AND CLK='1')THEN
       IF(RESET='0')THEN
           Q<='0';                            --时钟边沿到来且有复位信号,触发器被复位
           ELSE Q<=D;
       END IF;
       END IF;
END PROCESS;
END ARCHITECTURE ART;
```

3. 寄存器和移位寄存器

(1)寄存(锁存)器:寄存器用于寄存一组二值代码,广泛用于各类数字系统。因为一个触发器能储存1位二值代码,所以用 N 个触发器组成的寄存器能储存一组 N 位的二值代码。

例 6.18　8 位寄存器。

```
LIBRARY IEEE;
USE IEEE.STD_LOGIC_1164.ALL;
ENTITY REG IS
    PORT(D:IN STD_LOGIC_VECTOR(0 TO 7);
        CLK:IN STD_LOGIC;
          Q:OUT STD_LOGIC_VECTOR(0 TO 7));
END ENTITY REG;
ARCHITECTURE ART OF REG IS
BEGIN
    PROCESS(CLK)
    BEGIN
    IF(CLK'EVENT AND CLK = '1')THEN
          Q <= D;
    END IF;
END PROCESS;
END ARCHITECTURE ART;
```

(2)移位寄存器：位寄存器除了具有存储代码的功能以外，还具有移位功能。所谓移位功能，是指寄存器里存储的代码能在移位脉冲的作用下依次左移或右移。因此，移位寄存器不但可以用来寄存代码，还可用来实现数据的串/并转换、数值的运算以及数据处理等。

例 6.19　移位寄存器。

```
LIBRARY IEEE;
USE IEEE.STD_LOGIC_1164.ALL;
ENTITY SHIFTER IS
    PORT(DATA:IN STD_LOGIC_VECTOR(7 DOWNTO 0);
    SHIFT_LEFT:IN STD_LOGIC;
  SHIFT_RIGHT:IN STD_LOGIC;
          CLK: IN STD_LOGIC;
        RESET:IN STD_LOGIC;
        MODE:IN STD_LOGIC_VECTOR(1 DOWNTO 0);
        QOUT:BUFFER STD_LOGIC_VECTOR(7 DOWNTO 0));
END ENTITY SHIFTER;
ARCHITECTURE ART OF SHIFTER IS
BEGIN
   PROCESS
   BEGIN
WAIT UNTIL(RISING_EDGE(CLK));
    IF(RESET = '1')THEN
    QOUT <= "00000000";
     ELSE                                                          --同步复位功能的实现
       CASE MODE IS
       WHEN "01" => QOUT <= SHIFT_RIGHT&QOUT(7 DOWNTO 1);   --右移一位
```

```
        WHEN "10" = >QOUT < =QOUT(6 DOWNTO 0)&SHIFT_LEFT;       - -左移一位
        WHEN "11" = >QOUT < =DATA;                              - -并行输入
        WHEN OTHERS = >NULL;
        END CASE;
        END IF;
END PROCESS;
END ARCHITECTURE ART;
```

4. 计数器

计数器是在数字系统中使用最多的时序电路，它不仅能用于对时钟脉冲计数，还可以用于分频、定时、产生节拍脉冲和脉冲序列以及进行数字运算等。

1）同步计数器

例6.20　模为60的具有异步复位、同步置数功能的8421BCD码计数器。

```
LIBRARY IEEE;
USE IEEE.STD_LOGIC_1164.ALL;
USE IEEE.STD_LOGIC_UNSIGNED.ALL;
ENTITY CNTM60 IS
PORT(CI:IN STD_LOGIC;                               - -计数控制
 NRESET:IN STD_LOGIC;                               - -异步复位控制
   LOAD:IN STD_LOGIC;                               - -置数控制
      D:IN STD_LOGIC_VECTOR(7 DOWNTO 0);
    CLK:IN STD_LOGIC;
     CO:OUT STD_LOGIC;                              - -进位输出
     QH:BUFFER STD_LOGIC_VECTOR(3 DOWNTO 0);
     QL:BUFFER STD_LOGIC_VECTOR(3 DOWNTO 0));
END ENTITY CNTM60;
ARCHITECTURE ART OF CNTM60 IS
BEGIN
CO < ='1'WHEN(QH ="0101" AND QL ="1001" AND CI ='1')ELSE'0';
                                                    - -进位输出的产生
PROCESS(CLK, NRESET) IS
BEGIN
IF(NRESET ='0')THEN                                 - -异步复位
   QH < ="0000";
   QL < ="0000";
ELSIF(CLK'EVENT AND CLK ='1')THEN                   - -同步置数
IF(LOAD ='1')THEN
   QH < =D(7 DOWNTO 4);
   QL < =D(3 DOWNTO 0);
ELSIF(CI ='1')THEN                                  - -模60的实现
IF(QL =9)THEN
  QL < ="0000";
IF(QH =5)THEN
```

```
  QH < = "0000";
ELSE                                                   - -计数功能的实现
  QH < = QH + 1;
END IF;
ELSE
  QL < = QL + 1;
END IF;
END IF; - - END IF LOAD
  END IF;
END PROCESS;
END ARCHITECTURE ART;
```

2)异步计数器

用 VHDL 语言描述异步计数器，与上述同步计数器不同之处主要表现在对各级时钟的描述上。

例 6.21 由 8 个触发器构成的异步计数器，采用元件例化的方式生成。

```
LIBRARY IEEE;
USE IEEE. STD_LOGIC_1164. ALL;
ENTITY DIFFR IS
  PORT( CLK, CLR, D:IN STD_LOGIC;
            Q, QB:OUT STD_LOGIC);
END ENTITY DIFFR;
ARCHITECTURE ART1 OF DIFFR IS
SIGNAL  Q_IN:STD_LOGIC;
BEGIN
Q < = Q_IN;
QB < = NOT Q_IN;
PROCESS( CLK, CLR) IS
BEGIN
IF( CLR = '1' )THEN
  Q_IN < = '0';
ELSIF ( CLK'EVENT AND CLK = '1' ) THEN
  Q_IN < = D;
END IF;
END PROCESS;
END ARCHITECTURE ART1;
LIBRARY IEEE;
USE IEEE. STD_LOGIC_1164. ALL;
ENTITY RPLCOUNT IS
PORT( CLK, CLR:IN STD_LOGIC;
COUNT:OUT STD_LOGIC_VECTOR(7 DOWNTO 0));
END ENTITY RPLCOUNT;
ARCHITECTURE ART2 OF RPLCOUNT IS
```

```
SIGNAL COUNT_IN:STD_LOGIC_VECTOR(8 DOWNTO 0);
COMPONENT DIFFR IS
PORT(CLK, CLR, D:IN STD_LOGIC;
          Q, QB:OUT STD_LOGIC);
END COMPONENT DIFFR;
BEGIN
COUNT_IN(0) < =CLK;
GEN1:FOR I IN 0 TO 7 GENERATE
U:DIFFR PORT MAP(CLK = >COUNT_IN(I),
CLR = >CLR, D = >COUNT_IN(I+1),
Q = >COUNT_IN(I), QB = >COUNT_IN(I+1));
END GENERATE GEN1;
END ARCHITECTURE ART2;
```

5. 序列信号发生器

在数字信号的传输和数字系统的测试中，有时需要用到一组特定的串行数字信号。产生序列信号的电路称为序列信号发生器。

例 6.22 “01111110”序列发生器(该电路可由计数器与数据选择器构成)。

```
LIBRARY IEEE;
USE IEEE. STD_LOGIC_1164. ALL;
USE IEEE. STD_LOGIC_ARITH. ALL;
USE IEEE. STD_LOGIC_UNSIGNED. ALL;
ENTITY SENQGEN IS
PORT(CLK, CLR, CLOCK:IN STD_LOGIC;
                    ZO:OUT STD_LOGIC);
END ENTITY SENQGEN;
ARCHITECTURE ART OF SENQGEN IS
SIGNAL COUNT:STD_LOGIC_VECTOR(2 DOWNTO 0);
SIGNAL Z:STD_LOGIC: = '0';
BEGIN
PROCESS(CLK, CLR) IS                          - -注意各进程间的并行性
BEGIN
IF(CLR = '1')THEN COUNT < ="000";
ELSE
    IF(CLK = '1' AND CLK'EVENT)THEN
          IF(COUNT = "111")THEN COUNT < ="000";
          ELSE COUNT < =COUNT  +'1';
    END IF;
          END IF;
END IF;
END PROCESS;
PROCESS(COUNT) IS
BEGIN
```

```
CASE COUNT IS
WHEN "000" = >Z < = '0';
WHEN "001" = >Z < = '1';
WHEN "010" = >Z < = '1';
WHEN "011" = >Z < = '1';
WHEN "100" = >Z < = '1';
WHEN "101" = >Z < = '1';
WHEN "110" = >Z < = '1';
WHEN OTHERS = >Z < = '0';
END CASE;
END PROCESS;
PROCESS(CLOCK, Z) IS
BEGIN                                              - -消除毛刺的锁存器
IF(CLOCK'EVENT AND CLOCK = '1')THEN
    ZO < = Z;
END IF;
  END PROCESS;
END ARCHITECTURE ART;
```

例 6.23 20 位 M 序列发生器(主要由移位寄存器和反馈环节组成)。

```
LIBRARY IEEE;
  USE IEEE.STD_LOGIC_1164.ALL;
  ENTITY XLGEN20 IS
    PORT(CLK, LOAD, EN:IN STD_LOGIC;
                DATA:IN STD_LOGIC_VECTOR(20 DOWNTO 0);
                LOUT:BUFFER STD_LOGIC);
  END ENTITY XLGEN20;
ARCHITECTURE ART OF XLGEN20 IS
    CONSTANT LEN:INTEGER: =20;
    SIGNAL LFSR_VAL:STD_LOGIC_VECTOR(LEN DOWNTO 0);
    SIGNAL DOUT:STD_LOGIC_VECTOR(LEN DOWNTO 0);
    BEGIN
PROCESS(LOAD, EN, DOUT) IS
BEGIN
IF (LOAD = '1')THEN
LFSR_VAL < = DATA;
        ELSIF (EN = '1')THEN
LFSR_VAL(0) < = DOUT(3) XOR DOUT(LEN);
LFSR_VAL(LEN DOWNTO 1) < = DOUT(LEN - 1 DOWNTO 0);
END IF;
   END PROCESS;
   PROCESS(CLK) IS
BEGIN
     IF(CLK'EVENT AND CLK = '1')THEN
```

```
      DOUT <= LFSR_VAL;
      LOUT <= LFSR_VAL(LEN);
    END IF;
  END PROCESS;
END ARCHITECTURE ART;
```

例 6.24　“01111110”序列信号检测器。

```
LIBRARY IEEE;
USE IEEE.STD_LOGIC_1164.ALL;
ENTITY DETECT IS
   PORT( DATAIN:IN STD_LOGIC;
              CLK:IN STD_LOGIC;
                Q:OUT STD_LOGIC);
END ENTITY DETECT;
ARCHITECTURE ART OF DETECT IS
TYPE STATETYPE IS(S0, S1, S2, S3, S4, S5, S6, S7, S8);
BEGIN
PROCESS(CLK) IS
VARIABLE PRESENT_STATE:STATETYPE;
BEGIN
IF(rising_edge(clk))
Q <= '0';
      CASE PRESENT_STATE IS
      WHEN S0 =>
IF DATAIN = '0' THEN PRESENT_STATE: = S1;
      ELSE PRESENT_STATE: = S0;
END IF;
          WHEN S1 =>
      IF DATAIN = '1' THEN PRESENT_STATE: = S2;
      ELSE PRESENT_STATE: = S1;
      END IF;
      WHEN S2 =>
      IF DATAIN = '1'THEN PRESENT_STATE: = S3;
      ELSE PRESENT_STATE: = S1;
      END IF;
      WHEN S3 =>
IF DATAIN = '1'THEN PRESENT_STATE: = S4;
      ELSE PRESENT_STATE: = S1;
    END IF;
      WHEN S4 =>
      IF DATAIN = '1'THEN PRESENT_STATE: = S5;
      ELSE PRESENT_STATE: = S1;
      END IF;
      WHEN S5 =>
```

```
        IF DATAIN = '1' THEN PRESENT_STATE: = S6;
        ELSE PRESENT_STATE: = S1;
        END IF;
        WHEN S6 = >
IF DATAIN = '1' THEN PRESENT_STATE: = S7;
        ELSE PRESENT_STATE: = S1;
        END IF;
        WHEN S7 = >
        IF DATAIN = '0' THEN PRESENT_STATE: = S8;
        Q < = '1';ELSE   PRESENT_STATE: = S0;
        END IF;
        WHEN S8 = >
IF DATAIN = '0' THEN PRESENT_STATE: = S1;
          ELSE PRESENT_STATE: = S2;
END IF;
        END CASE;
        WAIT UNTIL CLK = '1';
END IF;
END PROCESS;
END ARCHITECTURE ART;
```

6.2 存储器设计的 VHDL 设计

半导体存储器的种类很多，从功能上可以分为只读存储器(Read - Only Memory, ROM)和随机存储器(Random Access Memory, RAM)两大类。

6.2.1 ROM

只读存储器在正常工作时从中读取数据，不能快速地修改或重新写入数，适用于存储固定数据的场合。下面是一个容量为 256 ×4 的 ROM 存储的例子，该 ROM 有 8 位地址线 ADR(0) ~ ADR(7)，4 位数据输出线 DOUT(0) ~ DOUT(3)及使能 EN，如图 6.1 所示。

例 6.25

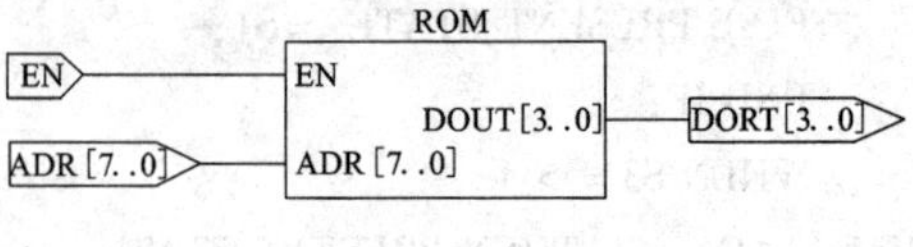

```
LIBRARY IEEE;
USE IEEE.STD_LOGIC_1164.ALL;
USE IEEE.STD_LOGIC_UNSIGNED.ALL;
USE STD.TEXTIO.ALL;
ENTITY ROM IS
   PORT(EN:IN STD_LOGIC;
        ADR:IN STD_LOGIC_VECTOR(7 DOWNTO 0);
       DOUT: OUT STD_LOGIC_VECTOR(3 DOWNTO 0));
END ENTITY ROM;
ARCHITECTURE ART OF ROM IS
   SUBTYPE WORD IS STD_LOGIC_VECTOR(3 DOWNTO 0);
```

图 6.1 ROM

```
    TYPE MEMORY IS ARRAY(0 TO 255) OF WORD;
    SIGNAL ADR_IN:INTEGER RANGE 0 TO 255;
     FILE ROMIN:TEXT IS IN "ROMIN";
BEGIN
     PROCESS(EN, ADR) IS
        VARIABLE ROM: MEMORY;
        VARIABLE START_UP:BOOLEAN:=TRUE;
        VARIABLE L:LINE;
        VARIABLE J:INTEGER;
     BEGIN
     IF START_UP THEN                                   --初始化开始
          FOR J IN ROM'RANGE LOOP
            READLINE(ROMIN, 1);
            READ(1, ROM(J));
          END LOOP;
          START_UP:=FALSE;                              --初始化结束
     END IF;
ADR_IN<=CONV_INTEGER(ADR);
                                                        --将向量转化成整数
IF(EN='1')THEN
DOUT<=ROM(ADR_IN);
ELSE
DOUT<="ZZZZ";
END IF;
END PROCESS;
END ARCHITECTURE ART;
```

6.2.2 SRAM

RAM 和 ROM 的主要区别在于 RAM 描述上有读和写两种操作，而且在读/写上对时间有较严格的要求。下面我们给出一个 8×8 位的双口 SRAM 的 VHDL 描述实例，如图 6.2 所示。

例 6.26

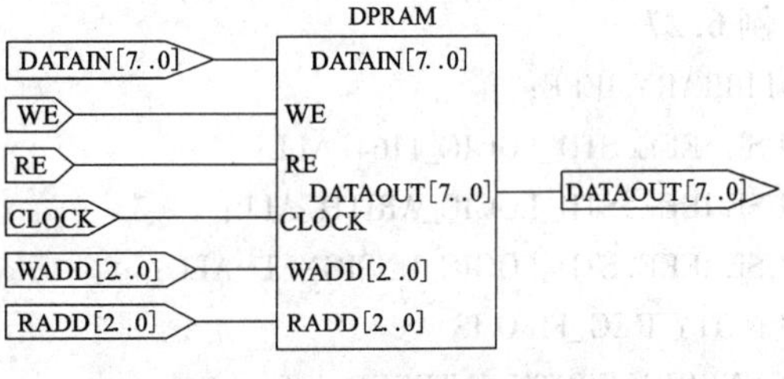

```
 LIBRARY IEEE;
USE IEEE.STD_LOGIC_1164.ALL;
USE IEEE.STD_LOGIC_ARITH.ALL;
USE IEEE.STD_LOGIC_UNSIGNED.ALL;
ENTITY DPRAM IS
GENERIC(WIDTH:INTEGER:=8;
          DEPTH:INTEGER:=8;
          ADDER:INTEGER:=3);
PORT(DATAIN:IN STD_LOGIC_VECTOR(WIDTH-1 DOWNTO 0);
     DATAOUT:OUT STD_LOGIC_VECTOR(WIDTH-1 DOWNTO 0);
       CLOCK:IN STD_LOGIC;
```

图 6.2　双口 SRAM

```
        WE, RE:IN STD_LOGIC;
        WADD:IN STD_LOGIC_VECTOR(ADDER - 1 DOWNTO 0);
        RADD:IN STD_LOGIC_VECTOR(ADDER - 1 DOWNTO 0));
END ENTITY DPRAM;
ARCHITECTURE ART OF DPRAM IS
TYPE MEM IS ARRAY(0 TO DEPTH - 1) OF STD_LOGIC_VECTOR(WIDTH - 1 DOWNTO 0);
SIGNAL  RAMTMP:MEM;
BEGIN
--写进程
PROCESS(CLOCK) IS
BEGIN
IF (CLOCK'EVENT AND CLOCK = '1') THEN
IF(WE = '1')THEN
RAMTMP(CONV_INTEGER(WADD)) <= DATAIN;
END IF;
END IF;
END PROCESS;
--读进程
PROCESS(CLOCK) IS
BEGIN
IF(CLOCK'EVENT AND CLOCK = '1')THEN
IF (RE = '1') THEN
DATAOUT <= RAMTMP(CONV_INTEGER(RADD));
END IF;
END IF;
END PROCESS;
END ARCHITECTURE ART;
```

6.2.3 FIFO

FIFO 是先进先出堆栈，作为数据缓冲器，通常其数据存放结构完全与 RAM 一致，只是存取方式有所不同。图 6.3 所示电路为一个 8×8 FIFO，其 VHDL 描述如下。

例 6.27

```
LIBRARY IEEE;
USE IEEE.STD_LOGIC_1164.ALL;
USE IEEE.STD_LOGIC_ARITH.ALL;
USE IEEE.STD_LOGIC_UNSIGNED.ALL;
ENTITY REG_FIFO IS
GENERIC(WIDTH:INTEGER:=8;
        DEPTH:INTEGER:=8;
         ADDR:INTEGER:=3);
PORT ( DATA: IN STD_LOGIC_VECTOR
(WIDTH - 1 DOWNTO 0);
```

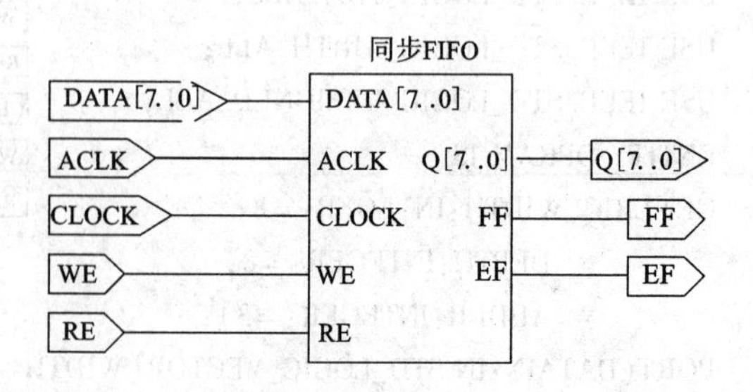

图 6.3 8×8 FIFO

```
    Q:OUT STD_LOGIC_VECTOR(WIDTH - 1 DOWNTO 0);
    ACLR:IN STD_LOGIC;
    CLOCK:IN STD_LOGIC;
    WE:IN STD_LOGIC;
    RE:IN STD_LOGIC;
    EF:OUT STD_LOGIC;
    FF:OUT STD_LOGIC);
END ENTITY REG_FIFO;
ARCHITECTURE ART OF REG_FIFO IS
TYPE MEM IS ARRAY(0 TO DEPTH - 1) OF STD_LOGIC_VECTOR(WIDTH - 1 DOWNTO 0);
SIGNAL  RAMTMP:MEM;
SIGNAL  WADD:STD_LOGIC_VECTOR(ADDR - 1 DOWNTO 0);
SIGNAL  RADD:STD_LOGIC_VECTOR(ADDR - 1 DOWNTO 0);
SIGNAL  WORDS:STD_LOGIC_VECTOR(ADDR - 1 DOWNTO 0);
BEGIN
--写指针修改进程
WRITE_POINTER:PROCESS(ACLR, CLOCK) IS
BEGIN
  IF (ACLR = '0') THEN
  WADD <= (OTHERS => '0');
  ELSIF (CLOCK'EVENT AND CLOCK = '1') THEN
    IF (WE = '1') THEN
      IF (WADD = WORDS) THEN
        WADD <= (OTHERS => '0');
      ELSE
        WADD <= (WADD + '1');
    END IF;
  END IF;
END IF;
END PROCESS WRITE_POINTER;
--写操作进程
WRITE_RAM:PROCESS(CLOCK) IS
  BEGIN
  IF (CLOCK'EVENT AND CLOCK = '1') THEN
    IF (WE = '1') THEN
      RAMTMP(CONV_INTEGER(WADD)) <= DATA;
    END IF;
  END IF;
END PROCESS WRITE_RAM;
--读指针修改
READ_POINTER:PROCESS(ACLR, CLOCK) IS
BEGIN
IF (ACLR = '0') THEN
```

```
    RADD < = (OTHERS = > '0');
    ELSIF (CLOCK'EVENT AND CLOCK = '1') THEN
    IF (RE = '1') THEN
      IF (RADD = WORDS) THEN
        RADD < = (OTHERS = > '0');
        ELSE
        RADD < = RADD + '1';
      END IF;
    END IF;
END IF;
END PROCESS READ_POINTER;
--读操作进程
READ_RAM:PROCESS(CLOCK) IS
BEGIN
IF (CLOCK'EVENT AND CLOCK = '1') THEN
  IF (RE = '1') THEN
    Q < = RAMTMP(CONV_INTEGER(RADD));
  END IF;
  END IF;
END PROCESS READ_RAM;
--产生满标志进程
FFLAG:PROCESS(ACLR, CLOCK) IS
BEGIN
IF (ACLR = '0') THEN
  FF < = '0';
  ELSIF (CLOCK'EVENT AND CLOCK = '1') THEN
  IF (WE = '1' AND RE = '0') THEN
    IF ((WADD = RADD - 1) OR
      ((WADD = DEPTH - 1) AND (RADD = 0))) THEN
      FF < = '1';
    END IF;
    ELSE
    FF < = '0';
  END IF;
END IF;
END PROCESS FFLAG;
--产生空标志进程
EFLAG:PROCESS(ACLR, CLOCK) IS
BEGIN
IF (ACLR = '0') THEN
EF < = '0';
ELSIF (CLOCK'EVENT AND CLOCK = '1') THEN
IF (RE = '1' AND WE = '0') THEN
```

```
IF ((WADD = RADD + 1) OR
    ((RADD = DEPTH - 1)AND(WADD = 0))) THEN
EF <= '0';
END IF;
ELSE
EF <= '1';
END IF;
END IF;
END PROCESS EFLAG;
END ARCHITECTURE ART;
```

6.3　状态机设计的 VHDL 设计

6.3.1　状态机的基本结构和功能

状态机是一类很重要的时序电路，是许多数字电路的核心部件，可以认为是组合逻辑和寄存器逻辑的特殊组合，包括组合逻辑部分和寄存器部分。寄存器部分用于存储状态机的内部状态，组合逻辑部分又分为状态译码器（确定状态机的下一状态，也就是状态机的激励方程）和输出译码器（确定状态机的输出，也就是状态机的输出方程）。状态机的一般形式如图 6.4 所示。

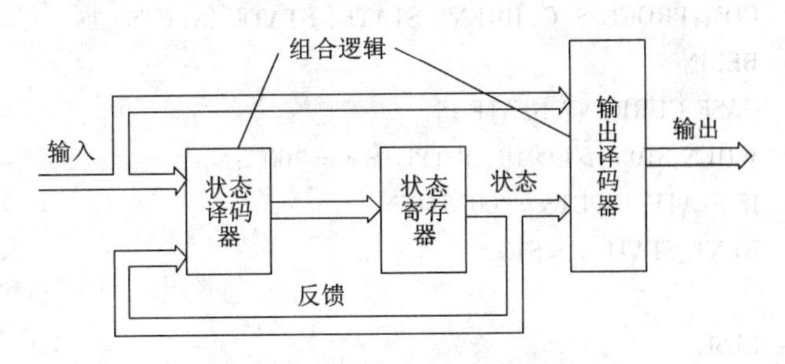

图 6.4　状态机的结构示意图

状态机的基本操作有两种：

①状态机内部状态转换。状态机的下一状态由状态译码器根据当前状态和输入条件决定。

②产生输出信号序列。输出信号由输出译码器根据当前状态和输入条件决定。

在产生输出的过程中，由是否使用输入信号可以确定状态机的类型。两种典型的状态机是摩尔（MOORE）状态机（其输出只是当前状态值的函数，且只有在时钟边沿到来时才发生变化）和米立（MEALY）状态机（其输出是当前状态值、当前输出值和当前输入值的函数）。下面仅讨论同步时序状态机。

6.3.2　一般状态机的 VHDL 设计

为了能获得可综合的、高效的 VHDL 状态机描述，建议使用枚举类数据类型来定义状态机的状态，并使用多进程方式来描述状态机的内部逻辑。

例 6.28　一般状态机的 VHDL 设计模型。

```
LIBRARY IEEE;
USE IEEE.STD_LOGIC_1164.ALL;
ENTITY S_MACHINE IS
```

```
PORT(CLK, RESET:IN STD_LOGIC;
    STATE_INPUTS:IN STD_LOGIC_VECTOR(0 TO 1);
   COMB_OUTPUTS:OUT STD_LOGIC_VECTOR(0 TO 1));
END ENTITY S_MACHINE;
ARCHITECTURE ART OF S_MACHINE IS
TYPE STATES IS (ST0, ST1, ST2, ST3);                    --定义 STATES 为枚举型数据类型
SIGNAL CURRENT_STATE, NEXT_STATE:STATES;
BEGIN
REG:PROCESS (RESET, CLK) IS                            --时序逻辑进程
BEGIN
IF RESET = '1' THEN
CURRENT_STATE <= ST0;                                   --异步复位
ELSIF (CLK = '1' AND CLK'EVENT) THEN
CURRENT_STATE <= NEXT_STATE;                            --当测到时钟上升沿时转换至下一状态
END IF;
END PROCESS REG;                                        --由 CURRENT_STATE 将当前状态值带
                                                          出此进程, 进入进程 COM
COM:PROCESS(CURRENT_STATE, STATE_INPUTS) IS             --组合逻辑进程
BEGIN
CASE CURRENT_STATE IS                                   --确定当前状态的状态值
WHEN ST0 => COMB_OUTPUTS <= "00";                       --初始态译码输出"00"
IF STATE_INPUTS = "00" THEN                             --根据外部的状态控制输入"00"
NEXT_STATE <= ST0;                                      --在下一时钟后, 进程 REG 的状态将
                                                          维持为 ST0
ELSE
NEXT_STATE <= ST1;                                      --否则, 在下一时钟后, 进程 REG 的状
                                                          态将为 ST1
END IF;
WHEN ST1 => COMB_OUTPUTS <= "01";                       --对应 ST1 的译码输出"01"
IF STATE_INPUTS = "00" THEN                             --根据外部的状态控制输入"00"
NEXT_STATE <= ST1;                                      --在下一时钟后, 进程 REG 的状态将
                                                          维持为 ST1
ELSE
NEXT_STATE <= ST2;                                      --否则, 在下一时钟后, 进程 REG 的
                                                          状态将为 ST2
END IF;
WHEN ST2 => COMB_OUTPUTS <= "10";                       --以下依此类推
IF STATE_INPUTS = "11" THEN
NEXT_STATE <= ST2;
ELSE
NEXT_STATE <= ST3;
END IF;
WHEN ST3 => COMB_OUTPUTS <= "11";
```

```
IF STATE_INPUTS ="11"THEN
NEXT_STATE < =ST3;
ELSE
NEXT_STATE < =ST0;                              - -否则,在下一时钟后,进程 REG 的
                                                  状态将为 ST0
END IF;
END CASE;
END PROCESS COM;                                - -由信号 NEXT_STATE 将下一状态值
                                                  带出此进程,进入进程 REG
END ARCHITECTURE ART;
```

进程间一般是并行运行的，但由于敏感信号的设置不同以及电路的延迟，在时序上，进程间的动作是有先后的。本例中，进程“REG”在时钟上升沿到来时，将首先运行，完成状态转换的赋值操作。本例中，进程“REG”在时钟上升沿到来时，将首先运行，完成状态转换的赋值操作。如果外部控制信号 STATE_INPUTS 不变，只有当来自进程 REG 的信号 CURRENT_STATE 改变时，进程 COM 才开始动作。在此进程中，将根据 CURRENT_STATE 的值和外部的控制码 STATE_INPUTS 来决定下一时钟边沿到来后，进程 REG 的状态转换方向。这个状态机的二位组合输出 COMB_OUTPUTS 是对当前状态的译码。

在设计中，如果希望输出的信号具有寄存器锁存功能，则需要为此输出第 3 个进程，并把 CLK 和 RESET 信号放到敏感信号表中。

本例中，用于进程间信息传递的信号 CURRENT_STATE 和 NEXT_STATE，在状态机设计中称为反馈信号。状态机运行中，信号传递的反馈机制的作用是实现当前状态的存储和下一状态的译码设定等功能。在 VHDL 中，通常可以使用信号和变量的方式来创建反馈机制。一般情况下，先在进程中使用变量传递数据，之后使用信号将数据带出进程。

6.3.3　摩尔(Moore)状态机的 VHDL 设计

例 6.29　摩尔状态机的 VHDL 设计模型之一。

```
LIBRARY IEEE;
USE IEEE.STD_LOGIC_1164.ALL;
ENTITY MOORE1 IS
PORT(CLOCK:IN STD_LOGIC;
          A:IN STD_LOGIC;
          D:OUT STD_LOGIC);
END ENTITY MOORE1;
ARCHITECTURE ART OF MOORE1 IS
SIGNAL B, C:STD_LOGIC;
BEGIN
NUM1:PROCESS(A, C) IS               - -第 1 组合逻辑进程,为时序逻辑进程提供的反馈信息
BEGIN
  B < =FUNC1(A, C);                 - -C 是反馈信号
END PROCESS NUM1;
NUM2:PROCESS(C) IS                  - -第 2 组合逻辑进程,为状态机输出提供数据
```

```
BEGIN
  D <= FUNC2(C);                    --输出信号D所对应的FUNC2,是仅为当前状态的函数
END PROCESS NUM2;
REG:PROCESS(CLOCK) IS               --时序逻辑进程,负责状态的转换
BEGIN
IF (CLOCK='1' AND CLOCK'EVENT) THEN
    C <= B;                         --B是反馈信号
END IF;
END PROCESS REG;
END ARCHITECTURE ART;
```

图6.5为此程序的示意图，由图可以十分形象地看出，此摩尔状态机由3个进程组成，其中2个进程由组合逻辑构成，一个进程由时序逻辑构成。

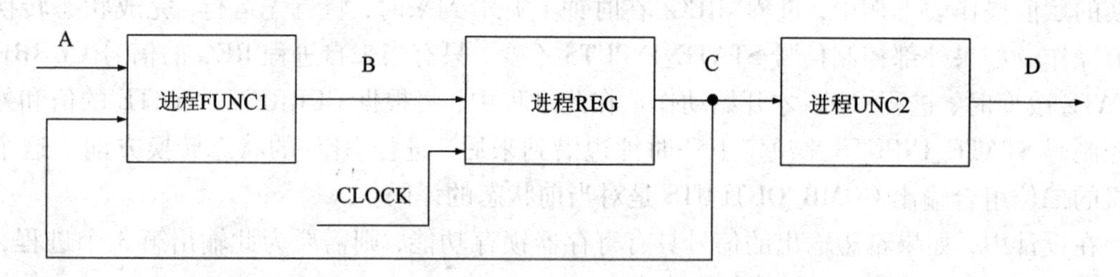

图6.5 摩尔状态机示意图

摩尔状态机的VHDL设计模型之二。

```
LIBRARY IEEE;
USE IEEE.STD_LOGIC_1164.ALL;
ENTITY MOORE2 IS
PORT (CLOCK:IN STD_LOGIC;
       A:IN STD_LOGIC;
       D:OUT STD_LOGIC);
END ENTITY MOORE2;
ARCHITECTURE ART OF MOORE2 IS
BEGIN
REG:PROCESS(CLOCK) IS
BEGIN
IF (CLOCK='1' AND CLOCK'EVENT) THEN
   D <= FUNC(A, D);
END IF;
END PROCESS REG;
END ARCHITECTURE ART;
```

本例是一种直接反馈式状态转换机，工作流程如图6.6所示。

例6.30 基于状态机的ADC0809与SRAM6264的通信控制器的设计如图6.7所示，它是该控制器ADTOSRAM与ADC0809及SRAM6264接口示意图。

```
--ADTOSRAM.VHD
```

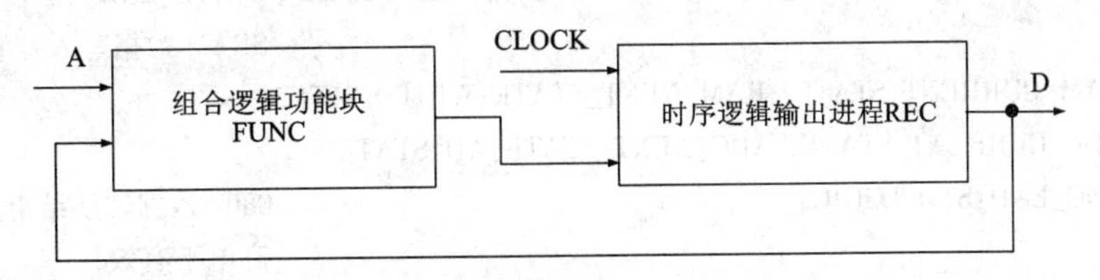

图 6.6　直接反馈式摩尔状态机示意图

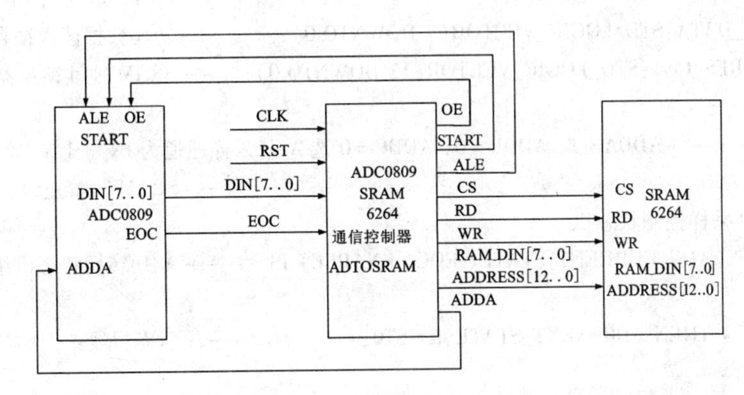

图 6.7　ADTOSRAM 与 ADC0809 及 SRAM6264 接口示意图

```
LIBRARY IEEE;
USE IEEE.STD_LOGIC_1164.ALL;
USE IEEE.STD_LOGIC_UNSIGNED.ALL;
ENTITY ADTOSRAM IS                                        --ADC0809 接口信号
PORT(DIN:IN STD_LOGIC_VECTOR(7 DOWNTO 0);                 --0809 转换数据输入口
CLK, EOC:IN STD_LOGIC;                                    --CLK: 状态机工作时钟; EOC:
                                                            转换结束状态信号
     RST:IN STD_LOGIC;                                    --系统复位信号
     ALE:OUT STD_LOGIC;                                   --0809 采样通道选择地址锁存信号
   START:OUT STD_LOGIC;                                   --0809 采样启动信号, 上升沿有效
      OE:OUT STD_LOGIC;                                   --转换数据输出使能, 接 0809 的
                                                            ENABLE(PIN 9)
    ADDA:OUT STD_LOGIC;
                                                          --0809 采样通道地址最低位
                                                          --SRAM 6264 接口信号
      CS:OUT STD_LOGIC;                                   --6264 片选控制信号, 低电平有效
   RD,WR:OUT STD_LOGIC;                                   --6264 读/写控制信号, 低电平有效
 RAM_DIN:OUT STD_LOGIC_VECTOR(7 DOWNTO 0);                --6264 数据写入端口
 ADDRESS:OUT STD_LOGIC_VECTOR(12 DOWNTO 0));              --地址输出端口
END ENTITY ADTOSRAM;
ARCHITECTURE ART OF ADTOSRAM IS
TYPE AD_STATES IS(ST0, ST1, ST2, ST3, ST4, ST5, ST6, ST7);  --A/D 转换状态定义
```

```
TYPE WRIT_STATES IS (START_WRITE,WRITE1,WRITE2,WRITE3,WRITE_END);
                                                   --SRAM 数据写入控制状态定义
SIGNAL RAM_CURRENT_STATE, RAM_NEXT_STATE:WRIT_STATES;
SIGNAL ADC_CURRENT_STATE, ADC_NEXT_STATE:AD_STATES;
SIGNAL ADC_END:STD_LOGIC;                          --0809 数据转换结束并锁存标志位,
                                                     高电平有效
SIGNAL LOCK:STD_LOGIC;                             --转换后数据输出锁存信号
SIGNAL ENABLE:STD_LOGIC;                           --A/D 转换允许信号,高电平有效
SIGNAL ADDRES_PLUS:STD_LOGIC;                      --SRAM 地址加 1 时钟信号
SIGNAL ADC_DATA:STD_LOGIC_VECTOR(7 DOWNTO 0);      --转换数据读入锁存器
SIGNAL ADDRES_CNT:STD_LOGIC_VECTOR(12 DOWNTO 0);   --SRAM 地址锁存器
BEGIN
ADDA <= '1'; --ADDA=1, ADDB=0, ADDC=0 选 A/D 采样通道为 IN-1
RD <= '1';                                         --SRAM 写禁止
--ADC0809 采样控制状态机
ADC:PROCESS(ADC_CURRENT_STATE, EOC, ENABLE) IS     --A/D 转换状态机组合电路进程
BEGIN
IF (RST='1') THEN ADC_NEXT_STATE <= ST0;           --状态机复位
ELSE
CASE ADC_CURRENT_STATE IS
WHEN ST0 => ALE <= '0';START <= '0';OE <= '0';
LOCK <= '0';ADC_END <= '0';                        --A/D 转换初始化
IF (ENABLE='1') THEN ADC_NEXT_STATE <= ST1;        --允许转换,转下一状态
ELSE ADC_NEXT_STATE <= ST0;                        --禁止转换,仍停留在本状态
END IF;
WHEN ST1 => ALE <= '1';START <= '0';OE <= '0';
LOCK <= '0';ADC_END <= '0';
ADC_NEXT_STATE <= ST2;                             --通道选择地址锁存,并转下一
                                                     状态
WHEN ST2 => ALE <= '1'; START <= '1'; OE <= '0';
LOCK <= '0'; ADC_END <= '0';
ADC_NEXT_STATE <= ST3;                             --启动 A/D 转换信号 START
WHEN ST3 => ALE <= '1';START <= '1';OE <= '0';
LOCK <= '0';ADC_END <= '0';                        --延迟一个脉冲周期
IF (EOC='0') THEN ADC_NEXT_STATE <= ST4;
ELSE ADC_NEXT_STATE <= ST3;                        --转换未结束,继续等待
END IF;
WHEN ST4 => ALE <= '0';START <= '0';OE <= '0';
LOCK <= '0';ADC_END <= '0';
IF(EOC='0')THEN ADC_NEXT_STATE <= ST5;             --转换结束,转下一状态
ELSE ADC_NEXT_STATE <= ST4;                        --转换未结束,继续等待
END IF;
WHEN ST5 => ALE <= '0';START <= '0';OE <= '1';
```

```
LOCK < = '1' ;ADC_END < = '1' ;
ADC_NEXT_STATE < = ST6;                    - -开启数据输出使能信号 OE
WHEN ST6 = > ALE < = '0' ;START < = '0' ;OE < = '1' ;
LOCK < = '1' ; ADC_END < = '1' ;
ADC_NEXT_STATE < = ST7;                    - -开启数据锁存信号
WHEN ST7 = > ALE < = '0' ; START < = '0' ;OE < = '1' ;
LOCK < = '1' ;ADC_END < = '1' ;
ADC_NEXT_STATE < = ST0;                    - -为 6264 数据写入发出 A/D 转换
                                             周期结束信号
WHEN OTHERS = > ADC_NEXT_STATE < = ST0;    - -所有闲置状态导入初始态
END CASE;
END IF;
END PROCESS ADC;
AD_STATE:PROCESS(CLK)                      - -A/D 转换状态机时序电路进程
BEGIN
IF(CLK'EVENT AND CLK = '1' )THEN
ADC_CURRENT_STATE < = ADC_NEXT_STATE;      - -在时钟上升沿, 转至下一状态
END IF;
END PROCESS AD_STATE;                      - -由信号 CURRENT_STATE 将当前
                                             状态值带出此进程
DATA_LOCK:PROCESS(LOCK) IS                 - -此进程中, 在 LOCK 的上升沿, 将转换
                                             好的数据锁入锁存器 ADC_DATA 中
BEGIN
IF (LOCK = '1' AND LOCK'EVENT) THEN
ADC_DATA < = DIN;
END IF;
END PROCESS DATA_LOCK;                     - -SRAM 数据写入控制状态机
WRIT_STATE:PROCESS(CLK, RST) IS            - -SRAM 写入控制状态机时序电路
                                             进程
BEGIN
    IF RST = '1' THEN RAM_CURRENT_STATE < = START_WRITE;
                                           - -系统复位
    ELSIF(CLK'EVENT AND CLK = '1' ) THEN
    RAM_CURRENT_STATE < = RAM_NEXT_STATE;  - -在时钟上升沿, 转下一状态
END IF;
END PROCESS WRIT_STATE;
RAM_WRITE:PROCESS(RAM_CURRENT_STATE, ADC_END) IS
                                           - -SRAM 控制时序电路进程
BEGIN
    CASE RAM_CURRENT_STATE IS
    WHEN START_WRITE = > CS < = '1' ; WR < = '1' ;ADDRES_PLUS < = '0' ;
      IF (ADDRES_CNT = "1111111111111") THEN
ENABLE < = '0' ;                           - -SRAM 地址计数器已满, 禁止 A/D
```

```
                                                              转换
RAM_NEXT_STATE < = START_WRITE;
      ELSE ENABLE < = '1';                                  - -SRAM 地址计数器未满，允许 A/D
                                                              转换
RAM_NEXT_STATE < = START_WRITE;
END IF;
WHEN WRITE1 = > CS < = '1'; WR < = '1';
ENABLE < = '1';ADDRES_PLUS < = '0';                         - -判断 A/D 转换周期是否结束
IF (ADC_END = '1') THEN RAM_NEXT_STATE < = WRITE2;- 已结束
ELSE RAM_NEXT_STATE < = WRITE1;                             - -A/D 转换周期未结束，等待
END IF;
WHEN WRITE2 = > CS < = '1';WR < = '1';                      - -打开 SRAM 片选信号
ENABLE < = '0';                                             - -禁止 A/D 转换
ADDRES_PLUS < = '0';ADDRESS < = ADDRES_CNT;                 - -输出 13 位地址
RAM_DIN < = ADC_DATA;                                       - -8 位已转换好的数据输向 SRAM
                                                              数据口
RAM_NEXT_STATE < = WRITE3;                                  - -进入下一状态
WHEN WRITE3 = > CS < = '0';WR < = '0';                      - -打开写允许信号
ENABLE < = '0';                                             - -仍然禁止 A/D 转换
ADDRES_PLUS < = '1';                                        - -产生地址加 1 时钟上升沿，使地
                                                              址计数器加 1
RAM_NEXT_STATE < = WRITE_END;                               - -进入结束状态
WHEN   WRITE_END = > CS < = '1';WR < = '1';
ENABLE < = '1';                                             - -打开 A/D 转换允许开关
ADDRES_PLUS < = '0';                                        - -地址加 1 时钟脉冲结束
RAM_NEXT_STATE < = START_WRITE;                             - -返回初始状态
WHEN OTHERS = > RAM_NEXT_STATE < = START_WRITE;
END CASE;
END PROCESS RAM_WRITE;
COUNTER:PROCESS(ADDRES_PLUS) IS                             - -地址计数器加 1 进程
BEGIN
IF(RST = '1') THEN ADDRES_CNT < = "0000000000000"; - -计数器复位
ELSIF(ADDRES_PLUS'EVENT AND ADDRES_PLUS = '1') THEN
ADDRES_CNT < = ADDRES_CNT + 1;
               END IF;
END PROCESS COUNTER;
END ARCHITECTURE ART;
```

图6.8是该源程序进程关系示意图。

例6.30是根据图6.6所示的摩尔状态机原理设计的具有同步双状态机的VHDL电路设计，2个状态机的功能和工作方式是：

(1)ADC0809采样控制状态机。它由3个进程组成：ADC、AD_STATE和DATA_LOCK。ADC是此状态机的组合逻辑进程，确定状态的转换方式和反馈控制信号和输出。工作过程中

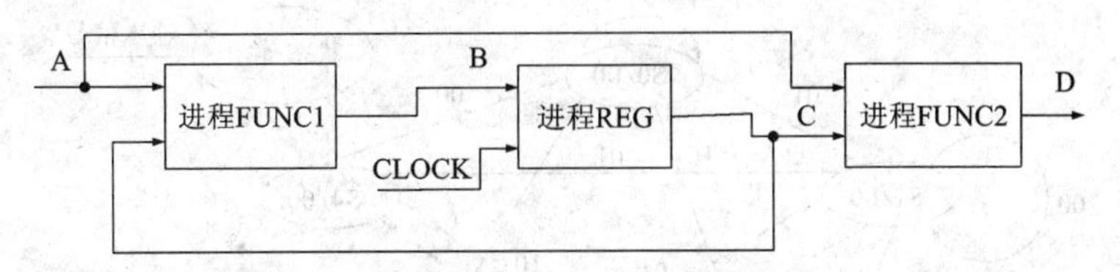

图6.8 上例源程序进程关系示意图

首先监制复位信号“RESET”，当为高电平时，使此进程复位到初始态“ST0”。在初始态中对转换允许信号“ENABLE”进行监测，当为低电平时，表示此时另一状态机在对6264进行写操作，为了不发生误操作，暂停A/D转换，而在状态ST2时启动A/D转换信号“START”，在状态ST4搜索到状态转换信号“EOC”由0变1时，即在状态ST5开启输出使能信号“OE”，在下一状态使“LOCK”产生一个上升沿，从而在此时启动进程“DATA_LOCK”，将由0809转换好的位数据锁进锁存器“ADC_DATA”中。在ST7中，将A/D转换周期结束的标志位“ADC_END”置为高电平，以便通知另一个状态机，本周期的转换数据已进入数据锁存器中，可以对6264进行写操作。进程“AD_STATE”是状态机的动力部分，负责状态的转换运行。

(2)SRAM6264数据写入控制状态机。它由3个进程组成：“WRIT_STATE”、“RAM_WRITE”和“COUNTER”。“WRIT_STATE”是状态机的动力部分，即时序逻辑部分，功能与进程“AD_STATE”类似，只是多了一个异步复位功能。

此程序的两个状态机是同步工作的，同步时钟是CLK。但是由于A/D采样的速度(采样周期的长短在一定范围内是不可测的)，所以必须设几个标准位来协调两个状态机的工作。此外还设定了两个异步时钟信号LOCK和ADDERS_PLUS，分别在进程“ADC”和“WRIT_STATE”中的特定状态中启动进程“DATA_LOCK”“COUNTER”。

例6.31 完成自动售货机的VHDL设计。要求：有两种硬币：1元或5角，投入1元5角硬币输出货物，投入2元硬币输出货物并找5角零钱。状态定义：S0表示初态，S1表示投入5角硬币，S2表示投入1元硬币，S3表示投入1元5角硬币，S4表示投入2元硬币。输入信号：state_input(0)表示投入1元硬币，state_input(1)表示投入5角硬币。输入信号为1表示投入硬币，输入信号为0表示未投入硬币。输出信号：comb_outputs(0)表示输出货物，comb_outputs(1)表示找5角零钱。输出信号为1表示输出货物或找钱，输出信号为0表示不输出货物或不找钱。

根据设计要求分析，得到状态转换图，如图6.9所示。其中状态为S0、S1、S2、S3和S4；输入为state_input(0, 1)；输出为comb_outputs(0, 1)；输出仅与状态有关，因此将输出写在状态圈内部。

根据图6.9所示状态转换图设计的VHDL程序清单如下：

```
LIBRARY IEEE;
USE IEEE. std_logic_1164. ALL;
ENTITY moore IS
  PORT(clk, reset: IN std_logic;
    state_inputs: IN std_logic_vector(0 TO 1);
  comb_outputs: OUT std_logic_vector(0 TO 1));
```

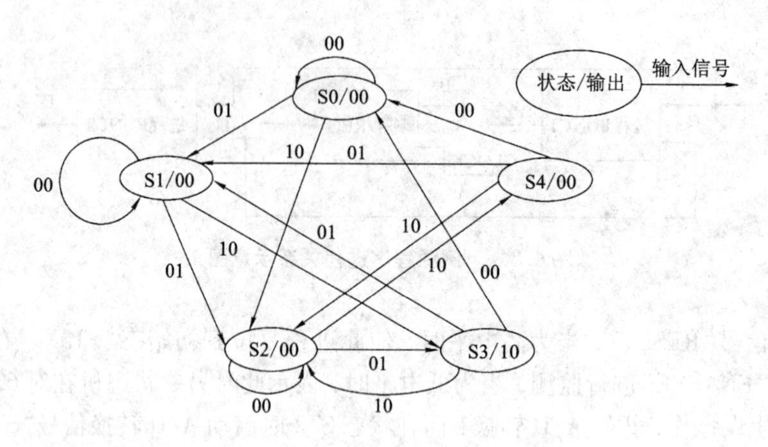

图6.9 自动售货机的状态转换图

```
END moore
ARCHITECTURE be OF moore IS
  TYPE fsm_st IS (S0, S1, S2, S3, S4);                      --状态的枚举类型定义
  SIGNAL current_state, next_state: fsm_st;                 --状态信号的定义
BEGIN
reg: PROCESS(reset, clk)                                     --时序进程
    BEGIN
    IF reset = '1' THEN current_state < = S0;                --异步复位
    ELSIF rising_edge(clk)THEN
    current_state < = next_state;                            --状态转换
    END IF;
    END PROCESS;
corn: PROCESS(current_state, state_Inputs)                   --组合进程
    BEGIN
CASE current_state IS
WHEN S0 = > comb_outputs < = "00";                           --现态S0
    IF state_inputs = "00" THEN next_state < = S0;           --输入不同,状态不同
    ELSIF state_inputs = "01" THEN next_state < = S1;
    ELSIF state_inputs = "10" THEN next_state < = S2;
    END IF:
WHEN S1 = > comb_outputs < = "00";                           --现态Sl
IF state_inputs = "00" THEN next_state < = S1;               --输入不同,状态不同
  ELSIF state_inputs = "01" THEN next_state < = S2;
  ELSIF state_inputs = "10" THEN next_state < = S3;
  END IF;
WHEN S2 = > comb_outputs < = "00";                           --现态S2
    IF state_inputs = "00" THEN next_state < = S2;           --输入不同,状态不同
    ELSIF state_inputs = "01" THEN next_state < = S3;
    ELSIF state_inputs = "10" THEN next_state < = S4;
```

```
        END IF;
    WHEN S3 = > comb_outputs < = "10";                         - - 现态 S1
        IF state_inputs = "00" THEN next_state < = S0;          - - 输入不同, 状态不同
        ELSIF state_inputs = "01" THEN next_state < = S1;
        ELSIF state_inputs = "10" THEN next_state < = S2;
        END IF;
    WHEN S4 = > comb_outputs < = "11";                         - - 现态 S4
        IF state_inputs = "00"THEN next_state < = S0;           - - 输入不同, 状态不同
        ELSIF state_inputs = "01" THEN next_state < = S1;
        ELSIF state_inputs = "10" THEN next_state < = S2;
        END IF;
      END CASE;
    END PROCESS;
    END BE;
```

6.3.4　米立(Mealy)状态机的 VHDL 设计

例 6.32　米立状态机的 VHDL 设计模型之一。

```
LIBRARY IEEE;
USE IEEE.STD_LOGIC_1164.ALL;
ENTITY MEALY1 IS
PORT(CLOCK:IN STD_LOGIC;
        A:IN STD_LOGIC;
        D:OUT STD_LOGIC);
END ENTITY MEALY1;
ARCHITECTURE ART OF MEALY1 IS
SIGNAL C: STD_LOGIC;
BEGIN
COM:PROCESS(A, C) IS                                           - - 此进程用于状态机的输出
BEGIN
    D < = FUNC2(A, C);
END PROCESS COM;
REG:PROCESS(CLOCK) IS                                          - - 此进程用于状态机的状态转换
BEGIN
IF (CLOCK = '1' AND CLOCK'EVENT) THEN
     C < = FUNC1(A, C);
END IF;
END PROCESS REG;
END ARCHITECTURE ART;
```

例 6.33　米立状态机的 VHDL 设计模型之二。

```
LIBRARY IEEE;
USE IEEE.STD_LOGIC_1164.ALL;
ENTITY MEALY2 IS
```

```
PORT(CLOCK:IN STD_LOGIC;
          A:IN STD_LOGIC;
          D:OUT STD_LOGIC);
END ENTITY MEALY2;
ARCHITECTURE ART OF MEALY2 IS
SIGNAL C:STD_LOGIC;
SIGNAL B:STD_LOGIC;
BEGIN
REG:PROCESS(CLOCK) IS
BEGIN
IF (CLOCK='1' AND CLOCK'EVENT) THEN
    C<=B;
END IF;
END PROCESS REG;
TRANSITIONS: PROCESS(A, C) IS
BEGIN
    B<=FUNC1(A, C);
END PROCESS TRANSITIONS;
OUTPUTS:PROCESS(A, C) IS
BEGIN
    D<=FUNC2(A, C);
END PROCESS OUTPUTS;
END ARCHITECTURE ART;
```

此程序的工作流程示意图如图 6.10 所示。

使用 VHDL 描述状态机时，必须注意避免由于寄存器的引入而创建了不必要的异步反馈路径。根据 VHDL 综合器的规则，对于所有可能的输入条件，当进程中的输出信号如果没有被完全地与之对应指定时，此信号将自动被指定，即在未列出的条件下保持原值，这就意味着引入了寄存器。在状态机中，如果存在一个或多个的状态没有明确地指定转换方式，或者说对于状态机中的状态值没有规定所有的输出值，寄存器将不知不觉中被引入。所以在程序的综合过程中，要重视 VHDL 给出的每个警告信息，并据之进行必要的修改。

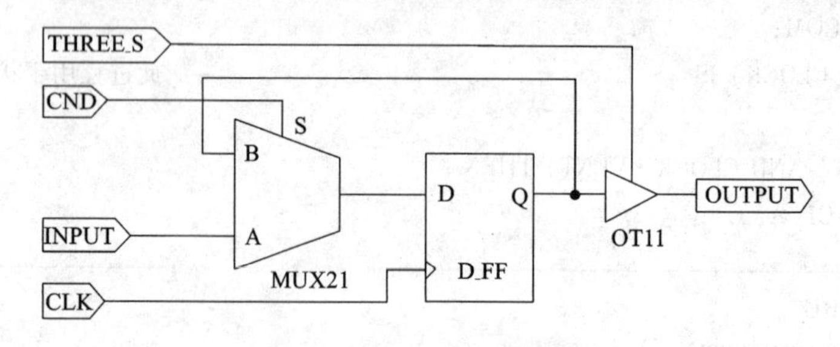

图 6.10 米立状态机示意图

6.4　VHDL 描述风格

在结构体中，可以用不同的语句类型和描述方式表达相同的电路功能行为，在 VHDLA 语言中，常常把描述方式或建模方法称为描述风格，通常可归纳为3种描述风格：行为描述，数据流（寄存器传输）描述，结构描述。

6.4.1　行为描述

如果 VHDL 的结构体只描述了所希望电路的功能或者说电路行为，而没有直接指明或涉及实现这些行为的硬件结构（是指具体硬件电路的连接结构、逻辑门的组成结构、元件或其他各种功能单元的层次结构等），则称为行为描述。这种方式只表示输入与输出的行为，不包含任何结构信息，主要使用函数、过程和进程语句，以算法形式描述数据的变换和传送。

例 6.34　带异步复位功能的8位二进制加法计数器的行为描述。

```
LIBRARY IEEE;
USE IEEE.STD_LOGIC_1164.ALL;
USE IEEE.STD_LOGIC_UNSIGNED.ALL;
USE IEEE.STD_LOGIC_ARITH.ALL;
ENTITY CNT8B IS
   PORT(RESET, CLOCK:IN STD_LOGIC;
                    Q8:OUT STD_LOGIC_VECTOR(7 DOWNTO 0));
END ENTITY CNT8B;
ARCHITECTURE ART OF CNT8B IS
  SIGNAL   S1:UNSIGNED(7 DOWNTO 0);
BEGIN
  PROCESS(CLOCK, RESET, S1) IS
  BEGIN
     IF RESET = '1'THEN
        S1 < ="00";
     ELSIF(CLOCK = '1'  AND CLOCK'EVENT)THEN
        S1 < =S1 +1;
     END IF;
   END PROCESS;
   Q8 < =STD_LOGIC_VECTOR(S1);
END ARCHITECTURE ART;
```

（1）本例的程序中，不存在任何与硬件选择相关的语句，也不存在任何有关硬件内部连线方面的语句。

（2）VHDL 的行为描述功能具有很大的优越性。

6.4.2　数据流描述

数据流描述，也称 RTL 描述，它以类似于寄存器传输级的方式描述数据的传输和变换，以规定设计中的各种寄存器形式为特征，然后在寄存器之间插入组合逻辑。这类寄存器或者显式地通过元件具体装配，或者通过推论作隐含的描述。数据流描述主要使用并行的信号赋值语句，既显式表示了该设计单元的行为，又隐含了该设计单元的结构。

数据流的描述风格是建立在用并行信号赋值语句描述基础上的。当语句中任一输入信号的值发生改变时，赋值语句就被激活，随着这种语句对电路行为的描述，大量的有关这种结构的信息也从这种逻辑描述中“流出”。认为数据是从一个设计中流出，从输入到输出的观点称为数据流风格。数据流描述方式能比较直观地表述底层逻辑行为。

例 6.35　一位全加器的数据流描述。

```
LIBRARY IEEE;
USE IEEE. STD_LOGIC_1164. ALL;
ENTITY ADDER1B IS
PORT( AIN, BIN, CIN:IN BIT;
      SUM, COUNT:OUT BIT);
END ENTITY ADDER1B;
ARCHITECTURE ART OF ADDER1B IS
  BEGIN
  SUM < = AIN XOR BIN XOR CIN;
  COUNT < = (AIN AND BIN)OR (AIN AND CIN) OR (BIN AND CIN);
END ARCHITECTURE ART;
```

6.4.3　结构描述

所谓结构描述，是指描述该设计单元的硬件结构，即该硬件是如何构成的。它主要使用元件例化语句及配置语句来描述元件的类型及元件的互连关系。利用结构描述可以用不同类型的结构来完成多层次的工程。元件间的连接是通过定义的端口界面来实现的，其风格最接近实际的硬件结构。

结构描述就是表示元件之间的互连，这种描述允许互连元件的层次式安置，像网表本身的构建一样。结构描述建模步骤如下：①元件说明：描述局部接口。②元件例化：相对于其他元件放置元件 臂元件配置：指定元件所用的设计实体。

例 6.36　用结构描述方式完成的一个结构体的示例。

```
ARCHITECTURE ART OF COUNTER3 IS
COMPONENT DFF IS
PORT( CLK, DATA:IN BIT, Q: OUT BIT);
  END COMPONENT DFF;
  COMPONENT AND2 IS
    PORT(I1, I2:IN BIT;Q:OUT BIT);
  END COMPONENT AND2;
COMPONENT OR2 IS
    PORT(I1, I2:IN BIT;Q:OUT BIT);
  END COMPONENT OR2;
  COMPONENT NAND2 IS
    PORT(I1, I2:IN BIT;Q: OUT BIT);
  END COMPONENT NAND2;
```

```
   COMPONENT XNOR2 IS
     PORT(I1, I2:IN BIT;Q: OUT BIT);
   END COMPONENT XNOR2;
 COMPONENT INV IS
     PORT(I:IN BIT;      Q: OUT BIT);
   END COMPONENT INV;
   SIGNAL  N1, N2, N3, N4, N5, N6, N7, N8, N9: BIT;
   BEGIN
     U1:DFF PORT MAP(CLK, N1, N2);
     U2:DFF PORT MAP(CLK, N5, N3);
     U3:DFF PORT MAP(CLK, N9, N4);
     U4:INV PORT MAP(N2, N1);
     U5:OR2 PORT MAP(N3, N1, N6);
     U6:NAND2 PORT MAP(N1, N3, N7);
     U7:NAND2 PORT MAP(N6, N7, N5);
     U8:XNOR2 PORT MAP(N8, N4, N9);
     U9:NAND2 PORT MAP(N2, N3, N8);
     COUNT(0) < =N2;   COUNT(1) < =N3;   COUNT(2) < =N4;
  END ARCHITECTURE ART;
```

利用结构描述方式，可以采用结构化、模块化设计思想，将一个大的设计划分为许多小的模块，设计完成后再利用结构描述方法将它们组装起来，形成更大的电子系统。

显然这3种描述风格中，行为描述的抽象程度最高，最能体现VHDL描述高层次和系统的能力。

本章小结

常用数字电路的 VHDL 描述主要包括组合逻辑电路、时序逻辑电路、存储器和状态机的 VHDL 源程序。

组合电路的 VHDL 源程序有各种基本逻辑门电路、编码器、译码器、数据选择器、加法器、乘法器、三态门、单向和双向总线缓冲器等。时序逻辑电路有触发器、寄存器、移位寄存器、计数器等。存储器有多种类型，本章给出了只读存储器 ROM、随机存储器 RAM 的 VHDL 描述。状态机分为 Moore 型和 Mealy 型两种。Moore 型状态机的输出信号只与当前状态有关；Mealy 型状态机的输出信号不仅与当前状态有关，还与输入信号有关。

VHDL 的 3 种描述风格：行为描述，数据流描述，结构描述。

习　题

1. 简述 VHDL 的 3 种描述风格及其特点。
2. 简述计数器电路的分类与实现方法。
3. 简单介绍 Mealy 型状态机和 Moore 型状态机的基本结构和设计方法。

第 7 章　EDA 实验开发系统

EDA 实验开发系统主要用于提供 PLD 的下载电路及 EDA 实验开发的外围环境，类似于用于单片机的仿真器，供硬件验证使用，通常包括以下 4 大模块：用于实验或开发所需的基本信号发生模块，如时钟、脉冲、高低电平等；FPGA/CPLD 输出显示模块，包括数码管显示、发光管显示、扬声器等；用于提供“电路重构软配置”的监控程序模块；目标芯片适配座及其目标芯片、编程下载电路。

国内高校如清华大学、北京理工大学、复旦大学、西安电子科技大学、东南大学、杭州电子工业大学等从事 EDA 实验系统开发。本章介绍杭州电子工业大学信息工程学院 EDA 技术研究所研发的 GW48 实验开发系统，以便于读者了解掌握基于 EDA 实验开发系统的 FPGA/CPLD 的硬件验证方法和过程。

7.1　GW48 型 EDA 实验开发系统原理与使用

7.1.1　系统主要性能及特点

(1) GW48 系统设有通用的在线系统编程下载电路，可对 Lattice、Xilinx、Altera、Vantis、Atmel 和 Cypress 等世界 6 大 PLD 公司各种 ISP 编程下载方式或现场配置的 CPLD/FPGA 系列器件进行实验或开发。其主系统板与目标芯片板采用接插式结构，动态电路结构自动切换工作方式，含可自动切换的多种实验电路结构模式。

(2) GW48 系统基于“电路重构软配置”的设计思想，采用了 I/O 口可任意定向目标板的智能化电路结构设计方案，利用在线系统微控制器对 I/O 口进行任意定向设置和控制，从而实现了 CPLD/FPGA 目标芯片 I/O 口与实验输入/输出资源以各种不同方式连接来构造形式各异的实验电路的目的。

(3) GW48 系统除丰富的实验资源外，还扩展了 A/D、D/A、VGA 视频、PS/2 接口、RS232 通信、单片机独立用户系统编程下载接口、48 MHz 高频时钟源及在板数字频率计，在其上可完成 200 多种基于 FPGA/CPLD 的各类电子设计和数字系统设计实验与开发项目，从而能使实验更接近实际的工程设计。

7.1.2　系统使用注意事项

(1) 闲置不用 GW48 EDA 系统时，关闭电源，拔下电源插头。

(2)在实验中，当选中某种模式后，按一下右侧的复位键，以使系统进入该模式工作。

(3)换目标芯片时要特别注意，不要插反或插错，也不要带电插拔，确信插对后才能开电源。其他接口都可带电插拔(当适配板上的10芯座处于左上角时，为正确位置)。

(4)系统板上的空插座是为单片机 AT89C2051 准备的，除非进行单片机与 FPGA/CPLD 的接口实验和开发，平时在此座上不允许插有任何器件，以免与系统上的其他电路发生冲突。

(5)对工作电源为5 V的 CPLD(如1032E/1048C、95108 或 7128S 等)下载时，最好将系统的电路"模式"切换到"b"，以便使工作电压尽可能接近5 V。

(6)最好通过对 PC 机的 CMOS 的设置，将打印机口的输入输出模式改成"EPP"模式。

7.1.3 系统工作原理

图7.1为 GW48 系列 EDA 实验开发系统的板面结构图，该系统的实验电路结构是可控的，即可通过控制接口键 SW9，使之改变连接方式以适应不同的实验需要。因而，从物理结构上看，实验板的电路结构是固定的，但其内部的信息流在主控器的控制下，电路结构将发生变化。这种"电路结构重配置"设计方案的目的：适应更多的实验与开发项目；适应更多的 PLD 公司的器件；适应更多的不同封装的 FPGA 和 CPLD 器件。

图7.2为 GW48 系统目标板插座引脚信号图，图7.3为其功能结构模块图。图7.3中所示的各主要功能模块对应于图7.1的器件位置恰好处于目标芯片适配座 B2 的下方，由一微控制器担任。其各模块的功能分述如下。

(1)BL1：实验开发所需的各类基本信号发生模块，包括最多8通道的单次脉冲信号发生器、高低电平信号发生器、BCD 码或 8421 码(16 进制)信号发生器。所有这些信号由 BL6 主控单元产生，并受控于系统板上的8个控制键。

(2)BL5：CPLD/FPGA 输出信息显示模块。其中包括直通非译码显示、BCD 码7段译码显示、8421码7段译码显示、两组8位发光管显示、十六进制输入信号显示指示、声响信号指示等。这些显示形式或其转换都由 BL6 转换或独立控制。

(3)在 BL6 的监控程序中安排了多达11种形式各异的信息矢量分布，即"电路重构软配置"。

(4)BL3：此模块主要是由一目标芯片适配座以及上面的 CPLD/FPGA 目标芯片和编程下载电路构成。通过更换插有不同型号目标器件的目标板，就能对多种目标芯片进行实验。

(5)BL6 使 GW48 系统的应用结构灵活多变。实际应用中，该模块自动读取 BL7 的选择信息，以确定信息矢量分布。

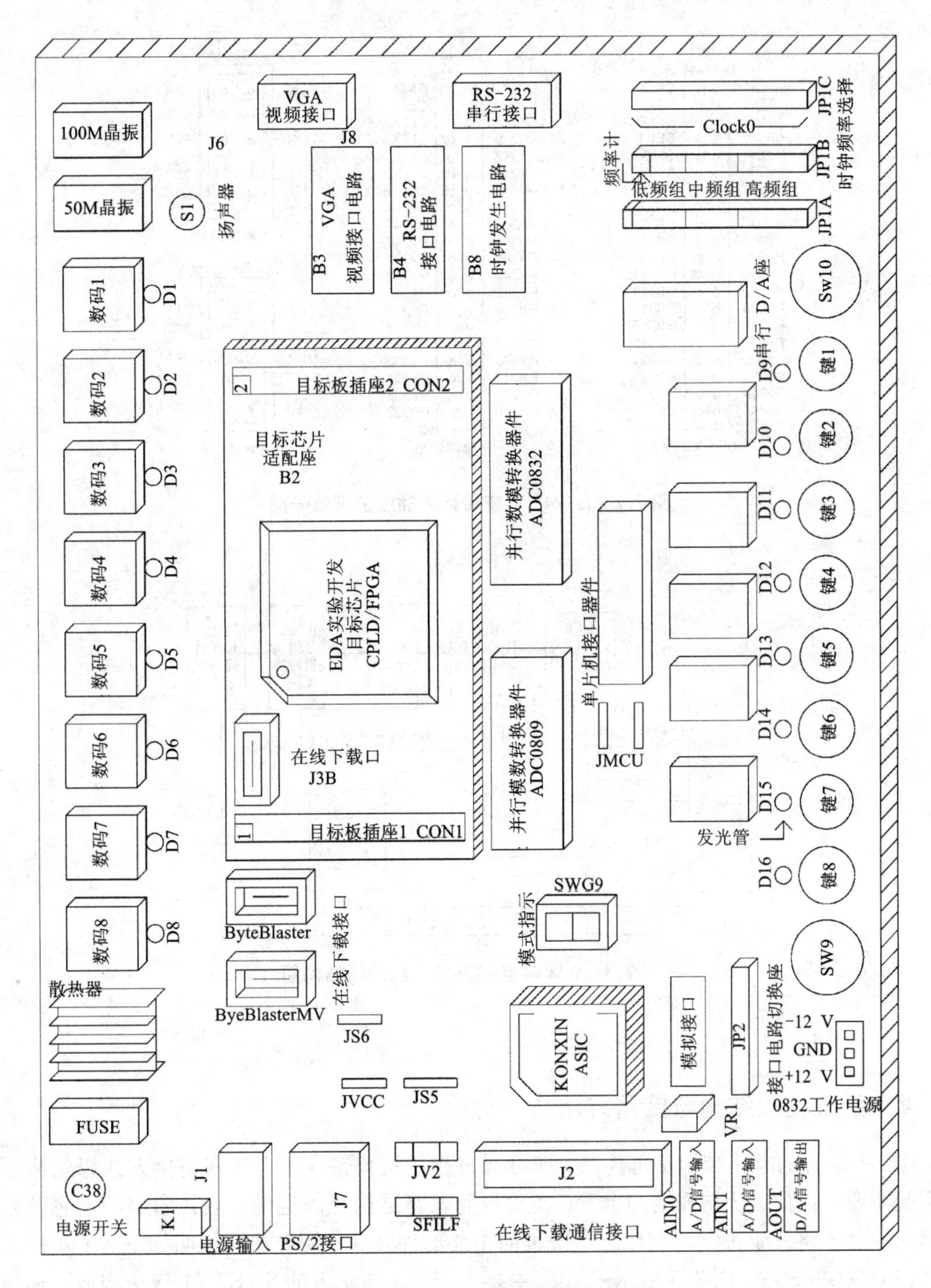

图7.1　GW48实验开发系统的板面结构图

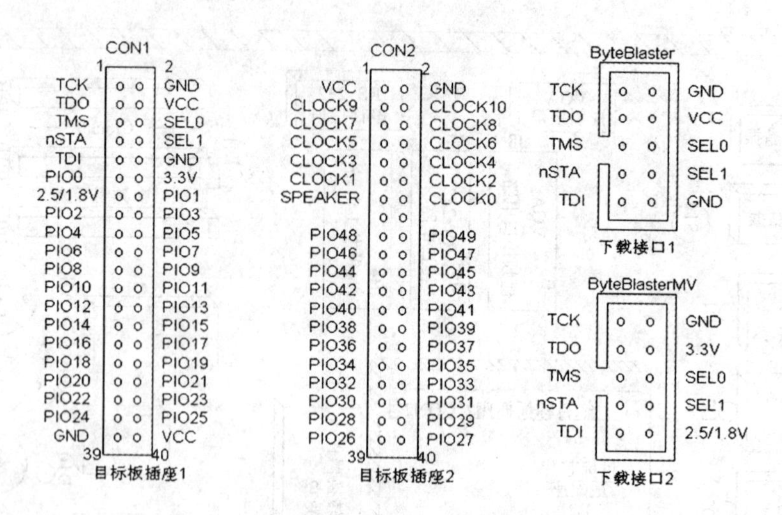

图7.2 GW48系统目标板插座引脚信号图

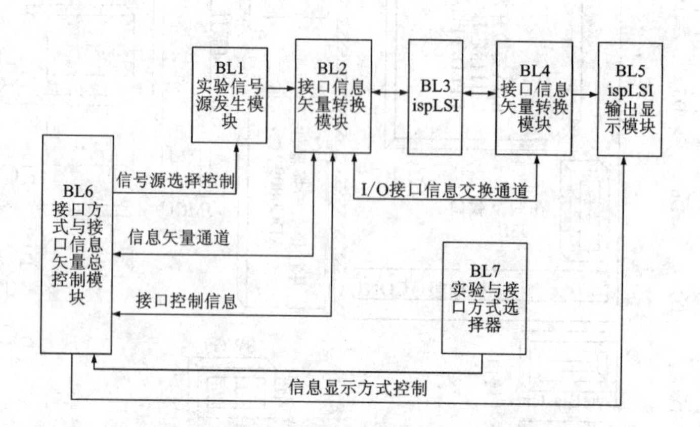

图7.3 GW48实验开发系统功能结构图

7.1.4 系统主板结构与使用方法

GW48系统的电路结构是可控的，即可通过控制接口键，使之改变连接方式以适应不同的实验需要。因此，从物理结构上看，实验板的电路结构是固定的，但其内部的信息流在控制器的控制下将发生很大的变化。系统板面主要部件及其使用方法的说明如下。

(1)SWG9/SW9：图7.3所示的BL7主要由图7.1所示上的SWG9和SW9构成。通过它的选择，能使实验板产生12种不同的实验结构。

(2)B2：这是一块插于主系统板上的目标芯片适配座。对于不同的目标芯片将有不同的适配座。

(3)J3B/J3A：如果仅是作为教学实验之用，系统板上的目标芯片适配座无须拔下，但如果要进行应用系统开发、产品开发、电子设计竞赛等开发实践活动，在系统板上完成初步仿真设计后，就有必要将连有目标芯片的适配座拔下插在自己的应用系统上进行调试。图7.2列出了此接口座的连接信号，此接口插座可适用于不同PLD公司的FPGA/CPLD的配置和编程下载，具体的引脚连接方式可参见表7.1。

表7.1　在线编程座各引脚与不同PLD公司器件编程下载接口说明

PLD公司	Lattice	Altera/Atmel		Xilinx		Vantis
编程座引脚	IspLSI	CPLD	FPGA	CPLD	FPGA	CPLD
TCK(1)	SCLK	TCK	DCLK	TCK	CCLK	TCK
TDO(3)	MODE	TDO	CONF_DONE	TDO	DONE	TMS
TMS(5)	ISPEN	TMS	nCONFIG	TMS	/PROGRAM	ENABLE
nSTA(7)	SDO		nSTATUS			TDO
TDI(9)	SDI	TDI	DATA0	TDI	DIN	TDI
SEL0	GND	VCC *	VCC *	GND	GND	VCC *
SEL1	GND	VCC *	VCC *	VCC *	VCC *	GND
注：VCC旁的*号对混合电压FPGA/CPLD，应该是VCCIO						

(4)J2：为并行通信接口，通过通信线与微机的打印机口相连。

(5)键1~8：为实验信号控制键，它的功能及其与主系统的连接方式随SW9的模式选择而变。

(6)数码1~8/D1~D16：前者是LED数码显示器，后者是发光管，它们的显示方式和连线形式也与SW9的输入码有关。

(7)JP1A/JP1B/JP1C：为时钟频率选择模块。

(8)目标芯片的声讯输出S1：可以通过在JP1B最上端是否插短路帽来选择是否将扬声器接到目标芯片的SPEAKER口上，即PIO50。如对于ispLSI1032，此口对应其I/O50(PIN5)，对于FLEX10K，对应CLRn(PIN3)。

(9)J7：PS/2接口。通过此接口，可以将PC机的键盘或鼠标与GW48系统的目标芯片相连，从而完成PS/2通信与控制方面的接口实验。连接方式参见"实验电路结构图NO.5B"(见图7.16)。

(10)J6：J6为VGA视频接口，通过它可完成目标芯片对VGA显示器的控制。

(11)EU3：单片机接口电路，它与目标板的连接方式也已标于主系统板上。连接方式可参见"实验电路结构图NO.5B"(图7.16)。

(12)J8/B8：J8为RS-232串行通信接口，B4是其接口电路，此接口电路是为单片机与PC机通信准备的。

(13)EU2/AOUT/JP2：EU2为D/A转换接口电路。

(14)ADC0809/AIN0/AIN1：外界模拟信号可以分别通过系统板左下侧的两个输入端AIN0和AIN1进入A/D转换器ADC0809的输入通道IN0和IN1，ADC0809与目标芯片直接相连。

(15)JP2(左下角座)：它们的接口方式是：D0 ~ D7→PIO16 ~ 23，Addr. PIO32→A25，PIO33→ALE(22)，PIO34→START(6)。

(16)VR1/AIN1：VR1 电位器，通过它可以产生 0 ~ +5 V 幅度可调的电压，其输入口是 0809 的 IN1(与外接口 AIN1 相连，但当 AIN1 插入外输入插头时，VR1 将与 IN1 自动断开)。若利用 VR1 产生被测电压，则需使 0809 的 25 脚置高电平，即选择 IN1 通道。

(17)AD574A：就一般的工业应用来说，AD574A 属高速高精度 A/D 器件，应用十分广泛。接线方式如表 7.2 所示。

(18)AIN0 的特殊用法：系统板上设置了一个比较器电路，主要由 LM311 组成。

(19)SW10：系统复位键。

(20)J4：48/50 MHz 高频时钟源。

(21)CON1/CON2：目标芯片适配座 B2 的插座，在目标板的下方。

表 7.2 GW48CK 系统上 AD574/1674 引脚端口与目标器件引脚连接对照表

AD574 端口	DB0	DB1	DB2	DB3	DB4	DB5	DB6	DB7	DB8
目标芯片引脚	PIO16	PIO17	PIO18	PIO19	PIO20	PIO21	PIO22	PIO23	PIO40
AD574 端口	DB9	DB10	DB11	12/8	CS	A0	R/C	CE	STATUS
目标芯片引脚	PIO41	PIO42	PIO43	PIO34	PIO37	PIO36	PIO35	VCC/GND	PIO33

7.2 GW48 实验电路结构图

7.2.1 实验电路信号资源符号说明

以下结合图 7.4，对实验电路结构图中出现的信号资源符号功能作出一些说明：

(1)图 7.4(a)是十六进制 7 段全译码器，它有 7 位输出，分别接 7 段数码管的 7 个显示输入端：a、b、c、d、e、f 和 g；它的输入端为 D、C、B、A，D 为最高位，A 为最低位。例如，若所标输入的口线为 PIO19 ~ 16，表示 PIO19 接 D、18 接 C、17 接 B、16 接 A。

(2)图 7.4(b)是高低电平发生器，每按键一次，输出电平由高到低、或由低到高变化一次，且输出为高电平时，所按键对应的发光管变亮，反之不亮。

(3)图 7.4(c)是十六进制码(8421 码)发生器，由对应的键控制输出 4 位二进制构成的 1 位 16 进制码，数的范围是 0000 ~ 1111，即 H0 ~ HF。每按键一次，输出递增 1，输出进入目标芯片的 4 位二进制数将显示在该键对应的数码管上。

(4)直接与 7 段数码管相连的连接方式的设置是为了便于对 7 段显示译码器的设计学习。以图 7.7 为例，如图所标“PIO46 - PIO40 接 g、f、e、d、c、b、a”表示 PIO46、PIO45…PIO40 分别与数码管的 7 段输入 g、f、e、d、c、b、a 相接。

(5)图 7.4(d)是单次脉冲发生器。每按一次键，输出一个脉冲，与此键对应的发光管也会闪亮一次，时间 20 ms。

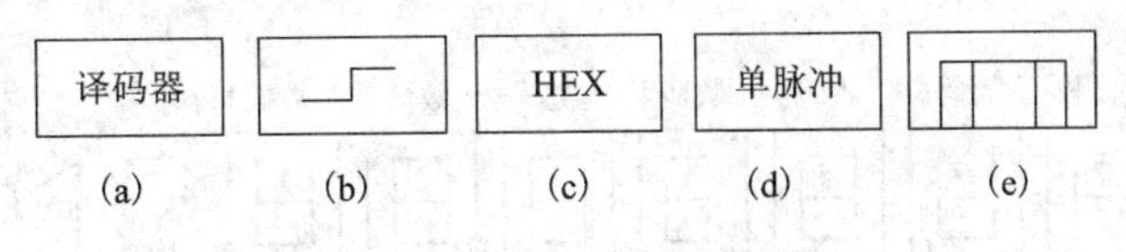

图 7.4　实验电路信号资源符号图

(6)实验电路结构图 7.10、图 7.15、图 7.16、图 7.17 是同一种电路结构，只不过是为了清晰起见，将不同的接口方式分别画出而已。由此可见，它们的接线有一些是重合的，因此只能分别进行实验，而实验电路结构图模式都选“5”。

(7)图 7.4(e)是琴键式信号发生器，当按下键时，输出为高电平，对应的发光管发亮；当松开键时，输出为低电平，此键的功能可用于手动控制脉冲的宽度。具有琴键式信号发生器的实验结构图 7.8。

7.2.2　各实验电路结构图特点与适用范围

(1)结构图 NO.0：目标芯片的 PIO19 至 PIO44 共 8 组 4 位二进制码输出，经 7 段译码器可显示于实验系统上的 8 个数码管。键 1 和键 2 可分别输出二个四位二进制码。一方面这 4 位码输入目标芯片的 PIO11 ~ PIO8 和 PIO15 ~ PIO12，另一方面，可以观察发光管 D1 至 D8 来了解输入的数值。例如，当键 1 控制输入 PIO11 ~ PIO8 的数为 HA 时，则发光管 D4 和 D2 亮，D3 和 D1 灭。电路的键 8 至键 3 分别控制一个高低电平信号发生器向目标芯片的 PIO7 至 PIO2 输入高电平或低电平，扬声器接在“SPEAKER”上，具体接在哪一引脚要看目标芯片的类型，如目标芯片为 FLEX10K10，则扬声器接在“3”引脚上。目标芯片的时钟输入未在图上标出，也需查阅附录表 7.3。例如，目标芯片为 XC95108，则输入此芯片的钟信号有 CLOCK0 至 CLOCK10，共 11 个可选的输入端，对应的引脚为 65 至 80。此电路可用于设计频率计、周期计、计数器等。

(2)结构图 NO.1：适用于作加法器、减法器、比较器或乘法器。如欲设计加法器，可利用键 4 和键 3 输入 8 位加数；键 2 和键 1 输入 8 位被加数，输入的加数和被加数将显示于键对应的数码管 4 ~ 1，相加的和显示于数码管 6 和 5；可令键 8 控制此加法器的最低位进位。

(3)结构图 NO.2：可用于作 VGA 视频接口逻辑设计，或使用 4 个数码管 8 ~ 5 作 7 段显示译码方面的实验。

(4)结构图 NO.3：特点是是有 8 个琴键式键控发生器，可用于设计八音琴等电路系统。

(5)结构图 NO.4：适合于设计移位寄存器、环形计数器等。电路特点是，当在所设计的逻辑中有串行二进制数从 PIO10 输出时，若利用键 7 作为串行输出时钟信号，则 PIO10 的串行输出数码可以在发光管 D8 ~ D1 上逐位显示出来，这能很直观地看到串出的数值。

(6)结构图 NO.5：特点是有 8 个键控高低电平发生器。

(7)结构图 NO.6：此电路与 NO.2 相似，但增加了两个 4 位二进制数发生器，数值分别输入目标芯片的 PIO7 ~ PIO4 和 PIO3 ~ PIO0。例如，当按键 2 时，输入 PIO7 ~ PIO4 的数值将显示于对应的数码管 2，以便了解输入的数值。

(8)结构图 NO.7：此电路适合于设计时钟、定时器、秒表等。因为可利用键 8 和键 5 分别控制时钟的清零和设置时间的使能；利用键 7、5 和 1 进行时、分、秒的设置。

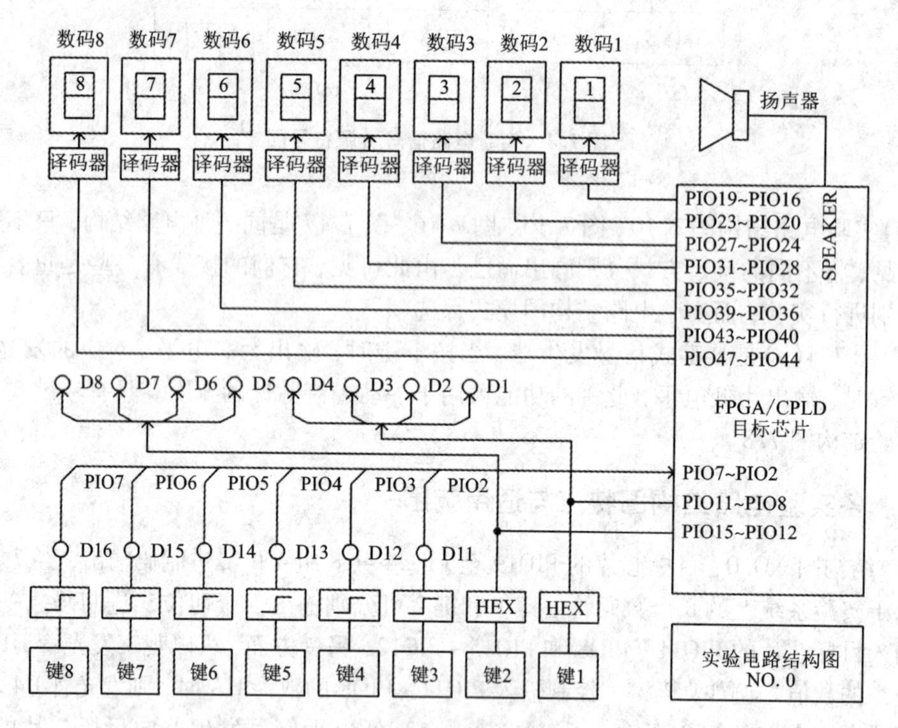

图7.5　实验电路结构图NO.0

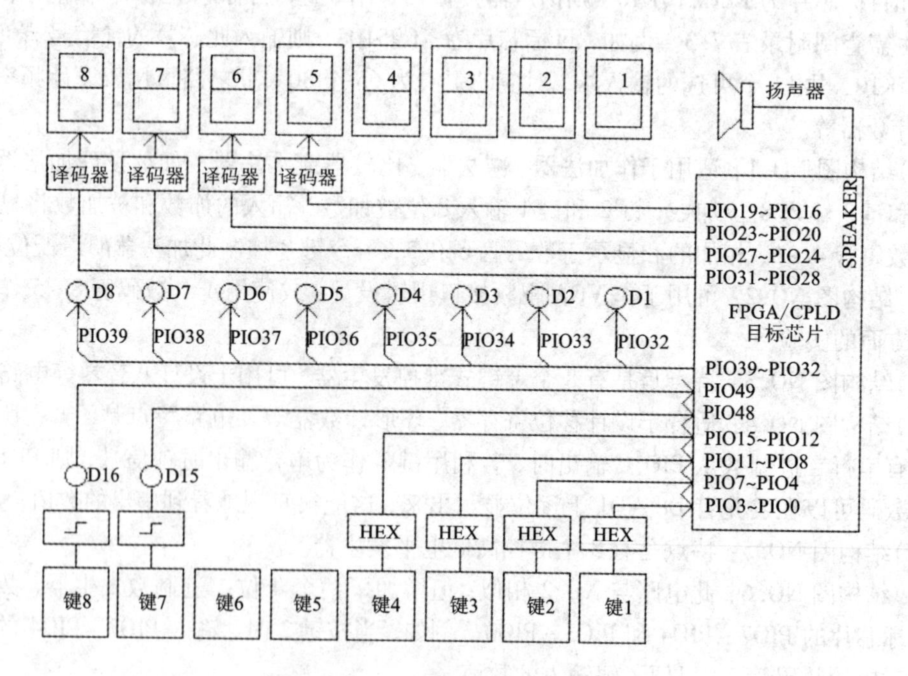

图7.6　实验电路结构图NO.1

(9)结构图NO.8：此电路适用于作并进/串出或串进/并出等工作方式的寄存器、序列检测器、密码锁等逻辑设计。它的特点是利用键2、键1能序置8位二进制数，而键6能发出串行输入脉冲，每按键一次，即发一个单脉冲，则此8位序置数的高位在前，向PIO10串行输入一位，同时能从D8～D1的发光管上看到串形左移的数据，十分形象直观。

(10)结构图NO.9：若欲验证交通灯控制等类似的逻辑电路，可选此电路结构。

(11)结构图NO.5A：此电路即为NO.5，可用于完成A/D转换方面的实验。

(12)结构图NO.5B：此电路可用于单片机接口逻辑方面的设计，以及PS/2键盘接口方面的逻辑设计(平时不要把单片机接上，以防口线冲突)。

(13)结构图NO.5C：可用于D/A转换接口实验和比较器LM311的控制实验。

(14)结构图NO.5D：可用于串行A/D、D/A及EEPROM的接口实验。在系统板上，图中所列的6类器件只提供了对应的接口座，用户可根据具体使用的需要，自行购买插入，但必须注意：这六种器件以及系统板上的0809在与目标FPGA/CPLD的接口上有复用，因此不能将它们同时都插在系统板上，应根据需要和接线情况分别插上需要的A/D和D/A芯片对，详细情况可参阅结构图NO.5A和NO.5D。

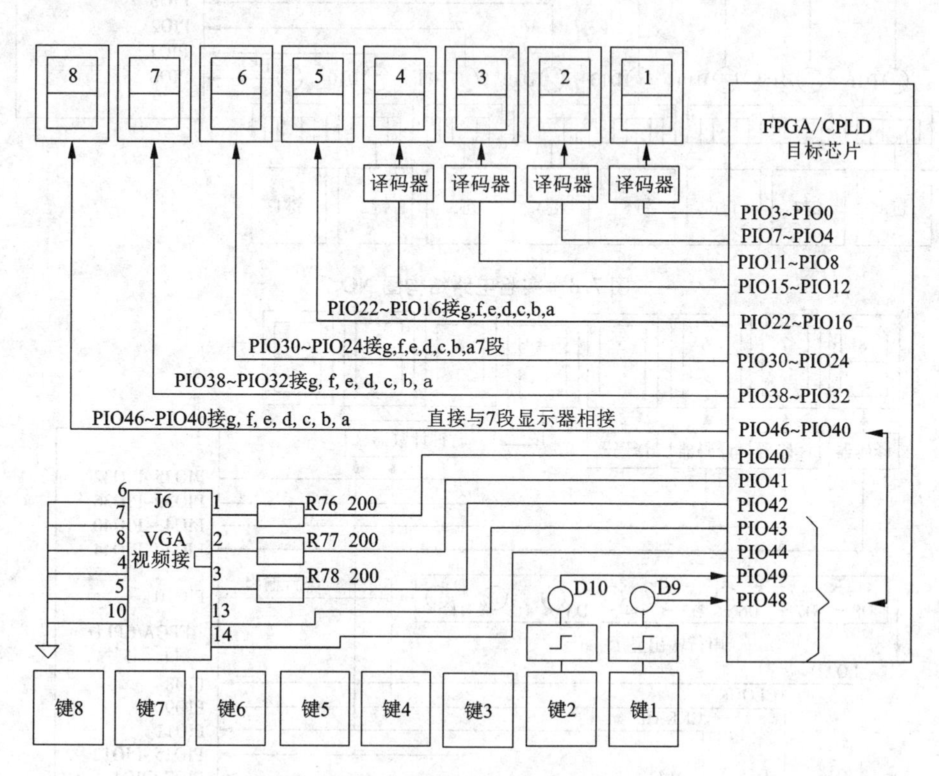

图7.7 实验电路结构图NO.2

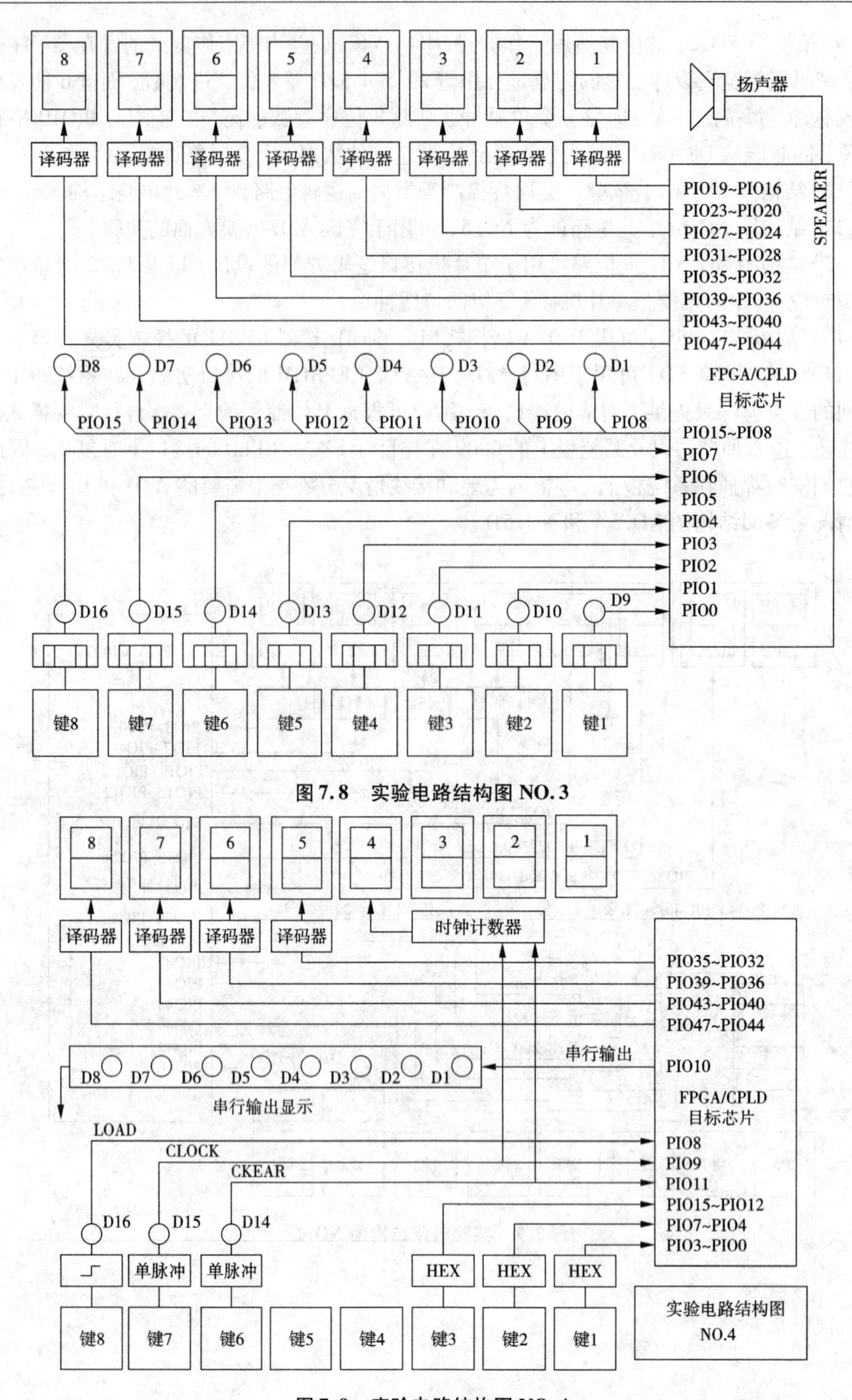

图 7.8 实验电路结构图 NO.3

图 7.9 实验电路结构图 NO.4

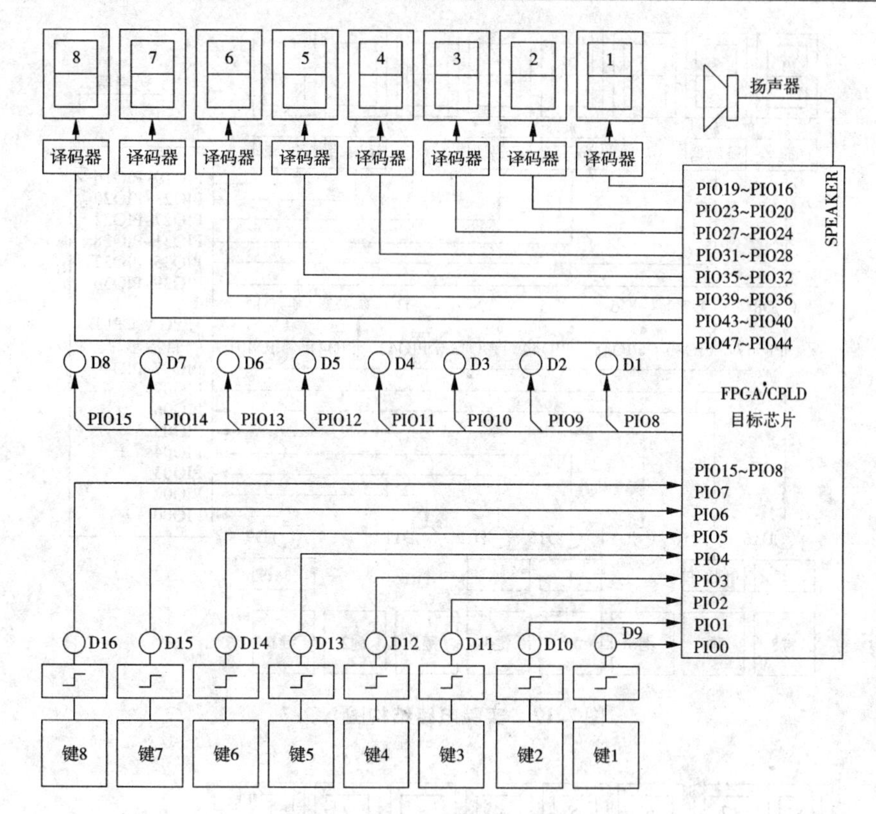

图7.10 实验电路结构图NO.5

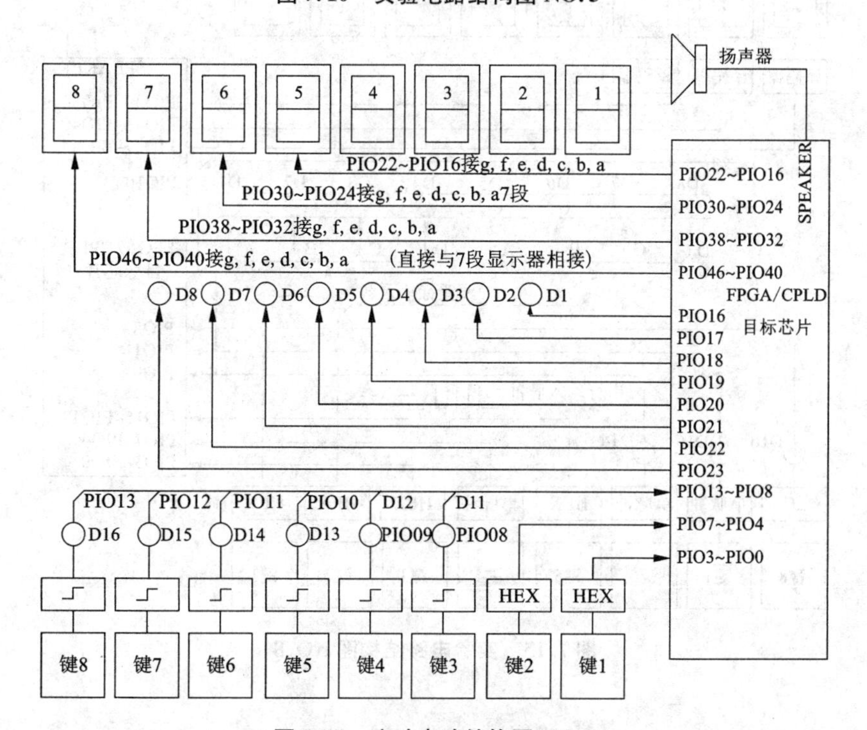

图7.11 实验电路结构图NO.6

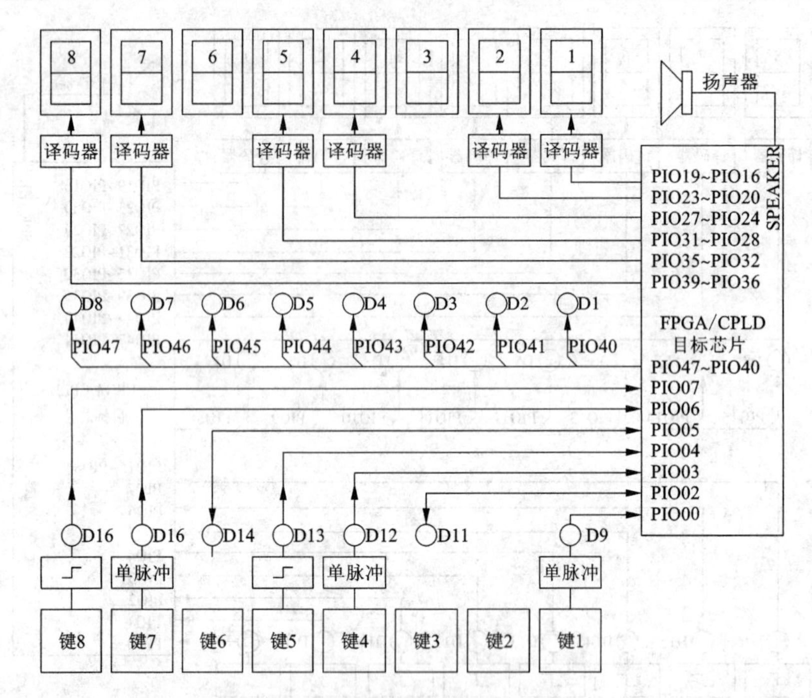

图7.12　实验电路结构图 NO.7

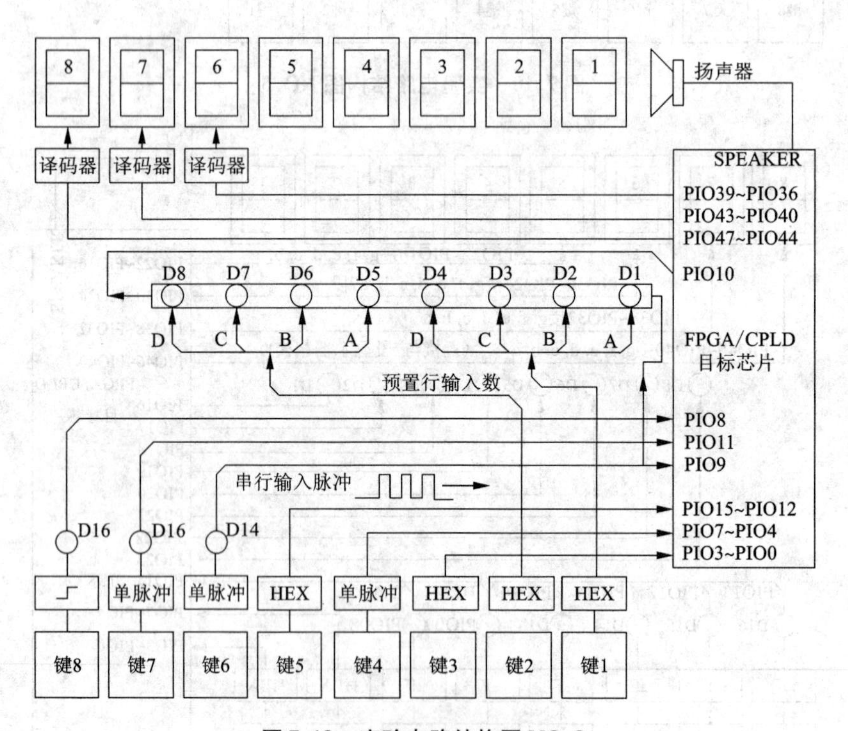

图7.13　实验电路结构图 NO.8

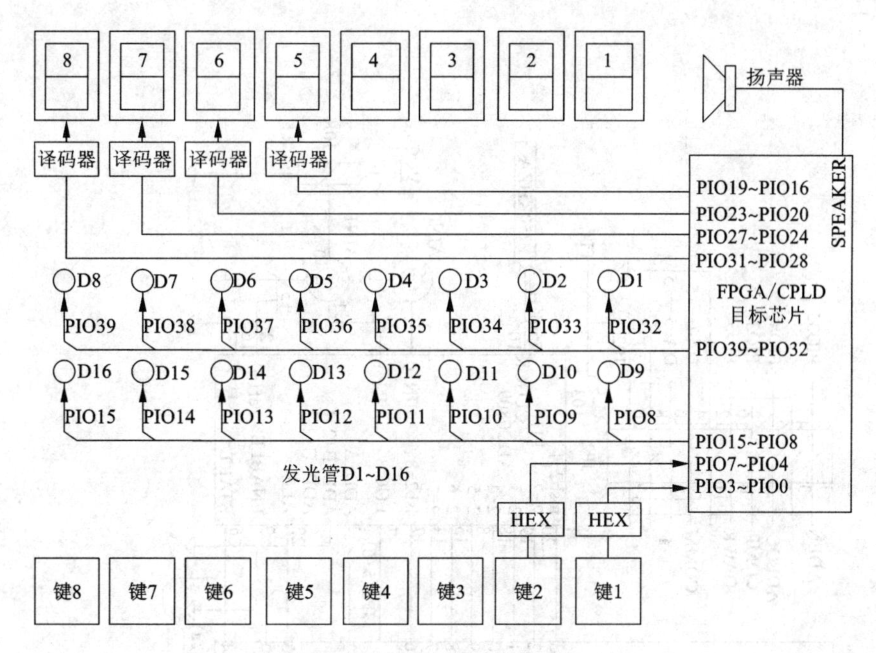

图7.14　实验电路结构图 NO.9

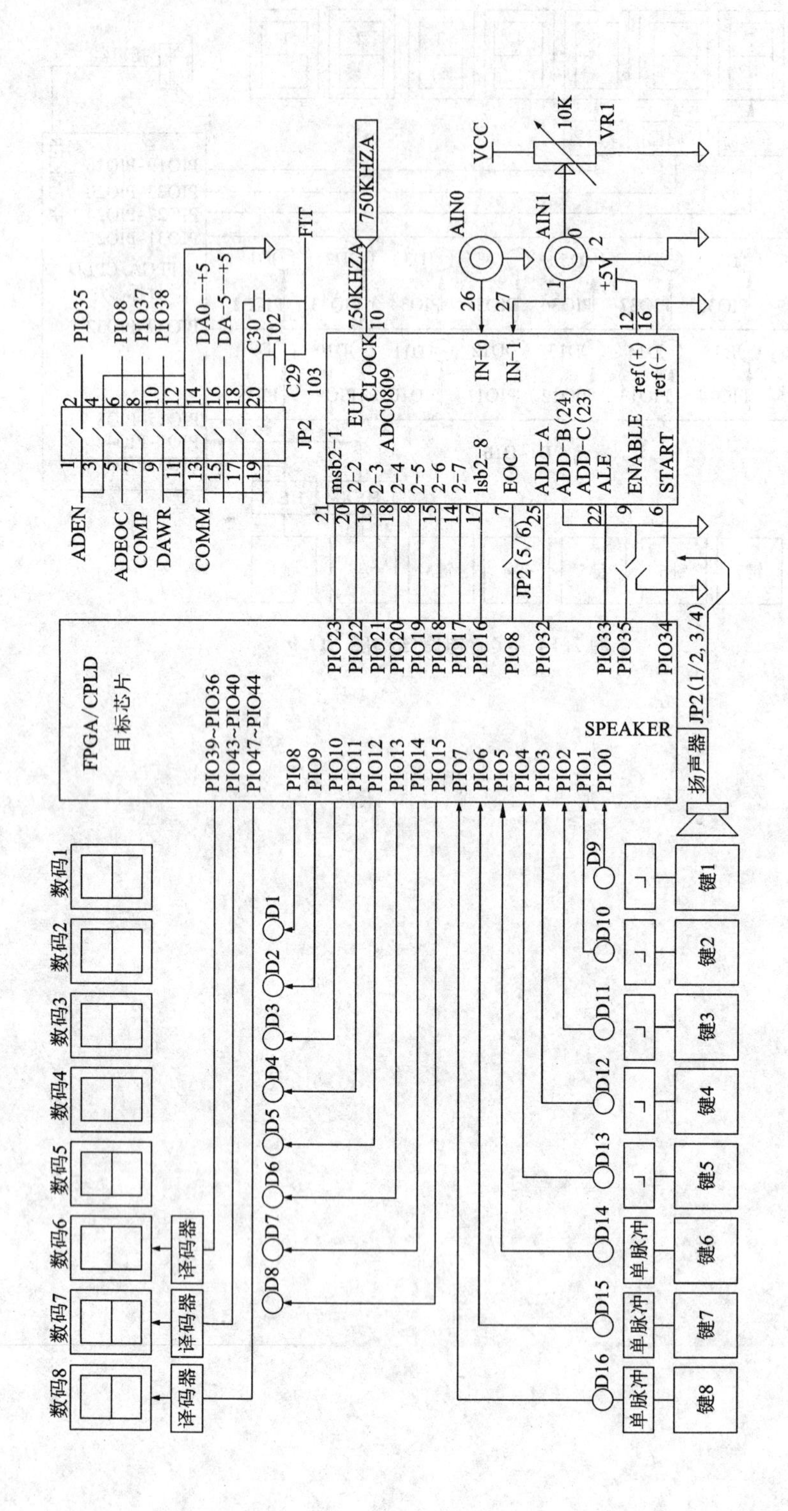

图7.15实验电路结构图NO.5A

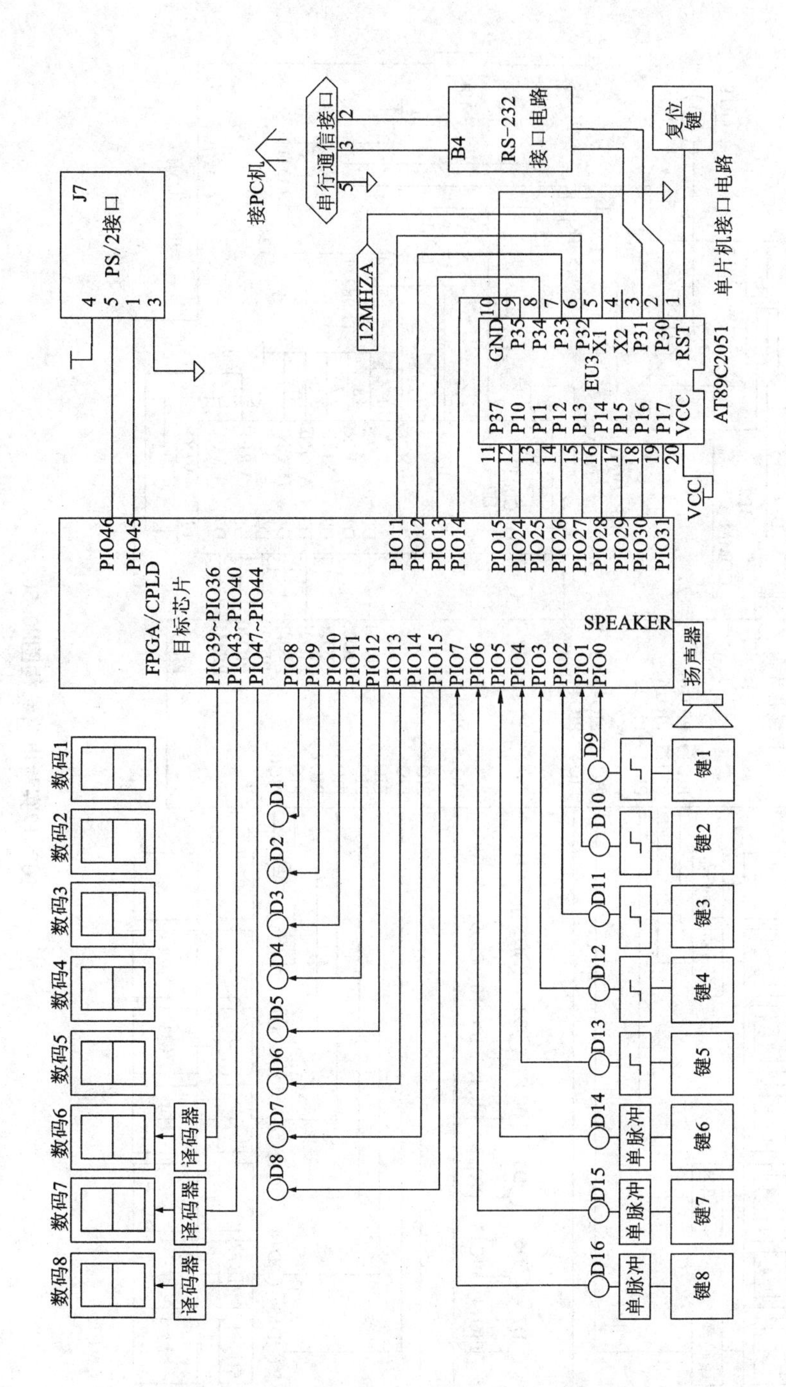

图7.16实验电路结构图NO. 5A

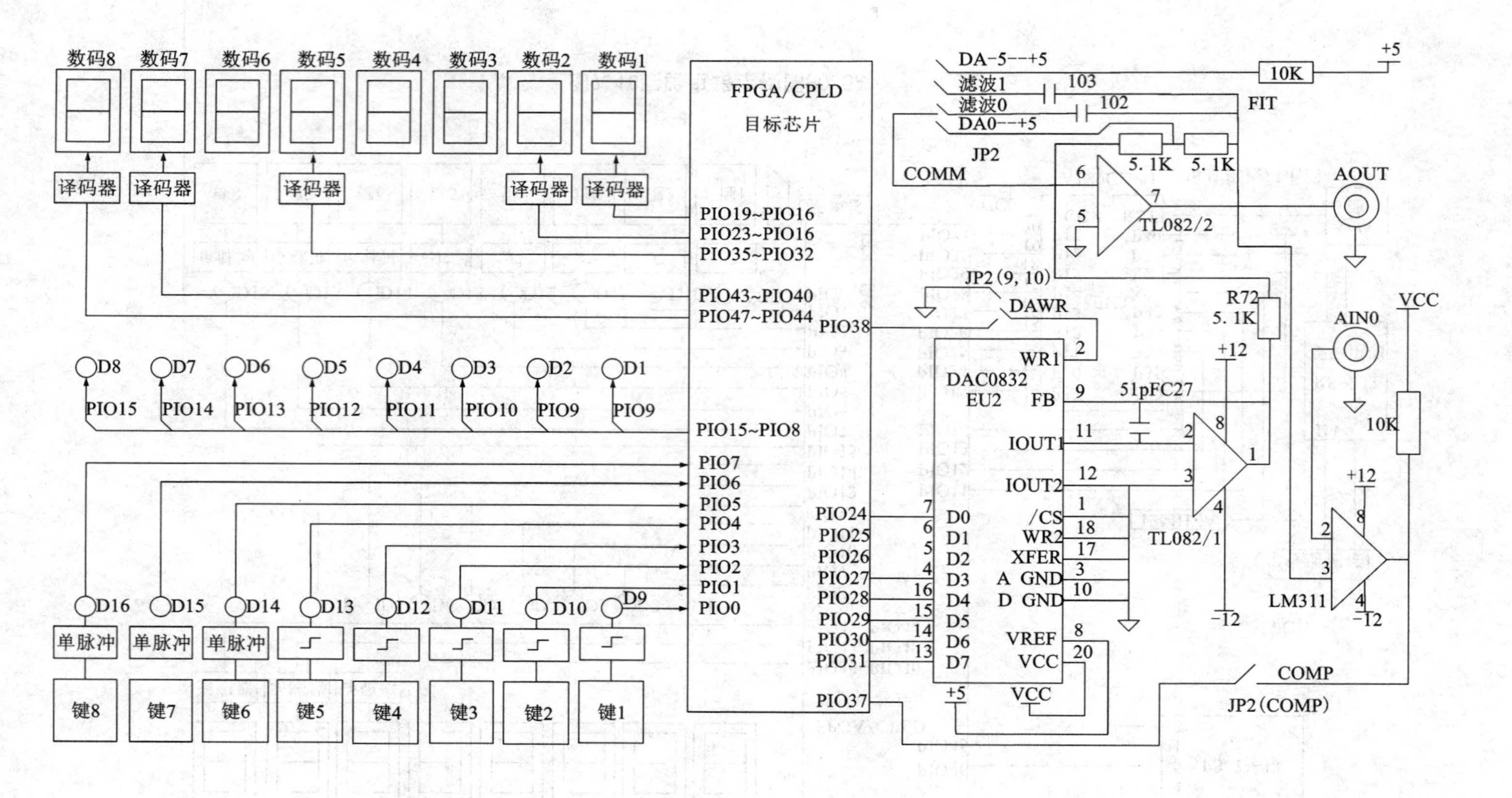

图7.17实验电路结构图NO.5C

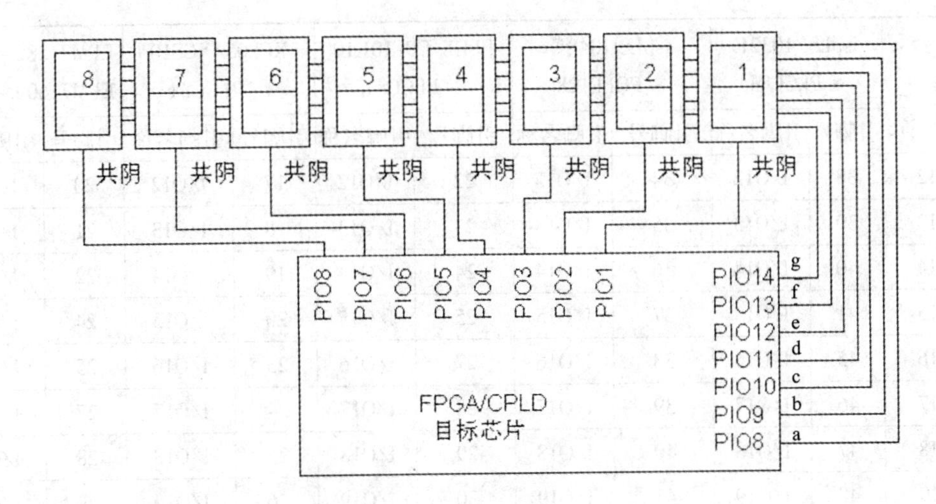

图7.18　实验电路结构图NO.5D

7.3　GW48系统结构图信号名与芯片引脚对照表

GW48系统结构图信号名与芯片引脚的关系如表7.3所示。其中，表中的“结构图上的信号名”是指实验开发系统板上插座的序号；“引脚号”是指芯片的管脚序号；“引脚名称”是指芯片的可用资源序号。

表7.3　GW48系统结构图信号名与芯片引脚的关系

结构图上的信号名	ispLSI 1032E – PLCC84		ispLSI1048E – PQFP128		FLEX EPF10K10 – PLCC84		XCS05/XCS10 – PLCC84		EPM7128S – PL84 EPM7160S – PL84	
	引脚号	引脚名称	引脚号	引脚名称	引脚号	引脚名称	引脚号	引脚名称	引脚号	引脚名称
PIO0	26	I/O0	21	I/O0	5	I/O0	3	I/O0	4	I/O0
PIO1	27	I/O1	22	I/O1	6	I/O1	4	I/O1	5	I/O1
PIO2	28	I/O2	23	I/O2	7	I/O2	5	I/O2	6	I/O2
PIO3	29	I/O3	24	I/O3	8	I/O3	6	I/O3	8	I/O3
PIO4	30	I/O4	25	I/O4	9	I/O4	7	I/O4	9	I/O4
PIO5	31	I/O5	26	I/O5	10	I/O5	8	I/O5	10	I/O5
PIO6	32	I/O6	27	I/O6	11	I/O6	9	I/O6	11	I/O6
PIO7	33	I/O7	28	I/O7	16	I/O7	10	I/O7	12	I/O7
PIO8	34	I/O8	29	I/O8	17	I/O8	13	I/O8	15	I/O8
PIO9	35	I/O9	30	I/O9	18	I/O9	14	I/O9	16	I/O9
PIO10	36	I/O10	31	I/O10	19	I/O10	15	I/O10	17	I/O10
PIO11	37	I/O11	32	I/O11	21	I/O11	16	I/O11	18	I/O11

续表 7.3

结构图上的信号名	ispLSI 1032E – PLCC84		ispLSI1048E – PQFP128		FLEX EPF10K10 – PLCC84		XCS05/XCS10 – PLCC84		EPM7128S – PL84 EPM7160S – PL84	
	引脚号	引脚名称	引脚号	引脚名称	引脚号	引脚名称	引脚号	引脚名称	引脚号	引脚名称
PIO12	38	I/O12	34	I/O12	22	I/O12	17	I/O12	20	I/O12
PIO13	39	I/O13	35	I/O13	23	I/O13	18	I/O13	21	I/O13
PIO14	40	I/O14	36	I/O14	24	I/O14	19	I/O14	22	I/O14
PIO15	41	I/O15	37	I/O15	25	I/O15	20	I/O15	24	I/O15
PIO16	45	I/O16	38	I/O16	27	I/O16	23	I/O16	25	I/O16
PIO17	46	I/O17	39	I/O17	28	I/O17	24	I/O17	27	I/O17
PIO18	47	I/O18	40	I/O18	29	I/O18	25	I/O18	28	I/O18
PIO19	48	I/O19	41	I/O19	30	I/O19	26	I/O19	29	I/O19
PIO20	49	I/O20	42	I/O20	35	I/O20	27	I/O20	30	I/O20
PIO21	50	I/O21	43	I/O21	36	I/O21	28	I/O21	31	I/O21
PIO22	51	I/O22	44	I/O22	37	I/O22	29	I/O22	33	I/O22
PIO23	52	I/O23	45	I/O23	38	I/O23	35	I/O23	34	I/O23
PIO24	53	I/O24	52	I/O24	39	I/O24	36	I/O24	35	I/O24
PIO25	54	I/O25	53	I/O25	47	I/O25	37	I/O25	36	I/O25
PIO26	55	I/O26	54	I/O26	48	I/O26	38	I/O26	37	I/O26
PIO27	56	I/O27	55	I/O27	49	I/O27	39	I/O27	39	I/O27
PIO28	57	I/O28	56	I/O28	50	I/O28	40	I/O28	40	I/O28
PIO29	58	I/O29	57	I/O29	51	I/O29	41	I/O29	41	I/O29
PIO30	59	I/O30	58	I/O30	52	I/O30	44	I/O30	44	I/O30
PIO31	60	I/O31	59	I/O31	53	I/O31	45	I/O31	45	I/O31
PIO32	68	I/O32	60	I/O32	54	I/O32	46	I/O32	46	I/O32
PIO33	69	I/O33	61	I/O33	58	I/O33	47	I/O33	48	I/O33
PIO34	70	I/O34	62	I/O34	59	I/O34	48	I/O34	49	I/O34
PIO35	71	I/O35	63	I/O35	60	I/O35	49	I/O35	50	I/O35
PIO36	72	I/O36	66	I/O36	61	I/O36	50	I/O36	51	I/O36
PIO37	73	I/O37	67	I/O37	62	I/O37	51	I/O37	52	I/O37
PIO38	74	I/O38	68	I/O38	64	I/O38	56	I/O38	54	I/O38
PIO39	75	I/O39	69	I/O39	65	I/O39	57	I/O39	55	I/O39
PIO40	76	I/O40	70	I/O40	66	I/O40	58	I/O40	56	I/O40
PIO41	77	I/O41	71	I/O41	67	I/O41	59	I/O41	57	I/O41
PIO42	78	I/O42	72	I/O42	70	I/O42	60	I/O42	58	I/O42

续表7.3

结构图上的信号名	ispLSI 1032E – PLCC84		ispLSI1048E – PQFP128		FLEX EPF10K10 – PLCC84		XCS05/XCS10 – PLCC84		EPM7128S – PL84 EPM7160S – PL84	
	引脚号	引脚名称	引脚号	引脚名称	引脚号	引脚名称	引脚号	引脚名称	引脚号	引脚名称
PIO43	79	I/O43	73	I/O43	71	I/O43	61	I/O43	60	I/O43
PIO44	80	I/O44	74	I/O44	72	I/O44	62	I/O44	61	I/O44
PIO45	81	I/O45	75	I/O45	73	I/O45	65	I/O45	63	I/O45
PIO46	82	I/O46	76	I/O46	78	I/O46	66	I/O46	64	I/O46
PIO47	83	I/O47	77	I/O47	79	I/O47	67	I/O47	65	I/O47
PIO48	3	I/O48	85	I/O48	80	I/O48	68	I/O48	67	I/O48
PIO49	4	I/O49	86	I/O49	81	I/O49	69	I/O49	68	I/O49
SPKER	5	I/O50	87	I/O50	3	CLRn	70	I/O50	81	I/O59
CLOCK0	6	I/O51	88	I/O51	2	IN1	72	I/O52		
CLOCK1	66	Y1	83	Y1	42	IN2	77	I/O53	69	I/O50
CLOCK2	7	I/O52	89	I/O52	43	GCK2	78	I/O54	70	I/O51
CLOCK3	8	I/O53	90	I/O53	44	IN3	79	I/O55	73	I/O52
CLOCK4	9	I/O54	91	I/O54			80	I/O56	74	I/O53
CLOCK5	63	Y2	80	Y2	83	OE	81	I/O57	75	I/O54
CLOCK6	10	I/O55	92	I/O55			82	I/O58	76	I/O55
CLOCK7	11	I/O56	93	I/O56					79	I/O57
CLOCK8	62	Y3	79	Y3	84	IN4	83	I/O59	80	I/O58
CLOCK9	12	I/O57	94	I/O57	1	GCK1	84	I/O60	83	IN1
CLOCK10	13	I/O58	95	I/O58					2	IN4

结构图上的信号名	XCS30 144 – PIN TQFP		XC95108 XC9572 – PLCC84		EP1K100 EPF10K30E/50E 208 – PIN P/RQFP		FLEX10K20 EP1K30/50 144 – PIN TQFP		ispLSI 3256/A – PQFP160	
	引脚号	引脚名称	引脚号	引脚名称	引脚号	引脚名称	引脚号	引脚名称	引脚号	引脚名称
PIO0	138	I/O0	1	I/O0	7	I/O	8	I/O0	2	I/O0
PIO1	139	I/O1	2	I/O1	8	I/O	9	I/O1	3	I/O1
PIO2	140	I/O2	3	I/O2	9	I/O	10	I/O2	4	I/O2
PIO3	141	I/O3	4	I/O3	11	I/O	12	I/O3	5	I/O3
PIO4	142	I/O4	5	I/O4	12	I/O	13	I/O4	6	I/O4
PIO5	3	I/O5	6	I/O5	13	I/O	17	I/O5	7	I/O5
PIO6	4	I/O6	7	I/O6	14	I/O	18	I/O6	8	I/O6
PIO7	5	I/O7	9	I/O7	15	I/O	19	I/O7	9	I/O7
PIO8	9	I/O8	10	I/O8	17	I/O	20	I/O8	11	I/O8

续表 7.3

结构图上的信号名	XCS30 144 - PIN TQFP		XC95108 XC9572 - PLCC84		EP1K100 EPF10K30E/50E 208 - PIN P/RQFP		FLEX10K20 EP1K30/50 144 - PIN TQFP		ispLSI 3256/A - PQFP160	
	引脚号	引脚名称	引脚号	引脚名称	引脚号	引脚名称	引脚号	引脚名称	引脚号	引脚名称
PIO9	10	I/O9	11	I/O9	18	I/O	21	I/O9	13	I/O9
PIO10	12	I/O10	12	I/O10	24	I/O	22	I/O10	14	I/O10
PIO11	13	I/O11	13	I/O11	25	I/O	23	I/O11	15	I/O11
PIO12	14	I/O12	14	I/O12	26	I/O	26	I/O12	16	I/O12
PIO13	15	I/O13	15	I/O13	27	I/O	27	I/O13	17	I/O13
PIO14	16	I/O14	17	I/O14	28	I/O	28	I/O14	25	I/O14
PIO15	19	I/O15	18	I/O15	29	I/O	29	I/O15	26	I/O15
PIO16	20	I/O16	19	I/O16	30	I/O	30	I/O16	28	I/O16
PIO17	21	I/O17	20	I/O17	31	I/O	31	I/O17	29	I/O17
PIO18	22	I/O18	21	I/O18	36	I/O	32	I/O18	30	I/O18
PIO19	23	I/O19	23	I/O19	37	I/O	33	I/O19	32	I/O19
PIO20	24	I/O20	24	I/O20	38	I/O	36	I/O20	33	I/O20
PIO21	25	I/O21	25	I/O21	39	I/O	37	I/O21	34	I/O21
PIO22	26	I/O22	26	I/O22	40	I/O	38	I/O22	35	I/O22
PIO23	28	I/O23	31	I/O23	41	I/O	39	I/O23	36	I/O23
PIO24	29	I/O24	32	I/O24	44	I/O	41	I/O24	37	I/O24
PIO25	30	I/O25	33	I/O25	45	I/O	42	I/O25	38	I/O25
PIO26	75	I/O26	34	I/O26	113	I/O	65	I/O26	82	I/O26
PIO27	77	I/O27	35	I/O27	114	I/O	67	I/O27	83	I/O27
PIO28	78	I/O28	36	I/O28	115	I/O	68	I/O28	84	I/O28
PIO29	79	I/O29	37	I/O29	116	I/O	69	I/O29	85	I/O29
PIO30	80	I/O30	39	I/O30	119	I/O	70	I/O30	86	I/O30
PIO31	82	I/O31	40	I/O31	120	I/O	72	I/O31	87	I/O31
PIO32	83	I/O32	41	I/O32	121	I/O	73	I/O32	88	I/O32
PIO33	84	I/O33	43	I/O33	122	I/O	78	I/O33	89	I/O33
PIO34	85	I/O34	44	I/O34	125	I/O	79	I/O34	90	I/O34
PIO35	86	I/O35	45	I/O35	126	I/O	80	I/O35	92	I/O35
PIO36	87	I/O36	46	I/O36	127	I/O	81	I/O36	93	I/O36
PIO37	88	I/O37	47	I/O37	128	I/O	82	I/O37	94	I/O37
PIO38	89	I/O38	48	I/O38	131	I/O	83	I/O38	95	I/O38
PIO39	92	I/O39	50	I/O39	132	I/O	86	I/O39	96	I/O39

续表7.3

结构图上的信号名	XCS30 144－PIN TQFP		XC95108 XC9572 －PLCC84		EP1K100 EPF10K30E/50E 208－PIN P/RQFP		FLEX10K20 EP1K30/50 144－PIN TQFP		ispLSI 3256/A －PQFP160	
	引脚号	引脚名称	引脚号	引脚名称	引脚号	引脚名称	引脚号	引脚名称	引脚号	引脚名称
PIO40	93	I/O40	51	I/O40	133	I/O	87	I/O40	105	I/O40
PIO41	94	I/O41	52	I/O41	134	I/O	88	I/O41	106	I/O41
PIO42	95	I/O42	53	I/O42	135	I/O	89	I/O42	108	I/O42
PIO43	96	I/O43	54	I/O43	136	I/O	90	I/O43	109	I/O43
PIO44	97	I/O44	55	I/O44	139	I/O	91	I/O44	110	I/O44
PIO45	98	I/O45	56	I/O45	140	I/O	92	I/O45	112	I/O45
PIO46	99	I/O46	57	I/O46	141	I/O	95	I/O46	113	I/O46
PIO47	101	I/O47	58	I/O47	142	I/O	96	I/O47	114	I/O47
PIO48	102	I/O48	61	I/O48	143	I/O	97	I/O48	115	I/O48
PIO49	103	I/O49	62	I/O49	144	I/O	98	I/O49	116	I/O49
SPEAKER	104	I/O	63	I/O50	148	I/O	99	I/O50	117	I/O50
CLOCK0	111		65	I/O51	182	I/O	54	INPUT1	118	I/O
CLOCK1	113		66	I/O52	183	I/O	55	GCLOK1	119	I/O
CLOCK2	114		67	I/O53	184	I/O	124	INPUT3	120	I/O
CLOCK3	106		68	I/O54	149	I/O	100	I/O51	121	I/O
CLOCK4	112		69	I/O55	150	I/O	101	I/O52	103	Y2
CLOCK5	115		70	I/O56	157	I/O	102	I/O53	122	I/O
CLOCK6	116		71	I/O57	170	I/O	117	I/O61	123	I/O
CLOCK7	76		72	I/O58	112	I/O	118	I/O62	102	Y3
CLOCK8	117		75	I/O60	111	I/O	56	INPUT2	124	I/O
CLOCK9	119		79	I/O63	104	I/O	125	GCLOK2	126	I/O
CLOCK10	2				103	I/O	119	I/O63	101	Y4

7.4　GW48型EDA实验开发系统使用示例

用GW48型EDA实验开发系统的基本步骤如下：

(1)根据所设计的实体的输入和输出的要求，选择合适的实验电路结构图，并记下对应的实验模式。

(2)根据所选的实验电路结构图、拟采用的实验芯片的型号以及7.3节介绍的GW48系统结构图信号名与芯片引脚对照表，确定各个输入和输出所对应的芯片引脚号，并根据所采用的开发软件工具，编写符合要求的管脚锁定文件，以供设计中的有关步骤使用。

(3)进入 VHDL 的 EDA 设计中的编程下载步骤时，首先将实验开发系统的下载接口通过实验开发系统提供的并行下载接口扁平电缆线与计算机的并行接口(打印机接口)连接好，将实验开发系统提供的实验电源输入端接上 220 V 的交流电，输出端与实验开发系统的 +5 V 电源输入端相接，这时即可进行编程下载的有关操作。

(4)编程下载成功后，首先通过模式选择键(SW9)将实验模式转换到前面选定的实验模式，若输入和输出涉及时钟、声音、视频等信号，还应将相应部分的短路帽或接口部分连接好，之后输入设计实体所规定的各种输入信号即可进行相应的实验。

为了加深对上面所述 GW48 型 EDA 实验开发系统的使用基本步骤的理解，下面特给出一个使用实例。

例 7.1 设计一个将给定时钟信号进行 4 位二进制加法计数的七段 LED 译码显示电路。

1)设计思路

应首先对输入的时钟信号进行 4 位二进制加法计数，之后再由 7 段译码器将计数值译为对应的 7 段二进制编码，并由数码显示器显示出来。电路的原理图如图 7.19 所示。

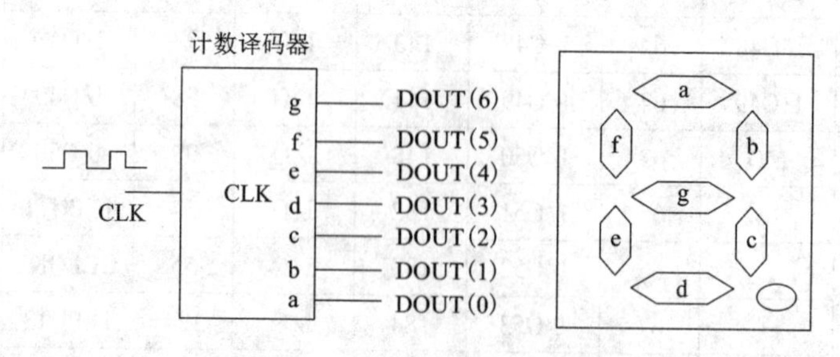

图 7.19 计数译码显示电路

2)VHDL 源程序

```
LIBRARY IEEE;
USEIEEE. STD_LOGIC_1164. ALL;
USE IEEE. STD_LOGIC_UNSIGNED. ALL;
ENTITY JSYM IS
PORT(CLK: IN STD_LOGIC;
     DOUT: OUT STD_LOGIC_VECTOR(6 DOWNTO 0));          --7 段输出
END ENTITY JSYM;
ARCHITECTURE ART OF JSYM IS
SIGNAL CNT4B: STD_LOGIC_VECTOR(3 DOWNTO 0);            --4 位加法计数器定义
BEGIN
PROCESS(CLK) IS                                        --4 位二进制计数器工作进程
BEGIN
IF CLK'EVENT AND CLK = '1' THEN
CNT4B <= CNT4B + 1;
                                                       --当 CLK 上升沿到来时计数器
                                                         加 1，否则保持原值
END IF;
```

```
END PROCESS;
PROCESS(CNT4B) IS
BEGIN
  CASE CNT4B IS                              --CASE-WHEN语句构成的译码
                                               输出电路，功能类似于真值表
  WHEN "0000" => DOUT <= "0111111";          --显示0
  WHEN "0001" => DOUT <= "0000110";          --显示1
  WHEN "0010" => DOUT <= "1011011";          --显示2
  WHEN "0011" => DOUT <= "1001111";          --显示3
  WHEN "0100" => DOUT <= "1100110";          --显示4
  WHEN "0101" => DOUT <= "1101101";          --显示5
  WHEN "0110" => DOUT <= "1111101";          --显示6
  WHEN "0111" => DOUT <= "0000111";          --显示7
  WHEN "1000" => DOUT <= "1111111";          --显示8
  WHEN "1001" => DOUT <= "1101111";          --显示9
  WHEN "1010" => DOUT <= "1110111";          --显示A
  WHEN "1011" => DOUT <= "1111100";          --显示B
  WHEN "1100" => DOUT <= "0111001";          --显示C
  WHEN "1101" => DOUT <= "1011110";          --显示D
  WHEN "1110" => DOUT <= "1111001";          --显示E
  WHEN "1111" => DOUT <= "1110001";          --显示F
  WHEN OTHERS => DOUT <= "0000000";          --必须有此项
  END CASE;
  END PROCESS;
  END ARCHITECTURE ART;
```

3)硬件逻辑验证操作

(1)本设计实体输入为一个时钟信号CLK，输出为时钟信号计数译码后的7个显示驱动端DOUT(0)~DOUT(6)(对应一般译码器的a、b、c、d、e、f、g)，据此可选择实验电路结构图NO.6，对应的实验模式为6。

(2)根据实验电路结构图NO.6，拟采用的实验芯片的型号为Lattice的ispLSI1032E PLCC-84，再根据7.3节的GW48系统结构图信号名与芯片引脚对照表，可选择输入CLK接到系统提供的时钟信号CLOCK0端。此时，CLK接入芯片的I/O51，即6号管脚；输出DOUT(0)~DOUT(6)7段分别与PIO16~PIO22相接，亦即接到数码管5上，对应地接入芯片的I/O16~I/O22，即45~51号管脚。若采用ispEXPERT开发软件，其管脚锁定文件JSYM.PPN(JSYM.PPN的设计过程见表7.4)如下：

```
//JSYM.PPN
//PART: ispLSI1032E-70LJ84
//FORMAT: PINNAME   PINTYPE   LOCK
          CLK        IN        6
          DOUT(0)    OUT       45
          DOUT(1)    OUT       46
          DOUT(2)    OUT       47
```

```
DOUT(3)      OUT      48
DOUT(4)      OUT      49
DOUT(5)      OUT      50
DOUT(6)      OUT      51
```

表 7.4 JSYM. PPN 的设计过程

设计实体 I/O 标识	设计实体 I/O 来源/去向	插座序号	芯片可用资源序号	芯片管脚序号
CLK	CLOCK0	CLOCK0	I/O51	6
DUT(0)	数码管 5(a)	PIO16	I/O16	45
DUT(1)	数码管 5(b)	PIO17	I/O17	46
DUT(2)	数码管 5(c)	PIO18	I/O18	47
DUT(3)	数码管 5(d)	PIO19	I/O19	48
DUT(4)	数码管 5(e)	PIO20	I/O20	49
DUT(5)	数码管 5(f)	PIO21	I/O21	50
DUT(6)	数码管 5(g)	PIO22	I/O22	51

(3)进入 VHDL 的 EDA 设计中的编程下载步骤时，首先将实验开发系统的下载接口通过实验开发系统提供的并行下载接口扁平电缆线与计算机的并行接口(打印机接口)连接好，将实验开发系统提供的实验电源输入端接上 220 V 的交流电，输出端与实验开发系统的 +5 V 电源输入端相接，这时即可进行编程下载的有关操作。

(4)编程下载成功后，首先通过模式选择键(SW9)将实验模式转换到实验模式 6，并将输入时钟信号 CLOCK0 的短路帽接好，即可进行相应的实验，看到数码管 5 随着计数的变化而显示 0 ~ F。

本章小结

本章介绍由杭州康芯电子有限公司研制开发的、系统性能相对较好的 GW48G 型 EDA 实验开发系统的使用方法，以使读者能具体地了解基于 EDA 平台的 VHDL 逻辑设计所必需的硬件仿真和实验验证的方法与过程。

使用 GW48 型 EDA 实验开发系统的基本步骤是：首先根据所设计的实体的输入和输出的要求选择合适的实验电路结构图，确定各个输入和输出所对应的芯片引脚号，并编写符合要求的管脚锁定文件。再进行编程下载，编程下载成功后，输入设计实体所规定的各种输入信号即可进行相应的实验。

习　题

1. EDA 实验开发系统主要起什么作用？它一般包括几个组成部分？各部分的作用是什么？

2. 简述 GW48 系列 EDA 实验开发系统的组成及各组成部分的功能。

3. 阐述 GW48 系列 EDA 实验开发系统的“电路重构软配置”的设计思想。在实际使用时，是如何实现“电路重构软配置”的？实验开发系统上的“模式选择键”起什么作用？

4. 表 7.3 中的“结构图上的信号名”、“引脚号”、“引脚名称”分别指什么？

5. 叙述 GW48 型 EDA 实验开发系统的使用基本步骤和方法。

第 8 章 EDA 技术实验

8.1 实验一 1 位全加器原理图输入设计

1. 实验目的

(1)熟悉 Quartus Ⅱ软件的基本使用方法。

(2)熟悉 EDA 实验开发系统的使用方法。

(3)了解原理图输入设计方法。

2. 实验内容

设计并调试好一个 1 位二进制全加器，并用 GW48 - ES EDA 实验开发系统(拟采用的实验芯片的型号为 EPF10K20TC144 - 4 或 EP1K30TC144 - 3)进行系统仿真、硬件验证。设计 1 位二进制全加器时要求先用基本门电路设计一个 1 位二进制半加器，再由基本门电路和 1 位二进制半加器构成 1 位二进制全加器。

3. 实验条件

(1)开发条件：Quartus Ⅱ。

(2)实验设备：GW48 - ES EDA 实验开发系统、联想电脑。

(3)拟用芯片：EPF10K20TC144 - 4 或 EP1K30TC144 - 3。

4. 实验设计

1)半加器(h_adder. gdf)

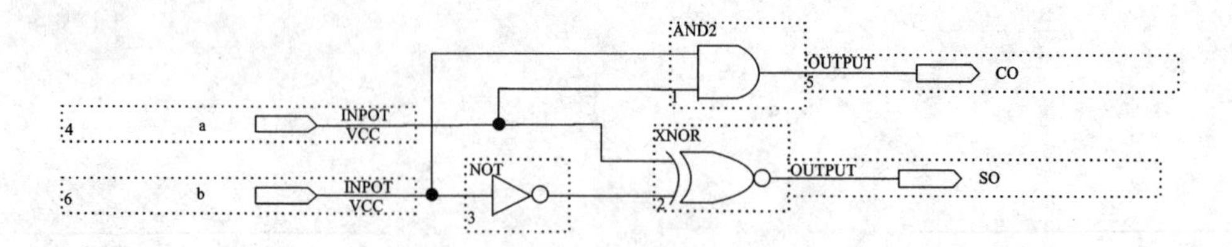

2)全加器(f_adder. gdf)

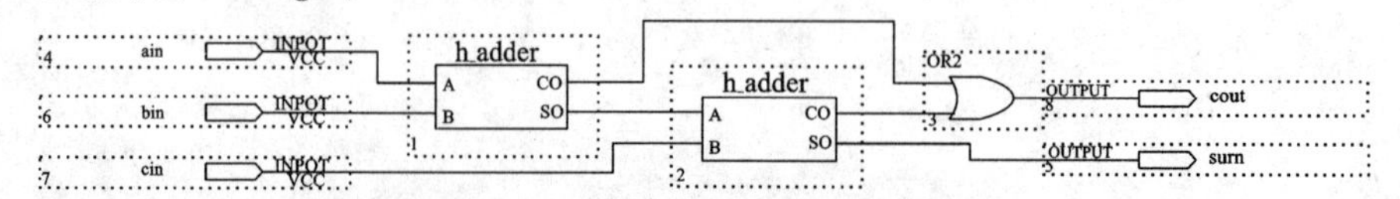

5. 实验结果

1) 半加器仿真波形

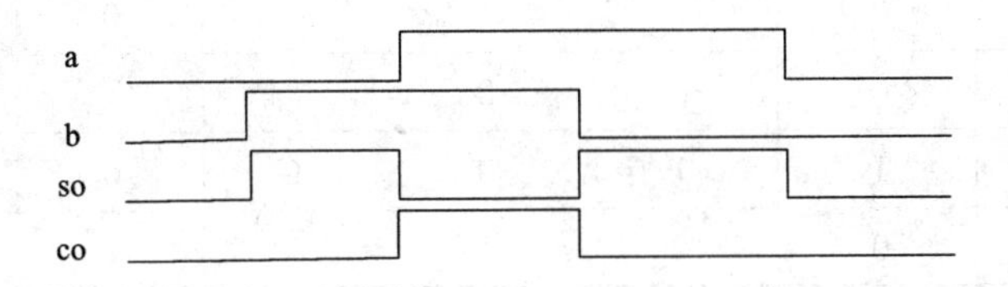

2) 半加器引脚锁定

实验芯片：EPF10K20TC144 -4；选用模式：模式 5。

设计实体 I/O 标识	I/O 来源/去向	结构图上的信号名	芯片引脚号
a	键 1	PIO0	8
b	键 2	PIO1	9
so	二极管 D1	PIO8	20
co	二极管 D2	PIO9	21

3) 全加器仿真波形

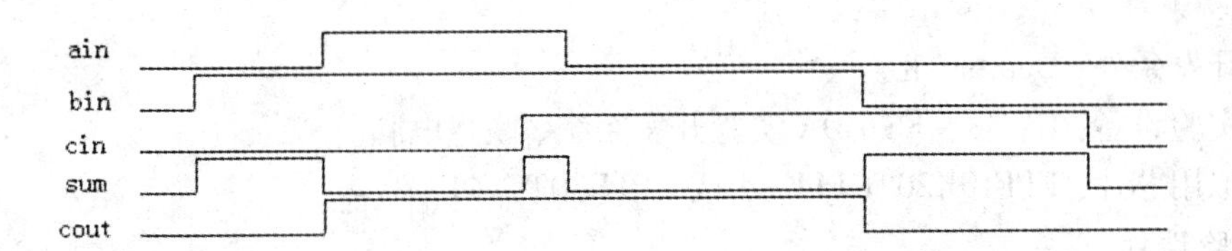

4) 全加器引脚锁定

实验芯片：EPF10K20TC144 -4；选用模式：模式 5。

设计实体 I/O 标识	I/O 来源/去向	结构图上的信号名	芯片引脚号
ain	键 1	PIO0	8
bin	键 2	PIO1	9
cin	键 3	PIO2	10
sum	二极管 D1	PIO8	20
cout	二极管 D2	PIO9	21

5)全加器真值表

ain	0	1	0	1	0	1	0	1
bin	0	0	1	1	0	0	1	1
cin	0	0	0	0	1	1	1	1
sum	0	1	1	0	1	0	0	1
cout	0	0	0	1	0	1	1	1

8.2 实验二 1位全加器VHDL文本输入设计

1. 实验目的

(1)熟悉Quartus Ⅱ软件的基本使用方法。

(2)熟悉EDA实验开发系统的使用方法。

(3)了解VHDL文本输入设计方法。

2. 实验内容

设计并调试好一个1位二进制全加器，并用GW48-ES EDA实验开发系统(拟采用的实验芯片的型号为EPF10K20TC144-4或EP1K30TC144-3)进行系统仿真、硬件验证。设计1位二进制全加器时要求先设计一个或门和一个1位二进制半加器，再由或门和1位二进制半加器构成1位二进制全加器。

3. 实验条件

(1)开发条件：Quartus Ⅱ。

(2)实验设备：GW48-ES EDA实验开发系统、联想电脑。

(3)拟用芯片：EPF10K20TC144-4或EP1K30TC144-3。

4. 实验设计

1)--或门逻辑描述(or2a.vhd)

```
LIBRARY  IEEE;
USE IEEE.STD_LOGIC_1164.ALL;
ENTITY or2a IS
   PORT (a, b:IN STD_LOGIC;
             c: OUT STD_LOGIC );
END ENTITY or2a;
ARCHITECTURE one OF or2a IS
   BEGIN
   c<=a OR b;
END ARCHITECTURE one;
--半加器描述(h_adder.vhd)
LIBRARY  IEEE;
USE IEEE.STD_LOGIC_1164.ALL;
ENTITY h_adder IS
```

```
  PORT (a, b: IN STD_LOGIC;
       co, so: OUT STD_LOGIC);
END ENTITY h_adder;
ARCHITECTURE fh1 OF h_adder  is
BEGIN
  so <= a XOR b;
  co <= a AND b;
END ARCHITECTURE fh1;
--1位二进制全加器顶层设计描述(f_adder.vhd)
LIBRARY  IEEE;
USE IEEE.STD_LOGIC_1164.ALL;
ENTITY f_adder IS
   PORT (ain, bin, cin   : IN STD_LOGIC;
           cout, sum   : OUT STD_LOGIC );
END ENTITY f_adder;
ARCHITECTURE fd1 OF f_adder IS
   COMPONENT h_adder
     PORT (  a, b:  IN STD_LOGIC;
       co, so:  OUT STD_LOGIC);
   END COMPONENT;
   COMPONENT or2a
      PORT (a, b: IN STD_LOGIC;
                 c: OUT STD_LOGIC);
   END COMPONENT;
 SIGNAL d, e, f  :  STD_LOGIC;
   BEGIN
   u1: h_adder PORT MAP(a => ain, b => bin,
         co => d, so => e);
   u2: h_adder PORT MAP(a => e, b => cin,
         co => f, so => sum);
   u3: or2a PORT MAP(a => d,   b => f, c => cout);
 END ARCHITECTURE fd1;
```

2)或门仿真波形

3)半加器仿真波形

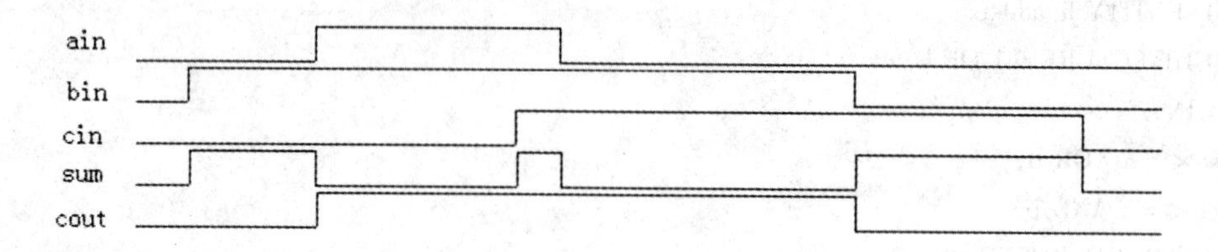

4)全加器仿真波形

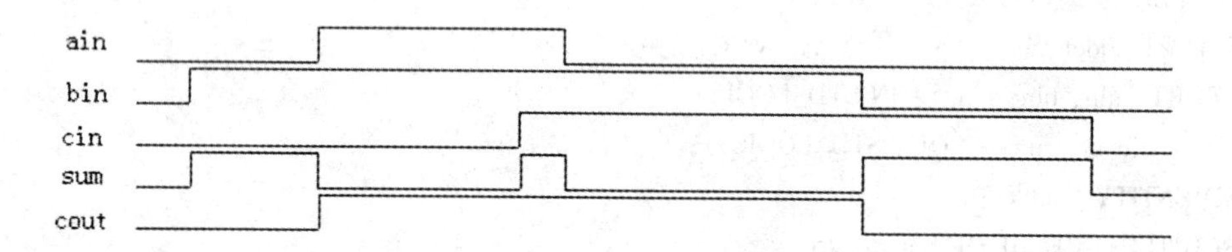

5)全加器引脚锁定

实验芯片：EPF10K20TC144－4；选用模式：模式5。

设计实体 I/O 标识	I/O 来源/去向	结构图上的信号名	芯片引脚号
ain	键1	PIO0	8
bin	键2	PIO1	9
cin	键3	PIO2	10
sum	二极管 D1	PIO8	20
cout	二极管 D2	PIO9	21

6)全加器真值表

ain	0	1	0	1	0	1	0	1
bin	0	0	1	1	0	0	1	1
cin	0	0	0	0	1	1	1	1
sum	0	1	1	0	1	0	0	1
cout	0	0	0	1	0	1	1	1

8.3 实验三 有时钟使能的两位十进制计数器VHDL文本输入设计

1. 实验目的

(1)熟悉Quartus Ⅱ软件的基本使用方法。

(2)熟悉EDA实验开发系统的使用方法。

(3)学习时序电路的设计、仿真和硬件测试，进一步熟悉VHDL设计技术。

2. 实验内容

设计并调试好一个有时钟使能的两位十进制计数器，并用GW48-ES EDA实验开发系统(拟采用的实验芯片的型号为EPF10K20TC144-4或EP1K30TC144-3)进行系统仿真、硬件验证。设计有时钟使能的两位十进制计数器时要求先设计一个或门和一个十进制计数器，再由十进制计数器构成两位十进制计数器。

3. 实验条件

(1)开发条件：Quartus Ⅱ。

(2)实验设备：GW48-ES EDA实验开发系统、联想电脑。

(3)拟用芯片：EPF10K20TC144-4或EP1K30TC144-3。

4. 实验设计

1)VHDL源程序

```
--十进制计数器(cnt10.vhd)
LIBRARY IEEE;
USE IEEE.STD_LOGIC_1164.ALL;
USE IEEE.STD_LOGIC_UNSIGNED.ALL;
ENTITY cnt10 IS
    PORT (clk: IN STD_LOGIC;
          clr: IN STD_LOGIC;
          enb: IN STD_LOGIC;
          outy: OUT STD_LOGIC_VECTOR(3 DOWNTO 0);
          cout: OUT STD_LOGIC);
END cnt10;
ARCHITECTURE behav OF cnt10 IS
BEGIN
PROCESS(clk, clr, enb)
    VARIABLE cqi: STD_LOGIC_VECTOR(3 DOWNTO 0);
BEGIN
IF clr = '1' THEN   cqi: = "0000";
  ELSIF CLK'EVENT AND CLK = '0' THEN
  IF enb = '1' THEN
    IF cqi < "1001" THEN cqi: = cqi + 1;
        ELSE cqi: = "0000";
  END IF;
END IF;
```

```
END IF;
outy <= cqi;
cout <= cqi(0) AND (NOT cqi(1)) AND (NOT cqi(2)) AND cqi(3);
END PROCESS;
END  behav;
--两位十进制计数器(cnt100.vhd)
LIBRARY IEEE;
USE IEEE.STD_LOGIC_1164.ALL;
USE IEEE.STD_LOGIC_UNSIGNED.ALL;
ENTITY cnt100 IS
    PORT (clkin: IN STD_LOGIC;
          clrin: IN STD_LOGIC;
          enbin: IN STD_LOGIC;
          outlow: OUT STD_LOGIC_VECTOR(3 DOWNTO 0);
          outhigh: OUT STD_LOGIC_VECTOR(3 DOWNTO 0);
          coutout: OUT STD_LOGIC);
END ENTITY cnt100;
ARCHITECTURE one OF cnt100 IS
COMPONENT cnt10
PORT (clk: IN STD_LOGIC;
      clr: IN STD_LOGIC;
      enb: IN STD_LOGIC;
      outy: OUT STD_LOGIC_VECTOR(3 DOWNTO 0);
      cout: OUT STD_LOGIC);
END COMPONENT;
SIGNAL a: STD_LOGIC;
BEGIN
u1: cnt10 PORT MAP(clk => clkin, clr => clrin, enb => enbin, outy => outlow, cout => a);
u2: cnt10 PORT MAP(clk => a, clr => clrin, enb => enbin, outy => outhigh, cout => coutout);
END ARCHITECTURE one;
```

2)十进制计数器仿真波形

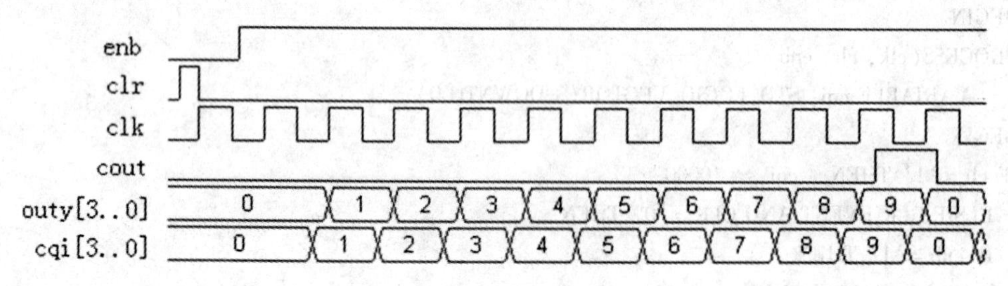

3)两位十进制计数器仿真波形

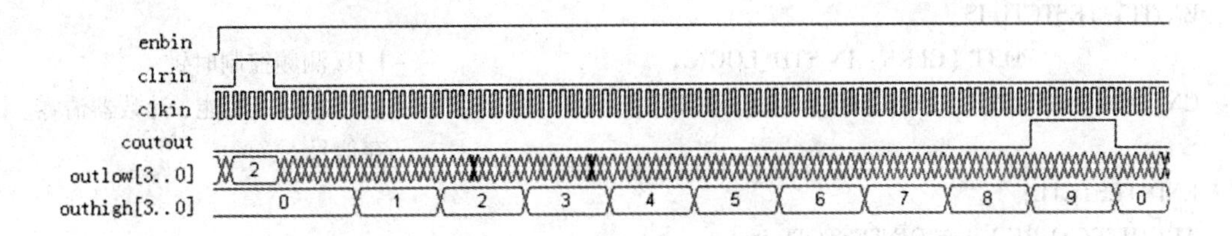

4)两位十进制计数器管脚锁定

实验模式：模式5。

设计实体I/O标识	I/O来源/去向	信号名	芯片管脚序号
enbin	键1	PIO0	8
clrin	键2	PIO1	9
clkin	CLOCK0	CLOCK0	54
coutout	二极管D1	PIO8	20
outlow[3..0]	数码管1	PIO16 ~ PIO19	30 ~ 33
outhigh[3..0]	数码管2	PIO20 ~ PIO23	36 ~ 39

8.4　实验四　4位十进制频率计VHDL文本输入设计

1. 实验目的

(1)熟悉Quartus Ⅱ软件的基本使用方法。

(2)熟悉EDA实验开发系统的使用方法。

(3)学习时序电路的设计、仿真和硬件测试，进一步熟悉VHDL设计技术。

2. 实验内容

设计并调试好一个4位十进制频率计，并用GW48 - ES EDA实验开发系统(拟采用的实验芯片的型号为EPF10K20TC144 - 4或EP1K30TC144 - 3)进行系统仿真、硬件验证。设计4位十进制频率计时要求先设计一个测频控制器、一个十进制计数器和一个4位锁存器，再组装成4位十进制频率计。

3. 实验条件

(1)开发条件：Quartus Ⅱ/Maxplus Ⅱ。

(2)实验设备：GW48 - ES EDA实验开发系统、联想电脑。

(3)拟用芯片：EPF10K20TC144 - 4或EP1K30TC144 - 3。

4. 实验设计

1)VHDL源程序

```
- -测频控制器(testctl. vhd)
LIBRARY IEEE;
```

```
USE IEEE. STD_LOGIC_1164. ALL;
USE IEEE. STD_LOGIC_UNSIGNED. ALL;
ENTITY TESTCTL IS
          PORT (CLKK: IN STD_LOGIC;                         - -1 Hz 测频控制时钟
CNT_EN, RST_CNT, LOAD: OUT STD_LOGIC);                      - -计数器时钟使能、计数器清零、锁
                                                               存信号
END TESTCTL;
ARCHITECTURE behav OF TESTCTL IS
    SIGNAL DIV2CLK: STD_LOGIC;
BEGIN
   PROCESS( CLKK )
    BEGIN
      IF CLKK'EVENT AND CLKK = '1' THEN
        DIV2CLK < = NOT DIV2CLK;                            - -1 Hz 时钟二分频
      END IF;
    END PROCESS;
    PROCESS (CLKK, DIV2CLK)
    BEGIN
        IF CLKK = '0' AND Div2CLK = '0' THEN   RST_CNT < = '1';
                                                            - -产生计数器清零信号
        ELSE   RST_CNT < = '0';
        END IF;
    END PROCESS;
       LOAD < =  NOT DIV2CLK;
CNT_EN < = DIV2CLK;
END behav;
- -十进制计数器(cnt10. vhd)
LIBRARY IEEE;
USE IEEE. STD_LOGIC_1164. ALL;
USE IEEE. STD_LOGIC_UNSIGNED. ALL;
ENTITY cnt10 IS
    PORT (clk: IN STD_LOGIC;
          clr: IN STD_LOGIC;
          enb: IN STD_LOGIC;
          outy: OUT STD_LOGIC_VECTOR(3 DOWNTO 0);
          cout: OUT STD_LOGIC);
END cnt10;
ARCHITECTURE behav OF cnt10 IS
BEGIN
PROCESS(clk, clr, enb)
    VARIABLE cqi: STD_LOGIC_VECTOR(3 DOWNTO 0);
BEGIN
IF clr = '1' THEN    cqi: = "0000";
```

```
ELSIF CLK'EVENT AND CLK = '1' THEN
IF enb = '1' THEN
IF cqi < "1001" THEN cqi: = cqi + 1;
ELSE cqi: = "0000";
END IF;
END IF;
END IF;
outy < = cqi;
cout < = cqi(0) AND (NOT cqi(1)) AND (NOT cqi(2)) AND cqi(3);
END PROCESS;
END  behav;
--4 位锁存器(reg4b. vhd)
LIBRARY IEEE;
USE IEEE. STD_LOGIC_1164. ALL;
ENTITY REG4B IS
    PORT (   LOAD: IN STD_LOGIC;
                DIN: IN STD_LOGIC_VECTOR(3 DOWNTO 0);
              DOUT: OUT STD_LOGIC_VECTOR(3 DOWNTO 0) );
END REG4B;
ARCHITECTURE behav OF REG4B IS
BEGIN
PROCESS(LOAD, DIN)
  BEGIN
  IF LOAD'EVENT AND LOAD = '1' THEN  DOUT < = DIN;   --时钟到来, 锁存数据
   END IF;
END PROCESS;
END behav;
--4 位十进制频率计(quen4b)
LIBRARY IEEE;
USE IEEE. STD_LOGIC_1164. ALL;
USE IEEE. STD_LOGIC_UNSIGNED. ALL;
ENTITY quen4b IS
    PORT (clkin: IN STD_LOGIC;
           fin: IN STD_LOGIC;
          out1: OUT STD_LOGIC_VECTOR(3 DOWNTO 0);
          out2: OUT STD_LOGIC_VECTOR(3 DOWNTO 0);
          out3: OUT STD_LOGIC_VECTOR(3 DOWNTO 0);
          out4: OUT STD_LOGIC_VECTOR(3 DOWNTO 0);
         coutt: OUT STD_LOGIC);
END ENTITY quen4b;
ARCHITECTURE one OF quen4b IS
COMPONENT TESTCTL
    PORT (                  CLKK: IN STD_LOGIC;
```

```
        CNT_EN, RST_CNT, LOAD: OUT STD_LOGIC);
END COMPONENT;
COMPONENT cnt10
PORT (clk: IN STD_LOGIC;
      clr: IN STD_LOGIC;
      enb: IN STD_LOGIC;
      outy: OUT STD_LOGIC_VECTOR(3 DOWNTO 0);
      cout: OUT STD_LOGIC);
END COMPONENT;
COMPONENT REG4B
    PORT (  LOAD: IN STD_LOGIC;
DIN: IN STD_LOGIC_VECTOR(3 DOWNTO 0);
DOUT: OUT STD_LOGIC_VECTOR(3 DOWNTO 0) );
END COMPONENT;
SIGNAL a_ena, b_rst, c_load, cout1, cout2, cout3: STD_LOGIC;
SIGNAL outy1, outy2, outy3, +4: STD_LOGIC_VECTOR(3 DOWNTO 0);
BEGIN
u1: TESTCTL PORT MAP(clkk => clkin, CNT_EN => a_ena, RST_CNT => b_rst, LOAD => c_load);
u2: cnt10 PORT MAP(clk => fin, clr => b_rst, enb => a_ena, outy => outy1, cout => cout1);
u3: cnt10 PORT MAP(clk => cout1, clr => b_rst, enb => a_ena, outy => outy2, cout => cout2);
u4: cnt10 PORT MAP(clk => cout2, clr => b_rst, enb => a_ena, outy => outy3, cout => cout3);
u5: cnt10 PORT MAP(clk => cout3, clr => b_rst, enb => a_ena, outy => outy4, cout => coutt);
u6: REG4B PORT MAP(LOAD => c_load, DIN => outy1, DOUT => out1);
u7: REG4B PORT MAP(LOAD => c_load, DIN => outy2, DOUT => out2);
u8: REG4B PORT MAP(LOAD => c_load, DIN => outy3, DOUT => out3);
u9: REG4B PORT MAP(LOAD => c_load, DIN => outy4, DOUT => out4);
END ARCHITECTURE one;
```

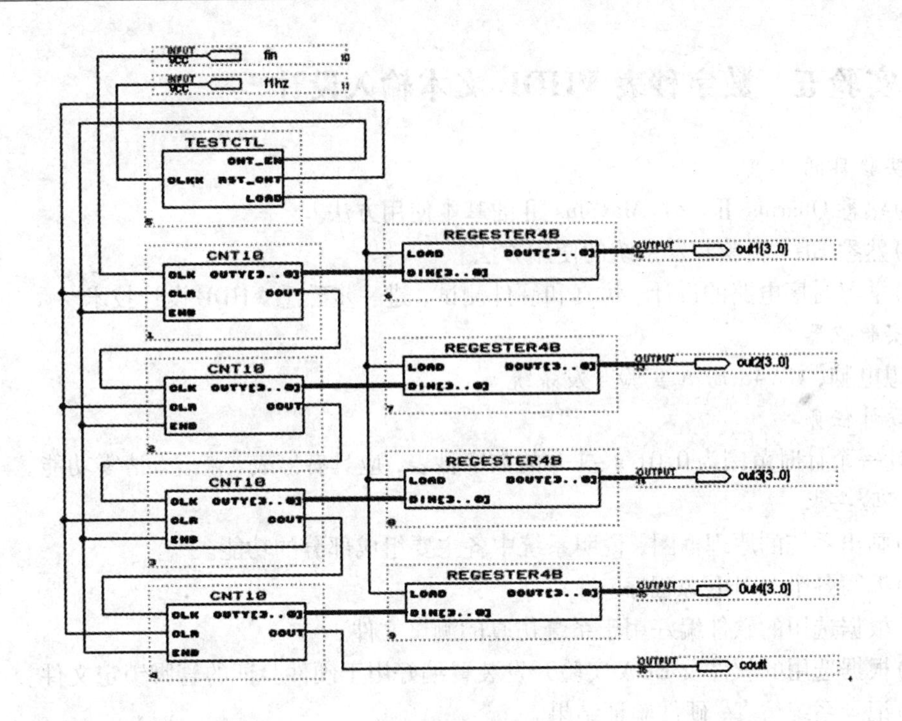

2)4位十进制频率计仿真波形(clkin:1 s, fin:300 μs)

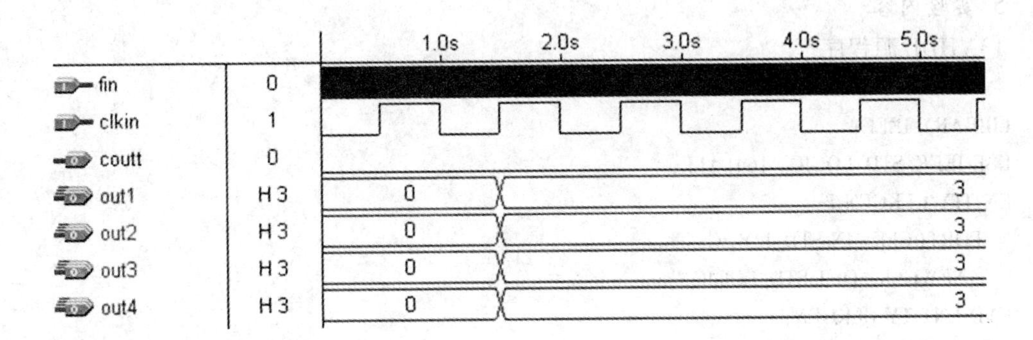

3)四位十进制频率管脚锁定

实验模式：模式5。

设计实体I/O标识	I/O来源/去向	信号名	芯片管脚序号
clkin	Clock1	Clock1	55
fin	Clock0	Clock0	54
out1	数码管1	PIO16 ~ PIO19	30 ~ 33
out2	数码管2	PIO20 ~ PIO23	36 ~ 39
out3	数码管3	PIO24 ~ PIO27	41、42、65、67
out4	数码管4	PIO28 ~ PIO31	68、69、70、72
coutt	二极管D1	PIO8	20

8.5 实验五 数字秒表 VHDL 文本输入设计

1. 实验目的

(1)熟悉 Quartus Ⅱ软件/Maxplus Ⅱ的基本使用方法。

(2)熟悉 EDA 实验开发系统的使用方法。

(3)学习时序电路的设计、仿真和硬件测试，进一步熟悉 VHDL 设计技术。

2. 实验仪器

联想电脑，GW48 EDA 实验开发系统。

3. 设计任务

设计一个计时范围为 0.01 s ~ 1 h 的数字秒表，应具有停表、恢复、清零功能。

4. 实验要求

(1)画出系统的原理框图，说明系统中各主要组成部分的功能。

(2)编写各个 VHDL 源程序。

(3)根据选用的软件编好用于系统仿真的测试文件。

(4)根据选用的软件及 EDA 实验开发装置编好用于硬件验证的管脚锁定文件。

(5)记录系统仿真、硬件验证结果。

(6)记录实验过程中出现的问题及解决办法。

5. 实验内容

1) VHDL 源程序

```
- -3 MHz→100 Hz 分频器(CLKGEN. VHD)
LIBRARY IEEE;
USE IEEE. STD_LOGIC_1164. ALL;
ENTITY CLKGEN IS
   PORT(CLK: IN STD_LOGIC;
     NEWCLK: OUT STD_LOGIC);
END ENTITY CLKGEN;
ARCHITECTURE ART OF CLKGEN IS
  SIGNAL CNTER:INTEGER RANGE 0 TO 10#29999#;
  BEGIN
  PROCESS(CLK)IS
  BEGIN
    IF CLK'EVENT AND CLK = '1' THEN
         IF CNTER = 10#29999# THEN CNTER < =0;
         ELSE CNTER < = CNTER + 1;
         END IF;
    END IF;
                END PROCESS;
                PROCESS(CNTER)IS
                BEGIN
                     IF CNTER = 10#29999# THEN NEWCLK < = '1';
```

```
                ELSE NEWCLK < = '0';
                END IF;
                END PROCESS;
END ARCHITECTURE ART;
--六进制计数器(CNT6.VHD)
LIBRARY IEEE;
USE IEEE.STD_LOGIC_1164.ALL;
USE IEEE.STD_LOGIC_UNSIGNED.ALL;
ENTITY CNT6 IS
  PORT(CLK:IN STD_LOGIC;
       CLR:IN STD_LOGIC;
       ENA:IN STD_LOGIC;
        CQ:OUT STD_LOGIC_VECTOR(3 DOWNTO 0);
  CARRY_OUT:OUT STD_LOGIC);
END ENTITY CNT6;
ARCHITECTURE ART OF CNT6 IS
    SIGNAL CQI:STD_LOGIC_VECTOR(3 DOWNTO 0);
    BEGIN
    PROCESS(CLK, CLR, ENA)IS
    BEGIN
        IF CLR = '1'THEN CQI < = "0000";
        ELSIF CLK'EVENT AND CLK = '1'THEN
            IF ENA = '1'THEN
                IF CQI = "0101"THEN CQI < = "0000";
                ELSE CQI < = CQI + '1';
                END IF;
            END IF;
        END IF;
END PROCESS;
PROCESS(CQI)IS
BEGIN
    IF CQI = "0000"THEN CARRY_OUT < = '1';
    ELSE CARRY_OUT < = '0';
    END IF;
END PROCESS;
CQ < = CQI;
END ARCHITECTURE ART;
--十进制计数器(CNT10.VHD)
LIBRARY IEEE;
USE IEEE.STD_LOGIC_1164.ALL;
USE IEEE.STD_LOGIC_UNSIGNED.ALL;
ENTITY CNT10 IS
    PORT(CLK:IN STD_LOGIC;
```

```
        CLR:IN STD_LOGIC;
        ENB:IN STD_LOGIC;
      OUTY:OUT STD_LOGIC_VECTOR(3 DOWNTO 0);
      COUT:OUT STD_LOGIC);
END ENTITY CNT10;
ARCHITECTURE ART OF CNT10 IS
    SIGNAL CQI:STD_LOGIC_VECTOR(3 DOWNTO 0);
    BEGIN
    PROCESS(CLK, CLR, ENB)IS
    BEGIN
    IF CLR = '1'THEN CQI < = "0000";
        ELSIF CLK'EVENT AND CLK = '1'THEN
           IF ENB = '1'THEN
              IF CQI = "1001"THEN CQI < = "0000";
              ELSE CQI < = CQI + '1';
              END IF;
           END IF;
    END IF;
  END PROCESS;
  PROCESS(CQI)IS
  BEGIN
      IF CQI = "0000"THEN COUT < = '1';
      ELSE COUT < = '0';
      END IF;
  END PROCESS;
  OUTY < = CQI;
END ARCHITECTURE ART;
--数字秒表(TIMES.VHD)
LIBRARY IEEE;
USE IEEE.STD_LOGIC_1164.ALL;
ENTITY TIMES IS
PORT(CLR:IN STD_LOGIC;
     CLK:IN STD_LOGIC;
     ENA:IN STD_LOGIC;
    DOUT:OUT STD_LOGIC_VECTOR(23 DOWNTO 0));
END ENTITY TIMES;
ARCHITECTURE ART OF TIMES IS
COMPONENT CLKGEN IS
PORT(CLK:IN STD_LOGIC;
  NEWCLK:OUT STD_LOGIC);
END COMPONENT CLKGEN;
COMPONENT CNT10 IS
PORT(CLK, CLR, ENB:IN STD_LOGIC;
```

```
OUTY:OUT STD_LOGIC_VECTOR(3 DOWNTO 0);
COUT:OUT STD_LOGIC);
END COMPONENT CNT10;
COMPONENT CNT6 IS
PORT(CLK, CLR, ENA:IN STD_LOGIC;
                    CQ:OUT STD_LOGIC_VECTOR(3 DOWNTO 0);
        CARRY_OUT:OUT STD_LOGIC);
END COMPONENT CNT6;
SIGNAL S0:STD_LOGIC;
SIGNAL S1, S2, S3, S4, S5:STD_LOGIC;
BEGIN
U0:CLKGEN PORT MAP(CLK = >CLK, NEWCLK = >S0);
U1:CNT10 PORT MAP(S0, CLR, ENA, DOUT(3 DOWNTO 0), S1);
U2:CNT10 PORT MAP(S1, CLR, ENA, DOUT(7 DOWNTO 4), S2);
U3:CNT10 PORT MAP(S2, CLR, ENA, DOUT(11 DOWNTO 8), S3);
U4:CNT6 PORT MAP(S3, CLR, ENA, DOUT(15 DOWNTO 12), S4);
U5:CNT10 PORT MAP(S4, CLR, ENA, DOUT(19 DOWNTO 16), S5);
U6:CNT6 PORT MAP(S5, CLR, ENA, DOUT(23 DOWNTO 20));
END ARCHITECTURE ART;
```

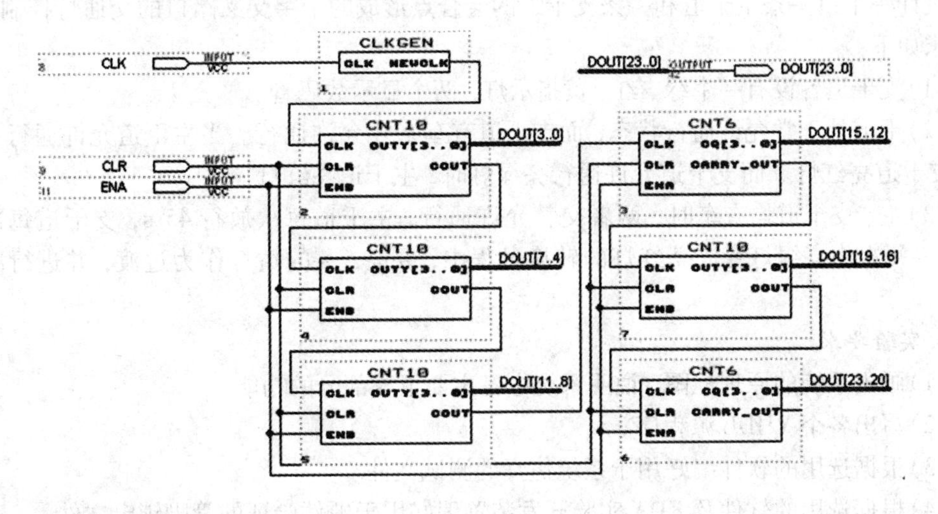

2)数字秒表管脚锁定

实验模式：模式 5。

设计实体 I/O 标识	I/O 来源/去向	信号名	芯片管脚序号
clr	键 1	PIO0	8
ena	键 2	PIO1	9
clk	Clock0	Clock0	54
Dout(0) ~ Dout(3)	数码管 1	PIO16 ~ PIO19	30 ~ 33

续上表

设计实体I/O标识	I/O来源/去向	信号名	芯片管脚序号
Dout(4)~Dout(7)	数码管2	PIO20~PIO23	36~39
Dout(8)~Dout(11)	数码管3	PIO24~PIO27	41、42、65、67
Dout(12)~Dout(15)	数码管4	PIO28~PIO31	68、69、70、72
Dout(16)~Dout(19)	数码管5	PIO32~PIO35	73、78、79、80
Dout(20)~Dout(23)	数码管6	PIO36~PIO39	81、82、83、86

8.6 实验六 交通灯信号控制器VHDL文本输入设计

1. 实验目的

(1)熟悉Quartus Ⅱ软件的基本使用方法。

(2)熟悉EDA实验开发系统的使用方法。

(3)学习时序电路的设计、仿真和硬件测试，进一步熟悉VHDL设计技术。

2. 设计任务

设计一个由一条主干道和一条支干道的会合点形成的十字交叉路口的交通灯控制器，具体要求如下：

(1)支干道各设有一个绿、红、黄指示灯，两个显示数码管。

(2)干道处于常允许通行状态，而支干道有车来才允许通行。当主干道允许通行亮绿灯时，支干道亮红灯。而支干道允许通行亮绿灯时，主干道亮红灯。

(3)主、支干道均有车时，两者交替允许通行，主干道每次放行45 s，支干道每次放行25 s，在每次由亮绿灯变成亮红灯的转换过程中，要亮5 s的黄灯作为过渡，并进行减计时显示。

4. 实验要求

(1)画出系统的原理框图，说明系统中各主要组成部分的功能。

(2)写出各个VHDL源程序。

(3)根据选用的软件编好用于系统仿真的测试文件。

(4)根据选用的软件及EDA实验开发装置编好用于硬件验证的管脚锁定文件。

(5)记录系统仿真、硬件验证结果。

(6)记录实验过程中出现的问题及解决办法。

5. 实验内容

1)VHDL源程序

```
--Cnt05s.vhd
LIBRARY IEEE;
USE IEEE.STD_LOGIC_1164.ALL;
USE IEEE.STD_LOGIC_UNSIGNED.ALL;
ENTITY CNT05S IS
```

```
  PORT(CLK, EN05M, EN05B:IN STD_LOGIC;
                    DOUT5:OUT STD_LOGIC_VECTOR(7 DOWNTO 0));
END ENTITY CNT05S;
ARCHITECTURE ART OF CNT05S IS
  SIGNAL CNT3B:STD_LOGIC_VECTOR(2 DOWNTO 0);
  BEGIN
  PROCESS(CLK, EN05M, EN05B) IS
    BEGIN
    IF(CLK'EVENT AND CLK = '1') THEN
      IF EN05M = '1' THEN CNT3B < = CNT3B + 1;
      ELSIF EN05B = '1' THEN CNT3B < = CNT3B + 1;
      ELSIF EN05B = '0' THEN CNT3B < = CNT3B - CNT3B - 1;
      END IF;
    END IF;
  END PROCESS;
  PROCESS(CNT3B) IS
  BEGIN
  CASE CNT3B IS
  WHEN"000" = > DOUT5 < = "00000101";
  WHEN"001" = > DOUT5 < = "00000100";
  WHEN"010" = > DOUT5 < = "00000011";
  WHEN"011" = > DOUT5 < = "00000010";
  WHEN"100" = > DOUT5 < = "00000001";
  WHEN OTHERS = > DOUT5 < = "00000000";
  END CASE;
  END PROCESS;
END ARCHITECTURE ART;
- - Cnt25s. vhd
LIBRARY IEEE;
USE IEEE. STD_LOGIC_1164. ALL;
USE IEEE. STD_LOGIC_UNSIGNED. ALL;
ENTITY CNT25S IS
  PORT(SB, SM, CLK, EN25:IN STD_LOGIC;
      DOUT25M, DOUT25B:OUT STD_LOGIC_VECTOR(7 DOWNTO 0));
END ENTITY CNT25S;
ARCHITECTURE ART OF CNT25S IS
  SIGNAL CNT5B:STD_LOGIC_VECTOR(4 DOWNTO 0);
  BEGIN
  PROCESS(SB, SM, CLK, EN25) IS
    BEGIN
    IF (SB = '0'OR SM = '0')THEN CNT5B < = CNT5B - CNT5B - 1;
    ELSIF(CLK'EVENT AND CLK = '1') THEN
      IF EN25 = '1' THEN CNT5B < = CNT5B + 1;
```

```
        ELSIF EN25 = '0' THEN CNT5B < = CNT5B - CNT5B - 1;
        END IF;
      END IF;
    END PROCESS;
    PROCESS(CNT5B) IS
      BEGIN
      CASE CNT5B IS
      WHEN"00000" = > DOUT25M < = "00100101"; DOUT25B < = "00110000";
      WHEN"00001" = > DOUT25M < = "00100100"; DOUT25B < = "00101001";
      WHEN"00010" = > DOUT25M < = "00100011"; DOUT25B < = "00101000";
      WHEN"00011" = > DOUT25M < = "00100010"; DOUT25B < = "00100111";
      WHEN"00100" = > DOUT25M < = "00100001"; DOUT25B < = "00100110";
      WHEN"00101" = > DOUT25M < = "00100000"; DOUT25B < = "00100101";
      WHEN"00110" = > DOUT25M < = "00011001"; DOUT25B < = "00100100";
      WHEN"00111" = > DOUT25M < = "00011000"; DOUT25B < = "00100011";
      WHEN"01000" = > DOUT25M < = "00010111"; DOUT25B < = "00100010";
      WHEN"01001" = > DOUT25M < = "00010110"; DOUT25B < = "00100001";
      WHEN"01010" = > DOUT25M < = "00010101"; DOUT25B < = "00100000";
      WHEN"01011" = > DOUT25M < = "00010100"; DOUT25B < = "00011001";
      WHEN"01100" = > DOUT25M < = "00010011"; DOUT25B < = "00011000";
      WHEN"01101" = > DOUT25M < = "00010010"; DOUT25B < = "00010111";
      WHEN"01110" = > DOUT25M < = "00010001"; DOUT25B < = "00010110";
      WHEN"01111" = > DOUT25M < = "00010000"; DOUT25B < = "00010101";
      WHEN"10000" = > DOUT25M < = "00001001"; DOUT25B < = "00010100";
      WHEN"10001" = > DOUT25M < = "00001000"; DOUT25B < = "00010011";
      WHEN"10010" = > DOUT25M < = "00000111"; DOUT25B < = "00010010";
      WHEN"10011" = > DOUT25M < = "00000110"; DOUT25B < = "00010001";
      WHEN"10100" = > DOUT25M < = "00000101"; DOUT25B < = "00010000";
      WHEN"10101" = > DOUT25M < = "00000100"; DOUT25B < = "00001001";
      WHEN"10110" = > DOUT25M < = "00000011"; DOUT25B < = "00001000";
      WHEN"10111" = > DOUT25M < = "00000010"; DOUT25B < = "00000111";
      WHEN"11000" = > DOUT25M < = "00000001"; DOUT25B < = "00000110";
      WHEN OTHERS = > DOUT25M < = "00000000"; DOUT25B < = "00000000";
        END CASE;
      END PROCESS;
END ARCHITECTURE ART;
- - Cnt45s. vhd
LIBRARY IEEE;
USE IEEE. STD_LOGIC_1164. ALL;
USE IEEE. STD_LOGIC_UNSIGNED. ALL;
ENTITY CNT45S IS
  PORT(SB, CLK, EN45:IN STD_LOGIC;
    DOUT45M, DOUT45B:OUT STD_LOGIC_VECTOR(7 DOWNTO 0));
```

```
END ENTITY CNT45S;
ARCHITECTURE ART OF CNT45S IS
  SIGNAL CNT6B:STD_LOGIC_VECTOR(5 DOWNTO 0);
  BEGIN
  PROCESS(SB, CLK, EN45) IS
    BEGIN
    IF SB = '0' THEN CNT6B <= CNT6B - CNT6B - 1;
    ELSIF(CLK'EVENT AND CLK = '1') THEN
      IF EN45 = '1' THEN CNT6B <= CNT6B + 1;
      ELSIF EN45 = '0' THEN CNT6B <= CNT6B - CNT6B - 1;
      END IF;
    END IF;
  END PROCESS;
  PROCESS(CNT6B) IS
      BEGIN
      CASE CNT6B IS
      WHEN"000000" => DOUT45M <= "01000101"; DOUT45B <= "01010000";
      WHEN"000001" => DOUT45M <= "01000100"; DOUT45B <= "01001001";
      WHEN"000010" => DOUT45M <= "01000011"; DOUT45B <= "01001000";
      WHEN"000011" => DOUT45M <= "01000010"; DOUT45B <= "01000111";
      WHEN"000100" => DOUT45M <= "01000001"; DOUT45B <= "01000110";
      WHEN"000101" => DOUT45M <= "01000000"; DOUT45B <= "01000101";
      WHEN"000110" => DOUT45M <= "00111001"; DOUT45B <= "01000100";
      WHEN"000111" => DOUT45M <= "00111000"; DOUT45B <= "01000011";
      WHEN"001000" => DOUT45M <= "00110111"; DOUT45B <= "01000010";
      WHEN"001001" => DOUT45M <= "00110110"; DOUT45B <= "01000001";
      WHEN"001010" => DOUT45M <= "00110101"; DOUT45B <= "01000000";
      WHEN"001011" => DOUT45M <= "00110100"; DOUT45B <= "00111001";
      WHEN"001100" => DOUT45M <= "00110011"; DOUT45B <= "00111000";
      WHEN"001101" => DOUT45M <= "00110010"; DOUT45B <= "00110111";
      WHEN"001110" => DOUT45M <= "00110001"; DOUT45B <= "00110110";
      WHEN"001111" => DOUT45M <= "00110000"; DOUT45B <= "00110101";
      WHEN"010000" => DOUT45M <= "00101001"; DOUT45B <= "00110100";
      WHEN"010001" => DOUT45M <= "00101000"; DOUT45B <= "00110011";
      WHEN"010010" => DOUT45M <= "00100111"; DOUT45B <= "00110010";
      WHEN"010011" => DOUT45M <= "00100110"; DOUT45B <= "00110001";
      WHEN"010100" => DOUT45M <= "00100101"; DOUT45B <= "00110000";
      WHEN"010101" => DOUT45M <= "00100100"; DOUT45B <= "00101001";
      WHEN"010110" => DOUT45M <= "00100011"; DOUT45B <= "00101000";
      WHEN"010111" => DOUT45M <= "00100010"; DOUT45B <= "00100111";
      WHEN"011000" => DOUT45M <= "00100001"; DOUT45B <= "00100110";
      WHEN"011001" => DOUT45M <= "00100000"; DOUT45B <= "00100101";
      WHEN"011010" => DOUT45M <= "00011001"; DOUT45B <= "00100100";
```

```
            WHEN"011011" = >DOUT45M < = "00011000";DOUT45B < = "00100011";
            WHEN"011100" = >DOUT45M < = "00010111";DOUT45B < = "00100010";
            WHEN"011101" = >DOUT45M < = "00010110";DOUT45B < = "00100001";
            WHEN"011110" = >DOUT45M < = "00010101";DOUT45B < = "00100000";
            WHEN"011111" = >DOUT45M < = "00010100";DOUT45B < = "00011001";
            WHEN"100000" = >DOUT45M < = "00010011";DOUT45B < = "00011000";
            WHEN"100001" = >DOUT45M < = "00010010";DOUT45B < = "00010111";
            WHEN"100010" = >DOUT45M < = "00010001";DOUT45B < = "00010110";
            WHEN"100011" = >DOUT45M < = "00010000";DOUT45B < = "00010101";
            WHEN"100100" = >DOUT45M < = "00001001";DOUT45B < = "00010100";
            WHEN"100101" = >DOUT45M < = "00001000";DOUT45B < = "00010011";
            WHEN"100110" = >DOUT45M < = "00000111";DOUT45B < = "00010010";
            WHEN"100111" = >DOUT45M < = "00000110";DOUT45B < = "00010001";
            WHEN"101000" = >DOUT45M < = "00000101";DOUT45B < = "00010000";
            WHEN"101001" = >DOUT45M < = "00000100";DOUT45B < = "00001001";
            WHEN"101010" = >DOUT45M < = "00000011";DOUT45B < = "00001000";
            WHEN"101011" = >DOUT45M < = "00000010";DOUT45B < = "00000111";
            WHEN"101100" = >DOUT45M < = "00000001";DOUT45B < = "00000110";
            WHEN OTHERS = >DOUT45M < = "00000000";DOUT45B < = "00000000";
            END CASE;
    END PROCESS;
END ARCHITECTURE ART;
 - - Cskz. vhd
LIBRARY IEEE;
USE IEEE. STD_LOGIC_1164. ALL;
USE IEEE. STD_LOGIC_UNSIGNED. ALL;
ENTITY CSKZ IS
    PORT(INA:IN STD_LOGIC;
        OUTA:OUT STD_LOGIC);
END ENTITY CSKZ;
ARCHITECTURE ART OF CSKZ IS
    BEGIN
    PROCESS(INA) IS
        BEGIN
        IF INA = '1' THEN OUTA < = '1';
            ELSE OUTA < = '0';
        END IF;
    END PROCESS;
END ARCHITECTURE ART;
 - - Jtdkz. vhd
LIBRARY IEEE;
USE IEEE. STD_LOGIC_1164. ALL;
ENTITY JTDKZ IS
```

```
  PORT(CLK, SM, SB:IN STD_LOGIC;
    MR, MY0, MG0, BR, BY0, BG0:OUT STD_LOGIC);
END ENTITY JTDKZ;
ARCHITECTURE ART OF JTDKZ IS
  TYPE STATE_TYPE IS(A, B, C, D);
  SIGNAL STATE:STATE_TYPE;
  BEGIN
  CNT:PROCESS(CLK) IS
    VARIABLE S:INTEGER RANGE 0 TO 45;
    VARIABLE CLR, EN:BIT;
  BEGIN
  IF(CLK'EVENT AND CLK = '1') THEN
    IF CLR = '0' THEN S: =0;
    ELSIF EN = '0' THEN S: =S;
      ELSE S: =S+1;
    END IF;
    CASE STATE IS
    WHEN A = >MR < = '0';MY0 < = '0';MG0 < = '1';BR < = '1';BY0 < = '0';BG0 < = '0';
    IF(SB AND SM) = '1' THEN
      IF S =45 THEN STATE < = B;CLR: = '0';EN: = '0';
        ELSE STATE < = A;CLR: = '1';EN: = '1';
      END IF;
    ELSIF(SB AND (NOT SM)) = '1' THEN STATE < = B;CLR: = '0';EN: = '0';
      ELSE STATE < = A;CLR: = '1';EN: = '1';
    END IF;
    WHEN B = >MR < = '0';MY0 < = '1';MG0 < = '0';BR < = '1';BY0 < = '0';BG0 < = '0';
    IF S =5 THEN STATE < = C;CLR: = '0';EN: = '0';
      ELSE STATE < = B;CLR: = '1';EN: = '1';
    END IF;
    WHEN C = >MR < = '1';MY0 < = '0';MG0 < = '0';BR < = '0';BY0 < = '0';BG0 < = '1';
    IF(SB AND SM) = '1' THEN
      IF S =25 THEN STATE < = D;CLR: = '0';EN: = '0';
        ELSE STATE < = C;CLR: = '1';EN: = '1';
      END IF;
    ELSIF SB = '0' THEN STATE < = A;CLR: = '0';EN: = '0';
      ELSE STATE < = C;CLR: = '1';EN: = '1';
    END IF;
    WHEN D = >MR < = '1';MY0 < = '0';MG0 < = '0';BR < = '0';BY0 < = '1';BG0 < = '0';
    IF S =5 THEN STATE < = A;CLR: = '0';EN: = '0';
      ELSE STATE < = D;CLR: = '1';EN: = '1';
    END IF;
    END CASE;
  END IF;
```

```
  END PROCESS CNT;
END ARCHITECTURE ART;
 - - Xskz. vhd
LIBRARY IEEE;
USE IEEE. STD_LOGIC_1164. ALL;
USE IEEE. STD_LOGIC_UNSIGNED. ALL;
ENTITY XSKZ IS
      PORT(EN45, EN25, EN05M, EN05B:IN STD_LOGIC;
AIN45M, AIN45B, AIN25M, AIN25B, AIN05:IN STD_LOGIC_VECTOR(7 DOWNTO 0);
    DOUTM, DOUTB:OUT STD_LOGIC_VECTOR(7 DOWNTO 0));
END ENTITY XSKZ;
ARCHITECTURE ART OF XSKZ IS
  BEGIN
  PROCESS(EN45, EN25, EN05M, EN05B, AIN45M, AIN45B, AIN25M, AIN25B, AIN05) IS
    BEGIN
    IF EN45 = '1' THEN DOUTM < = AIN45M(7 DOWNTO 0);DOUTB < = AIN45B(7 DOWNTO 0);
    ELSIF EN05M = '1' THEN DOUTM < = AIN05(7 DOWNTO 0);DOUTB < = AIN05(7 DOWNTO 0);
    ELSIF EN25 = '1' THEN DOUTM < = AIN25M(7 DOWNTO 0);DOUTB < = AIN25B(7 DOWNTO 0);
    ELSIF EN05B = '1' THEN DOUTM < = AIN05(7 DOWNTO 0);DOUTB < = AIN05(7 DOWNTO 0);
    END IF;
  END PROCESS;
END ARCHITECTURE ART;
- - Jtkzq. vhd
LIBRARY IEEE;
USE IEEE. STD_LOGIC_1164. ALL;
USE IEEE. STD_LOGIC_UNSIGNED. ALL;
ENTITY JTKZQ IS
       PORT(CLK, SM, SB:IN STD_LOGIC;
  MR, MG, MY, BY, BR, BG:OUT STD_LOGIC;
           DOUT1, DOUT2:OUT STD_LOGIC_VECTOR(7 DOWNTO 0));
END ENTITY JTKZQ;
ARCHITECTURE ART OF JTKZQ IS
  COMPONENT JTDKZ IS
    PORT(CLK, SM, SB:IN STD_LOGIC;
      MR, MY0, MG0, BR, BY0, BG0:OUT STD_LOGIC);
  END COMPONENT JTDKZ;
  COMPONENT CSKZ IS
    PORT(INA:IN STD_LOGIC;
      OUTA:OUT STD_LOGIC);
  END COMPONENT CSKZ;
  COMPONENT CNT45S IS
    PORT(SB, CLK, EN45:IN STD_LOGIC;
      DOUT45M, DOUT45B:OUT STD_LOGIC_V   ECTOR(7 DOWNTO 0));
```

```
    END COMPONENT CNT45S;
    COMPONENT CNT05S IS
      PORT(CLK, EN05M, EN05B:IN STD_LOGIC;
        DOUT5:OUT STD_LOGIC_VECTOR(7 DOWNTO 0));
    END COMPONENT CNT05S;
    COMPONENT CNT25S IS
      PORT(SB, SM, CLK, EN25:IN STD_LOGIC;
        DOUT25M, DOUT25B:OUT STD_LOGIC_VECTOR(7 DOWNTO 0));
    END COMPONENT CNT25S;
    COMPONENT XSKZ IS
      PORT(EN45, EN25, EN05M, EN05B:IN STD_LOGIC;
        AIN45M, AIN45B, AIN25M, AIN25B, AIN05:IN STD_LOGIC_VECTOR(7 DOWNTO 0);
        DOUTM, DOUTB:OUT STD_LOGIC_VECTOR(7 DOWNTO 0));
    END COMPONENT XSKZ;
    SIGNAL EN1, EN2, EN3, EN4:STD_LOGIC;
    SIGNAL S45M, S45B, S05, S25M, S25B:STD_LOGIC_VECTOR(7 DOWNTO 0);
    BEGIN
  U1:JTDKZ PORT MAP(CLK => CLK, SM => SM, SB => SB, MR => MR, MY0 => EN2, MG0 =>
EN1, BR => BR, BY0 => EN4, BG0 => EN3);
  U2:CSKZ PORT MAP(INA => EN1, OUTA => MG);
  U3:CSKZ PORT MAP(INA => EN2, OUTA => MY);
  U4:CSKZ PORT MAP(INA => EN3, OUTA => BG);
  U5:CSKZ PORT MAP(INA => EN4, OUTA => BY);
  U6:CNT45S PORT MAP(CLK => CLK, SB => SB, EN45 => EN1, DOUT45M => S45M, DOUT45B =>
S45B);
  U7:CNT05S PORT MAP(CLK => CLK, EN05M => EN2, DOUT5 => S05, EN05B => EN4);
  U8:CNT25S PORT MAP(CLK => CLK, SM => SM, SB => SB, EN25 => EN3, DOUT25M => S25M,
  DOUT25B => S25B);
  U9:XSKZ PORT MAP(EN45 => EN1, EN05M => EN2, EN25 => EN3, EN05B => EN4,
  AIN45M => S45M, AIN45B => S45B, AIN25M => S25M, AIN25B => S25B, AIN05 => S05, DOUTM =
> DOUT1, DOUTB => DOUT2);
  END ARCHITECTURE ART;
```

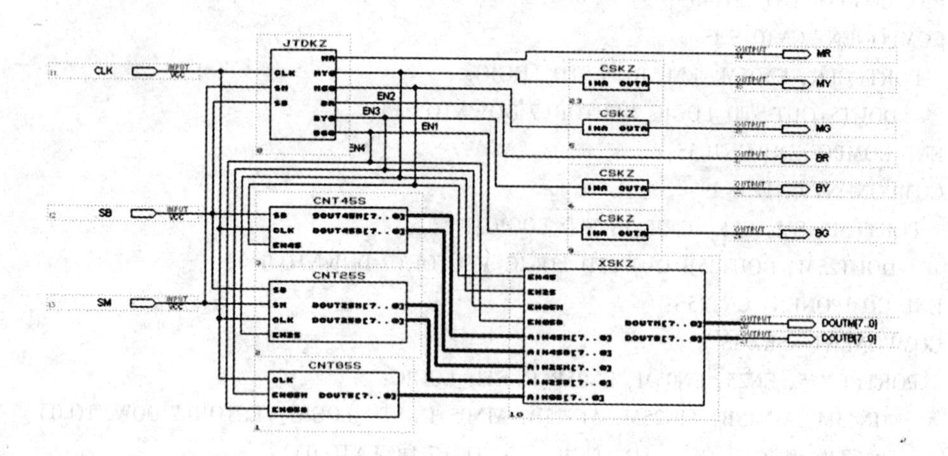

2)交通灯控制器管脚锁定

实验模式：模式 5。

设计实体 I/O 标识	I/O 来源/去向	信号名	芯片管脚序号
sm	键 1	PIO0	8
sb	键 2	PIO1	9
clk	Clock0	Clock0	54
Dout1(0) - Dout1(3)	数码管 1	PIO16 ~ PIO19	30 ~ 33
设计实体 I/O 标识	I/O 来源/去向	信号名	芯片管脚序号
Dout1(4) ~ Dout1(7)	数码管 2	PIO20 ~ PIO23	36 ~ 39
Dout2(0) ~ Dout2(3)	数码管 3	PIO24 ~ PIO27	41、42、65、67
Dout2(4) ~ Dout2(7)	数码管 4	PIO28 ~ PIO31	68、69、70、72
Mr	发光二极管 1	PIO8	20
My0	发光二极管 2	PIO9	21
Mg0	发光二极管 3	PIO10	22
Br	发光二极管 4	PIO11	23
By0	发光二极管 5	PIO12	26
Bg0	发光二极管 6	PIO13	27

8.7　EDA 实验报告范例

下面以 1 位二进制全加器的设计为例，给出一个实验报告范例，以供参考。

实验 X　1 位二进制全加器的设计

1. 实验目的

(1) 学习 ispEXPERT 软件的基本使用方法。

(2) 学习 GW48 - CK EDA 实验开发系统的基本使用方法。

(3) 了解 VHDL 程序的基本结构。

2. 实验内容

设计并调试好一个 1 位二进制全加器，并用 GW48 - CK EDA 实验开发系统（拟采用的实验芯片的型号可为 ispLSI1032E PLCC - 84 或 EPF10K10LC84 - 3 或 XCS05/XL PLCC84）进行系统仿真、硬件验证。设计 1 位二进制全加器时要求先用基本门电路设计一个 1 位二进制半加器，再由基本门电路及 1 位二进制半加器构成全加器。

3. 实验条件

(1) 开发软件：Lattice ispEXPERT。

(2) 实验设备：GW48 - CK EDA 实验开发系统。

(3) 拟用芯片：ispLSI1032E PLCC - 84。

4. 实验设计

1) 系统的原理框图

根据数字电子技术的知识，1 位二进制全加器可以由两个 1 位的半加器构成，而 1 位半加器可以由如图 8.1 所示的门电路构成。由两个 1 位的半加器构成的全加器如图 8.2 所示。

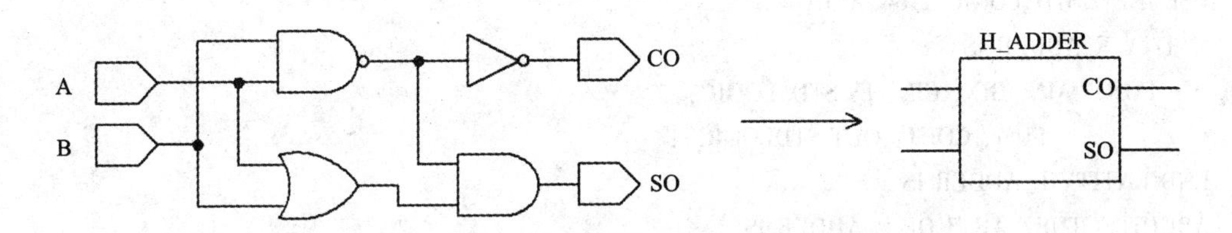

图 8.1　1 位半加器逻辑原理图

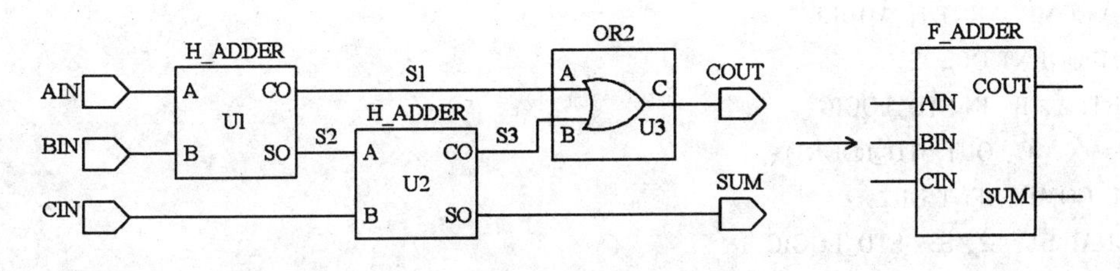

图 8.2　1 位全加器逻辑原理图

2)VHDL 源程序

```
--或门的逻辑描述
LIBRARY IEEE;
USE IEEE.STD_LOGIC_1164.ALL;
ENTITY OR2 IS
PORT(A, B: IN STD_LOGIC
        C: OUT STD_LOGIC);
END ENTITY OR2;
ARCHITECTURE ART1 OF OR2 IS
  BEGIN
  C <= A OR B;
END ARCHITECTURE ART1;
--半加器的逻辑描述
LIBRARY IEEE;
USE IEEE.STD_LOGIC_1164.ALL;
ENTITY H_ADDER IS
PORT(A, B: IN STD_LOGIC;
    SO, CO: OUT STD_LOGIC);
END ENTITY H_ADDER;
ARCHITECTURE ART2 OF H_ADDER IS
BEGIN
    SO <= (A OR B) AND (A NAND B);
    CO <= NOT (A NAND B);
END ARCHITECTURE ART2;
--全加器的逻辑描述
LIBRARY IEEE;
USE IEEE.STD_LOGIC_1164.ALL;
ENTITY F_ADDER IS
    PORT(AIN, BIN, CIN: IN STD_LOGIC;
            SUM, COUT: OUT STDLOGIC);
END ENTITY F_ADDER IS
ARCHITECTURE ART3 OF F_ADDER IS
COMPONENT H_ADDER
      PORT(A, B: IN STD_LOGIC;
          SO, CO: OUT STD_LOGIC);
END COMPONENT H_ADDER;
COMPONENT OR2 IS
PORT(A, B: IN STD_LOGIC;
        C: OUT STD_LOGIC);
END COMPONENT OR2;
SIGNAL S1, S2, S3: STD_LOGIC;
BEGIN
U1: H_ADDER PORT MAP(A => AIN, B => BIN, CO => S1, SO => S2);
```

```
U2: H_ADDER PORT MAP(A => S2, B => CIN, SO => SUM, CO => S3);
U3: OR2 PORT MAP(A => S1, B => S3, C => COUT);
END ARCHITECTURE ART3;
```

3)波形仿真文件

用于波形仿真的 ABEL 测试文件 F_ADDER. ABV 如下:

```
MODULE F_ADDER;
AIN, BIN, CIN, SUM, COUT PIN;
X = .X.;
TEST_VECTORS
([AIN, BIN, CIN] -> [SUM, COUT]);
[0, 0, 0] -> [X, X];
[0, 0, 1] -> [X, X];
[0, 1, 0] -> [X, X];
[0, 1, 1] -> [X, X];
[1, 0, 0] -> [X, X];
[1, 0, 1] -> [X, X];
[1, 1, 0] -> [X, X];
[1, 1, 1] -> [X, X];
END;
```

4)管脚锁定文件

管脚锁定文件 F_ADDER. PPN 的设计过程如表 8.1 所示。

表 8.1　F_ADDER. PPN 的设计过程

设计实体 I/O 标识	设计实体 I/O 来源/去向	插座序号	芯片可用资源序号	芯片管脚序号
AIN	键 1	PIO0	I/O0	26
BIN	键 2	PIO1	I/O1	27
CIN	键 3	PIO2	I/O2	28
SUM	二极管 D1	PIO8	I/O8	34
COUT	二极管 D2	PIO9	I/O9	35

验证设备：GW48 - CK；实验芯片：ispLSI1032E - 70LJ84；实验模式：模式 5；模式图及管脚对应表见图 7.10、表 6.3。

根据表 8.1，可得到管脚锁定文件 F_ADDER. PPN 如下：

```
//F_ADDER. PPN
//PART: ispLSI1032E - 70LJ84
//FORMAT: PINNAME        PINTYPE      LOCK
        AIN              IN           26
```

BIN	IN	27
CIN	IN	28
SUM	OUT	34
COUT	OUT	35

5. 实验结果及总结

1）系统仿真情况

系统功能仿真结果与时序仿真结果分别如图 8.3、图 8.4 所示。

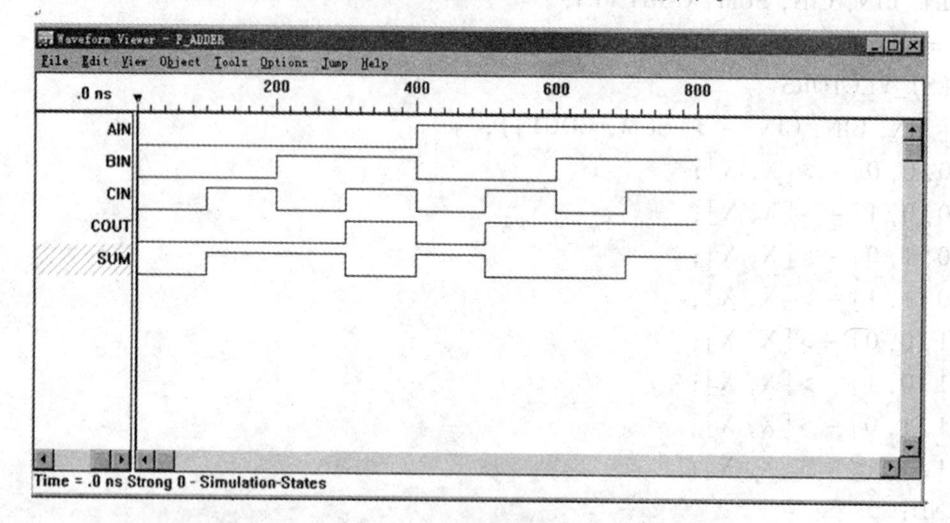

图 8.3　系统功能仿真结果

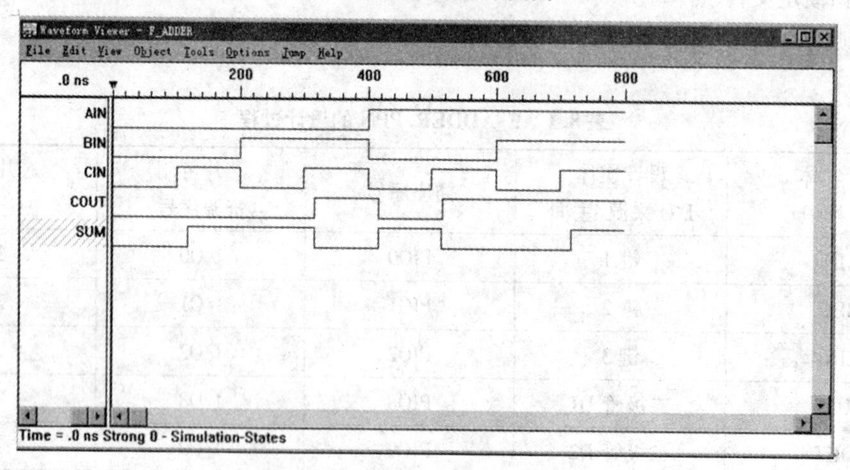

图 8.4　系统时序仿真结果

从系统仿真结果（本仿真结果可通过同时按下“ALT + Print Screen”键抓取当前屏幕信息放入剪贴板中，再在 WORD 等文档中通过粘贴的方法获得）可以看出，本系统完全符合设计要求。同时从系统时序仿真结果可以看出，从输入到输出有一定的延时，在 20 ns 左右，这正是器件延时特性的反映。

2）硬件验证情况

AIN 接键 1，BIN 接键 2，CIN 接键 3，SUM 接发光二极管 D1，COUT 接发光二极管 D2，1

位二进制全加器的硬件验证结果如表8.2所示。从实验结果可以看出，本系统完全符合设计要求。

表8.2 F_ADDER的硬件验证结果

ANI	0	1	0	1	0	1	1
BIN	0	0	1	1	0	0	1
CIN	0	0	0	0	1	1	1
SUM	0	1	1	0	1	0	1
COUT	0	0	0	1	0	1	1

3)实验过程中出现的问题及解决办法

经过源程序的编辑和编译、逻辑综合、逻辑适配、编程下载成功后，在EDA实验开发系统进行实验时却发现实验结果不对。经检查，自己设计的管脚锁定文件有错。但是将管脚锁定文件修改后，重新进行逻辑适配、编程下载成功后，实验时发现实验结果仍然不对。后经老师指点，发现逻辑适配后会生成一个适配后的管脚锁定文件，但该文件是只读文件，虽然修改存盘，但实际上管脚文件并没有将修改的内容存盘，因此再次适配的仍然是原来的管脚锁定文件。解决的办法：打开原来的管脚锁定文件并进行修改，修改后将管脚锁定文件另存为F_ADDER1.PPN，根据F_ADDER1.PPN重新进行逻辑适配、编程下载成功后，实验结果完全正确。

本章小结

本章列举了6个实验(1个原理图输入方式、5个文本输入方式)，旨在要求读者利用EDA实验开发系统并运用EDA工具软件进行编辑、编译、仿真、引脚锁定、编程下载硬件测试等基本流程。更好地掌握EDA工具软件操作方法，并熟悉EDA实验开发系统的使用方法，通过实验更好地提高读者学习该课程的兴趣和效果。并附录了EDA技术实验报告范文，旨在规范实验报告的写作格式，培养读者严谨的治学态度和方法。

习 题

阐述在EDA实验开发系统中运用EDA工具软件进行实验的步骤和方法。

第 9 章　基于 VHDL 课程设计实例

9.1　多路彩灯控制器的设计

多路彩灯控制器通过对应的开关按钮，能够控制多个彩灯的输出状态，组合各种变幻的灯光闪烁，被广泛地应用到节日庆典、剧场灯光、橱窗装饰之中。采用数字电路方式实现的多路彩灯控制器，其原理十分简单，我们将介绍几个基本模块的原理及其设计方案，通过这些模块之间特定形式的连接，就可以构建一个完整的 16 路彩灯控制器。

9.1.1　系统设计要求

(1)设计一个多路彩灯控制器，能循环变化花型，可清零，可选择花型变化节奏。

(2)彩灯控制器由 16 路发光二极管构成，当控制开光打开时，能够在 6 种不同的彩灯花型之间进行循环变化。

(3)要求控制器具备复位清零功能，一旦复位信号有效，不论控制器花型变化处于何种状态，都会无条件即刻清零，恢复初始状态。

(4)设置节拍选择按钮。按下此按钮，多路彩灯控制器花型节奏减缓；放开此按钮，则变化节奏相对加快。

9.1.2　系统设计方案

根据设计要求可知，整个系统共有 3 个输入信号，分别为快慢节奏控制信号 opt、复位清零信号 clr 和时钟脉冲信号 clk，输出信号是 16 路彩灯的输出状态 led[15..0]，系统输出框图如图 9.1 所示。

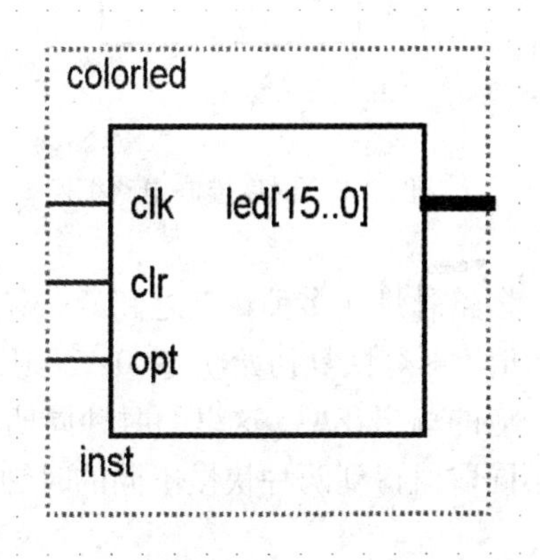

图 9.1　多路彩灯控制器系统框图

多路彩灯控制器可由两个主要的电路模块组成：时序控制电路模块和显示控制电路模块。时序控制电路根据输入信号的设置得到相应的输出信号，并将此信号作为显示控制电路的时钟信号；显示控制电路根据输入时钟信号的周期，有规律地输出预先设定的 6 种彩灯花型，从而使得多路彩灯控制器在一定的输入条件下提供符合设计要求的有效输出。

9.1.3 主要模块设计

多路彩灯控制器的实现基础是时序控制电路和显示控制电路的设计。时序控制电路的模块框图如图 9.2 所示。其中：clk 为输入时钟信号，电路在时钟上升沿发生变化；clr 为复位清零信号，高电平有效，且一旦该信号有效，电路无条件复位为初始状态；opt 为快慢节奏选择信号，低电平时节奏快，高电平时节奏慢；clkout 为输出信号，当 clr 信号有效时 clkout 输出为 0，否则，clkout 的周期随 opt 信号的改变而改变。

假设时序控制电路所产生的控制时钟信号快慢的两种节奏分别为输入时钟信号频率的 1/4 和 1/8，则输出时钟控制信号可以通过对输入时钟的计数来获得。当 opt 为低电平时，输出每经过两个时钟周期进行翻转，实现 4 分频的快节奏；当 opt 为高电平时，输出每经过 4 个时钟周期进行翻转，实现 8 分频的慢节奏。

显示控制电路的模块框图如图 9.3 所示，输入信号 clk 和 clr 的定义与时序控制电路一样，输出信号 led[15..0]能够循环输出 16 路彩灯 6 种不同状态的花型。对各状态所对应的彩灯输出花型定义如下：

s0：0000　0000　0000　0000；
s1：0101　0101　0101　0101；
s2：1010　1010　1010　1010；
s3：1000　1000　1000　1000；
s4：1100　1100　1100　1100；
s5：0011　0011　0011　0011；
s6：0001　0001　0001　0001。

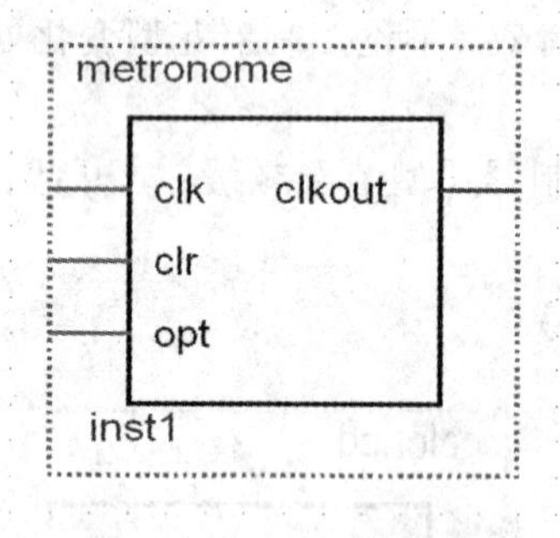

图 9.2　时序控制电路框图

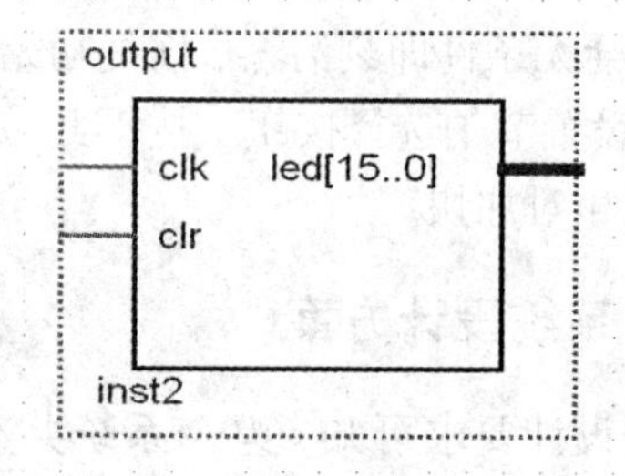

图 9.3　显示控制电路框图

多路彩灯在多种花型之间的转换可以通过状态机实现，如图 9.4 所示。当复位信号 clr 有效时，彩灯恢复初始状态 s0；否则，每个时钟周期，状态都将向下一个状态发生改变，并对应相应的输出花型，这里的时钟周期即时序控制电路模块产生的输出信号，它根据 opt 信号的不同取值得到两种快慢不同的时钟频率。

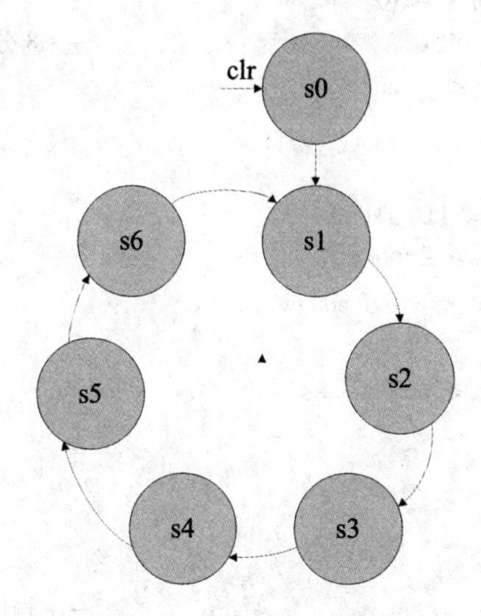

图 9.4　多路彩灯状转换图

9.1.4　VHDL 源程序

时序控制电路的 VHDL 源程序如下：

```
library ieee;                                          --加载库文件
use ieee.std_logic_1164.all;
use ieee.std_logic_unsigned.all;
entity metronome is
    port(                                              --定义实体
        clk: in std_logic;                             --时钟信号
        clr: in std_logic;                             --复位信号
        opt: in std_logic;                             --快慢选择信号
      clkout:out std_logic                             --输出时钟控制信号
        );
end metronome;
architecture rtl of metronome is                       --定义结构体
SIGNAL clk_tmp: STD_LOGIC;
SIGNAL counter: STD_LOGIC_VECTOR(1 DOWNTO 0);          --定议计数器
BEGIN
    PROCESS(clk, clr, opt)                             --当敏感信号发生变化时，启动进程
    begin
        IF clr = '1' THEN                              --清零
            clk_tmp <= '0';
            counter <= "00";
        ELSIF clk'EVENT AND clk = '1' THEN
            IF opt = '0' THEN                          --4 分频，快节奏
                IF counter = "01" THEN
                    counter <= "00";
```

```
                clk_tmp <= NOT clk_tmp;
            ELSE                                        --8 分频，慢节奏
                counter <= counter + '1';
            END IF;
        ELSE
            IF counter = "11" THEN
                counter <= "00";
                clk_tmp <= NOT clk_tmp;
            ELSE
                counter <= counter + '1';
            END IF;
        END IF;
    END IF;
  END PROCESS;
  clkout <= clk_tmp;                                    --输出分频后的时钟信号
END rtl;
```

显示控制电路的 VHDL 源程序如下：

```
library ieee;
use ieee.std_logic_1164.all;
entity output is
    port(
        clk: in std_logic;
        clr: in std_logic;
        led:out std_logic_vector(15 DOWNTO 0)
        );
end output;
architecture rtl of output is
type states is
    (s0, s1, s2, s3, s4, s5, s6);
signal state: states;
begin
    process(clk, clr)
    begin
        if clr = '1' then
            state <= s0;
            led <= "0000000000000000";
        elsif clk'event and clk = '1' then
            case state is
                when s0 =>
                    state <= s1;
                    led <= "0001000100010001";
                when s1 =>
```

```
                state < = s2;
                led < = "0101010101010101";
            when s2  = >
                state < = s3;
                led < = "1010101010101010";
            when s3  = >
                state < = s4;
                led < = "1000100010001000";
            when s4  = >
                state < = s5;
                led < = "1100110011001100";
            when s5  = >
                state < = s6;
                led < = "0011001100110011";
            when s6  = >
                state < = s1;
                led < = "0001000100010001";
        end case;
    end if;
  end process;
end rtl;
```

顶层模块的VHDL源程序如下：

```
library ieee;
use ieee.std_logic_1164.all;
entity colorled is
   port(
        clk: in std_logic;
        clr: in std_logic;
        opt: in std_logic;
        led:out std_logic_vector(15 DOWNTO 0)
        );
end colorled;
architecture rtl of colorled is
component metronome is
   port(
        clk: in std_logic;
        clr: in std_logic;
        opt: in std_logic;
     clkout:out std_logic
        );
end component metronome;
component output is
```

```
    port(
        clk: in std_logic;
        clr: in std_logic;
        led:out std_logic_vector(15 DOWNTO 0)
        );
end component output;
signal clk_tmp: std_logic;
begin
    U1: metronome PORT MAP(clk, clr, opt, clk_tmp);
    U2: output PORT MAP(clk_tmp, clr, led);
END rtl;
```

9.1.5 系统仿真与分析

时序控制电路的仿真波形如图 9.5 所示。

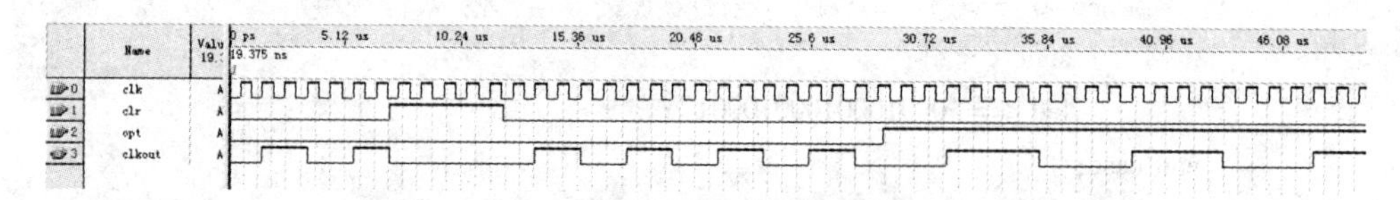

图 9.5 时序控制电路的仿真波形

从图 9.5 可以看出，当复位信号为高电平时，信号使能，使得电路不论处于何种状态或时钟周期的哪个位置，都即刻被复位清零。图 9.5 中复位信号从时钟下降沿开始有效，输出信号不必等到时钟的上升沿就马上恢复为初始状态。

当快慢节奏选择信号 opt 为低电平时，时序控制电路起着 4 分频分频器的作用，每经过两个输入时钟周期，输出信号都进行翻转；当快慢节奏选择信号 opt 为高电平时，时序控制电路类似于 8 分频分频器，每经过 4 个输入时钟周期，输出信号进行翻转。opt 信号取值不同时，对应的输出控制信号的周期也不相同，两者分别表示了两种频率不同的快慢周期信号。图 9.5 所示的仿真结果符合电路的设计要求。

显示控制模块的仿真波形如图 9.6 所示。

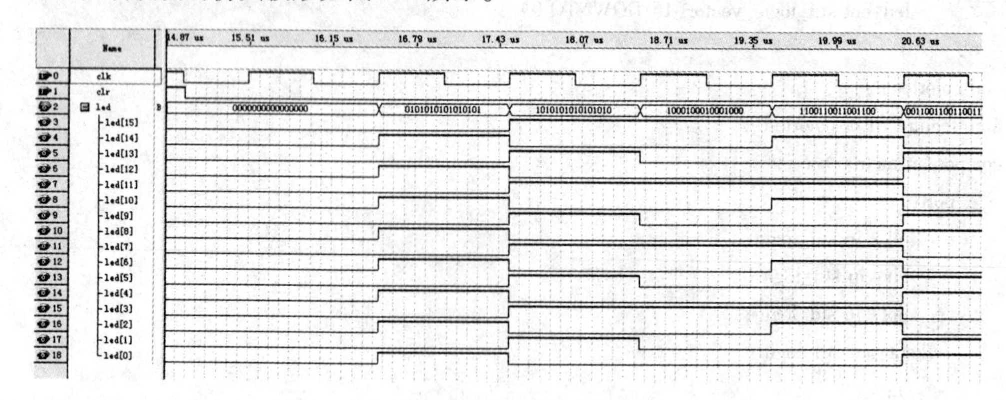

图 9.6 显示控制模块仿真波形图

当复位清零信号有效时，彩灯输出为初始状态，按照预先定义为全 0；否则，显示控制电路在 6 种不同的状态之间循环变化。

通过使用时序控制电路和显示控制电路这两个例化元件，将时序控制电路的输出作为显示控制电路的输入时钟信号，即可实现多路彩灯控制器，如图 9.7 所示。

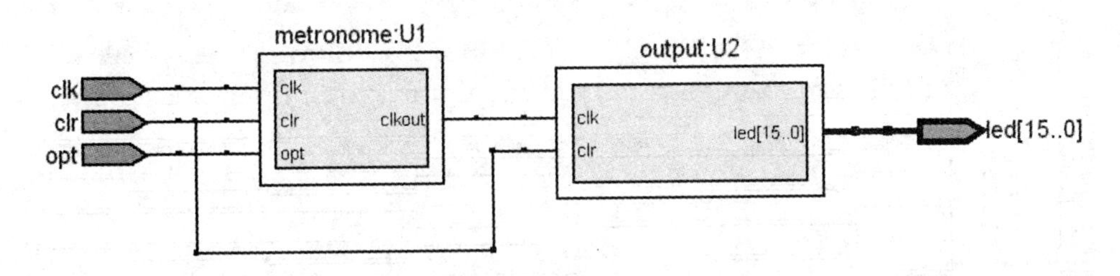

图 9.7　多路彩灯控制器电路图

对图 9.7 所示的电路进行仿真得到的波形如图 9.8 所示。

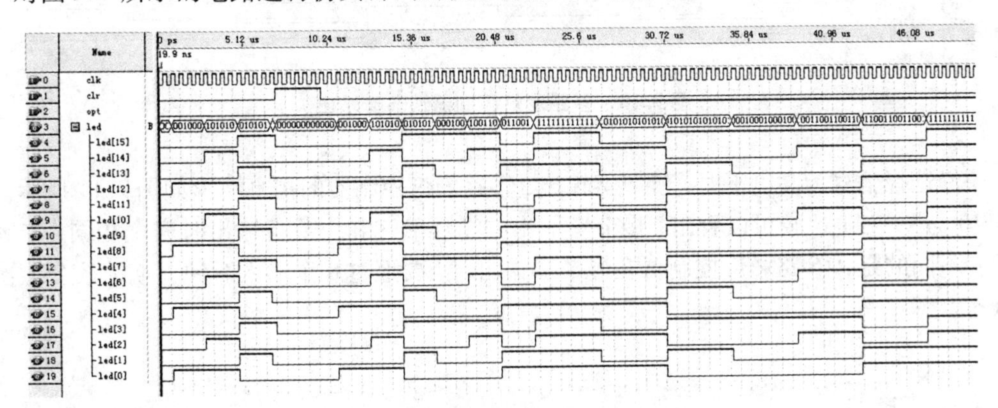

图 9.8　多路彩灯控制器仿真波形图

下面依次考察该系统复位功能和快慢节奏的变化。图 9.9 所示为多路彩灯控制器的复位功能图，当复位信号 clk 为高电平有效时，不论 16 路彩灯输出处于何种状态，也不论在输入时钟信号哪个位置，所有的输出都被清零，恢复为初始状态。

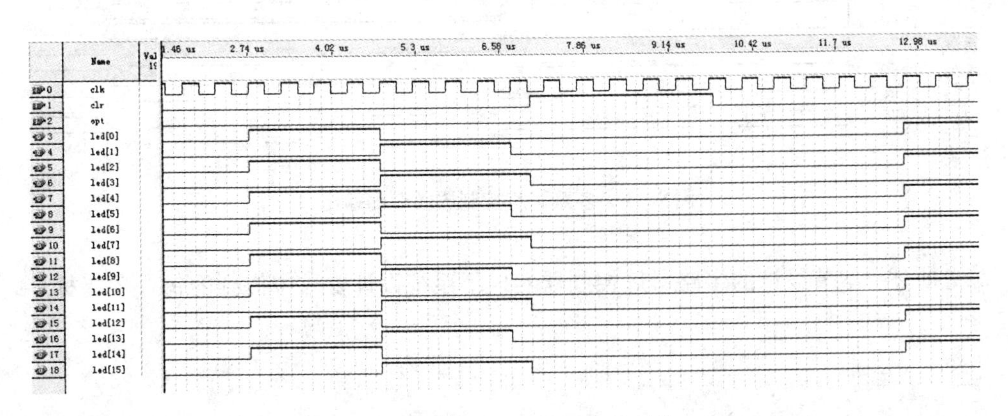

图 9.9　多路彩灯控制器复位功能

当快慢节奏选择信号选择快节奏输出，即信号 opt 为低电平时，多路彩灯仿真波形如图 9.10 所示。此时，每经过 4 个时钟周期，彩灯的输出状态发生 1 次变化，并在 6 个不同的状态之间循环改变，最后 1 个状态的输出为 0001 0001 0001 0001，若此时清零信号不使能，则重新从第 1 个状态 0101 0101 0101 0101 开始循环。

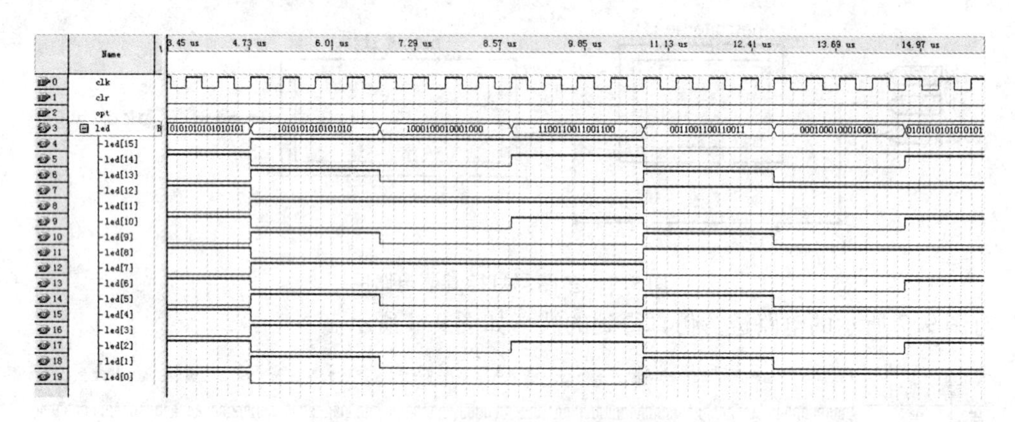

图 9.10　多路彩灯控制器快节奏输出

快慢选择信号为高电平时，慢节奏输出，多路彩灯控制器的仿真波形如图 9.11 所示。将图 9.10 与图 9.11 比较可以看出，慢节奏输出的循环形式和快节奏输出时完全相同，二者之间唯一不同的是，16 路彩灯控制器在慢节奏输出时，要经过 8 个输入时钟周期才改变 1 次输出状态。

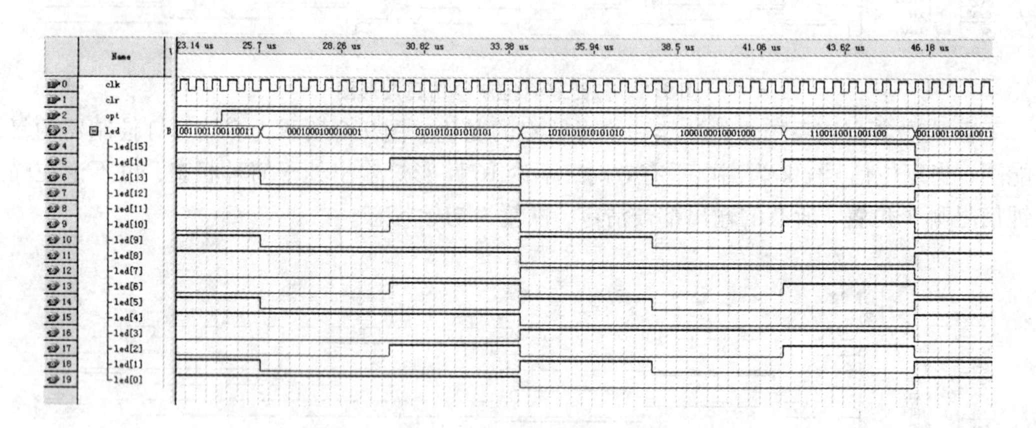

图 9.11　多路彩灯控制器慢节奏输出

综上所述，本节设计的多路彩灯控制器实现了系统设计要求中提到的每一项指标。

9.2　数字式竞赛抢答器

抢答环节经常出现在竞赛、文体娱乐等活动中，它能够准确、公正、直观地根据抢答者的指示灯显示、数码显示和警示等指示出第一抢答者。一般竞赛抢答器除了具有第一抢答信号的鉴别和锁存功能外，还能对提前抢答进行警报，计算和显示各组竞赛者的比赛得分。

9.2.1　系统设计要求

(1)设计一个数字式竞赛抢答器，可以判断第一轮抢答者，并具备计分功能。

(2)抢答器可以容纳4组参赛者同时抢答，每组设置1个按钮供抢答者使用。设置抢答器使能信号，当此信号有效时，若参赛者按下抢答开关，则抢答器能判断出第一抢答者并指示该组抢答成功，其他组参赛者的抢答者的抢答开关不起作用。若提前抢答，则对相应的参赛者发出报警。

(3)系统具有清零功能。当清零复位信号有效时，抢答器对前一轮抢答的第一抢答者判断结果进行清零，恢复为初始状态。

(4)数字式竞赛抢答器还具有计分功能。如果抢答成功的参赛者满足得分条件，则增加相应的分数，答错不扣分。

9.2.2　系统设计方案

根据系统设计要求可知，系统由3个主要的电路模块组成，分别是第一判断电路、计分电路和显示电路。其中，第一判断电路主要完成最快抢答者的判断功能；计分电路存储每组竞赛者的分数；显示电路则显示抢答器的状态和各组的分数。因此，数字式竞赛抢答器的输入信号包括复位信号CLR、抢答器使能信号EN、4组参赛者的抢答按钮A/B/C/D以及加分信号ADD；输出信号包括4组参赛者抢答状态的显示LED*x*(*x*表示参赛者编号)及其对应的得分SCORE*x*、抢答器抢答成功的组别显示等。系统框图如图9.12所示。

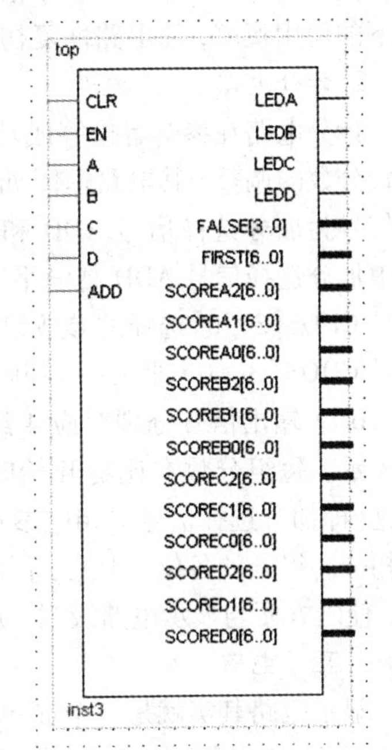

图9.12　数字竞赛抢答器系统框图

抢答器的工作流程如下：

如果参赛者在抢答器使能信号EN有效前按下抢答按钮，报警信号FALSE[3..0]的对应位输出高电平，以示警告；当EN信号有效时，抢答器开始工作，将报警信号FALSE清零，A、B、C、D 4个抢答者谁先按下抢答按钮，则抢答成功，对应的显示灯LED*x*亮起，并通过显示电路模块显示其参赛编号FIRST[6..0]；抢答成功的选手进入答题阶段，如正确回答问题，则加分信号ADD有效，计分模块给相应的参赛组加分，每个参赛组得分的个位、十位、百位分别通过信号SCOREx[6..0]显示。

如果复位信号CLR有效，使得抢答器在下一轮抢答前，其抢答成功的组别判断恢复为初始状态，以便重新开始新一轮抢答。复位信号不改变竞赛者的现有得分。

9.2.3 主要模块设计

1. 第一判断电路

第一判断电路模块具有第一抢答信号的鉴别和锁存功能，其电路框图如图 9.13 所示。其中，CLR 为复位信号，当该信号高电平有效时，电路无论处于何种状态都恢复为初始状态，即所有的输出信号都为 0；EN 为抢答使能信号，该信号高电平有效；A、B、C、D 为抢答按钮，高电平有效。

当使能信号 EN 为低电平时，如果有参赛者按下抢答按钮，则提前抢答报警信号 FALSE[3..0]的对应位输出高电平，以示警告；当使能信号 EN 为高电平时，首先将提前抢答报警信号 FALSE[3..0]复位清零，然后根据选手按下抢答按钮 A、B、C、D 的先后顺序选择最先抢答的信号，其对应的抢答状态显示信号 LEDA ~ LEDD 输出高电平，抢答成功组别编号由信号 Q[3..0]输出，并锁存抢答器此时的状态，直到清零信号有效为止。在每一轮新的抢答之前，多要使用复位清零信号 CLR，清除上一轮抢答对判断电路留下的使用痕迹，使电路恢复初始状态。

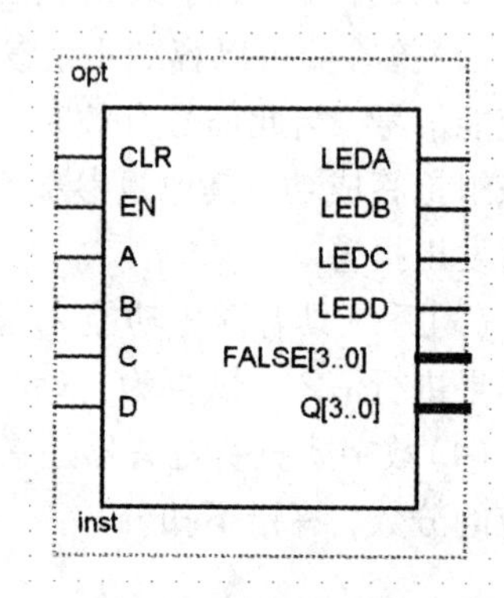

图 9.13 第一判断电路框图

2. 计分电路

计分电路在参赛者抢答成功后，根据其比赛情况进行比较分数的调整，其电路框图如图 9.14 所示。该模块输入信号为加分选择信号 ADD 和组别选择 CHOS[3..0]，其中加分选择信号 ADD 高电平有效，有效时对组别选择信号 CHOS[3..0]选择的参数组进行加分；组别选择输入信号 CHOS[3..0]即第一判断电路模块的输出信号 Q[3..0]。输出信号分别对应 4 组竞赛者的得分，以百分制表示。每组分数在比赛开始时预设为 100 分，每答对一题(即加分选择信号对相应参赛组有效)加 10 分，答错不扣分。得分的各位、十位、百位表示为宽为 4 的逻辑矢量，使之方便与显示电路级联，从而输出比赛得分。

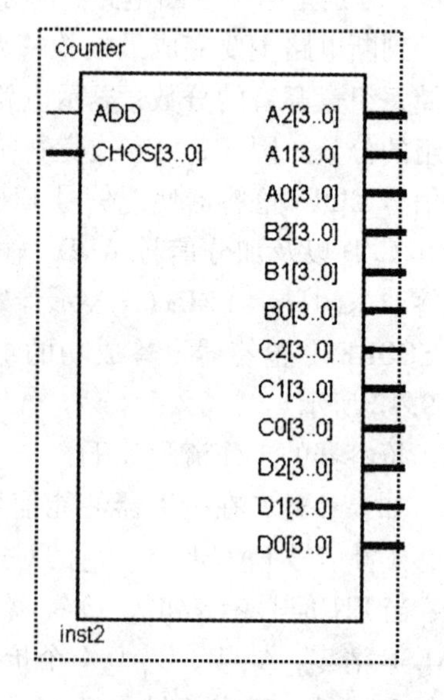

图 9.14 计分器电路框图

3. 显示电路

显示电路其实就是一个简单的 LED 共阴极显示模块的译码器。7 段数码管 LED 常用的一般 8 字形为 a、b、c、d、e、f、g、P，其中 P 为小数点，共阴极 LED 高电平有效，如图 9.15 所示。在这里我们不需要用到小数点位，因此用位宽为 7 的矢量表示 7 段数码管即可。

7 段 LED 共阴极显示模块的框图如图 9.16 所示。其中，DIN[3..0]为输入信号，以 4 位二进制数表示；DOUT[6..0]为输出信号，将输入的二进制数译码显示为十进制数字的 0 ~ 9。

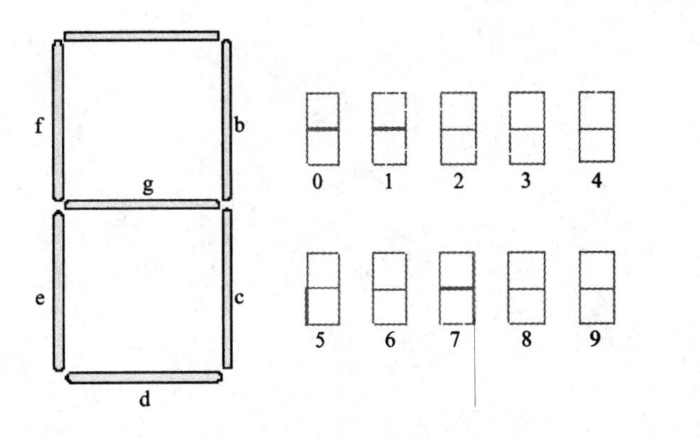

图9.15　LED共阴极显示

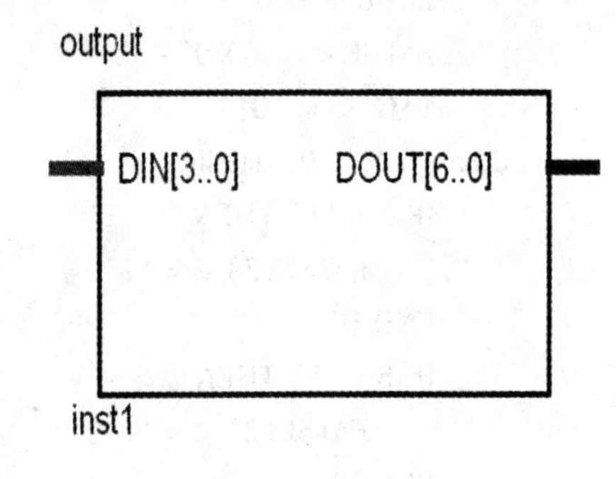

图9-16　7段LED显示模块框图

9.2.4　VHDL源程序

第一抢答判断电路的VHDL程序：

```
library ieee;
use ieee.std_logic_1164.all;
entity opt is
    port(
        CLR: in std_logic;                              --复位信号
        EN: in std_logic;                               --抢答使能信号
    A, B, C, D: in std_logic;                           --抢答钮
      LEDA:out std_logic;                               --抢答成功指示灯
      LEDB:out std_logic;
      LEDC:out std_logic;
      LEDD:out std_logic;
     FALSE:OUT STD_LOGIC_VECTOR(3 DOWNTO 0);            --提前抢答报警
        Q:OUT STD_LOGIC_VECTOR(3 DOWNTO 0)              --抢答成功组显示
        );
END opt;
ARCHITECTURE rtl OF opt IS
    SIGNAL TMP: STD_LOGIC_VECTOR(3 DOWNTO 0);
    SIGNAL TAG: STD_LOGIC;
BEGIN                                                   --设置锁存标志位
    TMP<=A&B&C&D;
    PROCESS(CLR, EN, A, B, C, D, TMP)
    BEGIN
        IF CLR='1' THEN
            Q<="0000";
            LEDA<='0';
            LEDB<='0';
```

```
        LEDC < = '0';
        LEDD < = '0';
        FALSE < = "0000";
        TAG  < =  '0';
    ELSIF EN = '0' THEN
        IF A = '1' THEN
            FALSE(3) < = '1';
        END IF;
        IF B = '1' THEN
            FALSE(2) < = '1';
        END IF;
        IF C = '1' THEN
            FALSE(1) < = '1';
        END IF;
        IF D = '1' THEN
            FALSE(0) < = '1';
        END IF;
    ELSE
        FALSE < = "0000";
        IF TAG = '0' THEN
            IF TMP = "1000" THEN
                LEDA < = '1';
                LEDB < = '0';
                LEDC < = '0';
                LEDD < = '0';
                Q < = "1000";
                TAG < = '1';
            ELSIF TMP = "0100" THEN
                LEDA < = '0';
                LEDB < = '1';
                LEDC < = '0';
                LEDD < = '0';
                Q < = "0100";
                TAG < = '1';
            ELSIF TMP = "0010" THEN
                LEDA < = '0';
                LEDB < = '0';
                LEDC < = '1';
                LEDD < = '0';
                Q < = "0010";
                TAG < = '1';
            ELSIF TMP = "0001" THEN
                LEDA < = '0';
```

```
                LEDB < = '0';
                LEDC < = '0';
                LEDD < = '1';
                Q < = "0001";
                TAG < = '1';
            ELSE
                LEDA < = 'Z';
                LEDB < = 'Z';
                LEDC < = 'Z';
                LEDD < = 'Z';
                Q < = "ZZZZ";
                TAG < = '1';
            END IF;
            TAG < = '1';
        END IF;
    END IF;
  END PROCESS;
END rtl;
```

计分电路的VHDL程序：

```
library ieee;
use ieee. std_logic_1164. all;                                        - -库说明
use ieee. std_logic_unsigned. all;
entity counter is
    port(
        ADD: in std_logic;                                            - -加分信号
        CHOS:in std_logic_vector(3 downto 0);                         - -参赛组选择信号
        A2, A1, A0:OUT std_logic_vector(3 downto 0);                  - -各组计分信号
        B2, B1, B0:OUT std_logic_vector(3 downto 0);
        C2, C1, C0:OUT std_logic_vector(3 downto 0);
        D2, D1, D0:OUT std_logic_vector(3 downto 0)
        );
END counter;
ARCHITECTURE rtl OF counter IS
BEGIN
    PROCESS(ADD, CHOS)                                                - -启动进程
    VARIABLE POINTS_A2, POINTS_A1: STD_LOGIC_VECTOR(3 DOWNTO 0);
                                                                      - -定义变量
    VARIABLE POINTS_B2, POINTS_B1: STD_LOGIC_VECTOR(3 DOWNTO 0);
    VARIABLE POINTS_C2, POINTS_C1: STD_LOGIC_VECTOR(3 DOWNTO 0);
    VARIABLE POINTS_D2, POINTS_D1: STD_LOGIC_VECTOR(3 DOWNTO 0);
    BEGIN
        IF ADD'EVENT AND ADD = '1' THEN                               - -加分信号上升沿有效
            IF CHOS = "0001" THEN                                     - -A组答对，加10分
```

```
            IF POINTS_A1 = "1001" THEN                              - - 十位分 9
                POINTS_A1 := "0000";                                - - 十位清零
                IF POINTS_A2 = "1001" THEN                          - - 百位为 9
                    POINTS_A2 := "0000";                            - - 百位清零
                ELSE
                    POINTS_A2 := POINTS_A2 + '1';                   - - 否则百位加 1
                END IF;
            ELSE
                POINTS_A1 := POINTS_A1 + '1';                       - - 否则十位加 1
            END IF;
        ELSIF CHOS = "0010" THEN
            IF POINTS_B1 = "1001" THEN
                POINTS_B1 := "0000";
                IF POINTS_B2 = "1001" THEN
                    POINTS_B2 := "0000";
                ELSE
                    POINTS_B2 := POINTS_B2 + '1';
                END IF;
            ELSE
                POINTS_B1 := POINTS_B1 + '1';
            END IF;
        ELSIF CHOS = "0100" THEN
            IF POINTS_C1 = "1001" THEN
                POINTS_C1 := "0000";
                IF POINTS_C2 = "1001" THEN
                    POINTS_C2 := "0000";
                ELSE
                    POINTS_C2 := POINTS_C2 + '1';
                END IF;
            ELSE
                POINTS_C1 := POINTS_C1 + '1';
            END IF;
        ELSIF CHOS = "1000" THEN
            IF POINTS_D1 = "1001" THEN
                POINTS_D1 := "0000";
                IF POINTS_D2 = "1001" THEN
                    POINTS_D2 := "0000";
                ELSE
                    POINTS_D2 := POINTS_D2 + '1';
                END IF;
            ELSE
                POINTS_D1 := POINTS_D1 + '1';
            END IF;
```

```
            END IF;
        END IF;
    A2 < =POINTS_A2; A1 < =POINTS_A1; A0 < ="0000";
    B2 < =POINTS_B2; B1 < =POINTS_B1; B0 < ="0000";
    C2 < =POINTS_C2; C1 < =POINTS_C1; C0 < ="0000";
    D2 < =POINTS_D2; D1 < =POINTS_D1; D0 < ="0000";
    END PROCESS;
END rtl;
```

显示电路的VHDL程序：

```
library ieee;
use ieee.std_logic_1164.all;
ENTITY output IS
    PORT(
        DIN: IN STD_LOGIC_VECTOR(3 DOWNTO 0);            --输入信号
        DOUT:OUT STD_LOGIC_VECTOR(6 DOWNTO 0)            --译码显示输出信号
        );
END output;
ARCHITECTURE rtl OF output IS
BEGIN
    PROCESS(DIN)                                         --启动进程
    BEGIN
        CASE DIN IS                                      --译码
            WHEN "0000" => DOUT < ="0111111";    --0
            WHEN "0001" => DOUT < ="0000110";    --1
            WHEN "0010" => DOUT < ="1011011";    --2
            WHEN "0011" => DOUT < ="1001111";    --3
            WHEN "0100" => DOUT < ="1100110";    --4
            WHEN "0101" => DOUT < ="1101101";    --5
            WHEN "0110" => DOUT < ="1111101";    --6
            WHEN "0111" => DOUT < ="0000111";    --7
            WHEN "1000" => DOUT < ="1111111";    --8
            WHEN "1001" => DOUT < ="1101111";    --9
            WHEN OTHERS => DOUT < ="0000000";
        END CASE;
    END PROCESS;
END rtl;
```

顶层模块的VHDL程序：

```
library ieee;
use ieee.std_logic_1164.all;

entity top is
```

```
    port(                                              --定义输入输出信号
        CLR: in std_logic;
        EN: in std_logic;
    A, B, C, D: in std_logic;
        ADD: in std_logic;
      LEDA:out std_logic;
      LEDB:out std_logic;
      LEDC:out std_logic;
      LEDD:out std_logic;
     FALSE:OUT STD_LOGIC_VECTOR(3 DOWNTO 0);
     FIRST:OUT STD_LOGIC_VECTOR(6 DOWNTO 0);
    SCOREA2, SCOREA1, SCOREA0:OUT std_logic_vector(6 downto 0);
    SCOREB2, SCOREB1, SCOREB0:OUT std_logic_vector(6 downto 0);
    SCOREC2, SCOREC1, SCOREC0:OUT std_logic_vector(6 downto 0);
    SCORED2, SCORED1, SCORED0:OUT std_logic_vector(6 downto 0)
        );
END top;
ARCHITECTURE rtl OF top IS
COMPONENT opt IS                                       --定义元件：第 1 抢答判断电路模块
    port(
        CLR: in std_logic;
        EN: in std_logic;
    A, B, C, D: in std_logic;
      LEDA:out std_logic;
      LEDB:out std_logic;
      LEDC:out std_logic;
      LEDD:out std_logic;
     FALSE:OUT STD_LOGIC_VECTOR(3 DOWNTO 0);
        Q:OUT STD_LOGIC_VECTOR(3 DOWNTO 0)
        );
END COMPONENT opt;
COMPONENT counter is                                   --定义元件：计分电路模块
    port(
        ADD: in std_logic;
        CHOS:in std_logic_vector(3 downto 0);
        A2, A1, A0:OUT std_logic_vector(3 downto 0);
        B2, B1, B0:OUT std_logic_vector(3 downto 0);
        C2, C1, C0:OUT std_logic_vector(3 downto 0);
        D2, D1, D0:OUT std_logic_vector(3 downto 0)
        );
END COMPONENT counter;
COMPONENT output IS                                    --定义元件：显示输出模块
    PORT(
```

```
        DIN: IN STD_LOGIC_VECTOR(3 DOWNTO 0);
        DOUT:OUT STD_LOGIC_VECTOR(6 DOWNTO 0)
        );
    END COMPONENT output;
    SIGNAL Q: STD_LOGIC_VECTOR(3 DOWNTO 0);
    SIGNAL AA2, AA1, AA0: std_logic_vector(3 downto 0);
    SIGNAL BB2, BB1, BB0: std_logic_vector(3 downto 0);
    SIGNAL CC2, CC1, CC0: std_logic_vector(3 downto 0);
    SIGNAL DD2, DD1, DD0: std_logic_vector(3 downto 0);
    BEGIN                                                  --应用例化元件模块
      U1:opt PORT MAP(CLR, EN, A, B, C, D, LEDA, LEDB, LEDC, LEDD, FALSE, Q);
      U2:counter PORT MAP(ADD, Q, AA2, AA1, AA0, BB2, BB1, BB0, CC2, CC1, CC0, DD2, DD1,
DD0);
      U3:output PORT MAP(Q, FIRST);
      U4:output PORT MAP(AA2, SCOREA2);
      U5:output PORT MAP(AA1, SCOREA1);
      U6:output PORT MAP(AA0, SCOREA0);
      U7:output PORT MAP(BB2, SCOREB2);
      U8:output PORT MAP(BB1, SCOREB1);
      U9:output PORT MAP(BB0, SCOREB0);
      U10:output PORT MAP(CC2, SCOREC2);
      U11:output PORT MAP(CC1, SCOREC1);
      U12:output PORT MAP(CC0, SCOREC0);
      U13:output PORT MAP(DD2, SCORED2);
      U14:output PORT MAP(DD1, SCORED1);
      U15:output PORT MAP(DD0, SCORED0);
    END rtl;
```

9.2.5　系统仿真与分析

上述VHDL源程序构成了一个具有抢答、计分功能的数字系统，通过仿真生成的RTL电路如图9.17所示。

图9.17中，输出SCOREx[3..0]还需要通过LED共阴极译码器译码显示为十进制数，译码显示电路部分在此略过。值得注意的是第一抢答判断电路模块的输出信号Q[3..0]，它既是整个数字式抢答器输出的一部分，显示抢答成功的选手编号，又作为计分模块的输入信号，以它为依据对相应的选手进行加分操作。

第一抢答判断模块的仿真波形如图9.18所示。从图中可以看出，当清零复位信号CLR高电平有效时，电路状态立刻被恢复为全0的初始状态。在抢答使能信号无效时抢答，输出警告信号，提前抢答者对应的位置会输出高电平，以示警告。当抢答使能信号高电平有效时，最先抢答的选手对应的显示灯LEDx亮起，Q[3..0]输出抢答成功的选手编号。仿真结果与系统设计要求的功能相吻合。计分电路的仿真波形如图9.19所示。

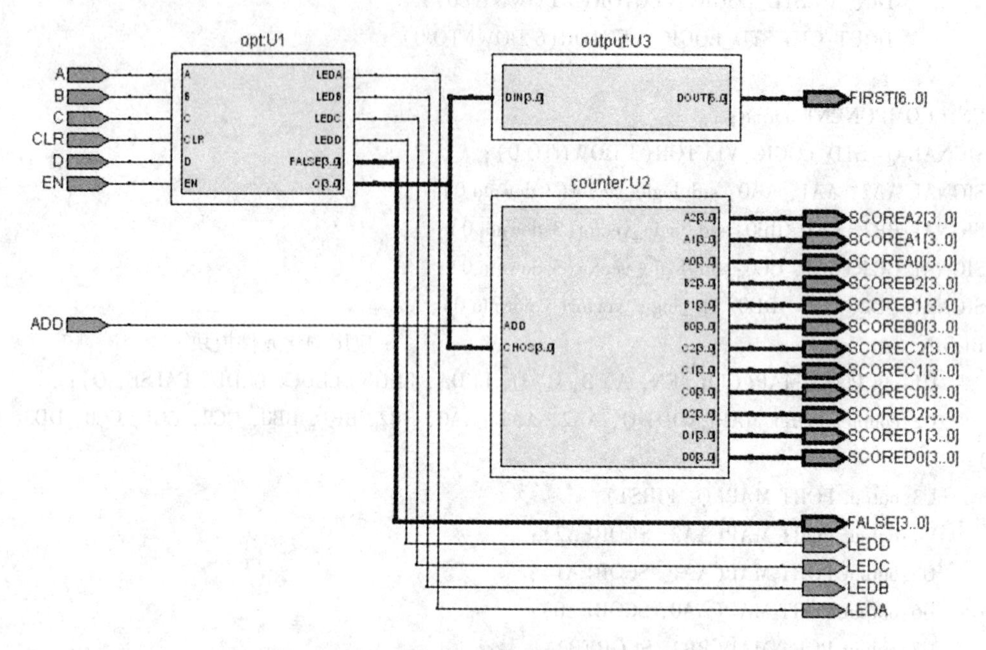

图 9.17 数字式竞赛抢答器的 RTL 电路

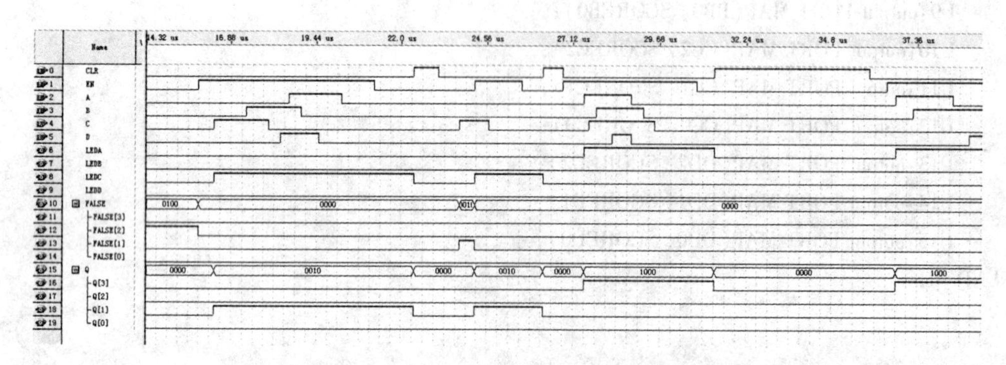

图 9.18 第一抢答判断模块的仿真波形图

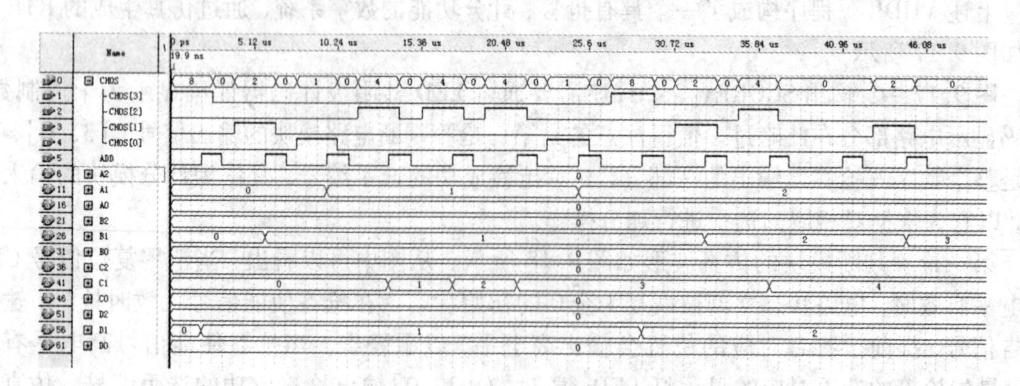

图 9.19 计分电路的仿真波形图

图9.19中，输入信号CHOS[3..0]以十进制的形式表示，1，2，3，4，8分别代表选择A、B、C、D 4组选手在加分信号ADD的上升沿对选中的参赛者进行加分，从高至低依次为百位、十位、个位。以CHOS显示的第1个数据为例，在ADD信号第1次有效时的上升沿，CHOS[3]为高电平，即选择为D组参赛者加分。按照模块设计中的设定，每次答对加10分，此时D组分数的十位数数字由原来的0变为1，在原来的基础上增加了10。符合预先设想的功能要求。

显示电路的仿真波形图如图9.20所示。

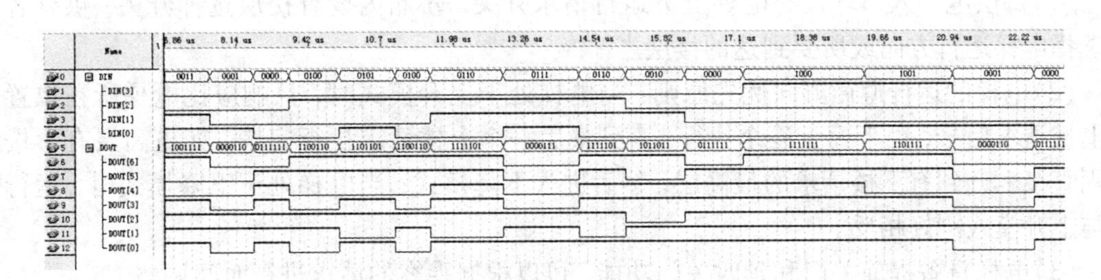

图9.20　显示电路的仿真波形图

显示电路由LED共阴极译码器构成。其十进制数0~9对应的二进制表示和LED共阴极译码器输出如表9.1所示。

表9.1　十进制数字对应的LED译码器表示

十进制	二进制	LED共阴极译码器输出
0	0000	0111111
1	0001	0000110
2	0010	1011011
3	0011	1001111
4	0100	1100110
5	0101	1101101
6	0110	1111101
7	0111	0000111
8	1000	1111111
9	1001	1101111

由此可以看出，仿真得到的显示输出结果和LED共阴极译码器的理论输出是一致的。

9.3　电梯控制器

据统计，我国在用电梯的数量已经超过34.6万台，每年还以5万~6万台的速度增加。

电梯服务中国已有100多年的历史，尤其在改革开放以后，随着社会的进步和发展，电梯的使用越来越普遍，电梯制造业的技术水平也逐渐与世界同步。本节将采用VHDL语言实现一个常见的电梯控制器，该系统具备日常生活中电梯使用的基本功能。

9.3.1 系统设计要求

设计一个多层单轿厢电梯控制器，该控制器可以控制电梯完成的载客服务，并实现以下功能：

(1)每层电梯入口均设有电梯上下运行请求开关，轿厢内设有楼层选择开关，供乘客自由选择电梯运行方向或所要到达的楼层。

(2)电梯的运行遵循方向优先原则：当电梯处于上升模式时，只响应比电梯所在位置高的上楼请求信号，由下而上逐个执行，直到最后一个上楼请求执行完毕，如更高层有下楼请求则直接上升到有下楼请求的最高层，然后进入下降模式；当电梯处于下降模式时，运行规则与上升模式刚好相反。

(3)电梯具备提前关门和延时关门功能，可以根据乘客的请求进行时间调整。

(4)设置电梯运行开关控制键，控制电梯运行状态。

(5)能够正确显示电梯的运行状态、楼层间的运行时间以及电梯所在楼层的等待时间。

9.3.2 系统设计方案

根据系统的设计要求，可看出电梯主要有3种状态：运行状态、停止状态和等待状态，其中运行状态又包括了上升和下降两个不同的运行方向。电梯要完成开门、关门、停止、上升或下降运行的功能，乘客可以选择开门/关门按钮、选择上升/下降按钮和选择指定楼层等控制其运行状态。

不难得出电梯控制器的系统框图如图9.21所示。其中，clk为基准输入时钟信号，在时钟上升沿有效；upin为楼层上升请求信号，高电平有效；downin为楼层下降请求信号，高电平有效；楼层选择键st_ch，高电平有效；提前关门开关close和延时关门开关delay，高电平有效；电梯运行开关按钮run_stop，电梯在高电平时正常运行，低电平时停止运行；输出信号包括电梯运行/停止输出信号lamp、电梯运行/等待时间显示run_waitdis[6..0]、所在楼层指示st_outdis[6..0]和楼层选择指示directdis[6..0]，由于信号run_waitdis[6..0]、st_outdis[6..0]和directdis[6..0]的输出要能够直接指示电梯控制器的各种运行状态，因此可以采用共阴极LED数码显示等。

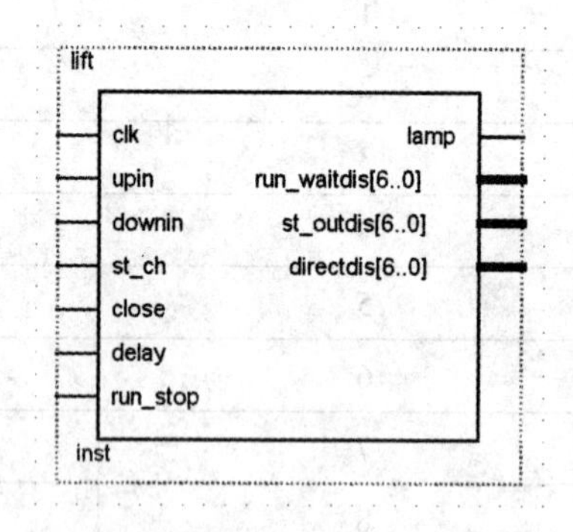

图9.21 电梯控制器系统框图

9.3.3 主要模块设计

电梯控制器主要由时序输出及楼选计数器、电梯服务请求处理器、电梯升降控制器、电梯升降寄存器和次态生成电路组成，其内部结构如图9.22所示。

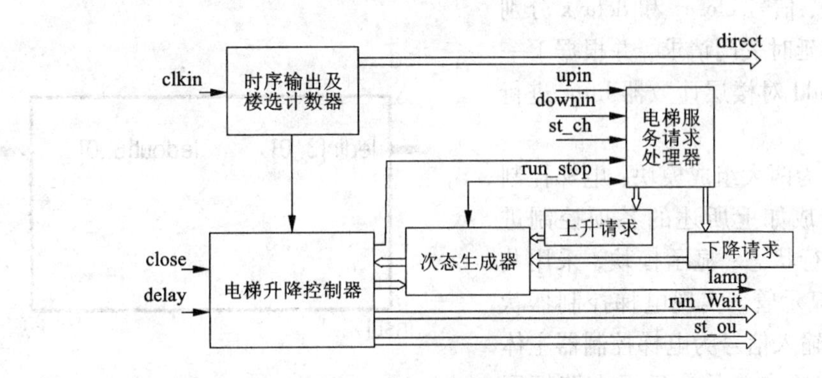

图 9.22　电梯控制器组成结构图

图9.22中所示的各电路模块可以采用多进程的方式实现。

1)分频和楼选信号产生进程

分频和楼选信号产生进程将输入时钟信号进行2分频，同时对楼选指示变量dir进行从0到8的计数。

2)楼层请求寄存器置位与复位进程

该进程通过楼层选择指示变量dir、电梯所在楼层变量liftor和输入信号upin、downin、st_ch来判断楼层请求寄存器ur、dr的置位。

假设电梯所在楼层为num，此时电梯如处于运行中，若楼层选择指示为t，且$t>num$时按下了楼层选择确认键st_ch，或者按下上升按钮upin，则对应的上升请求寄存器ur(t)赋值为1；否则，若电梯运行时间到，且没有任何请求，则对应的上升请求寄存器ur(t)赋值为0；反之，如果电梯处于运行中，楼层选择指示为t，且$t<num$时按下了楼层选择确认键st_ch，或者按下了下降按钮downin，则对应的下降请求寄存器dr(t)为1，否则，若电梯运行时间到，且没有任何请求，则对应的下降请求寄存器dr(t)赋值为0；除此之外的其他情况发生时，各楼的上升、下降请求寄存器都置位为0。

3)电梯运行状态控制进程

电梯运行次态控制进程的设计是实现电梯控制器最为重要的一部分，合理判断电梯的运行次态是正确完成设计的关键。

该进程根据ur/dr寄存器的状态和电梯所在楼层的变量liftor，当wai_t的值为110时，给出电梯的下一个状态。信号ladd指示电梯的下一状态，其值为11时电梯上升，00时电梯下降，01或者00时电梯都处于等待状态。

当run_stop信号为高电平时，电梯处于运行状态，假设运行时间到，wai_t = 110，如果此时上升或下降请求寄存器的每一位都为0，则电梯处于等待状态，电梯下一状态指示信号ladd为00或者01；否则，若电梯处于第N层，如果此时$N+1$层的上升或者下降请求寄存器的值为1，则电梯处于运行等待状态，如果此时第$N+1$层以上的上升或者下降寄存器有请求，或者N层一下的上升或者下降寄存器有请求，电梯处于上升运行状态，ladd的值为11，其他情况电梯处于下降运行状态，ladd的值为10。

4)电梯运行楼层计数及提前/延时关门控制进程

此进程完成提前/延时关门控制功能，并对电梯运行的楼层数进行计数。在分频信号的上升沿启动进程，信号 closex 和 delayx 分别完成提前关门和延时关门请求，并根据下一状态指示信号 ladd 对楼层计数器 liftor 进行相应的操作。

整个系统分为两大组成模块：电梯控制器主体电路，完成如上所述的各项控制进程，输出电路运行状态；显示模块，采用共阴极 LED 数码显示管，实现电梯控制器状态指示功能，其输入信号为电梯控制器主体电路的运行状态输出信号。显示电路框图如图 9.23 所示。

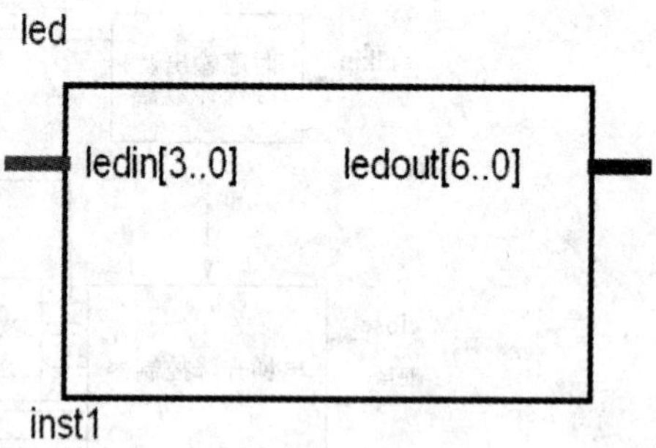

```
led
 ┌──────────────────────────────┐
─┤ ledin[3..0]      ledout[6..0] ├─
 └──────────────────────────────┘
inst1
```

图 9.23 显示电路框图

9.3.4 VHDL 源程序

显示电路的 VHDL 程序：

```
library ieee;
use ieee. std_logic_1164. all;
use ieee. std_logic_unsigned. all;
entity led is
    port(
        ledin:in std_logic_vector(3 downto 0);                  --输入信号
        ledout:out std_logic_vector(6 downto 0)                  --输出信号
    );
end led;
architecture rtl of led is
begin
    process(ledin)
    begin
        case ledin is --The sequence is "g f e d c b a"
            when "0000" => ledout <= "0111111"; -- " show 0 "
            when "0001" => ledout <= "0000110"; -- " show 1 "
            when "0010" => ledout <= "1011011"; -- " show 2 "
            when "0011" => ledout <= "1001111"; -- " show 3 "
            when "0100" => ledout <= "1100110"; -- " show 4 "
            when "0101" => ledout <= "1101101"; -- " show 5 "
            when "0110" => ledout <= "1111101"; -- " show 6 "
            when "0111" => ledout <= "0000111"; -- " show 7 "
            when "1000" => ledout <= "1111111"; -- " show 8 "
            when "1001" => ledout <= "1101111"; -- " show 9 "
            when others => ledout <= "0000000"; --必须有
        end case;
    end process;
```

```
end rtl;
```

9层电梯控制器主体的程序：

```
library IEEE;
use IEEE.std_logic_1164.all;
use IEEE.std_logic_arith.all;
use IEEE.std_logic_unsigned.all;
entity lift is
    port(
        clk: in STD_LOGIC;                                    --2hz信号
        upin: in STD_LOGIC;                                   --上升请求键
        downin: in STD_LOGIC;                                 --下降请求键
        st_ch: in STD_LOGIC;                                  --楼层选择键
        close: in STD_LOGIC;                                  --提前关门键
        delay: in STD_LOGIC;                                  --延时关门键
        run_stop: in STD_LOGIC;                               --电梯运行开关
        lamp: out STD_LOGIC;                                  --运行或停止灯
        run_wait: out STD_LOGIC_VECTOR (3 downto 0);          --运行或等待时间
        st_out: out STD_LOGIC_VECTOR (3 downto 0);            --电梯所在楼层指示
        direct: out STD_LOGIC_VECTOR (3 downto 0)             --楼层选择指示
    );
end lift;
architecture rtl of lift is
component led
port(
    ledin:in std_logic_vector(3 downto 0);
    ledout:out std_logic_vector(6 downto 0)
    );
end component;
signal ur, dr:STD_LOGIC_VECTOR (9 downto 1);
signal dir, liftor:integer range 0 to 8;
signal wai_t:STD_LOGIC_VECTOR (2 downto 0);
signal divide, hand, clkin:STD_LOGIC;
signal ladd:STD_LOGIC_VECTOR (1 downto 0);
signal closex, delayx:STD_LOGIC;
signal run_wait: STD_LOGIC_VECTOR (3 downto 0);
signal st_out: STD_LOGIC_VECTOR (3 downto 0);
signal direct: STD_LOGIC_VECTOR (3 downto 0);
begin
    direct <= conv_std_logic_vector(dir, 4) +1;
    st_out <= conv_std_logic_vector(liftor, 4) +1;
    run_wait <= '0'&wai_t;
    lamp <= ladd(1);
    hand <= wai_t(2) and (not wai_t(1)) and wai_t(0);
```

```
        closex < = close and (not ladd(1));
        delayx < = delay and (not ladd(1));
        分频进程
p0:process(clk)
begin
        if (clk'event and clk = '1') then
                clkin < = not clkin;
                lamp < = ladd(1);
        end if;
end process p0;

- -        分频及楼选信号产生进程
p1:process(clkin)
begin
        if (clkin'event and clkin = '1') then
                divide < = not divide;
                if (dir = 8) then
                        dir < = 0;
                else
                        dir < = dir + 1;
                end if;
        end if;
end process p1;

- - 楼层请求寄存器置位与复位进程
p2:process(ur, dr, dir, upin, downin, st_ch, liftor, wai_t, run_stop, hand)
variable num, t:integer range 0 to 9;
begin
        num: = liftor + 1;
        t: = dir + 1;
        if (run_stop = '1') then                    - - 电梯运行时，选择楼层大于当前楼层或有上升请求
                if (((t > num) and (st_ch = '1')) or (upin = '1')) then
                        case t is
                                when 1  = > ur(1) < = '1';
                                when 2  = > ur(2) < = '1';
                                when 3  = > ur(3) < = '1';
                                when 4  = > ur(4) < = '1';
                                when 5  = > ur(5) < = '1';
                                when 6  = > ur(6) < = '1';
                                when 7  = > ur(7) < = '1';
                                when 8  = > ur(8) < = '1';
                                when 9  = > ur(9) < = '1';
                                when others  = > Null;
```

```
            end case;
--电梯运行时间到
        elsif (hand = '1') then
            case num is
                when 1 => ur(1) <= '0';
                when 2 => ur(2) <= '0';
                when 3 => ur(3) <= '0';
                when 4 => ur(4) <= '0';
                when 5 => ur(5) <= '0';
                when 6 => ur(6) <= '0';
                when 7 => ur(7) <= '0';
                when 8 => ur(8) <= '0';
                when 9 => ur(9) <= '0';
                when others => Null;
            end case;
        end if;
    --选择楼层小于当前楼层或者有下降请求
        if (((t < num) and (st_ch = '1')) or (downin = '1')) then
            case t is
                when 1 => dr(1) <= '1';
                when 2 => dr(2) <= '1';
                when 3 => dr(3) <= '1';
                when 4 => dr(4) <= '1';
                when 5 => dr(5) <= '1';
                when 6 => dr(6) <= '1';
                when 7 => dr(7) <= '1';
                when 8 => dr(8) <= '1';
                when 9 => dr(9) <= '1';
                when others => Null;
            end case;
        --电梯运行时间到
        elsif (hand = '1') then
            case num is
                when 1 => dr(1) <= '0';
                when 2 => dr(2) <= '0';
                when 3 => dr(3) <= '0';
                when 4 => dr(4) <= '0';
                when 5 => dr(5) <= '0';
                when 6 => dr(6) <= '0';
                when 7 => dr(7) <= '0';
                when 8 => dr(8) <= '0';
                when 9 => dr(9) <= '0';
                when others => Null;
```

```
                end case;
            end if;
        else
            ur< ="000000000";
            dr< ="000000000";
        end if;
end process p2;
--电梯运行状态控制进程
p3:process(ur, dr, liftor, ladd, wai_t, run_stop)
begin
    if (run_stop = '1') then
        if (wai_t = "110") then                                --电梯运行时
            if ((ur or dr) = "000000000") then
                ladd(1) < = '0';
            else
                case liftor is
                    when 0 = >
                        if ((ur(1) or dr(1)) > '0') then              --电梯在第1层
                            ladd(1) < = '0';
                        else
                            ladd < = "11";
                        end if;
                    when 1 = >
                        if ((ur(2) or dr(2)) > '0') then              --电梯在第2层
                            ladd(1) < = '0';
                        elsif(((ladd(0) = '1')
                            and
                            ((ur(9 downto 3) or dr(9 downto 3)) > "0000000"))
                            or
                            ((ur(1) or dr(1)) = '0')) then
                            ladd < = "11";
                        else
                            ladd < = "10";
                        end if;
                    when 2 = >
                        if ((ur(3) or dr(3)) > '0') then              --电梯在第3层
                            ladd(1) < = '0';
                        elsif(((ladd(0) = '1')
                            and
                        ((ur(9 downto 4) or dr(9 downto 4)) > "000000"))
                            or
                        ((ur(2 downto 1) or dr(2 downto 1)) = "00")) then
                        ladd < = "11";
```

```
        else
            ladd <= "10";
        end if;
    when 3  =>
        if ((ur(4) or dr(4)) > '0') then                  --电梯在第4层
            ladd(1) <= '0';
        elsif(((ladd(0) = '1')
              and
             ((ur(9 downto 5) or dr(9 downto 5)) > "00000"))
              or
             ((ur(3 downto 1) or dr(3 downto 1)) = "000")) then
            ladd <= "11";
        else
            ladd <= "10";
        end if;
    when 4  =>                                         --电梯在第5层
        if ((ur(5) or dr(5)) > '0') then
            ladd(1) <= '0';
        elsif(((ladd(0) = '1')
              and
             ((ur(9 downto 6) or dr(9 downto 6)) > "0000"))
              or
             ((ur(4 downto 1) or dr(4 downto 1)) = "0000")) then
            ladd <= "11";
        else
            ladd <= "10";
        end if;
    when 5  =>                                         --电梯在第6层
        if ((ur(6) or dr(6)) > '0') then
            ladd(1) <= '0';
        elsif(((ladd(0) = '1')
              and
             ((ur(9 downto 7) or dr(9 downto 7)) > "000"))
              or
             ((ur(5 downto 1) or dr(5 downto 1)) = "00000")) then
            ladd <= "11";
        else
            ladd <= "10";
        end if;
    when 6  =>                                         --电梯在第7层
        if ((ur(7) or dr(7)) > '0') then
            ladd(1) <= '0';
        elsif(((ladd(0) = '1')
```

```
                              and
                              ((ur(9 downto 8) or dr(9 downto 8)) > "00"))
                              or
                              ((ur(6 downto 1) or dr(4 downto 1)) = "000000")) then
                              ladd <= "11";
                         else
                              ladd <= "10";
                         end if;
                    when 7 =>                                        --电梯在第8层.
                         if ((ur(8) or dr(8)) > '0') then
                              ladd(1) <= '0';
                         elsif(((ladd(0) = '1')
                              and
                              ((ur(9) or dr(9)) > '0'))
                              or
                              ((ur(7 downto 1) or dr(7 downto 1)) = "0000000")) then
                              ladd <= "11";
                         else
                              ladd <= "10";
                         end if;
                    when 8 =>
                         if ((ur(9) or dr(9)) > '0') then
                              ladd(1) <= '0';
                         else
                              ladd <= "10";
                         end if;
                    when others => null;
               end case;
          end if;
     end if;
  else
     ladd <= "00";
  end if;
end process p3;
--楼层计数及关门时间控制进程
p4:process(divide, wai_t, ladd, closex, delayx)
begin
  if (divide'event and divide = '1') then
     if (wai_t = "000" or closex = '1') then
        wai_t <= "110";
     else
        if (delayx = '0') then
           wai_t <= wai_t - 1;
```

```
                else
                    wai_t < = "010" ;
                end if;
                if ( wai_t = "001" ) then
                    if ( ladd = "11" ) then
                        liftor < = liftor + 1 ;                 - - 电梯上升，楼层加1
                    elsif ( ladd = "10" ) then
                        liftor < = liftor - 1 ;                 - - 电梯上升，楼层减1
                    end if;
                end if;
            end if;
        end if;
end process p4;
end rtl;
```

顶层模块设计程序：

```
library IEEE;
use IEEE. std_logic_1164. all;
entity top is
    port(
        clk: in STD_LOGIC;                                       - - 时钟信号
        upin: in STD_LOGIC;                                      - - 上升请求键
        downin: in STD_LOGIC;                                    - - 下降请求键
        st_ch: in STD_LOGIC;                                     - - 楼层选择键
        close: in STD_LOGIC;                                     - - 提前关门键
        delay: in STD_LOGIC;                                     - - 延时关门键
        run_stop: in STD_LOGIC;                                  - - 电梯运行开关
        lamp: out STD_LOGIC;                                     - - 运行或停止灯
        run_waitdis: out STD_LOGIC_VECTOR (6 downto 0);          - - 运行或等待时间
        st_outdis: out STD_LOGIC_VECTOR (6 downto 0);            - - 电梯所在楼层指示
        directdis: out STD_LOGIC_VECTOR (6 downto 0)             - - 楼层选择指示
    );
end top;
architecture rtl of top is
component led is
port(
    ledin:in std_logic_vector(3 downto 0);
    ledout:out std_logic_vector(6 downto 0)
    );
end component;
component lift is
    port(
        clk: in STD_LOGIC;                                       - - 时钟信号
        upin: in STD_LOGIC;                                      - - 上升请求键
```

```
        downin: in STD_LOGIC;                                    --下降请求键
        st_ch: in STD_LOGIC;                                     --楼层选择键
        close: in STD_LOGIC;                                     --提前关门键
        delay: in STD_LOGIC;                                     --延时关门键
        run_stop: in STD_LOGIC;                                  --电梯运行开关
        lamp: out STD_LOGIC;                                     --运行或停止灯
        run_wait: out STD_LOGIC_VECTOR (3 downto 0);             --运行或等待时间
        st_out: out STD_LOGIC_VECTOR (3 downto 0);               --电梯所在楼层指示
        direct: out STD_LOGIC_VECTOR (3 downto 0)                --楼层选择指示
    );
end component lift;
signal s0, s1, s2: STD_LOGIC_VECTOR (3 downto 0);
BEGIN
    U1: lift PORT MAP(clk, upin, downin, st_ch, close, delay, run_stop, lamp, s0, s1, s2);
    U2: led PORT MAP(s0, run_waitdis);
    U3: led PORT MAP(s1, st_outdis);
    U4: led PORT MAP(s2, directdis);
END rtl;
```

9.3.5 仿真结果与分析

以上述 VHDL 语言描述得到的电梯控制器为对象进行仿真，得到 RTL 电路如图 9.24 所示。

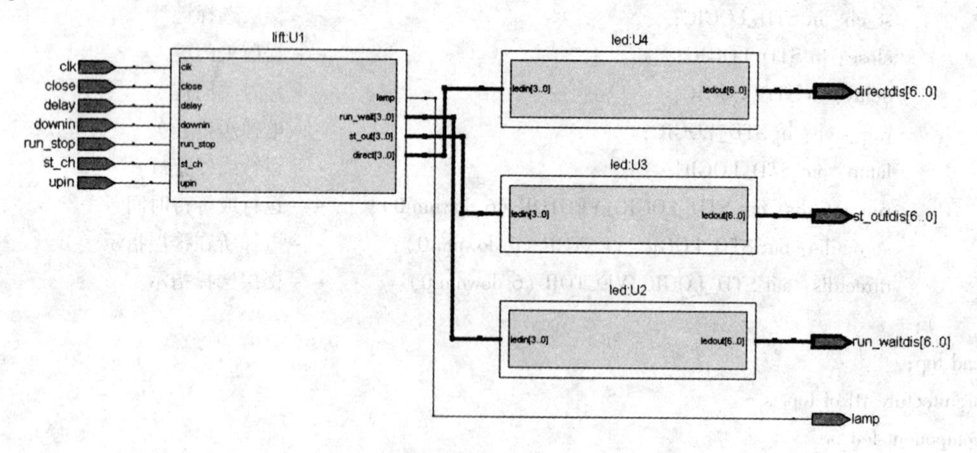

图 9.24 电梯控制器 RTL 电路图

从图 9.24 可见，电梯控制器由一个控制主体电路模块和 3 个显示电路模块组成，它们分别完成电梯状态控制和显示功能。

对这样一个数字系统进行功能仿真得到的仿真波形如图 9.25 所示。

图 9.25 中，当信号 close 为高电平时，电梯进入运行状态控制进程，通过判断上升、下降请求寄存器每一位的值，决定电梯的运行状态，并通过状态指示信号输出该状态。

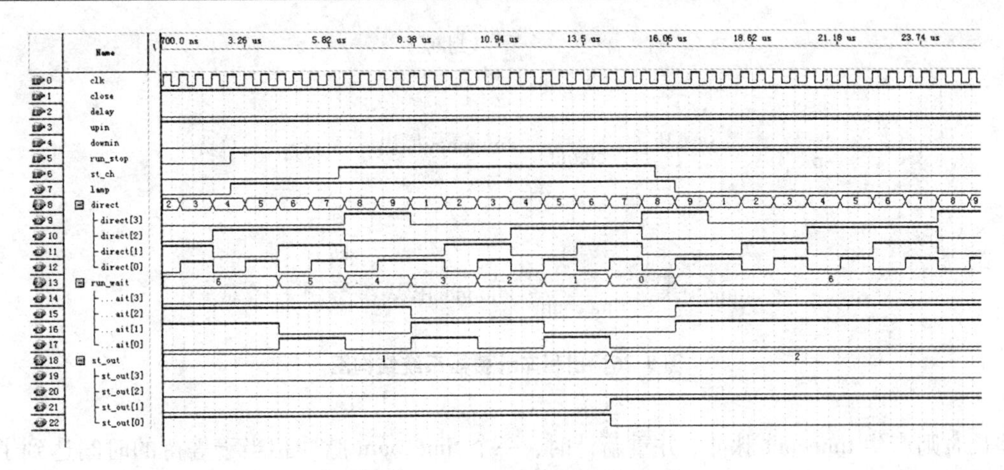

图 9.25　电梯控制器仿真波形图

9.4　出租车计费器

出租车的出现给人们的生活带来了极大的便利，日渐成为城市交通工具中重要的成员之一。本节将以日常所见的出租车计费器为设计目标，实现其计程、计时、预置、计费等功能。

9.4.1　系统设计要求

(1) 该计费器能实现计费功能。车起步开始计费，首先显示起步费为 3.00 元，车在行驶 3 公里以内，只收起步费。车行驶超过 3 公里后，每公里 2 元，车费依次累加。当总费用达到或超过 40 元时，每公里收费 4 元。当遇到红灯或客户需要停车等待时，则按时间计费，计费单价为每 20 s 收费 1 元。

(2) 实现计费器预置功能，能够预置起步价、每公里收费、行车加费里程、计时收费等。

(3) 可以模拟汽车行驶、停止、暂停等状态，并根据不同状态进行计费。

(4) 以十进制显示出租车行驶路程与车费。

9.4.2　系统设计方案

分析系统设计要求不难得知，整个出租车计费系统按功能主要分为速度模块、计程模块、计时模块和计费模块，其系统结构图如图 9.26 所示。

系统接收到 reset 信号后，总费用变为 3 元，同时其他计数器、寄存器等全部清零；系统接收到 start 信号后，首先把部分寄存器赋值，总费用不变，单价 price 寄存器通过对总费用的判断后赋为 2 元。其他寄存器和计数器等继续保持为 0。

(1) 速度模块：通过对速度信号 sp 的判断，决定变量 kinside 的值。Kinside 即是行进 100 m 所需要的时钟周期数，然后每行进 100 m 产生一个脉冲 clkout。

(2) 计程模块：由于一个 clkout 信号代表行进 100 m，故通过对 clkout 计数，可以获得共行进的距离 kmcount。

(3) 计时模块：在汽车启动后，当遇到顾客等人或红灯时，出租车采用计时收费的方式。通过对速度信号 sp 的判断决定是否开始记录时间。当 sp = 0 时，开始记录时间。当时间达到

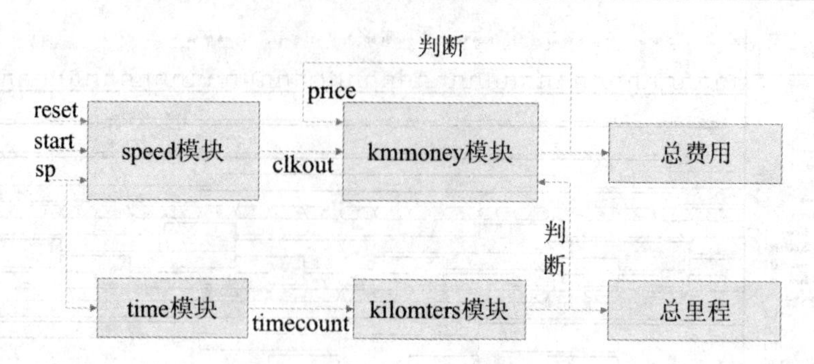

图9.26 出租车计费器系统结构图

足够长时则产生timecout脉冲，并重新计时，一个timecount脉冲相当于等待的时间达到了时间计费的长度。这里选择系统时钟频率为500 Hz，20 s即计数值为1000。

(4)计费模块由两个进程组成。其中，一个进程根据条件对enable和price赋值：当记录的距离达到3公里后enable变为1，开始进行每公里收费，当总费用大于40元后，则单价price由原来的2元每公里变为4元每公里；第2个进程在每个时钟周期判断timecount和clk-out的值，当其为1时，则在总费用上加上相应的费用。

9.4.3 主要模块设计

从上述设计方案中我们可以大致得到出租车计费器的系统框图，如图9.27所示。其中，clk为输入时钟脉冲，时钟上升沿有效；reset为复位信号，start为开始计费信号，stop为停止计费信号，均高电平有效；sp[2..0]表示出租车状态(停止或不同行驶速度)；kmcnt和count信号则分别输出出租车行驶的里程和收费。系统的显示电路由共阴极LED数码显示管组成，在此不再赘述。

1)速度模块

速度模块首先根据start信号判断是否开始计费，然后根据输入的速度挡位sp[2..0]的判断，确定行驶100 m所需要的时钟数，每前进100 m，输出一个clkout信号。同时由cnt对clk进行计数，当cnt等于kinside时，把clkout信号置1，cnt清零。其模块框图如图9.28所示。

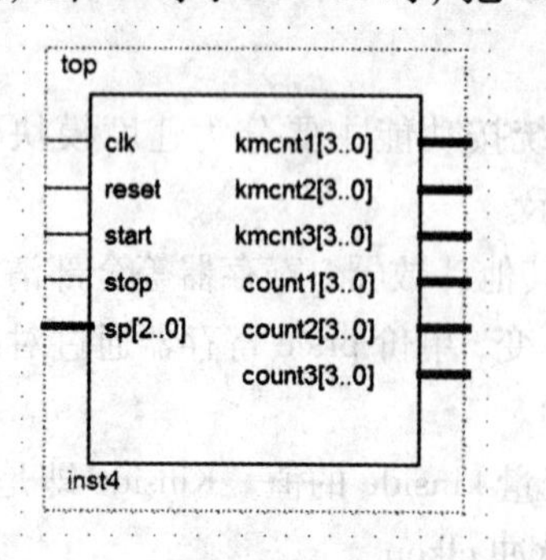

图9.27 出租车计费器系统框图

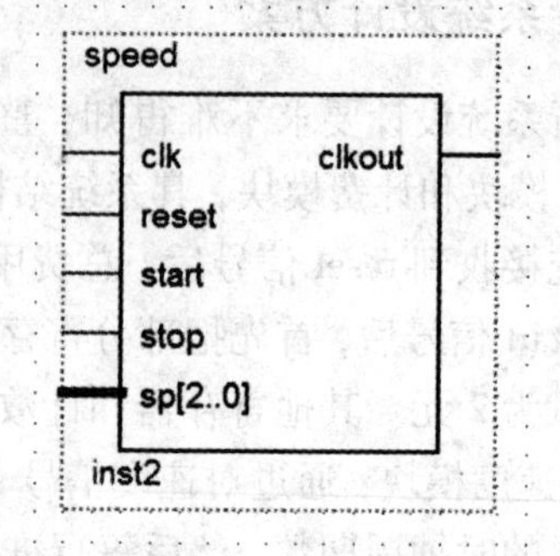

图9.28 速度模块框图

2)计程模块

此模块主要用于记录行进的距离，其模块框图如图9.29所示。通过对clkout信号的计数，可以计算行驶的距离kmcnt。一个clkout脉冲相当于行进100 m，所以只要记录clkout的脉冲数目即可确定共行进的距离。kmcnt1为十分位，kmcnt2为个位，kmcnt3为十位，分别为十进制数。

3）计时模块

计时模块主要用于计时收费，记录计程车速度为0的时间（如等待红灯），其模块框图如图9.30所示。通过对sp信号的判断，当sp=0，开始记录时间。当时间达到足够长时，产生timecount脉冲，并重新计时。

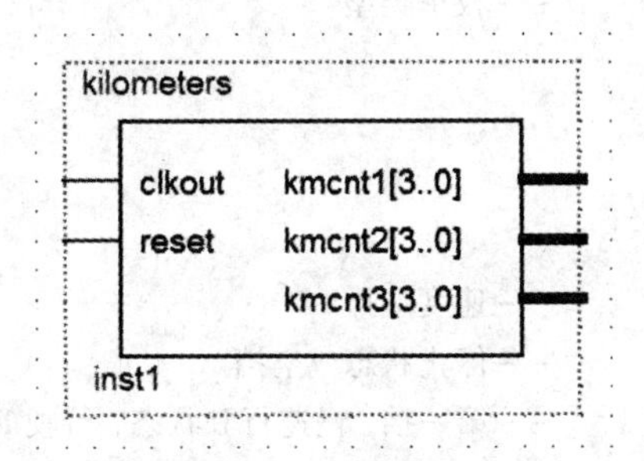

图9.29　计程模块框图

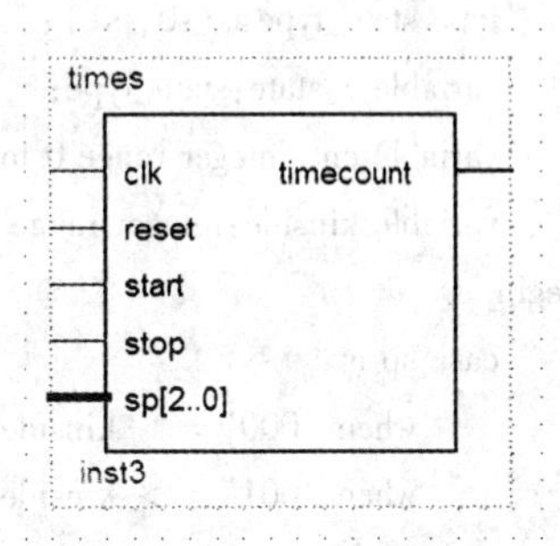

图9.30　计时模块框图

4）计费模块

计费模块如图9.31所示，可分为kmmoney1和kmmoney2两个进程。kmmoney1用于产生enable和price信号。当记录距离达到3 km后，enable信号为1，开始进行每公里的收费。总费用大于40元后，单价price由原来的2元变为4元，用作计时收费。通过对sp信号的判断，当sp=0，开始记录时间。当时间达到足够长时，产生timecount脉冲，当时间达到足够长时，产生timecount脉冲，并重新计时。

kmmoney2用于判断timecount和clkout的值，当其为1时，总费用加1，最终输出为总费用。

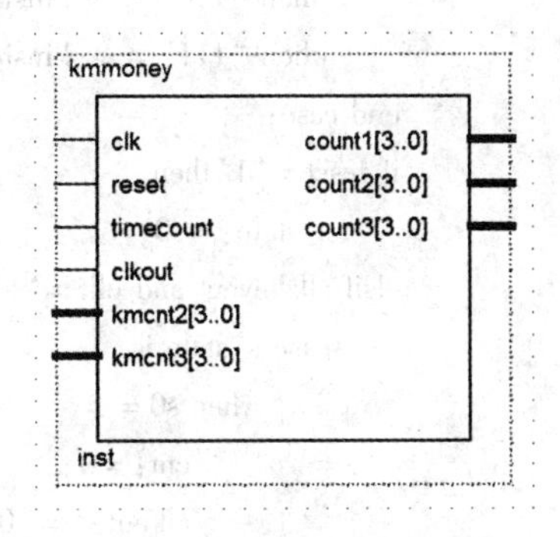

图9.31　计费模块框图

9.4.4　VHDL源程序

速度模块的VHDL代码：

```
Library ieee;                                   --加载库文件
Use ieee.std_logic_1164.all;
Use ieee.std_logic_unsigned.all;
Entity speed is
    Port(                                       --定义输入输出端口
            clk:in std_logic;
          reset:in std_logic;
          start:in std_logic;
```

```
            stop:in std_logic;
              sp:in std_logic_vector(2 downto 0);
          clkout:out std_logic
    );
end speed;
architecture rtl of speed is
begin
    process(clk, reset, stop, start, sp)                  --敏感信号发生变化时,启动进程
        type state_type is(s0, s1);                       --枚举类型
        variable s_state:state_type;
        variable cnt:integer range 0 to 28;
        variable kinside:integer range 0 to 30;
    begin
        case sp is                                        --速度选择
            when "000" => kinside:=0;                     --停止状态或空挡
            when "001" => kinside:=28;                    --第一挡,慢速行驶状态,行驶100 m
                                                            需要28个时钟周期
            when "010" => kinside:=24;                    --第二挡
            when "011" => kinside:=20;                    --第三挡
            when "100" => kinside:=16;                    --第四挡
            when "101" => kinside:=12;                    --第五挡
            when "110" => kinside:=8;                     --第六挡
            when "111" => kinside:=4;                     --第七挡,也是速度最大的挡
        end case;
        if reset = '1' then
            s_state:=s0;                                  --复位清零
        elsif clk'event and clk = '1' then                --时钟上升沿到达时,状态转换
            case s_state is
                when s0 =>
                    cnt:=0;
                    clkout <= '0';
                    if start = '1' then
                        s_state:=s1;
                    else
                        s_state:=s0;
                    end if;
                when s1 =>
                    clkout <= '0';
                    if stop = '1' then
                        s_state:=s0;                      --相当于无客户上车
                    elsif sp = "000" then
                        s_state:=s1;                      --有客户上车,但车速为0,即
                                                            客户刚上车还未起步
```

```
                elsif cnt = kinside then
                    cnt: =0;
                    clkout < = '1';
                    s_state: = s1;
                else
                    cnt: = cnt + 1;
                    s_state: = s1;
                end if;
            end case;
        end if;
    end process;
end rtl;
```

计程模块的VHDL代码:

```
Library ieee;                                              - -加载库文件
Use ieee.std_logic_1164.all;
Use ieee.std_logic_unsigned.all;

Entity kilometers is
    Port(                                                  - -定义输入输出端口
        clkout, reset:in std_logic;
        kmcnt1:out std_logic_vector(3 downto 0);
        kmcnt2:out std_logic_vector(3 downto 0);
        kmcnt3:out std_logic_vector(3 downto 0)
    );
end kilometers;
architecture rtl of kilometers is
begin
    process(clkout, reset)
        variable km_reg:std_logic_vector(11 downto 0);         - -启动进程
    begin
        if reset = '1'then
            km_reg: = "000000000000";                          - -复位清零
        elsif clkout'event and clkout = '1'then
            if km_reg(3 downto 0) = "1001"then                 - -km_reg(3 downto 0)
                                                               - -对应里程十分位
                km_reg: = km_reg + "0111";                     - -十分位向个位的进位处理
            else
                km_reg(3 downto 0): = km_reg(3 downto 0) + "0001";
            end if;

            if km_reg(7 downto 4) = "1010"then
                km_reg: = km_reg + "01100000";                 - -个位向十位的进位处理
```

```
            end if;
        end if;
        kmcnt1 < = km_reg(3 downto 0);
        kmcnt2 < = km_reg(7 downto 4);
        kmcnt3 < = km_reg(11 downto 8);
    end process;
end rtl;
```

计时模块的 VHDL 代码：

```
Library ieee;
Use ieee. std_logic_1164. all;                              - -加载库文件
Use ieee. std_logic_unsigned. all;
Entity times is
    Port(
        clk:in std_logic;                                   - -定义输入输出端口
        reset:in std_logic;
        start:in std_logic;
        stop:in std_logic;
        sp:in std_logic_vector(2 downto 0);
    timecount:out std_logic
    );
End times;
architecture rtl of times is
begin
    process(reset, clk, sp, stop, start)                    - -启动进程
        type state_type is(t0, t1, t2);
        variable t_state:state_type;
        variable waittime: integer range 0 to 1000;
    begin
        if reset = '1' then
            t_state: = t0;                                  - -复位清零
        elsif(clk'event and clk = '1')then                  - -时钟上升沿到达
            case t_state is                                 - -根据条件完成状态转换
                when t0  = >
                    waittime: =0;
                    timecount < = '0';
                    if start = '1' then
                        t_state: = t1;
                    else
                        t_state: = t0;
                    end if;

                when t1 = >
```

```
                    if sp = "000" then
                        t_state: = t2;
                    else
                        waittime: = 0;
                        t_state: = t1;
                    end if;
                when t2 = >
                    waittime: = waittime + 1;               - - 等待时间加1
                    timecount < = '0';
                    if waittime = 1000 then
                        timecount < = '1';                  - - 产生一个时间计费脉冲
                        waittime: = 0;
                    elsif stop = '1' then
                        t_state: = t0;
                    elsif sp = "000" then
                        t_state: = t2;
                    else
                        timecount < = '0';
                        t_state: = t1;
                    end if;
            end case;
        end if;
    end process;
end rtl;
```

计费模块的VHDL代码：

```
Library ieee;                                               - - 加载库文件
Use ieee. std_logic_1164. all;
Use ieee. std_logic_unsigned. all;
Entity kmmoney is
    Port(                                                   - - 定义输入输出端口
        clk:in std_logic;
        reset:in std_logic;
        timecount:in std_logic;
        clkout:in std_logic;
        kmcnt2:in std_logic_vector(3 downto 0);
        kmcnt3:in std_logic_vector(3 downto 0);
        count1:out std_logic_vector(3 downto 0);
        count2:out std_logic_vector(3 downto 0);
        count3:out std_logic_vector(3 downto 0)
    );
End kmmoney;
Architecture rtl of kmmoney is
```

```
Signal cash:std_logic_vector(11 downto 0);
Signal price:std_logic_vector(3 downto 0);
Signal enable: std_logic;
Begin
kmmoney1:Process(cash, kmcnt2)                              --此进程产生下一进程的敏感信号
    Begin
        If cash > = "000001000000" then
            price < = "0100";
        Else
            price < = "0010";
        End if;
        If(kmcnt2 > = "0011")or(kmcnt3 > = "0001")then
            enable < = '1';
        Else
            enable < = '0';
        End if;
    End process;
kmmoney2:process(reset, clkout, clk, enable, price, kmcnt2)
    variable reg2:std_logic_vector(11 downto 0);
    variable clkout_cnt:integer range 0 to 10;
    begin
        if reset = '1' then
            cash < = "000000000011";                        --起步费用设为 3 元
        elsif clk'event and clk = '1' then
            if timecount = '1' then                         --判断是否需要时间计费，每 20 s
                                                              加 1 元
                reg2: = cash;
                if reg2(3 downto 0) + "0001" > "1001" then  --产生进位
                    reg2(7 downto 0): = reg2(7 downto 0) + "00000111";
                    if reg2(7 downto 4) > "1001" then
                        cash  < = reg2 + "000001100000";
                    else
                        cash < = reg2;
                    end if;
                else
                    cash < = reg2 + "0001";
                end if;
            elsif clkout = '1' and enable = '1' then        --里程计费
                if clkout_cnt = 9 then
                    clkout_cnt: = 0;
                    reg2: = cash;
                    if"0000"&reg2(3 downto 0) + price(3 downto 0) > "00001001"then
                        reg2(7 downto 0): = reg2(7 downto 0) + "00000110" + price;
```

```
                                                          - -十位进位
                    if reg2(7 downto 4) > "1001" then
                                                          - -百位进位
                        cash <= reg2 + "000001100000";
                    else
                        cash <= reg2;
                    end if;
                else
                    cash <= reg2 + price;
                end if;
            else
                clkout_cnt := clkout_cnt + 1;             - -对时钟计数
            end if;
        end if;
    end if;
  end process;
  count1 <= cash(3 downto 0);                             - -总费用的个位
  count2 <= cash(7 downto 4);                             - -总费用的十位
  count3 <= cash(11 downto 8);                            - -总费用的百位
End rtl;
```

顶层模块的 VHDL 代码:

```
Library ieee;
Use ieee.std_logic_1164.all;
Entity top is
  Port(                                                   - -定义整个系统的输入输出端口
        clk:in std_logic;
        reset:in std_logic;
        start:in std_logic;
        stop:in std_logic;
        sp:in std_logic_vector(2 downto 0);
      kmcnt1:out std_logic_vector(3 downto 0);
      kmcnt2:out std_logic_vector(3 downto 0);
      kmcnt3:out std_logic_vector(3 downto 0);
      count1:out std_logic_vector(3 downto 0);
      count2:out std_logic_vector(3 downto 0);
      count3:out std_logic_vector(3 downto 0)
  );
END top;

ARCHITECTURE rtl OF top IS                                - -对上述电路模块进行元件定义
COMPONENT speed is                                        - -定义速度模块
  Port(
```

```
            clk:in std_logic;
            reset:in std_logic;
            start:in std_logic;
            stop:in std_logic;
            sp:in std_logic_vector(2 downto 0);
          clkout:out std_logic
    );
end COMPONENT speed;
COMPONENT times is                                    --定义计时模块
    Port(
          clk:in std_logic;
          reset:in std_logic;
          start:in std_logic;
          stop:in std_logic;
          sp:in std_logic_vector(2 downto 0);
      timecount:out std_logic
    );
End COMPONENT times;
COMPONENT kilometers is                               --定义计程模块
    Port(
          clkout, reset:in std_logic;
          kmcnt1:out std_logic_vector(3 downto 0);
          kmcnt2:out std_logic_vector(3 downto 0);
          kmcnt3:out std_logic_vector(3 downto 0)
    );
end COMPONENT kilometers;
COMPONENT kmmoney is                                  --定义计费模块
    Port(
          clk:in std_logic;
          reset:in std_logic;
          timecount:in std_logic;
          clkout:in std_logic;
          kmcnt2:in std_logic_vector(3 downto 0);
          kmcnt3:in std_logic_vector(3 downto 0);
          count1:out std_logic_vector(3 downto 0);
          count2:out std_logic_vector(3 downto 0);
          count3:out std_logic_vector(3 downto 0)
    );
End COMPONENT kmmoney;
SIGNAL clktmp: STD_LOGIC;
SIGNAL timetmp: STD_LOGIC;
SIGNAL kmtmp2: STD_LOGIC_VECTOR(3 DOWNTO 0);
SIGNAL kmtmp3: STD_LOGIC_VECTOR(3 DOWNTO 0);
```

```
BEGIN                                                              --使用定义的例比模块
    U1: speed PORT MAP(clk, reset, start, stop, sp, clktmp);
    U2: times PORT MAP(clk, reset, start, stop, sp, timetmp);
    U3: kilometers PORT MAP(clktmp, reset, kmcnt1, kmtmp2, kmtmp3);
    u4:kmmoney PORT MAP(clk, reset, timetmp, clktmp, kmtmp2, kmtmp3, count1, count2, count3);
    kmcnt2 <= kmtmp2;
    kmcnt3 <= kmtmp3;
END rt
```

9.4.5　仿真结果与分析

出租车计费器的 RTL 电路图如图 9.32 所示。

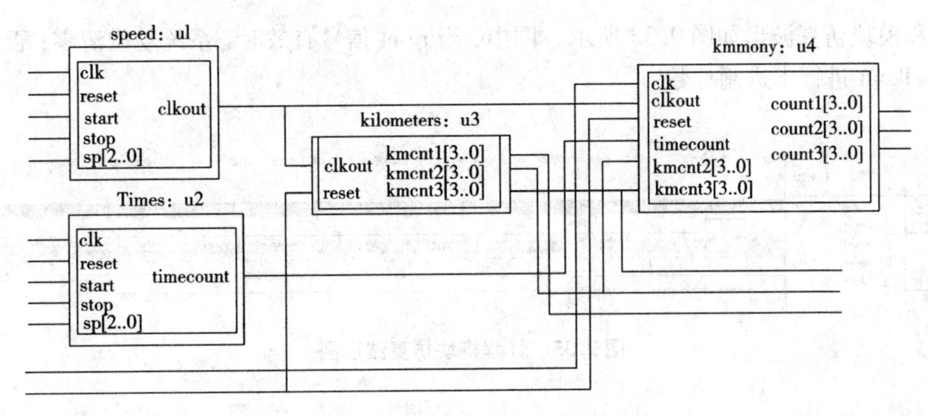

图 9.32　出租车计费器 RTL 电路图

对由上述电路图构成的系统进行仿真，得到的仿真波形如图 9.33 所示。

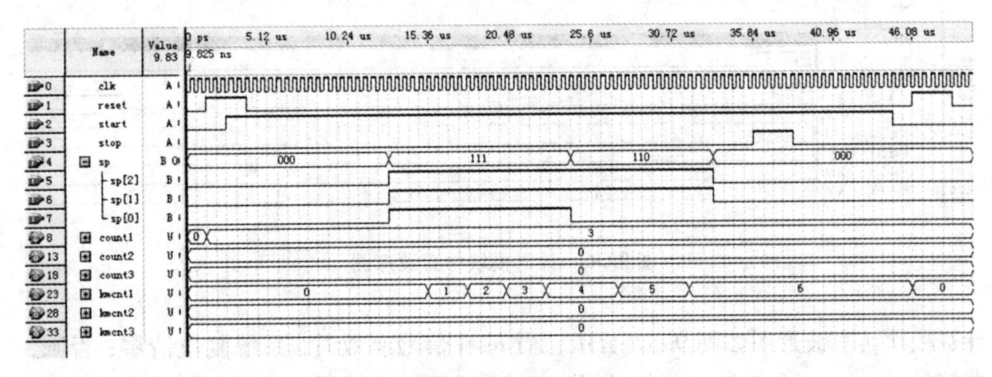

图 9.33　出租车计费器仿真波形图

图 9.33 中，当复位信号 reset 为高电平时，系统所有寄存器、计时器都清零；当开始计费信号 start 有效时，计费器开始计费，根据出租车行驶的速度 sp[2..0]的取值计算费用和行驶里程；当停止计费信号有效时，计费器停止工作。下面我们针对各个电路模块分别进行考察。

速度模块的仿真波形如图 9.34 所示。该模块根据出租车所处的运行状态和不同的行驶速度，对相应数目的时钟周期进行计数，车每行驶 100 m 时输出信号 clkout 输出高电平。

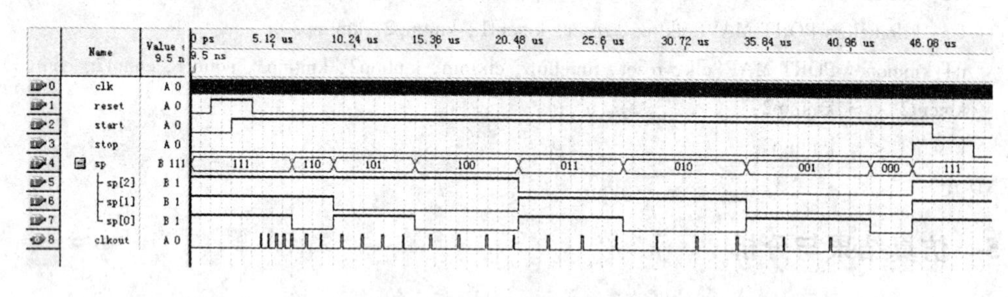

图 9.34 速度仿真波形图

计程模块仿真波形如图 9.35 所示。图中，当 reset 信号有效时，系统复位清零；否则，输入信号 clkout 进行十进制计数。

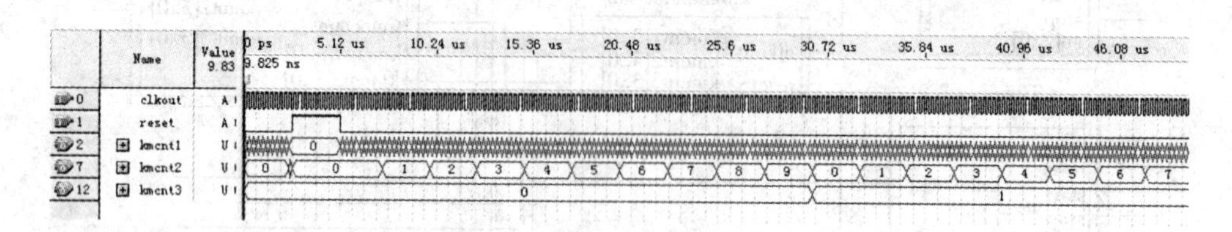

图 9.35 计程模块仿真波形图

计时模块仿真波形如图 9.36 所示。预设 1000 个时钟周期为 20 s，对时钟周期进行计数，每计 1000 个时钟周期输出高电平，指示计时 20 s。

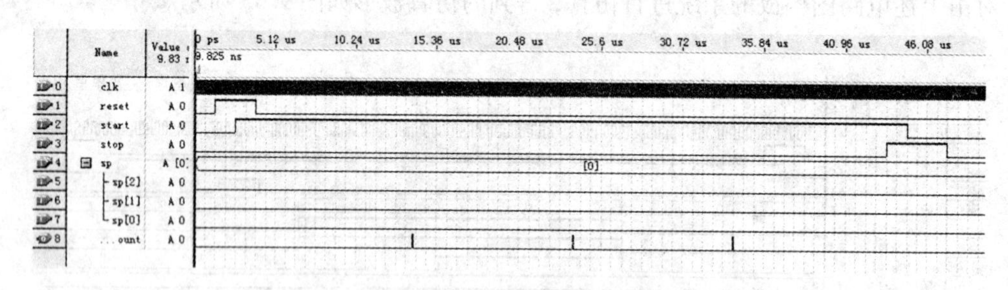

图 9.36 计时模块仿真波形图

计费模块仿真波形图如图 9.37 所示。当 reset 信号有效时，系统复位清零；否则，当计时计费信号 timecount 和计程计费信号 clkout 为高电平时，按照一定计费规则计费。

综上所述，本节设计的出租车计费器完全符合系统设计的要求，实现了出租车计费器所需的各项基本功能。

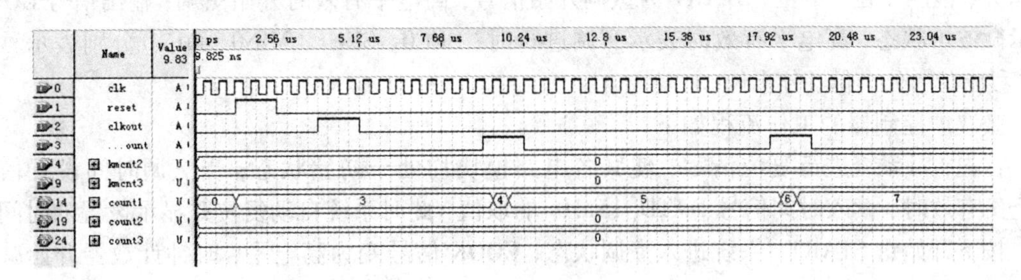

图9.37　计费模块仿真波形图

9.5　微波炉控制器

微波炉是一种用微波加热食品的现代化烹调灶具，它由电源、磁控管、控制电路和烹调腔组成。其中，为微波炉控制器部分完成各工作状态之间的切换功能，可以通过硬件语言描述的数字系统来实现。本节将详细分析微波炉控制器的原理和组成结构，并设计一个简单的具有定时和信息显示功能的微波炉控制器。

9.5.1　系统设计要求

(1)设计一个具备定时和信息显示功能的微波炉控制器。

(2)要求该微波炉控制器能够在任意时刻取消当前工作，复位为初始状态。

(3)可以根据需要设置烹饪时间的长短，系统最长的烹饪时间为59分59秒；开始烹调后，能够显示剩余时间的多少。

(4)显示微波炉控制器的烹调状态。

9.5.2　系统设计方案

分析上述设计及要求，微波炉控制系统可由以下4个电路模块组成：状态控制电路，其功能是控制微波炉工作过程中的状态转换，并发出相关控制信号；数据装载电路，其功能是根据控制信号选择定时时间，测试数据或载入计时完成信息；计时电路，其功能是对时钟进行减法计数，提供烹调完成时的状态信号；显示译码电路，其功能是显示微波炉控制器的各种状态信息。其中显示译码电路可以由共阴极LED数码显示管构成，在前面的章节中已多次提及，在此不再赘述。

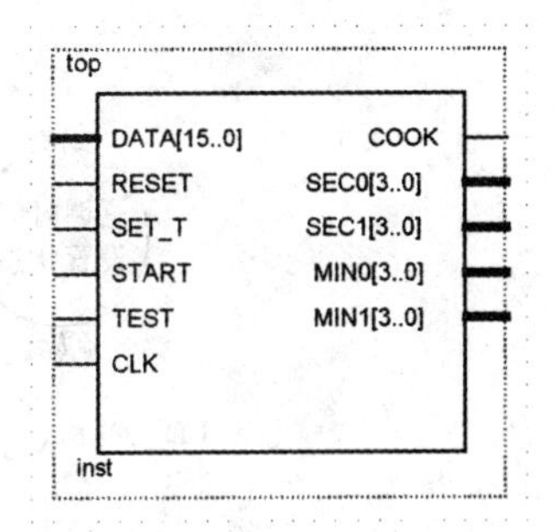

图9.38　微波炉控制器系统框图

微波炉控制器的系统框架图如图9.38所示。其中，CLK为时钟输入信号，时钟上升沿敏感；RESET为复位信号，高电平有效时系统复位清零；TEST为数码显示管测试信号，高电平有效，用于测试显示管是否正常；SET_T为烹调时间设置信号，高电平有效时允许设置烹调时间；DATA为定时时间输入信号，用于设置烹调时间的长短，其由高到低分别表示定时时间分、秒的十位、个位；START 为烹调开始信号，高电平有效时开始烹调；输出信号 COOK 指示微波炉状态，高电平有效时表示烹调进行时；SEC0、SEC1、MIN0、MIN1 分别表示秒个位、秒十位、分个位、分十位。

微波炉控制器的工作流程如下：

首先，对系统进行复位清零，使其各电路模块均处于初始状态；当烹调时间设置信号 SET_T 有效时，读入时间信号 DATD[15..0]的取值，此时系统自动复位并显示设置的时间信息。按下开始键 START，系统进入烹调状态，COOK 信号变为高电平，时钟计数器开始减法计数，显示剩余烹调时间。烹调结束，系统恢复初始状态，数码管显示输出烹调结束信息。

当系统处于复位清零状态时，按下显示管测试按钮 TEST，将对显示管是否正常工作进行测试，正常工作时，显示管输出全 1。

9.5.3　主要模块设计

在前面的章节中，我们已经详细阐述了显示译码电路的相关原理和实现方法，接下来我们将分析微波炉控制器的其他 3 个主要组成模块：状态控制电路、数据装载电路和计时电路。

1）状态控制电路

状态控制电路的其功能是根据输入信号和自身当时所处的状态完成状态转换和输出相应的控制信号，其模块如图 9.39 所示。其中，输出信号 LD_DONE 指示数据装载电路载入的烹调完毕的状态信息的显示驱动信息数据；LD_CLK 指示数据装载电路载入的设置时间数据；LD_TEST 指示数据装载电路载入的用于测试的数据，以显示驱动信息数据；COOK 指示烹调的状态，并提示计时器进行减法计数。

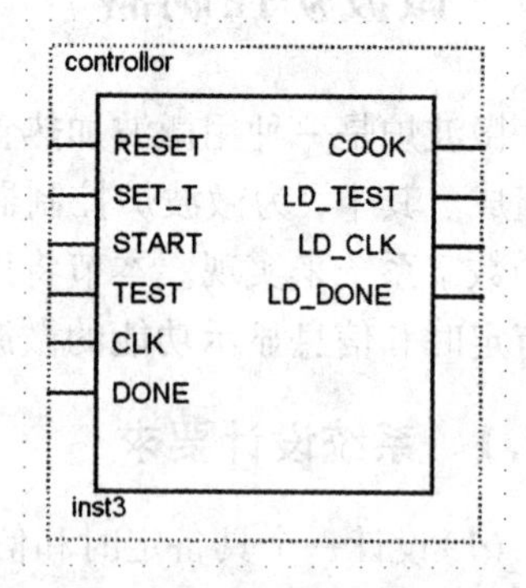

图 9.39　状态控制电路模块框图

根据微波炉工作流程的描述，分析状态转换条件及输出信号，可以得到如图 9.40 所示的微波炉控制器的状态转换图。

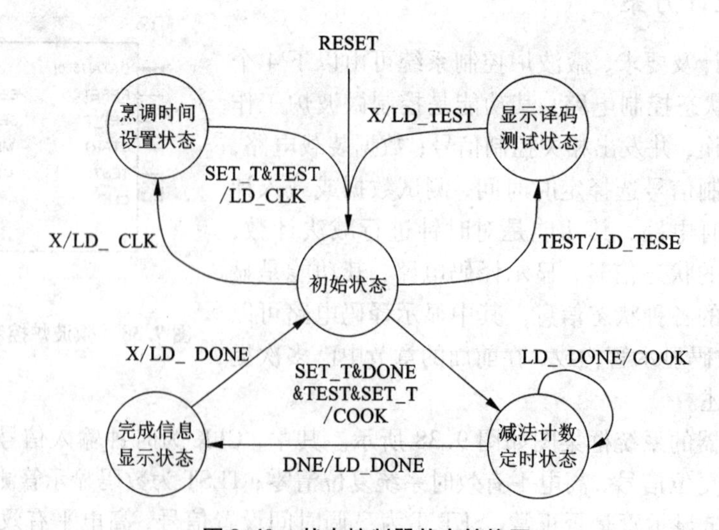

图 9.40　状态控制器状态转换图

图 9.40 中，当 RESET 信号有效时，系统复位清零，输入/输出对应烹调时间设置、显示译码测试、完成信号显示和减法计数定时 4 种状态进行相应的转换。

2)数据装载电路

它的本质是一个 3 选 1 多路选择器，其模块框图如图 9.41 所示。

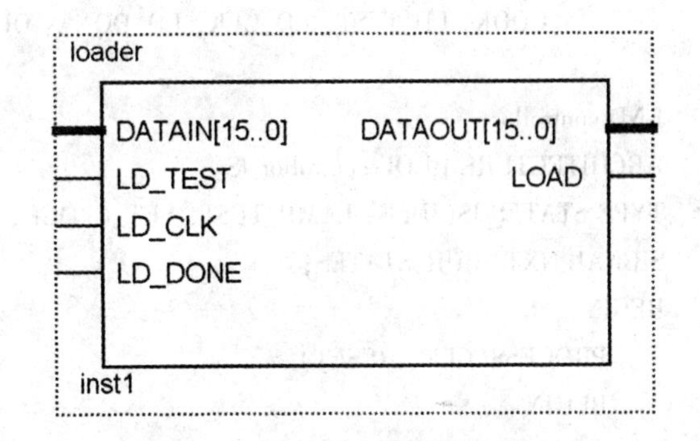

图 9.41　数据装载电路模块框图

其中，LD_DONE 为高电平时，输出烹调完毕的状态信息数据；LD_TESTLOAD 为高电平时，输出测试数据；LOAD 则用于指示电路正处于上述 3 路信号模式中的哪一种。

3)计时电路模块

计时电路模块可以由十进制减法计数器和六进制减法计数器级联组成，其中，两个十进制的减法计数器用于分、秒的个位减法计数，两个六进制的减法计数器用于分、秒的十位减法计数。由六进制计数器和十进制计数器联构成的计时模块原理图如图 9.42 所示，其级联方式与前面章节中介绍的数字秒表电路十分相似。

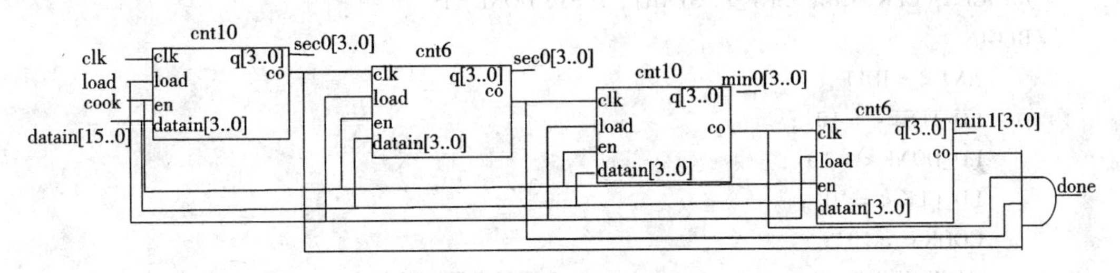

图 9.42　计时电路级联原理图

计时电路模块的框图如图 9.43 所示。其中，LOAD 为高电平时完成信号的载入；COOK 信号为高电平时，在每个时钟周期的上升沿进行减法计数；输出信号 DONE 表示烹调时间到，MIN 和 SEC 显示所剩时间和测试状态信息、烹调完毕状态信息等。

counter
COOK
SEC0[3..0]
LOAD
SEC1[3..0]
CLK
MIN0[3..0]
DATA[15..0]
MIN1[3..0]
DONE
inst2

图 9.43　计时电路模块

9.5.4　VHDL 源程序

状态控制电路的 VHDL 程序：

```
LIBRARY IEEE;                         --定义库文件
USE IEEE.STD_LOGIC_1164.ALL;
USE IEEE.STD_LOGIC_ARITH.ALL;
ENTITY controllor IS
```

```
    PORT(
        RESET, SET_T, START, TEST, CLK, DONE: IN STD_LOGIC;
                                    --分别对应复位信号、时间设置信号、开始烹调信
                                      号、显示电路测试信号、时钟脉冲信号和完成信号
        COOK, LD_TEST, LD_CLK, LD_DONE: OUT STD_LOGIC
    );
END controllor;
ARCHITECTURE rtl OF controllor IS
TYPE STATES IS(IDLE, LAMP_TEST, SET_CLOCK, TIMER, DONE_MSG);
SIGNAL NXT, CUR:STATES;
BEGIN
    PROCESS(CLK, RESET)
    BEGIN
        IF RESET = '1' THEN                 --清零
            CUR <= IDLE;
        ELSIF CLK'EVENT AND CLK = '1' THEN
            CUR <= NXT;
        END IF;
    END PROCESS;
    PROCESS(CLK, CUR, SET_T, START, TEST, DONE) IS
    BEGIN
        NXT <= IDLE;
        LD_TEST <= '0';
        LD_DONE <= '0';
        LD_CLK <= '0';
        COOK <= '0';
        CASE CUR IS                         --译码显示测试状态
            WHEN LAMP_TEST =>
                LD_TEST <= '1';
                COOK <= '0';
            WHEN SET_CLOCK =>               --烹调时间测试状态
                LD_CLK <= '1';
                COOK <= '0';
            WHEN DONE_MSG =>                --完成信息显示状态
                LD_DONE <= '1';
                COOK <= '0';
            WHEN IDLE =>                    --初始状态
                IF TEST = '1' THEN
                    NXT <= LAMP_TEST;
                    LD_TEST <= '1';
                ELSIF SET_T = '1' THEN
                    NXT <= SET_CLOCK;
                    LD_CLK <= '1';
```

```
            ELSIF START = '1' AND DONE = '0' THEN
                NXT < = TIMER;
                COOK < = '1';
            END IF;
        WHEN TIMER = >                                    - -减法计数定时状态
            IF DONE = '1' THEN
                NXT < = DONE_MSG;
                LD_DONE < = '1';
            ELSE
                NXT < = TIMER;
                COOK < = '1';
            END IF;
        END CASE;
    END PROCESS;
END rtl;
```

数据装载电路的 VHDL 程序:

```
LIBRARY IEEE;
USE IEEE. STD_LOGIC_1164. ALL;
USE IEEE. STD_LOGIC_ARITH. ALL;
ENTITY loader IS
    PORT(
        DATAIN: IN STD_LOGIC_VECTOR(15 DOWNTO 0);
        LD_TEST:IN STD_LOGIC;
        LD_CLK: IN STD_LOGIC;
        LD_DONE:IN STD_LOGIC;
        DATAOUT:OUT STD_LOGIC_VECTOR(15 DOWNTO 0);
        LOAD:OUT STD_LOGIC
    );
END loader;
ARCHITECTURE rtl OF loader IS
BEGIN
    PROCESS(DATAIN, LD_TEST, LD_CLK, LD_DONE)
    CONSTANT ALLS: STD_LOGIC_VECTOR(15 DOWNTO 0): = "1000100010001000";
                                                          - -测试信息
    CONSTANT DONE: STD_LOGIC_VECTOR(15 DOWNTO 0): = "1010101111001101";
                                                          - -烹调完成信息
    VARIABLE TEMP: STD_LOGIC_VECTOR(2 DOWNTO 0);
    BEGIN
        LOAD < = LD_TEST OR LD_DONE OR LD_CLK;
        TEMP: = LD_TEST & LD_DONE & LD_CLK;
        CASE TEMP IS
            WHEN "100" = >                                - -测试
                DATAOUT < = ALLS;
```

```
            WHEN “010” = >                                        - -烹调完成
                DATAOUT < = DONE;
            WHEN “001” = >                                        - -设置时间
                DATAOUT < = DATAIN;
            WHEN OTHERS = > NULL;
        END CASE;
    END PROCESS;
END rtl;
```

计时电路的 VHDL 程序：

```
- -十进制减法计数器
LIBRARY IEEE;
USE IEEE. STD_LOGIC_1164. ALL;
USE IEEE. STD_LOGIC_UNSIGNED. ALL;
ENTITY cnt10 IS
    PORT(
        CLK:IN STD_LOGIC;
        LOAD:IN STD_LOGIC;
        EN:IN STD_LOGIC;
        DATAIN: IN STD_LOGIC_VECTOR(3 DOWNTO 0);
        Q:OUT STD_LOGIC_VECTOR(3 DOWNTO 0);
        CARRY_OUT:OUT STD_LOGIC
    );
END cnt10;
ARCHITECTURE rtl OF cnt10 IS
SIGNAL TMP: STD_LOGIC_VECTOR(3 DOWNTO 0);
BEGIN
    PROCESS(CLK, LOAD, EN)
    BEGIN
        IF LOAD = ‘1’ THEN
            TMP < = DATAIN;
        ELSIF CLK’EVENT AND CLK = ‘1’ THEN
            IF EN = ‘1’ THEN
                IF TMP = “0000” THEN
                    TMP < = “1001”;
                ELSE
                    TMP < = TMP - ‘1’;
                END IF;
            END IF;
        END IF;
    END PROCESS;
    PROCESS(CLK, TMP)
    BEGIN
```

```
        IF CLK'EVENT AND CLK = '1' THEN
            IF TMP = "0000" THEN
                CARRY_OUT < = '1';
            ELSE
                CARRY_OUT < = '0';
            END IF;
        END IF;
    END PROCESS;
    Q < = TMP;
END rtl;

- -六进制减法计数器
LIBRARY IEEE;
USE IEEE.STD_LOGIC_1164.ALL;
USE IEEE.STD_LOGIC_UNSIGNED.ALL;
ENTITY cnt6 IS
    PORT(
        CLK:IN STD_LOGIC;
        LOAD:IN STD_LOGIC;
        EN:IN STD_LOGIC;
        DATAIN: IN STD_LOGIC_VECTOR(3 DOWNTO 0);
        Q:OUT STD_LOGIC_VECTOR(3 DOWNTO 0);
        CARRY_OUT:OUT STD_LOGIC
    );
END cnt6;
ARCHITECTURE rtl OF cnt6 IS
SIGNAL TMP: STD_LOGIC_VECTOR(3 DOWNTO 0);
BEGIN
    PROCESS(CLK, LOAD, EN)
    BEGIN
        IF LOAD = '1' THEN
            TMP < = DATAIN;
        ELSIF CLK'EVENT AND CLK = '1' THEN
            IF EN = '1' THEN
                IF TMP = "0000" THEN
                    TMP < = "0101";
                ELSE
                    TMP < = TMP - '1';
                END IF;
            END IF;
        END IF;
    END PROCESS;
    PROCESS(CLK, TMP)
```

```
        BEGIN
            IF CLK'EVENT AND CLK = '1' THEN
                IF TMP = "0000" THEN
                    CARRY_OUT < = '1';
                ELSE
                    CARRY_OUT < = '0';
                END IF;
            END IF;
        END PROCESS;
        Q < = TMP;
    END rtl;

    - -计数器电路模块设计
    LIBRARY IEEE;
    USE IEEE. STD_LOGIC_1164. ALL;

    ENTITY counter IS
        PORT(
            COOK:IN STD_LOGIC;
            LOAD:IN STD_LOGIC;
            CLK:IN STD_LOGIC;
            DATA:IN STD_LOGIC_VECTOR(15 DOWNTO 0);
            SEC0:OUT STD_LOGIC_VECTOR(3 DOWNTO 0);
            SEC1:OUT STD_LOGIC_VECTOR(3 DOWNTO 0);
            MIN0:OUT STD_LOGIC_VECTOR(3 DOWNTO 0);
            MIN1:OUT STD_LOGIC_VECTOR(3 DOWNTO 0);
            DONE:OUT STD_LOGIC
        );
    END counter;
    ARCHITECTURE rtl OF counter IS
    COMPONENT cnt10 IS                                    - -定义十进制计数器电路模块
        PORT(
            CLK:IN STD_LOGIC;
            LOAD:IN STD_LOGIC;
            EN:IN STD_LOGIC;
            DATAIN: IN STD_LOGIC_VECTOR(3 DOWNTO 0);
            Q:OUT STD_LOGIC_VECTOR(3 DOWNTO 0);
            CARRY_OUT:OUT STD_LOGIC
        );
    END COMPONENT cnt10;
    COMPONENT cnt6 IS                                     - -定义六进制计数器电路模块
        PORT(
            CLK:IN STD_LOGIC;
```

```
        LOAD:IN STD_LOGIC;
        EN:IN STD_LOGIC;
        DATAIN: IN STD_LOGIC_VECTOR(3 DOWNTO 0);
        Q:OUT STD_LOGIC_VECTOR(3 DOWNTO 0);
        CARRY_OUT:OUT STD_LOGIC
    );
END COMPONENT cnt6;
SIGNAL CLK0:STD_LOGIC;
SIGNAL S0:STD_LOGIC;
SIGNAL S1:STD_LOGIC;
SIGNAL S2:STD_LOGIC;
SIGNAL S3:STD_LOGIC;
BEGIN                                                   --元件例化
    U1:cnt10 PORT MAP(CLK, LOAD, COOK, DATA(3 DOWNTO 0), SEC0, S0);
    U2:cnt6  PORT MAP(S0, LOAD, COOK, DATA(7 DOWNTO 4), SEC1, S1);
    U3:cnt10 PORT MAP(S1, LOAD, COOK, DATA(11 DOWNTO 8), MIN0, S2);
    U4:cnt6 PORT MAP(S2, LOAD, COOK, DATA(15 DOWNTO 12), MIN1, S3);
    DONE<=S0 AND S1 AND S2 AND S3;
END rtl;
```

顶层模块的 VHDL 程序:

```
LIBRARY IEEE;
USE IEEE.STD_LOGIC_1164.ALL;
ENTITY top IS
    PORT(
        DATA: IN STD_LOGIC_VECTOR(15 DOWNTO 0);
        RESET:IN STD_LOGIC;
        SET_T:IN STD_LOGIC;
        START:IN STD_LOGIC;
        TEST:IN STD_LOGIC;
        CLK   :IN STD_LOGIC;
        COOK:OUT STD_LOGIC;
        SEC0:OUT STD_LOGIC_VECTOR(3 DOWNTO 0);
        SEC1:OUT STD_LOGIC_VECTOR(3 DOWNTO 0);
        MIN0:OUT STD_LOGIC_VECTOR(3 DOWNTO 0);
        MIN1:OUT STD_LOGIC_VECTOR(3 DOWNTO 0)
    );
END top;

ARCHITECTURE rtl OF top IS                              --定义状态控制电路模块
COMPONENT controllor IS
    PORT(
        RESET, SET_T, START, TEST, CLK, DONE: IN STD_LOGIC;
        COOK, LD_TEST, LD_CLK, LD_DONE: OUT STD_LOGIC
```

```
    );
END COMPONENT controllor;

COMPONENT loader IS                                         --定义数据装载电路模块
    PORT(
        DATAIN: IN STD_LOGIC_VECTOR(15 DOWNTO 0);
        LD_TEST:IN STD_LOGIC;
        LD_CLK: IN STD_LOGIC;
        LD_DONE:IN STD_LOGIC;
        DATAOUT:OUT STD_LOGIC_VECTOR(15 DOWNTO 0);
        LOAD:OUT STD_LOGIC
    );
END COMPONENT loader;
COMPONENT counter IS                                        --定义计时电路模块
    PORT(
        COOK:IN STD_LOGIC;
        LOAD:IN STD_LOGIC;
        CLK:IN STD_LOGIC;
        DATA:IN STD_LOGIC_VECTOR(15 DOWNTO 0);
        SEC0:OUT STD_LOGIC_VECTOR(3 DOWNTO 0);
        SEC1:OUT STD_LOGIC_VECTOR(3 DOWNTO 0);
        MIN0:OUT STD_LOGIC_VECTOR(3 DOWNTO 0);
        MIN1:OUT STD_LOGIC_VECTOR(3 DOWNTO 0);
        DONE:OUT STD_LOGIC
    );
END COMPONENT counter;
SIGNAL COOK_TMP:STD_LOGIC;
SIGNAL TEST_TMP:STD_LOGIC;
SIGNAL CLK_TMP:STD_LOGIC;
SIGNAL DONE_TMP:STD_LOGIC;
SIGNAL LOAD_TMP:STD_LOGIC;
SIGNAL DONE:STD_LOGIC;
SIGNAL DATA_TMP:STD_LOGIC_VECTOR(15 DOWNTO 0);
BEGIN
U1:controllor PORT MAP(RESET, SET_T, START, TEST, CLK, DONE, COOK_TMP, TEST_TMP, CLK_
TMP, DONE_TMP);
    U2:loader PORT MAP(DATA, TEST_TMP, CLK_TMP, DONE_TMP, DATA_TMP, LOAD_TMP);
    U3:counter PORT MAP(COOK_TMP, LOAD_TMP, CLK, DATA_TMP, SEC0, SEC1, MIN0, MIN1,
DONE);
    COOK <= COOK_TMP;
END rtl;
```

9.5.5 系统仿真与分析

上述VHDL源程序描述了一个简单的微波炉控制器，其系统原理图如图9.44所示。

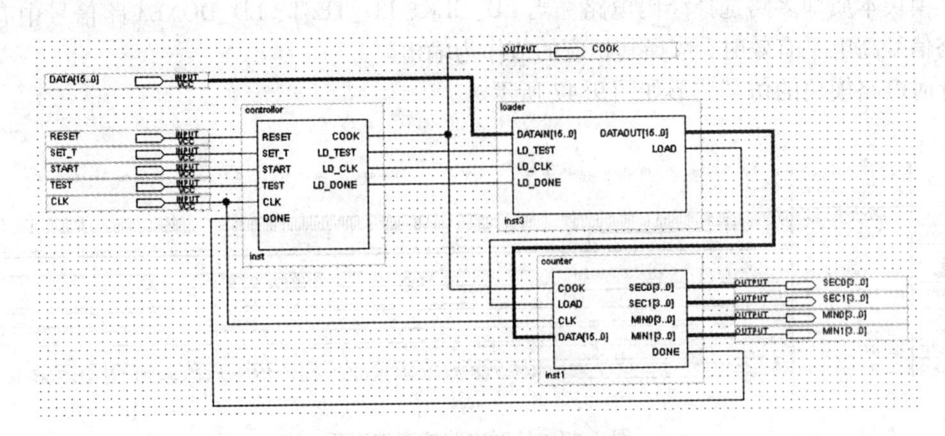

图 9.44　微波炉控制器原理图

图 9.44 中，省略了二进制输出信号 MIN0、MIN1、SEC0、SEC1 转换为数码显示输出的部分电路。下面我们分别考察图中每个模块功能的正确性。

状态控制电路模块的仿真波形如图 9.45 所示。

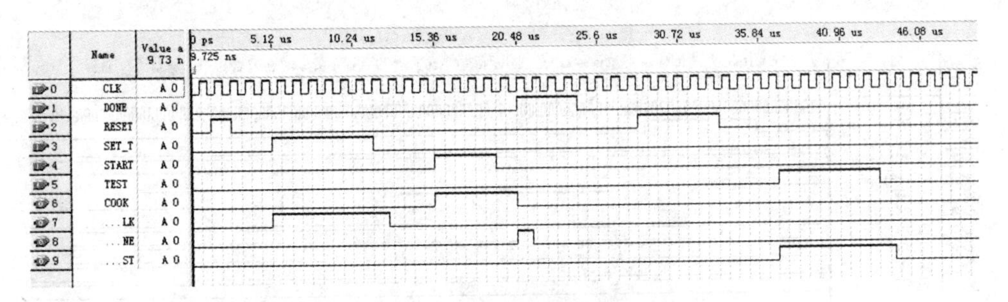

图 9.45　状态控制电路仿真波形图

图 9.45 中，当测试信号 TEST 为高电平有效时，测试输出信号为高电平；否则，当时间设置信号 SET_为高电平时，对应的指示信号 LD_CLK 输出高电平；当烹调开始信号 START 为高电平时，对应输出 COOK 为高电平；当复位信号 RESET 为高电平时，系统复位清零，恢复初始状态。仿真结果符合模块设计的要求。

数据装载电路模块的仿真波形如图 9.46 所示。

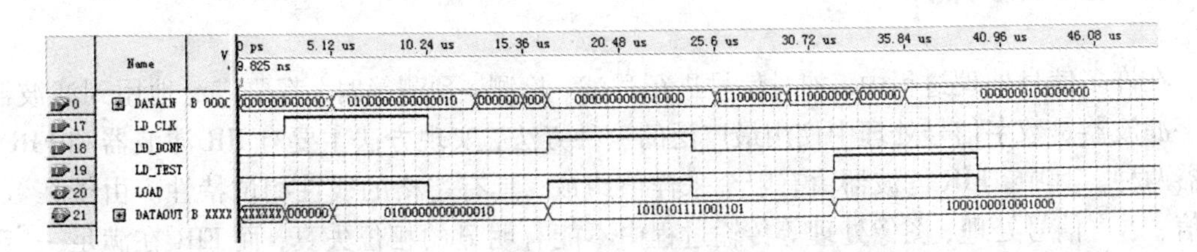

图 9.46　数据装载电路仿真波形图

该模块本质即多路选择译码电路。当 LD_CLK、LD_TEST、LD_DONE3 路信号中有且仅有 1 路信号高电平有效时，选择其相应的值作为输出。

计时电路模块的仿真波形如图 9.47 所示。

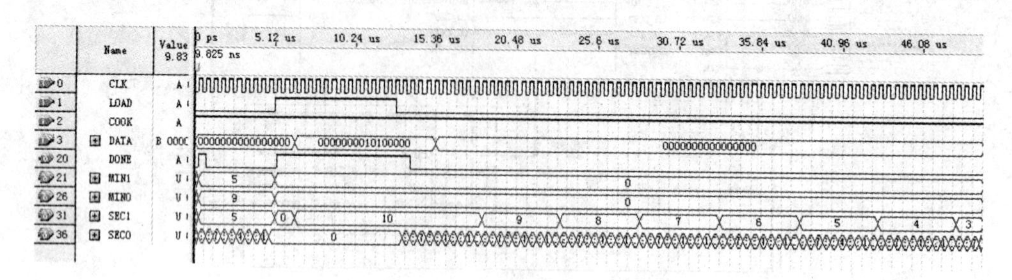

图 9.47 计时电路仿真波形图

图 9.47 中，LOAD 为高电平时读取信号 DATA 的值，当 COOK 信号为高电平时，对DATA 的值进行减法计数，并在每个时钟周期都输出减法计数器的当前值。仿真结果与预先设定的电路功能想吻合。

考察整个系统的复位和测试功能，得到的仿真波形如图 9.48 所示。

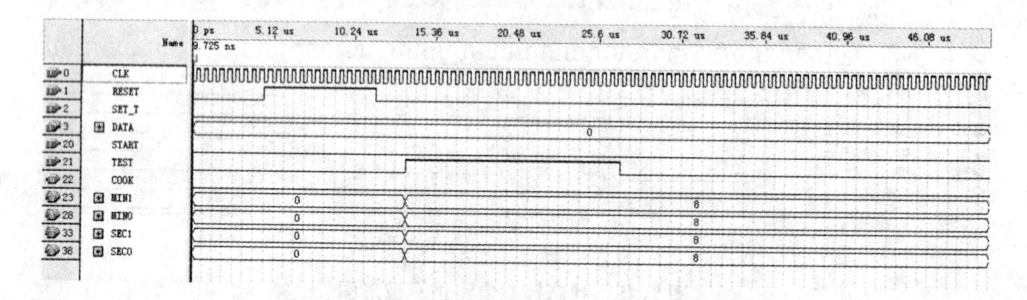

图 9.48 微波炉控制器显示测试功能仿真

当复位信号有效，微波炉控制器处于初始状态时，若显示管测试信号有效，则显示管输出全 8，以示正常工作。

综上所述，本节设计的微波炉控制器满足了系统设计要求中的功能，实现了该数字系统的 VHDL 设计。

9.6 FIR 滤波器

在许多信息处理过程中，如对信号进行过滤、检测、预测等时，都要广泛地用到滤波器。数字滤波器是数字信号处理中使用最广泛的一种方法，实现方法主要有 IIR 滤波器和 FIR 滤波器两种。其中，FIR 滤波器由有限个采样值组成，具有严格的线性相位特性。由于在数据通信、语言信号处理、图像处理等传输过程中不能有明显的相位失真，而 FIR 在满足一定对称条件时可以实现，因而得到广发应用。

9.6.1 系统设计要求

设计一个输入、输出信号矢量宽度均为8位17阶线性相位FIR滤波器。

要求该FIR滤波器的输入信号范围为[±99, 0, 0, 0, ±70, 0, 0, 0, ±99, 0, 0, 0, ±70, …], 设其采样频率 f_s 为44 kHz, 截止频率 f_c 为10.4 kHz。

9.6.2 系统设计方案

有限冲击响应(FIR)数字滤波器和无限冲击响应(IIR)数字滤波器广泛应用于数字信号处理系统中。其中, IIR数字滤波器方便简单, 但由于它相位的非线性, 要求采用全通网络进行相位校正, 且稳定性难以保障; FIR滤波器具有很好的线性相位特性, 使得它越来越受到广泛的重视。

有限冲击响应(FIR)滤波器具有如下特点:

(1)既具有严格的线性相位, 又具有任意的幅度。

(2)FIR滤波器的单位抽样响应是有限长的, 因而滤波器的性能稳定。

(3)只要经过一定的延时, 任何非因果有限长序列都能变成因果的有限长序列, 因而能用因果系统来实现。

(4)由于FIR滤波器单位冲击响应是有限长的, 因而可用快速傅立叶变换(FFT)算法来实现过滤信号, 可大大提高运算效率。

(5)FIR有利于对数字信号的处理, 便于编程, 用于计算的时延小, 这对实时的信号处理很重要。

(6)FIR滤波器比较大的缺点就是阶次相对于IIR滤波器来说要大得多。

FIR数字滤波器是一个线性时不变系统(LTI), N 阶因果有限冲击响应滤波器可以用传输函数 $H(z)$ 来描述:

$$H(z) = \sum_{k=0}^{N} h(k) z^{-k} \tag{1}$$

在时域中, 上述有限冲击响应滤波器的输入输出关系如下:

$$y[n] = x[n] * h[n] = \sum_{k=0}^{N} x[k] h[n-k] \tag{2}$$

其中, $x[n]$ 和 $y[n]$ 分别为输入输出序列。

N 阶有限冲击响应滤波器沿用 $(N+1)$ 个系统描述, 通常要用 $(N+1)$ 个乘法器和 N 个两输入加法器来实现。乘法器的系数正好是函数的系数, 因此这种结构称为直接型结构, 可通过(2)式来实现, 如图9.49所示。

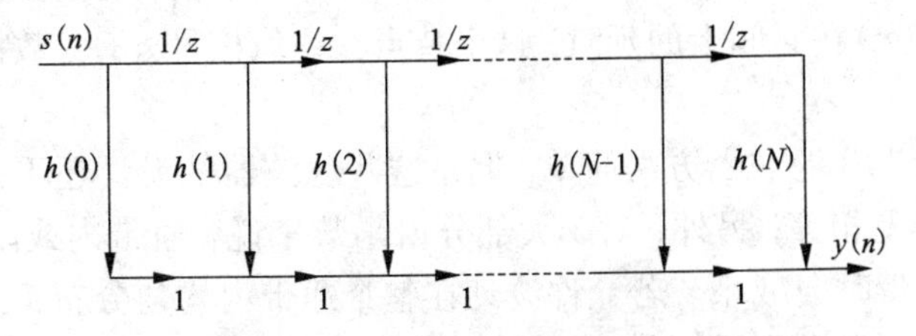

图9.49 FIR滤波器直接型结构

当冲激响应满足下列条件时，FIR 滤波器具有对称结构，为线性相位滤波器：

$$h(n)=h(N-1-n) \tag{3}$$

这种对称性，可使得乘法器数量减半：对 n 阶滤波器，当 n 为偶数时，乘法器的个数为 $n/2$ 个；当 n 为奇数时，乘法器个数为 $(n+1)/2$ 个。在电路实现中，乘法器占用的逻辑单元数较多。乘法器的增加，意味着电路成本增加，另外对电路的工作速度也有影响。

N 阶线性响应的因果 FIR 系统的单位冲击响应滤波器可用对称冲击响应

$$h[n]=h[N-n] \tag{4}$$

或者反对称冲激响应

$$h[n]=-h[N-n] \tag{5}$$

来描述。

具有对称冲击响应的 FIR 传输函数的冲击响应可写成如下形式：

当 N 为偶数时

$$H(z)=\sum_{x=1}^{N}h[n]z^{-n}=\sum_{x=0}^{\frac{N}{2}-1}h[n](z^{-x}-z^{-(N-x)})+h\left(\frac{N}{2}\right)z^{\frac{N}{2}} \tag{6}$$

当 N 为奇数时

$$H(z)=\sum_{n=0}^{N}h[n]z^{-n}=\sum_{x=0}^{\frac{N+1}{2}-1}h[n](z^{-n}-z^{-(N-n)}) \tag{7}$$

则 FIR 线性相位系统的结构可转化成如图 9.50 和图 9.51 所示。

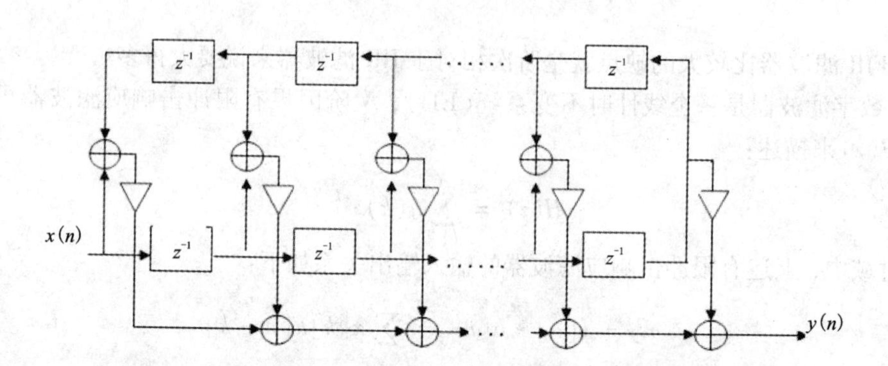

图 9.50　N 为奇数时的 FIR 滤波器系统结构

从图中可以看出，FIR 滤波器的结构主要是非递归结构，没有输出到输入的反馈，并且 FIR 滤波器很容易获得严格的线性相位特性，避免被处理信号产生相位失真，其线性相位体现在时域中仅仅是 $h(n)$ 在时间上的延时，这个特点在图像信号处理、数据传输等波形传递系统中是非常重要的。

采用窗函数设计 FIR 滤波器方法简单，但是这些滤波器的设计还不是最优的。首先，通带和阻带的波动基本上相等；另外，对于大部分窗函数来说，通带内或阻带内的波动不是均匀的，通常离开过渡带时会减小。若允许波动在整个通带内均匀分布，就会产生较小的峰值波动。因此可考虑通过某种方法，对滤波器的结构进行优化。

对于线性相位因果 FIR 滤波器，具有中心对称特性，即

$$h(i) = \pm h(N-1-i)$$

令 $s(i) = x(i) \pm x(N-1-i)$，对于偶对称，可得

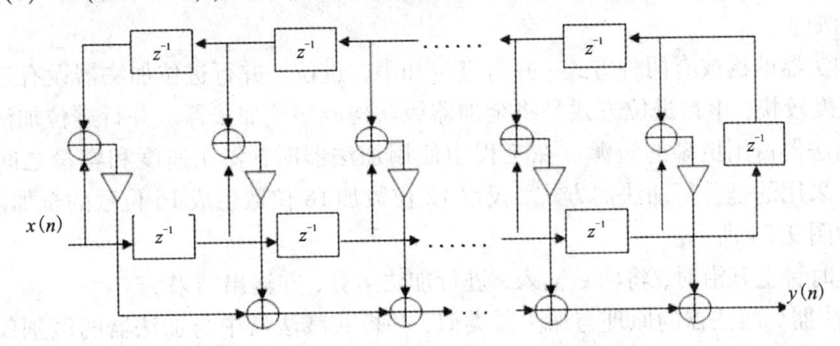

图 9.51　N 为偶数时的 FIR 滤波器系统结构

根据系统设计要求的输出信号范围、采样频率和截止频率等要求，通过 Matlab 仿真和系统数调整并整数化，得到的 FIR 滤波器的参数为[-12 -18 13 29 -13 -52 14 162 242 14 -52 -13 29 13 -18 -12]，其电路框图如图 9.52 所示。其中，CLK 为输出时钟脉冲，clear 为复位清零信号，Din 和 Dout 分别为输入和输出信号。

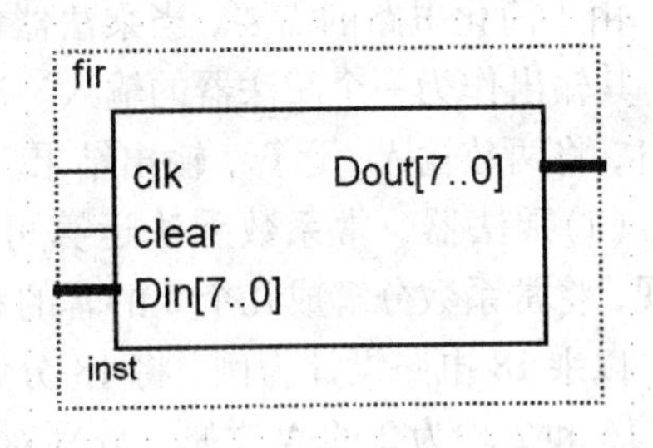

图 9.52　FIR 滤波器电路图

9.6.3　主要模块设计

FIR 滤波器分为以下四种模块：寄存器、加法器、减法器、乘法器。

(1)寄存器。寄存器用于寄存 1 组二值代码，对寄存器的触发器只要求它们具有置 1、置 0 的功能即可，因而本设计中用 D 触发器组成寄存器，实现寄存功能。以 8 位寄存器电路为例，其模块框图如图 9.53 所示。

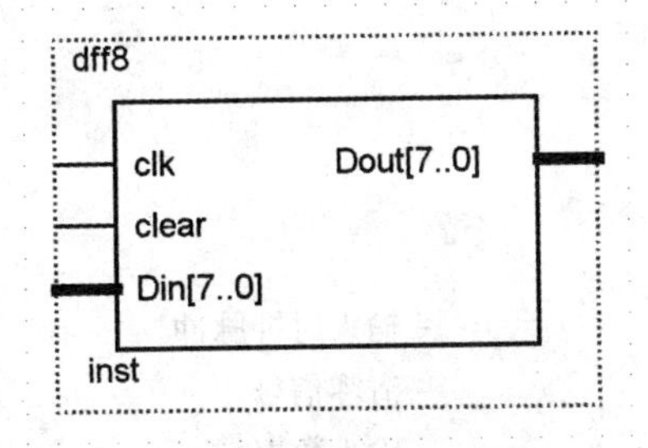

图 9.53　寄存器模块框图

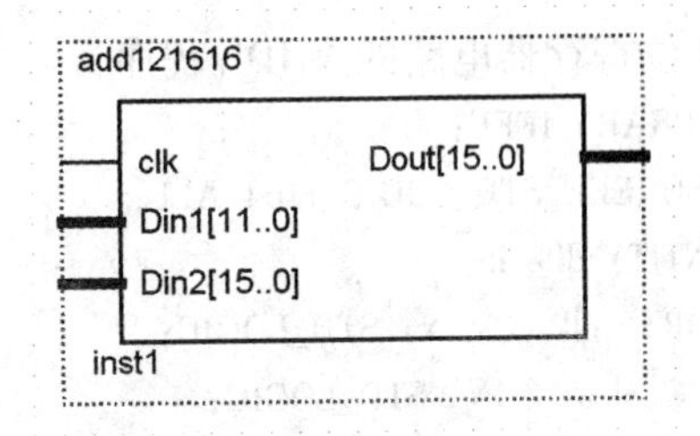

图 9.54　加法器模块框图

在 clk 正跳沿前接受输入信号，正跳沿时触发翻转，正跳沿后输入即被封锁；clear 为复位清零信号。

(2)加法器。加法器实现两个二进制数字的相加运算。在将两个多位二进制数相加时，除了最低位以外，每一位都应该考虑来自低位的进位，即将两个对应的加数和来自低位的进位3个数相加。

多位加法器的构成有两种方式：并行进位和串行进位。并行进位加法器设有进位产生逻辑，运算速度较快；串行进位方式是将全加器级联构成多位加法器。并行进位加法器通常比串行级联加法器占用更多的资源。在工程中使用加法器时，要在速度和容量之间寻找平衡点。本设计采用的是并行加法器方式，仅以12位数加16位数生成16位数的全加器为例，其模块框图如图9.54所示。

当到达时钟上升沿时，将两数输入，进行加法运算，并输出结果。

(3)减法器。减法器的原理与加法器类似，并行式减法器中与加法器的区别仅仅在于最后的和数为两数相减。如：

Cout < = Din2 - s1

减法器电路的模块框图亦与加法器十分相似，在此不赘述。

由于简化电路的需要，当乘法器常系数为负数时，可以取该数的模样来作为乘法器的输入，其输出作为一个减法器的输入。减法器实现两个二进制数相减的运算。当到达时钟上升沿时，将两数输入，运算，输出结果。

(4)乘法器。常系数乘法运算可用移动相加来实现，将常系数分解成几个2的幂的和形式。

以乘18电路设计为例，将18分解为16和2之和，16和2均为2的N次幂，分别对被乘数进行移位相加乘法操作，最后再将乘以16和乘以2得到的值相加，即得被乘数乘以18的结果。其模块框图如图9.55所示。

该模块实现了输入带符号数据与固定数据两个二进制数的乘法运算。当到达时钟上升沿时，将两数输入，运算，输出结果。

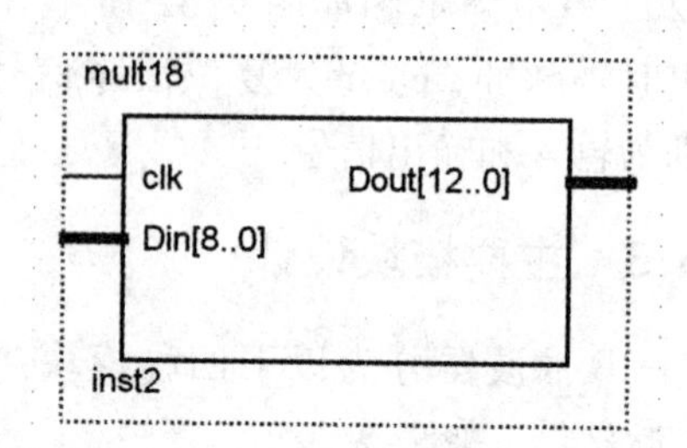

图9.55 乘法器模块框图

9.6.4 VHDL 编程

8位寄存器电路的VHDL程序：

```
LIBRARY IEEE;
USE IEEE.STD_LOGIC_1164.ALL;
ENTITY dff8 IS
PORT( clk :    IN   STD_LOGIC;                              --输入时钟脉冲
     clear : IN  STD_LOGIC;                                 --清零信号
      Din:     IN  STD_LOGIC_VECTOR(7 DOWNTO 0);            --输入数据
     Dout :     OUT STD_LOGIC_VECTOR(7 DOWNTO 0) );         --输出数据
  END dff8;
ARCHITECTURE a OF dff8 IS
BEGIN
  PROCESS(clk, clear)                                 --敏感信号发生变化时启动进程
```

```
    BEGIN
      IF clear = '1' THEN                          --清零信号有效，输出清零
          Dout <= "00000000";
      ELSIF clear = '0' THEN
        IF(clk'EVENT AND clk = '1') THEN           --否则当时钟上升沿到达时
          Dout  <= Din;                            --给输出端口赋值
        END IF;
      END IF;
  END PROCESS;
END a;
```

12位有符号与16位有符号数相加的全加器电路的VHDL程序：

```
LIBRARY IEEE;
USE IEEE.STD_LOGIC_1164.ALL;                       --加载库文件
USE IEEE.STD_LOGIC_arith.ALL;
ENTITY add121616 is                                --定义实体，12位有符号数与16
                                                     位有符号数相加的全加器
PORT(clk: in STD_LOGIC;                            --输入时钟脉冲
      Din1:in signed (11 downto 0);                --12位有符号数
      Din2:in signed (15 downto 0);                --16位有符号数
      Dout:out signed (15 downto 0));              --全加器的输出结果
END add121616;
ARCHITECTURE a of add121616 is
SIGNAL s1: signed(15 downto 0);                    --定义一个长度为16位的信号
BEGIN
    s1 <= (Din1(11)&Din1(11)&Din1(11)&Din1(11)&Din1);
                                                   --将12位有符号数扩充为16位有符
                                                     号数
PROCESS(Din1, Din2, clk)                           --时钟或两 个加数发生变化时启动
                                                     进程
BEGIN
IF clk'event and clk = '1' THEN                    --时钟上升沿到达时进行加法运算
Dout <= s1 + Din2;
END IF;
END PROCESS;
END A;
```

16位有符号数减去14位有符号数的减法器电路的VHDL程序：

```
LIBRARY IEEE;                                      --加载库文件
USE IEEE.STD_LOGIC_1164.ALL;
USE IEEE.STD_LOGIC_arith.ALL;
ENTITY sub141616 is                                --定义实体：16位有符号数减法14位
                                                     有符号数的减法器
```

```
PORT(clk: in STD_LOGIC;                              --时钟脉冲
     Din1:in signed (13 downto 0);                   --减数
     Din2:in signed (15 downto 0);                   --被减数
     Dout:out signed(15 downto 0));                  --减法结果
END sub141616;
ARCHITECTURE a of sub141616 is
SIGNAL s1: signed(15 downto 0);                      --定义一个长度为16的信号
BEGIN
   s1 <= (Din1(13)&Din1(13)&Din1);                   --将减数扩展为16位
PROCESS(Din1, Din2, clk)
BEGIN
IF clk'event and clk = '1' THEN                      --时钟上升沿到达时进行减法运算
Dout <= Din2 - s1;
END IF;
END PROCESS;
END A;
```

乘18电路模块的VHDL程序：

```
LIBRARY ieee;                                        --加载库文件
USE ieee.std_logic_1164.all;
USE ieee.std_logic_arith.all;
ENTITY mult18 is
PORT
( clk:  IN STD_LOGIC;                                --输入时钟脉冲
  Din:  IN SIGNED (8 DOWNTO 0);                      --定义被乘数
  Dout: OUT SIGNED (12 DOWNTO 0));                   --输出被乘数乘以18的结果
END mult18;
ARCHITECTURE a OF mult18 IS
SIGNAL s1: SIGNED (12 DOWNTO 0);                     --定义长度为12的有符号信号
SIGNAL s2: SIGNED (9 DOWNTO 0);                      --定义长度为9的有符号信号
SIGNAL s3: SIGNED (12 DOWNTO 0);                     --定义长度为12的有符号信号
BEGIN                                                --将被乘数乘以18的乘法计算进程
P1:process(Din)                                      --输入的被乘数发生变化时启动进程
BEGIN
s1(12 DOWNTO 4) <= Din;
s1( 3 DOWNTO 0) <= "0000";
s2(9 DOWNTO 1) <= Din;
s2(0) <= '0';
--根据有符号被乘数的符号进行相应的计算
if Din(8) = '0' then
s3 <= ('0'&s1(12 downto 1)) + ("0000"&s2(9 DOWNTO 1));
else
s3 <= ('1'&s1(12 downto 1)) + ("1111"&s2(9 DOWNTO 1));
```

```
end if;
end process;
--将乘以18得到的结果赋给输出端口的进程
P2: PROCESS(clk)
BEGIN
if clk'event and clk='1' then                    --在时钟上升沿到达时输出乘法结果
Dout<=s3;
end if;
END PROCESS;
END a;
```

顶层模块的VHDL程序:

```
LIBRARY ieee;
USE ieee.std_logic_1164.all;
LIBRARY work;
ENTITY fir IS
    port
    (
        clk:   IN   STD_LOGIC;
        clear:   IN   STD_LOGIC;
        Din:   IN   STD_LOGIC_VECTOR(7 downto 0);
        Dout:   OUT   STD_LOGIC_VECTOR(7 downto 0)
    );
END fir;
ARCHITECTURE bdf_type OF fir IS

component add121313                              --12位有符号数与13位有符号数相加
                                                   的全加器定义
    PORT(clk: IN STD_LOGIC;
        Din1: IN STD_LOGIC_VECTOR(11 downto 0);
        Din2: IN STD_LOGIC_VECTOR(12 downto 0);
        Dout: OUT STD_LOGIC_VECTOR(12 downto 0)
    );
end component;
component dff8                                   --8位寄存器定义
    PORT(clk: IN STD_LOGIC;
        clear: IN STD_LOGIC;
        Din: IN STD_LOGIC_VECTOR(7 downto 0);
        Dout: OUT STD_LOGIC_VECTOR(7 downto 0)
    );
end component;                                   --8位有符号数与9位有符号数相加的
                                                   全加器定义

component add889
```

```
    PORT( clk: IN STD_LOGIC;
          Din1: IN STD_LOGIC_VECTOR(7 downto 0);
          Din2: IN STD_LOGIC_VECTOR(7 downto 0);
          Dout: OUT STD_LOGIC_VECTOR(8 downto 0)
    );
end component;

component mult12                                        --输入数据乘以12的乘法器定义
    PORT( clk: IN STD_LOGIC;
          Din: IN STD_LOGIC_VECTOR(8 downto 0);
          Dout: OUT STD_LOGIC_VECTOR(11 downto 0)
    );
end component;

component mult18                                        --输入数据乘以18的乘法器定义
    PORT( clk: IN STD_LOGIC;
          Din: IN STD_LOGIC_VECTOR(8 downto 0);
          Dout: OUT STD_LOGIC_VECTOR(12 downto 0)
    );
end component;
component mult13                                        --输入数据乘以13的乘法器定义
    PORT( clk: IN STD_LOGIC;
          Din: IN STD_LOGIC_VECTOR(8 downto 0);
          Dout: OUT STD_LOGIC_VECTOR(11 downto 0)
    );
end component;
component mult29                                        --输入数据乘以29的乘法器定义
    PORT( clk: IN STD_LOGIC;
          Din: IN STD_LOGIC_VECTOR(8 downto 0);
          Dout: OUT STD_LOGIC_VECTOR(12 downto 0)
    );
end component;
component mult52                                        --输入数据乘以52的乘法器定义
    PORT( clk: IN STD_LOGIC;
          Din: IN STD_LOGIC_VECTOR(8 downto 0);
          Dout: OUT STD_LOGIC_VECTOR(13 downto 0)
    );
end component;
component mult14                                        --输入数据乘以14的乘法器定义
    PORT( clk: IN STD_LOGIC;
          Din: IN STD_LOGIC_VECTOR(8 downto 0);
          Dout: OUT STD_LOGIC_VECTOR(11 downto 0)
    );
```

```
end component;
component mult162                                          --输入数据乘以 162 的乘法器定义
    PORT(clk: IN STD_LOGIC;
         Din: IN STD_LOGIC_VECTOR(8 downto 0);
         Dout: OUT STD_LOGIC_VECTOR(15 downto 0)
    );
end component;
component dff89                                            --8 位移位寄存器的定义
    PORT(clk: IN STD_LOGIC;
         clear: IN STD_LOGIC;
         Din: IN STD_LOGIC_VECTOR(7 downto 0);
         Dout: OUT STD_LOGIC_VECTOR(8 downto 0)
    );
end component;
component add121414                                        --12 位有符号数与 14 位有符号数相加
                                                             的全加器定义
    PORT(clk: IN STD_LOGIC;
         Din1: IN STD_LOGIC_VECTOR(11 downto 0);
         Din2: IN STD_LOGIC_VECTOR(13 downto 0);
         Dout: OUT STD_LOGIC_VECTOR(13 downto 0)
    );
end component;
component add121616                                        --12 位有符号数与 16 位有符号数相加
                                                             的全加器定义
    PORT(clk: IN STD_LOGIC;
         Din1: IN STD_LOGIC_VECTOR(11 downto 0);
         Din2: IN STD_LOGIC_VECTOR(15 downto 0);
         Dout: OUT STD_LOGIC_VECTOR(15 downto 0)
    );
end component;
component sub131314                                        --14 有符号数与 13 位有符号数相减的
                                                             减法器定义
    PORT(clk: IN STD_LOGIC;
         Din1: IN STD_LOGIC_VECTOR(12 downto 0);
         Din2: IN STD_LOGIC_VECTOR(12 downto 0);
         Dout: OUT STD_LOGIC_VECTOR(13 downto 0)
    );
end component;
component sub141616                                        --16 位有符号数与 14 位有符号数相减
                                                             法器定义
    PORT(clk: IN STD_LOGIC;
         Din1: IN STD_LOGIC_VECTOR(13 downto 0);
         Din2: IN STD_LOGIC_VECTOR(15 downto 0);
```

```
        Dout: OUT STD_LOGIC_VECTOR(15 downto 0)
    );
end component;
component add141616                               --14 位有符号数与 16 位有符号数相加
                                                    的全加器定义
    PORT(clk: IN STD_LOGIC;
        Din1: IN STD_LOGIC_VECTOR(13 downto 0);
        Din2: IN STD_LOGIC_VECTOR(15 downto 0);
        Dout: OUT STD_LOGIC_VECTOR(15 downto 0)
    );
end component;
component mult242                                 --输入数据乘以 242 乘法器
    PORT(clk: IN STD_LOGIC;
        Din: IN STD_LOGIC_VECTOR(8 downto 0);
        Dout: OUT STD_LOGIC_VECTOR(15 downto 0)
    );
end component;
component dff15
    PORT(clk: IN STD_LOGIC;                       --16 位寄存器定义
        clear: IN STD_LOGIC;
        Din: IN STD_LOGIC_VECTOR(15 downto 0);
        Dout: OUT STD_LOGIC_VECTOR(15 downto 0)
    );
end component;
component add888                                  --16 位加法器电路定义
    PORT(clk: IN STD_LOGIC;
        Din1: IN STD_LOGIC_VECTOR(15 downto 0);
        Din2: IN STD_LOGIC_VECTOR(15 downto 0);
        Dout: OUT STD_LOGIC_VECTOR(7 downto 0)
    );
end component;
signal    add14:  STD_LOGIC_VECTOR(13 downto 0);
signal    add16:  STD_LOGIC_VECTOR(15 downto 0);
signal    mul3:  STD_LOGIC_VECTOR(8 downto 0);
signal    mul4:  STD_LOGIC_VECTOR(8 downto 0);
signal    mul5:  STD_LOGIC_VECTOR(8 downto 0);
signal    mul6:  STD_LOGIC_VECTOR(8 downto 0);
signal    mul7:  STD_LOGIC_VECTOR(8 downto 0);
signal    mul8:  STD_LOGIC_VECTOR(8 downto 0);
signal    mul9:  STD_LOGIC_VECTOR(8 downto 0);
signal    SYNTHESIZED_WIRE_0:  STD_LOGIC_VECTOR(11 downto 0);
signal    SYNTHESIZED_WIRE_1:  STD_LOGIC_VECTOR(12 downto 0);
signal    SYNTHESIZED_WIRE_2:  STD_LOGIC_VECTOR(11 downto 0);
```

```
signal    SYNTHESIZED_WIRE_3:   STD_LOGIC_VECTOR(12 downto 0);
signal    SYNTHESIZED_WIRE_50:  STD_LOGIC_VECTOR(7 downto 0);
signal    SYNTHESIZED_WIRE_51:  STD_LOGIC_VECTOR(7 downto 0);
signal    SYNTHESIZED_WIRE_52:  STD_LOGIC_VECTOR(7 downto 0);
signal    SYNTHESIZED_WIRE_53:  STD_LOGIC_VECTOR(7 downto 0);
signal    SYNTHESIZED_WIRE_54:  STD_LOGIC_VECTOR(7 downto 0);
signal    SYNTHESIZED_WIRE_55:  STD_LOGIC_VECTOR(7 downto 0);
signal    SYNTHESIZED_WIRE_56:  STD_LOGIC_VECTOR(7 downto 0);
signal    SYNTHESIZED_WIRE_57:  STD_LOGIC_VECTOR(7 downto 0);
signal    SYNTHESIZED_WIRE_12:  STD_LOGIC_VECTOR(7 downto 0);
signal    SYNTHESIZED_WIRE_58:  STD_LOGIC_VECTOR(7 downto 0);
signal    SYNTHESIZED_WIRE_59:  STD_LOGIC_VECTOR(7 downto 0);
signal    SYNTHESIZED_WIRE_60:  STD_LOGIC_VECTOR(7 downto 0);
signal    SYNTHESIZED_WIRE_61:  STD_LOGIC_VECTOR(7 downto 0);
signal    SYNTHESIZED_WIRE_62:  STD_LOGIC_VECTOR(7 downto 0);
signal    SYNTHESIZED_WIRE_63:  STD_LOGIC_VECTOR(7 downto 0);
signal    SYNTHESIZED_WIRE_64:  STD_LOGIC_VECTOR(7 downto 0);
signal    SYNTHESIZED_WIRE_27:  STD_LOGIC_VECTOR(8 downto 0);
signal    SYNTHESIZED_WIRE_28:  STD_LOGIC_VECTOR(8 downto 0);
signal    SYNTHESIZED_WIRE_31:  STD_LOGIC_VECTOR(11 downto 0);
signal    SYNTHESIZED_WIRE_32:  STD_LOGIC_VECTOR(13 downto 0);
signal    SYNTHESIZED_WIRE_33:  STD_LOGIC_VECTOR(11 downto 0);
signal    SYNTHESIZED_WIRE_34:  STD_LOGIC_VECTOR(15 downto 0);
signal    SYNTHESIZED_WIRE_35:  STD_LOGIC_VECTOR(12 downto 0);
signal    SYNTHESIZED_WIRE_36:  STD_LOGIC_VECTOR(12 downto 0);
signal    SYNTHESIZED_WIRE_37:  STD_LOGIC_VECTOR(13 downto 0);
signal    SYNTHESIZED_WIRE_38:  STD_LOGIC_VECTOR(15 downto 0);
signal    SYNTHESIZED_WIRE_40:  STD_LOGIC_VECTOR(15 downto 0);
signal    SYNTHESIZED_WIRE_41:  STD_LOGIC_VECTOR(15 downto 0);
signal    SYNTHESIZED_WIRE_42:  STD_LOGIC_VECTOR(15 downto 0);
signal    SYNTHESIZED_WIRE_43:  STD_LOGIC_VECTOR(15 downto 0);
signal    SYNTHESIZED_WIRE_44:  STD_LOGIC_VECTOR(15 downto 0);
BEGIN

--使用例化元件，进行端口映射
b2v_inst: add121313
PORT MAP(clk => clk,
         Din1 => SYNTHESIZED_WIRE_0,
         Din2 => SYNTHESIZED_WIRE_1,
         Dout => SYNTHESIZED_WIRE_35);
b2v_inst1: add121313
PORT MAP(clk => clk,
         Din1 => SYNTHESIZED_WIRE_2,
```

```
            Din2 = > SYNTHESIZED_WIRE_3,
            Dout = > SYNTHESIZED_WIRE_36);
b2v_inst10: dff8
PORT MAP(clk  = > clk,
            clear = > clear,
            Din   = > SYNTHESIZED_WIRE_50,
            Dout  = > SYNTHESIZED_WIRE_51);
b2v_inst11: dff8
PORT MAP(clk  = > clk,
            clear = > clear,
            Din   = > SYNTHESIZED_WIRE_51,
            Dout  = > SYNTHESIZED_WIRE_52);
b2v_inst12: dff8
PORT MAP(clk  = > clk,
            clear = > clear,
            Din   = > SYNTHESIZED_WIRE_52,
            Dout  = > SYNTHESIZED_WIRE_53);
b2v_inst13: dff8
PORT MAP(clk  = > clk,
            clear = > clear,
            Din   = > SYNTHESIZED_WIRE_53,
            Dout  = > SYNTHESIZED_WIRE_54);
b2v_inst14: dff8
PORT MAP(clk  = > clk,
            clear = > clear,
            Din   = > SYNTHESIZED_WIRE_54,
            Dout  = > SYNTHESIZED_WIRE_55);
b2v_inst15: dff8
PORT MAP(clk  = > clk,
            clear = > clear,
            Din   = > SYNTHESIZED_WIRE_55,
            Dout  = > SYNTHESIZED_WIRE_56);
b2v_inst16: dff8
PORT MAP(clk  = > clk,
            clear = > clear,
            Din   = > SYNTHESIZED_WIRE_56,
            Dout  = > SYNTHESIZED_WIRE_57);
b2v_inst17: dff8
PORT MAP(clk  = > clk,
            clear = > clear,
            Din   = > SYNTHESIZED_WIRE_57,
            Dout  = > SYNTHESIZED_WIRE_12);
b2v_inst18: add889
```

```
PORT MAP(clk  => clk,
         Din1  => SYNTHESIZED_WIRE_12,
         Din2  => Din,
         Dout  => SYNTHESIZED_WIRE_27);
b2v_inst19: add889
PORT MAP(clk  => clk,
         Din1  => SYNTHESIZED_WIRE_57,
         Din2  => SYNTHESIZED_WIRE_58,
         Dout  => SYNTHESIZED_WIRE_28);
b2v_inst2: dff8
PORT MAP(clk  => clk,
         clear  => clear,
         Din   => Din,
         Dout  => SYNTHESIZED_WIRE_58);
b2v_inst20: add889
PORT MAP(clk  => clk,
         Din1  => SYNTHESIZED_WIRE_56,
         Din2  => SYNTHESIZED_WIRE_59,
         Dout  => mul3);
b2v_inst21: add889
PORT MAP(clk  => clk,
         Din1  => SYNTHESIZED_WIRE_55,
         Din2  => SYNTHESIZED_WIRE_60,
         Dout  => mul4);
b2v_inst22: add889
PORT MAP(clk  => clk,
         Din1  => SYNTHESIZED_WIRE_54,
         Din2  => SYNTHESIZED_WIRE_61,
         Dout  => mul5);
b2v_inst23: add889
PORT MAP(clk  => clk,
         Din1  => SYNTHESIZED_WIRE_53,
         Din2  => SYNTHESIZED_WIRE_62,
         Dout  => mul6);
b2v_inst24: add889
PORT MAP(clk  => clk,
         Din1  => SYNTHESIZED_WIRE_52,
         Din2  => SYNTHESIZED_WIRE_63,
         Dout  => mul7);
b2v_inst25: add889
PORT MAP(clk  => clk,
         Din1  => SYNTHESIZED_WIRE_51,
         Din2  => SYNTHESIZED_WIRE_64,
```

```
            Dout  = > mul8);
b2v_inst26: mult12
PORT MAP(clk  = > clk,
            Din   = > SYNTHESIZED_WIRE_27,
            Dout  = > SYNTHESIZED_WIRE_0);
b2v_inst27: mult18
PORT MAP(clk  = > clk,
            Din   = > SYNTHESIZED_WIRE_28,
            Dout  = > SYNTHESIZED_WIRE_1);
b2v_inst28: mult13
PORT MAP(clk  = > clk,
            Din   = > mul3,
            Dout  = > SYNTHESIZED_WIRE_2);
b2v_inst29: mult29
PORT MAP(clk  = > clk,
            Din   = > mul4,
            Dout  = > SYNTHESIZED_WIRE_3);
b2v_inst3: dff8
PORT MAP(clk  = > clk,
            clear = > clear,
            Din   = > SYNTHESIZED_WIRE_58,
            Dout  = > SYNTHESIZED_WIRE_59);
b2v_inst30: mult13
PORT MAP(clk  = > clk,
            Din   = > mul5,
            Dout  = > SYNTHESIZED_WIRE_31);
b2v_inst31: mult52
PORT MAP(clk  = > clk,
            Din   = > mul6,
            Dout  = > SYNTHESIZED_WIRE_32);
b2v_inst32: mult14
PORT MAP(clk  = > clk,
            Din   = > mul7,
            Dout  = > SYNTHESIZED_WIRE_33);
b2v_inst33: mult162
PORT MAP(clk  = > clk,
            Din   = > mul8,
            Dout  = > SYNTHESIZED_WIRE_34);
b2v_inst34: dff89
PORT MAP(clk  = > clk,
            clear = > clear,
            Din   = > SYNTHESIZED_WIRE_50,
            Dout  = > mul9);
```

```
b2v_inst35: add121414
PORT MAP(clk = > clk,
         Din1 = > SYNTHESIZED_WIRE_31,
         Din2 = > SYNTHESIZED_WIRE_32,
         Dout = > add14);
b2v_inst36: add121616
PORT MAP(clk = > clk,
         Din1 = > SYNTHESIZED_WIRE_33,
         Din2 = > SYNTHESIZED_WIRE_34,
         Dout = > add16);
b2v_inst37: sub131314
PORT MAP(clk = > clk,
         Din1 = > SYNTHESIZED_WIRE_35,
         Din2 = > SYNTHESIZED_WIRE_36,
         Dout = > SYNTHESIZED_WIRE_37);
b2v_inst38: sub141616
PORT MAP(clk = > clk,
         Din1 = > add14,
         Din2 = > add16,
         Dout = > SYNTHESIZED_WIRE_38);
b2v_inst39: add141616
PORT MAP(clk = > clk,
         Din1 = > SYNTHESIZED_WIRE_37,
         Din2 = > SYNTHESIZED_WIRE_38,
         Dout = > SYNTHESIZED_WIRE_43);
b2v_inst4: dff8
PORT MAP(clk = > clk,
         clear = > clear,
         Din   = > SYNTHESIZED_WIRE_59,
         Dout  = > SYNTHESIZED_WIRE_60);
b2v_inst40: mult242
PORT MAP(clk = > clk,
         Din   = > mul9,
         Dout  = > SYNTHESIZED_WIRE_41);
b2v_inst41: dff15
PORT MAP(clk = > clk,
         clear = > clear,
         Din   = > SYNTHESIZED_WIRE_40,
         Dout  = > SYNTHESIZED_WIRE_42);
b2v_inst42: dff15
PORT MAP(clk = > clk,
         clear = > clear,
         Din   = > SYNTHESIZED_WIRE_41,
```

```
            Dout  = > SYNTHESIZED_WIRE_40);
    b2v_inst43: dff15
    PORT MAP(clk  = > clk,
            clear  = > clear,
            Din   = > SYNTHESIZED_WIRE_42,
            Dout  = > SYNTHESIZED_WIRE_44);
    b2v_inst44: add888
    PORT MAP(clk  = > clk,
            Din1  = > SYNTHESIZED_WIRE_43,
            Din2  = > SYNTHESIZED_WIRE_44,
            Dout  = > Dout);
    b2v_inst5: dff8
    PORT MAP(clk  = > clk,
            clear  = > clear,
            Din   = > SYNTHESIZED_WIRE_60,
            Dout  = > SYNTHESIZED_WIRE_61);
    b2v_inst6: dff8
    PORT MAP(clk  = > clk,
            clear  = > clear,
            Din   = > SYNTHESIZED_WIRE_61,
            Dout  = > SYNTHESIZED_WIRE_62);
    b2v_inst7: dff8
    PORT MAP(clk  = > clk,
            clear  = > clear,
            Din   = > SYNTHESIZED_WIRE_62,
            Dout  = > SYNTHESIZED_WIRE_63);
    b2v_inst8: dff8
    PORT MAP(clk  = > clk,
            clear  = > clear,
            Din   = > SYNTHESIZED_WIRE_63,
            Dout  = > SYNTHESIZED_WIRE_64);
    b2v_inst9: dff8
    PORT MAP(clk  = > clk,
            clear  = > clear,
            Din   = > SYNTHESIZED_WIRE_64,
            Dout  = > SYNTHESIZED_WIRE_50);
    END;
```

9.6.5 系统仿真与分析

在上述 VHDL 源程序的顶层模块描述中，定义和使用了大量不同规模的寄存器、加法器、减法器和乘法器模块，通过它们之间的连接和通信，实现如系统设计要求所述的 FIR 滤波器。

对这样一个 FIR 滤波器进行仿真，得到的仿真波形图如图 9.56 所示。

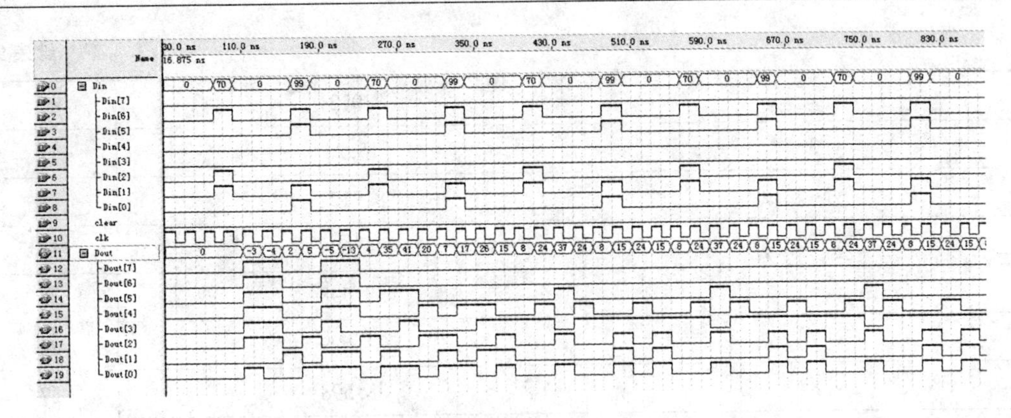

图9.56　FIR 滤波器仿真波形图

分析比较输出信号理论值和仿真结果，此 FIR 滤波器完全满足系统设计的要求，如表9.2所示。

表9.2　FIR 滤波器理论值和仿真结果

	理论值（Matlab 卷积值/512）	仿真结果
输出结果 y[n]	-2.3203	-3
	-3.4805	-4
	2.5137	2
	5.6074	5
	-4.1543	-5
	-12.516	-13
	4.4844	4
	35.289	35
	42.695	41
	20.734	20
	7.1348	7
	17.701	17
	26.418	26
	15.24	15
	9.9121	8
	24.699	24
y[0]	38.598	37
y[1]	24.699	24

续表 9.2

y[2]	8.9121	8
y[3]	15.24	15
y[4]	8.9121	24
y[5]	24.699	15
y[6]	38.598	8
y[7]	24.699	24
y[8]	38.598	37
y[9]	24.699	24
y[10]	8.9121	8
y[11]	15.24	15
y[12]	24.777	24
y[13]	15.24	15
y[14]	8.9121	8
y[15]	24.699	24
y[16]	38.598	37
y[17]	24.699	24

9.7 直接数字频率合成器

目前各大芯片制造厂商都相继推出采用先进CMOS工艺生产的高性能和多功能的频率合成器芯片(其中应用较为广泛的是AD公司的AD985X系列),为电路设计者提供了多种选择。然而在某些场合,专用的数字频率合成芯片在控制方式、置频速率等方面与系统的要求差距很大,这时如果用高性能的FPGA器件设计符合自己需要的数字频率合成器电路就是一个很好的解决方法。

直接数字频率合成器(Direct Digtial Frequency Synthesis, DDFS),一般简称DDS,是从相位概念出发直接合成所需要波形的一种新的频率合成技术。DDS的工作原理是以数控振荡器的方式产生频率、相位可控制的正弦波。DDS电路一般包括基准时钟、频率累加器、相位累加器、幅度/相位转换电路、D/A转换器。频率累加器由N位全加器和N位累加寄存器级联而成,对代表频率的二进制码进行累加运算,是典型的反馈电路,产生累加结果。幅度/相位转换电路实质上是一个波形寄存器,以供查表使用。读出的数据送入D/A转换器和低通滤波器。

9.7.1 系统设计要求

(1)设计一个输入信号矢量宽度为12位、输出信号矢量宽度为10位的正弦信号波形发生器。

(2)要求该系统的设计采用ROM查表法,规定采用宽度为10位的正弦信号波形发生器。

(3)要求该系统可以根据需要对频率控制字和相位控制字进行相应的设置，从而产生不同起始相位和频率的正弦波信号。

9.7.2　系统设计方案

DDS 是数字式的频率合成器，数字式频率合成器要产生一个 $\sin\omega t$ 的正弦信号的方法是：在每次系统时钟的触发沿到来时，输出相应相位的幅度值，每次相位的增值为 ωt(t 为系统时钟周期)。要得到每次相应相位的同幅度值，一种简单的方法是查表，即将 0 ~ 2 π 的正弦函数值分成 N 份，将各点的幅度值存到 ROM 中，再用一个相位累加器每次累加相位值 ωt，得到当前的相位值，通过查找 ROM 得到当前的幅度值。这种方法的优点是易实现，速度快。其系统框图如图 9.57 所示。

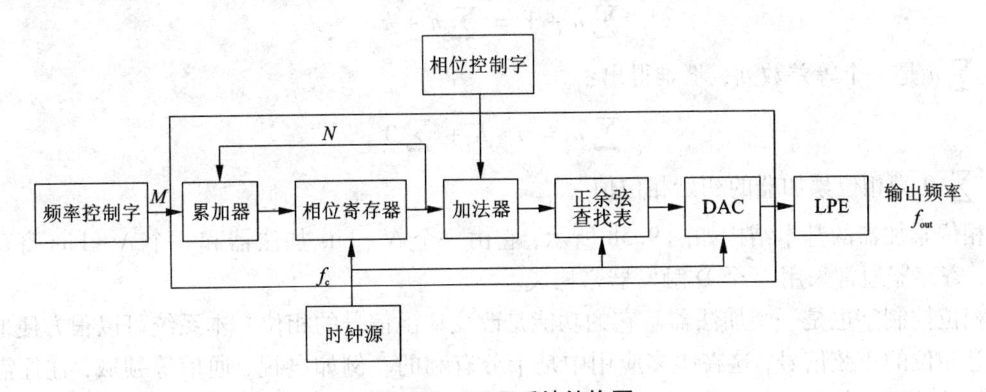

图 9.57　DDS 系统结构图

DDS 的几个主要参数：系统时钟频率、频率控制字长、频率分辨率、ROM 单元数、ROM 字长。12 位的 DDS 频率合成器，可以选取系统时钟频率为 5 kHz，频率控制字长为 12 位，ROM 宽度为 8，深度为 1024，而且有如下的关系：

$$频率分辨率 = 系统时钟频率/2^{12}$$

$$频率控制字(FTW) = f \times 1^{12/T}$$

其中，f 为要合成的频率；T 为系统时钟周期。

DDS 工作过程为：每次系统时钟的上升沿到来时，相位累加器(24 位)中的值累加上频率寄存器(12 位)中的值，再用累加器作为地址进行 ROM 查表，查到的值送到 D/A 进行转换。这个过程需要几个时钟周期，但用 VHDL 设计，每个时钟周期每部分都在工作，实现了一个流水线的操作，实际计算一个正弦幅度值用一个时钟周期，但是会有几个周期的延时。

此系统的性能受到以下两方面的制约：ROM 单元数，ROM 数值的有限字长。由于 ROM 大小的限制，ROM 的单元地址位数一般都远小于相位累加器的位数，这样只能取相位累加器高位作为 ROM 的地址进行查询，这相当于引入一个相位误差。而且 ROM 的有限字长不能精确表示幅度值，也相当于引入了一个误差。因此应根据系统性能的要求合理选择 ROM。

为了解决 ROM 受限的瓶颈，可以采用 ROM 压缩技术。可以将 0 ~ 2π 的幅度值，只存储 $0 \sim \dfrac{\pi}{2}$ 的部分。因为正弦函数存在以下特性：

其中，x 位于区间 $0 \sim \frac{\pi}{2}$。可见其他部分均可以用 $0 \sim \frac{\pi}{2}$ 的部分表示。这样可以将 ROM 的大小压缩到原来的1/4。在实现时，2^{12} 个 ROM 单元只用 2^{10} 个 ROM 单元就可以实现。

9.7.3 主要模块设计

前面我们已经详细地阐述了 DDS 电路的相关原理和实现方法，接下来我们将分析直接数字频率合成器的主要组成模块：相位累加器模块、脉冲产生模块和正弦查询表 ROM 模块。

1）相位累加器

相位累加器是 DDS 最基本的组成部分，用于实现相位的累加并存储其累加结果。若当前相位累加器的值为 $\sum n$，经过一个时钟周期后变为 $\sum n+1$，则满足：

$$\sum n+1 = \sum n+k$$

其中 $\sum n$ 是一个等差数列，不难得出：

$$\sum n = n*K+\sum 0$$

其中 $\sum 0$ 为相位累加器的初始相位值。

相位累加器的基本结构如图9.58所示，它由一个 N - bits 加法器和一个 N - bits 寄存器构成，寄存器通常采用 N 个 D 触发器来构成。

相位控制字也是一个加法器。它的功能是改变输出信号的相位。本系统可以很方便地获得任意相位的正弦信号，这在很多应用中是十分有利的。例如电视、通信等领域，往往需要相位相差的正交信号，这时只需要改变相位字的值就可以很容易获得正交信号。寄存器的作用是消除干扰。

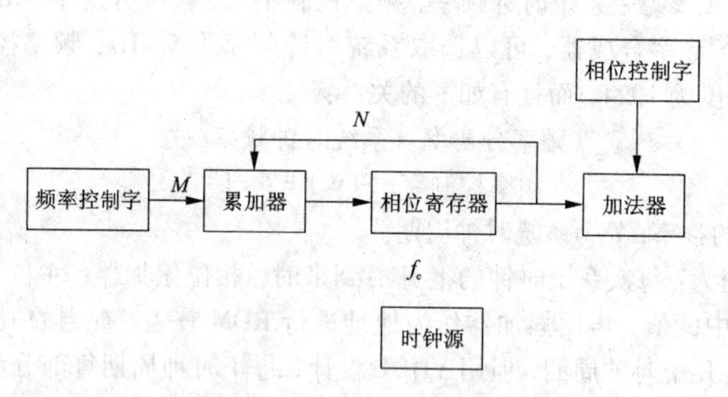

图9.58 相位累加器基本结构

相位累加器的模块框图如图9.59所示。

当时钟上升沿到来时，执行相位累加运算，并输出控制字。

2）脉冲产生模块

脉冲产生模块是 DDS 的一个基本组成成分，用来产生脉冲宽度和脉冲重复频率可调的任意脉冲信号，输入矢量宽度为12 bit。

脉冲产生模块的框图如图9.60所示。

根据设置的脉冲宽度和脉冲重复频率来产生占空比可调的脉冲。

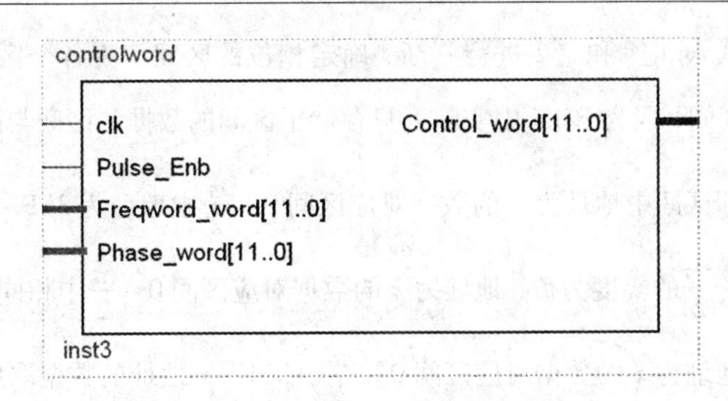

图 9.59　相位累加器的模块框图

3) ROM 查找表模块

DDS 查询表 ROM 所存储的数据是每一个相位所对应的二进制数字正弦幅值，在每一个时钟周期内，相位累加器输出序列的高 n 位对其进行寻址，最后输出为该相位对应的二进制正弦幅值序列。

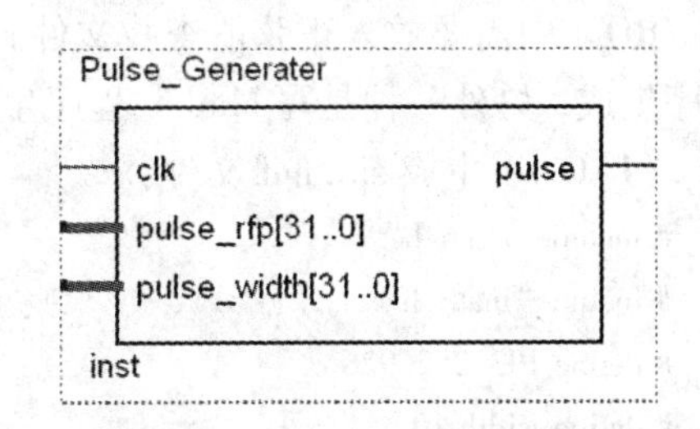

图 9.60　脉冲产生器的模块框图

可以看出，ROM 的存储量为 $n*m$ 比特。其中 n 为相位累加器输出的高位数(用于寻址的位数)，m 为 ROM 的输出位数。若 $n=16$，$m=8$，可以看出 ROM 的容量为 524288 比特。在一块 DDS 芯片上集成这么大的 ROM 会使成本提高、功耗增大，且可靠性下降，所以就有许多压缩 ROM 容量的方法。而且，容量压缩了还可以使用更大的 n 和 m 的值，进而使 DDS 的杂散性能提高。由于正弦函数具有对称性，所以可以用 $0\sim\frac{\pi}{2}$ 内的幅度值来表示内的幅度值，最高两位地址码用来表示象限。下面介绍的是 $0\sim\frac{\pi}{2}$ 的 ROM 压缩存储技术。

利用三函数函数的对称性，可以只用 $0\sim\frac{\pi}{2}$ 的波形经过变换表示的波形：其中用相位的最高位决定输出波形的符号，次高位控制对 ROM 表的寻址，对相位和幅度进行适当的翻转就可以得到完整的波形。这样使得 ROM 减小到原来的 1/4，且相位幅值精度没有受到影响。

在相位累加部分，每次时钟上升沿到来时，将频率寄存器的值加到相位累加器中，将上一次的累加值输出作为查找 ROM 地址使用。其中最高两位赋给信号 s_1 和 s_2，用来表示相位的区间，其他位用来生成 ROM 地址。如表 9.3 所示。

表 9.3　信号 s_1 和 s_2 的相位区间

s_1	s_2	对应的区间
0	0	$0\sim\pi/2$
0	1	$\pi/2\sim\pi$
1	0	$\pi\sim3\pi/2$
1	1	$3\pi/2\sim2\pi$

ROM查找部分，对s_1和s_2进行判断，确定相位的区间。将各个区间的地址和ROM数据对应到$0\sim\frac{\pi}{2}$区间，因为ROM中实际上只存储了区间的数据。区间与区间$0\sim\frac{\pi}{2}$幅度相同的相位相加为，即区间中地址为x的数据对应区间$0\sim\frac{\pi}{2}$中地址为$3FF-x$的数据，可由x取反得到。区间$3\sim\frac{3\pi}{2}$的幅度为负，地址为x的数据对应区间$0\sim\frac{\pi}{2}$中相同地址的数据取反。区间的幅度为负，地址为x的数据对应区间$0\sim\frac{\pi}{2}$中$3FF-x$地址的数据取反。

ROM中的数据均为有符号数据，最高位为符号位，0表示正，1表示负，负数用二进制补码形式表示。正数取反再加1得到相应负数。

ROM中需要放入正弦值查找文件sin. mif。这个文件生成的方法有两种，一种是写C++程序生成，另外一种是写Matlab程序生成。下面分别介绍两种文件生成方法。

(1)C++生成sin. mif文件：

```
# include"stdio. h"
# include"math. h"
# define PI3. 2526926
# define width 10
# define depth 1024
main()
{
double s. f;
int i, j;
FILE * fp;
fp = fopen("sin. mif", "w +");
f = PI/2(depth - 1):
fprintf(fp, "WIDTH = %d; \n", width);
fprintf(fp, "DEPTH = %d; \n", depth);
fprintf(fp, "ADDRESS_RADIK = HEX;\n");              //十六进制，十进制为DEC
fprintf(fp, "DATA_RADIX\n");
fprintf(fp, "CONTENT BEGIN\n");
for(i = 0;i < = (depth - 1); i + +)
{
s = sin(f * i);
j = (int)(s * (pow(2, width) - 1));                //量化
fprintf(fp, "%x; %x; \n, i, j");
}
fprintf(fp, "END; ");
fclose(fp);
}
```

Matlab生成sin. mif文件：

```
width = 10;                                         %宽度是8，指数据位数
```

```
depth = 1024;                                    % 深度是 1024，指地址位数
index = linspace(0, pi/2, depth);
sin_a = sin(index);                              % 归一化
sin_d = fix(sin_a * (2^width - 1));              % 量化
plot(sin_d);
axis([0, depth - 1, 0, 2^width - 1];
% 开始写 mif 文件
addr = 0: depth - 1
str_width = strcat('WIDTH = ', num2str(width));
str_depth = strcat('WIDTH = ', num2str(depth));
fid = fopen('d: \sin. mif', 'w');                % 打开或者新建 mif，存放位置和文件名
                                                   任意

% 如果只写文件名，则在当前目录下建立此文件
fprintf(fid, str_width);
fprintf(fid, ';\n');
fprintf(fid, ';\n\n');
fprintf(fid, 'ADDRESS_RADIX = HEX; \n');

% 下而后数据输入选的是十六进制，可根据情况改写
fprintf(fid, 'DATA_RADIX = HEX; \n\n');
fprintf(fid, 'CONTENT BEGIN\n');
fprintf(fid, '\t% X: % X: \n', [addr; sin_d]     % 开始写数据
fprintf(fid, 'END;\n');
fprintf(fid);
```

现在，我们可以通过使用 Quartus Ⅱ 软件工具生成 ROM。首先，选择“ToolMegaWizard Plug-in Manager”命令，弹出如图 9.61 所示的对话框，选择创新一个新的 LPM_ROM 通用模块。

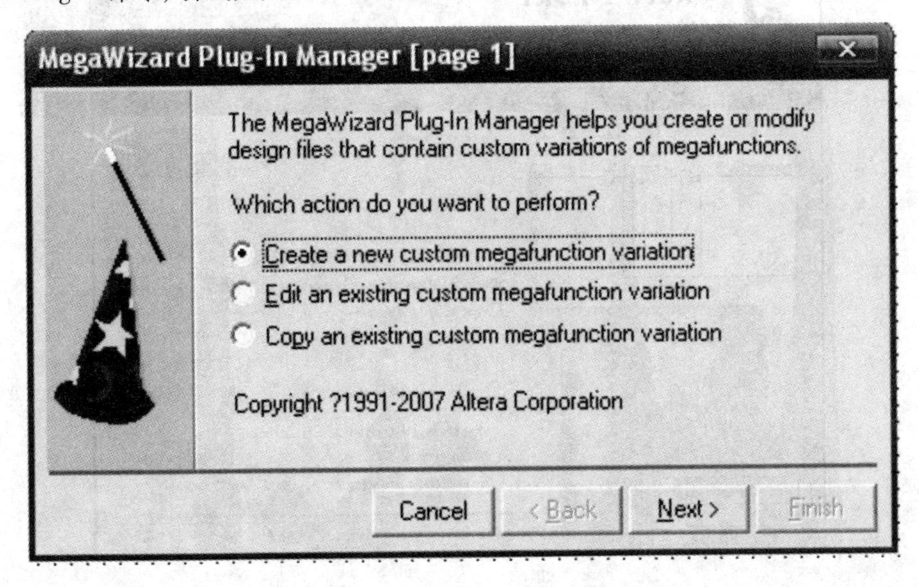

图 9.61　ROM 生成示例图一

单击“Next”按钮，弹出如图 9.62 所示的对话框。在 install Plug – Ins 选项卡 MemoryCompiler 中选择“ROM：1 – PORT”，且输出模块名称。

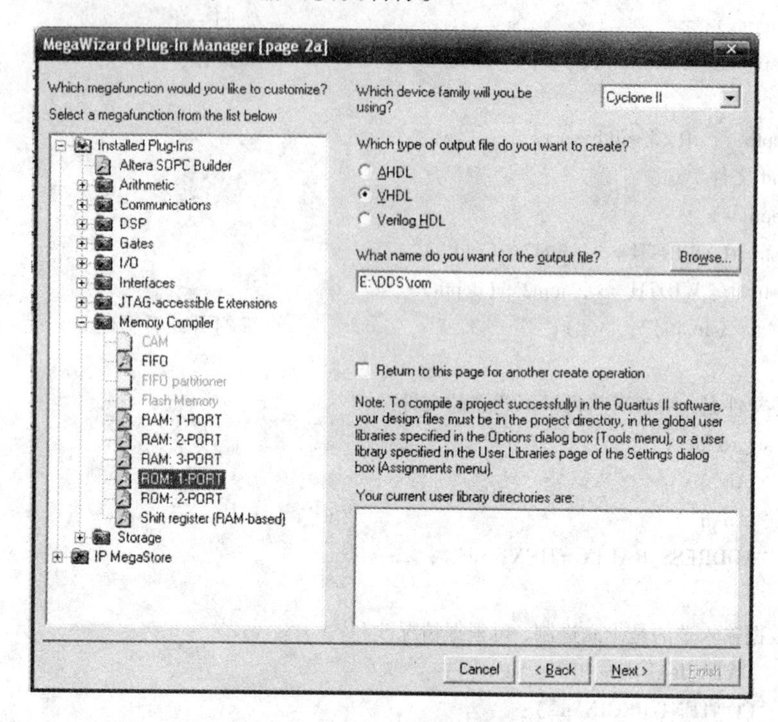

图 9.62　ROM 生成示例图二

单击“Next”按钮，弹出如图 9.63 所示的对话框。设置 ROM 的深度为 1024，宽度为 10 bits。

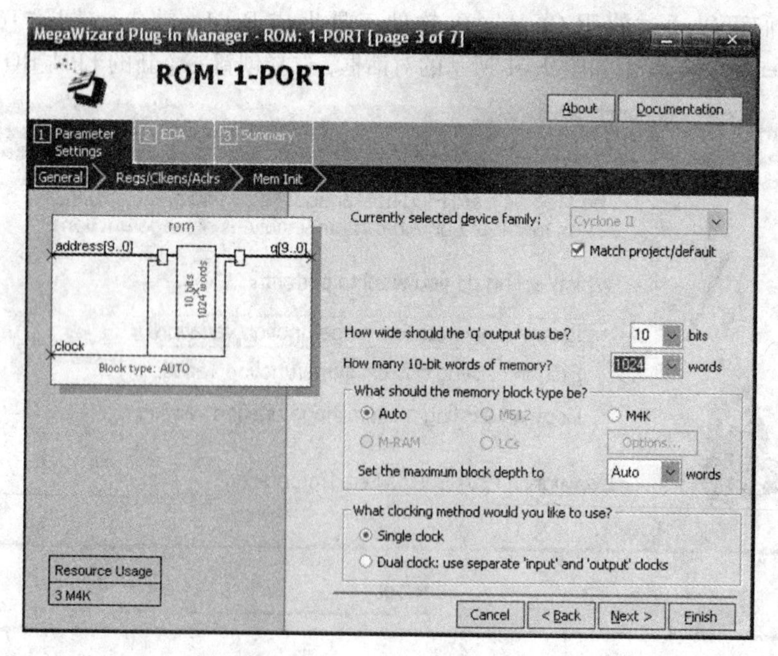

图 9.63　ROM 生成示例图三

单击“Next”按钮，弹出如图 9.64 所示的对话框。ROM 模块要选择对应的 mif 查找表，这是选择我们前面生成好的 sin.mif 文件作为 ROM 的查找表。

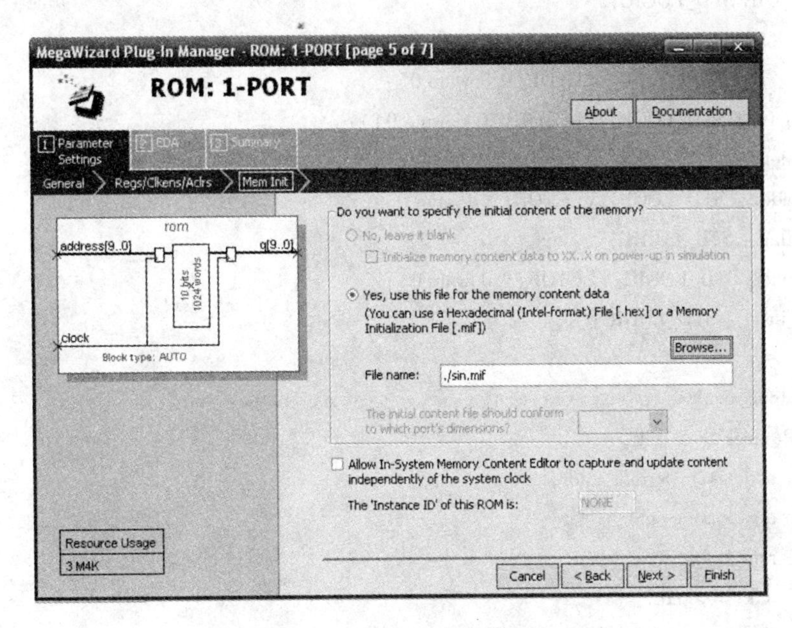

图 9.64　ROM 生成示例图四

最后单击“Finish”按钮完成 ROM 模块的添加。

生成 ROM 参数的 VHDL 文件如下：

```
LIBRARY ieee;
USE ieee.std_logic_1164.all;
LIBRARY work;
ENTITY rom_search IS
    port
     ( clk  :  IN STD_LOGIC;
   addr_in  :  IN STD_LOGIC_VECTOR(11 downto 0);
   dds_out  :  OUT STD_LOGIC_VECTOR(10 downto 0));
END rom_search;
ARCHITECTURE bdf_type OF rom_search IS
component lpm_rom0
    PORT( clock  :  IN STD_LOGIC;
          address  :  IN STD_LOGIC_VECTOR(9 downto 0);
                q:  OUT STD_LOGIC_VECTOR(9 downto 0));
end component;
component rom_before
  PORT( clk  :  IN STD_LOGIC;
      flag_in  :  IN STD_LOGIC;
    adder_in  :  IN STD_LOGIC_VECTOR(9 downto 0);
    value_out  :  OUT STD_LOGIC_VECTOR(9 downto 0));
```

```
end component;
component rom_after
PORT(clk : IN STD_LOGIC;
      q_in : IN STD_LOGIC;
   rom_in : IN STD_LOGIC_VECTOR(9 downto 0);
value_out : OUT STD_LOGIC_VECTOR(10 downto 0));
end component;
signalrom_addr : STD_LOGIC_VECTOR(9 downto 0);
signalrom_flag : STD_LOGIC;
signalrom_out : STD_LOGIC_VECTOR(9 downto 0);
signalDFF_inst4 : STD_LOGIC;
BEGIN
b2v_inst : lpm_rom0
PORT MAP(clock => clk,
          address => rom_addr,
          q => rom_out);
b2v_inst1 : rom_before
PORT MAP(clk => clk,
          flag_in => addr_in(10),
          adder_in => addr_in(9 downto 0),
          value_out => rom_addr);
b2v_inst3 : rom_after
PORT MAP(clk => clk,
          q_in => rom_flag,
          rom_in => rom_out,
          value_out => dds_out);
process(clk)
begin
if (rising_edge(clk)) then
   DFF_inst4 <= addr_in(11);
end if;
end process;
process(clk)
begin
if (rising_edge(clk)) then
   rom_flag <= DFF_inst4;
end if;
end process;
END;
```

ROM 查找表模块的框图如图 9.65 所示。

在时钟上升沿到来时，根据输入的地址查找出对应的正弦值。

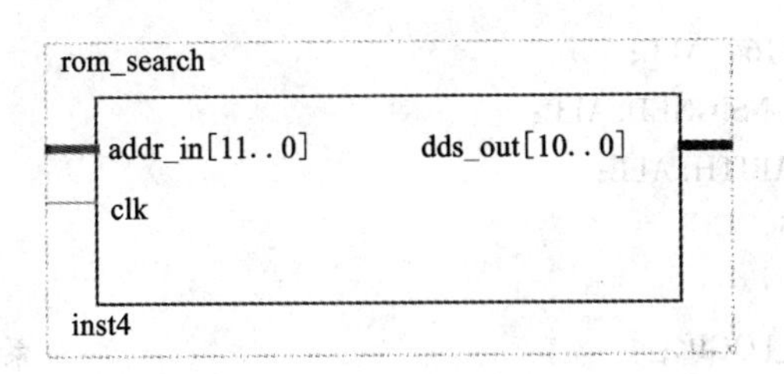

图9.65　ROM查找表的模块框图

9.7.4　VHDL编程

相位累加器模块的VHDL程序:

```
LIBRARY IEEE;
USE IEEE.STD_LOGIC_1164.ALL;
USE IEEE.STD_LOGIC_UNSIGNED.ALL;
USE IEEE.STD_LOGIC_ARITH.ALL;
ENTITY controlword is
PORT (
        clk: IN STD_LOGIC;
        Pulse_Enb: IN STD_LOGIC;
        Freqword_word: IN STD_LOGIC_VECTOR (11 DOWNTO 0);
        Phase_word: IN STD_LOGIC_VECTOR (11 DOWNTO 0);
        Control_word: OUT STD_LOGIC_VECTOR (11 DOWNTO 0)
    );
END ENTITY controlword;
ARCHITECTURE rt1 OF controlword IS
signal   Control_word_s: STD_LOGIC_VECTOR (11 DOWNTO 0);
BEGIN
line: PROCESS (clk, Pulse_Enb)
BEGIN
    IF (clk'EVENT AND clk = '1') THEN
        IF(Pulse_Enb = '1') THEN
        Control_word_s <= Control_word_s + Freqword_word;
        Control_word <= Control_word_s + Phase_word;
      ELSE
        Control_word <= (others => '0');
        Control_word_s <= (others => '0');
      END IF;
    END IF;
END PROCESS line;
END ARCHITECTURE rt1;
```

脉冲产生模块的VHDL程序:

```
LIBRARY IEEE;
USE IEEE. STD_LOGIC_1164. ALL;
USE IEEE. STD_LOGIC_UNSIGNED. ALL;
USE IEEE. STD_LOGIC_ARITH. ALL;
ENTITY Pulse_Generater is
PORT (
        sys_clk: IN STD_LOGIC;                                    --系统时钟
        sys_rst: IN STD_LOGIC;                                    --系统复位信号
        pulse_rfp: IN STD_LOGIC_VECTOR (31 DOWNTO 0);             --脉冲重频
        pulse_width: IN STD_LOGIC_VECTOR (31 DOWNTO 0);           --脉冲宽度
        pulse_out: OUT STD_LOGIC                                  --脉冲输出
    );
END ENTITY Pulse_Generater;
ARCHITECTURE rt1 OF Pulse_Generater IS

signal pulse_c: std_logic: = '1';
type states is(st0, st1, st2);
signal current_state:states: = st0;
signal next_state:states;
signal clr: std_logic: = '1';
SIGNAL count    : STD_LOGIC_VECTOR (31 DOWNTO 0);
BEGIN
process(sys_clk)
begin
        if(rising_edge(sys_clk)) then
            current_state < = next_state;
            if(count = pulse_rfp) then
                count < = conv_std_logic_vector(1, 32);
            else
                count < = count + 1;
            end if;
        end if;
end process;
process(current_state)
begin
            case current_state is
                when st0 = >
                        next_state < = st1;pulse_c < = '1';
                when st1 = >
                            pulse_c < = '1';
                        if(pulse_width = pulse_rfp) then
                            next_state < = st1;
                        else
```

```
                if(count = pulse_width)   then
                    next_state < = st2;
                else
                    next_state < = st1;
                end if;
            end if;
        when st2  = >
            pulse_c < = '0';
            if(count = pulse_rfp) then
                next_state < = st1;
            else
                next_state < = st2;
            end if;
        when others = > next_state < = st0;
    end case;
end process;
pulse_out < = pulse_c;
END ARCHITECTURE rt1;
```

ROM 查找表输入前相位变换模块的 VHDL 程序：

```
LIBRARY ieee;
USE ieee. std_logic_1164. all;
USE ieee. std_logic_arith. all;
USE ieee. numeric_std. all;
ENTITY ROM_before IS
    PORT
    (
        clk: IN STD_LOGIC;
        adder_in: IN STD_LOGIC_VECTOR (9 DOWNTO 0);
        flag_in: IN STD_LOGIC;                              - -控制字次高地位
        value_out: OUT STD_LOGIC_VECTOR (9 DOWNTO 0)
    );
END ROM_before;
ARCHITECTURE rtl OF ROM_before IS
BEGIN
    PROCESS (clk)
    BEGIN
     IF (clk'EVENT AND clk = '1') THEN
        IF flag_in  =  '0'  THEN                            - -如果次高地位为0则输出不变
            value_out  < =  adder_in;
        ELSIF flag_in  =  '1'  THEN                         - -如果次高地位为1则取反
            value_out  < =  NOT(adder_in);
        END IF;
```

```
        END IF;
        END PROCESS;
    END rtl;
```

ROM 查找表输入后相位变换模块的 VHDL 程序：

```
LIBRARY ieee;
USE ieee.std_logic_1164.all;
USE ieee.std_logic_arith.all;
USE ieee.std_logic_unsigned.all;
USE ieee.numeric_std.all;
ENTITY ROM_After IS
    PORT
    (
            clk: IN STD_LOGIC;
            rom_in: IN STD_LOGIC_VECTOR (9 DOWNTO 0);
            q_in: IN STD_LOGIC;                              --控制字最高位
        value_out   : OUT STD_LOGIC_VECTOR (10 DOWNTO 0)
    );
END ROM_After;
ARCHITECTURE rtl OF ROM_After IS
BEGIN
    PROCESS (clk)
    BEGIN
     IF (clk'EVENT AND clk = '1') THEN
        IF q_in = '0' THEN                                  --如果最高位为0，则为正数
            value_out <= '0'& rom_in;
        ELSIF q_in = '1' THEN                               --如果最高位为1，则为负数
            value_out <= "00000000000" - rom_in;
        END IF;
     end if;
    END PROCESS;
END rtl;
```

ROM 查找表模块的 VHDL 程序：

```
LIBRARY ieee;
USE ieee.std_logic_1164.all;
LIBRARY work;
ENTITY rom_search IS
    PORT
    (
        clk:IN   STD_LOGIC;
        addr_in:IN   STD_LOGIC_VECTOR(11 downto 0);
        dds_out:OUT   STD_LOGIC_VECTOR(10 downto 0)
    );
END rom_search;
```

```
ARCHITECTURE bdf_type OF rom_search IS
component lpm_rom0
    PORT(clock: IN STD_LOGIC;
         address: IN STD_LOGIC_VECTOR(9 downto 0);
         q: OUT STD_LOGIC_VECTOR(9 downto 0)
    );
end component;

component rom_before
    PORT(clk: IN STD_LOGIC;
       flag_in: IN STD_LOGIC;
      adder_in: IN STD_LOGIC_VECTOR(9 downto 0);
     value_out: OUT STD_LOGIC_VECTOR(9 downto 0)
    );
end component;
component rom_after
    PORT(clk: IN STD_LOGIC;
         q_in: IN STD_LOGIC;
        rom_in: IN STD_LOGIC_VECTOR(9 downto 0);
     value_out: OUT STD_LOGIC_VECTOR(10 downto 0)
    );
end component;
signal    rom_addr:  STD_LOGIC_VECTOR(9 downto 0);
signal     rom_flag:  STD_LOGIC;
signal      rom_out:  STD_LOGIC_VECTOR(9 downto 0);
signal    DFF_inst4:  STD_LOGIC;
BEGIN
b2v_inst: lpm_rom0
PORT MAP(clock => clk,
         address => rom_addr,
         q => rom_out);
b2v_inst1: rom_before
PORT MAP(clk => clk,
         flag_in => addr_in(10),
         adder_in => addr_in(9 downto 0),
         value_out => rom_addr);
b2v_inst3: rom_after
PORT MAP(clk => clk,
         q_in => rom_flag,
         rom_in => rom_out,
         value_out => dds_out);
process(clk)
begin
```

```
if (rising_edge(clk)) then
    DFF_inst4 <= addr_in(11);
end if;
end process;
process(clk)
begin
if (rising_edge(clk)) then
    rom_flag <= DFF_inst4;
end if;
end process;
END;
```

顶层模块的 VHDL 程序：

```
LIBRARY ieee;
USE ieee.std_logic_1164.all;
LIBRARY work;
ENTITY dds IS
    port
    (
        clk: IN STD_LOGIC;
        freq_word: IN STD_LOGIC_VECTOR(11 downto 0);
        phase_word: IN STD_LOGIC_VECTOR(11 downto 0);
        pulse_rfp: IN STD_LOGIC_VECTOR(31 downto 0);
        pulse_width: IN STD_LOGIC_VECTOR(31 downto 0);
        dds_out: OUT STD_LOGIC_VECTOR(10 downto 0)
    );
END dds;
ARCHITECTURE bdf_type OF dds IS
component pulse_generater
      PORT(clk: IN STD_LOGIC;
        pulse_rfp: IN STD_LOGIC_VECTOR(31 downto 0);
      pulse_width: IN STD_LOGIC_VECTOR(31 downto 0);
            pulse: OUT STD_LOGIC
    );
end component;
component controlword
       PORT(clk: IN STD_LOGIC;
        Pulse_Enb: IN STD_LOGIC;
    Freqword_word: IN STD_LOGIC_VECTOR(11 downto 0);
       Phase_word: IN STD_LOGIC_VECTOR(11 downto 0);
        Control_word: OUT STD_LOGIC_VECTOR(11 downto 0)
    );
end component;
```

```
component rom_search
    PORT( clk: IN STD_LOGIC;
          addr_in: IN STD_LOGIC_VECTOR(11 downto 0);
          dds_out: OUT STD_LOGIC_VECTOR(10 downto 0)
    );
end component;
signal    control_word: STD_LOGIC_VECTOR(11 downto 0);
signal    pulse: STD_LOGIC;
BEGIN
b2v_inst: pulse_generater
PORT MAP( clk  => clk,
          pulse_rfp  => pulse_rfp,
          pulse_width  => pulse_width,
          pulse  => pulse);
b2v_inst3: controlword
PORT MAP( clk  => clk,
          Pulse_Enb  => pulse,
          Freqword_word  => freq_word,
          Phase_word  => phase_word,
          Control_word  => control_word);
b2v_inst4: rom_search
PORT MAP( clk  => clk,
          addr_in  => control_word,
          dds_out  => dds_out);
END;
```

9.7.5　系统仿真与分析

整个系统的原理图如图 9.66 所示。

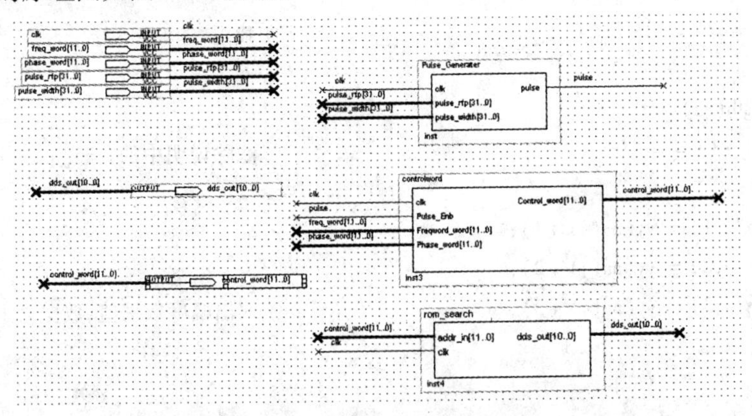

图 9.76　DDS 系统原理图

对 DDS 进行仿真，仿真图如图 9.67 所示。

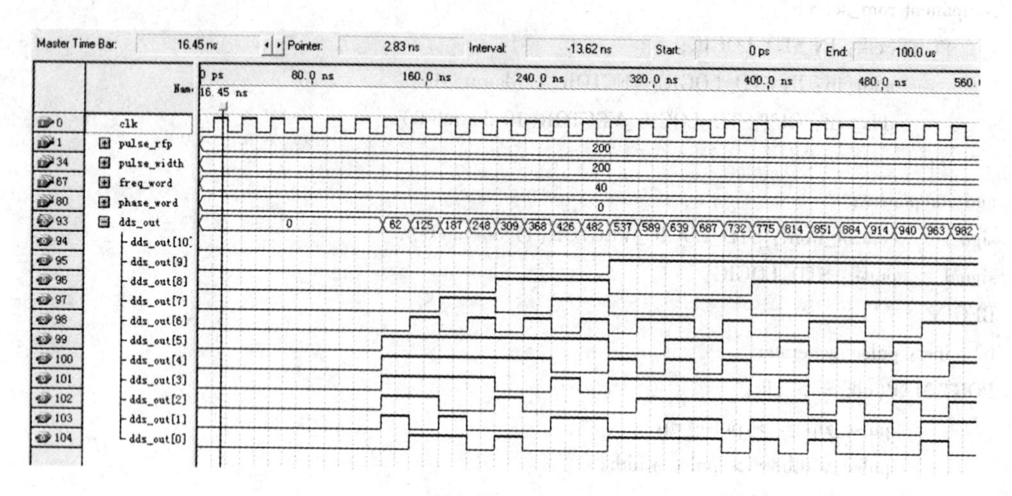

图 9.67　DDS 系统仿真图

经过 Quartus 的综合、波形仿真后，可以得到. vwf 波形文件。然后选择 File 菜单下的 Save Current Report Section AS，保存类型选择为. tbl。这样便可以得到输出波形的数字幅度序列数据，就可以借助 Matlab 工具方便地观察波形。. tbl 文件的数据存储格式如下：

时间 > 边沿标志相位 = 幅度值

其中，时间单位默认为 ns；边沿标志只有一位，其中 1 表示上升沿，0 表示下降沿；地址和幅度值采用十六进制数表示。用 Matlab 进行画图时需要我们自己编写. m 文件程序。我们需要从表格中提取数据，而识别幅度数据的标志就是“=”，所以判断“=”的位置便可将数据提取出来。但在文件前面的说明中有两个“=”，这是我们不需要的，所以编程的时候应该滤除。在这里假设. tbl 文件保存路径为：E\DDS_dds_wav_2. tbl，Matlab 程序的. m 文件如下：

```
fid = fopen('E:\DDS\dds_wav_2.tbl','r');
yy = fscanf(fid.'%s');
fclose(fid);
aa = find(yy == '=');                        %找出“=”在下标
i = 0;
for j = 1:length(aa)
  ifyy(aa(j) - 1) == '0'                     %滤除说明中的“=”
    i = i + 1;
    data hex(i,1) = yy(aa(j) + 1);
    data hex(i,2) = yy(aa(j) + 2);
    data hex(i,3) = yy(aa(j) + 3);           %取出幅度数据值,数据为十六进制数
  end
end
data_dec = hex2dec(data hex);                %将十六进制数转为十进制数
for t = 1: length(data_dec)
  if(data_dec(t) > 1024)
   data_decl(t) = data_dec(t) - 2048;
```

```
else
data_decl(t) = data_dec(t);
end
end
plot(data decl);
grid on
```

设置时钟频率为50 MHz，占空比为100%的脉冲，产生的信号在Quartus中用模拟信号显示如图9.68所示。

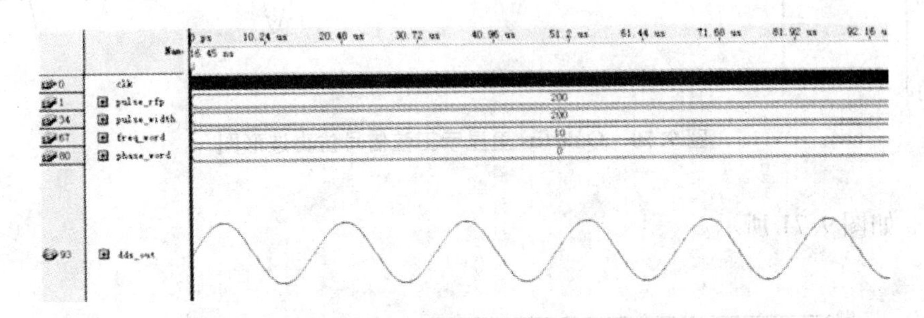

图9.68　Quartus中显示正弦信号仿真波形图(一)

将输出的正弦波波形保存为.tbl文件，用Matlab程序读取.tbl文件中的数据，且将数据分析显示，如图9.69所示。

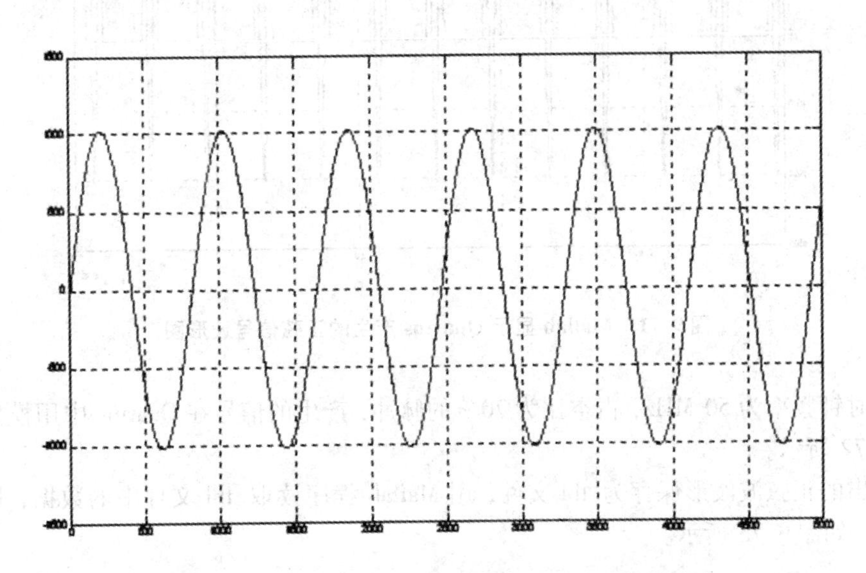

图9.69　Matlab中显示Quartus产生的正弦信号波形

由Matlab显示波形图可以看出，设计的程序完全符合我们的设计要求。

设置时钟频率为50 MHz，占空比为30%的脉冲，产生的信号在Quartus中用模拟信号显示如图9.70所示。

将输出的正弦波波形保存为.tbl文件，用Matlab程序读取.tbl文件中的数据，且将数据

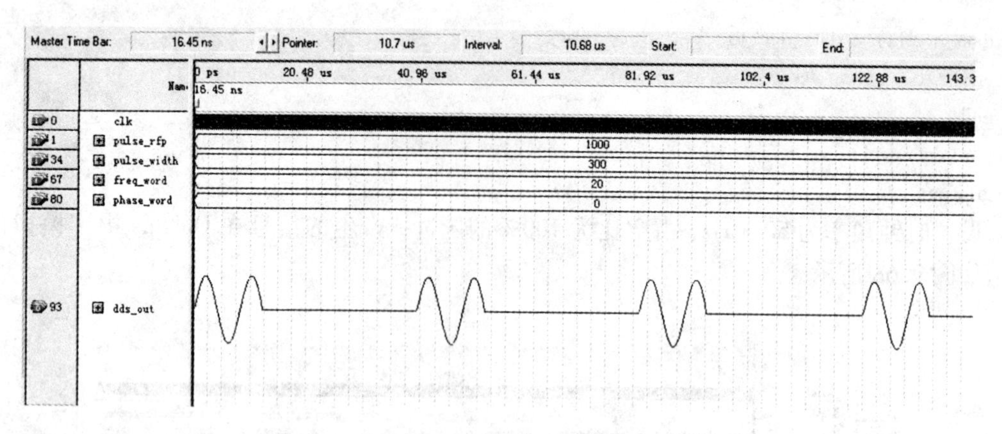

图 9.70 Quartus 里显示正弦信号仿真波形图

分析显示，如图 9.71 所示。

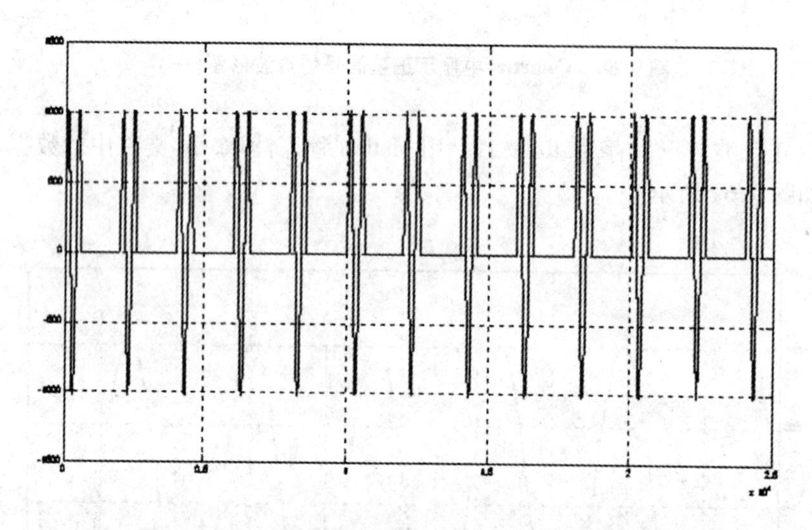

图 9.71 Matlab 显示 Quartus 产生的正弦信号波形图

设置时钟频率为 50 MHz，占空比为 70% 的脉冲，产生的信号在 Quartus 中用模拟信号显示如图 9.72 所示。

将输出的正弦波波形保存为.tbl 文件，用 Matlab 程序读取.tbl 文件中的数据，且将数据分析显示，如图 9.73 所示。

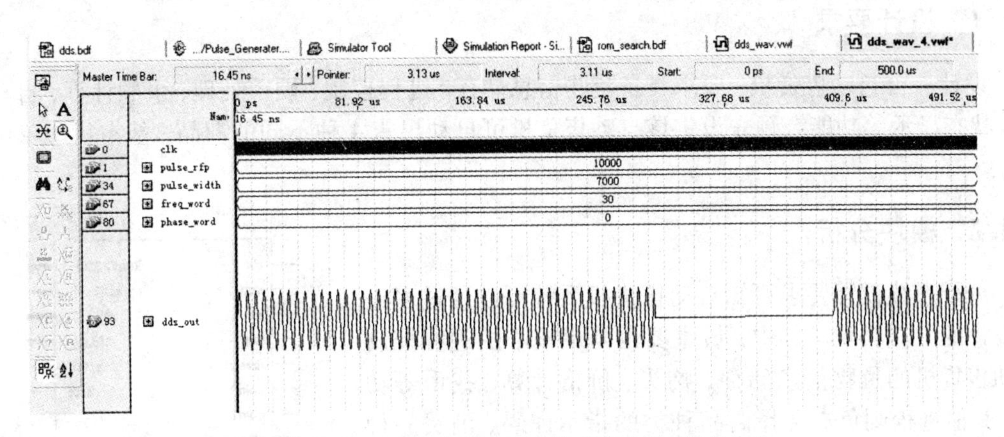

图 9.72　Quartus 中显示正弦信号仿真波形图(二)

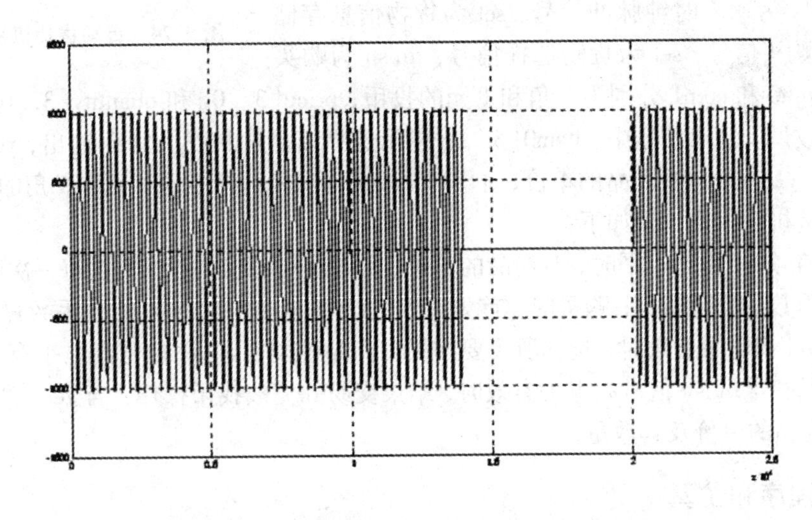

图 9.73　Matlab 显示 Quartus 产生的正弦信号波形

由 Matlab 显示波形图可以看出，设计的程序完全符合我们的设计要求。

9.8　自动售货机

自动售货机是能根据投入的钱币自动付货的机器，是一种全新的商业零售形式。在日本，70% 的灌装饮料是通过自动售货机售出的；全球著名饮料商可口可乐公司在全世界就布有 50 万台饮料自动售货机。作为商业自动化的常用设备，自动售货机不受时间、地点的限制，能节省人力、方便交易。本节将通过采用硬件描述语言实现一个简单的自动售货机系统。

9.8.1 设计要求

设计一台自动售货机，要求具备货物信息储存、进程控制、硬币处理、余额计算、自动找零、状态显示等功能。预先设定该自动售货机可自动出售 4 种不同的商品，基本货币单位为 5 角。

9.8.2 模块分析

分析系统设计要求可知自动售货机系统可以通过多进程设计的方法实现。其中，最主要也是最核心的进程控制自动售货机的货物信息储存、购买、价格计算、找币等功能，其他进程则负责选择商品种类的指示译码、消费品种单价和消费总价的显示译码等。其自动售货机的系统框图如图 9.74 所示。

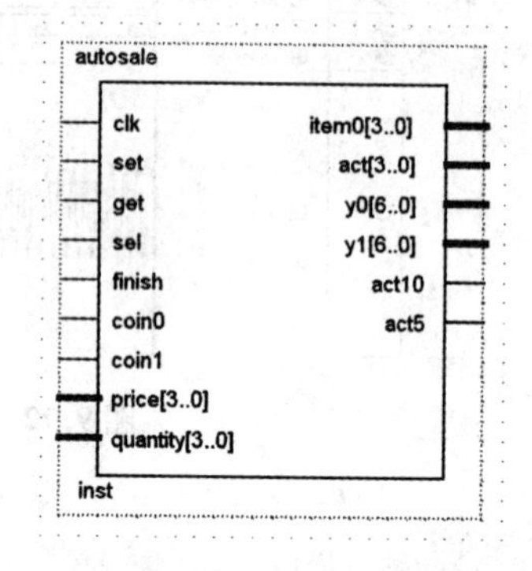

图 9.74 自动售货机系统框图

其中，clk 为输入时钟脉冲信号，set 为货物信息存储信号，get 为购买信号，sel 为货物选择信号，finish 为购买完成信号，coin0 和 coin1 分别为 5 角和 1 元的投币，price[3..0]和 quantity[3..0]分别为商品的价格和数量。输出信号中，item0[3..0]指示选择商品的种类并译码输出，y0 输出购买消费的钱数，y1 输出购买商品的单价，act10 和 act5 分别表示找零的 1 元和 5 角的硬币数量。

自动售货机的工作流程如下：

当置数信号 set 为高电平时，对商品的单价、数量进行相应的设置；在每一次购买前，先对投入的硬币数量进行清零；购买时，首先以 5 角为基本单位对投入的硬币数量进行计数；当选择信号 sel 高电平有效时，选择所需要购买的商品种类；当 get 信号高电平有效时，购买所选择的商品；当 finish 信号高电平有效时，结束交易并完成找币操作；当 get 信号为低电平时，则显示商品的单价及其数量。

9.8.3 源程序和仿真

自动售货机的 VHDL 源程序

```
LIBRARY IEEE;
USE IEEE.STD_LOGIC_ARITH.ALL;
USE IEEE.STD_LOGIC_1164.ALL;
USE IEEE.STD_LOGIC_UNSIGNED.ALL;
ENTITY autosale IS
PORT (
    clk:IN STD_LOGIC;                                   --系统时钟
    set, get, sel, finish: IN STD_LOGIC;                --设定、买、选择、完成信号
    coin0, coin1: IN STD_LOGIC;                         --5 角硬币、1 元硬币
    price, quantity  :IN STD_LOGIC_VECTOR(3 DOWNTO 0);  --价格、数量数据
    item0, act:OUT STD_LOGIC_VECTOR(3 DOWNTO 0);        --显示、开关信号
    y0, y1:OUT STD_LOGIC_VECTOR(6 DOWNTO 0);            --钱数、商品数量显示数据
    act10, act5:OUT STD_LOGIC);                         --1 元硬币、5 角硬币
```

```
END autosale;

ARCHITECTURE rtl OF autosale IS
TYPE   ram_type IS ARRAY(3 DOWNTO 0)OF STD_LOGIC_VECTOR(7 DOWNTO 0);
SIGNAL ram:ram_type;                                  --定义 RAM
SIGNAL item: STD_LOGIC_VECTOR(1 DOWNTO 0);            --商品种类
SIGNAL coin: STD_LOGIC_VECTOR(3 DOWNTO 0);            --币数计数器
SIGNAL pri, qua:STD_LOGIC_VECTOR(3 DOWNTO 0);         --商品单价、数量
SIGNAL clk1: STD_LOGIC;                               --控制系统的时钟信号
BEGIN
com:PROCESS(set, clk1)
VARIABLE quan:STD_LOGIC_VECTOR(3 DOWNTO 0);
BEGIN
IF set = '1' THEN
    ram(CONV_INTEGER(item)) <= price & quantity;
    act <= "0000";
                                                      --把商品的单价、数量置入到 RAM
ELSIF clk1'EVENT AND clk1 = '1' THEN
    act5 <= '0';
    act10 <= '0';
    IF coin0 = '1' THEN
        IF coin < "1001" THEN
            coin <= coin + 1;                         --投入5角硬币, coin 自加1
        ELSE
            coin <= "0000";
        END IF;
    ELSIF coin1 = '1' THEN
        IF coin < "1001" THEN
            coin <= coin + 2;                         --投入1元硬币, coin 自加2
        ELSE
            coin <= "0000";
        END IF;
    ELSIF sel = '1' THEN
        item <= item + 1;                             --对商品进行循环选择
    ELSIF get = '1' THEN                              --对商品进行购买
        IF qua > "0000" AND coin >= pri THEN
            coin <= coin - pri;
            quan: = quan - 1;
            ram(CONV_INTEGER(item)) <= pri & quan;
                IF   item = "00" THEN
                  act <= "1000";                      --购买时, 自动售货机对4种商品的操作
            ELSIF item = "01" THEN
                  act <= "0100";
```

```
            ELSIF item = "10" THEN
                act <= "0010";
            ELSIF item = "11" THEN
                act <= "0001";
            END IF;
        END IF;
    ELSIF   finish = '1' THEN                              - -结束交易，退币(找币)
        IF coin > "0001" THEN
            act10 <= '1';
            coin <= coin - 2;                              - -此 IF 语句完成找币操作
        ELSIF coin > "0000" THEN
            act5 <= '1';
            coin <= coin - 1;
        ELSE
            act5 <= '0';
            act10 <= '0';
        END IF;
    ELSIF get = '0' THEN
        act <= "0000";
        FOR i IN 4 TO 7 LOOP
            pri(i - 4) <= ram (CONV_INTEGER(item))(i);
                                                           - -商品单价的读取
        END LOOP;
        FOR i IN 0 TO 3 LOOP
            quan(i) := ram(CONV_INTEGEr(item))(i);  - -商品数量的读取
        END LOOP;
    END IF;
END IF;
qua <= quan;
END PROCESS com;

m32:PROCESS(clk)                                           - -此进程完成对 32 MHz 的脉冲分频
VARIABLE q: STD_LOGIC_VECTOR( 24 DOWNTO 0);
BEGIN
IF clk'EVENT AND clk = '1' THEN
    q := q + 1;
END IF;
IF q = "1111111111111111111111111" THEN
    clk1 <= '1';
ELSE
    clk1 <= '0';
END IF;
END PROCESS m32;
```

```
code0:PROCESS(item)                                   --商品指示灯译码
BEGIN
CASE item IS
    WHEN "00" => item0 <= "0111";
    WHEN "01" => item0 <= "1011";
    WHEN "10" => item0 <= "1101";
    WHEN OTHERS => item0 <= "1110";
END CASE;
END PROCESS;
code1: PROCESS (coin)                                 --钱数的BCD到7段码的译码
BEGIN
CASE coin IS
    WHEN "0000" => y0 <= "0000001";
    WHEN "0001" => y0 <= "1001111";
    WHEN "0010" => y0 <= "0010010";
    WHEN "0011" => y0 <= "0000110";
    WHEN "0100" => y0 <= "1001100";
    WHEN "0101" => y0 <= "0100100";
    WHEN "0110" => y0 <= "0100000";
    WHEN "0111" => y0 <= "0001111";
    WHEN "1000" => y0 <= "0000000";
    WHEN "1001" => y0 <= "0000100";
    WHEN OTHERS => y0 <= "1111111";
END CASE;
END PROCESS;
code2: PROCESS (qua)                                  --单价的BCD到7段码的译码
BEGIN
CASE qua IS
    WHEN "0000" => y1 <= "0000001";
    WHEN "0001" => y1 <= "1001111";
    WHEN "0010" => y1 <= "0010010";
    WHEN "0011" => y1 <= "0000110";
    WHEN "0100" => y1 <= "1001100";
    WHEN "0101" => y1 <= "0100100";
    WHEN "0110" => y1 <= "0100000";
    WHEN "0111" => y1 <= "0001111";
    WHEN "1000" => y1 <= "0000000";
    WHEN "1001" => y1 <= "0000100";
    WHEN OTHERS => y1 <= "1111111";
END CASE;
END PROCESS;
END rtl;
```

自动售货机的仿真波形如图 9.75 所示。

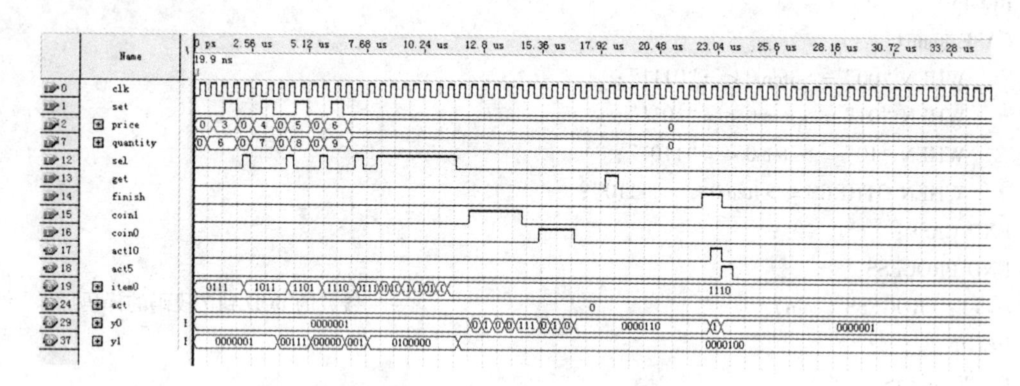

图 9.75 自动售货机仿真波形图

下面我们依次对自动售货机的预置、选择、购买和找币功能进行分析。

自动售货机的商品信息预置功能仿真如图 9.76 所示。当 set 信号为高电平时，依次对 4 种商品的数量和单价进行设置。

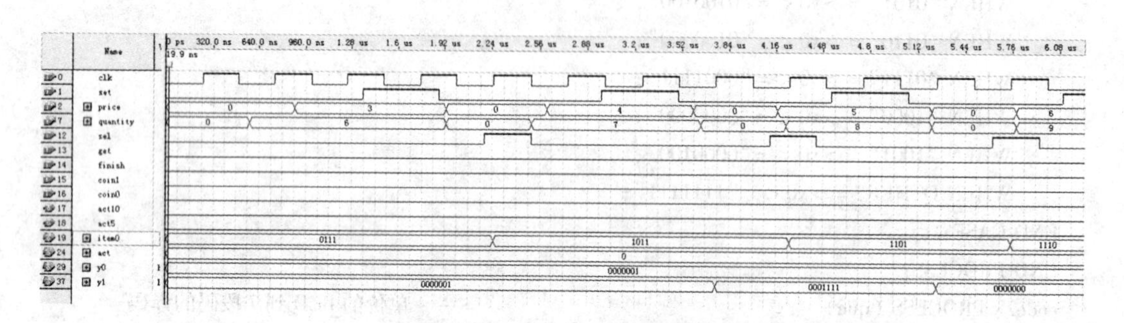

图 9.76 自动售货机预置功能仿真图

自动售货机的商品选择功能仿真如图 9.77 所示。当商品选择信号 sel 为高电平时，对所要购买的商品种类进行选择。在每个时钟周期的上升沿都对商品对应的编号进行加 1 操作，从而实现 4 种商品的循环选择。

自动售货机的投币功能如图 9.78 所示。coin1 对应 1 元硬币，coin0 对应 5 角硬币，则以 5 角为计数单位，投入 1 元硬币时计数器加 2，投入 5 角硬币时计数器加 1，保存计数器的值，以备购买商品和找币时进行计算，并显示投入的钱数。

自动售货机的购买和找币功能如图 9.79 所示。当购买信号 get 为高电平时，对选择的商品种类进行购买，计算剩余的商品数量和钱数；当购买完成信号 finish 为高电平时，根据计算得到的钱数给出应找的硬币数量，并显示钱数和商品的剩余数量。

通过对仿真结果进行详细分析可以看出，本节设计的自动售货机功能正确，符合系统设计的要求。

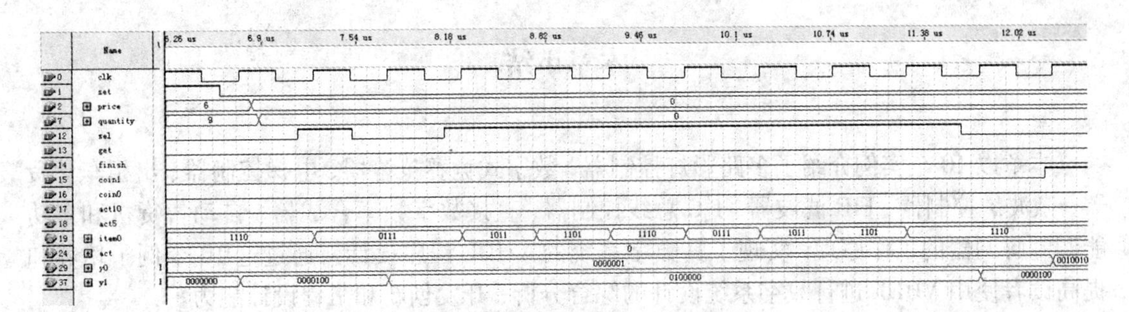

图 9.77　自动售货机选择功能仿真图

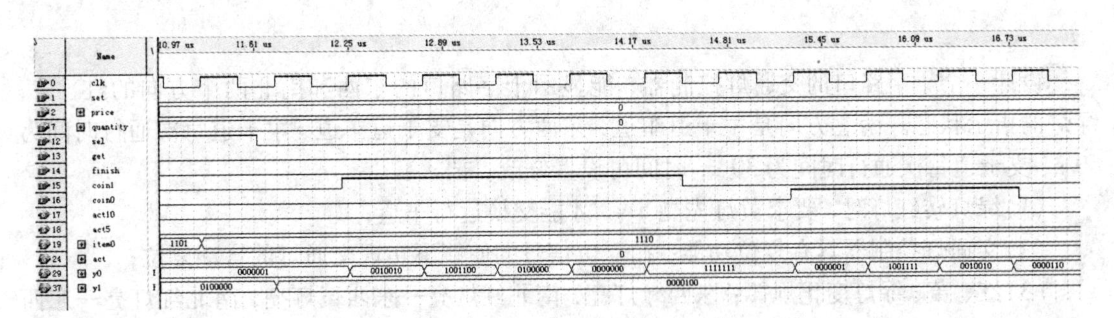

图 9.78　自动售货机投币功能仿真图

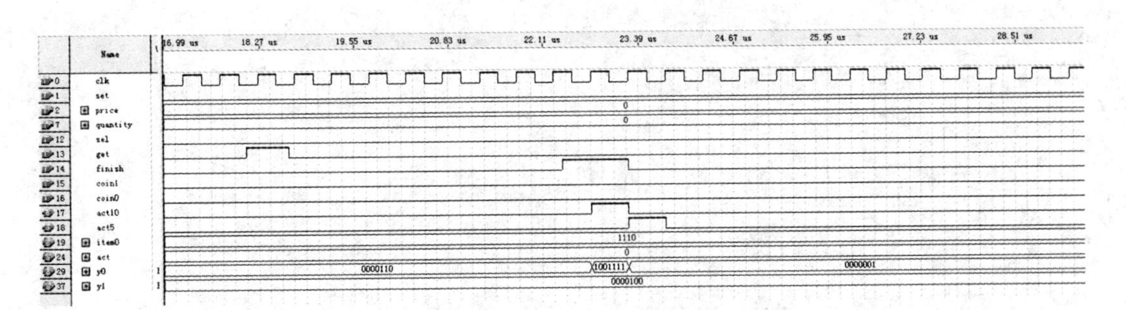

图 9.79　自动售货机购买和投币功能仿真图

本章小结

本章以 10 个实例介绍了多路彩灯控制器、数字式竞赛抢答器、电梯控制器、出租车计费器、微波炉控制器、FIR 滤波器、I^2C 总线控制器、直接数字频率合成器、自动售货机和多功能调制解调器的工作原理，实现了其数字系统的 VHDL 程序设计。通过这 10 个例子培养和提高读者使用 VHDL 进行数字系统设计的综合分析、开发创新和工程设计能力。

习　题

设计一个十字路口的交通灯控制器，能显示十字路口的东西和南北两个方向的红、黄、绿灯的指示状态。南北方向是主干道车道，东西方向是支干道车道，主干道每次通行时间为 60 s、支干道每次通行时间为 30 s，时间可设置修改。要求：

(1)绿灯转红灯时，要求黄灯先亮 8 s，才能交换运行车道；

(2)交通灯控制器具有复位功能，在复位信号的使能下实现交通灯的自动复位；

(3)红、黄、绿灯变化规律：东西绿灯亮，南北红灯亮→东西黄灯亮，南北红灯亮→东西红灯亮，南北绿灯亮→东西红灯亮，南北黄灯亮→东西绿灯亮，南北红灯亮……依次循环。

第 10 章　经典实例开发举例

10.1　系统设计方法

PLD 的应用系统一般使用自顶向下的设计法，按照该设计方法设计时先从整个系统功能从发，依据一定原则将系统划分为若干个子系统，再将子系统分为若干功能块模块，直到基本模块。按照自顶向下的设计方法，数字系统的设计过程大致可以分为 3 步：

(1)确定初步方案，进行系统设计和描述；

(2)系统划分，进行子系统功能描述；

(3)逻辑描述，完成具体描述。

以 CPLD 为核心的系统设计与其他电子系统设计有很多相同之处。如都先进行系统功能分析、选定系统方案、器件选型、硬件电路设计、程序编制、系统调试等过程。

CPLD 系列的系统组成部分基本相同，仅在具体电路中存在差异。一般可将其分成：CPLD 主芯片、RAM 存储芯片、电源电路、时钟电路，JTAG 程序下载接口和扩展接口引出插针。在这里，本书主要介绍 Altera 公司的 Max Ⅱ 系列的最小系统设计。

在设计 CPLD 应用系统中，首先要根据功能估计逻辑复杂程度，避免逻辑资源不够和逻辑资源浪费的情况。同时选择外围器件时注意发挥 CPLD 的高速和高引脚配置高灵活性的特点。本系统主要着眼于单元模块的控制和简单的功能系统如：数字频率计功能、串口通信原理与编程、RAM 读写控制、IIC 总线器件控制等功能。设计控制逻辑不太复杂，可以使用控制器 EPM1270(Altera 公司的 Max Ⅱ 系列)，外围包括时钟电路发生，外扩 256 k ×16 位高速 RAM(IS61LV25616)，I^2C 串行总线的 16K EEPROM(24LC16B)，以及八位 LED 数码管显示部分和串口构成。本系统采用正 5 V 单电源供电，具有 JTAG 程序下载端口和 50 引脚的扩展 I/O 端口。以该最小系统作为核心控制部分，外加所需接口电路，就可以实现各种场合的应用设计。

10.2　最小系统整体结构

最小系统整体结构框图如图 10.1 所示。系统以 CPLD 为核心，由电源稳压电路、系统复位电路、JTAG 程序下载端口、外扩 ROM、外扩 RAM 和 LED 显示等部分构成。

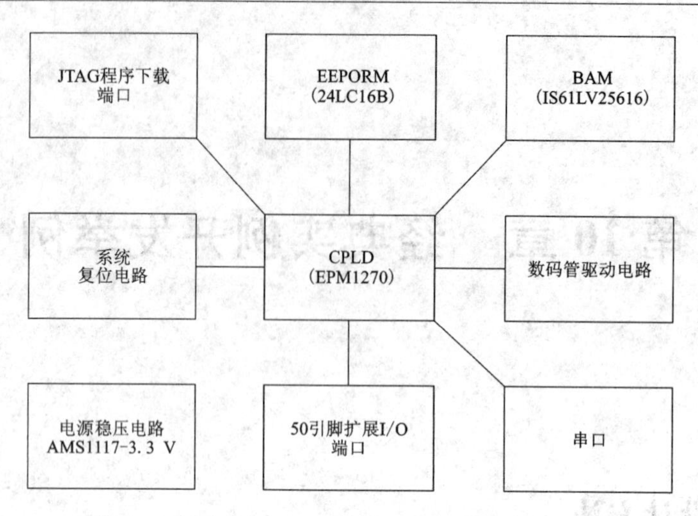

图 10.1 系统整体结构框图

10.3 硬件连接及原理

10.3.1 最小系统的电源电路设计

EPM1270 的内核和 I/O 端口使用同一电源电压，即 +3.3 V 供电。为了方便不同场合使用，采用两种电源供电方式。第一种采用 USB 接口方式供电；另一种方式是采用市面常用的交变直流变换器 DC_5 V 电源输入。

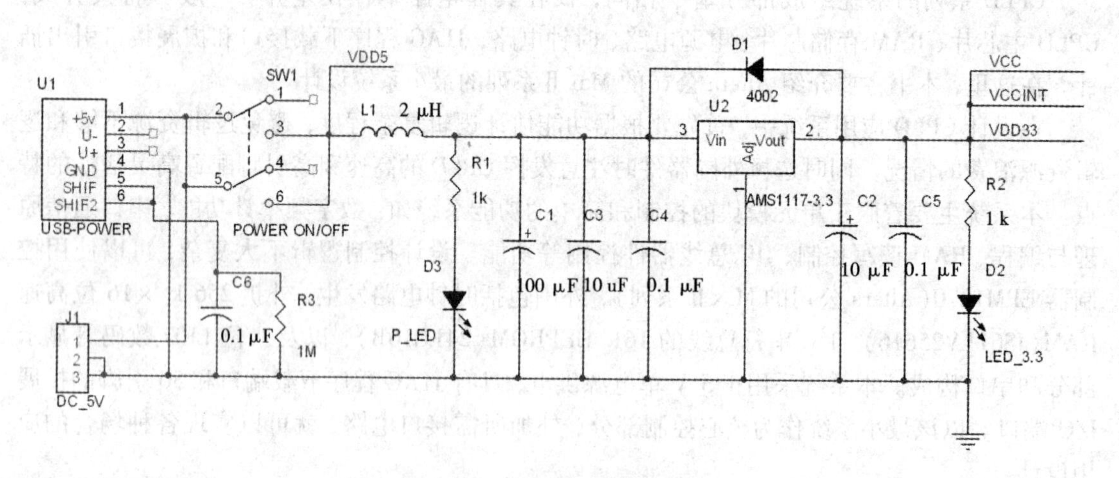

图 10.2 电源电路原理图

如图 10.2 所示，电源由 USB 或 ARC 接口经开关 SW1 输入。电感 L1 起到限制瞬态电流的作用；C1、C3、C4 为滤波电容，AMS1117 -3.3 V 为高精度的电源稳压 IC，将电源稳压到3.3 V，D1 为稳压 IC 的保护二极管。D2 和 D3 为 +3.3 V 电压和 +5 V 电源电压指示。C2 和 C5 用于对电源进行再次滤波，以减小电源纹波，以避免因电源的纹波所带来的系统运行的不稳定。

AMS1117－3.3是一款高精度的三端稳压芯片，其特点为输出电流大，输出电压精度高，稳定性高。输入电流可达1 A，输出与输入的压降只有1 V，输出电压精度在±1%以内，具有电流限制和过热保护功能，可广泛应用在手持设备、仪器仪表等领域。

10.3.2　复位电路

复位电路如图10.3所示。电阻R1和电解电容C1构成RC充电回路。在复位开关SW1按下之前，REST输出端为电源电压VDD33所提供的3.3 V电压，即高电平。当复位被按下时，电容C1经SW1、R2放电，REST输出端电压为0 V，即低电平。开关释放后，电容C1经R1充电，经过时间常数τ过后，REST端输出3.3 V电源电压，即所谓的高电平。

由上述可知，当复位开关被按下和释放的过程中，REST端会产生一个时间宽度为τ的低电平脉冲，改变电阻R1和电容C1的取值，便可改变低电平的维持时间，即出现低电平的脉冲宽度。由此可见，该复位电路为低电平复位。

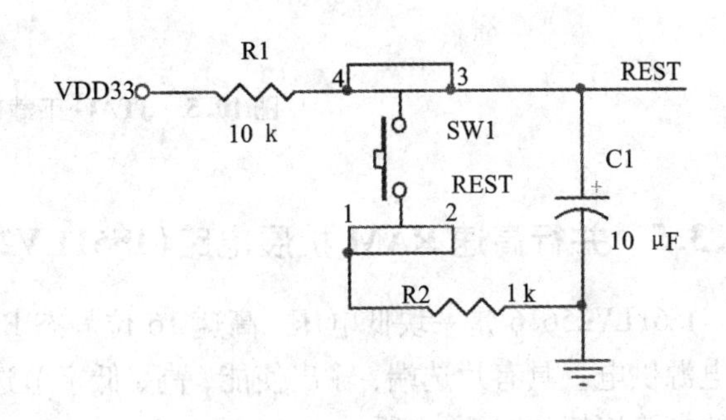

图10.3　复位电路原理图

10.3.3　时钟电路

CPLD的时钟输入引脚直接接入有源石英晶振输出信号。有源晶振集成了晶体振荡电路的时钟发生器，它只要接上电源和地就可以产生稳定的频率输出，使用方便可靠。因为CPLD的I/O端口电平为3.3 V，所以有源晶振在选型时要选用3.3 V供电的。50 MHz的时钟发生电路如图10.4所示。

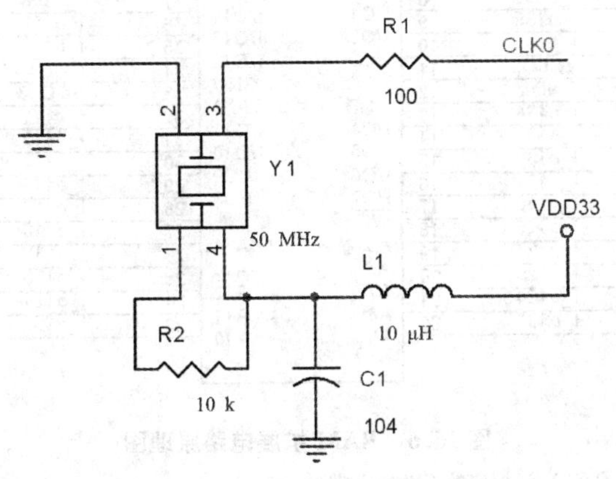

图10.4　系统时钟电路原理图

10.3.4　JTAG接口电路

JTAG接口电路如图10.5所示。分别将JTAG的TDI、TDO、TMS、TCK端口和CPLD对应端口相连接，TDI和TMS引脚需接10 kΩ的上拉电阻，TCK引脚需接10 kΩ下拉电阻。通过JTAG下载线即可以完成对CPLD芯片的程序录入。

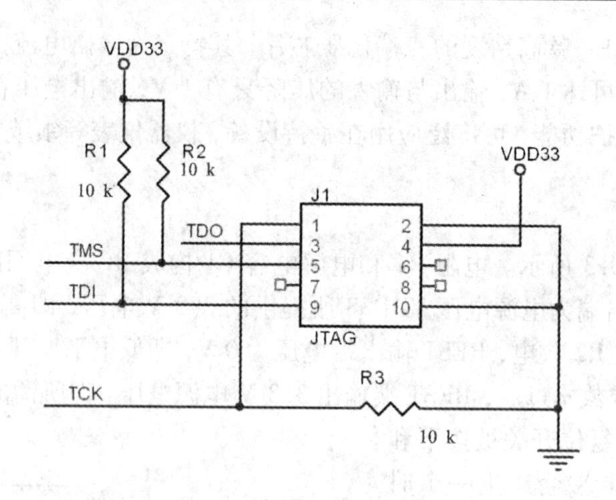

图 10.5 JTAG 下载电路原理图

10.3.5 并行高速 RAM 扩展电路(IS61LV25616)

IS61LV25616 是一块低电压、高速 16 位静态 RAM。读写时间仅为 8 ~ 15 ns，正 3.3 V 的单电源供电。具有片选端，输出使能，高、低字节选择等控制端口。IS61LV25616 与 CPLD 引脚的电路连接如图 10.6 所示。

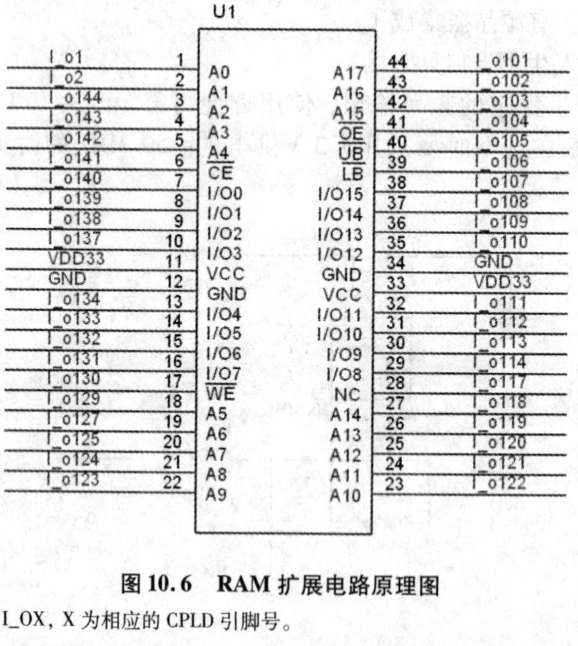

图 10.6 RAM 扩展电路原理图

注：图中端口标号 I_OX，X 为相应的 CPLD 引脚号。

10.3.6 串行 I²C 总线的 EEPROM 扩展电路(24LC16B)

串行 I²C 总线的 EEPROM 扩展电路如图 10.7 所示。使用串行总线，只需使用串行数据线 SDA 和串行时钟线 SCL 就可以完成对串行芯片的读/写操作。

24LC16B 是一款 16 kΩ 的二线串口 EEPROM，低电压设计允许电源电压低至 2.5 V，工作电流仅为 5 μA。24LC16B 具有 16 位的页写功能，有 8 引脚的 DIP 封装和 14 引脚的 SOIC 封装。

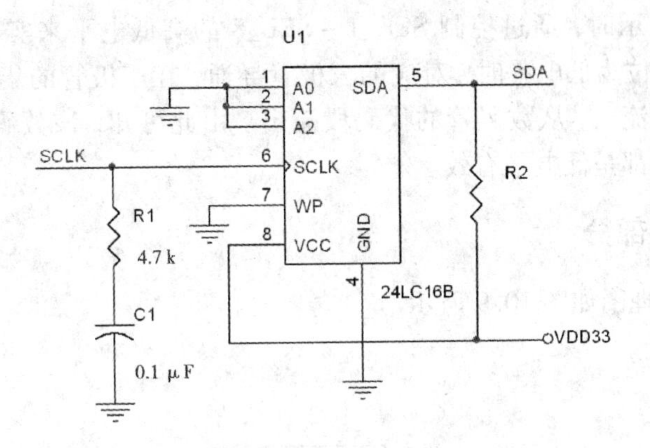

图 10.7　ROM 扩展电路原理图

10.3.7　LED 显示及其驱动电路

EPM1270 最小系统显示部分由 8 位 8 段数码管构成。通常，数码管的正常工作电压为 1.5 ~ 2.0 V，电流为 10 ~ 20 mA。因此，用普通的三极管放大便可以满足要求。电路原理图如图 10.8 所示。图中 SEL_A ~ SEL_DP 为数码管的 8 段代码输入引脚，直接和 CPLD 的 8 个 I/O 端口(即显示代码总线输出端口)相连。SEL_LED1 ~ SEL_LED8 为 8 位数码管的选通控制引脚，三极管 Q1 ~ Q8 为位选驱动。

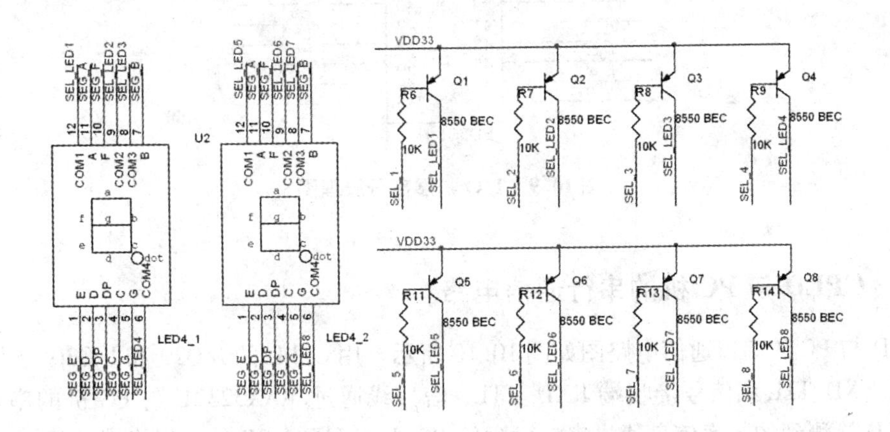

图 10.8　LED 显示及其驱动电路原理图

当控制数码管显示时，通过控制 SEL_1 ~ SEL_8 的高低电平来实现位选。当 SEL_1 ~ SEL_8 中的一位或几位为低电平时，对应的三极管导通，在三极管的集电极输出高电平，电流从数码管的公共端流入，从数码管的代码段流出。由此可知，该数码管应为共阳数码管，选通代码和显示代码都是低电平有效。

10.3.8　I/O 扩展部分

I/O 扩展部分原理图如图 10.9 所示。

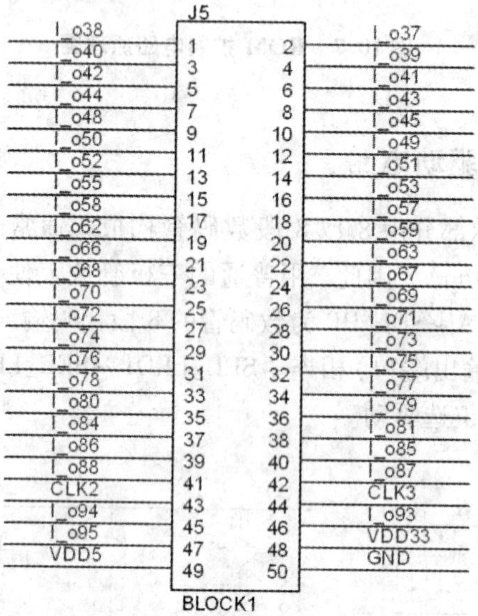

图 10.9　I/O 扩展部分原理图

10.3.9　CPLD 与 PC 机的串行通信电路

CPLD 与 PC 的串口通信电路图如图 10.10 所示。用 CPLD 的 I/O29 和 I/O30 分别作为信号发送端 TXD_TTL 和信号接收端 RXD_TTL，信号线通过 MAX3232E 与 PC 机的串口相连。可将 CPLD 检测到的频率信息通过串口发送给 PC 机，可通过 PC 的虚拟终端显示。

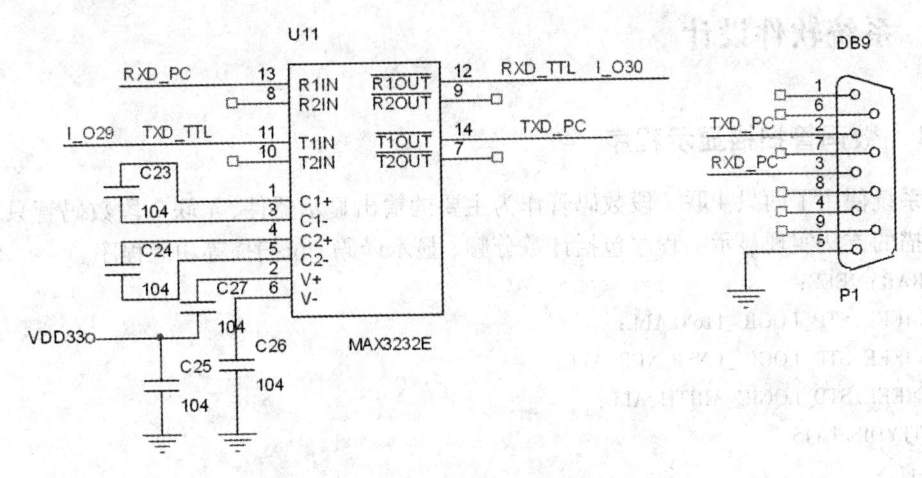

图 10.10 CPLD 与 PC 机的串行通信电路

10.3.10 按键接口电路

按键是人机通信的最基本的输入设备。在频率计的应用中，没有复杂的功能设置，我们采用 4 个独立按键来控制整个检测系统。电路如图 10.11 所示。图中 R1 为上拉 4 位一体排阻，SW1 为功能设置菜单，SW2 为频率范围选择，SW3 为信号输入通道选择(本设计中为 A、B 两个信号输入通道)，SW4 为检测开始与结束控制。

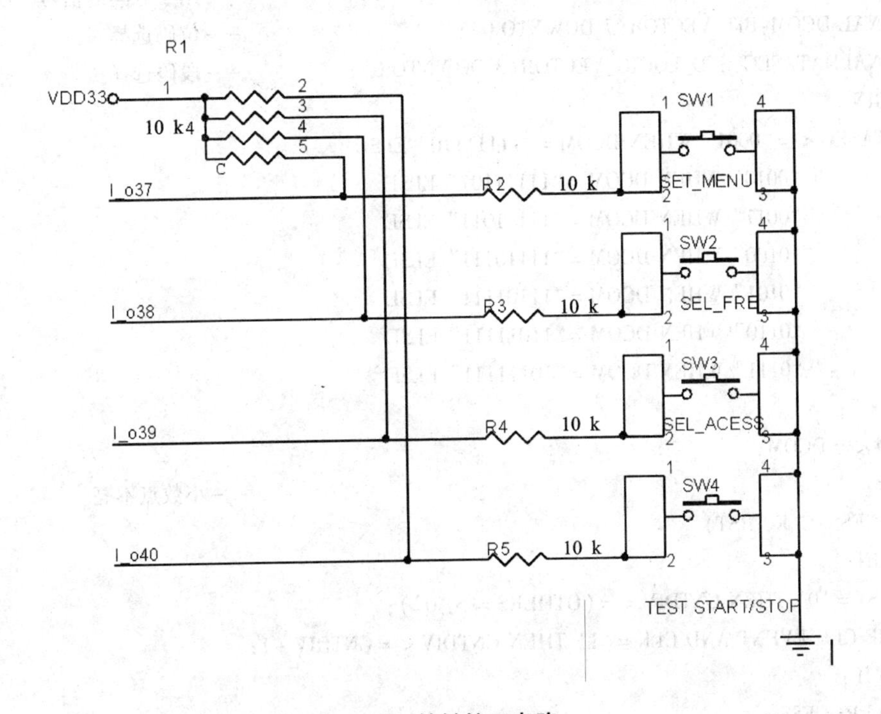

图 10.11 按键接口电路

10.4 系统软件设计

10.4.1 数码管扫描显示程序

本系统使用了两只 4 联 7 段数码管作为主要的输出显示器件，4 联 7 段数码管只能使用动态扫描的方法实现显示。程序包括计数分频、显示译码、位扫描等功能程序。

```
LIBRARY IEEE;
USE IEEE. STD_LOGIC_1164. ALL;
USE IEEE. STD_LOGIC_UNSIGNED. ALL;
USE IEEE. STD_LOGIC_ARITH. ALL;
ENTITYDISPLYIS
PORT(
      CLK: IN STD_LOGIC;
      RST: IN STD_LOGIC;
      DP: OUT STD_LOGIC;                                    --小数点
      DATAOUT:OUT STD_LOGIC_VECTOR(6 DOWNTO 0);
      COM:OUT BIT_VECTOR(7 DOWNTO 0)                        --位码
);
END ENTITY;
ARCHITECTURE ONE OF DISPLY IS
SIGNAL CNTDIV:STD_LOGIC_VECTOR(19 DOWNTO 0);                --用于分频的信号
SIGNAL DCOM:BIT_VECTOR(7 DOWNTO 0);                         --位码选择
SIGNALDATASEG:STD_LOGIC_VECTOR(3 DOWNTO 0);                 --段码选择
BEGIN
DATASEG<="0001" WHEN DCOM="11111110" ELSE
         "0010" WHEN DCOM="11111101" ELSE
         "0011" WHEN DCOM="11111011" ELSE
         "0100" WHEN DCOM="11110111" ELSE
         "0101" WHEN DCOM="11101111" ELSE
         "0110" WHEN DCOM="11011111" ELSE
         "0111" WHEN DCOM="10111111" ELSE
"1000";
COM<=DCOM;
DP<='1';                                                    --小数点不亮
PROCESS(CLK, RST)
BEGIN
IF RST='0' THEN CNTDIV<=(OTHERS=>'0');
ELSIF CLK'EVENT AND CLK='1' THEN CNTDIV<=CNTDIV+1;
END IF;
END PROCESS;
PROCESS(CNTDIV, RST)
```

```
BEGIN
IF RST = '0' THEN DCOM < = "11111111";
ELSIF CNTDIV < "00011111111111111111" THEN DCOM < = "11111110";
ELSIF CNTDIV < "00111111111111111111" THEN DCOM < = "11111101";
ELSIF CNTDIV < "01011111111111111111" THEN DCOM < = "11111011";
ELSIF CNTDIV < "01111111111111111111" THEN DCOM < = "11110111";
ELSIF CNTDIV < "10011111111111111111" THEN DCOM < = "11101111";
ELSIF CNTDIV < "10111111111111111111" THEN DCOM < = "11011111";
ELSIF CNTDIV < "11011111111111111111" THEN DCOM < = "10111111";
ELSIF CNTDIV < "11111111111111111111" THEN DCOM < = "01111111";
END IF;
END PROCESS;
PROCESS(DATASEG)
BEGIN
CASE DATASEG IS
  when "0000" = >DATAOUT < = "1000000";   - - 显示0
  when "0001" = >DATAOUT < = "1111001";   - - 显示1
  when "0010" = >DATAOUT < = "0100100";   - - 显示2
  when "0011" = >DATAOUT < = "0110000";   - - 显示3
  when "0100" = >DATAOUT < = "0011001";   - - 显示4
  when "0101" = >DATAOUT < = "0010010";   - - 显示5
  when "0110" = >DATAOUT < = "0000010";   - - 显示6
  when "0111" = >DATAOUT < = "1111000";   - - 显示7
  when "1000" = >DATAOUT < = "0000000";   - - 显示8
  when "1001" = >DATAOUT < = "0010000";   - - 显示9
  when "1010" = >DATAOUT < = "0001000";   - - 显示A
  when "1011" = >DATAOUT < = "0000011";   - - 显示B
  when "1100" = >DATAOUT < = "0100111";   - - 显示C
  when "1101" = >DATAOUT < = "0100001";   - - 显示D
  when "1110" = >DATAOUT < = "0000110";   - - 显示E
  when "1111" = >DATAOUT < = "0001110";   - - 显示f
  when others = >DATAOUT < = "0000000";
END CASE;
END PROCESS;
END ONE;
```

10.4.2　串口通信

串口在调试过程中发挥着重要作用，既可以作为重要的数据输入设备也可作为数据输出设备，作为输出设备时可通过计算机平台对输出数据加以处理分析，特别适合有大量数据需要观察的场合。串口通信模块包括波特率发生、数据接收和数据发送几个功能模块。

```
LIBRARY IEEE;
USE IEEE.STD_LOGIC_1164.ALL;
```

```
USE IEEE.STD_LOGIC_ARITH.ALL;
USE IEEE.STD_LOGIC_UNSIGNED.ALL;
ENTITY serial IS
    PORT (
        clk: IN std_logic;
        rst: IN std_logic;
        rxd: IN std_logic;                          --串行数据接收端
        txd: OUT std_logic                          --串行数据发送端
        );
END serial;
ARCHITECTURE ONE OF serial IS
SIGNAL DIV8CLK:STD_LOGIC;                                    --分频得 8 倍波特率的频率
SIGNAL STARTPSS:STD_LOGIC;                                   --发送数据开始标志
SIGNAL ENPSS:STD_LOGIC;                                      --以 8 倍波特率发送数据使能
SIGNAL DIVCNT:STD_LOGIC_VECTOR(7 DOWNTO 0);                  --分频计数器 11011 波特率
                                                               为 115200
CONSTANT DIVPAR:STD_LOGIC_VECTOR(7 DOWNTO 0):="00011100";
SIGNAL START:STD_LOGIC_VECTOR(2 DOWNTO 0);                   --发送数据 8 分频
SIGNAL STDATA:STD_LOGIC_VECTOR(3 DOWNTO 0);                  --发送数据位状态
SIGNAL DATABUF:STD_LOGIC_VECTOR(7 DOWNTO 0);                 --要发送的数据
SIGNAL DATECNT:STD_LOGIC_VECTOR(2 DOWNTO 0);                 --数据计数器
SIGNAL RXTBUF:STD_LOGIC;                                     --发送数据缓存
SIGNAL txd_xhdl3:STD_LOGIC;
SIGNAL EN:STD_LOGIC;
BEGIN
txd <= txd_xhdl3;
txd_xhdl3 <= rxtbuf;
--//////////8 倍波特率分频/////////
PROCESS(CLK, RST)
    BEGIN
    IF RST = '0' THEN
    DIVCNT <= "00000000";
    ELSIF CLK'EVENT AND CLK = '1' THEN
    IF (DIVCNT = DIVPAR - 1) THEN   DIVCNT <= "00000000";
    ELSE DIVCNT <= DIVCNT + 1;
    END IF;
    END IF;
END PROCESS;
    PROCESS(CLK, RST)
    BEGIN
    IF RST = '0' THEN DIV8CLK <= '0';
    ELSIF CLK'EVENT AND CLK = '1' THEN
    IF (DIVCNT = DIVPAR - 1) THEN DIV8CLK <= NOT DIV8CLK;
```

```
    END IF;
    END IF;
END PROCESS;
--////////////分频八倍频间隙///////
PROCESS(RST, DIV8CLK)
    BEGIN
    IF RST = '0' THEN START <= "000";
    ELSIF DIV8CLK'EVENT AND DIV8CLK = '1' THEN
    IF START < "111" THEN START <= START + 1;
    ELSE START <= "000";
    END IF;
    END IF;
END PROCESS;
--//////////发送数据允许///////
PROCESS(START)
    BEGIN
    IF EN = '1' THEN
    IF START = "111" THEN ENPSS <= '1';
    ELSE ENPSS <= '0';
    END IF;
    END IF;
END PROCESS;
--/////////发送数据////////
PROCESS(RST, DIV8CLK)
BEGIN
IF RST = '0' THEN
    STDATA <= "0000";
    DATECNT <= "000";
    EN <= '1';
    RXTBUF <= '1';
ELSE IF DIV8CLK'EVENT AND DIV8CLK = '1' THEN
CASE STDATA IS
  WHEN "0000" =>
       IF ENPSS = '1' THEN
           RXTBUF <= '0';
           STDATA <= "0001";
       ELSE STDATA <= "0000";
       END IF;
 WHEN "0001" =>
       IF ENPSS = '1' THEN
           RXTBUF <= DATABUF(0);
           STDATA <= "0010";
       END IF;
```

```
WHEN "0010" = >
        IF ENPSS = '1' THEN
             RXTBUF < = DATABUF(1);
             STDATA < = "0011";
        END IF;
WHEN "0011" = >
        IF ENPSS = '1' THEN
             RXTBUF < = DATABUF(2);
             STDATA < = "0100";
        END IF;
WHEN "0100" = >
        IF ENPSS = '1' THEN
             RXTBUF < = DATABUF(3);
             STDATA < = "0101";
        END IF;
WHEN "0101" = >
        IF ENPSS = '1' THEN
             RXTBUF < = DATABUF(4);
             STDATA < = "0110";
        END IF;
WHEN "0110" = >
        IF ENPSS = '1' THEN
             RXTBUF < = DATABUF(5);
             STDATA < = "0111";
        END IF;
WHEN "0111" = >
        IF ENPSS = '1' THEN
             RXTBUF < = DATABUF(6);
             STDATA < = "1000";
        END IF;
WHEN "1000" = >
        IF ENPSS = '1' THEN
             RXTBUF < = DATABUF(7);
             STDATA < = "1001";
        END IF;
WHEN "1001" = >
        IF ENPSS = '1' THEN
             RXTBUF < = '1';
             STDATA < = STDATA + "0001";
        END IF;
WHEN "1010" = >
        IF ENPSS = '1' THEN
             IF DATECNT < "111" THEN
```

```
            DATECNT < = DATECNT + 1;
            ELSE DATECNT < = "111";EN < = '0';
            END IF;
            STDATA < = STDATA + "0001";
        END IF;
  WHEN OTHERS = >
        STDATA < = STDATA + "0001";
    END CASE;
  END IF;
  END IF;
  END PROCESS;
  - -////////////数据区///////////
  PROCESS(DATECNT)
  BEGIN
  CASE DATECNT IS
    WHEN "000" = >
       DATABUF   < =  "01110111";                     - -"W"
      WHEN "001" = >
    DATABUF < = "01100101";                           - -"e"
      WHEN "010" = >
      DATABUF    < =  "01101100";                     - -"l"
      WHEN "011" = >
       DATABUF < = "01100011";                        - -"c"
      WHEN "100" = >
       DATABUF    < =  "01101111";                    - -"o"
      WHEN "101" = >
     DATABUF    < =  "01101101";                      - -"m"
     WHEN "110" = >
         DATABUF    < =  "01100101";                  - -"e"
  WHEN "111" = >
  DATABUF    < =  "11111111";
       WHEN OTHERS    = >
       DATABUF    < =  "11111111";
  END CASE;
  END PROCESS;
  END ONE;
```

10.4.3 RAM 读写

为发挥 CLPD 的高速性能，选用了 Integratedsilicon solution 公司的高速静态 RAM IS61LV25616，其最高工作频率达 100 MHz，容量达 512 kbyte。其写 RAM 程序如下：

```
- -数据写入 RAM：
LIBRARY IEEE;
```

```
USE IEEE.STD_LOGIC_1164.ALL;
USE IEEE.STD_LOGIC_UNSIGNED.ALL;
USE IEEE.STD_LOGIC_ARITH.ALL;
ENTITYRAMIS
PORT(
      CLK:IN STD_LOGIC;                                  --50 M
      RST:IN STD_LOGIC;                                  --复位
      ADDER:OUT STD_LOGIC_VECTOR(17 DOWNTO 0);           --ram 的地址
      DATA:OUT STD_LOGIC_VECTOR(15 DOWNTO 0);            --ram 数据口
      CE, OE,WE, LB, UB:OUT STD_LOGIC
);
END ENTITY;
ARCHITECTURE ONE OF RAM IS
SIGNAL DATABUF:STD_LOGIC_VECTOR(15 DOWNTO 0);           --地址缓存
SIGNAL ABUF: STD_LOGIC_VECTOR(17 DOWNTO 0);             --数据缓存
SIGNAL CNT1KH:STD_LOGIC_VECTOR(14 DOWNTO 0);            --定义一个 1 kHz 的分频系数信号
SIGNAL CLK1KH:STD_LOGIC;                                --定义一个 1 kHz 频率信号
SIGNAL CNT0: STD_LOGIC_VECTOR(1 DOWNTO 0);              --写控制
SIGNAL CVK:STD_LOGIC;                                   --地址增加时钟
BEGIN
CE<='0';OE<='0';--LB<='0';UB<='0';
--/////////////////////////////////////////////
--                1 kHz 分频进程
--/////////////////////////////////////////////
PROCESS(CLK, RST)
BEGIN
   IF RST='0' THEN--当 RST=0 时复位
CNT1KH<=(OTHERS=>'0');
   ELSIF CLK'EVENT AND CLK='1' THEN                      --上升沿时计数
IF CNT1KH<"110000110100111" THEN CNT1KH<=CNT1KH+1;
                                                         --当分频系数少于 24999 时分频系数
                                                           加 1
   ELSE CNT1KH<=(OTHERS=>'0'); CLK1KH<=NOT CLK1KH;
                                                         --当分频系数等于 24999 时分频系数
                                                           清零同时 1 Hz 信号取反
  END IF;
END IF;
END PROCESS;
--/////////////////////////////////////////
             --地址增加控制
--/////////////////////////////////////////
PROCESS(CLK1KH, RST)
BEGIN
```

```
IF RST = '0' THEN CNT0 < = "00";
ELSIF CLK1KH'EVENT AND CLK1KH = '1' THEN CNT0 < = CNT0 + 1;
END IF;
END PROCESS;
CVK < = CNT0(1);
PROCESS(CVK, RST)
BEGIN
IF RST = '0' THEN ABUF < = (OTHERS = > '0');DATABUF < = (OTHERS = > '0');
ELSIF CVK'EVENT AND CVK = '1' THEN ABUF < = ABUF + 1;DATABUF < = DATABUF + 1;
END IF;
END PROCESS;
- -///////////////////////////////////////////
                    - -写数据
- -//////////////////////////////////////////
PROCESS(CNT0, RST)
BEGIN
IF RST = '0' THEN WE < = '1';
ELSE
CASE CNT0 IS
WHEN "00" = > WE < = '0';LB < = '0';UB < = '0';
WHEN "01" = > DATA < = DATABUF;
WHEN "10" = > WE < = '1';LB < = '1';UB < = '1';
WHEN "11" = > NULL;
END CASE;
END IF;
END PROCESS;
ADDER < = ABUF;
END ONE;
- -数据从 RAM 中读出并显示
LIBRARY IEEE;
USE IEEE. STD_LOGIC_1164. ALL;
USE IEEE. STD_LOGIC_UNSIGNED. ALL;
USE IEEE. STD_LOGIC_ARITH. ALL;
ENTITYREADRAMIS
PORT(
     CLK:IN STD_LOGIC;                                   - -50 M
     RST:IN STD_LOGIC;                                   - -复位
     DP:OUT STD_LOGIC;                                   - -7 段数码
     ADDER:OUT STD_LOGIC_VECTOR(17 DOWNTO 0);            - -ram 地址口
     DATAOUT:OUT STD_LOGIC_VECTOR(6 DOWNTO 0);           - -7 段数码
     COM:OUT BIT_VECTOR(7 DOWNTO 0);                     - -7 段数码
     DATA:IN STD_LOGIC_VECTOR(15 DOWNTO 0);              - -ram 数据口
     CE, OE,WE, LB, UB:OUT STD_LOGIC                     - -ram 控制信号
```

```
);
END ENTITY;
ARCHITECTURE ONE OF READRAM IS
SIGNAL DATABUF:STD_LOGIC_VECTOR(15 DOWNTO 0);
SIGNAL ABUF: STD_LOGIC_VECTOR(17 DOWNTO 0);
SIGNAL CNT1KH:STD_LOGIC_VECTOR(14 DOWNTO 0);          --定义一个 1 kHZ 的分频系数信号
SIGNAL CLK1KH:STD_LOGIC;                               --定义一个 1 kHZ 频率信号
SIGNAL CNT0: STD_LOGIC_VECTOR(1 DOWNTO 0);
SIGNAL CVK:STD_LOGIC;
COMPONENT DISPLY
PORT(
      CLK: IN STD_LOGIC;
      RST: IN STD_LOGIC;
      DP: OUT STD_LOGIC;
      DATAIN:IN STD_LOGIC_VECTOR(15 DOWNTO 0);
      DATAOUT:OUT STD_LOGIC_VECTOR(6 DOWNTO 0);
      COM:OUT BIT_VECTOR(7 DOWNTO 0)
);
END COMPONENT;
BEGIN
U0:DISPLY PORT MAP(CLK, RST, DP, DATABUF, DATAOUT, COM);
CE<='0';LB<='0';UB<='0';WE<='1';OE<='0';
CVK<=CNT0(1);
--////////////////////////////////////////////
                 --1 kHz 分频进程
--////////////////////////////////////////////
PROCESS(CLK, RST)
BEGIN
IF RST='0' THEN--当 RST=0 时复位
CNT1KH<=(OTHERS=>'0');
ELSIF CLK'EVENT AND CLK='1' THEN                       --上升沿时计数
  IF CNT1KH<"110000110100111" THEN CNT1KH<=CNT1KH+1;
                                                       --当分频系数少于 24999 时分频系数
                                                         加 1
  ELSE CNT1KH<=(OTHERS=>'0'); CLK1KH<=NOT CLK1KH;
                                                       --当分频系数等于 24999 时分频系数
                                                         清零同时 1 Hz 信号取反
END IF;
END IF;
END PROCESS;
PROCESS(CVK, RST)
BEGIN
IF RST='0' THEN ABUF<=(OTHERS=>'0');
```

```
ELSIF CVK'EVENT AND CVK = '1' THEN ABUF < = ABUF + 1;
END IF;
END PROCESS;
- -///////////////////////////////////////
                    - -读控制计数器
- -///////////////////////////////////////
PROCESS(CLK1KH, RST)
BEGIN
IF RST = '0' THEN CNT0 < = "00";
ELSIF CLK1KH'EVENT AND CLK1KH = '1' THEN CNT0 < = CNT0 + 1;
END IF;
END PROCESS;
- -///////////////////////////////////////
                    - -读数据
- -///////////////////////////////////////
PROCESS(CNT0, RST)
BEGIN
IF RST = '0' THEN DATABUF < = (OTHERS = > '0');
ELSE
CASE CNT0 IS
WHEN "00" = > ADDER < = ABUF;
WHEN "01" = > NULL;
WHEN "10" = > DATABUF < = DATA;
WHEN "11" = > NULL;
END CASE;
END IF;
END PROCESS;
END ONE;
```

10.4.4 I^2C 总线 EEPROM 读写

EEPROM 可以实现数据的掉电存储。AT24LC04 通过 I^2C 总线进行读写，读写时序要求参见 I^2C 总线规范。

I^2C 总线是一种十分常用的串行总线，它操作简便，占用接口少。本程序介绍操作一个 I^2C 总线接口的 EEPROM AT24C02 的方法，使用户了解 I^2C 总线协议和读写方法。为了更好地理解程序，用户应该仔细阅读 AT24C02 的手册。

```
LIBRARY IEEE;
USE IEEE. STD_LOGIC_1164. ALL;
USE IEEE. STD_LOGIC_ARITH. ALL;
USE IEEE. STD_LOGIC_UNSIGNED. ALL;
ENTITY i2c_test IS
   PORT (
      clk              : IN std_logic;
```

```
        rst              : IN std_logic;
        data_in          : IN std_logic_vector(3 DOWNTO 0);
        scl              : OUT std_logic;                       --I2C时钟线
        sda              : INOUT std_logic;                     --I2C数据线
        wr_input         : IN std_logic;                        --拨码开关输入想写入EEPROM
                                                                  的数据
        rd_input         : IN std_logic;                        --要求写的输入
        en               : OUT std_logic_vector(1 DOWNTO 0);
                                                                --输出一个低电平给矩阵键
                                                                  盘的某一行
        seg_data         : OUT std_logic_vector(7 DOWNTO 0));   --数码管使能
END I2C;
ARCHITECTURE translated OF i2c IS
    SIGNAL seg_data_buf      :std_logic_vector(7 DOWNTO 0);
    SIGNAL cnt_scan          :std_logic_vector(11 DOWNTO 0);
    SIGNAL sda_buf           :std_logic;                        --sda输入输出数据缓存
    SIGNAL link              :std_logic;                        --sda输出标志
---一个scl时钟周期的四个相位阶段，将1个scl周期分为4段
--phase0对应scl的上升沿时刻，phase2对应scl的下降沿时刻，phase1对应从scl高电平的中间时
  刻，phase2对应从scl低电平的中间时刻
SIGNAL phase0                :std_logic;
    SIGNAL phase1            :std_logic;
    SIGNAL phase2            :std_logic;
    SIGNAL phase3            :std_logic;
--phase0对应scl的上升沿时刻，phase2对应scl的下降沿时刻，phase1对应从scl高电平的中间时
  刻，phase2对应从scl低电平的中间时刻
    SIGNAL clk_div           :std_logic_vector(7 DOWNTO 0);     --分频计数器
    SIGNAL main_state        :std_logic_vector(1 DOWNTO 0);
    SIGNAL i2c_state         :std_logic_vector(2 DOWNTO 0);     --对I2C操作的状态
    SIGNAL inner_state       :std_logic_vector(3 DOWNTO 0);     --I2C每一操作阶段内部状态
    SIGNAL cnt_delay         :std_logic_vector(19 DOWNTO 0);    --按键延时计数器
    SIGNAL start_delaycnt    :std_logic;                        --按键延时开始
    SIGNAL writeData_reg     :std_logic_vector(7 DOWNTO 0);     --要写的数据的寄存器
    SIGNAL readData_reg      :std_logic_vector(7 DOWNTO 0);     --读回数据的寄存器
    SIGNAL addr              :std_logic_vector(7 DOWNTO 0);     --被操作的EEPROM字节的地址
    CONSTANT  div_parameter:std_logic_vector(7 DOWNTO 0):="01100100";
                                                                --分频系数，AT24C02最大支持
                                                                  400 K时钟速率
    CONSTANT  start          :std_logic_vector(3 DOWNTO 0):="0000";
                                                                --开始
CONSTANT  first              :std_logic_vector(3 DOWNTO 0):="0001";
                                                                --第1位
```

```
CONSTANT  second      :std_logic_vector(3 DOWNTO 0): = "0010";   --第 2 位
    CONSTANT  third       :std_logic_vector(3 DOWNTO 0): = "0011";   --第 3 位
    CONSTANT  fourth      :std_logic_vector(3 DOWNTO 0): = "0100";   --第 4 位
    CONSTANT  fifth       :std_logic_vector(3 DOWNTO 0): = "0101";   --第 5 位
    CONSTANT  sixth       :std_logic_vector(3 DOWNTO 0): = "0110";   --第 6 位
    CONSTANT  seventh     :std_logic_vector(3 DOWNTO 0): = "0111";   --第 7 位
    CONSTANT  eighth      :std_logic_vector(3 DOWNTO 0): = "1000";   --第 8 位
    CONSTANT  ack         :std_logic_vector(3 DOWNTO 0): = "1001";   --确认位
    CONSTANT  stop        :std_logic_vector(3 DOWNTO 0): = "1010";   --结束位
    CONSTANT  ini         :std_logic_vector(2 DOWNTO 0): = "000";    --初始化 EEPROM 状态
    CONSTANT  sendaddr    :std_logic_vector(2 DOWNTO 0): = "001";    --发送地址状态
    CONSTANT  write_data  :std_logic_vector(2 DOWNTO 0): = "010";    --写数据状态?
    CONSTANT  read_data   :std_logic_vector(2 DOWNTO 0): = "011";    --读数据状态
    CONSTANT  read_ini    :std_logic_vector(2 DOWNTO 0): = "100";
    SIGNAL temp_xhdl6     :std_logic;
    SIGNAL scl_xhdl1      :std_logic;
    SIGNAL lowbit_xhdl2   :std_logic;
    SIGNAL en_xhdl3       :std_logic_vector(1 DOWNTO 0);
    SIGNAL qout           :std_logic_vector(7 DOWNTO 0);
  BEGIN
    scl < = scl_xhdl1;
    en < = en_xhdl3;
    seg_data < = qout;
    temp_xhdl6 < = sda_buf WHEN (link) = '1' ELSE 'Z';
    sda < = temp_xhdl6;
    PROCESS(clk, rst)
    BEGIN
        IF (NOT rst = '1') THEN
            cnt_delay < = "00000000000000000000";
        ELSIF(clk'event and clk = '1')THEN
            IF (start_delaycnt = '1') THEN
                IF (cnt_delay / = "11000011010100000000") THEN
                    cnt_delay < = cnt_delay + "00000000000000000001";
                ELSE
                    cnt_delay < = "00000000000000000000";
                END IF;
            END IF;
        END IF;
    END PROCESS;
    PROCESS(clk, rst)
    BEGIN
        IF (NOT rst = '1') THEN
            clk_div < = "00000000";
```

```
        phase0 < = '0';
        phase1 < = '0';
        phase2 < = '0';
        phase3 < = '0';
      ELSIF(clk'event and clk = '1')THEN
        IF (clk_div / = div_parameter - 1) THEN
          clk_div < = clk_div + "00000001";
        ELSE
          clk_div < = "00000000";
        END IF;
        IF (phase0 = '1') THEN
          phase0 < = '0';
        ELSE
          IF (clk_div = "01100011") THEN
            phase0 < = '1';
          END IF;
        END IF;
        IF (phase1 = '1') THEN
          phase1 < = '0';
        ELSE
          IF (clk_div = "00011000") THEN
            phase1 < = '1';
          END IF;
        END IF;
        IF (phase2 = '1') THEN
          phase2 < = '0';
        ELSE
          IF (clk_div = "00110001") THEN
            phase2 < = '1';
          END IF;
        END IF;
        IF (phase3 = '1') THEN
          phase3 < = '0';
        ELSE
          IF (clk_div = "01001010") THEN
            phase3 < = '1';
          END IF;
        END IF;
      END IF;
    END PROCESS;
  - -///////////////////////////EEPROM 操作部分/////////////
    PROCESS(clk, rst)
    BEGIN
```

```
IF (NOT rst = '1') THEN
    start_delaycnt <= '0';
    main_state <= "00";
    i2c_state <= ini;
    inner_state <= start;
    scl_xhdl1 <= '1';
    sda_buf <= '1';
    link <= '0';
    writeData_reg <= "00000101";
    readData_reg <= "00000000";
    addr <= "00001010";
ELSIF(clk'event and clk = '1')THEN
    CASE main_state IS
        WHEN "00" =>    --等待读写要求
                writeData_reg <= "0000" & data_in;
                scl_xhdl1 <= '1';
                sda_buf <= '1';
                link <= '0';
                inner_state <= start;
                i2c_state <= ini;
                IF (cnt_delay = "00000000000000000000" AND (NOT (wr_input = '1') OR NOT
(rd_input = '1'))) THEN
                    start_delaycnt <= '1';
                ELSE
                    IF (cnt_delay = "11000011010100000000") THEN
                        start_delaycnt <= '0';
                        IF (NOT wr_input = '1') THEN
                            main_state <= "01";
                        ELSE
                            IF (NOT rd_input = '1') THEN
                                main_state <= "10";
                            END IF;
                        END IF;
                    END IF;
                END IF;
        WHEN "01" =>    --向EEPROM写入数据
                IF (phase0 = '1') THEN
                    scl_xhdl1 <= '1';
                ELSE
                    IF (phase2 = '1') THEN
                        scl_xhdl1 <= '0';
                    END IF;
END IF;
```

```
CASE i2c_state IS
    WHEN ini = >          - -初始化 EEPROM
            CASE inner_state IS
                WHEN start = >
                        IF (phase1 = '1') THEN
                            link < = '1';
                            sda_buf < = '0';
                        END IF;
                        IF ((phase3 AND link) = '1') THEN
                            inner_state < = first;
                            sda_buf < = '1';
                            link < = '1';
                        END IF;
                WHEN first = >
                        IF (phase3 = '1') THEN
                            sda_buf < = '0';
                            link < = '1';
                            inner_state < = second;
                        END IF;
                WHEN second = >
                        IF (phase3 = '1') THEN
                            sda_buf < = '1';
                            link < = '1';
                            inner_state < = third;
                        END IF;
                WHEN third = >
                        IF (phase3 = '1') THEN
                            sda_buf < = '0';
                            link < = '1';
                            inner_state < = fourth;
                        END IF;
                WHEN fourth = >
                        IF (phase3 = '1') THEN
                            sda_buf < = '0';
                            link < = '1';
                            inner_state < = fifth;
                        END IF;
                WHEN fifth = >
                        IF (phase3 = '1') THEN
                            sda_buf < = '0';
                            link < = '1';
                            inner_state < = sixth;
                        END IF;
```

```
                WHEN sixth = >
                        IF ( phase3 = '1' ) THEN
                            sda_buf < = '0' ;
                            link < = '1' ;
                            inner_state < = seventh;
                        END IF;
                WHEN seventh = >
                        IF ( phase3 = '1' ) THEN
                            sda_buf < = '0' ;
                            link < = '1' ;
                            inner_state < = eighth;
                        END IF;
                WHEN eighth = >
                        IF ( phase3 = '1' ) THEN
                            link < = '0' ;
                            inner_state < = ack;
                        END IF;
                WHEN ack = >
                        IF ( phase0 = '1' ) THEN
                            sda_buf < = sda;
                        END IF;
                        IF ( phase1 = '1' ) THEN
                            IF ( sda_buf = '1' ) THEN
                                main_state < = "00";
                            END IF;
                        END IF;
                        IF ( phase3 = '1' ) THEN
                            link < = '1' ;
                            sda_buf < = addr(7) ;
                            inner_state < = first;
                            i2c_state < = sendaddr;
                        END IF;
                WHEN OTHERS = >
                        NULL;
            END CASE;
      WHEN sendaddr = >        - -送相应字节的地址
            CASE inner_state IS
                WHEN first = >
                        IF ( phase3 = '1' ) THEN
                            link < = '1' ;
                            sda_buf < = addr(6) ;
                            inner_state < = second;
                        END IF;
```

```
WHEN second = >
        IF (phase3 = '1') THEN
            link < = '1';
            sda_buf < = addr(5);
            inner_state < = third;
        END IF;
WHEN third = >
        IF (phase3 = '1') THEN
            link < = '1';
            sda_buf < = addr(4);
            inner_state < = fourth;
        END IF;
WHEN fourth = >
        IF (phase3 = '1') THEN
            link < = '1';
            sda_buf < = addr(3);
            inner_state < = fifth;
        END IF;
WHEN fifth = >
        IF (phase3 = '1') THEN
            link < = '1';
            sda_buf < = addr(2);
            inner_state < = sixth;
        END IF;
WHEN sixth = >
        IF (phase3 = '1') THEN
            link < = '1';
            sda_buf < = addr(1);
            inner_state < = seventh;
        END IF;
WHEN seventh = >
        IF (phase3 = '1') THEN
            link < = '1';
            sda_buf < = addr(0);
            inner_state < = eighth;
        END IF;
WHEN eighth = >
        IF (phase3 = '1') THEN
            link < = '0';
            inner_state < = ack;
        END IF;
WHEN ack = >
        IF (phase0 = '1') THEN
```

```
                    sda_buf <= sda;
                END IF;
                IF (phase1 = '1') THEN
                    IF (sda_buf = '1') THEN
                        main_state <= "00";
                    END IF;
                END IF;
                IF (phase3 = '1') THEN
                    link <= '1';
                    sda_buf <= writeData_reg(7);
                    inner_state <= first;
                    i2c_state <= write_data;
                END IF;
            WHEN OTHERS =>
                NULL;
        END CASE;
WHEN write_data =>    ---写入数据
        CASE inner_state IS
            WHEN first =>
                IF (phase3 = '1') THEN
                    link <= '1';
                    sda_buf <= writeData_reg(6);
                    inner_state <= second;
                END IF;
            WHEN second =>
                IF (phase3 = '1') THEN
                    link <= '1';
                    sda_buf <= writeData_reg(5);
                    inner_state <= third;
                END IF;
            WHEN third =>
                IF (phase3 = '1') THEN
                    link <= '1';
                    sda_buf <= writeData_reg(4);
                    inner_state <= fourth;
                END IF;
            WHEN fourth =>
                IF (phase3 = '1') THEN
                    link <= '1';
                    sda_buf <= writeData_reg(3);
                    inner_state <= fifth;
                END IF;
            WHEN fifth =>
```

```
            IF (phase3 = '1') THEN
                link <= '1';
                sda_buf <= writeData_reg(2);
                inner_state <= sixth;
            END IF;
        WHEN sixth =>
            IF (phase3 = '1') THEN
                link <= '1';
                sda_buf <= writeData_reg(1);
                inner_state <= seventh;
            END IF;
        WHEN seventh =>
            IF (phase3 = '1') THEN
                link <= '1';
                sda_buf <= writeData_reg(0);
                inner_state <= eighth;
            END IF;
        WHEN eighth =>
            IF (phase3 = '1') THEN
                link <= '0';
                inner_state <= ack;
            END IF;
        WHEN ack =>
            IF (phase0 = '1') THEN
                sda_buf <= sda;
            END IF;
            IF (phase1 = '1') THEN
                IF (sda_buf = '1') THEN
                    main_state <= "00";
                END IF;
            ELSE
                IF (phase3 = '1') THEN
                    link <= '1';
                    sda_buf <= '0';
                    inner_state <= stop;
                END IF;
            END IF;
        WHEN stop =>
            IF (phase1 = '1') THEN
                sda_buf <= '1';
            END IF;
            IF (phase3 = '1') THEN
                main_state <= "00";
```

```
                    END IF;
                WHEN OTHERS = >
                    NULL;
            END CASE;
    WHEN OTHERS   = >
            main_state < = "00";
END CASE;
        WHEN "10" = >    - -读 EEPROM
IF (phase0 = '1') THEN
    scl_xhdl1 < = '1';
ELSE
    IF (phase2 = '1') THEN
        scl_xhdl1 < = '0';
    END IF;
END IF;
CASE i2c_state IS
    WHEN ini = >
            CASE inner_state IS
                WHEN start = >
                        IF (phase1 = '1') THEN
                            link < = '1';
                            sda_buf < = '0';
                        END IF;
                        IF ((phase3 AND link) = '1') THEN
                            inner_state < = first;
                            sda_buf < = '1';
                            link < = '1';
                        END IF;
                WHEN first = >
                        IF (phase3 = '1') THEN
                            sda_buf < = '0';
                            link < = '1';
                            inner_state < = second;
                        END IF;
                WHEN second = >
                        IF (phase3 = '1') THEN
                            sda_buf < = '1';
                            link < = '1';
                            inner_state < = third;
                        END IF;
                WHEN third = >
                        IF (phase3 = '1') THEN
                            sda_buf < = '0';
```

```
                link < = '1' ;
                inner_state < = fourth;
            END IF;
    WHEN fourth = >
            IF (phase3 = '1') THEN
                sda_buf < = '0' ;
                link < = '1' ;
                inner_state < = fifth;
            END IF;
    WHEN fifth = >
            IF (phase3 = '1') THEN
                sda_buf < = '0' ;
                link < = '1' ;
                inner_state < = sixth;
            END IF;
    WHEN sixth = >
            IF (phase3 = '1') THEN
                sda_buf < = '0' ;
                link < = '1' ;
                inner_state < = seventh;
            END IF;
    WHEN seventh = >
            IF (phase3 = '1') THEN
                sda_buf < = '0' ;
                link < = '1' ;
                inner_state < = eighth;
            END IF;
    WHEN eighth = >
            IF (phase3 = '1') THEN
                link < = '0' ;
                inner_state < = ack;
            END IF;
    WHEN ack = >
            IF (phase0 = '1') THEN
                sda_buf < = sda;
            END IF;
            IF (phase1 = '1') THEN
                IF (sda_buf = '1') THEN
                    main_state < = "00";
                END IF;
            END IF;
            IF (phase3 = '1') THEN
                link < = '1' ;
```

```
                    sda_buf < = addr(7);
                    inner_state < = first;
                    i2c_state < = sendaddr;
                END IF;
            WHEN OTHERS = >
                NULL;
        END CASE;
    WHEN sendaddr = >
        CASE inner_state IS
            WHEN first = >
                IF (phase3 = '1') THEN
                    link < = '1';
                    sda_buf < = addr(6);
                    inner_state < = second;
                END IF;
            WHEN second = >
                IF (phase3 = '1') THEN
                    link < = '1';
                    sda_buf < = addr(5);
                    inner_state < = third;
                END IF;
            WHEN third = >
                IF (phase3 = '1') THEN
                    link < = '1';
                    sda_buf < = addr(4);
                    inner_state < = fourth;
                END IF;
            WHEN fourth = >
                IF (phase3 = '1') THEN
                    link < = '1';
                    sda_buf < = addr(3);
                    inner_state < = fifth;
                END IF;
            WHEN fifth = >
                IF (phase3 = '1') THEN
                    link < = '1';
                    sda_buf < = addr(2);
                    inner_state < = sixth;
                END IF;
            WHEN sixth = >
                IF (phase3 = '1') THEN
                    link < = '1';
                    sda_buf < = addr(1);
```

```
                    inner_state < = seventh;
                END IF;
            WHEN seventh = >
                IF (phase3 = '1') THEN
                    link < = '1';
                    sda_buf < = addr(0);
                    inner_state < = eighth;
                END IF;
            WHEN eighth = >
                IF (phase3 = '1') THEN
                    link < = '0';
                    inner_state < = ack;
                END IF;
            WHEN ack = >
                IF (phase0 = '1') THEN
                    sda_buf < = sda;
                END IF;
                IF (phase1 = '1') THEN
                    IF (sda_buf = '1') THEN
                        main_state < = "00";
                    END IF;
                END IF;
                IF (phase3 = '1') THEN
                    link < = '1';
                    sda_buf < = '1';
                    inner_state < = start;
                    i2c_state < = read_ini;
                END IF;
            WHEN OTHERS = >
                NULL;
        END CASE;
WHEN read_ini = >
        CASE inner_state IS
            WHEN start = >
                IF (phase1 = '1') THEN
                    link < = '1';
                    sda_buf < = '0';
                END IF;
                IF ((phase3 AND link) = '1') THEN
                    inner_state < = first;
                    sda_buf < = '1';
                    link < = '1';
                END IF;
```

```
WHEN first = >
        IF (phase3 = '1') THEN
            sda_buf < = '0';
            link < = '1';
            inner_state < = second;
        END IF;
WHEN second = >
        IF (phase3 = '1') THEN
            sda_buf< = '1';
            link < = '1';
            inner_state < = third;
        END IF;
WHEN third = >
        IF (phase3 = '1') THEN
            sda_buf < = '0';
            link < = '1';
            inner_state < = fourth;
        END IF;
WHEN fourth = >
        IF (phase3 = '1') THEN
            sda_buf < = '0';
            link < = '1';
            inner_state < = fifth;
        END IF;
WHEN fifth = >
        IF (phase3 = '1') THEN
            sda_buf < = '0';
            link < = '1';
            inner_state < = sixth;
        END IF;
WHEN sixth = >
        IF (phase3 = '1') THEN
            sda_buf < = '0';
            link < = '1';
            inner_state < = seventh;
        END IF;
WHEN seventh = >
        IF (phase3 = '1') THEN
            sda_buf < = '1';
            link < = '1';
            inner_state < = eighth;
        END IF;
WHEN eighth = >
```

```
                    IF ( phase3 = ‘1’ ) THEN
                        link < = ‘0’ ;
                        inner_state < = ack;
                    END IF;
                WHEN ack = >
                    IF ( phase0 = ‘1’ ) THEN
                        sda_buf < = sda;
                    END IF;
                    IF ( phase1 = ‘1’ ) THEN
                        IF ( sda_buf = ‘1’ ) THEN
                            main_state < = “00” ;
                        END IF;
                    END IF;
                    IF ( phase3 = ‘1’ ) THEN
                        link < = ‘0’ ;
                        inner_state < = first;
                        i2c_state < = read_data;
                    END IF;
                WHEN OTHERS = >
                    NULL;
            END CASE;
    WHEN read_data = >
            CASE inner_state IS
                WHEN first = >
                    IF ( phase0 = ‘1’ ) THEN
                        sda_buf < = sda;
                    END IF;
                    IF ( phase1 = ‘1’ ) THEN
                        readData_reg( 7 DOWNTO 1 ) < = readData_reg( 6 DOWNTO 0 ) ;
                        readData_reg( 0 ) < = sda;
                    END IF;
                    IF ( phase3 = ‘1’ ) THEN
                        inner_state < = second;
                    END IF;
                WHEN second = >
                    IF ( phase0 = ‘1’ ) THEN
                        sda_buf < = sda;
                    END IF;
                    IF ( phase1 = ‘1’ ) THEN
                        readData_reg( 7 DOWNTO 1 ) < = readData_reg( 6 DOWNTO 0 ) ;
                        readData_reg( 0 ) < = sda;
                    END IF;
                    IF ( phase3 = ‘1’ ) THEN
```

```
                        inner_state < = third;
                    END IF;
            WHEN third = >
                    IF (phase0 = '1') THEN
                        sda_buf < = sda;
                    END IF;
                    IF (phase1 = '1') THEN
                        readData_reg(7 DOWNTO 1) < = readData_reg(6 DOWNTO 0);
                        readData_reg(0) < = sda;
                    END IF;
                    IF (phase3 = '1') THEN
                        inner_state < = fourth;
                    END IF;
            WHEN fourth = >
                    IF (phase0 = '1') THEN
                        sda_buf < = sda;
                    END IF;
                    IF (phase1 = '1') THEN
                        readData_reg(7 DOWNTO 1) < = readData_reg(6 DOWNTO 0);
                        readData_reg(0) < = sda;
                    END IF;
                    IF (phase3 = '1') THEN
                        inner_state < = fifth;
                    END IF;
            WHEN fifth = >
                    IF (phase0 = '1') THEN
                        sda_buf < = sda;
                    END IF;
                    IF (phase1 = '1') THEN
                        readData_reg(7 DOWNTO 1) < = readData_reg(6 DOWNTO 0);
                        readData_reg(0) < = sda;
                    END IF;
                    IF (phase3 = '1') THEN
                        inner_state < = sixth;
                    END IF;
            WHEN sixth = >
                    IF (phase0 = '1') THEN
                        sda_buf < = sda;
                    END IF;
                    IF (phase1 = '1') THEN
                        readData_reg(7 DOWNTO 1) < = readData_reg(6 DOWNTO 0);
                        readData_reg(0) < = sda;
                    END IF;
```

```
                    IF (phase3 = '1') THEN
                        inner_state < = seventh;
                    END IF;
            WHEN seventh = >
                    IF (phase0 = '1') THEN
                        sda_buf < = sda;
                    END IF;
                    IF (phase1 = '1') THEN
                        readData_reg(7 DOWNTO 1) < = readData_reg(6 DOWNTO 0);
                        readData_reg(0) < = sda;
                    END IF;
                    IF (phase3 = '1') THEN
                        inner_state < = eighth;
                    END IF;
            WHEN eighth = >
                    IF (phase0 = '1') THEN
                        sda_buf < = sda;
                    END IF;
                    IF (phase1 = '1') THEN
                        readData_reg(7 DOWNTO 1) < = readData_reg(6 DOWNTO 0);
                        readData_reg(0) < = sda;
                    END IF;
                    IF (phase3 = '1') THEN
                        inner_state < = ack;
                    END IF;
            WHEN ack = >
                    IF (phase3 = '1') THEN
                        link < = '1';
                        sda_buf < = '0';
                        inner_state < = stop;
                    END IF;
            WHEN stop = >
                    IF (phase1 = '1') THEN
                        sda_buf < = '1';
                    END IF;
                    IF (phase3 = '1') THEN
                        main_state < = "00";
                    END IF;
            WHEN OTHERS = >
                    NULL;
        END CASE;
    WHEN OTHERS = >
        NULL;
```

```
    END CASE;
            WHEN OTHERS = >
    NULL;
        END CASE;
      END IF;
  END PROCESS;
- - -///////////////////////////数码管显示部分/////////////
  PROCESS( clk, rst)
  BEGIN
      IF (NOT rst = '1') THEN
         cnt_scan < = "000000000000";
         en_xhdl3 < = "10";
      ELSIF( clk'event and clk = '1')THEN
         cnt_scan < = cnt_scan + "000000000001";
         IF (cnt_scan = "111111111111") THEN
             en_xhdl3 < = NOT en_xhdl3;
         END IF;
      END IF;
   END PROCESS;
   PROCESS( writeData_reg, readData_reg, en_xhdl3)
   BEGIN
       CASE en_xhdl3 IS
           WHEN "01" = >
   seg_data_buf < = writeData_reg;
           WHEN "10" = >
   seg_data_buf < = readData_reg;
           WHEN OTHERS    = >
   seg_data_buf < = "00000000";
        END CASE;
    END PROCESS;
with seg_data_buf(3 downto 0) select
qout < = "00111111" when "0000",                         - - 显示 0
              "00000110" when "0001",                    - - 显示 1
              "01011011" when "0010",                    - - 显示 2
              "01001111" when "0011",                    - - 显示 3
              "01100110" when "0100",                    - - 显示 4
              "01101101" when "0101",                    - - 显示 5
              "01111101" when "0110",                    - - 显示 6
              "00000111" when "0111",                    - - 显示 7
              "01111111" when "1000",                    - - 显示 8
              "01101111" when "1001",                    - - 显示 9
              "01110111" when "1010",                    - - 显示 A
              "01111100" when "1011",                    - - 显示 B
```

```
        "00111001" when "1100",                              --显示 C
        "01011110" when "1101",                              --显示 D
        "01111001" when "1110",                              --显示 E
        "01110001" when "1111",                              --显示 F
        "11110011" when others;
END translated;
```

本章小结

本书详细地介绍了 Altera 公司的 Max Ⅱ系列的最小系统设计，以 CPLD 为核心芯片，先后介绍了系统自顶向下的设计方法，阐述了最小系统的硬件与软件设计过程。硬件系统主要包括电源稳压电路、复位电路、时钟电路、JTAG 接口电路、并行高速 RAM 扩展电路、串行 I^2C 总线 EEPROM 扩展电路、LED 显示及驱动电路、I/O 扩展电路、CPLD 与 PC 机的串行通信电路和按键接口电路；软件设计包括数码管扫描显示程序、串口通讯程序、RAM 读写程序、I^2C 总线 EEPROM 读写程序等子程序。

习　题

以 PLD 为核心芯片进行电子产品开发设计中，阐述基于 VHDL 的 PLD 应用系统的硬件与软件设计方法及流程。

参考文献

[1] 李景华，杜玉远. 可编程逻辑器件与 EDA 技术[M]. 沈阳:东北大学出版社，2000.
[2] 侯伯亨，顾新. VHDL 硬件描述语言与数字逻辑电路设计[M]. 西安:西安电子科技大学出版社，2001.
[3] 曾繁泰，陈美金. VHDL 程序设计[M]. 北京:清华大学出版社，2001.
[4] 潘松，黄继业. EDA 技术实用教程[M]. 北京:科学出版社，2002.
[5] 姜立东. VHDL 语言程序设计及应用[M]. 第 2 版. 北京:北京邮电大学出版社，2004.
[6] 张凯，林伟. VHDL 实例剖析[M]. 北京:国防工业出版社，2004.
[7] 徐惠民，安德宁. 数字逻辑设计与 VHDL 描述[M]. 第 2 版. 北京:机械工业出版社，2004.
[8] 王道宪. VHDL 电路设计技术[M]. 北京:国防工业出版社，2004.
[9] 刘韬，娄兴华. FPGA 数字电子系统设计与开发实例导航[M]. 北京:人民邮电出版社，2005.
[10] 潘松，黄继业. EDA 技术与 VHDL[M]. 北京:清华大学出版社，2005.
[11] 朱正伟. EDA 技术及应用[M]. 北京:清华大学出版社，2005.
[12] 潘松，王国栋. VHDL 实用教程[M]. 成都:电子科技大学出版社，2007.
[13] 刘欲晓，方强，黄宛宁，等. EDA 技术与 VHDL[M]. 北京:电子工业出版社，2009.
[14] 谭会生，张昌凡. EDA 技术及应用[M]. 西安:西安电子科技大学出版社，2006.
[14] https://wenku.baidu.com/view/0146oaoc7cd1842546353556.html